编委会

我国西北半干旱地区现代农业
发展与区域示范相关问题战略研究

主　编　霍学喜　逯国文

图书在版编目（CIP）数据

我国西北半干旱地区现代农业发展与区域示范相关问题战略研究 / 霍学喜，逯国文主编. -- 兰州 : 兰州大学出版社，2018.10

ISBN 978-7-311-05482-3

Ⅰ. ①我… Ⅱ. ①霍… ②逯… Ⅲ. ①干旱区－现代农业－农业发展－研究－西北地区 Ⅳ. ①F327.4

中国版本图书馆CIP数据核字(2018)第244203号

责任编辑　郝可伟
封面设计　陈　文

书　　名　我国西北半干旱地区现代农业发展与区域示范相关问题战略研究
作　　者　霍学喜　逯国文　主编
出版发行　兰州大学出版社　（地址:兰州市天水南路222号　730000）
电　　话　0931-8912613(总编办公室)　0931-8617156(营销中心)
　　　　　0931-8914298(读者服务部)
网　　址　http://press.lzu.edu.cn
电子信箱　press@lzu.edu.cn
印　　刷　天水新华印刷厂
开　　本　880 mm×1230 mm　1/16
印　　张　25
字　　数　629千
版　　次　2018年10月第1版
印　　次　2018年10月第1次印刷
书　　号　ISBN 978-7-311-05482-3
定　　价　138.00元

目 录

总报告 我国西北半干旱地区现代农业发展与区域示范相关问题战略研究

专题1 我国西北半干旱地区优势农业产业发展战略研究

专题3 我国西北半干旱地区现代农业区域示范与创新模式发展战略研究

总报告

我国西北半干旱地区
现代农业发展与区域示范相关问题战略研究

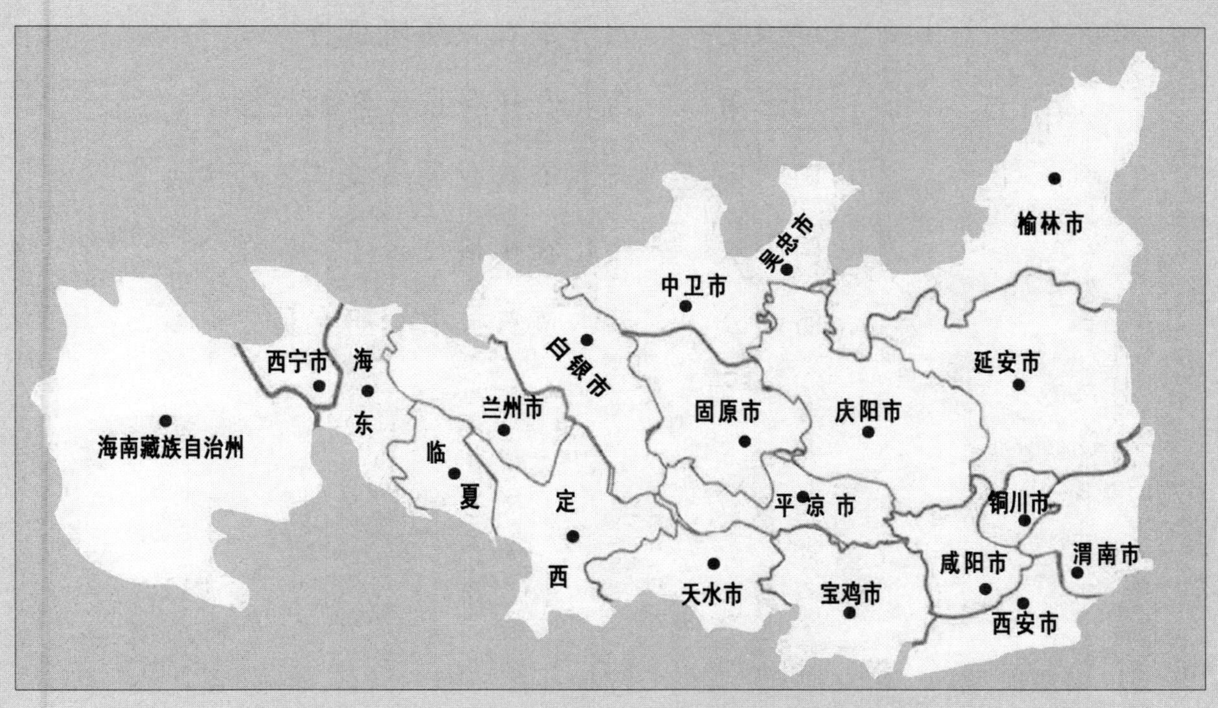

课题组顾问：

旭日干　　中国工程院院士

尹伟伦　　中国工程院院士

王　浩　　中国工程院院士

侯立安　　中国工程院院士

课题组组长：

方智远　　中国工程院院士

课题工作组组长：

霍学喜　　西北农林科技大学教授

课题工作组成员：

逯国文　　天水市农业局研究员

刘军弟　　西北农林科技大学副教授

田　溪　　天水市农业局高级农艺师

闫小欢　　西北农林科技大学副教授

潘连公　　天水市农技中心研究员

【摘 要】 西北半干旱地区是我国粮食生产的战略后备区和主要农畜产品的重要产区，同时也是生态环境脆弱区、贫困人口密集区和多民族居住区。该区域经济发展与生态建设的矛盾日益突出，可持续发展任务和扶贫开发任务十分繁重。统筹区域全面发展与生态文明建设，深化产业融合与提升创新发展能力，大力推进现代农业发展，是落实国家全面建成小康社会奋斗目标的战略举措。

本项目立足全国现代农业发展的整体战略布局，围绕西北半干旱地区现代农业发展的中长期重点任务，以及区域农业产业发展的核心关键技术需求，通过“西北半干旱地区优势农业产业发展战略研究”“西北半干旱地区旱作农业节水利用发展战略研究”“西北半干旱地区现代农业区域示范与创新模式发展战略研究”及“西北半干旱地区农作物育种创新和育繁推一体化发展战略研究”四个专题研究，提出适合西北半干旱地区现代农业发展的总体思路、战略目标、建设任务、关键技术选择和战略措施建议。

本报告是对四个专题研究主要内容及成果的总体集成，报告正文共分为六个部分：第一章，解析西北半干旱地区农业产业发展现状，定量评价该地区现代农业的发展情况及存在的问题，厘清制约该地区现代农业发展的关键因素；第二章，论述西北半干旱地区发展现代农业的总体思路、基本原则、战略目标与战略任务；第三章，甄别并确定西北半干旱地区优势农业的产业选择及其区域布局，提出西北半干旱地区特色优势农业产业发展的战略布局与战略重点；第四章，论述西北半干旱地区现代农业发展的两大关键技术——旱作农业节水利用与农作物育种及种子育繁推一体化关键技术的区域布局、技术集成、建设重点及其实施方案；第五章，总结西北半干旱地区现代农业创新发展的五种典型模式及其建设经验，凝练西北半干旱地区现代农业区域示范和创新模式发展的战略举措与实施路径；第六章，总结提出加快推进西北半干旱地区现代农业发展的政策建议。

通过专项研究，本报告形成以下主要结论与建议：

（1）西北半干旱地区是我国现代农业发展的“低地”，整体水平低，发展速度低于全国平均水平，差距进一步扩大的趋势明显；尚未完全建立起与现代农业发展相匹配的生产技术体系、经营管理体系和市场环境体系，难以有效集聚现代农业生产要素；农业发展面临基础设施薄弱、资源约束加剧、一二三产业融合度低以及创新驱动能力不足等挑战。

（2）基于优势农业产业评价指标测算结果，西北半干旱地区特色优势产业主要集中在苹果、牛羊养殖、设施蔬菜、马铃薯以及中药材等产业。分省区来看，陕西重点发展都市农业、苹果、牛羊养殖业，甘肃重点发展牛羊养殖业、设施蔬菜、中药材、马铃薯、苹果产业，宁夏重点发展牛羊养殖业，青海重点发展牛羊养殖业和设施蔬菜。同时，加大优势农产品生产基地建设、龙头企业发展、农民组织化提升、农业科技示范、营销体系建设、职业农民培育等战略措施支持。

（3）围绕西北半干旱地区特色优势作物节水技术需求，重点开展旱作农业节水利用示范工程和技术支撑工程建设。陕西围绕小麦、玉米、马铃薯、苹果及小杂粮生产，主推集雨覆盖种植、垄沟种植、保护性耕作、抗旱保水等技术，提高雨水利用效率；甘肃围绕小麦、玉米、马铃薯、小杂粮生产，主推地膜覆盖、集雨补灌技术，推广抗旱品种、测土配方和耕地保护措施；宁夏围绕西甜瓜、马铃薯、玉米、向日葵等优势作物，主推覆膜保墒集雨补灌为主的旱作节水农业技术；青海围绕油菜、马铃薯、冷季豆类和青稞等作物，以基础设施建设为重点，主推土地整理、耕地质量提升、覆盖栽培、深耕深松、抗旱生物制剂等关键技术。

（4）围绕西北半干旱地区特色作物抗旱耐瘠薄种质资源收集与创新利用、生物学基础研究和遗传改良应用、重大制种基地效率提升等关键技术，围绕打造“一带一心多片”的农作物种业空间布局，抢抓“一带一路”建设机遇，加强龙头企业培育、科研创新能力提升、优势种业基地和创新试验区建设，完善种业协同创新体系、种质资源及品种保护体系、种子生产与流通体系、储备调控体系和市场监督管理体系，编制、实施西北半干旱地区农作物种子育繁推一体化发展战略规划，设立西北半干旱地区特色农作物良种重大科研攻关专项，创新种业合作利益分享机制，建立种子市场秩序行业评价机制，加强种业人才培养，设立西北半干旱地区现代农作物种业发展专项基金，构建育繁推一体化现代农作物种业体系。

（5）围绕现代农业创新发展的典型模式及示范推广，制定西北半干旱地区现代农业创新发展与区域示范专项规划，重点推广生态循环农业发展模式、节水旱作农业发展模式、“互联网+现代农业”发展模式、现代农业与产业扶贫相结合模式、“三产融合”发展模式等五种适宜于西北半干旱地区现代农业发展的典型模式。

（6）编制《西北半干旱地区现代农业创新驱动规划（2016—2030年）》，强化支持建设西北半干旱地区旱作农业创新发展试验示范平台，制定、实施差别化的用水管理制度和节水技术财政补贴政策，重点组织实施西北半干旱地区优势农业产业竞争力提升工程、生物抗逆性种质资源保护与制种能力提升工程、粮草轮作与休耕工程，进一步加大生态环境建设支持力度。

第一章

西北半干旱地区现代农业发展现状与问题

西北半干旱地区是我国粮食生产的战略后备区和主要农畜产品的重要产区，但是该区域经济发展与生态建设的矛盾日益突出，可持续发展任务和扶贫开发任务十分繁重，如何统筹协调该区域经济发展与生态建设、产业发展与生态环境保护和恢复已成为亟待解决的重大战略问题。本章立足全国现代农业发展的整体战略布局，解析了该地区农业产业发展现状，定量评价了该地区现代农业的发展情况及存在的问题，厘清了制约该地区现代农业发展的关键因素，明确推进该地区现代农业发展的适宜性关键技术及其发展需求。

1.1　发展现状

1.1.1　战略区位

西北半干旱地区位于我国西北黄河流域，包括甘肃中东部、陕西北部和中部、宁夏中部和南部、青海东部，共4省（自治区）20个市（州）163个县（区）（表1-1、图1-1），总面积约37万km^2。西北半干旱地区作为一个特定的气候类型与农业区域，多数地方年降水量在300～550 mm之间[①]，水、土资源过度利用，农业生态环境脆弱。[②]

西北半干旱地区土地资源丰富，光热充足，资源储备开发空间广，农业发展潜力大，是我国粮食生产的战略后备区和主要农畜产品的重要产区，发展现代农业意义重大。

一是突破资源环境约束、保障国家农产品有效供给的必然选择。西北半干旱地区资源储备开发空间广，农业发展潜力大。推进西北半干旱地区农业可持续发展，立足现有水土等资源环境承载力，匹配好各种农业生产要素，促进农业协调发展，对于加强农业产能建设、保证国家农产品有效供给意义重大。

① 也有将半干旱地区的降水量设定为250～500 mm，也有以400 mm降水量划分半干旱区与半湿润区。

② 部分地方年降水量可能超出了界定半干旱地区降水量的上限或下限值。但这一地区集中联片，自然、社会、经济、人文条件极为相似，从社会经济角度衡量，仍属于半干旱地区。

二是实现绿色发展、保障国家生态安全的内在要求。西北半干旱地区是我国重要的生态安全屏障，推进区域农业可持续发展，增强生态系统功能，治理环境突出问题，对于西北地区应对气候变化、保护生态环境意义重大。

三是精准扶贫、全面建成小康社会的重大举措。西北半干旱地区贫困人口数量多、比重大，2013年农民收入仅为全国平均水平的73.92%。推进西北半干旱地区现代农业发展，有利于改善农业生产条件，发挥地方特色资源优势，对于实施产业精准扶贫、打赢脱贫攻坚战意义重大。

四是维护民族团结、确保区域稳定的重要保障。西北半干旱地区是我国主要的少数民族聚居区，农牧业是民族地区支柱产业，也是当地居民的重要收入来源。推进西北半干旱地区现代农业发展，有利于促进农业产业建设和农牧民安居乐业，对于民族团结进步、区域稳定和社会长治久安意义重大。

五是保护农耕文明、传承农耕文化的有效途径。西北地区是中华文明的发源地，农牧业历史悠久，传统文化和非物质文化遗产丰富多样。推进西北半干旱地区现代农业发展，有利于汲取传统农耕精华，对于保护传统的农耕文明、发展民族文化旅游农业、发扬拓展农耕文化意义重大。

表1-1　西北半干旱地区地理范围

地区	市(州)
陕西半干旱地区	西安、咸阳、宝鸡、渭南、铜川、延安、榆林
甘肃半干旱地区	兰州、天水、平凉、庆阳、定西、白银、临夏
宁夏半干旱地区	固原、中卫、吴忠
青海半干旱地区	西宁、海东、海南

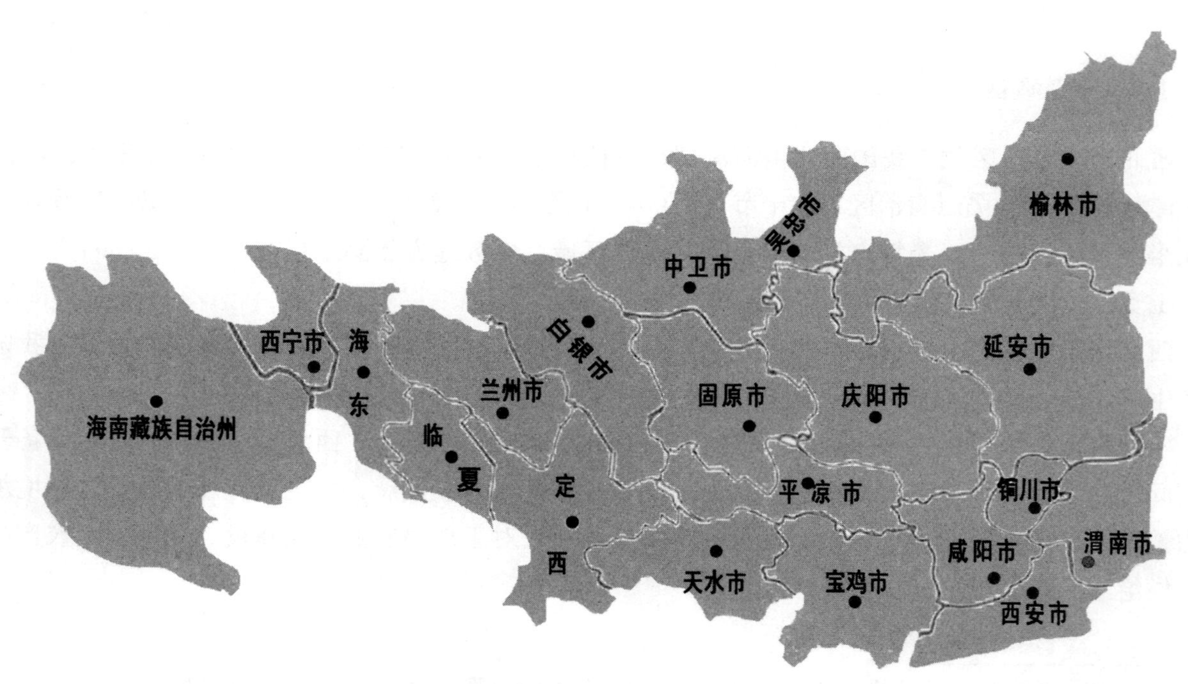

图1-1　西北半干旱地区的地理区位

1.1.2　农业资源及生态环境

特定的自然地理环境，孕育了西北半干旱地区复杂多变的自然资源和生态环境条件。

（1）自然资源概况（图1-2、图1-3、表1-2）

①土地资源

该地区土地面积约为37万km²，地形复杂，山地多，平地少；耕地面积为605.18万hm²，占全国耕地总量的4.50%，其中坡耕地比例高，耕层土壤肥力低。人均耕地1.56亩，略高于全国平均水平（1.48亩）。

②水资源

该地区干旱少雨，水资源匮乏。年均降水量为430 mm，比全国平均降水量低200 mm，年降水总量为265亿m³。大部分降水通过地表蒸发或形成地表径流，少部分降水形成土壤水和地下水。全区水资源总量为318.26亿m³，占全国水资源总量的1.12%；人均水资源占有量为762.12 m³，仅为全国人均的38%。

③气候资源

该地区地处亚欧大陆中心，以温带大陆性气候为主，降水少，且时空分布不均，降水与农产品生长周期不同步。该地区气温低，年平均气温为10.98 ℃；光能资源相对丰富，平均日照时间为2670 h/a。

④生物资源

该地区属于农牧结合带，灌丛、草原、草地、草甸等多种类型均有分布。森林总面积为998.72万hm²，占全国总量的4.8%，森林覆盖率为20%，略低于全国平均水平。该地区野生动植物资源丰富，是我国重要的中药材产地和多种珍稀野生动物栖息地。

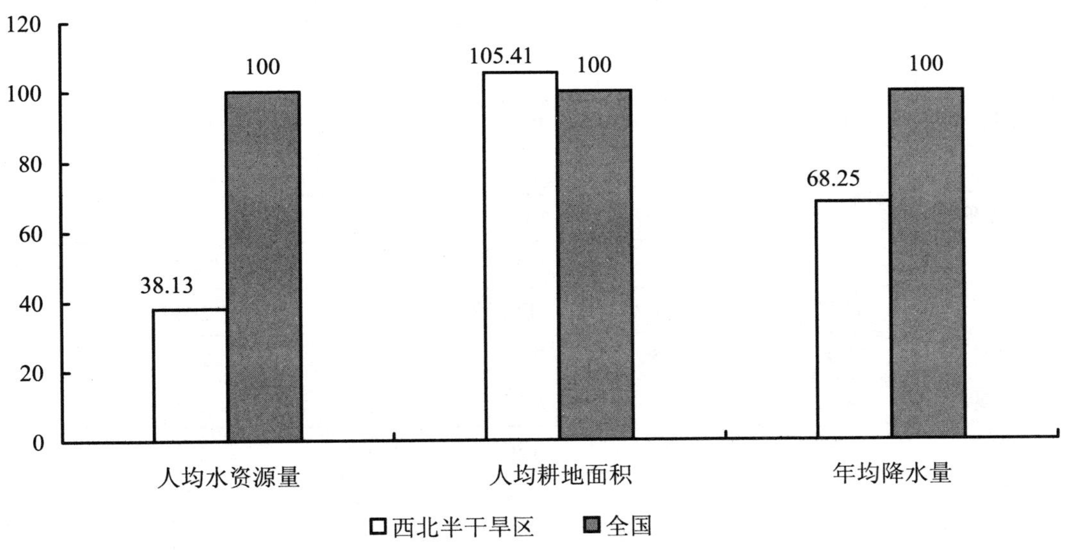

图1-2　西北半干旱地区主要资源占有量与全国平均对比（2012—2014年）

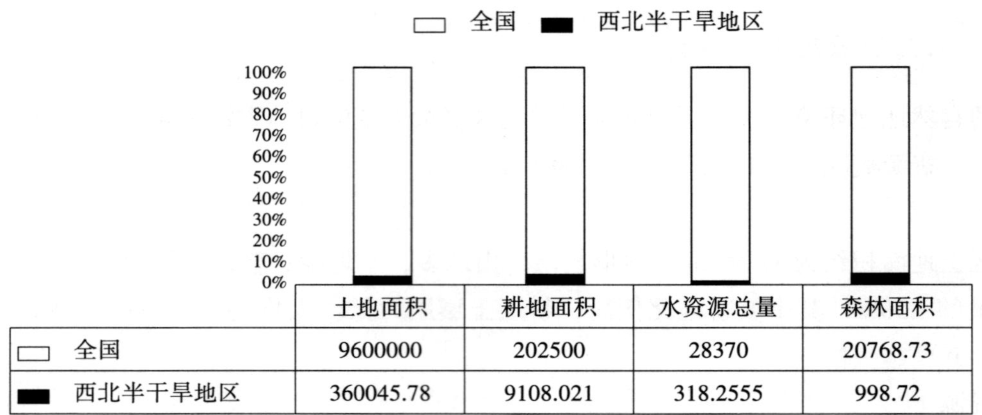

图 1–3 西北半干旱地区主要资源占全国总量的比例(2013年)

表 1–2 西北半干旱地区主要自然资源指标

		耕地面积（万 hm²）	水资源总量（亿 m³）	年平均温度（℃）	降水量（mm）	年均日照时间（h/a）	森林面积（万 hm²）
全国		13500	28370	21.10	582.3	2540	20768.3
西北半干旱地区		605.18	318.25	10.45	430.46	2670	998.72
陕西	榆林	60.26	40.84	10.00	462.7	2793	143.8
	延安	24.49	16.5	10.70	500	2285.8	166.67
	咸阳	35.40	11.3	9.60	462.7	2109.3	26.79
	铜川	6.46	2.242	11.10	629.8	1844.3	17.27
	宝鸡	29.84	48.8	12.00	610	1501.4	101.92
	西安	24.05	23.47	15.00	497.5	1594.1	48.51
	渭南	51.11	20.06	13.50	570.00	1940.8	33.5
	半干旱地区	231.61	163.21	13.60	510.23	2012.5	538.46
宁夏	中卫	23.13	1.2	11.94	250.1	3014.1	20.36
	固原	35.61	5.6	9.40	400	2562.7	28.26
	吴忠	33.99	2.4	8.40	492.2	2843.7	28.56
	半干旱地区	92.73	9.2	10.50	387.76	2807	77.18
甘肃	兰州	20.92	19.61	9.43	200	2355.1	20.94
	白银	30.73	12.96	11.00	250	2650	29.88
	定西	51.39	62.855	7.50	475	2500	62.855
	临夏	14.42	14.15	6.70	537	2520	0.145
	平凉	37.08	16.7	6.30	511.2	2456	32.04
	庆阳	45.19	29.95	10.00	450	2376.9	72.59
	天水	37.92	15.46	10.10	491.7	2100	51.67
	半干旱地区	237.66	171.68	11.70	417.44	2430	270.12
青海	西宁	14.70	13.14	10.90	446.5	1939.7	24.48
	海东	20.13	16.2	5.70	425.5	3172	42.11
	海南	8.35	3.32	5.90	266.7	2890	46.37
	半干旱地区	43.18	32.66	6.00	319.53	2668	112.96

（2）主要特点

①气象条件复杂、多变且不均衡，本地区地形地貌复杂，下垫面差异明显，气象条件不均衡显著，温度和降水日变化率大于东部地区，温度和降水的年变化率居全国首位；极端天气概率大，农业生产自然风险高。

②干旱、沙尘暴、寒潮是主要气象灾害，其中，干旱最突出，且春旱旱情严重、发生频繁、持续时间长、区域性强。此外，近年冰雹、风灾、冻害、暴雨等灾害发生的频次与强度有所增加。

③地形地貌多样，土层深厚，光热条件好，适于农林牧果业综合发展与多种经营。

（3）主要问题

①生态环境脆弱，近几十年，该地区生态资源开发利用过度，生态环境脆弱，地区可持续发展面临挑战。

②水资源匮乏，受气候和自然条件限制，该地区主要是资源性缺水。同时，水资源过度利用和不合理利用加剧了水资源匮乏。

1.1.3 社会经济与区域发展

（1）人口与城镇化

2013年，该区域总人口为5833.04万人，占全国总人口的4.26%，有汉、藏、回、土等近40个民族，其中少数民族407.40万人，占7.22%。宁夏、青海地区少数民族人口众多、占比大，甘肃、陕西少数民族分布略少（图1-4）。

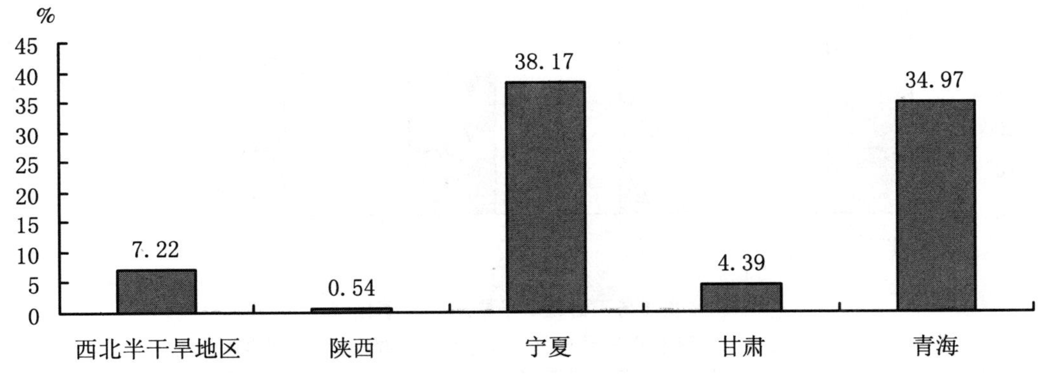

图1-4 西北半干旱地区少数民族人口比例

西北半干旱地区是西北人口密度最大的地区，为162人/km²，比全国人口密度高出20人/km²，人口压力大。地区内人口分布不均，其中：陕西关中和甘肃兰州、天水、平凉地区人口密度较大，平均超过200人/km²；青海和宁夏地区人口密度相对较小，平均低于100人/ km²（图1-5）。该地区人口自然增长率为7.95%，比全国平均水平高3%。

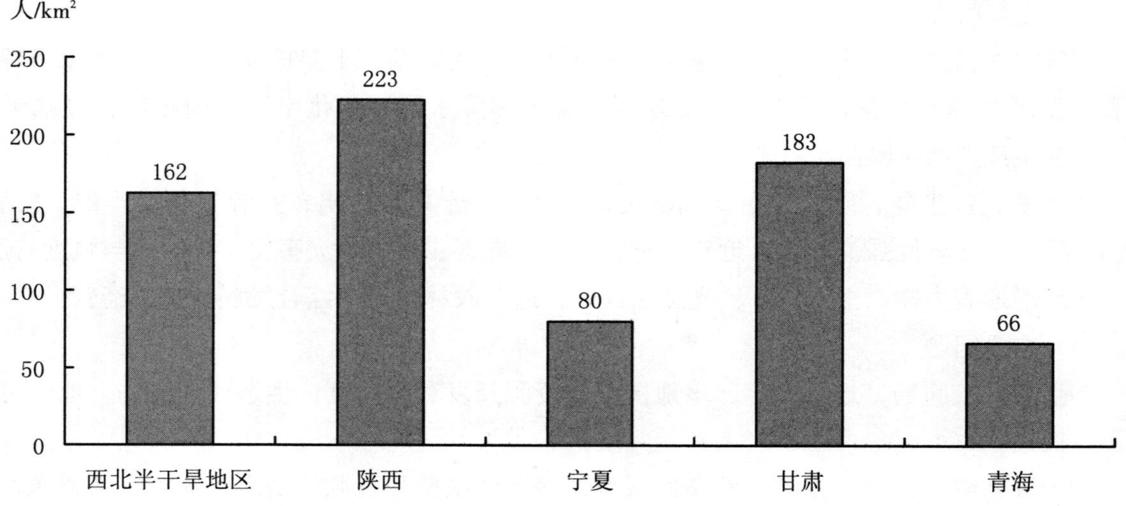

图1-5　西北半干旱地区人口密度

西北半干旱地区城镇化率为48.02%，比全国低6.75%。陕西半干旱地区城镇化率为57.22%，高于全国平均水平；宁夏城镇化率最低，为32.95%；甘肃、青海城镇化率分别为42%、43.64%（图1-6、表1-3）。

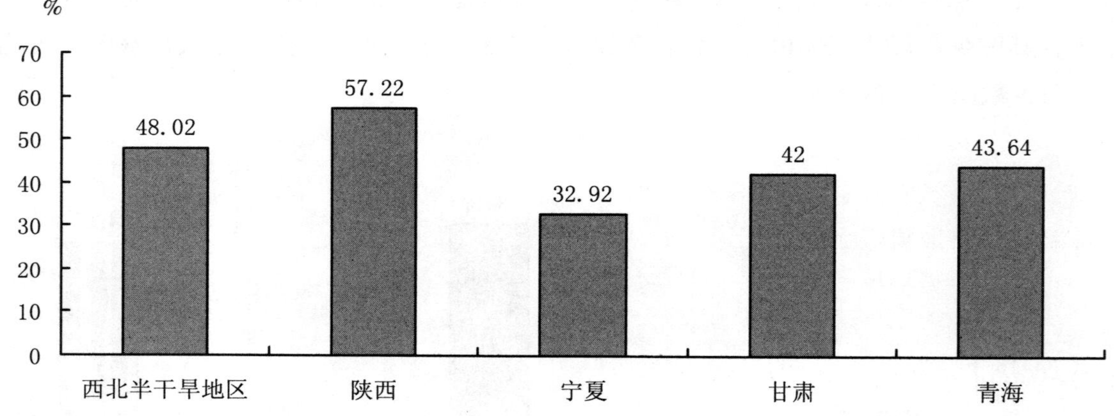

图1-6　西北半干旱地区城镇化率

表1-3　西北半干旱地区土地、人口主要指标(2013年)

地区		土地面积(km²)	总人口(万人)	少数民族(万人)	人口密度(人/km²)	人口自然增长率(%)	城镇化率(%)
全国		9600000	136782.00	13379.00	142	4.95	54.77
西北半干旱地区		360045	5833.04	407.39	162	7.95	48.02
陕西半干旱地区	榆林	43578	377.00	0.49	87	5.12	48.34
	延安	37037	237.80	0.40	64	4.41	52.70
	咸阳	10189	533.20	2.00	523	4.07	53.48
	铜川	3937	84.053	0.34	213	3.70	53.02
	宝鸡	18117	373.67	2.10	206	3.59	61.55
	西安	10097	855.29	9.78	847	4.39	71.51
	渭南	13134	569.80	1.40	434	3.60	44.82
	合计	136089	3030.81	16.51	223	4.13	57.22

续表1-3

地 区		土地面积（km^2）	总人口（万人）	少数民族（万人）	人口密度（人/km^2）	人口自然增长率(%)	城镇化率（%）
宁夏半干旱地区	中卫	17448	121.50	39.27	70	13.15	34.69
	固原	13450.23	154.20	54.56	115	15.84	23.95
	吴忠	21419.55	143.70	66.24	67	12.37	41.14
	合计	52317.78	419.40	160.07	80	13.79	32.95
甘肃半干旱地区	兰州	13086	375.00	13.50	287	4.78	77.41
	白银	13086	177.00	3.10	135	6.69	41.82
	定西	20330	300.10	3.00	148	6.05	25.08
	临夏	7332	223.16	15.43	304	7.78	24.96
	平凉	11170	231.90	16.46	208	6.55	29.73
	庆阳	27119	264.10	0.79	97	7.76	24.90
	天水	14277	378.00	24.80	265	9.02	28.24
	合计	106400	1949.26	77.08	183	6.95	42.00
青海半干旱地区	西宁	7649	220.07	58.81	288	5.81	56.82
	海东	13044	167.80	61.85	129	8.50	29.20
	海南	44546	45.70	33.06	10	9.79	38.94
	合计	65239	433.57	153.73	66	6.95	43.64

（2）社会经济发展现状

①社会经济取得巨大发展

自西部大开发以来，西北半干旱地区社会经济发展取得了突破性进展。到2013年年底，该区生产总值达20 486.17亿元，为2000年的8.49倍，年均增长率为17.03%，固定资产投资20 988.79亿元，为2000年的22.35倍，年均增长率为24.85%；社会消费零售总额6613.26亿元，为2000年的6.55倍，年均增长率为14.37%；耕地面积9108.021万亩，为2000的1.18倍，年均增长率为1.2%；粮食总产量达2047.72万吨，为2000年的1.45倍，年均增长率为2.69%（表1-4）。

表1-4　西北半干旱地区主要经济指标及增长率

地 区		地区生产总值（亿元）	地区生产总值增长率(%)	固定资产投资（亿元）	固定资产投资增长率(%)	粮食产量（万吨）
全 国		568845.2	14.20	512761	22.09	60193.84
西北半干旱地区		20486.17	17.03	20988.79	24.85	2047.72
陕西	榆林	2846.75	26.54	1827.91	27.40	154.77
	延安	1354.14	18.18	1321.04	26.70	74.35
	咸阳	1860.39	15.95	2054.53	26.88	189.44
	铜川	321.98	16.21	260.02	23.14	23.98
	宝鸡	1545.91	15.92	1669.78	25.53	145.59
	西安	4884.13	16.52	5824.53	25.84	183.12
	渭南	1349.01	16.17	1467.61	27.31	211.17
	合计	14162.31	17.66	14425.42	26.29	982.43

续表1-4

地 区		地区生产总值（亿元）	地区生产总值增长率(%)	固定资产投资（亿元）	固定资产投资增长率(%)	粮食产量（万吨）
宁夏	中卫	286.83	24.16	314.48	34.86	66.71
	固原	182.95	14.18	249.55	29.32	79.86
	吴忠	351.93	10.08	389.46	19.50	93.85
	合计	821.70	13.82	953.48	24.62	240.42
甘肃	兰州	1776.28	14.26	1316.86	16.58	46.86
	白银	463.31	13.67	352.02	23.20	77.76
	定西	252.22	13.44	413.31	26.57	138.98
	临夏	167.32	13.01	216.79	28.34	76.23
	平凉	341.08	23.09	442.84	21.23	111.14
	庆阳	605.37	17.97	832.15	30.30	158.95
	天水	454.34	13.10	442.89	22.15	123.60
	合计	4059.91	14.81	4016.86	21.21	733.52
青海	西宁	978.53	19.12	1152.08	24.46	23.57
	海东	346.60	23.38	255.44	22.92	54.23
	海南	117.12	16.83	185.50	28.07	13.55
	合计	1442.25	20.34	1593.02	24.53	91.36

注：本表时点数为2013年数据；增长率为2000—2013年间的年均增长率。

②居民收入和生活水平显著提高

以2000年为基期，2013年西北半干旱地区农村居民人均可支配收入为6576.19元，为基期的4.32倍，年均增长11.91%；城市居民人均可支配收入为22 882.70元，是基期的4.33倍，年均增长11.93%；人均社会消费零售总额为11 337.57元，为基期的5.80倍，年均增长14.48%；人均城乡居民储蓄存款余额为26 742元，为基期的8.56倍，年均增长17.97%（表1-5）。

表1-5　西北半干旱地区主要民生指标统计(2013年)

		人均GDP（元）	农村居民人均可支配收入（元）	城市居民人均可支配收入（元）	人均城乡居民储蓄存款余额（元）	人均社会消费零售总额（元）	人均粮食产量(千克)
全国		41 907	8896	24 564	32 894	17 135	443.46
西北半干旱地区		37 383	6576	22 882	26 742	11 337	400.67
陕西	榆林	82 549	8687	14 527	27 461	8181	411.13
	延安	61 493	8681	11 192	23 157	7210	312.66
	咸阳	37 695	8538	28 488	20 144	8677	355.29
	铜川	38 248	8140	21 929	28 174	8808	280.16
	宝鸡	41 327	8376	25 777	26 574	12 669	377.57
	西安	56 988	12 930	33 100	63 163	29 791	226.93
	渭南	25 327	7565	26 146	16 837	6601	396.06
	合计	48 606	9132	26 525	33 824	14564	337.11

续表 1–5

		人均GDP（元）	农村居民人均可支配收入（元）	城市居民人均可支配收入（元）	人均城乡居民储蓄存款余额（元）	人均社会消费零售总额（元）	人均粮食产量(千克)
宁夏	中卫	23 705	5927	17 867	12 848	4153	549.05
	固原	11 865	5359	18 789	7915	3212	512.10
	吴忠	24 439	6370	17 845	22 029	5439	653.11
	合计	19 592	5823	18 104	14 180	4247	582.60
甘肃	兰州	52 444	6224	18 443	51 312	22 503	128.67
	白银	26 175	4497	18 533	16 245	7751	454.18
	定西	8407	3612	14 280	9178	2754	553.06
	临夏	7912	3167	11 428	1051	3286	383.29
	平凉	14 702	4215	15 506	13 613	5940	532.59
	庆阳	22 931	4262	17 157	13 750	5606	715.10
	天水	12 019	3863	15 177	12 616	5379	357.62
	合计	21 980	4051	16 633	18 809	8343	446.36
青海	西宁	46 762	7801	17 634	40 172	14 425	116.13
	海东	19 323	5352	17 112	6358	3288	323.18
	海南	82 549	6127	16 557	20 875	4853	270.50
	合计	61493	6404	17 400	25 052	9106	236.60

③社会经济水平有待进一步提高

由于自然、历史、社会等原因，西北半干旱地区整体经济发展水平与全国平均水平相比存在一定差距。2013年年底，该区域人口占全国的4.26%，而生产总值仅占全国的3.43%，农业总产值占全国的6.08%，耕地面积占全国总耕地面积的4.50%，粮食产量仅占全国的3.4%，单产仅为全国平均的75.63%。

2013年，西北半干旱地区人均生产总值为全国平均水平的89.20%；农村居民人均纯收入比全国平均水平低2320元，为全国平均水平的73.92%；城市居民人均可支配收入比全国平均水平低1682元，为全国平均水平的93.15%；人均社会消费零售总额比全国平均水平低5798元，为全国平均水平的66.17%；人均城乡居民储蓄存款余额比全国平均水平低652元，为全国平均水平的81.29%；人均粮食产量比全国平均水平低42.97 g，为全国平均水平的90.35%。

1.1.4　农业产业发展

（1）产业结构

农业是西北半干旱地区的传统产业，2013年农业生产总值约为3029.93亿元，占当地产业总产值的9.14%（表1–6）。

表1-6 西北半干旱地区产业产值结构

产值占比	全国	西北半干旱地区
第一产业	10.02%	9.14%
第二产业	43.89%	54.18%
第三产业	46.09%	36.68%

种植业仍是西北半干旱地区最大的农业产业，产值比重为71.12%，传统农耕依然是当地最主要的产业经营形态；其次为畜牧业，产值占比为26.21%；林业和渔业产业规模相对较小，产值占比分别为2.18%和0.48%。

四省区中，陕西半干旱地区产业结构与西北半干旱地区整体产业结构最为相似；甘肃半干旱地区种植业比重最大，达到79.92%，而畜牧业产业规模小，比重约为18.28%；宁夏半干旱地区和青海半干旱地区畜牧业发达，产业规模大，产值比重分别为31.60%、44.59%（表1-7）。

表1-7 西北半干旱地区农业产业结构(2013年)

产业	陕西半干旱地区		甘肃半干旱地区		宁夏半干旱地区		青海半干旱地区		西北半干旱地区	
	产值(亿元)	比重(%)	产值(亿元)	比重(%)	产值(亿元)	比重(%)	产值(亿元)	比重(%)	产值(亿元)	比重(%)
种植业	1302.58	70.50	576.56	79.92	173.88	64.38	101.95	53.40	2154.98	71.12
林业	44.02	2.38	11.90	1.65	7.43	2.75	2.75	1.44	66.10	2.18
畜牧业	491.92	26.63	131.85	18.28	85.35	31.60	85.13	44.59	794.25	26.22
渔业	8.98	0.49	1.11	0.15	3.42	1.27	1.10	0.57	14.62	0.48
合计	1847.51	100.00	721.43	100.00	270.08	100.00	190.93	100.00	3029.94	100.00

（2）产业规模

种植业：半干旱地区特定的自然条件赋予了农产品独特的品质，经过多年发展，西北半干旱地区已形成以小麦、玉米、杂粮、薯类为主要作物的粮食作物优产区，以及以油料、蔬菜、瓜果和中药材等为代表的特色优势经济作物产区（表1-8）。

表1-8 西北半干旱地区种植业产业规模(2013年)

地区	粮食		蔬菜		油料		瓜果	
	产量(万吨)	比重(%)	产量(万吨)	比重(%)	产量(万吨)	比重(%)	产量(万吨)	比重(%)
陕西半干旱地区	1025.73	49.85	1231.80	47.69	16.12	15.81	1397.78	71.97
甘肃半干旱地区	700.29	34.03	905.12	35.04	34.22	33.56	391.31	20.15
宁夏半干旱地区	240.89	11.71	294.29	11.39	26.32	25.81	152.24	7.84
青海半干旱地区	90.79	4.41	151.82	5.88	25.31	24.82	0.85	0.04
西北半干旱地区	2057.70	100.00	2583.03	100.00	101.97	100.00	1942.18	100.00

畜牧业：西北半干旱地区地处农牧交错带，其中青海半干旱地区、宁夏半干旱地区和陕北半干旱地区是我国重要的牧区，各类肉、蛋、奶、禽等都得到了较为均衡的发展（表1-9）。

表1-9 西北半干旱地区畜牧业规模（2013年）

地区	猪肉		牛肉		羊肉		牛奶		禽蛋	
	产量(万吨)	比重(%)	产量(万吨)	比重(%)	产量(万吨)	比重(%)	产量(万吨)	比重(%)	产量(万吨)	比重(%)
陕西半干旱地区	73.02	62.31	8.95	29.53	9.83	35.20	215.17	69.60	8.64	35.33
甘肃半干旱地区	29.45	25.13	9.31	30.69	6.24	22.35	15.17	4.91	8.21	33.57
宁夏半干旱地区	5.10	4.35	6.70	22.09	6.60	23.64	56.50	18.27	5.50	22.48
青海半干旱地区	9.62	8.21	5.37	17.69	5.25	18.81	22.31	7.22	2.11	8.62
西北半干旱地区	117.19	100.00	30.32	100.00	27.92	100.00	309.14	100.00	24.46	100.00

林业：西北半干旱地区林业产业开发规模较小，整体产值不高。2013年，林业总产值66.1亿元。其中，陕西半干旱地区林业总产值44.02亿元，占比为66.60%；甘肃半干旱地区产值11.9亿元，占比为18.0%；宁夏半干旱地区产值7.43亿元，占比为11.24%；青海半干旱地区产值2.75亿元，占比为4.16%（表1-10）。

表1-10　西北半干旱地区林业产业规模(2013年)

地区	产值(亿元)	比重(%)
陕西半干旱地区	44.02	66.60
甘肃半干旱地区	11.90	18.00
宁夏半干旱地区	7.43	11.24
青海半干旱地区	2.75	4.16
西北半干旱地区	66.10	100.00

渔业：西北半干旱地区渔业产业发展规模较小，2013年渔业产量为11.82万吨，产值为14.61亿元。其中，陕西半干旱地区渔业产量与产值在该地区占比过半，分别为57.45%、61.46%；其次为宁夏半干旱地区，约占1/4；甘肃半干旱地区和青海半干旱地区规模较小（表1-11）。

表1-11　西北半干旱地区渔业产业规模(2013年)

地区	产量(万吨)	比重(%)	产值(亿元)	比重(%)
陕西半干旱地区	6.79	57.45	8.98	61.46
甘肃半干旱地区	1.23	10.41	1.11	7.60
宁夏半干旱地区	3.27	27.66	3.42	23.41
青海半干旱地区	0.53	4.48	1.1	7.53
西北半干旱地区	11.82	100.00	14.61	100.00

（3）产业地位

西北半干旱地区农林牧渔业总产值为3029.93亿元，仅占全国的3.12%，无论土地占比还是人口占比，均低于全国平均水平。分产业来看，种植业占比略高，占全国种植业总产值的4.18%，在本地区农业结构中占比达到71.12%；畜牧业、林业、渔业占比均较低，分别为全国的2.39%、1.69%和0.15%（表1-12）。

从地区来看，陕西半干旱地区农业各产业产值在西北半干旱地区中所占比例均较高，占比都在60%以上；其次为甘肃半干旱地区，宁夏半干旱地区、青海半干旱地区占比相对较低（表1-13）。

表1-12　西北半干旱地区农业各产业在全国的地位(2013年)

地区	合计		种植业		林业		畜牧业		渔业	
	产值(亿元)	比重(%)	产值(亿元)	比重(%)	产值(亿元)	比重(%)	产值(亿元)	比重(%)	产值(亿元)	比重(%)
陕西半干旱地区	1847.50	1.90	1302.58	2.53	44.02	1.13	491.92	1.73	8.98	0.09
甘肃半干旱地区	721.42	0.74	576.56	1.12	11.90	0.30	131.85	0.46	1.11	0.01
宁夏半干旱地区	270.08	0.28	173.88	0.33	7.43	0.19	85.35	0.30	3.42	0.04
青海半干旱地区	190.93	0.20	101.95	0.20	2.75	0.07	85.13	0.30	1.10	0.01
西北半干旱地区	3029.93	3.12	2154.97	4.18	66.10	1.69	794.25	2.79	14.61	0.15
全国	93469.90	100.00	51497.40	100.00	3902.40	100.00	28435.50	100.00	9634.60	100.00

表 1-13 西北半干旱地区农业产业的地区格局(2013 年,%)

地区	合计	种植业	林业	畜牧业	渔业
陕西半干旱地区	60.98	60.45	66.60	61.93	61.42
甘肃半干旱地区	23.81	26.75	18.00	16.60	7.58
宁夏半干旱地区	8.91	8.07	11.24	10.75	23.38
青海半干旱地区	6.30	4.73	4.16	10.72	7.52
合计	100.00	100.00	100.00	100.00	100.00

（4）产业专业化与集聚水平

比较西北半干旱地区之间的产业区位熵可知：陕西半干旱地区农林牧渔产业的区位熵基本在1上下徘徊，即与其他地区相比，陕西的农业各产业无明显专业化集聚优势；甘肃地区种植业区位熵为1.13，略有专业化集聚优势；宁夏半干旱地区的渔业和青海半干旱地区的畜牧业具有显著的专业化集聚优势，宁夏的林业、畜牧业和青海的渔业呈现一定的专业化集聚优势（表1-14）。

表 1-14 西北半干旱地区之间农业产业区位熵(2013 年)

地区	种植业	林业	畜牧业	渔业
陕西半干旱地区	0.98	1.08	1.01	1.00
甘肃半干旱地区	1.13	0.76	0.70	0.32
宁夏半干旱地区	0.91	1.26	1.21	2.63
青海半干旱地区	0.77	0.68	1.75	1.23

从全国层面比较可知：陕西半干旱地区、甘肃半干旱地区、宁夏半干旱地区种植业具有专业化集聚优势，青海半干旱地区畜牧业专业化集聚优势显著，宁夏半干旱地区畜牧业专业化集聚优势相对微弱。除此之外，其余的专业化程度都相对较低（表1-15）。

表 1-15 西北半干旱地区农业产业在全国的区位熵(2013 年)

地区	种植业	林业	畜牧业	渔业
陕西半干旱地区	1.26	0.56	0.86	0.05
甘肃半干旱地区	1.46	0.40	0.60	0.02
宁夏半干旱地区	1.16	0.66	1.04	0.12
青海半干旱地区	0.99	0.35	1.50	0.06
西北半干旱地区	1.28	0.52	0.86	0.05

（5）农业产业发展的主要成就

一是特色农牧产业发展迅速，主要农产品生产稳定快速增长。西北半旱区依托自身资源禀赋，形成了一批优势特色主导产业。如陕西苹果、甘肃马铃薯和蔬菜、青海牦牛藏羊、陕北杂粮、宁夏枸杞和滩羊等特色农产品享誉国内外。小麦、玉米、蔬菜、水果、奶类、杂粮类、薯类、畜禽、中药材等主要农产品生产实现稳定增长，特色优势农产品增长超过全国平均。

二是农民收入持续增长，民生条件得到较大改善。2013年，西北半干旱地区农村居民人均可支配收入为6576.19元，是2000年的4.32倍，年均增长11.02%。人均储蓄和消费零售总额快速增长，农村居民家庭恩格尔系数持续下降，民生条件得到明显改善。

三是旱作节水农业发展成效显著。地膜覆盖保墒、塘窖集雨补灌、扬水压砂补灌、座水点种等旱作节水技术模式逐渐成熟，膜下滴灌、微灌、喷灌、管灌等高效节水技术有效推广，保护性耕作、深松整地、双垄沟播等农机农艺结合跟进，果-畜-沼、粮-畜-沼-肥、粮-畜-肥、草-畜-

肥等循环农业模式逐步建立，种养一体化体系初步形成。

四是农作物育繁推一体化水平逐步提升。西北半干旱地区玉米、小麦、油菜、马铃薯、蔬菜育种在我国种业发展中占有极其重要的地位，农作物育种、繁育与推广呈现出品种选育水平逐步提升、供种能力不断增强、政策法规逐步健全、检测监管逐步改善的特征。

五是现代农业经营模式创新与区域示范成效显著。随着西北半干旱地区农业现代生产要素的不断引入，专业化分工、标准化生产、社会化服务、产业化经营模式逐步推广；种养大户、合作社、家庭农场、龙头企业等新型经营主体加快发展，农业产业化经营水平不断提高。

1.2 发展阶段评价

1.2.1 现代农业的内涵与特征

现代农业是以广泛应用现代科学技术和现代科学管理方式为主要标志，以保障农产品供给、增加农民收入、促进可持续发展为目标，以提高劳动生产率、资源产出率和商品率为途径，以现代科技和装备为支撑，在家庭经营基础上，在市场机制与政府调控的综合作用下，农工贸紧密衔接，产加销融为一体，多元化的产业形态和多功能的产业体系。

总结国内外经验，现代农业至少包含两方面特征：一是农业生产的物质条件和技术条件的现代化，利用先进的科学技术和生产要素装备农业，实现农业生产机械化、信息化、生物化；二是农业组织管理的现代化，实现农业生产专业化、社会化、区域化和企业化。

1.2.2 评价指标

根据上述现代农业的核心内涵与基本特征，充分借鉴同类研究，项目组构建了以农业投入水平、农业产出水平、农村社会发展水平、农业产业化水平、农业政策保障水平以及农业可持续发展水平为一级指标的现代农业发展水平综合评价指标体系（表1–16）。

表1–16 西北半干旱地区现代农业发展水平综合评价指标体系

一级指标	二级指标	指标内涵解析	计算方法
农业投入水平（B_1）	劳均耕地面积（C_{11}）	反映现代农业发展的规模水平	耕地总面积/农业从业人员
	农机总动力水平（C_{12}）	反映现代农业发展的机械强度	农机总动力/耕地面积
	单位耕地面积有效化肥用量（C_{13}）	反映现代农业化学化水平与耕地集约经营程度	化肥施用总量/耕地总面积
农业产出水平（B_2）	农民人均纯收入（C_{21}）	反映农民的收入水平	农民人均纯收入
	劳动生产率（C_{22}）	反映农业从业人员人均农业生产产值的水平	农林牧渔总产值/农业从业人数
	土地产出率（C_{23}）	反映单位土地产出水平	农林牧渔总产值/耕地总面积
农村社会发展水平（E_3）	城镇化水平（C_{31}）	反映城镇化程度	城镇人口总数/人口总数
	恩格尔系数（C_{32}）	反映农村居民生活消费水平	农村居民食物支出/农村居民总支出
	人均农业生产总值（C_{33}）	反映城乡经济发展水平的高低	农业总产值/农业从业人员数
	人均农村用电量（C_{34}）	反映农村居民生活水平的高低	农村用电总量/农业从业人员数

续表1-16

一级指标	二级指标	指标内涵解析	计算方法
农业产业化水平(B_4)	农业增加值占比(C_{41})	反映农产品商品化程度的高低	农业增加值/农业总产值
	有效灌溉率(C_{42})	反映现代农业的水利化水平	有效灌溉面积/耕地总面积
	机耕比例(C_{43})	反映现代农业的机械化水平	机耕面积/耕地总面积
农业政策保障水平(B_5)	农业保险深度(C_{51})	反映现代农业的保障水平	农业保险保费收入/农业增加值
	财政支农力度(C_{52})	反映现代农业发展的财政支持力度	财政支农支出/财政总支出
农业可持续发展水平(B_6)	森林覆盖率(C_{61})	反映农业生产与生态环境优劣水平	有林地面积/国土总面积
	人口自然增长率(C_{62})	反映人口发展速度的水平	人口自然增长率
	耕地面积增长率(C_{63})	反映耕地面积的可持续性	新增耕地面积/耕地总面积
	生产总值增长率(C_{64})	反映宏观经济发展水平的可持续性	生产总值增长率

1.2.3 评价方法及过程

(1) 设定评价模型

现代农业发展水平综合测度总模型(AT)设定为:

$$AT_t = W_1B_1 + W_2B_2 + W_3B_3 + W_4B_4 + W_5B_5 + W_6B_6 = \sum_{i=1}^{6} W_iB_i$$

其中,T_t 为一级子系统指数,W_i 为各级子系统权重,T_i 为评价区域,t 为时期。

各一级指标体系分模型(B)包括:

(B_1)农业投入水平一级子系统测度模型

$$B_1 = W_{11}C_{11} + W_{12}C_{12} + W_{13}C_{13} = \sum_{i=1}^{3} W_{1i}C_{1i}$$

(B_2)农业产出水平一级子系统测度模型

$$B_2 = W_{21}C_{21} + W_{22}C_{22} + W_{23}C_{23} = \sum_{i=1}^{3} W_{2i}C_{2i}$$

(B_3)农村社会发展水平一级子系统测度模型

$$B_3 = W_{31}C_{31} + W_{32}C_{32} + W_{33}C_{33} + W_{34}C_{34} = \sum_{i=1}^{4} W_{3i}C_{3i}$$

(B_4)农业产业化水平一级子系统测度模型

$$B_4 = W_{41}C_{41} + W_{42}C_{42} + W_{43}C_{43} = \sum_{i=1}^{3} W_{4i}C_{4i}$$

(B_5)农业政策保障水平一级子系统测度模型

$$B_5 = W_{51}C_{51} + W_{52}C_{52} + W_{53}C_{53} = \sum_{i=1}^{3} W_{5i}C_{5i}$$

(B_6)农业可持续发展水平一级子系统测度模型

$$B_6 = W_{61}C_{61} + W_{62}C_{62} + W_{63}C_{63} + W_{64}C_{64} = \sum_{i=1}^{4} W_{6i}C_{6i}$$

（2）确定权重

确定权重是多指标综合评价的关键。本研究综合主观赋权法和客观赋权法常用方法的优点，运用层次分析法和熵值法分别计算各指标主观赋权权重 W_C 和客观赋权权重 W_S，并通过 $W=(W_S+W_C)/2$ 确定各指标综合权重（表1-17、表1-18）。

表1-17　西北半干旱地区现代农业发展一级指标体系综合权重

一级指标	层次分析法权重 W_C	熵值法权重 W_S	综合权重 W
农业投入水平	0.09	0.17	0.13
农业产出水平	0.08	0.16	0.12
农村社会发展水平	0.14	0.16	0.15
农业产业化水平	0.15	0.17	0.16
农业政策保障水平	0.31	0.17	0.24
农业可持续发展水平	0.25	0.17	0.21

表1-18　西北半干旱地区现代农业发展二级指标体系综合权重

一级指标	二级指标	层次分析法权重 W_C	熵值法权重 W_S	综合权重 W
农业投入水平	劳均耕地面积	0.018	0.350	0.184
	农机总动力水平	0.027	0.358	0.193
	单位耕地面积有效化肥用量	0.041	0.291	0.166
农业产出水平	农民人均纯收入	0.012	0.348	0.180
	劳动生产率	0.030	0.357	0.194
	土地产出率	0.034	0.295	0.165
农村社会发展水平	城镇化水平	0.016	0.230	0.123
	恩格尔系数	0.032	0.262	0.147
	人均农业生产总值	0.043	0.261	0.152
	人均农村用电量	0.047	0.246	0.147
农业产业化水平	农业增加值占比	0.034	0.395	0.215
	有效灌溉率	0.051	0.234	0.143
	机耕比例	0.062	0.371	0.217
农业政策保障水平	农业保险深度	0.153	0.483	0.318
	财政支农力度	0.153	0.517	0.335
农业可持续发展水平	森林覆盖率	0.061	0.342	0.202
	人口自然增长率	0.056	0.246	0.151
	耕地面积增长率	0.050	−0.002	0.024
	生产总值增长率	0.083	0.414	0.249

（3）数据来源及标准化处理

本研究所用基础数据来源于陕西、甘肃、宁夏、青海相应的统计年鉴（省年鉴、市年鉴）（2006—2014年）、中国保险年鉴（2006—2014年）、中国区域统计年鉴（2006—2014年）、中国经济与社会发展统计数据库以及各省/市统计局网站。其中，部分指标由原始数据经过计算整理而得。

为消除不同计量单位对综合测定结果的影响，并考虑到正向指标和负向指标代表含义的差异，本研究对正负指标采用不同算法，对原始数据进行标准化处理，具体算法如下：

正向指标：$$x_{ij}' = \left[\frac{x_{ij} - \min(x_{ij}, \cdots, x_{nj})}{\max(x_{1j}, x_{2j}, \cdots, x_{nj}) - \min(x_{1j}, x_{2j}, \cdots, x_{nj})}\right] \times 100$$

负向指标：$$x_{ij}' = \left[\frac{\max(x_{1j}, x_{2j}, \cdots, x_{nj}) - x_{ij}}{\max(x_{1j}, x_{2j}, \cdots, x_{nj}) - \min(x_{1j}, x_{2j}, \cdots, x_{nj})}\right] \times 100$$

（4）模型测算

将标准化后的指标数值与权重代入设定的评价模型，即可得到测度西北半干旱地区现代农业发展水平的综合评价指数及分项指标评价指数。

1.2.4 评价结果及其讨论

（1）综合评价

西北半干旱地区现代农业发展滞缓，与全国平均发展水平的差距相比有扩大的趋势。2007—2013年，西北半干旱地区现代农业发展水平指数仅增长10.44%，低于全国平均，且差距正在进一步拉大。2009年，西北半干旱地区现代农业发展水平约为全国平均水平的96.00%，2011年、2013年分别持续下降到75.18%、55.17%（图1-7）。

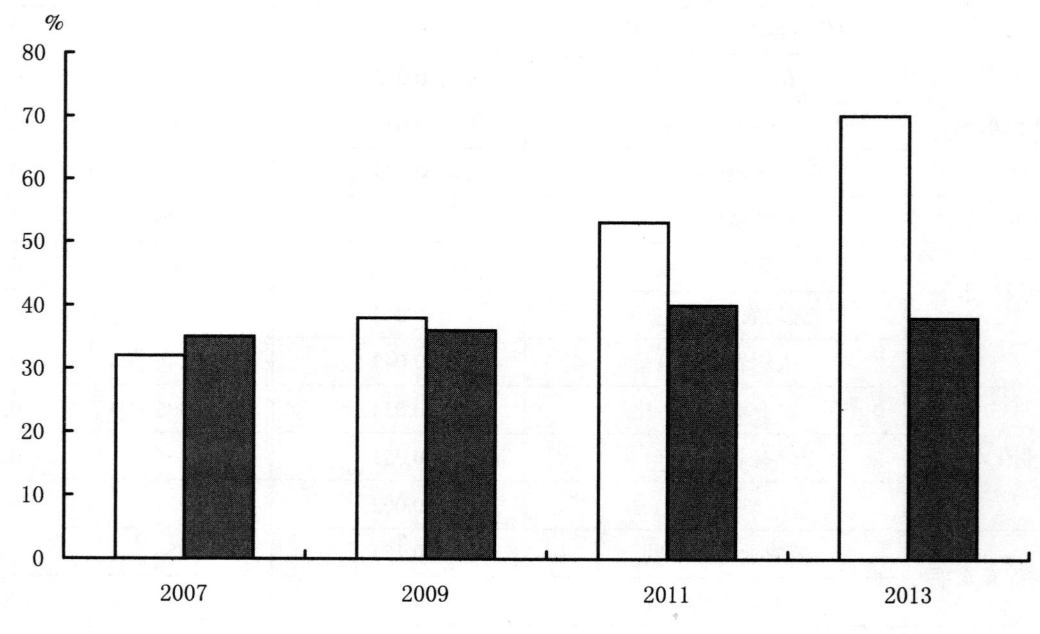

图1-7　西北半干旱地区与全国现代农业发展水平比较

西北半干旱地区现代农业发展的6个一级指标中，除可持续发展指数略高于全国平均水平外，其余5个指标均低于全国平均水平。以2013年为例，农业投入、农业产出、农村社会发展和农业产业化水平与全国相比差距较大，分别为全国平均水平的32.82%、37.62%、44.65%和56.95%；农业政策保障水平差距略小，约为91.78%（图1-8）。

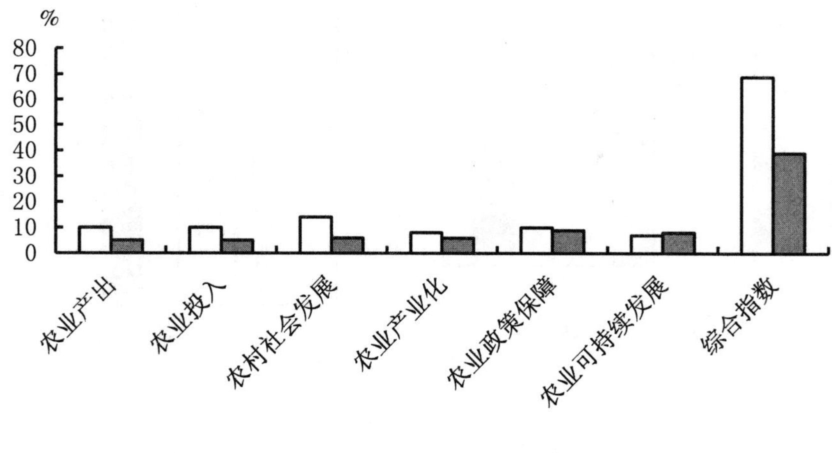

图1-8　西北半干旱地区现代农业发展与全国在各一级指标上的差异

（2）分项评价

以2007年为基期，比较2007—2013年各项指标指数可知（图1-9）：

①农业投入水平略有下降

农业投入的3个二级指标均出现不同程度的下滑。其中，农机总动力与劳均耕地面积指数小幅下降，单位耕地面积有效化肥施用量指数下降39%。化肥有效利用率下降的原因是，西北半干旱地区有效灌溉率大幅下降使得土壤水肥条件恶化，导致化肥利用效率下降。因此，发展节水农业，推行水肥一体化技术，充分发挥水肥耦合效应，是提升西北半干旱地区农业发展水平的关键所在。

②农业产出水平发展滞缓

劳动生产率、土地产出率与基期基本持平，无明显增长趋势。农村居民人均纯收入指数下降8%，表明相对于非农领域，生产要素在农业领域的产业收益分配下降，城乡、地区与产业间的收入差距有所扩大。

③农村社会发展水平小幅提高

农村社会发展水平的4个二级指标均呈现上升趋势，其中农业人均生产总值指数大幅增长（44%），恩格尔系数和人均农村用电量指数小幅增长（13%、11%），城镇化水平指数仅增长2%。农业人均生产总值增长，而农村居民人均可支配收入下降，说明农户在农业生产性经营收入的产业收益分配比例显著下降。

④农业产业化水平有所下降

其中，机耕指数仅增加2.69%，农业增加值占比指数基本不变，而有效灌溉率指数下降49.31%。有效灌溉率大幅下降较大程度地制约了西北半干旱地区农业生产效率与发展水平的提高，凸显了水资源对该地区农业发展的关键性制约作用，发展节水农业、培育抗旱新品种是西北半干旱地区发展现代农业的关键性措施。

⑤农业政策保障水平略有提高

主要是农业保险发展较快，指数增长44.92%；财政支农指数下降5.20%，说明尽管财政支农资金的绝对数量在增长，但其增速与总支出占比却在下降。换言之，西北半干旱地区财政支农的实际力度在相对降低。

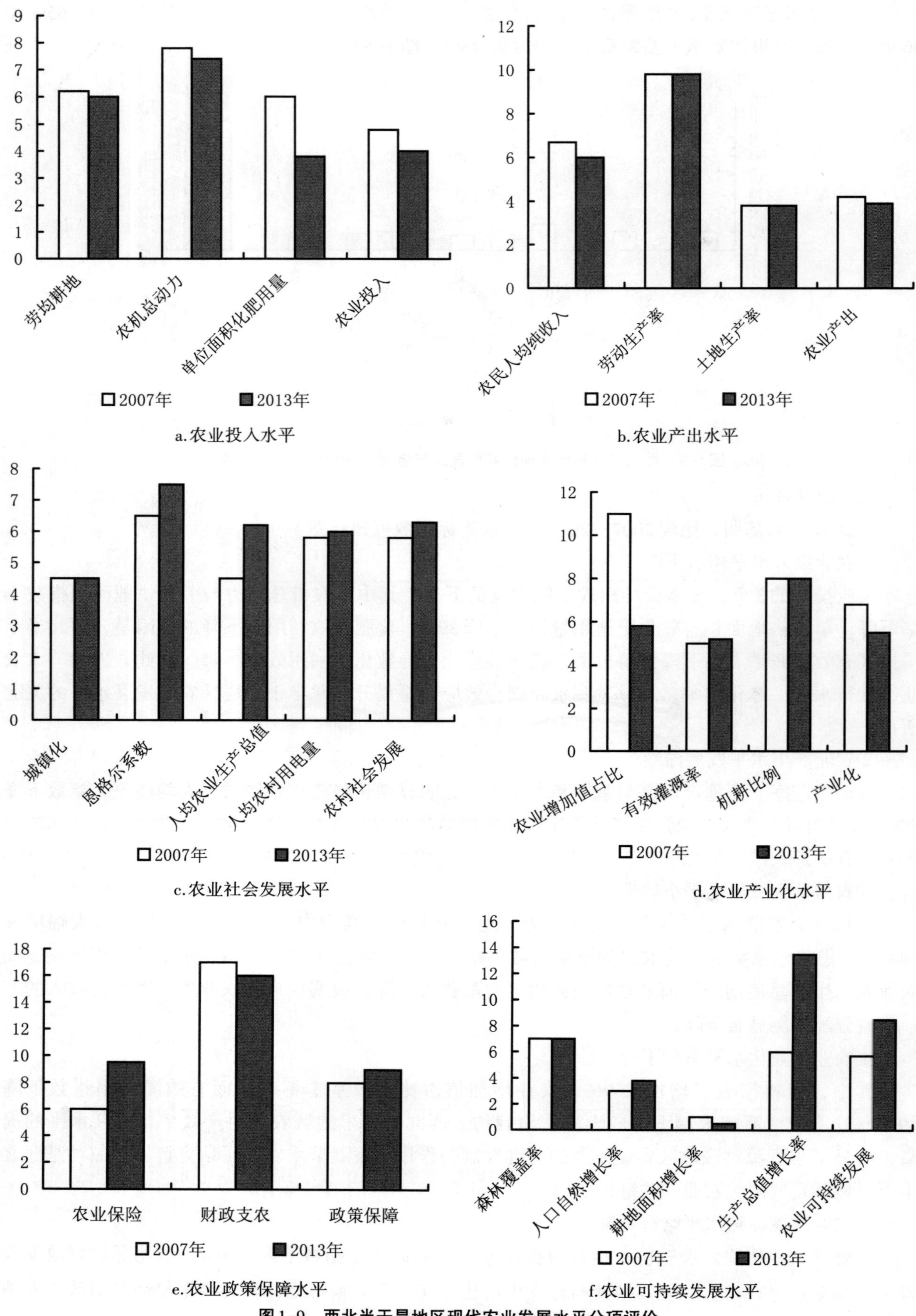

图1-9　西北半干旱地区现代农业发展水平分项评价

⑤农业可持续发展潜力大幅增强

人口增长，特别是生产总值的持续大幅增长，为农业可持续发展提供了潜在的生产要素供给与产业发展的需求驱动力。森林覆盖率基本不变，尽管耕地面积增长率指数下降，但耕地面积依然小幅增长，有利于农业可持续发展。

（3）区域比较

分析2007—2013年发展动态：从发展趋势来看，陕西半干旱地区、宁夏半干旱地区农业发展呈现增长态势，甘肃半干旱地区基本保持不变，青海半干旱地区略有下降；从发展水平来看，陕西半干旱地区和宁夏半干旱地区现代农业发展水平高于区域平均水平，青海半干旱地区与区域平均持平，而甘肃半干旱地区则低于区域平均，且有一定的差距。以2013年为例，甘肃半干旱地区现代农业发展水平是陕西半干旱地区的66.27%、宁夏半干旱地区的61.55%、青海半干旱地区的74.91%。

（4）发展阶段

本研究参照同类研究与农业发达省市相关参数，结合西北半干旱地区农业的实际，将现代农业发展划分为五个阶段（表1-19）。西北半干旱地区的农业产业均处于现代农业发展的起步与准备阶段，甘肃半干旱地区处于现代农业准备阶段，陕西半干旱地区、宁夏半干旱地区、青海半干旱地区处于现代农业起步阶段（图1-10、表1-20）。

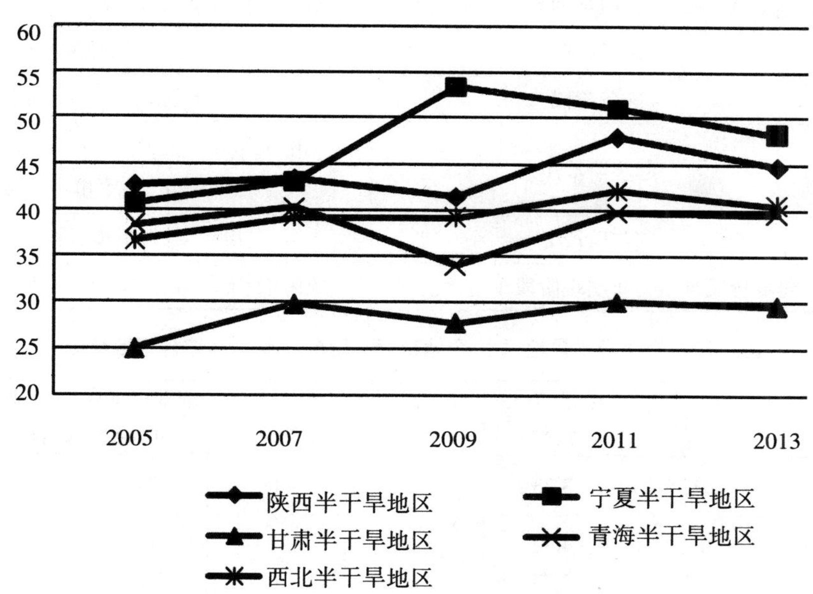

图1-10　西北半干旱地区现代农业发展区域比较示意图

表1-19　现代农业发展阶段划分标准

现代农业发展阶段	评价值范围
准备阶段	<30
起步阶段	30～55
初步实现阶段	55～70
基本实现阶段	70～90
实现阶段	>90

表1-20　四个半干旱地区现代农业发展阶段划分

区域	陕西半干旱地区	宁夏半干旱地区	甘肃半干旱地区	青海半干旱地区
综合得分	44.69	48.12	29.61	39.53
发展阶段	起步阶段	起步阶段	准备阶段	起步阶段

分析各地市现代农业发展水平综合得分可知：区域差异大，发展不均衡，与全国平均水平相比仍有较大差距。20个地市中，有8个地市现代农业的发展水平高于西北半干旱地区整体水平，其余12个现代农业发展水平低于西北半干旱地区平均水平。

为进一步把握地区发展差异，本研究将该地区地市划分为四个梯队（表1-21）。第一梯队以甘肃半干旱地区为主，处于现代农业发展准备阶段；第二梯队以甘肃半干旱地区和青海半干旱地区为主，处于现代农业发展起步的初级阶段；第三梯队主要集中在陕西半干旱地区，处于起步阶段；第四梯队以陕西半干旱地区和宁夏半干旱地区为主，已逐步进入初步实现现代农业的过渡阶段。

分析各指标最低分值（表1-22）可知：甘肃半干旱地区各指标最低分值集中于农业投入和产出指标，且指数显著低于同类地区，说明较低的农业投入和产出水平是制约甘肃半干旱地区农业发展的因素。

表1-21　2013年西北半干旱地区20个市现代农业发展区域格局

梯队	发展阶段	区域分布
第一梯队	准备阶段	平凉市、天水市、临夏州
第二梯队	起步阶段Ⅰ	榆林市、延安市、固原市、兰州市、白银市、定西市、庆阳市、西宁市、海东州
第三梯队	起步阶段Ⅱ	铜川市、渭南市
第四梯队	起步阶段Ⅲ至初步实现阶段Ⅰ过渡阶段	咸阳市、宝鸡市、西安市、中卫市、吴忠市、海南州

表1-22　西北半干旱地区20个地市(州)现代农业发展综合指数得分

省区	市区	总计	农业投入指数	农业产出指数	农村社会发展指数	农业产业化指数	农业政策保障指数	农业可持续发展指数
陕西	榆林市	29.05	3.73	5.36	4.80	3.08	7.65	5.40
	延安市	36.82	4.72	7.29	9.86	1.40	8.22	7.04
	咸阳市	58.49	7.36	10.03	12.42	9.21	7.36	12.11
	铜川市	43.57	4.72	5.14	11.27	3.40	6.47	14.67
	宝鸡市	53.75	5.14	7.65	9.74	7.42	12.73	12.06
	西安市	49.35	6.48	10.44	9.83	9.97	3.87	10.42
	渭南市	41.79	5.65	4.38	3.96	6.67	10.64	11.02
宁夏	中卫市	50.27	5.95	4.45	8.43	6.28	12.91	11.92
	固原市	38.72	5.61	3.04	5.20	2.74	9.91	13.89
	吴忠市	55.36	7.23	5.53	8.37	10.40	13.84	9.87

续表1-22

省区	市区	总计	农业投入指数	农业产出指数	农村社会发展指数	农业产业化指数	农业政策保障指数	农业可持续发展指数
甘肃	兰州市	32.43	2.94	3.51	8.94	6.17	5.74	6.43
	白银市	31.06	3.56	1.87	5.39	4.94	13.40	2.24
	定西市	33.47	2.22	0.70	2.38	3.63	19.59	6.35
	临夏州	25.65	1.10	0.37	1.72	7.11	9.85	5.85
	平凉市	24.80	2.11	2.40	5.20	3.27	9.51	3.45
	庆阳市	35.72	2.15	2.27	5.69	5.98	9.03	12.02
	天水市	24.17	0.91	1.37	3.47	2.52	8.91	8.67
青海	西宁市	32.43	5.52	5.34	6.40	3.00	3.98	10.48
	海东州	33.31	4.50	3.69	5.93	4.31	4.75	11.98
	海南州	52.86	3.73	5.50	4.95	8.74	24.00	6.79

1.3 发展中存在的问题与面临的挑战

综上分析可知，西北半干旱地区现代农业发展仍处于产业建设的初级阶段，整体发展水平及农业投入、农业产出、农村社会发展、农业产业化水平等各方面与全国相比有较大差距，且近年发展速度低于全国平均，差距有扩大趋势。表征农业生产力水平的劳动生产率和土地产出率指数无明显增长。

西北半干旱地区现代农业发展仍处于建设初期，尚未完全建立起与现代农业发展相匹配的生产力体系，难以有效集聚现代农业发展所需的以高科技、高人力资本为代表的现代生产要素，因此，需要在国家层面加强西北半干旱地区发展现代农业的顶层设计与制度安排，以生产力提升为核心，推动区域现代农业产业发展能力进一步提高。西北半干旱地区发展现代农业面临的问题及挑战主要有：

（1）农业发展的基础设施薄弱

研究显示，西北半干旱地区财政支农的实际力度在相对降低，较低的投入水平是制约西北半干旱地区现代农业发展水平提升的共性瓶颈问题。长期的低水平投入导致西北半干旱地区产业基础设施建设欠账较多，诸如：农田水利基础设施薄弱，高效节水灌溉率低，有效灌溉率近年有下降趋势；适合山地、旱地的小型实用机械尚无显著突破，农业机械投入及机耕比例无明显提高，阻碍了高效率生产要素对低效率生产要素的有效替代；高标准农田规划建设面积占耕地比例不足，中低产田改造力度不大，较大程度地制约了该地区农业产出效率的提高。因此，需要切实加大财政支持力度、加强公共基础设施建设，改善西北半干旱地区发展现代农业的产业基础。

（2）农业发展的资源约束加剧

西北半干旱地区人均水资源占有量仅为全国平均的38%，资源性缺水和工程性缺水并存，用水粗放和管理无序导致水资源过度利用和不合理利用，放大了匮乏的水资源对产业发展的制约作用；生态与环境资源开发利用过度而有效保护不足，生态环境脆弱，水土质量下降，化肥、农药、农膜等农业面源污染没有得到有效控制，区域可持续发展面临挑战。研究显示，近年来该地区有效灌溉率指数下降49.31%，较大程度地制约了西北半干旱地区农业生产效率与发展水平的提高。因此，因地制宜发展高效节水旱作农业，加快区域优势作物育繁推一体化、大力培育抗旱新品种是西北半干旱地区发展现代农业的关键性技术。

（3）农村一二三产业融合度低

西北半干旱地区特色优势农业通过外延扩张实现了较快发展，但是与东部及全国平均相比差距依然明显，比如：传统作物比重过高，特色产业集群产业优势不突出，特色不够鲜明；地区间产业存在低水平过度竞争和单一产品供给过剩的市场风险；现代农业产业集群规模化、集约化程度不高，优势产业未得到深度开发，链条短、加工层次低、转化能力弱、品牌带动不强、产品附加值不高，产业扶贫效果有待提升。从生态资源均衡利用和环境可持续发展角度考虑，需要进一步立足区域比较优势，按照国家《西北旱区农牧业可持续发展规划》指导意见，甄别并培育支撑未来区域经济增长的优势产业，建立粮食作物、经济作物、饲料作物有机结合的“三元”结构，协调农牧区域合作，紧密促进农牧结合、种养循环、农牧一体化发展。

（4）农业发展的创新驱动能力不足

西北半干旱地区农业农村信息化正处于起步阶段，基础薄弱、发展滞后、体系不全，农业物联网尚未形成规模，信息化对现代农业发展的支撑作用尚未充分显现；现代种业自主创新能力不足、农技推广体系不健全、科技成果转化率和技术到位率不高等问题影响该地区旱作节水农业可持续发展能力的提升；以农业示范园区和农业科技园区为主要载体的科技示范体系，在新技术、新品种、新模式、新产业示范推广，产业提升，农民增收方面发挥了重要作用，但示范的面积、推广的区域、产生的效果显示度较低，区域适宜性现代农业创新发展模式及示范效应亟待加强，应通过总结与探索区域发展创新，进一步发挥示范基地引领产业发展的作用。

第二章

西北半干旱地区现代农业发展战略思路、目标与任务

加快西北半干旱地区现代农业发展是全面落实国家乡村振兴战略的重要内容，是全面建成小康社会奋斗目标的必然要求，事关国家发展战略，需要加强顶层设计，做好全局谋划，系统推进，有序落实。

2.1　战略思路

2.1.1　总体思路

以党的十九大精神及习近平总书记系列重要讲话精神为指导，牢固树立创新、协调、绿色、开放、共享的发展理念，结合脱贫攻坚，以全面提升西北半干旱地区现代农业发展水平为主要目标，以完善现代农业产业体系为主线，以提高农业综合生产能力和区域发展能力为主攻方向，以推进优势产业、旱作农业节水利用、农作物育种创新和育繁推一体化、现代农业区域示范与创新模式等发展战略为重点，促进农业生产经营专业化、标准化、规模化、集约化，强化政策、科技、设施装备、人才和体制支撑，大力推进农业供给侧结构性改革，促进农村一二三产业融合发展，切实提高现代农业发展水平。

2.1.2　基本原则

（1）坚持区域统筹与产业融合

西北半干旱地区现代农业发展的重点是产业融合，关键在于区域统筹，要跳出西北半干旱地区谋划西北半干旱地区，坚持因地制宜、分类指导，突出西北半干旱地区的生态屏障功能，统筹区域发展，实现跨区优势互补，走区域大平衡之路；要跳出农业抓农业，充分发挥工业化、城镇化、信息化对现代农业的带动作用，促进城乡要素合理配置和产业融合发展。

（2）坚持分区谋划与梯次推进

根据西北半干旱地区的资源禀赋、生态环境、产业基础和市场条件，进一步优化农业生产布局，因地制宜地采取有选择、差别化的发展路径与扶持政策，支持优势农产品生产与示范基地建设，支持有条件的地区率先实现农业的跨越式发展，以点带面推动其他地区加快发展，全面提高区域农业现代化水平。

（3）坚持科技创新与机制创新

围绕旱作农业节水利用战略和育种创新战略，大力推进区域农业科技创新和体制机制创新，以先进科学技术为引领，用改革推动经营方式转变，着力增强创新驱动的发展新动力，优化调整农林牧业结构，全面推进节水利用和种业创新，加快形成农业发展与示范新模式，构建农业可持续发展长效机制，推动区域转型升级发展。

（4）坚持科教兴农和人才强农

提升西北半干旱地区现代农业发展能力，关键在于加快当地的农业科技自主创新和农业农村人才培养，加快农业科技成果转化与推广应用，全面提高农业物质技术装备水平，推动农业发展向主要依靠科技进步、劳动者素质提高和管理创新转变。

（5）坚持市场主导与政府扶持

充分发挥市场在资源配置中的决定性作用和政府在完善产业发展基础设施的政策引导、宏观调控、公共服务等方面的作用，切实履行好顶层设计、投入支持、执法监管等方面的职责，加大强农惠农、富农力度；鼓励各类社会资源参与农业产业发展、资源保护、环境治理和生态修复，着力调动农民、企业和社会各方面的积极性。

2.2 战略目标

2.2.1 总体目标

围绕西北半干旱地区现代农业发展，加快转变农业发展方式，加强顶层设计，强化制度安排，促进区域统筹，主推关键技术，优化产业结构，改善农业基础设施条件，提高科技创新能力，稳步提升区域农业综合生产能力，持续增加农民收入，将西北半干旱地区现代农业发展上升为国家战略，促进现代农业与区域经济社会协调发展，到2025年，基本形成产业优势显著、技术装备先进、组织方式优化、产业体系完善、供给保障有力、综合效益明显的新格局，主要农产品优势区基本实现农业现代化。

2.2.2 具体目标

（1）通过实施优势农业产业发展战略，大力推进西北半干旱地区特色产业向优势区域集中，实现区域适度规模经营，建立起稳定的优质特色农产品生产基地；以农产品加工为引领，拓宽产业范围和功能，大力调整产业结构和转变增长方式，形成特色农产品种养、初加工、精深加工、副产物的综合利用和第三产业融合发展的全产业链；构建政策扶持、科技创新、人才支撑、公共服务和组织管理体系，带动资源、技术、市场需求等要素的优化、整合和集成，把西北半干旱地区建设成为国内一流的优势农业产业发展示范区。到2025年，西北半干旱地区优势农业产业产值达到区域农业总产值的50%以上。

（2）通过实施旱作农业节水利用发展战略，使西北半干旱地区农田基础设施明显改善，旱作农业节水技术广泛应用，初步形成不同区域稳产、高效的现代旱作农业节水利用发展模式，自然降水利用率和利用效率明显提高，旱作农业用水紧缺态势得到基本缓解，粮食综合生产能力稳步提升，农民收入水平持续增加，生态环境不断改善。

（3）通过实施农作物种业创新与育繁推一体化发展战略，打造西北半干旱地区种业发展新模式。一是在西北半干旱地区打造以杨凌示范区为基础性研究中心，以甘肃河西走廊、定西、天水，陕西关中、榆林，宁夏沿黄灌区，青海沿黄灌区为核心的优势农作物制种基地。二是选育适宜的优势种业品种，多途径参与市场竞争。三是以企业创新为核心，以培育自主知识产权优良品种选育为突破口，着重提升育种创新能力。四是培育一大批有创新和竞争力、成长性好的育繁推一体化种子企业。五是建立健全种子管理体系，显著提高新品种保护、种业公共信息服务平台建设、种业负面清单管理等功能。

（4）通过实施现代农业区域示范与创新模式发展战略，将以"创新驱动、园区建设、发展模式、区域示范、项目投资、政策扶持"为重点，以"现代农业、农产品加工业、现代服务业"协同推进和农业增效、农民增收为目标，力争到2025年，西北半干旱地区现代农业发展水平达到全国平均水平。

2.3　战略任务

（1）完善现代农业产业体系

以提升西北半干旱地区现代农业发展水平和加强农业综合生产能力为核心，加强主要农产品优势产区基地建设，启动实施农产品加工提升工程，推广产后贮藏、保鲜等初加工技术与装备；培育加工和流通企业，大力发展精深加工，提高生产流通组织化程度；强化流通基础设施建设和产销信息引导，升级改造农产品批发市场，支持优势产区现代化鲜活农产品批发市场建设；发展新型流通业态，大力发展冷链体系，降低农产品流通成本，提升农产品竞争力。

（2）优化产业结构与区域布局

坚持市场导向，发挥比较优势，做大做强特色优势产业；大力发展农产品加工业，着力延伸农业产业链条，加快推进三产融合，不断提升农业附加值；加快农业信息化物联网建设，推进"互联网+现代农业"发展，拓宽农产品交易渠道；加快无公害农产品、绿色食品、有机农产品和地理标志农产品认证；通过中低产田改造、粮草轮作、退耕还草等方式，挖掘饲草料生产潜力，加强饲草料生产基地建设，促进草食畜牧业提质增效。

（3）强化农业科技和人才支撑

以作物育种、旱作农业、节水利用技术为核心，完善农业科技创新体系和现代农业产业技术体系，启动实施农业科技创新能力提升工程，强化科技成果集成配套，增强农业科技自主创新能力和农业新品种、新技术转化应用能力，着力解决制约西北半干旱地区现代农业发展全局的瓶颈问题；大力推广地膜覆盖、深耕深松、膜下滴灌、水肥一体化、测土配方施肥、耕地质量提升、病虫害专业化统防统治与绿色防控、秸秆综合利用等稳产增产和抗灾减灾关键技术的集成应用；以实施现代农业人才支撑计划为抓手，大力培养农业科技领军人才、农业技术推广人才、农村实用人才，加大新型职业农民培育力度，壮大农业农村人才队伍。

（4）改善农业基础设施和装备条件

加大西北半干旱地区农田水利基础设施建设力度，加快灌区续建配套节水改造步伐，大力推进渠道输水向管道输水转变，地面灌溉向滴灌、喷灌转变，大力推广膜下滴灌、垄膜沟灌水肥一体化技术，引导用水主体改变大水漫灌等粗放型灌溉方式，增加农田有效灌溉面积。开展农田整治，完善机耕道路，加快农田防护林网建设，大力推进农业机械化，提升农田综合生产能力。加快构建监测预警、应变防灾、灾后恢复等防灾减灾体系，建设一批规模合理、标准适度的防洪抗旱应急水源工程，提高防汛抗旱减灾能力。

（5）提高农业产业化经营水平

以构建西北半干旱地区新型农业经营体系为主要任务，推进农业产业化经营跨越式发展。重点扶持经营水平好、经济效益高、辐射带动能力强的龙头企业，建设农业产业化示范基地，鼓励与农户建立紧密型利益联结关系。深入开展农民合作社示范社创建，加强规范化管理，开展标准化生产，实施品牌化经营，提升农民合作社带动能力。深化农村产权制度改革，积极稳妥地推进农村土地承包经营权有序流转，大力培育和发展种养大户、家庭农场、农民合作社及农业产业化龙头企业，发展多种形式的适度规模经营。

（6）加强现代农业发展创新与区域示范

围绕西北半干旱地区现代农业发展创新，加大现代农业示范基地建设。以构建新型多元产业示范体系为核心，以区域优势农产品及地区特色农产品生产为重点，加大示范项目建设投入力度，着力培育主导产业，创新经营体制机制，强化物质装备，推广良种良法配套，加快农机农艺融合，大力促进农业生产经营专业化、标准化、规模化和集约化，努力打造西北半干旱地区现代农业发展的典型和样板。通过产业拉动、技术辐射和人员培训等，带动周边地区现代农业加快发展。

第三章

西北半干旱地区现代农业优势产业选择及布局

大力发展优势农业产业是优化西北半干旱地区经济结构、转变区域经济增长方式、促进区域经济快速发展、提升区域发展能力与区域竞争力的核心，也是当前西北半干旱地区现代农业推进供给侧结构性改革发展的首要战略任务。

3.1　优势产业选择

3.1.1　总体思路

立足西北半干旱地区农业产业发展现状，坚持市场导向和区域农业产业比较优势的基本原则，充分考虑农业内部产业结构的特殊性和相对优势，结合产业发展中的自然资源禀赋、劳动力素质、产业盈利水平、技术水平、区位优势及产业发展环境等要素，构建西北半干旱地区优势农业产业选择的技术标准，运用实地调研数据进行实证分析，确定西北半干旱地区优势农业产业的类别，并论证其发展潜力，提出优势产业发展的战略布局及其建设重点。

3.1.2　优势产业特征

优势产业是具有较强的比较优势和竞争优势的产业。比较优势强调产业与资源禀赋、资源合理配置以及经济运行状态的内生匹配度，是产业发展的基础；竞争优势强调产业参与市场竞争的表现与结果，是产业发展的关键。因此，优势产业可以理解为能够充分利用和发挥该区域的自然资源、人力资源、技术、管理和政策资源等要素，具有较强的竞争优势，能够得到较快发展，对本区域的经济增长与关联产业发展有着较强的引导力、影响力和控制力的产业。

优势产业应具有以下显性特征：一是具有经济比较优势，产业效益好；二是具有市场竞争优势，产业竞争能力强；三是市场容量大，发展前景广阔；四是产业关联效应强，能有力带动区域专业化分工、协作及其产业集群的发展；五是促进产业升级与结构优化，推动区域经济增长由粗放向集约、高效、可持续方向转变；六是有利于增加就业，能持续提高从业者的收入水平；七是具有良好的自我演进的产业生态进化能力，持续保持动态优势。

3.1.3 优势产业选择原则

（1）市场导向原则

即产业发展要有机融合需求导向、竞争者导向、价格导向，要以客户需求为基本出发点，以提升全产业市场竞争力为基本取向，以获取较高的产业效率与效益及价格优势为核心，这是优势产业市场导向的基本要求。

（2）动态比较优势原则

这是区域分工与主导产业甄别的根本原则。比较优势内生于区域资源禀赋及其结构的动态变化，需要在模拟预测西北半干旱地区资源禀赋及其结构演进的基础上，甄别各区域不同产业之间的相对优势及其发展潜力。

（3）效益最大化原则

对于特定的地区，经济资源的种类存在多样性，同一种资源也存在着多宜性，即可配置于不同的产业或产品。因此，需要依据产业边际效益均等化原则，在特定地区的各产业中有效配置有限的资源，实现总收益最大化。

（4）区位优势原则

区域性特色产品具有地区资源的不可替代性与分割性，区位优势在农业生产领域中表现得特别明显。区位优势包括区域资源优势和区域经济效益优势，共同构成了该地区优势与特色农业产业发展的基础。

（5）富民富区原则

产业发展的目的是更有效地实现发展机遇和分享发展成果的均等化。选择特色优势产业，秉持富民第一、富裕区域第二的产业发展取向，将富民产业放到产业发展的优先地位，进一步释放普通劳动和民间资本的红利。

3.1.4 选择标准与方法

（1）选择标准

根据上述总体研究思路和原则，并充分借鉴同类研究成果，构建优势农业产业选择指标体系（表3-1）。

（2）评选方法及过程

第一步：采用归一化标准化方法对指标进行标准化处理。

第二步：按照定性评价和定量评价相结合的原则确定指标权重。首先，根据25名国内专家3轮打分的算术平均值得出每个指标的定性评价权重；其次，采用变异系数法确定每个指标的定量评价权重；再次，依据专家3轮打分确定指标定性评价权重与定量评价权重之间的比例结构为57.3%和42.7%；最后，加权平均得出评价指标的综合权重（见表3-2）。

第三步：根据上述标准化指标向量与综合权重，结合陕西半干旱地区、甘肃半干旱地区、宁夏半干旱地区和青海半干旱地区统计数据和实地调查数据，分别测定各地区种植业、畜牧业、林业和渔业等各农业产业及主要作物的优势指数数值。

第四步：根据各地区各产业和主要作物优势指数数值，经充分研讨与甄别后，确定西北干旱地区特色优势农业产业及其区域布局。

表3-1 西北半干旱地区优势农业产业指标体系

	一级指标	二级指标	衡量指标	指标说明		指标内涵
西北半干旱地区优势农业产业指数	产业规模水平	规模优势指数	$X_{ij}=\dfrac{S_{ij}/S_i}{S_j/S}$	S_{ij}为i地区j作物播种面积，S_i为i地区总播种面积，S_j为高一级区域j作物播种面积，S为高一级区域总播种面积	X_{ij}大于1说明i地区j作物具有规模优势；X_{ij}小于1，反之	衡量产业规模的静态指标，综合反映该地区资源禀赋、市场和生产情况
		扩张弹性指数	$X_{ij}=\dfrac{Y_{tij}/Y_{oij}}{Y_{ti}/Y_{oi}}$	Y_{tij}为i地区j作物本期产量，Y_{oij}为i地区j作物基期产量，Y_{ti}为i地区所研究作物本期总产量，Y_{oi}为i地区所研究作物基期总产量	X_{ij}大于1说明j作物规模呈现扩张趋势，X_{ij}等于1说明规模不变；X_{ij}小于1说明规模呈现萎缩趋势	衡量产业规模变化的动态指标，指数高说明产业有市场前景
	产业分工水平	区位熵指数	$LQ_{ij}=\dfrac{q_{ij}/q_j}{q_i/q}$	q_{ij}为j地区的i产业的相关指标；q_j为j地区所有产业的相关指标；q_i指在全国范围内i产业的相关指标；q为全国所有产业指标	当LQ_{ij}大于1时，说明j地区i产业在全国具有相对优势；当LQ_{ij}小于1时，反之	反映产业专业化程度及该区域在高一层次区域中的地位
		产量集中指数	$X_{ij}=\dfrac{Y_{ij}/P_i}{Y_j/P}$	Y_{ij}为i地区j作物产量，P_i为i地区农村人口，Y_j为高一级区域j作物产量，P为高一级区域农村人口	X_{ij}大于1说明j作物在i地区专业化程度高；X_{ij}小于1，反之	反映产业集中度和地区专业化程度
	产业效益水平	单产优势指数	$X_{ij}=\dfrac{AY_{ij}/AY_i}{AY_j/AY}$	AY_{ij}为i地区j作物单位净利润，AY_i为i地区所研究作物平均单位净利润，AY_j为高一级区域j作物单位净利润，AY为高一级区域所研究作物平均单位净利润	X_{ij}大于1说明与高一级区域平均水平相比，i地区j作物具有单产优势；X_{ij}小于1，反之	从生产力角度衡量产业产出效益，综合反映资源禀赋、生产投入和科技进步

表3-2 西北半干旱地区优势农业产业评价指标权重

指标			定性权重	定量权重	综合权重
西北半干旱地区优势农业产业指数（1.00）	产业规模水平		0.352	0.328	0.342
		规模优势指数	0.188	0.167	0.179
		扩张弹性指数	0.164	0.162	0.163
	产业分工水平		0.294	0.275	0.286
		区位熵指数	0.156	0.144	0.151
		产量集中指数	0.138	0.131	0.135
	产业效益水平		0.354	0.397	0.372
		单产优势指数	0.354	0.397	0.372

注：综合权重=57.3%×定性权重+42.7%×定量权重。

3.2 产业区域布局

3.2.1 优势产业

（1）西北半干旱地区特色优势产业主要集中在苹果产业、牛羊养殖业、设施蔬菜以及马铃薯产业等方面。

（2）陕西半干旱地区特色优势产业主要集中在都市农业、苹果产业、牛羊养殖业。

（3）甘肃半干旱地区特色优势产业主要集中在牛羊养殖业、设施蔬菜、中药材、马铃薯、苹果等产业。

（4）宁夏半干旱地区特色优势产业主要集中在牛羊养殖业。

（5）青海半干旱地区特色优势产业主要集中在牛羊养殖业和设施蔬菜（表3–3）。

表3–3 西北半干旱地区特色优势农业产业汇总表

序号	区域	都市农业	葡萄	鲜桃	石榴	苹果	核桃	酥梨	枣	猕猴桃	奶业	牛羊养殖业	设施蔬菜	花椒	中药材	茯茶	小杂粮	马铃薯	苗木花卉	瓜类	牧草	油菜	枸杞	大米	冷水鱼养殖
1	陕西半干旱区																								
1.1	西安	●	●	●	●					●	●	●													
1.2	宝鸡	●				●				●		●	●	●											
1.3	铜川	●	●			●	●					●	●		●										
1.4	咸阳	●				●							●			●									
1.5	渭南	●			●	●		●	●		●														
1.6	延安					●			●			●					●								
1.7	榆林								●			●					●	●							
2	甘肃半干旱地区																								
2.1	兰州	●										●	●		●				●						
2.2	白银											●	●				●	●		●	●				
2.3	天水				●	●		●				●	●		●			●							
2.4	平凉					●						●			●			●	●						
2.5	庆阳					●						●													
2.6	定西												●		●			●			●				
2.7	临夏												●									●			
3	宁夏半干旱地区																								
3.1	固原											●	●		●			●	●						
3.2	中卫					●						●	●					●		●			●		
3.3	吴忠	●										●			●					●			●	●	
4	青海半干旱地区																								
4.1	西宁	●				●						●	●												
4.2	海东					●						●	●					●				●			●
4.3	海南											●	●												●

3.3 战略重点与战略措施

3.3.1 战略重点

（1）优势农产品生产基地建设工程

大力加强苹果、马铃薯、牛羊养殖、设施蔬菜、中药材等优势农产品生产基地建设，进一步提升特色农业产业的优势与发展能力。一是围绕市场供应和加工需求，按照特色优势农业产业向最佳适宜区集中的要求，规划与加强集中连片的特色优势农产品生产示范基地建设。二是针对西北半干旱地区特定自然条件，加大农田及水利、交通、供电、通信网络、仓储物流等农业基础设施建设，以及与西北半干旱地区相匹配的优质种苗、植保、农机、加工、销售、农技等农业生产社会化服务体系建设。三是完善功能性市场建设，合理控制产能规模，积极推进产业化层次，着力提高产品附加值和市场竞争力。

（2）龙头企业做大做强工程

一是以发展农产品精深加工和提高资源综合利用率为目的，支持农产品加工企业加快技术装备改造升级，培育壮大一批领军龙头企业。二是通过体制机制创新，强化龙头企业和农户之间的利益联结关系，带动农民持续增收。三是实施西北半干旱地区优势农产品区域布局规划，优化龙头企业和产业化组织布局结构，促进农业产业化经营持续快速健康发展。

（3）农民组织化程度提升工程

一是着力培育新型经营主体，扶持专业大户、家庭农场、农民合作社和多元服务主体，引导农户提高集约化、专业化水平，实现与市场的有效对接。二是支持多种形式的农民合作组织发展，充分发挥行业中介组织与社会化服务机构在产业服务、行业自律等方面的作用。三是示范推广合作社横向联合与合作等新模式，推进农业专业合作建设。

（4）农业科技示范工程

一是依托大学和科研院所，加强基础性、前沿性和公益性重大农业科学研究。二是培养农业科技领军人才和创新团队，加快半干旱地区农业科技创新中心建设。三是加强农作物新品种、新技术、新工艺等重大关键技术研发攻关，提高农业科技创新能力。四是健全省市各级农业科技推广中心，建立区域性农业科研创新体系。五是积极推进以板块和特色产业发展需求为导向的农业技术创新、示范推广体系建设。

（5）市场营销体系建设工程

一是加快农业物流体系建设步伐，与大中城市建立直销关系，形成产地市场、批发市场和终端消费市场相衔接，农资供应、产品销售相配套的市场网络。二是加大集贸市场和批发市场为主导的传统市场网络建设力度，加快电子商务发展。三是实施品牌战略，提升产业附加值。四是支持各类产业化组织和中介机构发展，更好地实现小农户与大市场的有效对接。

（6）科技人才培育工程

一是加快试行农技人员资格准入制度，努力实现专业技术人员在农技队伍中占比达到80%的目标。二是面向市场发展多元化的农业职业技术教育培训体系，开展农村职业技能培训。三是重点培育以农民专业合作社负责人、农业企业领办人、青年农场主、农业创业人员及返乡农民工为主的新型职业农民。

3.3.2 战略措施

（1）强化政府责任

加大财政转移支付力度，把建设西北半干旱地区优势农业产业摆在脱贫攻坚的重要位置，提高优势农业产业发展对脱贫攻坚战略的贡献度。

（2）强化产业政策扶持

加大财政政策扶持力度，加大金融扶持力度，创新农用地经营模式。

（3）创新农业产业经营机制

创新优势农产品经营模式，完善农产品市场化经营机制，强化新型经营主体建设。

（4）健全农业科技成果推广体系

规范现有农业推广体系，创新农业科技成果推广模式，依托基地加强优势农业产业区域示范，增强示范效果。

（5）加大宣传力度

利用电视、报刊、网络等各种途径广泛宣传，形成全社会关注优势农业产业发展的氛围，提高优势农业产业的综合竞争力。

第四章

西北半干旱地区现代农业发展关键技术

大力推进旱作农业节水利用发展战略与农作物种子育繁推一体化发展战略是提升西北半干旱地区现代农业发展能力的内在要求，也是促进西北半干旱地区现代农业发展的关键。

4.1　旱作农业节水利用的关键技术发展方向、区域布局与建设重点

近年来，西北半干旱地区通过旱作农业节水利用示范建设、技术成果研发与推广，初步建立了旱作农业节水利用技术服务体系。但是，与区域可持续发展的客观要求相比，仍存在节水技术创新储备不足、成果转化速度和产业化水平不高、研发平台建设薄弱、技术支撑和推广力度不够等突出问题。为此，必须以提高自然降水利用率、灌溉水利用效率为着力点，针对西北半干旱区域的水土资源特征和优势主导产业，确定西北半干旱区域旱作农业节水利用的关键技术、区域布局、建设重点。

4.1.1　*发展方向*

依据西北半干旱地区自然资源禀赋的客观条件，优势产业发展战略的技术需求，以及区域社会经济发展目标的内在要求，西北半干旱地区旱作农业节水利用的发展方向主要为三个方面：

（1）围绕小麦、玉米、马铃薯及小杂粮生产，加强垄沟种植与田间集雨微工程建设，大力推广集雨覆盖种植、保护性耕作、抗旱保水等技术，提高雨水资源利用率，增强粮食自给能力。

（2）围绕蔬菜、水果、棉花及特种经济作物生产，大力推广膜下滴灌、节水补灌技术，加强集雨窖池等集雨设施建设，提高雨水蓄集率，促进西北特色农业经济产业带的形成。

（3）围绕草场改良及禁牧栈养措施的推行，牧区大力推广草原补播、深松等草场改良技术，农区推广优质牧草和青贮玉米旱作高产种植技术，保护生态环境，促进草食畜牧业发展。

4.1.2 区域布局与主推技术

(1) 陕西半干旱地区

①发展重点

围绕小麦、玉米、马铃薯、苹果及小杂粮生产，加强田间集雨微工程建设，大力推广集雨覆盖种植、垄沟种植、保护性耕作、抗旱保水等技术，提高雨水资源利用率，增强粮食自给能力，提高农业综合生产能力。

②主推技术

地膜覆盖技术：渭北主推地膜覆盖垄侧或者垄上种植技术，陕北主推全膜双垄沟播技术。推广厚度不低于0.01毫米的地膜，合理养护、适时揭膜，探索机械捡膜等集成技术模式。开展可降解地膜、多功能地膜试验示范，减少地膜残留。

水肥一体节水补灌技术：针对渭北及秦岭北麓的旱地小麦示范推广精细整地、宽幅沟播、耙磨镇压、水肥一体、秸秆覆盖等旱地小麦抗旱栽培集成技术，实现水分和肥料的高效利用。

测土配方施肥及培肥保墒技术：因地制宜生产应用配方肥料，推广秸秆还田技术，增施有机肥，不断提高耕地肥力。推广深松耕技术，疏松土壤，打破犁底层，增加土壤蓄水能力。

(2) 甘肃半干旱地区

①发展重点

围绕小麦、玉米、马铃薯和小杂粮生产，集成推广新技术、新品种、新材料、新机具，形成标准化、系统化、科学化的综合抗旱技术体系，实现粮食生产稳定增长、农业综合生产能力进一步增强。

②主推技术

推广全膜双垄集雨沟播为主的旱作农业技术：把全膜双垄集雨沟播技术作为干旱区提高粮食产量的核心技术。同时，示范推广膜侧沟播、秋覆膜和顶凌覆膜、一膜两用、小麦全膜覆盖穴播多茬种植等旱作农业新技术。

推广集雨补灌为主的旱作节水技术：通过兴修梯田、水平沟、隔坡梯田、丰产沟、铺压砂田等田间保水工程，减少地表径流，提高雨水利用率。修建集雨水窖、蓄水池、温室及大棚集雨槽，采用滴灌、管灌、喷灌、穴灌等方式，进一步增强旱作农业的可控能力。

推广以抗旱、耐旱品种为主的生物抗旱技术：突出耐旱、抗旱性品种推广应用，大力推广种子包衣、药剂拌种、精量半精量播种、抗旱剂、保水剂、抑蒸剂等配套技术，提高作物的抗旱能力，发展具有旱地特色的优质产品，实现产品增值和资源的高效利用。

推广测土配方施肥为主的培肥地力技术：把耕地质量建设的重点放在中低产田改造上，推广测土配方施肥、秋施肥、化肥深施、增施有机肥等科学施肥技术，扩大绿肥生产和秸秆还田等培肥地力技术的应用面积，提高耕地质量。

推广保护性耕作为主的机械化作业技术：因地制宜推广机械深松、高茬收割、秸秆还田、机械起垄覆膜、精少量播种、机收机播等机械化旱作农业技术。

(3) 宁夏半干旱地区

①发展重点

围绕西甜瓜、马铃薯、玉米、向日葵等作物种植，以科技创新和技术集成应用为支撑，综合运用农艺、生物、工程等措施，重点推广以覆膜保墒集雨补灌为主的旱作节水农业技术，进一步完善旱作节水农业技术体系和特色农业生产体系，提高抗旱、减灾、避灾能力，提高自然降水利用率，提高农业装备水平和科技支撑能力，逐步缓解资源型缺水、季节性干旱对农业生产的威胁。

②主推技术

中部半干旱偏旱区：坚持“生态优先、草畜为主”的方针，大力发展草食畜牧业；种植业内部应扩大压砂西瓜、马铃薯、红枣及以甘草为主的中药材等种植，主推覆膜保墒集雨补灌旱作节水农业技术。

南部半干旱区：按照“生态优先，草畜主导，特色种植，产业开发”的方针，积极扩大苜蓿、饲用玉米等人工牧草种植，大力发展肉牛、肉羊舍饲养殖；扩大马铃薯、玉米、小杂粮、油料等种植；大力推广覆盖保墒、深松蓄水、保护性耕作等旱作节水技术。

（4）青海半干旱地区

①发展重点

围绕油菜、马铃薯、冷季豆类和青稞等特色农作物，以基础设施建设为重点，以平整加固梯田、培肥土壤、覆盖栽培、深耕深松等为关键技术，工程措施与生物措施相结合，以建设高标准高产稳产基本农田为着力点，发展特色农产品生产，努力提高农业综合生产能力。

②主推技术

综合青海省自然状况、社会经济发展条件、农业区域特征等因素，将青海分为东部粮油主产区，海北、海南青稞油菜轮作区，柴达木盆地绿洲麦豆绿肥轮作区，青南青稞饲草饲料小片种植区四大旱作区。

东部粮油主产区：主要围绕田间基础设施建设，主推平整加固梯田、培肥改良土壤、覆盖栽培、深耕深松等各项技术。

海北、海南青稞油菜轮作区：主推土壤改良、沟垄保墒、保护性耕作等技术。

柴达木盆地绿洲麦豆绿肥轮作区：主推农田整治、土壤改良、节灌等技术。

青南青稞饲草饲料小片种植区：主推农田整治、土壤改良、沟垄保墒、保护性耕作等技术。

4.1.3　建设重点

（1）旱作农业节水利用示范工程

选择具有代表性的旱作农业县，依托现有公益性农业技术推广机构，配套建设旱作农业节水利月试验推广站，建设旱作农业节水利用核心示范区。

①旱作农业节水利用核心示范区

功能定位：完善核心示范区农田基础条件，集成应用先进技术，探索运行管理机制，打造不同类型的旱作农业节水利用发展模式示范样板，辐射带动旱作农业发展，促进粮食增产、农业增效、农民增收。

建设内容：主要围绕田间基础设施建设，平整加固梯田，修建田间道路、集雨水窖（池）、灌溉渠系、防护林网和配备补灌设施，示范推广节水灌溉、覆盖栽培、沟垄保墒、深耕深松、保护性耕作等技术，提高农业生产能力和农田节水能力。

②旱作农业节水利用试验推广站

功能定位：一是组织完成田间基础设施建设，开展旱作节水技术和农机装备示范推广；二是引进集成新品种、新技术、新机具，开展中间试验等技术熟化、转化工作，开展技术宣传培训推广；三是监测、采集旱情、墒情、地力等相关信息，指导服务抗旱减灾和农业生产。

建设内容：每个试验推广站按照0.5万亩的作业服务能力，配备示范机具和配套设施、培训设备、土壤墒情监测仪器、数据传输设备。

（2）旱作农业节水利用技术支撑工程

以现有农业科研、推广单位为依托，构建旱作农业节水技术支撑体系，承担旱作农业节水技术的研发、中试、转化和监测服务等任务，为旱作农业发展提供技术支撑。

①国家旱作农业节水利用工程技术中心

功能定位：承担创新型旱作农业节水技术的基础性研发，跟踪国际前沿技术的发展动态，开展旱作农业节水种子资源、技术标准、新型制剂和材料、机械设备及管理政策、运行机制等研究工作，指导区域旱作农业节水工程技术分中心开展相关工作，对旱作农业节水利用信息进行动态监测、汇总、分析和预警，打造国家级旱作农业节水技术创新和信息服务平台。

建设内容：一是重点建设生物节水实验室、农艺节水实验室、节水机具实验室、化学节水实验室、雨水利用实验室、节水信息实验室、节水管理实验室和试验基地等，配备必要的仪器设备和实验设施；二是建设旱作农业节水监测预警中心，完善基础设施建设，配备信息收集、处理、发布等设施设备。

②省级旱作农业节水利用工程技术分中心

功能定位：一是开展旱作农业节水新技术研究，与国家旱作农业节水工程技术中心和区域分中心合作，引进新品种、新技术、新机具，开展中间试验等技术熟化、转化工作；二是制定旱作农业节水规划；三是承担国家和省上重大旱作农业节水项目；四是指导旱作农业节水生产；五是开展旱作农业节水技术的培训和宣传工作；六是承担国家信息监测预警任务。选择部分典型区域的试验推广站，监测、采集土壤墒情、旱情、地力等旱作节水农业相关信息，与国家旱作节水农业工程技术中心和区域分中心联网，为指导抗旱减灾和农业生产提供信息服务。

建设内容：依托西北农林科技大学新建国家旱作农业节水利用工程技术中心，依托甘肃农业大学、宁夏大学和青海大学建立省级旱作农业节水利用工程技术分中心，配置试验室仪器、监测和培训设备等。

4.1.4 主要措施

（1）加强顶层设计，完善体制机制

落实《全国旱作节水农业发展建设规划》，加强衔接，科学、合理、有效地配置国家、部门、地方科技资源，建立旱作农业节水利用科技创新的协作体系。

（2）加大财政支持力度，建立多渠道投入机制

将旱作农业节水技术研发、示范和推广纳入财政优先安排领域，加大投入力度，加强西北半干旱地区农田基础设施建设。制定财政补贴、税收优惠等扶持政策，建立政府主导、社会参与的稳定投入机制。

（3）强化产学研结合，促进企业创新能力建设

组建产学研战略联盟和校企联合研发中心（基地、孵化器），建设以企业为主体、产学研结合的技术创新体系，实现科学研究、产品开发、人才培养等活动的紧密结合，提升研发创新能力和

产业竞争力。

（4）加强创新人才培养、团队与平台建设

重点支持一批从事节水农业研究的优秀人才和团队，建设“西北半干旱地区农业节水技术与装备国家重点实验室”“农业水土资源与环境空间数据监测与共享平台”和“农业节水定位试验研究台站网络”，完善我国旱作农业节水创新基地平台。

（5）完善相关政策和标准，创新节水发展新机制

制定《农田节约用水条例》等规章，逐步建立结构合理、管理科学、程序规范的旱作农业节水利用的法律法规体系，制定《旱作农业节水技术规范》《旱作农业节水工程建设标准》等，完善旱作农业节水的标准体系。

4.2　农作物种子育繁推一体化发展机制创新

西北半干旱地区玉米、小麦、油菜、马铃薯、蔬菜育种在我国种业发展中占有极其重要的地位。农作物育种、繁育与推广水平逐步提升、供种能力不断增强、检测监管逐步改善，但与国家种业发展的战略要求相比，仍然存在企业技术创新主体地位不突出、良种繁育基础设施不完善、社会资本参与程度不高、科研院所和高等院校与种业企业联合不紧密、种业高精尖人才短缺等问题。因此，突破农作物育种关键技术与优化种子育繁推一体化的体制机制障碍，成为解决以上问题的关键。

4.2.1　农作物育种主要方向

一是各类农作物的抗旱耐瘠薄特性遗传研究。主要内容包括以马铃薯、小麦、玉米为主的粮食作物和以牧草作物、油菜、棉花、蔬菜、果树为主的特色作物抗旱耐瘠薄种质资源收集与创新利用。

二是西北特色作物生物学基础研究和遗传改良应用研究。一方面是研究特色作物优质种质资源形成与演化规律；另一方面是重点研究特色作物在产量及品质性状、抗病抗逆性状和养分高效利用三个方面的生物学基础。

三是作物新品种创新研究。加强对粮饲兼用型作物，加工专用型作物，适宜机械化作业、高产、优质、抗逆性强、适应性广的果树、蔬菜等新品种选育。

四是制种基地产业发展相关问题研究。着重发展“河西走廊”地区的玉米和瓜菜花卉制种，以关中、渭北、陇东为中心的冬小麦，以青海海东、宁夏银川地区为主的优势冬春小麦，以甘肃陇中南、宁夏南部山区、青海海东地区、西宁市为主的马铃薯种薯繁育，以天水为核心的西部航天育种等基地。

4.2.2　种子育繁推一体化发展机制创新

（1）瞄准两个突破口

一是打造“一带一心多片”的农作物种业空间布局格局。围绕丝绸之路经济带，向西扩大开放的总体格局，用好各种多双边经贸合作机制，将西北半干旱地区传统制种业的优势扩散到具有较强的互补性的伊朗、吉尔吉斯斯坦、白俄罗斯等中西亚、中东欧国家。利用杨凌示范区农科资

源优势，打造西北半干旱地区农作物种业基础性研究中心。基于区位优势与资源条件，打造以甘肃河西走廊、甘肃定西、甘肃天水、陕西关中、陕西榆林、宁夏沿黄灌区、青海沿黄灌区为核心的集中连片、设施齐全的优势农作物制种基地，形成在全国范围内具有重要影响力的多片种子生产优势集中区。

二是紧抓机遇“走出去”。在“一带一路”背景下，制定有利于种业“走出去”的金融、税收等配套优惠政策；减轻走出去种子企业税收负担；加大信贷信用保险支持力度，给予出口优势品种和出口龙头企业优先提供贴息优惠贷款和一般性贷款等扶持；给予“走出去”种业企业财政补助支持与奖励。

（2）夯实三个着力点

一是龙头企业培育。释放政策红利，扶持潜力企业；推进兼并重组，促进产业联合；树立品牌意识，完善营销网络。

二是科研创新能力提升。培养引进研发高端人才，推进并落实育种人才、技术、资源依法向企业流动；深化种子科研体制改革，保护科研人员发明创造的合法权益，发挥国家（杨凌）种业科技成果产权交易平台作用，促进种业科技成果转化。

三是优势种业基地与创新实验区建设。加大对西北半干旱地区国家级制种基地和制种大县政策支持力度，促进专业化良种繁育区高标准建设，并纳入基本农田范围予以永久保护；引导新设立的国家和省部级种业产业化技术创新平台，优先向西北半干旱地区符合条件的育繁推一体化种子企业倾斜，以种业龙头企业为核心建立1～2个创新实验区。

（3）完善五个支撑体系

一是协同创新体系。构建由政府引导，由科研院所、大专院校、种子企业构成的种业科技创新组织体系，创新种业发展机制，实现种业“育种、扩繁、推广”一体化健康发展新格局。加强引导，建立种业技术创新平台；整合资源，构建育种协作攻关机制；因势利导，分步构建新型种业体系；搭建平台，促进公共研究成果共享。

二是种质资源及品种保护体系。加强种质资源保护利用；建立完善品种审定制度；加强知识产权保护力度。

三是种子生产与流通体系。要根据品种推陈出新速度、气候变化、种植结构调整、经营者意愿等因素制订科学、合理的种子生产计划；依据自然条件和社会条件，科学选择良种基地，将符合条件的现有制种区域纳入基本农田进行保护；支持种子企业与制种大户、农民专业合作社建立长期稳定的合作关系和利益共享机制；建立种子生产档案，建立质量追溯系统，加强种子生产的监督管理；合理规划物流配送体系，加快种子流通追溯体系管理平台建设，并与制种基地、加工企业、批发市场、种子经营代销户、用种单位（个人）等5个追溯子系统的节点互联调试、运行。

四是储备调控体系。明确国家和西北半干旱地区各省种子储备范围与职责，鼓励并支持西北半干旱地区育繁推一体化种子企业承担种子储备任务。

五是市场监督管理体系。严格种子生产、经营行政许可管理；加强种子行政许可事后监管和日常执法，加大对种子基地和购销环节的管理力度，切实维护公平竞争的市场秩序；加强种业监管队伍建设。

（4）做好六个方面的具体工作

一是建议国家支持西北半干旱地区建立跨省级行政区的种子育繁推一体化多主体协同创新联盟，联合编制西北半干旱地区农作物种子育繁推一体化发展战略规划，明确农作物种业发展重点、节奏、力度以及创新平台、龙头企业支持方向，为农作物种业供给侧结构性改革营造良好宏观环境。

二是设立西北半干旱地区小麦、玉米、油菜、马铃薯、蔬菜、经济林果等特色农作物良种重大科研攻关专项，通过科研院所、高校与企业之间的协同创新，突破种质创新、新品种选育、高效繁育、加工流通等关键环节的核心技术，提高西北半干旱地区农作物种业科技创新能力。

三是加大对西北半干旱地区国家级制种基地和制种大县政策支持力度，在促进农作物良种繁育区高标准建设的基础上，通过土地入股、租赁等方式，推动土地向制种大户、农民合作社流转，支持种子企业与制种大户、农民合作社建立长期稳定的合作关系，建立合理的利益分享机制。

四是建立种子市场秩序行业评价机制，督促企业建立种子可追溯信息系统，完善全程可追溯管理。推行种子企业委托经营制度，规范种子营销网络。

五是加强农作物种业人才培养，落实促进种业人才流动的相关制度。加强西北高等农业院校农作物种业相关学科、重点实验室、工程研究中心以及实习基地建设，建立教学、科研与实践相结合的有效机制，提升农作物种业人才培养质量。充分利用西北高等农业院校教学资源，加大农作物种业人才继续教育和培训力度。西北科研院所和高等院校要积极落实科研人员通过兼职、挂职、签订合同等方式到企业从事商业化育种的相关制度。

六是国家与地方联合建立西北半干旱地区现代农作物种业发展专项基金，广泛吸引社会、金融资本投入，支持西北半干旱地区企业开展商业化育种，鼓励企业“走出去”开展国际合作。

第五章 西北半干旱地区现代农业模式创新与区域示范

现代农业示范集中展现了现代农业创新建设的典型模式及其经验和做法，是推动产业升级发展与经营模式创新的重要平台和抓手。示范与推广西北半干旱地区富含区域特色、符合当地实际、具有内在生命力的现代农业创新发展模式，是引领西北半干旱地区现代农业创新发展战略部署实施的重要推动力。

5.1 模式创新

5.1.1 生态循环农业发展模式

从现代农业层面上看，生态循环农业通过产业链、食物链、生态链、供应链共生关系和循环节点（微生物、沼气等），将种植业、果菜业、养殖业、加工业等相结合，形成能量、物质资源的循环利用。从农业生产经营组织层面上看，生态循环农业作为一种新型生产组织形式，提高了资源利用效率，减少了污染物的排放，节省了农业组织的成本，增加了农业产出，从而提高了农业组织经济效益和环境效益，有利于可持续发展。从农户家庭层面上看，生态循环农业作为一种新型生活方式，一方面能够合理处理农村大量生产生活垃圾，有效改善农村人居环境；另一方面，通过对废弃资源的合理利用，能够降低农村生活成本，增加农业产出，从而增加农民收入，提高农民生活水平，促进农村经济和社会可持续发展。

典型生态循环农业模式：

一是西北果园“五配套”循环模式。该模式以土地资源为基础，以太阳能为动力，以沼气为纽带，形成以果带畜、以畜促沼、以沼促果、果畜结合、协调发展的良性循环体系。

二是陕西“猪-沼-果（菜）”循环模式。该模式以农户家庭为基本单元，以沼气为纽带，使沼气池的建设与猪舍、厕所相结合，将生猪养殖和果菜种植紧密结合起来，达到系统内部废弃物、能源、肥料的循环利用，构成养猪-沼气-果菜种植三位一体的家庭农场经济格局。

三是陕西关中“苹果-奶畜”循环模式。主要有果园树下种牧草→牧草养羊→羊粪生产有机肥→有机肥施用果园、奶牛粪便→有机肥→果园→苹果加工→果渣喂牛两种模式。

四是甘肃天水高新农业循环经济模式。立足产业优势，以农业废弃物和雨水收集再利用为手段，通过沼气工程这一纽带，将种植业、养殖业和食用菌产业的废弃物进行再利用，构建了“种-养-加”“畜-沼-果/菜/粮”及雨水收集再利用等模式为支撑的天水国家农业科技园区循环农业产业体系和“企业小循环，园区大循环”的“天水高新农业循环经济模式”。

5.1.2 节水旱作农业发展模式

节水旱作农业发展模式由旱作农业、节水农业、水利工程和节水农业生产资料四大板块组成。没有灌溉条件的地区，坚持蓄水和保墒并举，通过保护性耕作、深松耕、土壤改良，营造土壤水库，提高蓄水保水能力，合理开发抗旱小型水源，推广抗旱品种，科学应用抗旱剂、保水剂，解决春季抗旱保苗问题，大力推广地膜、石块、秸秆覆盖技术，实现集雨保墒；有灌溉条件的地区，大力发展膜下滴灌、微灌、喷灌、集雨补灌、水肥一体化、旱作节水机械化等高效节水技术，通过建立“蓄水-集水-保水-节水-用水-管水”综合节水技术体系，缓解农业生产缺水矛盾和干旱对农业生产的威胁，提高农业抗旱减灾能力和耕地综合生产能力。

典型节水旱作农业发展模式：

一是甘肃半干旱地区以玉米、马铃薯全膜双垄沟播旱作技术为代表的旱作农业发展模式。变单一的抗旱技术为综合的抗旱技术，是对优良品种、地膜覆盖、垄作栽培、测土配方施肥、机械化等各种实用抗旱技术组装配套和集成运用。

二是甘肃景泰县水肥一体化节水农业模式。借助压力系统（或地形自然落差），将可溶性固体或液体肥料配兑成肥液与灌溉水一起，通过管道和滴头均匀、定时、定量输送到作物根系发育生长区域。

三是宁夏吴忠地区的集雨示范模式。该模式由集雨面、输水系统、蓄水系统和灌溉系统四大板块组成，主要有田野集雨、温室集雨、路面集雨和屋面集雨四种旱区集雨方式和庭院集雨经济型、集雨高效种植型、集雨生态畜牧型三种模式。

5.1.3 “互联网+现代农业”发展模式

模式结构可分为顶层模式、中层模式和基层模式。顶层模式是“互联网+现代农业”平台，由现代农业生产、互联网平台、市场客户群、物流快递公司和第三方支付五大部分构成，起基础作用。中层模式是互联网交易分类模式，有C2C、B2B、B2C、O2O、P2P等多种形式。基层模式是产品展示交易的操作模式，除了正常的C2C、B2B、B2C、O2O交易模式外，还具有灵活、方便、廉价的特征。

“互联网+现代农业”发展模式的功能表现在：一是“互联网+”在现代农业生产过程中的应用，即智慧农业；二是应用互联网进行的创新创业实践；三是农产品在互联网上的营销、展示、配送等；四是互联网金融。

典型“互联网+现代农业”发展模式：

一是陕西武功电商模式。该模式以电商园区为依托，由园区承载、龙头引领、人才支撑、政策导向、产业集群五大部分组成。

二是甘肃成县电商模式。该模式围绕甘肃陇南核桃、花椒等特色产品，借助微博、微信等平台开展农产品微营销活动。

三是杨凌众创田园（空间）模式。该模式按照“农业主题、科技底蕴、现代气息、开放空间”的思路，打造创新与创业、线上与线下、孵化与投资相结合，为创客和企业创新创业提供低成本、便利化、全要素、开放式的综合服务平台。

5.1.4 现代农业与产业扶贫相结合的模式

西北半干旱地区所涉及的甘肃、青海、宁夏、陕西都是重点扶贫省（区），在“十三五”期间，要全部脱贫，任务艰巨。长期以来，西北半干旱地区在发展现代农业与扶贫攻坚方面进行了积极探索，取得了良好的成效。将发展现代农业与脱贫致富有机结合起来，在发展现代农业过程中落实精准扶贫、产业扶贫和科技扶贫工作，实现西北半干旱地区农村如期步入小康社会。

典型扶贫模式：

一是产业扶贫模式。该模式以市场为导向，以科技为支撑，依靠基础资源，发展高效农业、特色农业和集约农业，通过拳头产品带动基地建设，通过基地建设联系千家万户，从整体上解决贫困农户温饱问题的扶贫模式。

二是整村推进扶贫模式。该模式以县为基本单元，以贫困村为核心，瞄准贫困人口，制定规划，分年实施，分期投入，分期分批实现脱贫。

三是大学科技扶贫模式。该模式是在政府的推动下，以大学（西北农林科技大学）为依托，设立大学农业科技促进中心，在不同生态区和农业主产区建立农业科技示范推广试验站，通过农业科技示范、培训咨询、信息服务，形成科技成果转化平台和全新的科技扶贫模式和运行机制。

5.1.5 “三产融合”发展模式

现代农业是一二三产业高度融合的产业。三产融合发展，可以采取以农业为基础，向农产品加工业、农村服务业顺向融合的方式，如兴办产地加工业、建立农产品直销店、发展休闲观光农业；也可以采取依托农村服务业或农产品加工业向农业逆向融合的方式，如依托大型超市，建立农产品加工或原料基地等。

典型“三产融合”模式：

一是现代农业全产业链模式。如苹果全产业链模式、牛羊全产业链模式、生猪全产业链模式、食用菌全产业链模式。

二是休闲观光农业模式。如青海西宁地区乡趣农耕文化生态园、宁夏湖畔人家明清田园式清真农家乐、陕西兴平马嵬驿民俗文化村、甘肃省天水市麦积区朱家后川休闲农业模式等。

5.2 区域示范

5.2.1 示范内容

突破以政府为主导、示范园区为主体的传统示范格局，强化以大学及科研院所为依托，构建以现代农业示范园区、农业产业化龙头企业、农民专业合作社和农户家庭农场四类主体共同主导的新型多元示范体系。西北半干旱地区现代农业区域示范主要包括科技创新示范、体制机制创新示范、产业新形态示范、产品新品种示范、生产运作模式示范、商业经营模式示范、现代农业发展模式示范等内容。

5.2.2　重点示范区域

生态循环农业发展模式重点示范区域：陕西宝鸡、延安、榆林、渭南，甘肃白银、天水、平凉、庆阳、定西，宁夏吴忠、固原，青海海东、西宁。

节水旱作农业发展模式重点示范区域：陕西宝鸡、延安、榆林、渭南、铜川、咸阳，甘肃白银、天水、平凉、庆阳、定西、临夏，宁夏吴忠、中卫、固原，青海海东、海南。

“互联网+现代农业”发展模式重点示范区域：陕西杨凌、咸阳，甘肃天水、兰州、庆阳，宁夏吴忠、中卫，青海西宁。

现代农业与产业扶贫相结合的发展模式重点示范区域：西北半干旱地区贫困片带及贫困县。

“三产融合”发展模式重点示范区域：陕西宝鸡、延安，甘肃天水、张掖、庆阳、兰州，宁夏吴忠、中卫，青海海东、海南。

5.3　战略举措与战略路径

5.3.1　战略举措

坚持创新、协调、绿色、开放、共享五大发展理念，突出“三大突破、五大创新、八类农业、九大工程”。

（1）重点实现三大突破

一是在农业现代化实现程度上取得重大突破。以加快实现农业现代化为目标，重点提升农业物质装备、农业科技推广、农业经营管理、农业金融支持、农业产出和可持续发展水平。二是在转变农业发展方式上取得重大突破。从追求数量增长向追求质量和效益提升转变，从主要依靠农业资源向主要依靠科技进步转变，从依靠传统农民向依靠新型经营主体转变，从依靠单一政府主导的农业投入向多元化投入转变。三是在农业科技创新发展上取得重大突破。加强农业科技创新团队、农业科技人才队伍、农业科技创新发展环境建设，优化科技资源布局、拓展科技创新领域、壮大农业科技力量、完善农业科技管理体系，充分利用互联网、大数据、云平台、电子商务等先进科技成果，在农业新业态及农业科技创新和应用推广上取得重大突破。

（2）重点开展五大创新

在农业资金投入方式上有创新；在新型农业经营主体培育上有创新；在农业适度规模经营上有创新；在农村三产融合发展上有创新；在农业体制机制上有创新。

（3）重点推进八类现代农业

一是生物质农业；二是生态农业；三是循环农业；四是休闲农业；五是旱作节水农业；六是设施农业；七是立体农业；八是智慧农业。

（4）重点实施九大现代农业工程

一是现代农业示范园区建设工程；二是粮食综合生产能力提升工程；三是智慧农业与电子商务建设工程；四是农产品质量监控和品牌培育工程；五是农业科技与社会化服务构建工程；六是

农业生态环境保护与生态循环农业示范工程；七是现代农业设施建设和农业机械化促进工程；八是高标准农田建设和农田节水灌溉工程；九是新型农业经营主体和职业农民培育工程。

5.3.2 战略路径

（1）制定现代农业区域发展专项规划

将西北半干旱地区现代农业发展规划纳入国家区域发展专项规划之中。西北半干旱地区现代农业发展规划必须按照我国区域发展规划功能区域要求，由地方政府分别制定中长期发展战略规划，引领西北半干旱地区现代农业发展。

（2）推进现代农业示范园区提质增效

按照国家现代农业示范园区的思路、目标、方案和要求，在西北半干旱地区已有园区的基础上提质增效，实现园区的升级，充分发挥园区的示范功能和引领作用。

（3）大力培育新型农业经营主体

结合西北半干旱地区实际，重点培育农业产业化龙头企业、农民合作社、家庭农场和农业社会化服务组织等新型经营主体。

（4）促进“产学研”结合发展

通过“产学研”紧密结合，将高校创造的科技成果尽快转化为西部半干旱地区农业产业优势，推动区域经济的增长。

（5）坚持绿色可持续发展

处理好农业经济发展与资源环境约束的矛盾，培育农业发展新动力，优化劳动力、资本、土地、技术、管理等要素配置，加快建设资源节约型、环境友好型社会，构建绿色、生态、低碳、循环发展的现代农业产业体系。

第六章

西北半干旱地区现代农业战略措施

基于全局统筹发展考虑，需要加强顶层设计，做好全局谋划，以全面提升西北半干旱地区现代农业发展水平为主要目标，以完善现代农业产业体系为主线，以提高该地区的农业综合生产能力和区域发展能力为主攻方向，以现代农业创新驱动及示范、节水农业制度完善、农业产业提升工程及农技推广优化为重点，着力强化政策、科技、设施装备、人才和体制支撑。

6.1　保障措施

（1）加强组织领导

西北半干旱地区要会同国家有关部委，强化组织领导和统筹协调，明确工作职责和任务分工，创新工作机制，形成工作合力，按照规划确定的战略定位和重点任务，推进重大项目建设。西北半干旱地区省市要加强沟通协作，制订具体行动计划，明确目标任务，靠实工作责任，强化工作措施，协同推进区域发展战略落实。

（2）加大资金投入

贯彻落实“一带一路”战略，充分利用“亚投行”“丝路基金”等资金渠道，鼓励引导金融资本、社会资本、工商资本投向农业资源利用、环境治理和生态保护等领域，整合已有项目和工程，盘活财政资金存量，扩充增量，构建以财政资金为引导、社会资金为主体、信贷资金为依托的西北半干旱地区现代农业发展多元投入机制。

（3）创新体制机制

建立健全“政府引导、企业带动、群众参与、市场运作”的现代农业发展机制，坚持最严格的节约用地制度，推进农业节水制度创新，明确区域产业发展方向和重点。深入推进农村综合改革，破解农村发展瓶颈，积极推进农业供给侧结构性改革，延伸产业链、提升价值链，促进一二三产业深度融合发展。

（4）强化科技支撑

加强高科技育种集成创新支持，研发节水、抗旱、高产的新品种，实施技术集成和技术瓶颈攻关，推进“傻瓜式”“菜单式”技术模式试点示范。加强作物种业创新与种子育繁推一体化战略的实施，针对半干旱地区的优势农产品和作物，重点开展抗旱品种选育、标准化生产技术、农产品冷链物流、精深加工等关键技术的研究开发。

（5）完善人才保障

着眼于带动西北半干旱地区现代农业发展，依托与联合现代农业示范基地、农技推广中心及农业科研单位，引进一批高新技术人才、培养一批农业科技人才、发展一批农村实用人才，树立人才是第一发展要素的理念，建立健全人才培养机制，加大政策支持力度，为农业人才发展提供项目、资金等保障。

6.2 发展建议

（1）启动编制《西北半干旱地区现代农业创新驱动规划（2016—2030年）》

国家层面统筹相关部委及省区，共同制定西北半干旱地区现代农业创新驱动的战略规划，对区域创新驱动中长期发展思路、战略目标、总体部署、支持措施进行顶层设计；省市地方政府分别制定相应的行动规划，制定具体目标、任务和实施方案，具体落实各辖区现代农业创新驱动的主要任务和重点工程。通过现代农业创新驱动规划的制定与实施，促进西北半干旱地区省市县各级地方政府具体落实各区域内现代农业产业发展体系、空间优化布局体系、技术支撑体系、示范推广体系、创新发展服务体系等重点建设项目。

（2）建设西北半干旱地区旱作农业创新发展试验示范平台

以优化西北半干旱地区农业创新发展科技平台布局为核心，支持西北半干旱地区涉农高校和科研机构创建一批国家级、省部级重点实验室及重点工程技术研究中心，围绕旱作农业关键技术开展集成创新；建设和改造升级一批农业高新技术产业示范区、国家农业科技园区和现代农业产业科技创新中心及培育农业高新技术企业，重点支持旱区现代农业新技术、新品种的研发及引进示范，以及科技推广服务体系建设，支持农业技术研发与推广。

（3）制定实施差别化的用水管理制度和节水技术财政补贴政策

根据自然条件和农业用水规律，制定和完善雨养农业和补偿灌溉地区农业用水管理制度，完善节水利用技术服务体系，建立由行政、市场和社区共同治理的农业用水管理机制。一是健全旱作农业节水利用的投入方式。制定优惠扶持政策，鼓励以股份制等多种形式，建立以政府为主导、社会资本参与的旱作农业节水利用的投入机制，吸引民间资本投资，形成国家、集体、个人的多层级、多渠道的投入格局。二是建立旱作农业节水利用补偿机制。制定财政补贴、税收优惠等扶持政策，建立推进旱作农业节水利用技术发展的补偿机制，支持节水技术研发和设备研制，对采购与使用农业节水技术设施设备进行财政补贴。三是建立完善水权及水市场。坚持有利于水资源可持续利用的原则，建立水权交易制度，成立水权交易中心，健全农业用水与非农用水市场。四是加强小水源及灌溉工程建设。结合区域农田水利基本建设现状，因地制宜，科学规划，加强“五小水利工程”建设，加强灌溉渠系整治，完善田间配套工程，增强抗旱能力。

（4）组织实施三大重点工程

一是优势农业产业竞争力提升工程。制定专项扶持政策，支持西北半干旱地区苹果、牛羊、设施蔬菜、中药材、马铃薯等特色优势产业基地建设和农业龙头企业、农民合作社、家庭农场等新型农业经营主体培育，推进农业生产标准化、规模化、品牌化，促进农业全产业链发展。二是作物抗逆性种质资源保护与制种能力提升工程。编制农作物种子育繁推一体化发展战略规划，建立西北半干旱地区跨省级行政区的种子育繁推一体化创新联盟，创建西北半干旱地区作物抗逆性种质资源保护和研发利用种业技术创新平台，构建由科研院所、种子企业主导的“育种、扩繁、推广”一体化种业科技创新体系，设立现代农作物种业发展专项基金，开展育种协作联合攻关，加强种质资源保护利用，突破种质创新、新品种选育等核心技术，提高西北半干旱地区农作物种业科技创新能力。三是粮草轮作与休耕工程。依据农业区域布局与资源禀赋，因地制宜支持调整粮经饲、种养加结构，开展生态复合种植、间套轮作、粮草轮作；促进种地养地相结合，全面推进耕地轮作休耕。

（5）强化以大学及科研院所为依托的农业科技推广模式

一是促进大学与基层农技推广体系紧密结合。由国家发改委牵头，教育部、农业部、科技部、国土资源部、国家林业局以及各省（自治区）积极配合，按照西北半干旱地区农业地理区域差异特征及各区域主要农业产业的分布规律，结合区域内大学及科研院所的分布状况、农业科技整合能力及有效服务的区域半径，以确保每个县（区）的县级农技推广机构与高校科研院所实现有效对接、形成紧密型农业科技合作关系为基础，以县级农技推广机构有效获得大学先进技术、实用技术成果支持为基本目标，研究制订《大学及科研院所支持基层农技推广体系能力建设行动计划》。二是将大学服务基层农技推广体系能力建设纳入各省相关支持计划。根据《基层农业技术推广体系改革与建设实施指导意见》的精神，制定促进大学与基层农技推广体系深度融合的政策，设计针对大学开展基层农业技术推广体系能力建设的农技推广类项目。三是将大学及科研院所服务基层农技推广体系能力建设纳入其绩效考核。各级主管部门应该从人才培养、科学研究、社会服务、文化传承等方面，将高校及科研院所服务基层农技推广体系能力建设纳入其绩效考核。

（6）进一步加大生态环境建设支持力度

深入实施天然林资源保护、退耕还林、三北五期等重点林业生态建设工程，继续实行草原生态保护补助奖励政策，提高补助标准，扩大实施范围，全面推进大江大河流域生态修复综合治理，加快西北半干旱地区生态安全屏障建设，形成以青藏高原、黄土高原、北方防沙带、大江大河为骨架，重点生态功能区为支撑的生态安全战略格局，提高西北半干旱地区草原植被和森林覆盖率。加大环境污染防治支持力度，加大退化、污染、损毁农田改良和修复力度，健全跨区域污染防治协调机制，深入实施耕地质量保护与提升行动，解决西北半干旱地区大气、水、土壤污染等突出环境问题。加大农业面源污染防治支持力度，净化区域农产品产地和农村居民生活环境。健全生态保护补偿机制，科学划定森林、草原、湿地的生态红线，加大转移支付，建立地区间横向生态保护补偿机制，倾斜支持生态文明先行示范区建设，解决区域生态文明建设的瓶颈问题，全面遏制生态退化趋势。深入推进农村环境集中连片综合整治，支持美丽乡村建设。

专题1

我国西北半干旱地区优势农业产业发展战略研究

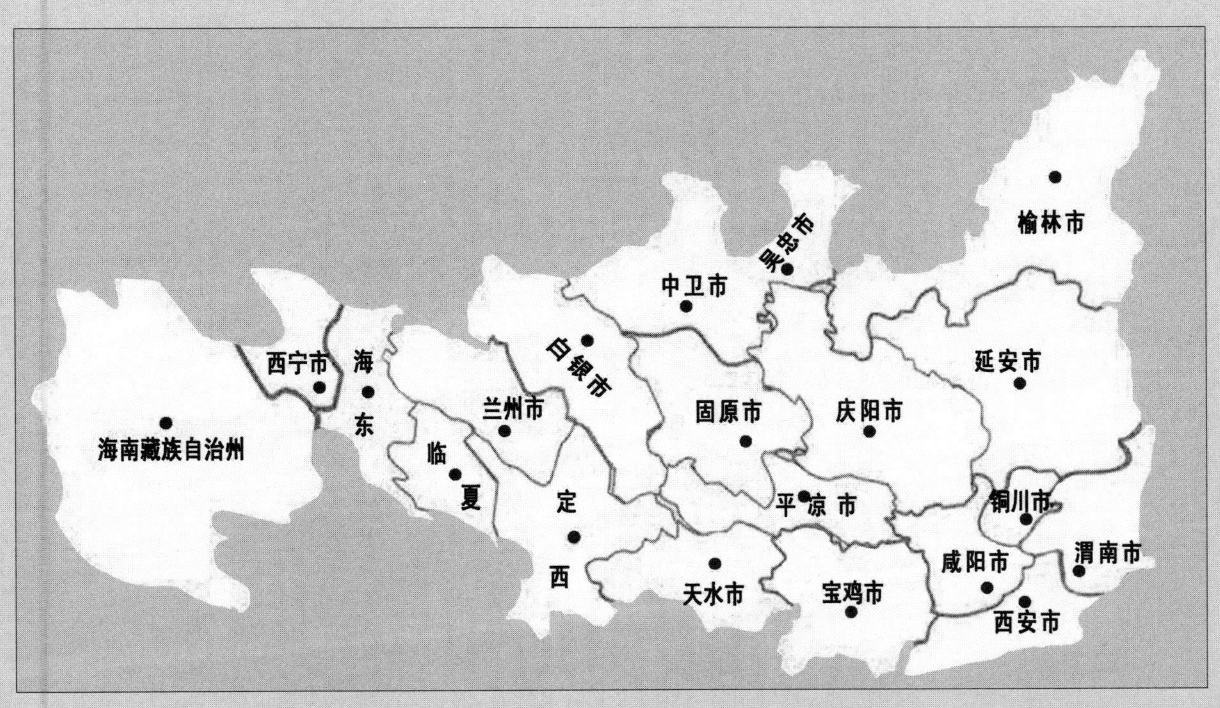

课题组组长：

南志标　中国工程院院士

课题工作组组长：

王礼力　西北农林科技大学教授

课题工作组成员：

赵　凯　西北农林科技大学教授

李　敏　西北农林科技大学讲师

段　培　西北农林科技大学博士

逯文生　天水市农科所高级农艺师

谢　谦　天水市植保站高级农艺师

第一章

导论

1.1　研究背景

2015年中央一号文件提出，“立足资源优势，以市场需求为导向，大力发展特色种养业、农产品加工业、农村服务业，扶持发展一村一品、一乡（县）一业，壮大县域经济，带动农民就业致富”。优势农业产业是指在一个市（州）或更大的范围内，以农业资源、技术、品牌、区位等方面的优势为基础，以市场为导向，以特色农产品为依托，形成的具有独特的资源条件、明显的区域特征、特殊的产品品质的农业产业。特色产业具有鲜明的地域性、竞争性、发展性和可持续性。优势农业产业和传统农业产业相比较，具有广阔的发展前景、较高的品牌知名度、较大的市场竞争优势、明显的致富增收效果。发展优势农业产业，是促进农业增效、农民增收的有效手段，也是发挥比较优势、提升农产品市场竞争力的客观要求。

作为中华民族农业的发祥地，西北半干旱地区具有悠久的农耕文明，不仅是我国主要农畜产品的重要生产产区，而且也是东部农区的生态屏障。西北半干旱地区是指位于35°N以北、110°E以东的所有地区，包括陕西省北部和中部、甘肃省中东部、青海省东部、宁夏回族自治区大部。西北半干旱地区经过几十年的发展，已取得了巨大的成就，农业生产规模不断扩大，农业生产水平不断提高，农牧民生活水平显著提高，农产品产量大幅度增加，为国家的经济发展做出了巨大贡献。但是，“三农”问题仍是困扰西北半干旱地区乃至全国经济发展的重大问题。西北半干旱地区的自然条件，特别是水资源条件，使农业生产表现出产量低而不稳定的特点，该地区人口的急剧增加，对土地造成的压力越来越大。同时，西北半干旱地区作为传统的农牧业地区，农民对土地的依附感很强。面对该地区农村居民收入较低、农产品市场竞争力弱、降水不足、水土流失严重、生态环境脆弱的现实，如何在西部大开发的背景下，实现该地区农民的脱贫和农业、农村经济的可持续发展，是摆在我们面前的一个严峻的课题。因此，必须紧紧抓住西部大开发和产业结构调整的历史机遇，在现有特色农产品发展的基础上，积极培育自己的优势农业产业，将资源优势转化为经济优势，延长农业产业链，改变二元经济状况，缩小农业区域差距。基于以上思考，深入研究西北半干旱地区农业特色优势产业显得尤为重要。

1.2 研究目的与意义

1.2.1 研究目的

在广泛借鉴现有国内外研究文献的基础上，结合西北半干旱地区农业发展的实际情况，依据实地调研数据和其他相关统计数据，具体对西北半干旱地区优势农业产业发展战略问题展开研究。研究目的如下：

（1）构建出优势农业产业选择的理论框架，并对西北半干旱地区优势农业产业展开实证研究，确定出具体的区域优势农业产业。

（2）提出西北半干旱地区优势农业产业发展的总体思路、原则和目标。

（3）提出西北半干旱地区优势农业产业发展的战略布局、战略重点和战略步骤。

（4）提出促进西北半干旱地区优势农业产业健康有序发展的战略措施。

1.2.2 研究意义

（1）优势农业产业的发展有助于促进增加农民收入

保持农民收入持续增长，缩小城乡居民收入差距是全面建成小康社会和加快建设社会主义新农村的重点。在西北半干旱地区，由于市场和资源的双重约束，农民组织化程度低、带动力不强是制约农民收入增加的重要因素。打造优势农业产业，夯实产业基础，实现农产品专业化生产、规模化发展，不断扩大市场份额，提升农业发展的综合收益，是增加农民收入的有效途径。而且，优势农业的建设还能够带动农产品贮藏、加工、包装、运输等产前、产中、产后各环节的发展，延长农业产业链，形成小农户大基地、小规模大群体的发展格局，实现农业生产与农产品市场的有效对接，逐步形成促进农民收入持续增长的长效机制。

（2）优势农业产业的发展能够提高农产品市场竞争力

发展优势农业产业，有利于将资本、技术、政策、资金都转移到优势农业上，实现农产品规模化种植，形成优势产区，提高农业资源利用率和劳动生产率，增强农业综合生产能力，扩大农产品市场占有率，提高农产品市场竞争力。在西北半干旱地区发展优势农业产业，有利于优化资源配置、加快推进农产品品牌化发展、优势农产品出口基地和现代农业示范基地建设，实现优势农业产业专业化、标准化、集约化生产，提升农产品的市场竞争力。

（3）优势农业产业的发展能够促进农业结构的调整

将特色农业产业与农业产业化经营结合起来，通过市场牵动龙头、龙头引导基地、基地带动农户的模式，合理确定优势农业产业和农产品生产基地的布局、规模，发展特色种养、精深加工，开辟新的发展空间，促进农业生产结构的调整。在农业产业化经营推动下，龙头企业根据市场需要进行产品加工，按照加工要求建设标准化、优质化、规模化原料基地，促进农业结构向安全、优质的方向转变。农业产业化经营与特色农产品的结合培育和壮大了区域主导产业，从而促进了优势产业加快发展。

（4）优势农业产业的发展有助于促进农村经济发展

一方面，按照大规模、高起点、多形式、强带动的原则，培育和发展龙头企业，通过龙头企业，将先进的经营理念、管理方式、物质装备、生产技术等要素导入农业领域，提高了农业的整体素质，推动了传统农业向现代农业转变。另一方面，优势农业产业的发展带动了生产、加工、分装、运输、保鲜、金融、保险等行业的发展，从而促进农村非农产业的发展壮大，改变农村经济结构单一的状况，促进农村经济结构的优化，推动农村经济协调发展。

1.3　文献综述

1.3.1　特色农业的内涵

（1）有学者认为，特色农业是与传统农业相对而言的，是借助科技创新和资源特色，在推动主导产业标新立异和品牌产品系列化的过程中，实现具有一定规模优势、品牌优势和市场竞争优势的高效持续发展的新型农业运作模式，是具有区域范围、工艺特色和高新技术特色的农业产业总称。特色农业最大的特点是高投入、高风险、高效益、高新技术。

（2）有学者认为，只要是在特殊自然资源条件下从事的农业生产活动，不论其生产的是稀有名贵产品，还是普通农副产品，都是特色农业特殊自然资源下的农业生产。具体内容包括特种种植业、特种饲养业、特种林果业、特种水产业和特种加工业等，既包含产业规模，也包含体制和组织的创新，是对当地经济起巨大带动作用和重大影响力的产业（链），通过市场带企业、企业带基地、基地连农户的形式，实现种养加一条龙、农科教相结合、贸工农一体化的生产经营机制和经济发展格局。

（3）特色农业与“三高”农业、创汇农业、绿色农业的不同点在于特色农业具有区域特色，而“三高”农业、创汇农业、绿色农业具有普遍性和广泛性：特色是“三高”的一个组成部分；而绿色是特色的一个部分；三者的目标是一致的，都是为了增加产品的技术含量，提高质量和经济效益。

（4）相对传统农业而言，特色农业属于现代的、具有一定规模的农业商品经济，生产以市场为导向，以社会需求为主，具有较大的适应能力和极强的生命力。特色农业建立在传统农业的基础之上，其形成主要有三方面：一是传统优质名牌农产品的开发与发展；二是引进新品种、新技术、新工艺，形成自己的特色产品，以填补这方面的空白；三是在原有传统农产品的基础上，通过技术开发改造、包装和加工，形成更具特色的新产品。

（5）从可持续的角度来看，特色农业强调区域资源的合理和充分利用，有利于保护生态环境，以其特色占有市场，保证了经济的持续稳定增长。所以说，特色农业不但是可持续农业的一个重要的组成部分，而且是可持续农业的一个更具体、技术体系较完善、更具操作性、具有使用和推广意义的部分。虽然现代农业的发展并不局限于某一种农业模式或提法，但所有的农业生产模式都必须是可持续的，特色农业也不例外，是实现结构调整和可持续发展的需要，也是农民奔小康的需要。

综上所述，特色农业是在农业产业结构调整中逐渐受到重视的一种新型的农业运行模式，是在中国农业经济发展的新阶段适应市场经济的发展应运而生的。特色农业就是人们立足于区位优势、资源优势、环境优势和技术优势，生产具有产品特性和市场竞争能力的农产品的一种农业产业经济形式，是根据市场需要和社会需要发展起来的具有一定规模的高效农业。把握特色农业的内涵应强调以下几个方面：第一，它必须是立足于一定区域内某类优势，比如：地理优势、环境优势、资源优势、技术优势等；第二，它必须是根据本地土壤、气候、品种等特点以及符合市场需求和社会需求；第三，有一定规模和农业产业化程度，有很强的市场竞争力和显著的经济效益。

1.3.2 优势农业产业

所谓优势产业，是指一个国家或地区基于其客观实际具有市场竞争力和良好经济效益的产业部门。从产业的属性上讲，优势产业的基本属性也应成为特色优势产业的属性，如比较优势基准、产业关联度基准、收入弹性基准、生产率基准、技术进步基准和环境基准等。从产业特征上讲，主要是用差别化体现特色。一种是绝对差别化，即产业的独有性，你无我有是其典型的表现；一种是相对差别化，即用不同的衡量标准区分出产业发育程度的差别，从而构成产业的相对特色，体现出比较优势，如产业的你小我大、你泛我专、你弱我强、你粗我精、你聚我散等。综上所述，优势农业产业是指在一定的区域范围内，在市场经济条件下，具有产业相对比较优势和市场竞争优势的农业产业内部的具体产业部门。所谓区域优势农业产业选择，是指决策者为促进区域农业经济可持续发展，依照区域优势农业产业选择指标体系，同时结合综合评估方法构建优势农业产业选择模型，并对区域内的不同类型农业产业及经济水平相当的区域间同类型农业产业进行实证比较，然后根据主观判断，参考国内外相关选择标准，确定出区域优势农业产业的过程。

1.3.3 优势产业选择的方法

（1）依照层次分析法建立优势产业选择指标体系

区域优势产业的复杂性决定了其选择基准不能使用单一的指标，而其系统性决定了各指标之间既相互独立，又相互联系。我国多数学者一般依据相关理论基础和具体国情或区情依照层次分析指标构建法建立优势产业选择指标体系，其包括目标层、准则层、指标层三个层次，其中准则层主要来源于国外经济学家解释国际贸易现象的各类理论中所考虑的主要因素。杨浩（2006）在长三角地区优势产业选择中构建的指标体系内容是：资本产出率、劳动生产率、产业贡献率、企业产出增长率；宋德勇等（2006）提出的区域优势产业指标体系内容是：企业获利能力（投资利润率的增长速度）、产业集群（企业间的投入产出比率、企业数目）、市场影响力（收入弹性基准）；赵君等（2007）构建的区域优势指标体系内容是：市场优势（区位熵、市场占有率）、生产要素优势（技术要求相对密度、就业吸纳率、产值利税率、产业利润率）、环境优势（需求收入弹性指数、劳动生产率）；魏立桥等（2008）构建的区域优势产业指标体系内容是：产业规模（劳动力专业化率）、产业发展潜力（需求收入弹性、比较劳动生产率）、比较优势（产业贡献率、市场占有率、区位熵）、社会效益（就业吸纳率）；姚晓芳等（2006）从产业规模、经济效益、市场需求、技术进步、产业关联等几个方面建立了优势产业的评价指标体系，采用因子分析、区位熵分析和关联分析相结合的方法，对区域优势产业的选择进行了实证分析；韩斌则从比较优势和产业关联角度分析，构建了工业优势产业选择的指标体系，并运用主成分分析法对工业各主要产业部门的优势度进行了定量分析，确定了应当重点扶持的工业优势产业部门。

（2）从产业竞争力角度测评区域优势产业

翁梅（2011）基于比较优势，通过区位熵指标确定了盐城优势产业，并提出了重点发展优势产业的政策建议。钱力等（2012）基于竞争优势理论构建了产业专业化水平、产业规模程度和产业产出效益三个指标层的农业优势产业选择指标体系，运用因子分析方法对农业优势产业的选择问题进行了研究。

（3）从产业比较优势和竞争优势相结合的角度分析区域优势产业

刘颖琦等（2007）从比较优势和竞争优势角度构建了优势产业选择的指标体系，并采用因子分析法对内蒙古优势产业进行了实证研究。也有学者从产业的绩效方面测评区域优势产业。许娟等（2009）对我国省际高技术行业的效率进行了测算，并以此作为分辨优势产业的依据。龙少波等（2010）对西部大开发以来民族地区的产业结构变化进行了研究。张颖等对安徽省林业优势产业的选择进行了研究，研究结果表明，安徽省应以林业旅游与休闲服务、非木质林产品加工制造业、陆生野生动物繁育与利用、林产化学产品制造四个产业作为优势产业，并进一步强化森林资源的开发与利用，以此推动省域林业经济的快速发展。

1.3.4 发展优势农业产业的对策

郭柏林（2000）通过分析上海市农产品市场面临的新形势及农业的主要矛盾，探讨上海市特色农业的发展方向和发展重点，提出了制定特色农业发展规划、增加特色农业的科技投入、培育农产品市场体系、建立特色农业信息系统、培养一批具有较高科技水平的生产者等对策措施。梁勇对广西特色农业发展的自然、区位、产品、政策和技术等方面做了评价与分析，针对广西特色农业发展的现状及其存在的问题，提出了以下对策：政府部门要提高对特色农业的认识，积极转变思想和工作方法；稳定和完善党在农村的各项政策，调动和保护农民发展特色农业的积极性；尽快建立特色农业开发项目决策机制；加快农业科技创新，提高科技在特色农业中的贡献率；培育壮大龙头企业，加快特色农业产业化进程等。孔祥智（2003）等在论述特色农业概念、特点的基础上，分析西部地区特色农业发展的物种资源优势、环境资源优势等，针对西部地区发展特色农业的背景、机遇和现状，指出西部地区在特色农业发展中存在生产趋同、科技落后、品质退化、经营粗放、市场服务体系与信息网络建设落后等一系列问题，并提出了与西部地区特色农业发展相适应的四大战略对策。马琼等（2008）通过分析南疆地区特色农业发展的现状，对南疆地区特色农业的优势、劣势、机会和威胁进行了系统分析，找出了对南疆地区特色农业产业化发展有利和不利的因素，以及潜在的机遇和威胁，并在此基础上提出了通过加强特色农业基地和龙头企业建设、提高农民组织化程度、增加科技投入、改善农业生产条件、树立品牌形象等推动南疆特色农业产业化发展、提升特色农业竞争力的对策。王雅琼分析了西部地区发展特色农业的重要性，具有的优势以及存在的问题，在此基础上针对西部地区特色农业的发展提出了以下几点对策：建立特色农业基地，促进特色农业发展；加强农业技术的研制和推广；打造强势品牌，提高竞争力；走生态农业之路。王生林等（2009）在对甘肃省农业特色优势产业区进行实证分析的基础上，提出了一系列对策措施，如：加强农产品生产基地建设；加强物流、信息和营销服务；建立健全中介服务体系；加大农村劳动力培训力度；大力发展农产品加工企业；提高农民组织化程度；建立农业特色优势产业区发展的政策支持；完善投融资制度；增强区域农业科技创新能力和完善农业技术服务体系等。

1.3.5 对现有研究的评述

综上所述：现有的研究成果主要从比较优势、竞争优势、产业关联、产业绩效等视角对区域优势产业进行选择与评价，但是研究范围多侧重于对封闭环境下区域内优势产业的选择，而对开放环境下优势产业的选择研究关注不足；现有研究大多集中于区域经济中优势产业的选择，对于优势农业产业的选择研究不多；从区域角度看，现有研究大多集中于国家、省级以及县级层面的优势产业的确定，而对于特定的地貌特征区域（如西北半干旱地区）的研究不足，有待深化研究。

1.4 研究思路与方法

1.4.1 研究思路

本项目在广泛借鉴现有国内外研究文献的基础上，结合西北半干旱地区农业发展的实际情况，根据实地调研数据和其他相关统计数据展开研究。研究思路如下：首先，对西北半干旱地区优势农业产业规模和结构进行系统分析；其次，构建出优势农业产业选择的理论框架，并对西北半干旱地区优势农业产业展开实证研究，确定出具体的区域优势农业产业；再次，提出西北半干旱地区优势农业产业发展的总体思路、原则、目标、战略布局、战略重点和战略步骤；最后，提出促进西北半干旱地区优势农业产业健康有序发展的战略措施。

1.4.2 研究方法

（1）实地调研法

通过实地调研研究区域，掌握了第一手的实际数据，为项目的顺利进行提供了坚实的依据。

（2）综合评价法

在进行西北半干旱地区优势农业产业选择时，结合相关研究成果，构建出优势农业产业选择的综合评价指标体系，并提出了具体的测算方法，以此确定具体的区域优势农业产业。

（3）比较分析法

广泛应用竞争优势、市场优势以及区位熵等经济指标，分析比较西北半干旱地区优势农业产业的优势。

第二章

西北半干旱地区农业产业发展现状分析

2.1　西北半干旱地区农业产业发展现状

依据我国的国民经济行业分类标准（GB/T4754—2002），大农业类别可以分为农业、畜牧业、林业和渔业四大类。其中，分类中的农业主要指种植业。此处，主要按照以上四大类型，结合西北半干旱地区的总体及其所包括的各省半干旱地区农业产业的发展现状展开分析。

2.1.1　种植业

种植业是指栽培各种农作物以取得各种植物产品的产业类别，是人类赖以生存的最基本产业部门。种植业是通过人工培育的方式取得各种产品（其他生产部门的原料），是取得粮食、副食品、饲料和工业基本原料的最初部门。种植业生产的作物包括粮食作物、经济作物、蔬菜作物、绿肥作物、饲料牧草作物、花卉园艺作物等。具体的作物类别包括粮、棉、油、麻、丝等。结合西北半干旱地区的具体生产情况，种植业的产品包括：粮食作物，主要包括小麦、玉米、稻谷、大豆等作物；棉类，即棉花，油料，包括油菜、胡麻、花生等作物；各种蔬菜产品和水果；再加上各个地区的小杂粮、中药材等。

（1）西北半干旱地区

结合西北半干旱地区自然条件、种植业发展现状及特色产业的特性，主要从小麦、杂粮、油料、蔬菜和瓜果等五方面进行分析。

①小麦

小麦是西北半干旱地区的主要粮食作物，承担着解决当地居民口粮安全的担子，主要以旱作小麦和节水种植小麦为主。2013年，西北半干旱地区小麦总产量为562.86万吨，其中：陕西半干旱地区产量为349.41万吨，占该地区小麦总产量的62.08%，在各分区中产量最大；其次是甘肃半干旱地区，产量为154.74万吨，占该地区总产量的27.49%；宁夏半干旱地区和青海半干旱地区产量相对较小。见表2-1。

表2-1　西北半干旱地区小麦生产结构表

序号	地区	产量(万吨)	比重(%)
1	陕西半干旱地区	349.41	62.08
2	甘肃半干旱地区	154.74	27.49
3	宁夏半干旱地区	31.05	5.52
4	青海半干旱地区	27.66	4.91
5	西北半干旱地区	562.86	100.00

②杂粮

西北半干旱地区的地形地貌、无霜期长度、日照、气温和水资源的保障程度等生态和自然特征，再加上当地的种植习惯，形成了比较悠久和稳定的杂粮种植以及区域分布特征。西北半干旱地区的杂粮作物主要包括玉米、大豆、高粱、糜子、谷子等。2013年，西北半干旱地区杂粮总产量为1411.89万吨。其中：陕西半干旱地区产量为525.26万吨，占该地区杂粮总产量的37.20%；甘肃半干旱地区产量为403.43万吨，占该地区总产量的28.57%；宁夏半干旱地区产量为420.50万吨，占该地区杂粮总产量的29.78%；青海半干旱地区产量最小，仅为62.70万吨，占该地区总产量的4.45%。见表2-2。

表2-2　西北半干旱地区杂粮生产结构表

序号	地区	产量(万吨)	比重(%)
1	陕西半干旱地区	525.26	37.20
2	甘肃半干旱地区	403.43	28.57
3	宁夏半干旱地区	420.50	29.78
4	青海半干旱地区	62.70	4.45
5	西北半干旱地区	1411.89	100.00

③油料

油料是重要的农业产品，是人们日常的必需产品。油料生产关系到粮油的基本需求。在西北半干旱地区，从油料品种看，陕西半干旱地区的油料产品主要有油菜籽和花生，甘肃半干旱地区的油料产品主要有油菜籽和胡麻籽，宁夏半干旱地区的油料主要有油菜籽、胡麻籽和向日葵，青海半干旱地区的油料主要是油菜籽。2013年，西北半干旱地区油料总产量为101.97万吨。其中：甘肃半干旱地区产量为34.23万吨，占该地区总产量的33.57%，所占比重最大；宁夏半干旱地区产量为26.32万吨，占该地区总产量的25.81%，青海半干旱地区产量为25.31万吨，占该地区总产量的24.82%，陕西半干旱地区产量最低（为16.12万吨），占该地区总产量的15.80%。见表2-3。

表2-3　西北半干旱地区油料生产结构表

序号	地区	产量(万吨)	比重(%)
1	陕西半干旱地区	16.11	15.80
2	甘肃半干旱地区	34.23	33.57
3	宁夏半干旱地区	26.32	25.81
4	青海半干旱地区	25.31	24.82
5	西北半干旱地区	101.97	100.00

④蔬菜

随着人民生活水平的改善、营养结构的调整，蔬菜消费占据饮食消费总量的比例越来越大。加之，西北半干旱地区独特的气候特点，生产的高原蔬菜具有独特的优势，已经销往国内其他地区。2013年，西北半干旱地区蔬菜的总产量为2583.03万吨。其中：陕西半干旱地区蔬菜产量最大，为1231.80万吨，占整个西北半干旱地区总产量的47.69%；甘肃干旱地区蔬菜产量为905.12万吨，占35.04%；陕西半干旱地区和甘肃干旱地区的蔬菜产量占到西北半干旱地区总产量的80%以上。宁夏半干旱地区和青海半干旱地区产量分别为294.29万吨和151.82万吨，分别占到西北干旱地区总产量的11.39%和5.88%。见表2-4。

表2-4 西北半干旱地区蔬菜生产结构表

序号	地区	产量(万吨)	比重(%)
1	陕西半干旱地区	1231.80	47.69
2	甘肃半干旱地区	905.12	35.04
3	宁夏半干旱地区	294.29	11.39
4	青海半干旱地区	151.82	5.88
5	西北半干旱地区	2583.03	100.00

⑤瓜果

西北半干旱地区干燥的环境、良好的光照以及较大的温差，赋予了该区域能够生产品质较高的瓜果自然条件。2013年，西北半干旱地区的瓜果总产量为1942.19万吨。其中：陕西半干旱地区的瓜果产量为1397.80万吨，占西北半干旱地区总产量的71.97%，尤其是陕北的苹果产量，近年来一直位于全国的前列；甘肃半干旱地区、宁夏半干旱地区、青海半干旱地区2013年的瓜果产量分别为391.31万吨、152.23万吨、0.85万吨，分别占西北半干旱地区总产量的20.15%、7.84%和0.04%。见表2-5。

表2-5 西北半干旱地区瓜果生产结构表

序号	地区	产量(万吨)	比重(%)
1	陕西半干旱地区	1397.80	71.97
2	甘肃半干旱地区	391.31	20.15
3	宁夏半干旱地区	152.23	7.84
4	青海半干旱地区	0.85	0.04
5	西北半干旱地区	1942.19	100.00

表2-6 2013年西北半干旱地区种植业规模与结构

地区	作物	小麦		杂粮		油料		蔬菜		瓜果	
		产量(万吨)	比重(%)	产量(万吨)	比重(%)	产量(万吨)	比重(%)	产量(万吨)	比重(%)	产量(万吨)	比重(%)
陕西半干旱地区	西安	82.77	14.71	94.42	6.69	0.91	0.89	298.12	11.54	95.19	4.90
	铜川	6.47	1.15	16.87	1.19	0.81	0.79	15.50	0.60	67.35	3.47
	宝鸡	72.75	12.93	69.45	4.92	1.64	1.61	129.16	5.00	126.03	6.49
	咸阳	88.79	15.77	97.45	6.90	3.88	3.81	387.29	14.99	545.81	28.10
	渭南	96.69	17.18	108.67	7.70	5.75	5.64	225.01	8.71	283.09	14.58
	延安	1.44	0.26	53.52	3.79	0.84	0.82	106.04	4.11	251.64	12.96
	榆林	0.50	0.09	84.88	6.01	2.28	2.24	70.68	2.74	28.69	1.48
	小计	349.41	62.08	525.26	37.20	16.11	15.80	1231.80	47.69	1397.80	71.97

续表2-6

作物 地区		小麦		杂粮		油料		蔬菜		瓜果	
		产量(万吨)	比重(%)	产量(万吨)	比重(%)	产量(万吨)	比重(%)	产量(万吨)	比重(%)	产量(万吨)	比亘(%)
甘肃半干旱地区	兰州	12.71	2.26	18.75	1.33	2.42	2.37	251.58	9.74	25.46	1.31
	白银	13.04	2.32	47.62	3.37	1.25	1.23	132.71	5.14	24.53	1.26
	天水	31.15	5.53	59.49	4.21	6.60	6.47	217.12	8.41	93.17	4.80
	平凉	36.98	6.57	53.09	3.76	6.26	6.14	125.38	4.85	106.21	5.47
	庆阳	33.82	6.01	109.24	7.74	8.81	8.64	81.46	3.15	128.81	6.63
	定西	13.18	2.34	68.89	4.88	2.96	2.90	62.26	2.41	7.42	0.38
	临夏	13.86	2.46	46.35	3.28	5.93	5.82	34.60	1.34	5.71	0.29
	小计	154.74	27.49	403.43	28.57	34.23	33.57	905.11	35.04	391.31	20.15
宁夏干旱地区	吴中	11.74	2.09	199.51	14.13	7.79	7.64	68.70	2.66	31.82	1.64
	固原	15.31	2.72	134.11	9.50	11.60	11.38	165.61	6.41	4.13	0.21
	中卫	4.00	0.71	86.88	6.15	6.92	6.79	59.97	2.32	116.28	5.99
	小计	31.05	5.52	420.50	29.78	26.31	25.80	294.28	11.39	152.23	7.84
青海干旱地区	西宁	10.16	1.81	13.41	0.95	8.76	8.59	76.33	2.96	0.11	0.01
	海东	12.70	2.26	40.54	2.87	12.68	12.44	71.69	2.78	0.46	0.02
	海南	4.80	0.85	8.75	0.62	3.87	3.80	3.80	0.15	0.28	0.01
	小计	27.66	4.91	62.70	4.44	25.31	24.82	151.82	5.88	0.85	0.04
合计		562.86	100.00	1411.89	100.00	101.96	100.00	2583.01	100.00	1942.19	100.00

数据来源：《陕西统计年鉴（2014）》《甘肃农村年鉴（2014）》《宁夏统计年鉴（2014）》《青海统计年鉴（2014）》。

（2）陕西半干旱地区

陕西半干旱地区包括：全国重要的小麦生产基地——关中小麦生产区（全国重要的小麦生产区之一）；渭北旱塬优质苹果生产区，其中包括洛川苹果、白水苹果等著名苹果地理认证区。陕西半干旱地区种植业在近年来取得了较好的发展成绩。

①作物产量及其地理分布

从陕西半干旱地区各个市的作物总产量来看，咸阳的产量最大，铜川的产量最小。渭南地处关中平原，是陕西最重要的种植业生产大区，其中大荔模式更是享誉全国。由于铜川种植面积相对较小，其总产量也相对较少，见图2-1、表2-7。

②果品和蔬菜生产优势明显

陕西半干旱地区是全国最重要的苹果生产基地（图2-2），其相对温和的气候也适合蔬菜的生产。2013年，蔬菜的总产量最高，为1231.80万吨；苹果和猕猴桃产量分别为1040.83万吨和91.07万吨。苹果的总产量占到陕西半干旱地区水果总产量的74.46%。见图2-3。此外，从全国的水平来看，近年来陕西的苹果产量一直排在全国总产量的第一位，猕猴桃的产量也是排在全国第一位。

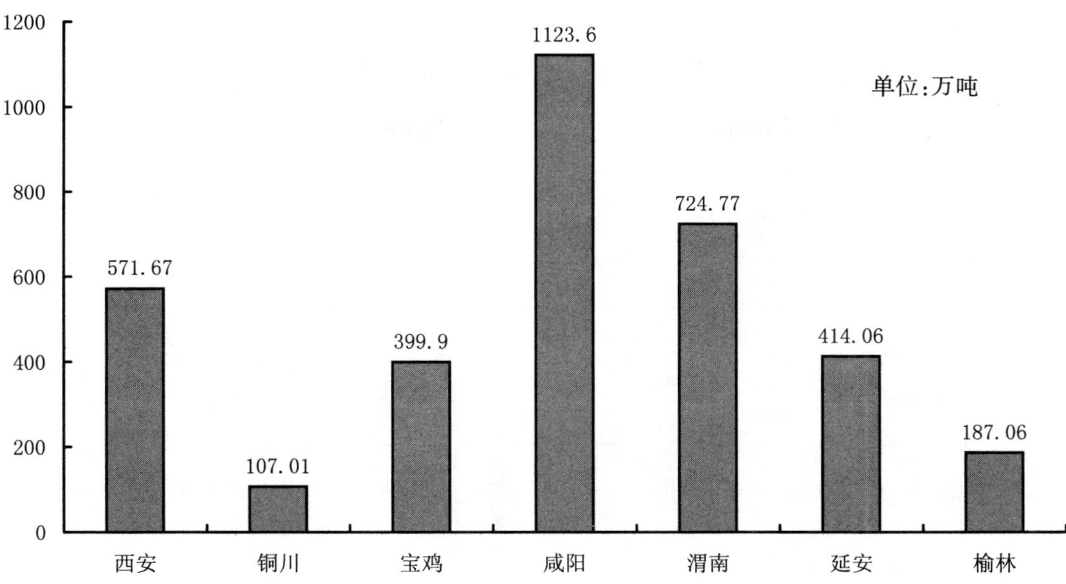

图2-1　2013年陕西半干旱地区各地市作物总产量分布图

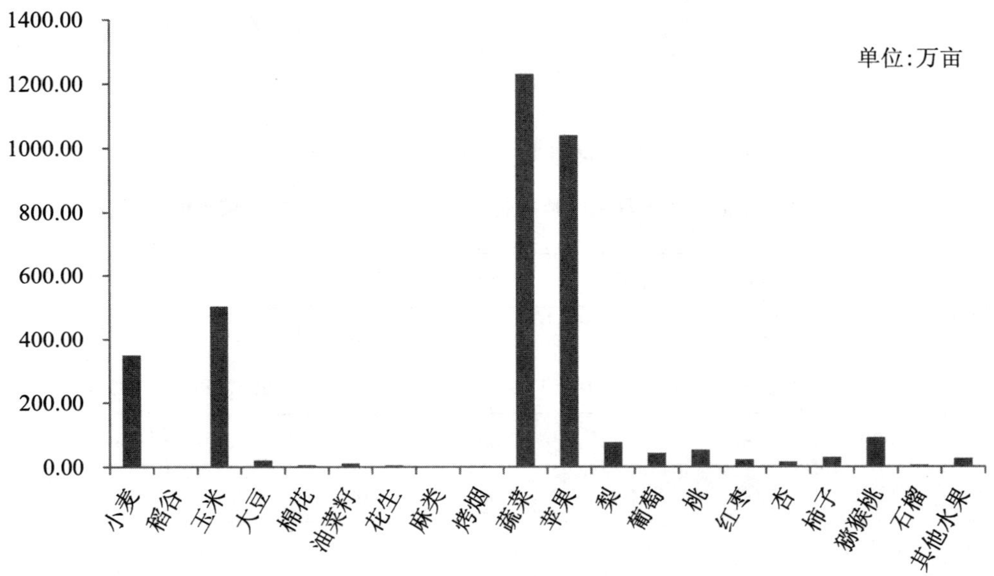

图2-2　2013年陕西半干旱地区各作物总种植面积分布图

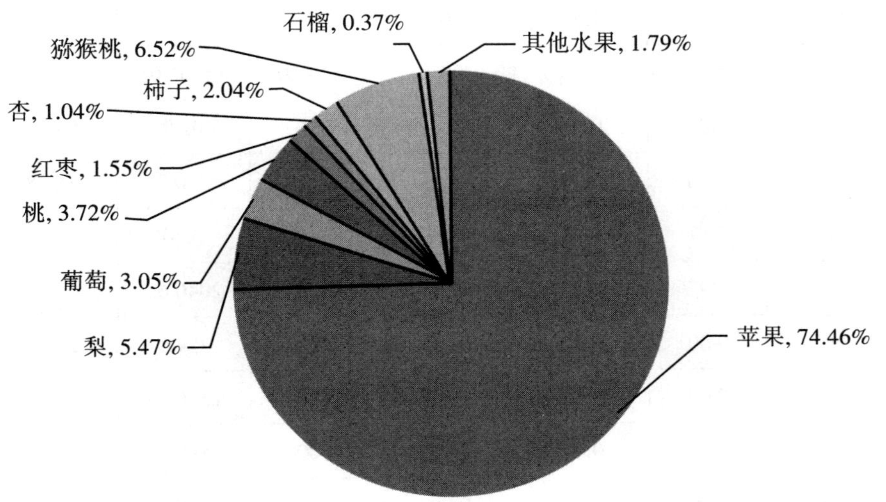

图2-3　2013年陕西半干旱地区各水果总产量比例分布图

③苹果产值突出

2013年，各作物总产值中，苹果的产值最大，为4600371.11万元，相比较其他作物，可谓一枝独大的局面，见图2-4。

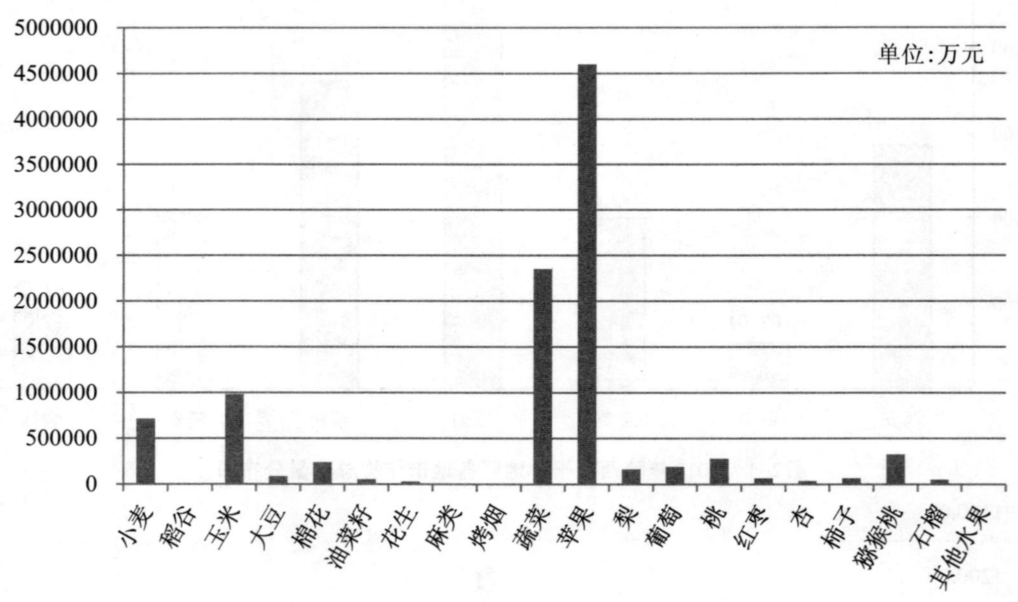

图2-4　2013年陕西半干旱地区各作物产值分布图

表2-7　2013年陕西半干旱地区种植业规模(产量单位:万吨;产值单位:万元)

作物		西安	铜川	宝鸡	咸阳	渭南	延安	榆林	陕西半干旱地 区
麦	产量	82.77	6.47	72.75	88.79	96.69	1.44	0.50	349.41
	产值	169678.50	13263.50	149137.50	182019.50	198214.50	2952.00	1025.00	716290.50
稻谷	产量	0.39	0.00	0.43	0.00	0.00	0.24	0.81	1.87
	产值	772.26	0.00	851.47	0.00	0.00	475.24	1603.93	3702.90
玉米	产量	91.83	16.43	67.40	96.42	106.69	49.01	75.51	503.29
	产值	179068.50	32038.50	131430.00	188019.00	208045.50	95569.50	147244.50	981415.50
大豆	产量	2.20	0.44	1.62	1.03	1.98	4.27	8.56	20.10
	产值	9460.33	1892.07	6966.25	4429.16	8514.30	18361.65	36809.30	86433.05
棉花	产量	0.25	0.00	0.01	0.01	5.36	0.09	0.01	5.73
	产值	10347.97	0.00	398.48	545.29	224878.48	3670.24	478.18	240318.64
油菜籽	产量	0.87	0.81	1.64	3.83	3.20	0.40	0.00	10.75
	产值	4413.83	4129.74	8372.21	19559.29	16329.76	2040.65	0.00	54845.48
花生	产量	0.05	0.00	0.00	0.04	2.55	0.44	2.28	5.36
	产值	264.58	0.00	16.74	229.48	13777.44	2356.35	12321.19	28965.78
麻类	产量	0.00	0.00	0.02	0.00	0.00	0.00	0.02	0.04
	产值	0.00	0.00	32.47	0.00	0.00	0.00	40.12	72.59

续表2-7

作物		西安	铜川	宝鸡	咸阳	渭南	延安	榆林	陕西半干旱地 区
烤烟	产量	0.00	0.01	0.84	0.38	0.20	0.49	0.00	1.92
	产值	0.00	45.15	3611.22	1617.50	868.52	2121.84	0.00	8264.23
蔬菜	产量	298.12	15.50	129.16	387.29	225.01	106.04	70.68	1231.80
	产值	569371.22	29603.03	246679.15	739674.56	429740.44	202522.89	134989.80	2352581.08
苹果	产量	2.52	64.77	66.37	453.87	192.92	244.01	16.38	1040.83
	产值	11143.50	286273.41	293355.00	2006055.74	852680.07	1078486.75	72376.64	4600371.11
梨	产量	4.76	0.04	0.66	27.10	39.60	2.37	1.89	76.42
	产值	10236.66	79.33	1416.04	58251.69	85137.71	5101.78	4053.78	164276.98
葡萄	产量	9.24	0.04	3.52	15.54	13.14	0.45	0.65	42.58
	产值	41574.14	197.56	15825.00	69917.28	59151.57	2002.65	2940.52	191608.72
桃	产量	12.22	0.50	3.16	24.70	10.22	0.31	0.94	52.05
	产值	66104.37	2706.15	17112.82	133608.89	55278.68	1702.03	5105.01	281617.96
红枣	产量	4.22	0.05	0.00	3.54	13.73	0.05	0.13	21.72
	产值	12858.93	143.02	0.91	10803.30	41858.62	160.10	410.46	66235.34
杏	产量	5.53	0.13	0.42	5.64	2.08	0.25	0.48	14.54
	产值	14380.25	325.39	1097.30	14658.86	5403.05	655.21	1258.95	37779.02
柿子	产量	4.17	1.21	2.60	7.75	9.10	1.39	2.25	28.47
	产值	9805.13	2834.91	6122.09	18222.88	21380.07	3266.73	5293.48	66925.29
猕猴桃	产量	39.58	0.00	48.80	1.39	0.19	0.96	0.16	91.07
	产值	142431.62	0.00	175590.35	4992.43	666.38	3448.83	559.87	327689.47
石榴	产量	3.06	0.00	0.00	2.02	0.02	0.00	0.01	5.11
	产值	30642.00	8.00	8.00	20240.00	158.00	0.00	81.00	51137.00
其他水果	产量	9.88	0.62	0.49	4.27	2.10	1.84	5.79	25.00
	产值	1282553.80	373539.76	1058022.99	3472844.86	2222083.08	1424894.42	426591.73	10260530.63

数据来源:《陕西统计年鉴(2014)》。

(3)甘肃半干旱地区

甘肃半干旱地区，光热资源丰富，形成了多样的优势农业产业产区，例如天水地区的花牛苹果产区，定西地区优质药材、马铃薯产区，产量和产值的数量情况如表2-8所示。

①农作物产量区域分布分析

2013年，天水市作物总产量为433.99万吨，居甘肃第一位，其次分别是庆阳市（383.80万吨）、平凉市（349.80万吨），最少的为临夏州（123.22万吨），如图2-5所示。

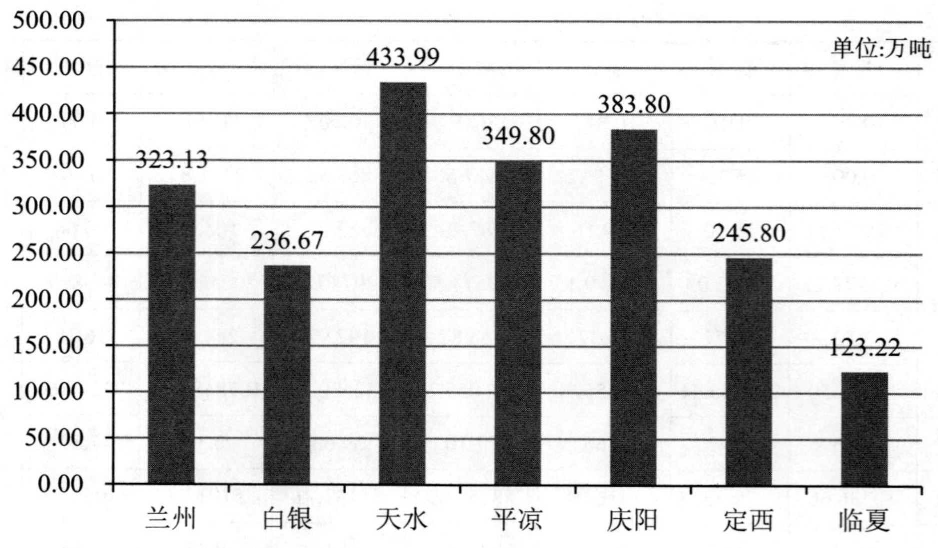

图2-5 2013年甘肃半干旱地区各地市种植业总产量分布图

②不同农作物产业规模分析

各农作物产值方面，2013年蔬菜产值最大，其次是苹果和薯类，如图2-6所示。

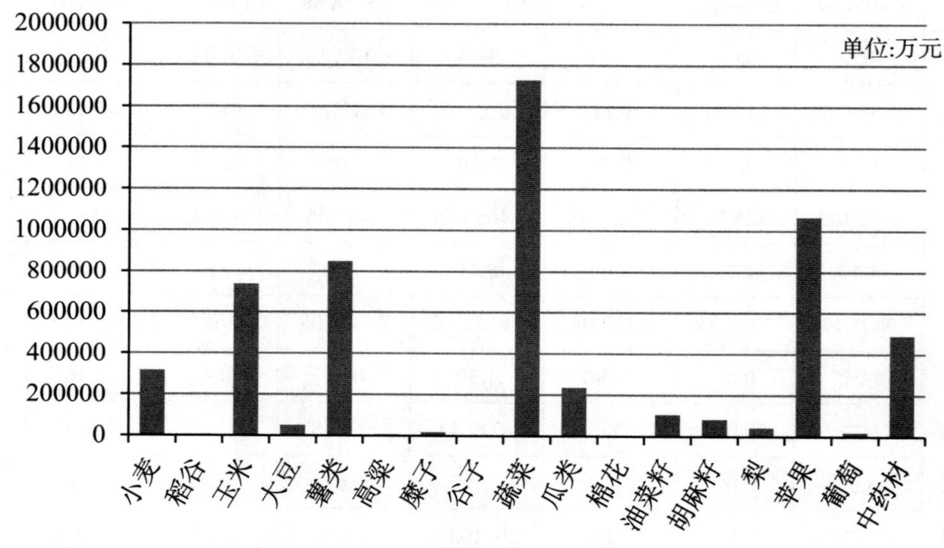

图2-6 2013年甘肃半干旱地区各作物总产值分布图

表2-8 2013年甘肃半干旱地区种植业规模与结构(产量单位:万吨;产值单位:万元)

作物		兰州	白银	天水	平凉	庆阳	定西	临夏	甘肃半干旱地区
小麦	产量	12.71	13.04	31.15	36.98	33.82	13.18	13.86	154.74
	产值	26051.61	26722.57	63847.46	75815.36	69329.98	27017.98	28416.69	317201.65
稻谷	产量	0.04	2.11	0.00	0.00	0.24	0.00	0.00	2.39
	产值	73.07	4174.57	0.00	0.00	473.65	0.00	0.00	4721.29
玉米	产量	18.59	44.80	57.34	47.83	95.11	68.14	46.24	378.05
	产值	36255.38	87352.59	111805.01	93260.90	185458.85	132866.57	90159.62	737158.92
大豆	产量	0.04	0.41	1.55	0.97	8.64	0.03	0.02	11.66
	产值	179.32	1744.57	6669.97	4181.90	37133.53	122.98	79.12	50111.39

续表2-8

作物		兰州	白银	天水	平凉	庆阳	定西	临夏	甘肃半干旱地区
薯类	产量	10.52	15.03	23.42	17.56	12.10	67.54	14.59	160.76
	产值	55631.77	79476.31	123824.57	92847.41	63963.67	357111.69	77130.14	849985.56
高粱	产量	0.00	0.00	0.28	1.36	1.23	0.15	0.00	3.02
	产值	0.00	0.00	621.47	2994.13	2697.80	320.96	0.00	6634.36
糜子	产量	0.04	0.18	0.17	2.82	3.13	0.21	0.08	6.63
	产值	101.62	491.82	464.45	7651.77	8471.47	557.94	215.15	17954.22
谷子	产量	0.04	0.13	0.15	0.10	0.91	0.37	0.02	1.72
	产值	102.40	342.58	413.91	280.17	2446.98	1008.02	46.20	4640.26
蔬菜	产量	251.58	132.71	217.12	125.38	81.46	62.26	34.60	905.11
	产值	480488.43	253465.69	414680.71	239462.88	155572.11	118904.66	66081.40	1728655.88
瓜类	产量	15.62	11.47	6.82	8.03	80.93	3.43	0.02	126.32
	产值	29211.64	21440.63	12758.76	15018.24	151341.95	6411.17	39.08	236221.47
棉花	产量	0.00	0.01	0.00	0.00	0.00	0.00	0.00	0.01
	产值	0.00	293.62	0.00	0.00	0.00	0.00	0.00	293.62
油菜籽	产量	0.53	0.08	5.31	2.38	5.84	0.95	5.57	20.66
	产值	2690.43	430.47	27103.71	12151.05	29804.85	4825.94	28421.64	105428.09
胡麻籽	产量	1.89	1.17	1.29	3.88	2.96	2.01	0.36	13.56
	产值	11524.54	7109.81	7874.16	23657.87	18065.19	12263.88	2174.12	82669.57
梨	产量	2.47	4.50	4.18	2.12	0.43	1.85	4.08	19.63
	产值	5313.10	9673.86	8984.01	4562.19	918.37	3979.83	8780.00	42211.36
苹果	产量	6.90	8.53	78.78	96.02	47.12	2.14	1.60	241.09
	产值	30505.41	37716.95	348188.10	424401.68	208272.41	9448.46	7058.17	1065591.18
葡萄	产量	0.47	0.03	3.39	0.04	0.33	0.00	0.01	4.27
	产值	2098.06	124.21	15243.10	158.86	1495.91	15.75	40.05	19175.94
中药材	产量	1.69	2.47	3.04	4.33	9.55	23.54	2.17	46.79
	产值	17696.24	25788.87	31704.33	45245.65	99764.94	245784.24	22648.93	488633.20

数据来源:《甘肃农村年鉴(2014)》。

在产量方面（如图2-7所示）：2013年蔬菜产量最大，为905.11万吨；玉米的产量居第二位，为378.05万吨。此外，苹果、小麦、薯类、瓜类、中药材都是甘肃地区重要的种植业产品。

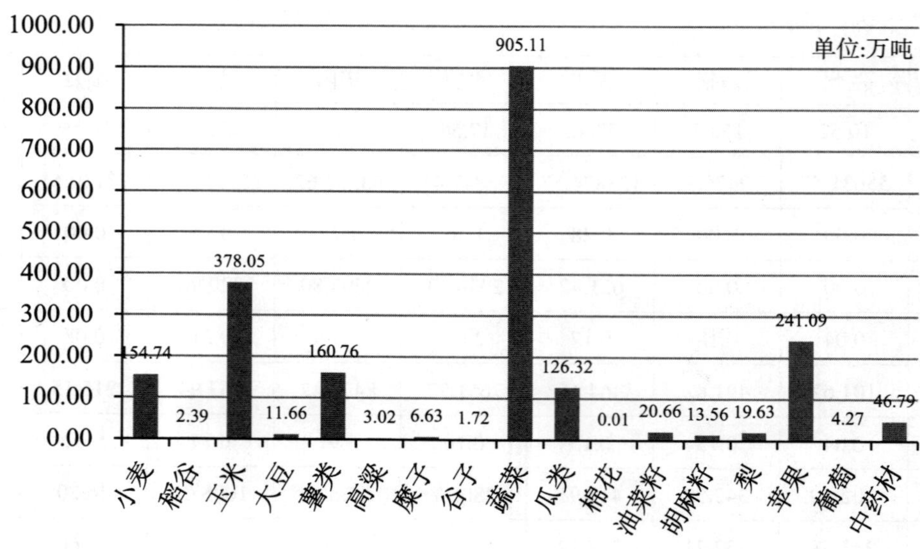

图2-7　2013年甘肃半干旱地区各作物总产量分布图

（4）宁夏半干旱地区

宁夏半干旱地区包括中部的引黄灌区与南部的山区，农业产业发展现状良好，引黄灌区是全国粳稻最佳生态区，马铃薯生产形成了淀粉加工、鲜食蔬菜、种薯生产的良好格局。如表2-9所示，吴忠、固原和中卫各作物的总产量分别为202.92万吨、262.50万吨、253.99万吨，三个地区的作物总产量基本相差不多。各作物的总产量，如图2-8所示，蔬菜的总产量最大，为294.29万吨，瓜类产量居第二，为152.24万吨。

宁夏半干旱地区各作物2013年总产值中，蔬菜的产值最大，其次是瓜果类产值，与产量的分布情况类似，如图2-9所示。

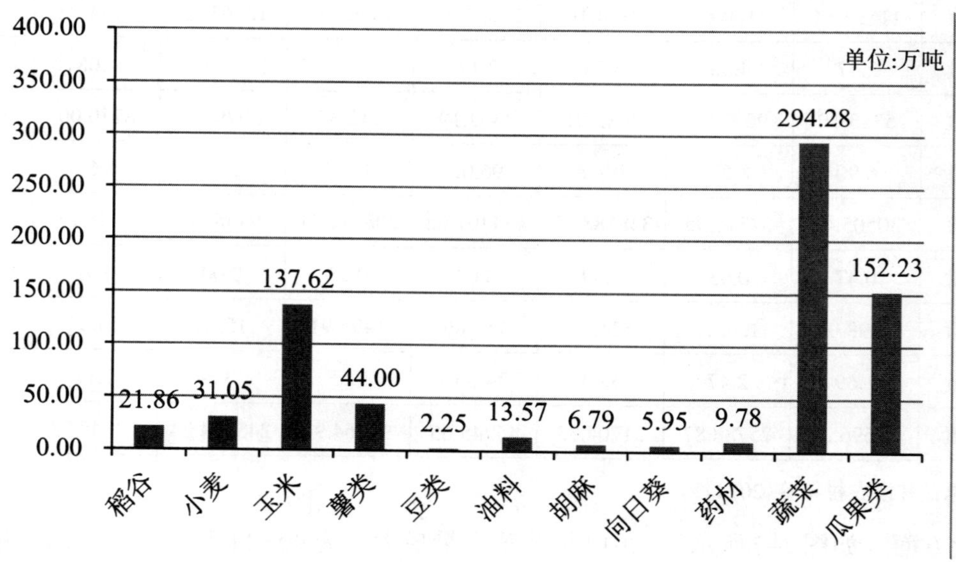

图2-8　2013年宁夏半干旱地区各作物总产量分布图

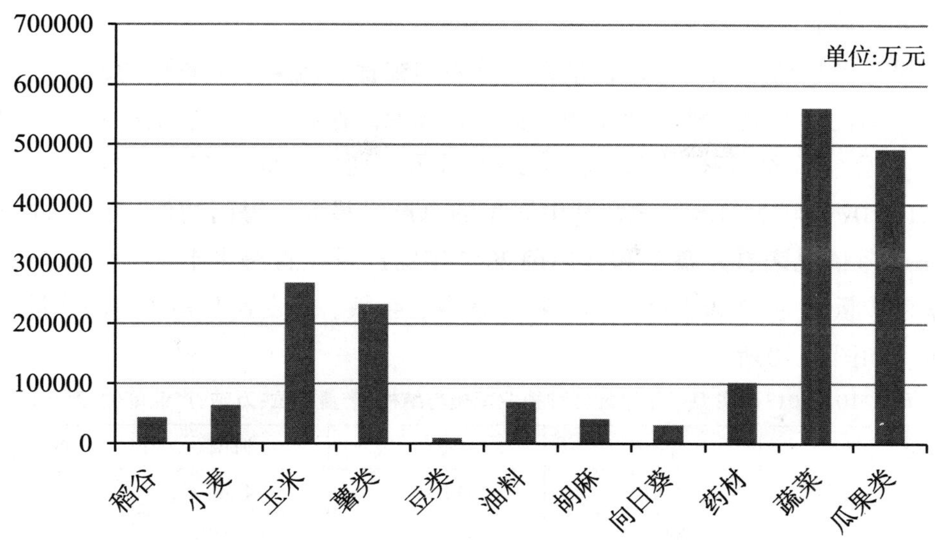

图2-9　2013年宁夏半干旱地区各作物产值分布图

表2-9　2013年宁夏半干旱地区种植业规模与结构(产量单位:万吨;产值单位:万元)

作物		吴忠	固原	中卫	宁夏半干旱地区
稻谷	产量	13.31	0.00	8.55	21.86
	产值	26363.82	0.00	16936.49	43300.31
小麦	产量	11.74	15.31	4.00	31.05
	产值	24059.83	31381.61	8196.72	63638.16
玉米	产量	60.77	32.59	44.26	137.62
	产值	118506.77	63555.77	86305.44	268367.98
薯类	产量	5.39	29.31	9.30	44.00
	产值	28480.82	154967.77	49193.95	232642.54
豆类	产量	0.29	1.53	0.43	2.25
	产值	1253.49	6593.85	1837.45	9684.79
油料	产量	4.18	5.80	3.59	13.57
	产值	21308.71	29589.11	18299.51	69197.33
胡麻	产量	1.36	4.06	1.37	6.79
	产值	8313.38	24769.33	8356.08	41438.79
向日葵	产量	2.25	1.74	1.96	5.95
	产值	11822.64	9137.54	10312.14	31272.32
药材	产量	3.10	2.41	4.27	9.78
	产值	32391.42	25182.19	44621.21	102194.82
蔬菜	产量	68.70	165.61	59.97	294.28
	产值	131213.60	316302.02	114539.26	562054.88
瓜果类	产量	31.82	4.13	116.28	152.23
	产值	102946.85	13360.20	376178.54	492485.59

数据来源:《宁夏统计年鉴(2014)》。

(5) 青海半干旱地区

青海半干旱地区种植业比较发达，是青海重要的粮食、蔬菜、油料作物的生产基地，高原夏菜也是地方特色的优势产业。种植业作物主要以喜冷凉的作物为主，包括小麦、青稞、豌豆、马铃薯、油菜、蚕豆、反季节蔬菜等，如表2-10所示。西宁、海东和海南的作物总产量分别为108.77万吨、138.07万吨、21.5万吨，其中海东的总产量最大，海南的作物总产量相对较小。从各个作物的总产量情况来看，蔬菜和食用菌2013年的产量在青海半干旱地区最多，为151.82万吨，其次是杂粮产量，为32.49万吨。油菜籽、薯类、杂粮、小麦这几种作物的产量基本相当，水果类产量较少，如图2-10所示。

表2-10　2013年青海半干旱地区种植业规模与结构(产量单位:万吨;产值单位:万元)

作物		西宁	海东	海南	青海半干旱地区
小麦	产量	10.16	12.70	4.80	27.66
	产值	20828.00	26035.00	9840.00	56703.00
杂粮	产量	4.80	19.71	7.98	32.49
	产值	9360.00	38434.50	15561.00	63355.50
薯类	产量	8.61	20.83	0.77	30.21
	产值	45530.08	110143.61	4071.56	159745.25
油菜籽	产量	8.76	12.68	3.87	25.31
	产值	44678.97	64672.31	19738.31	129089.59
蔬菜和食用菌	产量	76.33	71.69	3.80	151.82
	产值	145780.58	136918.77	7257.52	289956.87
苹果	产量	0.10	0.23	0.14	0.47
	产值	433.59	1033.38	623.21	2090.18
梨	产量	0.02	0.22	0.14	0.38
	产值	32.25	471.44	291.29	794.98
葡萄	产量	0.00	0.01	0.00	0.01
	产值	0.45	37.35	0.00	37.80

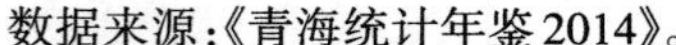
数据来源:《青海统计年鉴2014》。

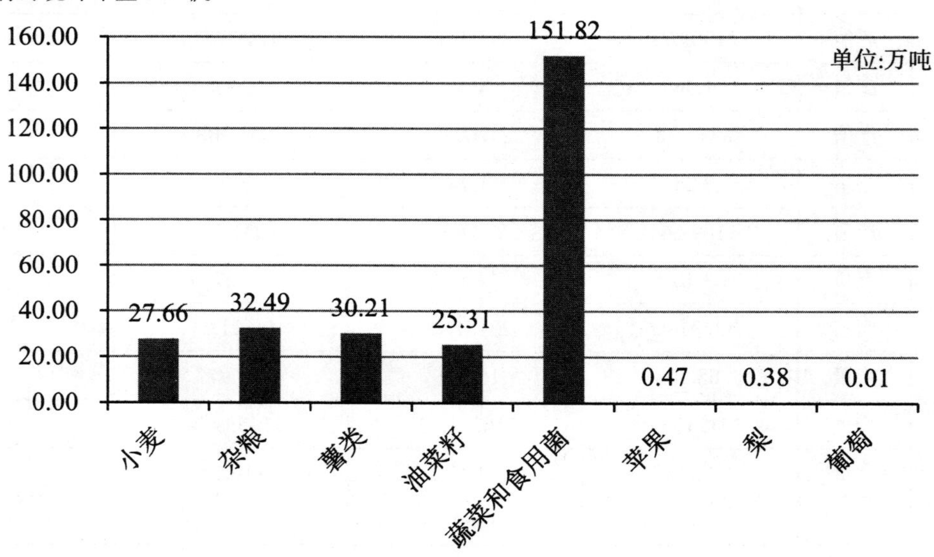

图2-10　2013年青海半干旱地区各作物总产量图

2013年，青海半干旱地区各作物产值如图2-11所示，蔬菜和食用菌的产值最大，其次是薯类和油菜籽，水果的产值最小。

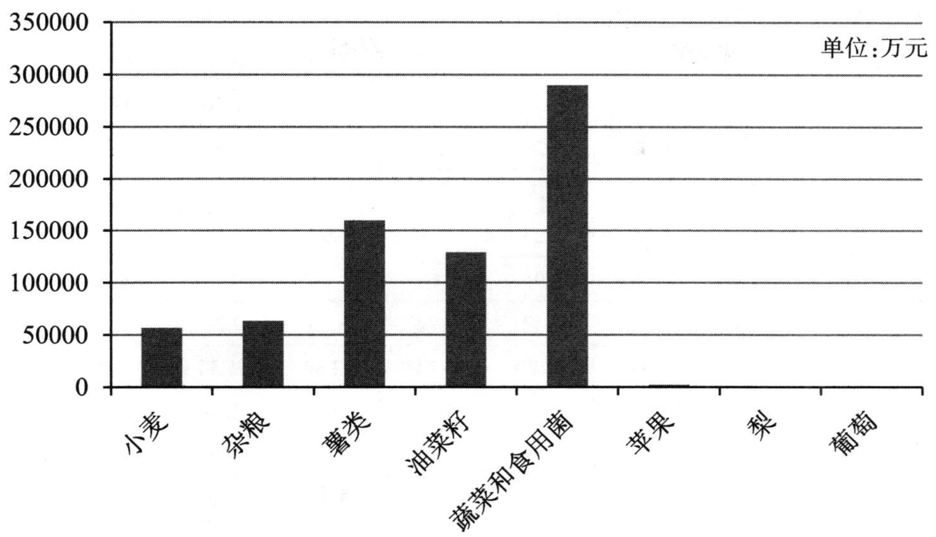

图2-11　2013年青海半干旱地区各作物总产值分布图

2.1.2　畜牧业

西北半干旱地区的畜牧业主要包括猪、牛、羊、家禽等，其产品主要包括肉类、毛皮类和蛋奶类产品。

(1）西北半干旱地区

依据西北半干旱地区的畜牧品种，产出包括猪肉、羊肉、牛肉、牛奶、禽蛋。从西北半干旱地区2013年畜牧业产量看：猪肉总产量为117.16万吨，其中陕西半干旱地区产量为73.01万吨，占西北半干旱地区总产量的62.32%，甘肃半干旱地区猪肉总产量为29.44万吨，占总产量的25.13%；牛肉总产量为30.33万吨，其中甘肃半干旱地区产量为9.31万吨，占总产量的30.70%；羊肉总产量为27.93万吨，其中陕西半干旱地区产量为9.83万吨，占总产量的35.20%；牛奶总产量为309.14万吨，其中陕西半干旱地区总产量为215.17万吨，占总产量的69.60%；禽蛋总产量为24.47万吨，其中陕西半干旱地区产量为8.65万吨，占总产量的35.35%，甘肃半干旱地区禽蛋产量为8.21万吨，占总产量的33.55%。从以上的分析结果来看，西北半干旱地区畜牧业产品在各个省区之间布局较为平衡合理，如表2-11所示。

表2-11　2013年西北半干旱地区畜牧业规模与结构(产量单位:万吨;比重单位:%)

地区		猪肉		牛肉		羊肉		牛奶		禽蛋	
		产量	比重	产量	比重	产量	比重	产量	比重	产量	比重
陕西半干旱地区	西安	11.43	9.76	1.21	3.99	0.40	1.43	51.28	16.59	2.08	8.50
	铜川	0.82	0.70	0.52	1.71	0.11	0.39	2.78	0.90	0.22	0.90
	宝鸡	11.60	9.90	3.28	10.81	0.82	2.94	58.59	18.95	1.74	7.11
	咸阳	15.86	13.54	1.44	4.75	1.06	3.80	68.58	22.18	1.63	6.66
	渭南	17.45	14.89	1.29	4.25	1.02	3.65	24.61	7.96	1.62	6.62
	延安	5.46	4.66	0.66	2.18	0.55	1.97	0.57	0.18	0.56	2.29
	榆林	10.39	8.87	0.55	1.81	5.87	21.02	8.76	2.83	0.80	3.27
	小计	73.01	62.32	8.95	29.51	9.83	35.20	215.17	69.60	8.65	35.35

续表2-11

地区		猪肉		牛肉		羊肉		牛奶		禽蛋	
		产量	比重	产量	比重	产量	比重	产量	比重	产量	比重
甘肃半干旱地区	兰州	2.50	2.13	0.08	0.26	0.40	1.43	6.89	2.23	1.90	7.76
	白银	5.20	4.44	0.39	1.29	2.02	7.23	2.10	0.68	1.56	6.38
	天水	6.01	5.13	0.97	3.20	0.18	0.64	0.55	0.18	1.37	5.60
	平凉	3.60	3.07	4.05	13.35	0.21	0.75	1.62	0.52	0.96	3.92
	庆阳	2.93	2.50	1.89	6.23	1.09	3.90	0.88	0.28	0.90	3.68
	定西	7.21	6.15	0.59	1.95	0.60	2.15	0.82	0.27	0.93	3.80
	临夏	1.99	1.70	1.34	4.42	1.74	6.23	2.31	0.75	0.59	2.41
	小计	29.44	25.13	9.31	30.70	6.24	22.34	15.17	4.91	8.21	33.55
宁夏半干旱地区	吴忠	1.50	1.28	1.80	5.93	3.60	12.89	50.20	16.24	1.90	7.76
	固原	1.50	1.28	3.90	12.86	1.50	5.37	0.30	0.10	0.60	2.45
	中卫	2.10	1.79	1.00	3.30	1.50	5.37	6.00	1.94	3.00	12.26
	小计	5.10	4.35	6.70	22.09	6.60	23.63	56.50	18.28	5.50	22.48
青海半干旱地区	西宁	3.48	2.97	2.35	7.75	1.05	3.76	14.21	4.60	0.86	3.51
	海东	5.77	4.92	1.06	3.49	1.16	4.15	3.92	1.27	1.17	4.78
	海南	0.36	0.31	1.96	6.46	3.05	10.92	4.17	1.35	0.08	0.33
	小计	9.61	8.20	5.37	17.71	5.26	18.83	22.30	7.21	2.11	8.62
合计		117.16	100.00	30.33	100.00	27.93	100.00	309.14	100.00	24.47	100.00

数据来源:《陕西统计年鉴(2014)》《甘肃农村年鉴(2014)》《宁夏统计年鉴(2014)》《青海统计年鉴(2014)》。

（2）陕西半干旱地区

陕西半干旱地区畜牧业产品各地市2013年产量情况如表2-12所示，各地市的总量分布情况如图2-12所示。其中咸阳产量最大，为110.31万吨，其次是西安，产量为94.46万吨，铜川总产量最小，为6.36万吨。

表2-12　2013年陕西半干旱地区畜牧业规模(产量单位:万吨;产值单位:万元)

畜产品		西安	铜川	宝鸡	咸阳	渭南	延安	榆林
猪肉	产量	11.43	0.82	11.60	15.86	17.45	5.46	10.39
	产值	212064.10	15296.94	215303.85	294297.21	323703.55	101380.25	192876.13
牛肉	产量	1.21	0.52	3.28	1.44	1.29	0.66	0.55
	产值	36097.33	15333.11	97406.01	42824.52	38359.54	19732.69	16382.47
羊肉	产量	0.40	0.11	0.82	1.06	1.02	0.55	5.87
	产值	12644.40	3414.87	25790.06	33067.80	31880.43	17108.79	183945.31
禽肉	产量	2.08	0.22	1.74	1.63	1.62	0.56	0.80
	产值	36281.34	3836.06	30259.73	28398.34	28211.85	9753.11	13866.28
牛奶	产量	51.28	2.78	58.59	68.58	24.61	0.57	8.76
	产值	182555.38	9899.29	208576.84	244129.85	87627.62	2040.95	31179.55
羊奶	产量	14.50	0.21	6.99	10.48	14.64	0.19	0.26
	产值	40586.56	588.00	19564.72	29356.60	41002.36	518.00	733.60
山羊毛	产量	0.00	0.00	0.00	0.01	0.00	0.04	0.43
	产值	0.00	0.00	0.89	63.19	30.26	334.62	3859.74
绵羊毛	产量	0.00	0.00	0.00	0.02	0.05	0.01	0.61
	产值	0.00	0.00	4.04	212.90	466.16	105.94	6120.57

续表2-12

畜产品		西安	铜川	宝鸡	咸阳	渭南	延安	榆林
禽蛋	产量	13.54	1.70	7.59	11.22	10.52	2.79	5.23
	产值	117240.28	14714.14	65751.62	97192.47	91099.32	24189.00	45318.44
蜂蜜	产量	0.02	0.00	0.05	0.01	0.03	0.07	0.06
	产值	197.41	2.78	446.26	88.35	298.46	655.30	513.66
蚕茧	产量	0.00	0.00	0.09	0.00	0.00	0.03	0.01
	产值	0.00	0.00	1758.00	0.00	0.00	550.00	190.00

数据来源:《陕西统计年鉴(2014)》。

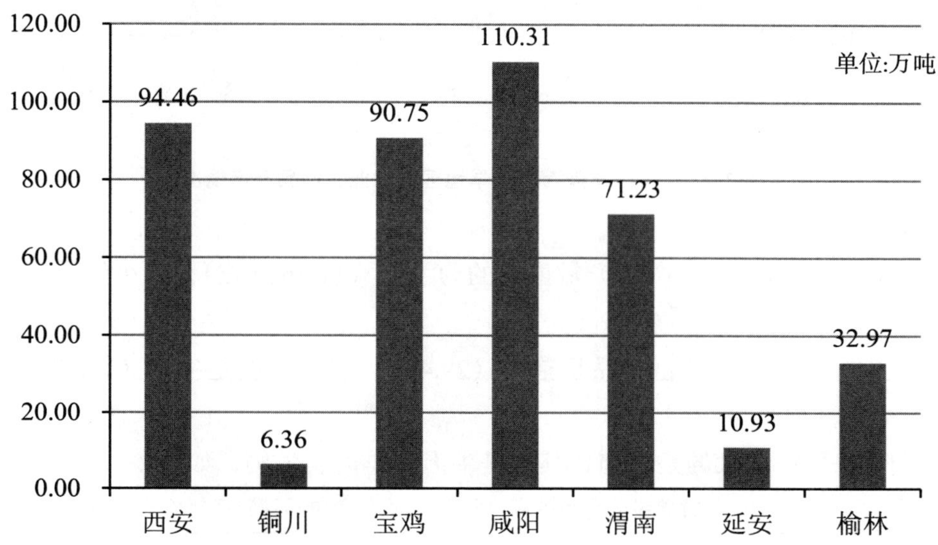

图2-12 2013年陕西半干旱地区各地市畜牧业总产量分布图

如图2-13所示，牛奶产量最大（215.17万吨），其次是猪肉产量（73.01万吨）、禽蛋产量（52.59万吨）、羊奶产量（47.27万吨）。

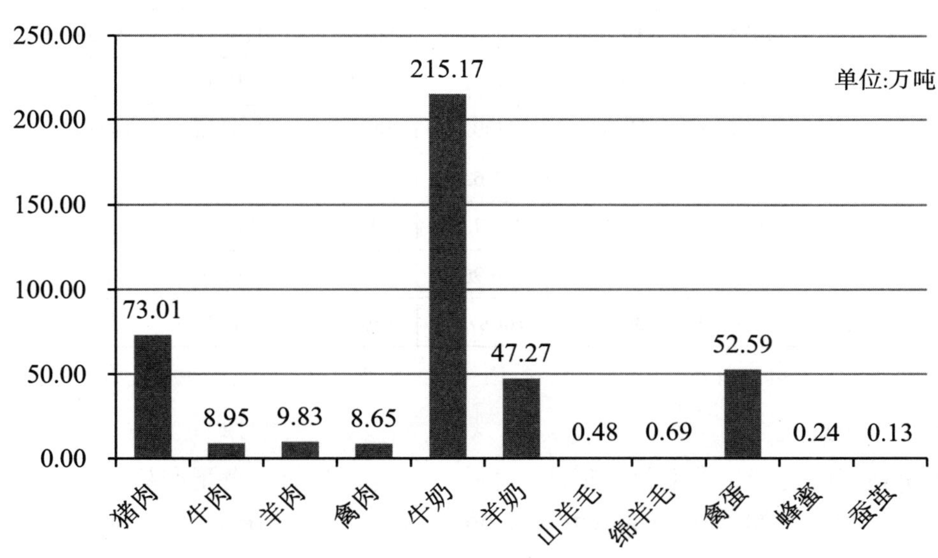

图2-13 2013年陕西半干旱地区畜牧业各产品产量情况

如图2-14所示，2013年猪肉的产值最大，其次是牛奶、禽蛋。

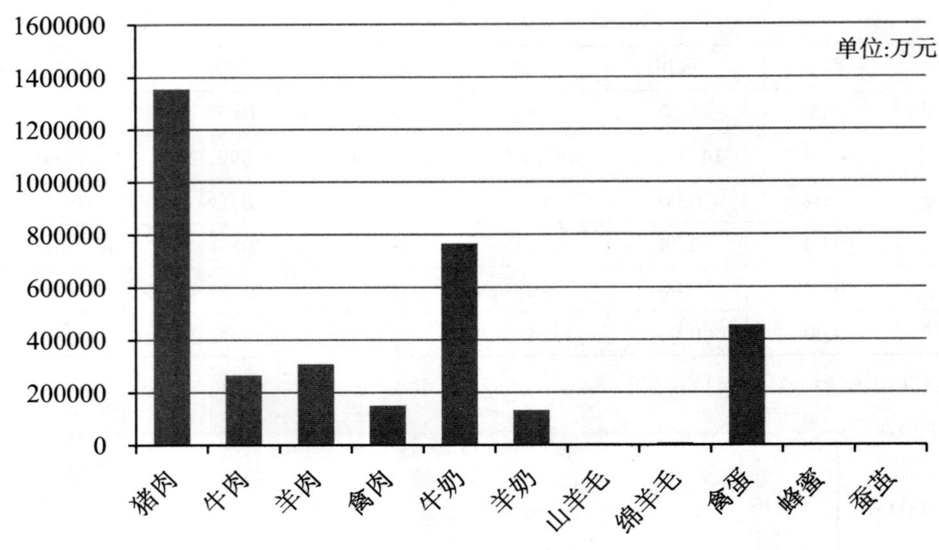

图2-14　2013年陕西半干旱地区畜牧业各产品产值情况

（3）甘肃半干旱地区

从区域分布来看，2013年畜产品产量最大的为兰州（11.76万吨），最小的为庆阳（7.69吨），如表2-13、图2-15所示。

从分品种产量来看，最大的畜产品是猪肉（29.45万吨），其次是牛奶（15.17万吨），如图2-16所示。

从分品种产值来看，最大的是猪肉，其次是牛肉、羊肉、牛奶，如图2-17所示。

表2-13　2013年甘肃半干旱地区畜牧业规模(产量单位:万吨;产值单位:万元)

畜产品		兰州	白银	天水	平凉	庆阳	定西	临夏	甘肃半干旱地区
猪肉	产量	2.50	5.20	6.01	3.60	2.93	7.21	1.99	29.44
	产值	46438.19	96398.17	111507.70	66748.76	54455.91	133857.49	36989.87	546396.09
牛肉	产量	0.08	0.39	0.97	4.05	1.89	0.59	1.34	9.31
	产值	2339.50	11474.57	28953.96	120304.61	56183.77	17568.57	39833.99	276658.97
羊肉	产量	0.40	2.02	0.18	0.21	1.09	0.60	1.74	6.24
	产值	12431.36	63187.53	5570.30	6500.78	34255.17	18919.61	54659.77	195524.52
牛奶	产量	6.89	2.10	0.55	1.62	0.88	0.82	2.31	15.17
	产值	24515.94	7467.10	1972.24	5767.20	3132.80	2915.28	8223.60	53994.16
禽蛋	产量	1.90	1.56	1.37	0.96	0.90	0.93	0.59	8.21
	产值	33109.32	27274.19	23926.13	16687.99	15666.67	16172.10	10281.20	143117.60

数据来源:《甘肃农村年鉴(2014)》。

（4）宁夏半干旱地区

宁夏半干旱地区的畜产品种类包括猪肉、牛肉、羊肉、牛奶、禽蛋产品。

从区域分布来看，产量最大的是吴忠（59.00万吨），其次是中卫（13.60万吨），固原产量是7.80万吨，如表2-14所示。

从分品种产量来看，最大的是牛奶（56.50万吨），其他各畜产品的产量基本持平，在5万吨到6万吨之间，如图2-18所示。

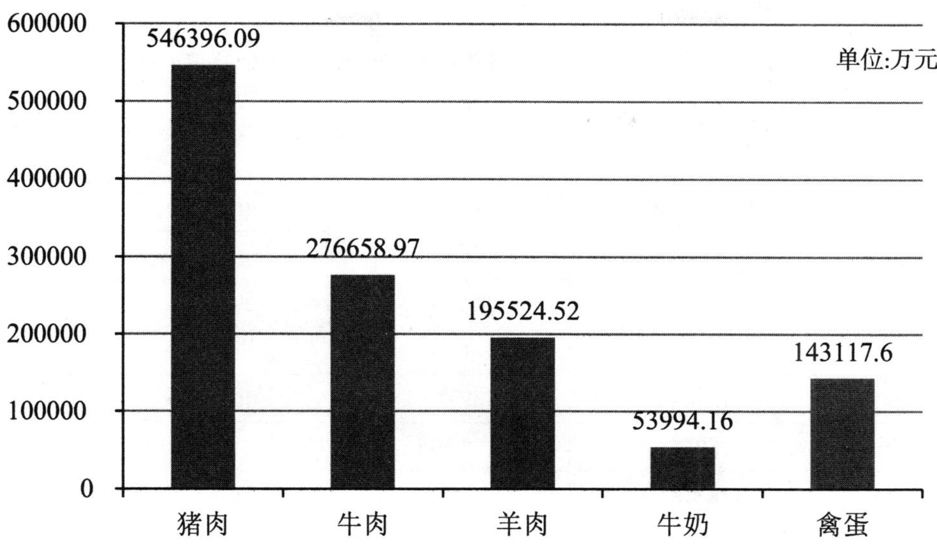

图2-15 2013年甘肃半干旱地区各地市畜牧业产量分布图

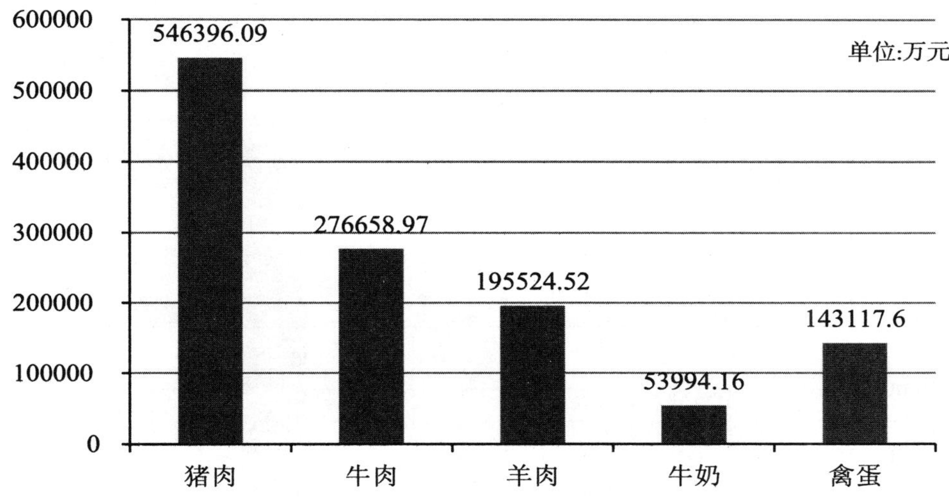

图2-16 2013年甘肃半干旱地区畜牧业各产品产量情况

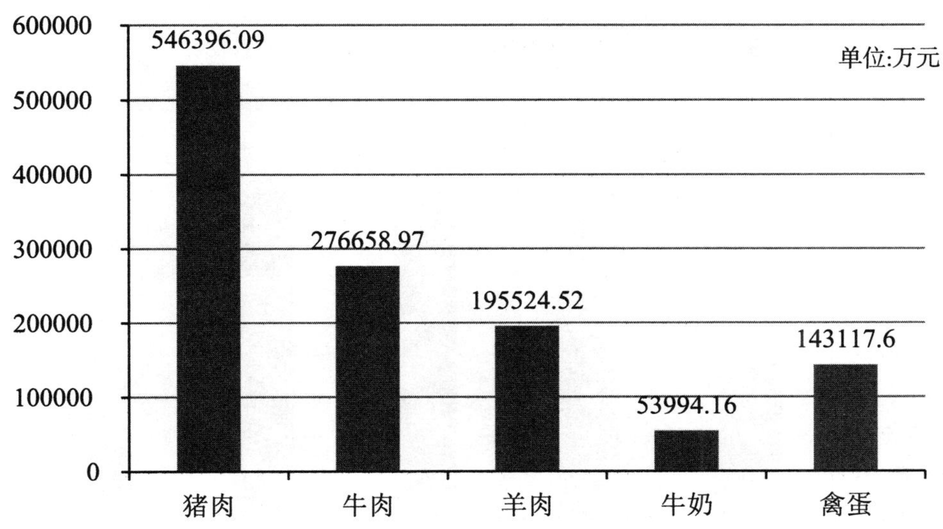

图2-17 2013年甘肃半干旱地区畜牧业各产品产值情况

从分品种产值来看，可以看出牛肉、羊肉、牛奶三大畜产品数量基本相当，为宁夏的主要畜产品，如图2-19所示。

表2-14　2013年宁夏半干旱地区畜牧业规模(产量单位:万吨;产值单位:万元)

畜产品		吴忠	固原	中卫	宁夏半干旱地区
猪肉	产量	1.50	1.50	2.10	5.10
	产值	27832.86	27832.86	38966.00	94631.71
牛肉	产量	1.80	3.90	1.00	6.70
	产值	53508.35	115934.76	29726.86	199169.97
羊肉	产量	3.60	1.50	1.50	6.60
	产值	112784.53	46993.56	46993.56	206771.64
牛奶	产量	50.20	0.30	6.00	56.50
	产值	178712.00	1068.00	21360.00	201140.00
禽蛋	产量	1.90	0.60	3.00	5.50
	产值	33114.55	10457.23	52286.13	95857.90

数据来源:《宁夏统计年鉴(2014)》。

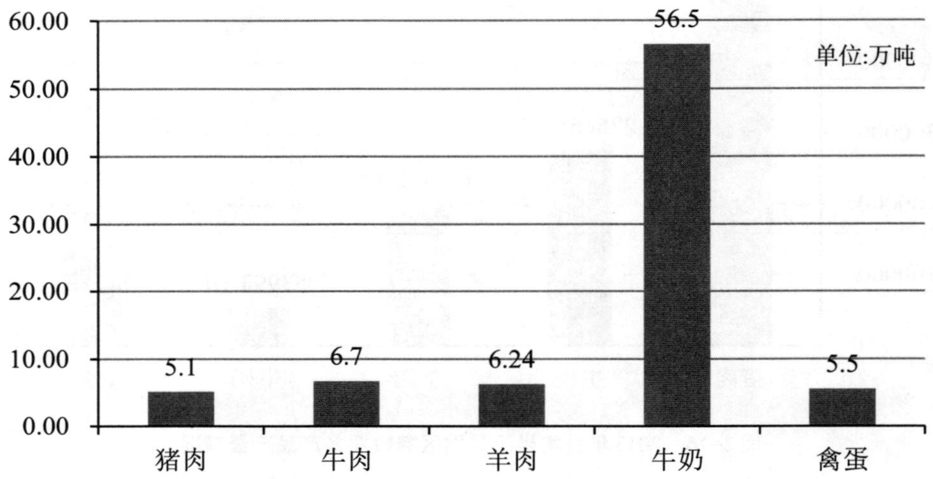

图2-18　2013年宁夏半干旱地区畜牧业各产品产量情况

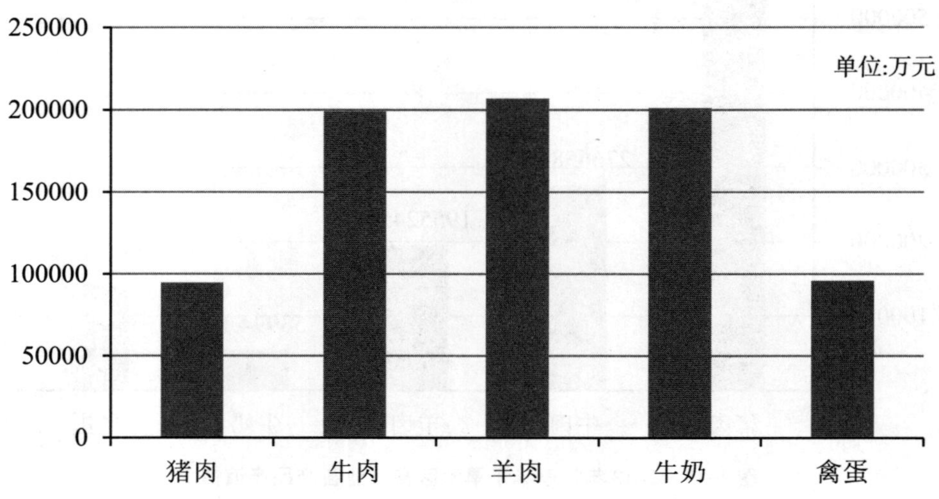

图2-19　2013年宁夏半干旱地区畜牧业各产品产值情况

(5) 青海半干旱地区

青海省是重要的农牧业结合省份，是全国五大牧区之一。从区域分布看，西宁畜牧业产量最大（22.09万吨），其次为海东（13.35万吨）和海南（10.22万吨），如表2-15所示。

表2-15 2013年青海半干旱地区畜牧业规模(产量单位:万吨;产值单位:万元)

畜产品		西宁	海东	海南	青海半干旱地区
猪肉	产量	3.48	5.77	0.36	9.61
	产值	64640.88	107087.85	6737.41	178466.13
牛肉	产量	2.35	1.06	1.96	5.37
	产值	69896.77	31439.13	58160.60	159496.50
羊肉	产量	1.05	1.16	3.05	5.26
	产值	32751.38	36216.37	95566.09	164533.84
牛奶	产量	14.21	3.92	4.17	22.30
	产值	50585.11	13965.17	14857.30	79407.58
羊毛	产量	0.12	0.27	0.56	0.95
	产值	1103.54	2389.53	4985.53	8478.60
牛毛绒	产量	0.02	0.00	0.04	0.06
	产值	158.41	27.24	401.58	587.24
蜂蜜	产量	0.00	0.00	0.00	0.00
	产值	0.00	17.10	10.80	27.90
禽蛋	产量	0.86	1.17	0.08	2.11
	产值	7470.95	10125.23	669.41	18265.59

数据来源:《青海统计年鉴(2014)》。

从畜产品的总量分布看，2013年青海半干旱地区的畜产品产量最大的是牛奶，总量为22.30万吨，其次是羊肉和牛肉，猪肉产量相对较少，如图2-20所示。

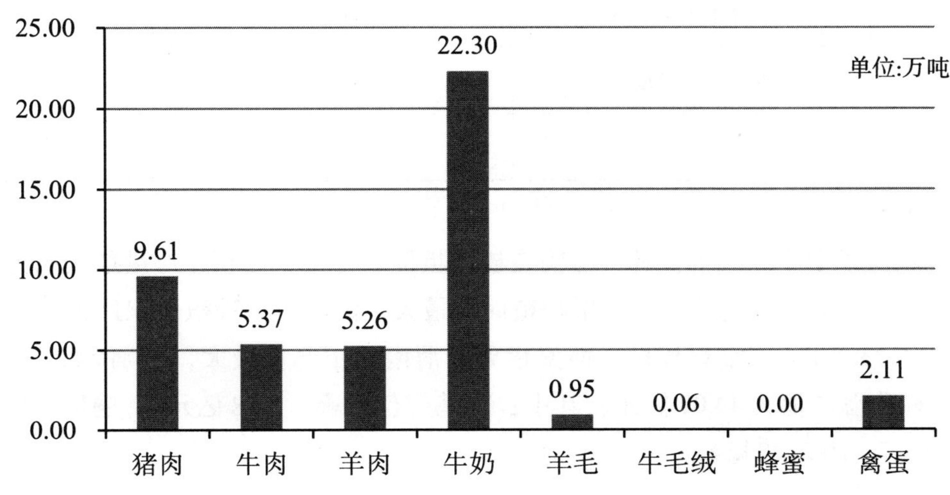

图2-20 2013年青海半干旱地区畜牧业各产品产量情况

从畜产品的产值看，2013年青海半干旱地区各畜产品的总产值中，猪肉的总产值最大，其次是羊肉和牛肉，且三者数量相差不大，禽蛋产值相对较少，如图2-21所示。

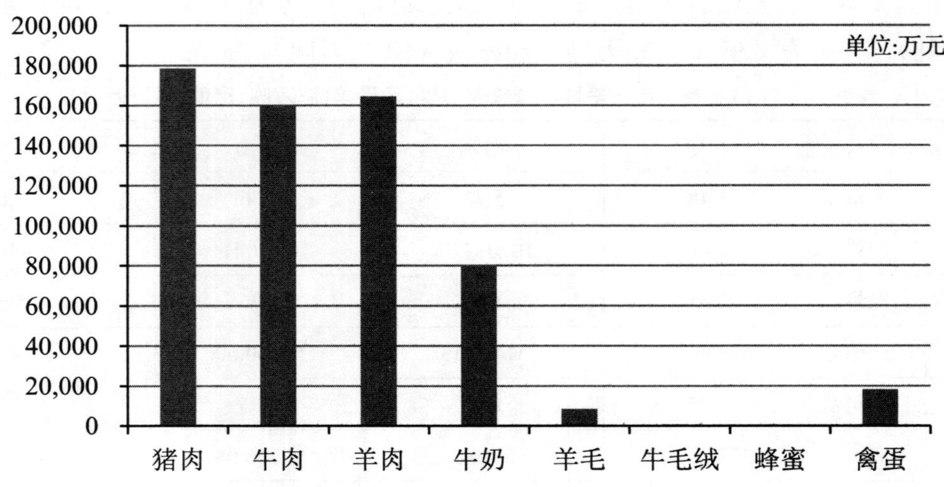

图2-21　2013年青海半干旱地区畜牧业各产品产值情况

2.1.3　林业

（1）西北半干旱地区

从产值看，2013年西北半干旱地区林业产值为66.10亿元。其中：陕西半干旱地区林业产值为44.02亿元，占该地区林业总产值的66.60%；甘肃半干旱地区林业产值为11.90亿元，占该地区林业总产值的18.00%；宁夏半干旱地区林业产值为7.43亿元，占该地区林业总产值的11.24%；青海半干旱地区林业产值为2.75亿元，占该地区林业总产值的4.16%。（见表2-16）

表2-16　西北半干旱地区林业产值结构表

序号	地区	产值(亿元)	比重(%)
1	陕西半干旱地区	44.02	66.60
2	甘肃半干旱地区	11.90	18.00
3	宁夏半干旱地区	7.43	11.24
4	青海半干旱地区	2.75	4.16
5	西北半干旱地区	66.10	100.00

（2）陕西半干旱地区

2013年陕西半干旱地区主要林产品为核桃、板栗、花椒，面积、产量最大的为核桃，其次为花椒，最小的为板栗。宝鸡核桃、板栗种植面积最大，渭南花椒种植面积最大，分别9.16万hm^2、0.41万hm^2、5.23万hm^2；宝鸡核桃、西安板栗、渭南花椒产量最大，分别2.63万吨、0.44万吨、4.01万吨。林业总产值为44.02亿元，其中：宝鸡产值最高（8.58亿元），铜川产值最小（0.49亿元）(见表2-17、图2-22)。

表2-17　2013年陕西半干旱地区主要林产品规模(产量单位:万吨;面积单位:万 hm^2)

林产品		西安	铜川	宝鸡	咸阳	渭南	延安	榆林	陕西半干旱地区
核桃	面积	2.27	6.54	9.16	4.87	3.95	2.94	0.65	30.39
	产量	1.80	0.89	2.63	1.11	1.85	0.23	0.01	8.53
板栗	面积	0.40	0.00	0.41	0.00	0.03	0.01	0.00	0.85
	产量	0.44	0.00	0.36	0.00	0.05	0.02	0.00	0.87
花椒	面积	0.13	2.10	4.84	0.33	5.23	1.29	0.01	13.93
	产量	0.03	0.34	0.36	0.10	4.01	0.09	0.00	4.95

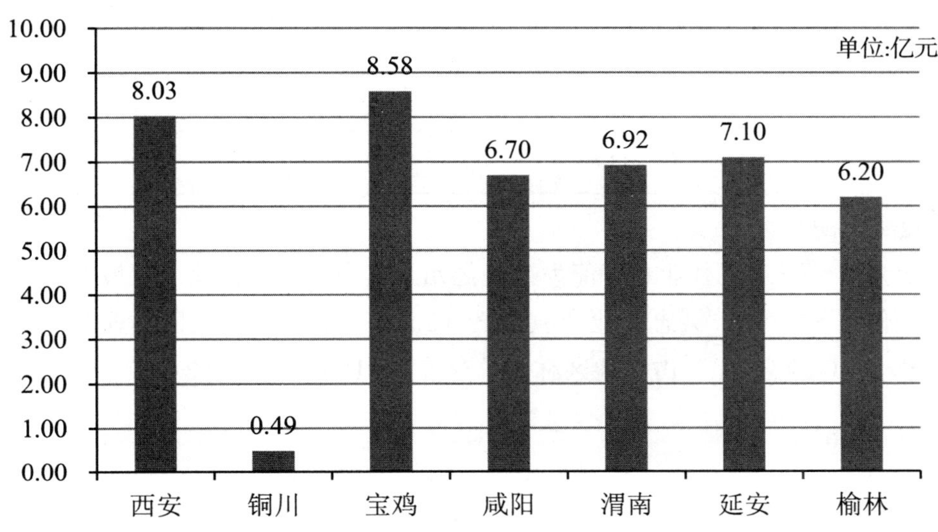

图2-22　2013年陕西半干旱地区林业产值分布图

(3) 甘肃半干旱地区

2013年甘肃半干旱地区林业总产值为11.90亿元，其中：白银和庆阳产值最大，分别为2.38亿元、2.36亿元，兰州产值最小（0.78亿元）；庆阳造林、育苗面积最大，分别为2.56万 hm^2、0.89万 hm^2，兰州造林、育苗面积最小，分别0.40万 hm^2、0.12万 hm^2；定西零星植树数量最大（1380.73万株），白银零星植树数量最小（191.02万株）（见表2-18、图2-23）。

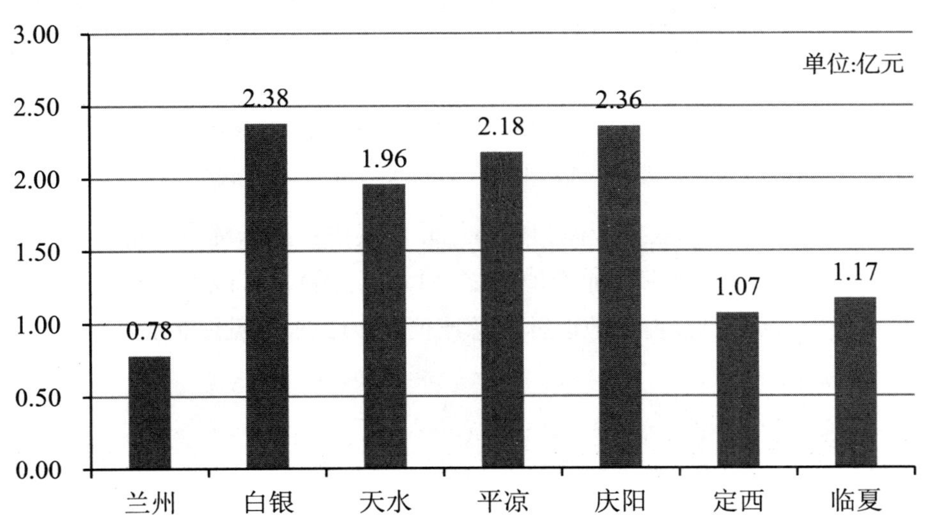

图2-23　2013年甘肃半干旱地区林业产值分布图

表2-18 2013年甘肃半干旱地区林业规模

地区	造林面积(万 hm²)	育苗面积(万 hm²)	零星植树(万株)
兰州	0.40	0.12	230.93
白银	1.37	0.27	191.02
天水	1.30	0.08	633.00
平凉	1.74	0.30	671.32
庆阳	2.56	0.89	710.01
定西	1.60	0.23	1380.73
临夏	2.43	0.56	265.98
甘肃半干旱地区	11.40	2.45	4082.99

（4）宁夏半干旱地区

2013年宁夏半干旱地区林业总产值为7.43亿元。其中：固原林业产值最大（4.25亿元），占该地区林业总产值的57.20%；吴忠林业产值次之（2.29亿元），占该地区林业总产值的30.82%；中卫林业产值最小（0.89亿元），占该地区林业总产值的11.98%（见图2-24）。

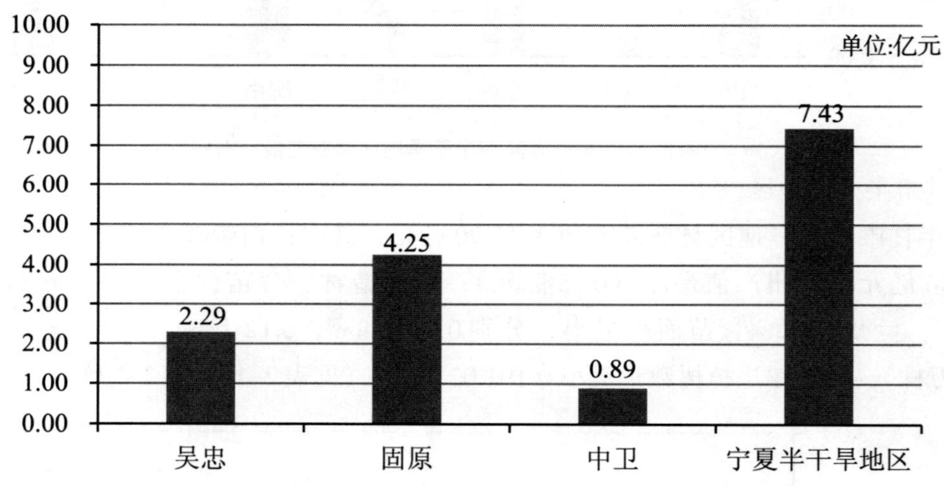

图2-24 2013年宁夏半干旱地区林业产值分布图

（5）青海半干旱地区

2013年青海半干旱地区林业总产值为2.76亿元。其中：海东林业产值最大（1.18亿元），占该地区林业总产值的42.75%；海南林业产值次之（1.02亿元），占该地区林业总产值的36.96%；西宁林业产值最小（0.56亿元），占该地区林业总产值的20.29%（见图2-25）。

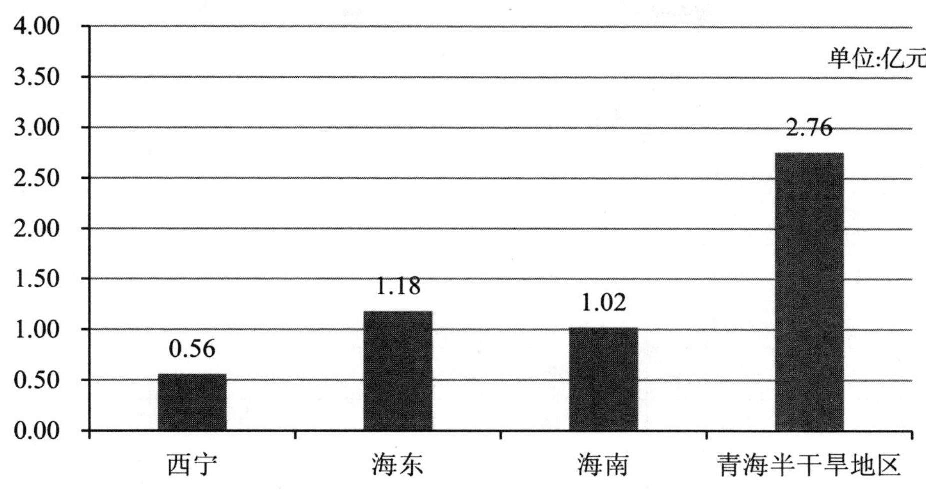

图2-25 2013年青海半干旱地区林业产值分布图

2.1.4 渔业

（1）西北半干旱地区

2013年西北半干旱地区渔业总产值为14.61亿元。其中：陕西半干旱地区渔业产值为8.98亿元，占该地区渔业总产值的61.46%；甘肃半干旱地区渔业产值为1.11亿元，占该地区渔业总产值的7.60%；宁夏半干旱地区渔业产值为3.42亿元，占该地区渔业总产值的23.41%；陕西半干旱地区渔业产值为1.10亿元，占该地区渔业总产值的7.53%。陕西半干旱地区渔业产值比重较大，甘肃半干旱地区和青海半干旱地区产值比重较小（见表2-19）。

表2-19 西北半干旱地区渔业产值结构表

序号	地区	产值(亿元)	比重(%)
1	陕西半干旱地区	8.98	61.46
2	甘肃半干旱地区	1.11	7.60
3	宁夏半干旱地区	3.42	23.41
4	青海半干旱地区	1.10	7.53
5	西北半干旱地区	14.61	100.00

（2）陕西半干旱地区

2013年陕西半干旱地区渔业养殖面积为1.96万hm^2，其中榆林渔业养殖面积最大（0.65万hm^2），占该地区渔业养殖总面积的33.16%；铜川渔业养殖面积最小（0.06万hm^2），占该地区渔业养殖面积的3.06%。渔业产量为6.79万吨，其中渭南渔业养殖产量最大（2.62万吨），占该地区渔业养殖总产量的38.59%；铜川渔业养殖产量最小（0.12万吨），占该地区渔业养殖产量的1.77%。渔业产值为8.98亿元，其中渭南渔业养殖产值最大（2.82亿元），占该地区渔业养殖总产值的31.40%；铜川渔业养殖产值最小（0.22亿元），占该地区渔业养殖总产值的2.45%（见表2-20）。

表2-20 2013年陕西半干旱地区渔业规模与结构

地区	面积(万 hm²)	比重(%)	产量(万吨)	比重(%)	产值(亿元)	比重(%)
西安	0.16	8.16	1.42	20.91	2.28	25.39
铜川	0.06	3.06	0.12	1.77	0.22	2.45
宝鸡	0.3	15.31	0.72	10.60	1	11.14
咸阳	0.21	10.72	0.89	13.11	1.25	13.92
渭南	0.41	20.92	2.62	38.59	2.82	31.40
延安	0.17	8.67	0.29	4.27	0.49	5.46
榆林	0.65	33.16	0.73	10.75	0.92	10.24
陕西半干旱地区	1.96	100.00	6.79	100.00	8.98	100.00

(3)甘肃半干旱地区

2013年甘肃半干旱地区渔业养殖面积为0.26万hm²，其中兰州、平凉、临夏渔业养殖面积均为0.05万hm²，均占该地区渔业养殖总面积的19.23%，天水渔业养殖面积最小（0.01万hm²），占该地区渔业养殖总面积的3.85%。渔业产量为1.23万吨，其中临夏渔业养殖产量最大（0.29万吨），占该地区渔业养殖总产量的23.58%；庆阳渔业养殖产量最小（0.10万吨），占该地区渔业养殖总产量的8.13%。渔业产值为1.11亿元，其中临夏渔业养殖产值最大（0.25亿元），占该地区渔业养殖总产值的22.52%；庆阳渔业养殖产值最小（0.09亿元），占该地区渔业养殖总产值的8.11%（见表2-21）。

表2-21 2013年甘肃半干旱地区渔业规模与结构

地区	面积(万 hm²)	比重(%)	产量(万吨)	比重(%)	产值(亿元)	比重(%)
兰州	0.05	19.23	0.17	13.82	0.15	13.51
白银	0.03	11.54	0.19	15.45	0.17	15.32
天水	0.01	3.85	0.12	9.76	0.11	9.91
平凉	0.05	19.23	0.19	15.45	0.17	15.32
庆阳	0.04	15.38	0.10	8.13	0.09	8.11
定西	0.03	11.54	0.17	13.81	0.17	14.41
临夏	0.05	19.23	0.29	23.58	0.25	22.52
甘肃半干旱地区	0.26	100.00	1.23	100.00	1.11	99.10

(4)宁夏半干旱地区

2013年宁夏半干旱地区渔业养殖面积为1.24万hm²，产量为3.27万吨，其中吴忠渔业养殖面积、产量也最大，分别为0.66万hm²、1.81万吨，占该地区渔业养殖面积、产量总值的53.23%、55.35%；固原渔业养殖面积、产量最小，分别为0.04万hm²、0.05万吨，占该地区渔业养殖面积、产量总值的3.23%、1.53%。渔业产值为3.42亿元，其中中卫渔业养殖产值最大（1.88亿元），占该地区渔业养殖总产值的54.97%；固原渔业养殖产值最小（0.04亿元），占该地区渔业养殖总产值的1.17%（见表2-22）。

表2-22 2013年宁夏半干旱地区渔业规模与结构

地区	面积（万 hm^2）	比重（%）	产量（万吨）	比重（%）	产值（亿元）	比重（%）
吴忠	0.66	53.23	1.81	55.35	1.50	43.86
固原	0.04	3.23	0.05	1.53	0.04	1.17
中卫	0.54	43.54	1.41	43.12	1.88	54.97
宁夏半干旱地区	1.24	100.00	3.27	100.00	3.42	100.00

（5）青海半干旱地区

2013年青海半干旱地区渔业养殖产量为0.53万吨，海南渔业养殖产量、产值最大，分别为0.39万吨、0.89亿元，占该地区渔业养殖产量、产值总值的74.22%、80.95%；西宁渔业养殖产量最小（0.02万吨），占该地区渔业养殖总产量的3.81%（见表2-23）。

表2-23 2013年青海半干旱地区渔业规模与结构

地区	产量（万吨）	比重(%)	产值（亿元）	比重(%)
西宁	0.02	3.81	0.00	0.00
海东	0.12	22.87	0.21	19.15
海南	0.39	74.22	0.89	80.95
青海半干旱地区	0.53	100.00	1.10	100.00

2.1.5 小结

从主要农作物的产量规模看，其区域布局优势具体如下：

（1）种植业

①小麦。从产量规模来看，陕西半干旱区具有规模优势。2013年，西北半干旱地区小麦总产量为562.86万吨，其中陕西半干旱地区为349.41万吨，占该地区小麦总产量的62.08%，在各分区中产量最大。

②杂粮。从产量规模来看，陕西半干旱区杂粮具有相对规模优势。西北半干旱地区杂粮作物主要包括玉米、大豆、高粱、糜子、谷子等。2013年，西北半干旱地区杂粮总产量为1411.89万吨。其中，陕西半干旱地区为525.26万吨，占该地区杂粮总产量的37.20%；甘肃半干旱地区产量为403.43万吨，占该地区杂粮总产量的28.57%；宁夏半干旱地区产量为420.50万吨，占该地区杂粮总产量的29.78%。

③油料。从产量规模来看，甘肃半干旱地区所占比重最高，宁夏半干旱地区和青海半干旱地区次之，陕西半干旱地区最低。2013年，西北半干旱地区油料总产量为101.97万吨。其中，甘肃半干旱地区产量为34.23万吨，占该地区总产量的33.57%，所占比重最大；宁夏半干旱地区产量为26.32万吨，占该地区总产量的25.81%；青海半干旱地区产量为25.31万吨，占该地区总产量的24.82%；陕西半干旱地区最低，产量为16.11万吨，占该地区总产量的15.80%。

④蔬菜。在蔬菜产量方面，陕西半干旱地区和甘肃半干旱地区占到整个西北半干旱地区80%以上。2013年，西北半干旱地区蔬菜的总产量为2583.01万吨。其中，陕西半干旱地区蔬菜产量

最大，为1231.80万吨，占整个西北半干旱地区总产量的47.69%；甘肃半干旱地区蔬菜产量为905.11万吨，占整个西北半干旱地区总产量的35.04%；宁夏半干旱地区和青海半干旱地区产量分别为294.28万吨和151.82万吨，分别占到整个西北半干旱地区总产量的11.39%和5.88%。

⑤瓜果。陕西半干旱地区的瓜果产量在西北半干旱地区占主导地位。2013年，西北半干旱地区的瓜果总产量为1942.19万吨。其中，陕西半干旱地区的瓜果产量为1397.80万吨，占西北半干旱地区总产量的71.97%。甘肃半干旱地区、青海半干旱地区、宁夏半干旱地区2013年的瓜果产量分别为391.31万吨、152.23万吨、0.85万吨，分别占西北半干旱地区总产量的20.15%、7.84%和0.04%。

（2）畜牧业

①猪肉。2013年，西北半干旱地区的猪肉总产量为117.16万吨，其中陕西半干旱地区产量为73.01万吨，占西北半干旱地区总产量的62.32%；甘肃半干旱地区猪肉总产量为29.44万吨，占总产量的25.13%。

②牛肉。2013年，西北半干旱地区的牛肉总产量为30.33万吨，其中甘肃半干旱地区产量为9.31万吨，占总产量的30.70%。

③羊肉。2013年，西北半干旱地区的羊肉总产量为27.93万吨，其中陕西半干旱地区产量为9.83万吨，占总产量的35.20%。

④牛奶。2013年，西北半干旱地区的牛奶总产量为309.14万吨，其中陕西半干旱地区产量为215.17万吨，占总产量的69.60%，产量最大。

⑤禽蛋。2013年，西北半干旱地区的禽蛋总产量为24.47万吨，其中陕西半干旱地区产量为8.65万吨，占总产量的35.35%；甘肃半干旱地区产量为8.21万吨，占总产量的33.55%。

（3）林业

2013年西北半干旱地区林业产值为66.10亿元。其中：陕西半干旱地区林业产值为44.02亿元，占该地区林业总产值的66.60%；甘肃半干旱地区林业产值为11.90亿元，占该地区林业总产值的18.00%；宁夏半干旱地区林业产值为7.43亿元，占该地区林业总产值的11.24%；青海半干旱地区林业产值为2.75亿元，占该地区林业总产值的4.16%。

（4）渔业

2013年西北半干旱地区渔业总产值为14.61亿元。其中：陕西半干旱地区渔业产值为8.98亿元，占该地区渔业总产值的61.46%；甘肃半干旱地区渔业产值为1.11亿元，占该地区渔业总产值的7.60%；宁夏半干旱地区渔业产值为3.42亿元，占该地区渔业总产值的23.41%；陕西半干旱地区渔业产值为1.10亿元，占该地区渔业总产值的7.53%。陕西半干旱地区渔业产值比重较大，甘肃半干旱地区和青海半干旱地区产值比重较小。

2.2　西北半干旱地区农业产业在全国的总体地位

将陕西半干旱地区、甘肃半干旱地区、宁夏半干旱地区和青海半干旱地区的农林牧渔业产值数据进行加总，对比全国对应数据，得出表2-24。

表2-24　2013年西北半干旱地区与全国的产值规模与结构

产业		陕西半干旱地区	甘肃半干旱地区	宁夏半干旱地区	青海半干旱地区	西北半干旱地区	全国
种植业	产值(亿元)	1302.58	576.56	173.88	101.95	2154.97	51497.40
	占全国比重(%)	2.53	1.12	0.34	0.20	4.18	100
林业	产值(亿元)	44.02	11.90	7.43	2.75	66.10	3902.40
	占全国比重(%)	1.13	0.30	0.19	0.07	1.69	100
畜牧业	产值(亿元)	491.92	131.85	85.35	85.13	794.25	28435.50
	占全国比重(%)	1.73	0.46	0.30	0.30	2.79	100
渔业	产值(亿元)	8.98	1.11	3.42	1.10	14.61	9634.60
	占全国比重(%)	0.09	0.01	0.04	0.01	0.15	100
合计	产值(亿元)	1847.50	721.42	270.08	190.93	3029.93	93469.9
	占全国比重(%)	1.90	0.74	0.28	0.20	3.12	100

2.2.1　农林牧渔业产值份额分析

西北半干旱地区农林牧渔业产值为3029.93亿元，仅占全国农林牧渔业产值的3.22%。其中陕西半干旱地区农林牧渔业产值所占比重最大，占全国农林牧渔业产值的1.90%，占西北半干旱地区农林牧渔业产值的60.98%；青海半干旱地区农林牧渔业产值占比最小，仅占全国农林牧渔业产值的0.20%，占西北半干旱地区农林牧渔业产值的6.30%。

2.2.2　种植业产值份额分析

西北半干旱地区种植业产值为2154.97亿元，占全国种植业产值的4.18%，在区域农林牧渔业结构中占比最大，占西北半干旱地区农林牧渔业产值的71.12%。其中陕西半干旱地区种植业产值所占比重最大，占全国种植业产值的2.53%，占西北半干旱地区种植业产值的60.45%；青海半干旱地区种植业产值占比最小，占全国种植业产值的0.20%，占西北半干旱地区种植业产值的4.73%。

2.2.3　林业产值份额分析

西北半干旱地区林业产值为66.10亿元，占全国林业产值的1.69%。其中陕西半干旱地区所占比重最大，占全国林业产值的1.13%，占西北半干旱地区林业产值的66.60%；青海半干旱地区林业产值占比最小，仅占全国林业产值的0.07%，占西北半干旱地区林业产值的4.16%。

2.2.4　畜牧业产值份额分析

西北半干旱地区畜牧业产值为794.25亿元，占全国畜牧业产值的2.79%。其中陕西半干旱地区畜牧业产值所占比重最大，占全国畜牧业产值的1.73%，占西北半干旱地区畜牧业产值的61.94%；青海半干旱地区畜牧业产值占比最小，仅占全国牧业产值的0.30%，占西北半干旱地区畜牧业产值的10.72%。

2.2.5 渔业产值份额分析

受自然条件限制，西北半干旱地区渔业发展水平较低，渔业产值为14.61亿元，占全国渔业产值的0.15%，在该区域农林牧渔业结构中占比最小，仅占西北半干旱地区农林牧渔业产值的0.48%；其中陕西半干旱地区所占比重最大，占全国渔业产值的0.09%；甘肃半干旱地区、青海半干旱地区渔业产值占比最小，均占全国渔业产值的0.01%。

2.2.6 区域农业结构分析

在西北半干旱地区农林牧渔业产值结构中，种植业比重最大，达到71.12%；其次为畜牧业，占比为26.22%；林业和渔业占比分别为2.18%和0.48%。其中，陕西半干旱地区农林牧渔业产值结构中，种植业比重最大，为70.50%；其次为畜牧业，占比为26.63%；林业占比为2.38%；渔业占比最小，占比为0.49%。甘肃半干旱地区农林牧渔业产值结构中，种植业仍然比重最大，为79.92%；其次为畜牧业，占比为18.28%；林业、渔业占比分别为1.65%、0.15%。青海半干旱地区农林牧渔业产值结构相似，种植业比重最大为53.40%，其次为畜牧业，占比为44.58%，林业1.44%，渔业为0.58%（见表2–25）。

表2–25 2013年西北半干旱地区产值规模与结构表

产业	陕西半干旱地区		甘肃半干旱地区		宁夏半干旱地区		青海半干旱地区		西北半干旱地区	
	产值（亿元）	比重（%）	产值（亿元）	比重（%）	产值（亿元）	比重（%）	产值（亿元）	比重（%）	产值（亿元）	比重（%）
种植业	1302.58	70.50	576.56	79.92	173.88	64.38	101.95	53.40	2154.97	71.12
林业	44.02	2.38	11.90	1.65	7.43	2.75	2.75	1.44	66.10	2.18
畜牧业	491.92	26.63	131.85	18.28	85.35	31.60	85.13	44.58	794.25	26.22
渔业	8.98	0.49	1.11	0.15	3.42	1.27	1.10	0.58	14.61	0.48
合计	1847.50	100.00	721.42	100.00	270.08	100.00	190.93	100.00	3029.93	100.00

2.3 西北半干旱地区农业产业发展中存在的问题分析

近年来，虽然西北半干旱地区农业特色优势产业发展取得了一定的成绩，但由于受农业生产条件差、生态环境恶劣、传统农业比重大等多种因素的影响，在其发展过程中还存在许多突出问题。具体地说，主要表现在以下几个方面：

2.3.1 产业基础条件较差

西北半干旱地区农村基础设施薄弱，市场配置资源的基础性作用尚未充分体现，现有基础设施老化，技术装备数量不足，功能和质量不高，与现代农业的需求差距很大。耕地质量不高，农田水利设施老化，农业机械装备水平低，农业基础薄弱，抵御自然灾害和抗市场风险的能力还不够强。

信息化各要素指数在西部地区均处于弱势，信息化发展速度相对较慢，信息服务的渠道不畅通。在面向龙头企业、农产品批发市场、无公害生产基地、特色农业合作经济组织、种养大户和广大农民群众的需求方面，提供农业政策、新技术、新品种、农产品供求、生产资料价格等信息服务的能力欠缺。农业生产滞后于市场需求的变化。特别是信息化人力资源发展较慢，信息化人才短缺已成为制约西北半干旱地区信息化持续发展的关键因素。这一切都严重影响了西北半干旱地区农业的战略性结构调整，制约了农业增效、农民增收。

交通、通信等基础设施是经济发展的决定性硬件条件。西北半干旱地区作为资源输出地区，对交通设施的依赖性极强，而西北半干旱地区已成为全国基础设施发展最慢的区域。在通信设施方面，西部的信息交流能力大大低于全国平均水平。因此，发展优势产业、缩小地区差距，必须首先发展以公路、铁路为重点的交通基础设施和以提高电视人口覆盖率、电话普及率为重点的通信设施，为其资源优势转化为经济优势奠定基础。

2.3.2 产业组织建设滞后

西北半干旱地区农业组织力量薄弱，产业的规模和集中度与产业化经营不相适应的矛盾较突出，缺乏强势龙头企业带动，农产品加工转化能力较低，产业链条短，初加工企业多，精深加工企业少。农产品标准化建设滞后，市场开拓能力较弱，农产品加工和品牌发展滞后，新型的营销体系尚不完善。

虽然地方政府在促进特色农业产业规模化方面做了许多工作，制定了诸多优惠政策，但仍避免不了农户、企业分散经营的局面，造成整个农业产业生产经营成本较高。近年来，农业产业化龙头企业、农民合作社等新型农业经营主体虽然得到了较快的发展，但仍存在很多问题：总量少、服务单一，规模小、辐射带动力还不强，利益联结机制不健全、产业化水平低，农产品品牌建设滞后、市场认知度不高，盈利水平低、市场竞争力不强，资源要素制约严重、融资困难。

2.3.3 农产品加工能力薄弱

西北半干旱地区农产品的收入主要以卖“原产品”为主，农产品加工转化尚处在初级发展阶段。目前，一些发达国家的农产品加工率在90%以上，我国农产品加工转化率为40%～50%，而西北半干旱地区仅为30%～35%。西北半干旱地区农产品加工产业从横向看，农产品研发能力低，新开发产品少，农产品专用程度和品质不能满足加工业的需求。从纵向看，农产品加工深度不够，初加工多、精加工少，加工转化和增值率较低，有重要影响的名、特、优产品更少。西北半干旱地区农产品加工能力薄弱主要由于以下几点原因：

第一，企业规模小，生产工艺与技术装备落后。相当一部分食品企业的生产工艺技术装备处于二十世纪六七十年代的水平，有的还是传统的手工作坊式生产，企业缺乏竞争能力和发展后劲。

第二，产品科技含量低。西部地区的食品工业大部分属于初加工和粗加工，高、精、深加工很少，产品质量、档次和附加值不高，大量的食品资源难以形成产业经济优势。而且资源综合利用水平低，增值幅度受限。

第三，市场化程度较低。主要是在体制和思想观念上不适应市场经济发展的要求。有的地方在引进人才、引进资金技术、给予优惠政策及主动创造良好的投资环境方面相对保守滞后。特别在推动市场培育和企业经营机制转变方面，与东部地区相比还有一定差距。

2.3.4 农产品科技含量偏低

优势农业的价值在于附加值高、污染低，要求有相对高的技术含量。随着产品向国际化发展，西北半干旱地区农产品的生产要满足标准化的要求。随着农产品质量的高标准化，西北半干旱地区农产品生产面临特色科技研发及成果应用滞后、农业科技人员缺口较大、技术服务能力弱化等问题，导致创新能力较弱，农业科技产业化发展滞后。近几年来，科技人员年龄偏大，知识老化、断层现象凸显，基层农业科技服务体系不够健全，体制机制不顺，科技推广力量薄弱、手段落后，科技进村入户难度大，科技进步贡献率低等因素制约着现代农业技术的推广普及和成果转化，影响了西北半干旱地区特色产业的发展。

部分农户农产品的质量意识、标准化意识不强，接受新事物慢，受经济和文化水平制约，大多还处于学习摸索和提高阶段。而农业龙头企业相对生产水平较高，抵御市场风险能力较强。经过多年的发展，西北半干旱地区虽然已经初步形成了一批相对成熟的产业综合配套技术，但受技术保障体系不健全、技术推广机制不完善、推广机构的公共服务能力弱等多方面的影响，造成综合高效配套技术到位率低，农业特色优势产业产量、质量、效益不高。需要进一步加大科技创新与示范推广，尤其是要加强生产的标准化、绿色化、清洁化、规模化，延长产业链，提高产品科技含量，增强市场竞争力，做大做强优势产业。

2.3.5 产业结构不合理

西北半干旱地区目前还存在着简单追求种植面积增加和养殖规模扩大的做法，对特色优势产业的定位还不够准确，没有突出优势农产品的区域优化布局，往往造成产业选择与市场需求脱节，不利于专业化农业区域的形成。优势特色产业布局还不够鲜明，集中度不高，规模化、集约化程度不够，一些地方还处于传统小而全的生产模式，区域产品得不到深度开发，链条短，农产品加工层次低，转化能力弱，品牌带动不强，产品附加值不高，组织化程度低，市场培育不够，现代农业产业集群尚未完全形成特色，没有真正形成优势，还不能适应西北半干旱地区现代农业发展的内在需求。

从规划来看，由于农业的各行业归属不同的主管部门管理，行业特色农业发展规划缺少必要的沟通和协调，往往造成各种特色农产品开发在同一地区争夺资源，在一定程度上影响了优势产业的发展。从地区间的关系来看，区域有效合作较少，各自从自身利益出发，在特色农业发展上贪大求全，导致地区间低水平过度竞争，特色优势产业发展的“可持续性”面临挑战。

2.3.6 产业优势不突出

自西部大开发战略实施以来，虽然西北半干旱地区农业特色优势产业发展较快，经济效益凸显，但与东部及全国的农业发展相比仍然有很大的差距。产业规模总体偏小，生产技术和生产管理落后，分散经营问题十分突出，产品质量不高，经济效益差，生产以农户为主，规模化程度低。农户与企业在生产中因资金投入、技术、市场信息等方面存在较大差异，效益明显低于企业；且农户市场意识较差，生产安排随意而分散，产品外销优势不明显，如中宁被誉为“中国枸杞之乡”，种植基本以散户为主，对于农药和化肥的使用都较为随意。奶业、苹果等产业也存在诸如此类的问题。宁夏清真牛羊肉产业的养殖业和加工业脱节。由于规模养殖少，分散养殖成本高，加之加工能力过剩，致使现有的龙头加工企业原料严重不足，无法承接国内外批量订单，影响加工和养殖效益。龙头企业生产能力与基地原料供应不够协调，既有企业加工能力过剩、原料供应不足的问题，又有原料过剩、精深加工不足的问题。有的地方，一方面是普通原料供给过剩、价格下跌；另一方面，符合企业加工要求的优质原料供应紧缺，结构性矛盾突出。

第三章

西北半干旱地区优势农业产业评价

3.1 优势农业产业的特征分析及其在区域经济发展中的功能

3.1.1 优势农业产业的特征分析

（1）该产业在产业群中处于独特优越的地位，具有发展壮大的趋势和前景

首先，优势产业与主导产业和支柱产业有所不同。主导产业或支柱产业，就其基本含义而言，是指对其他产业的发展有着较强的带动辐射作用，因而在很大程度上决定着产业结构特征及其演变趋势的产业或部门，是总量支撑的行业或具有最大需求弹性的社会最终产品的生产部门。优势产业则是指对提高和改善整体产业结构水平有着特殊作用的产业，它排斥广泛空间上产业结构和产品结构的趋同性，更多的是一个地区的拳头产业、重点产业、经济特色产业，甚至是大部门产业的“子产业”。其次，优势产业与主导产业、支柱产业存在着转化、交错的关系，但毕竟有自身的规定性。因此，优势产业选择必须依次突出这几个基本前提：一是具有经济资源优势和比较利益优势，经济“个性”特点明显，经济效益好，通过培育和开发能够成为区域经济发展的拳头产业、重点产业、特色产业。二是市场条件优越，前景广阔，能够适应市场需求变化的节奏，有较大的现实或潜在的商品容量，是区域拳头产品或名牌产品项目。三是产业关联效应较强。通过产业的开发能推动地区间专业化分工协作的产业带的发展，体现区域产业结构演变的趋势。四是能推动科技进步，有助于实现经济增长方式由粗放型向集约型的根本转变。再次，优势产业的“优势”表明该产业既有“优”又有“势”，“优”中见“势”，“势”中见“优”，意味着该产业既有自身优越的存在和发展的根据，又具有发展壮大的趋势和前景，反映一个地区或国家产业结构转换升级的前瞻性特征。因此，它无疑应具有较高的产业关联度，能对其他产业产生一定的后向关联、前向关联和波及效应，能推动地区支柱产业、主导产业的发展，甚至演变为支柱产业和主导产业；应符合收入弹性、生产率增长、比较经济利益、扩大就业等经济基准，是地区经济的一个规模增长点。最后，优势产业通过聚集作用对经济增长起着重大的拉动作用。

（2）该优势是市场、自然资源、区位、资金、技术等多种优势共同作用的结果

其中市场优势是关键点，是第一位的，它决定着资源、区位、资金、技术等诸多优势。第一，市场经济的本质特征是资源配置市场化。随着市场开放度的提高，交通信息业的发展，产品的复杂多样化和同业间贸易的拓展，资源构成、配置、利用的跨行业、跨区域、跨国界特征及资源的相互替代性越来越突出。市场优势开发了资源的优势，日本等许多国家（地区）资源稀少而经济很发达，我国中西部一些地区自然资源丰富但并未形成经济优势或优势产业就能很好说明这一点。第二，市场交易比较利益的竞争性产生产业区域指向性，促使区域按比较优势进行分工，从而形成产业的区位优势。然而这种优势的确立、消长无不最终取决于市场交易的比较利益优势。同时，市场也能消除区位优势。市场运行是开放式的，市场交易的竞争性使商品的流通具有内在的动力。第三，市场效率的标志是经济效益的最大化。资金的增值本性使其成为最无垄断性的价值资源，技术作为无形资产其职能体现在它的实际应用和革故创新上。因而无论是资金还是技术，它们的内在本质决定了自身与市场有着天然的依附关系。因此，优势产业的“优势”和市场优势存在着必然的联系，发展市场、提高市场规模效益，无异于培育优势产业的“造血”功能。调整产业结构，确立优势产业，开发重点产品，都应把市场放在核心的位置，并视其为重中之重。

（3）该优势具有该产业下的产品战略优势

第一，优势产业由名、优、新、特产品和重点产品体现、支撑。优势产业体现的是一个地区产业的“个性”，产业下的产品一般都是或名或优或新或特的产品，比如，沿海发达地区发展的高新技术产业和产品的相对优势，内陆地区发展的传统产业和产品的特定优势，某些地区的特种工艺技术产业和生产的独特产品，等等。第二，优势产业的“优势”是名牌产品的“战略优势”。从本质上讲，名牌不单是一个产品，而是一个企业，一种产业。名牌对企业和产业的存亡具有战略意义。优势产业的“优势”就在于该产业是以名牌产品为标志的出奇制胜的战略产业，其产品具有很高的市场知名度和占有率。第三，优势产业是具有技术竞争优势的产业，是一种开发产业。在科技日新月异的今天，它无疑需要有较高的技术含量的名牌产品来维护和展示其“优势”。

（4）该优势是一种相对的动态优势

在开放的市场经济条件下，生产要素和资源的实现具有多种殊途同归的方式，各类型、各层次的市场之间相互联结、相辅相成、瞬息万变，优势产业的“优势”总是处于相生相灭、演替变化之中。很显然，优势产业的“优势”归根结底是在市场中创造、考验、改造、存灭，如果离开市场（市场规模、市场容量等）谈其优势，这种优势或许很“优”，但绝无“势”可言。

3.1.2 优势农业产业在区域经济发展中的作用

（1）有利于促进区域农业经济的快速增长，提升农业产业竞争力

农业优势产业不仅体现在“特色”优势上，也体现在“竞争”优势上，也就是说不仅要具有特色资源、特色产品、特色技术和特色产业，也要有市场竞争优势，而且特色优势的根本落脚点在于其竞争优势。优势农业产业作为农业经济中起支柱作用的产业部门，它们能带动区域农业经济实现较快的增长，并且能保持各个农业产业间及其内部按比例协调发展。

（2）有利于促进农业经济结构转换，优化区域农业经济增长方式

优势农业产业的发展有利于实现区域农业经济结构的转变，充分发挥区域农业优势部门的优

势，使其能更好地适应市场经济竞争的要求，使区域农业经济系统能从整体上发挥最大的经济效益。

（3）有利于实现农业区域分工，提高农民收入水平

大力发展区域优势农业产业，能充分利用不同区域的优势资源，深化区域农业产业分工，提高资源的利用率，适应和满足市场竞争的需要，达到优势农业产品的适销对路，防范农产品滞销的风险，提高地区农业竞争优势和市场优势，能充分调动农民的生产积极性，从而达到提高农民收入和实现农业可持续发展的要求。

3.2 区域现代农业市场竞争力分析：基于区位熵视角

3.2.1 西北半干旱地区

分别从西北半干旱地区和全国两个层面，将农、林、牧、渔四个产业汇总起来分析各产业在不同的半干旱地区的竞争优势情况。

表3-1 2013年农林牧渔产值各分区在西北半干旱地区的区位熵

地区	农业	林业	畜牧业	渔业
陕西半干旱地区	0.98	1.08	1.01	1.00
甘肃半干旱地区	1.13	0.76	0.70	0.32
宁夏半干旱地区	0.91	1.26	1.21	2.63
青海半干旱地区	0.77	0.68	1.75	1.23

由表3-1可以看出，陕西半干旱地区农林牧渔四大产业在西北半干旱地区的区位熵基本在1左右徘徊，即竞争优势和劣势都不太明显。甘肃半干旱地区的农业在西北半干旱地区的区位熵为1.13，略微具有竞争优势。宁夏半干旱地区的渔业在西北半干旱地区具有竞争优势，林业和畜牧业也具有一定优势。青海半干旱地区的竞争优势产业是畜牧业，渔业也具有一定优势。

各半干旱地区在全国的竞争优势分布情况如表3-2所示。陕西半干旱地区在全国具有竞争优势的是农业，甘肃半干旱地区具有竞争优势的是农业，宁夏半干旱地区在全国具有竞争优势的是农业，青海半干旱地区的畜牧业在全国具有竞争优势，西北半干旱地区总区的农业在全国具有竞争优势。

表3-2 2013年农林牧渔产值各分区在全国的区位熵

地区	农业	林业	畜牧业	渔业
陕西半干旱地区	1.26	0.56	0.86	0.05
甘肃半干旱地区	1.46	0.40	0.60	0.02
宁夏半干旱地区	1.16	0.66	1.04	0.12
青海半干旱地区	0.99	0.35	1.50	0.06
西北半干旱地区	1.28	0.52	0.86	0.05

（1）种植业

表3-1为2013年西北半干旱地区不同产业区位熵计算结果。该区位熵依据的是西北半干旱地区总的产业情况，即熵值是西北半干旱地区各产业的竞争力情况，大于1表示该产业在西北半干旱地区具有竞争优势，等于1表示该产业在西北半干旱地区持平，小于1表示该产业在西北半干旱地区不具有竞争优势。

其中，陕西半干旱地区的小麦和瓜果在整个西北半干旱地区具有竞争优势，甘肃半干旱地区的蔬菜具有竞争优势，宁夏半干旱地区的杂粮具有竞争优势，青海半干旱地区的油料、蔬菜、小麦具有竞争优势（表3-3）。

表3-3　2013年西北半干旱地区种植业区位熵

地区	小麦	杂粮	油料	蔬菜	瓜果
陕西半干旱地区	1.18	0.70	1.03	0.90	1.36
甘肃半干旱地区	1.00	1.04	0.67	1.28	0.74
宁夏半干旱地区	0.35	1.89	0.89	0.72	0.50
青海半干旱地区	1.22	1.10	3.33	1.45	0.01

表3-4为2013年西北半干旱各个分区与西北半干旱地区总体在全国的区位熵计算结果。可以看出，陕西半干旱地区的瓜果、油料、小麦在全国具有竞争优势，甘肃半干旱地区的瓜果、蔬菜、小麦在全国具有竞争优势，宁夏半干旱地区的杂粮和油料在全国具有竞争优势，青海半干旱地的油料、小麦、蔬菜在全国具有竞争优势，西北半干旱地区总区在全国的竞争优势作物有瓜果、油料、小麦。

表3-4　2013年西北半干旱地区在全国的种植业区位熵

地区	小麦	杂粮	油料	蔬菜	瓜果
陕西半干旱地区	1.32	0.50	1.34	0.80	2.57
甘肃半干旱地区	1.13	0.75	0.87	1.14	1.39
宁夏半干旱地区	0.39	1.35	1.16	0.64	0.94
青海半干旱地区	1.37	0.79	4.33	1.29	0.02
西北半干旱地区	1.12	0.72	1.30	0.89	1.89

数据来源:根据统计年鉴计算。

综上所述，从西北半干旱地区的区位范围来看：小麦的最大产量地区为陕西半干旱地区，最具竞争优势的是青海半干旱地区和陕西半干旱地区；杂粮的最大产量地区是陕西半干旱地区，最具竞争优势的是宁夏半干旱地区；油料作物产量最大的地区是甘肃半干旱地区，最具竞争优势的是青海半干旱地区；蔬菜产量最大的区域是陕西半干旱地区，具有竞争优势的是青海半干旱地区和甘肃半干旱地区；瓜果类产量最大的地区是陕西半干旱地区，最具竞争优势的是陕西半干旱地区。

从全国范围来看，小麦最具有竞争优势的是青海半干旱地区，杂粮最具有竞争优势的是宁夏半干旱地区，油料最具有竞争优势的是青海半干旱地区，蔬菜最具有竞争优势的是青海半干旱地区，瓜果最具有竞争优势的是陕西半干旱地区。

（2）畜牧业

依据西北半干旱地区2013年各地区畜产品的产值情况，计算出各个半干旱地区在西北半干旱地区的不同种类的畜产品的区位熵情况，如表3-5所示，计算的办法仍然按照前面种植业的办法进行类推。陕西半干旱地区牛奶的区位熵为1.34，大于1，表明陕西半干旱地区是牛奶的优势产区，大于1的畜产品还有猪肉。甘肃半干旱地区的禽蛋和牛肉的区位熵分别为1.51和1.38，具有竞争优势。甘肃半干旱地区地处少数民族聚居区，按照穆斯林传统的清真饮食习惯，更倾向于消费牛肉和禽蛋等清真食品，这种情况同样也在宁夏半干旱地区和青海半干旱地区有所体现。宁夏半干旱地区区位熵最大的为羊肉，其值为1.62，具有竞争力，同时具有区位竞争优势的畜产品还包括牛肉、禽蛋和牛奶。青海半干旱地区区位熵最大的为羊肉，其值为1.67，具有竞争优势的还包括牛肉，区位熵为1.57。

表3-5　2013年各分区畜牧业在西北半干旱地区的区位熵

地区	猪肉	牛肉	羊肉	牛奶	禽蛋
陕西半干旱地区	1.20	0.57	0.68	1.34	0.68
甘肃半干旱地区	1.13	1.38	1.01	0.22	1.51
宁夏半干旱地区	0.30	1.52	1.62	1.26	1.54
青海半干旱地区	0.73	1.57	1.67	0.64	0.76

表3-6为在全国区域的区位熵计算结果，陕西半干旱地区的牛奶、羊肉在全国具有竞争优势，甘肃半干旱地区的牛肉和羊肉具有竞争优势，宁夏半干旱地区的羊肉、牛奶、牛肉具有竞争优势，青海半干旱地区的羊肉、牛肉、牛奶具有竞争优势，西北半干旱地区总区在全国具有竞争优势的畜产品有牛奶、羊肉、牛肉。

表3-6　2013年各半干旱地区在全国畜牧业的区位熵

地区	猪肉	牛肉	羊肉	牛奶	禽蛋
陕西半干旱地区	0.92	0.92	1.67	4.23	0.21
甘肃半干旱地区	0.87	2.25	2.48	0.70	0.46
宁夏半干旱地区	0.23	2.46	4.00	3.96	0.47
青海半干旱地区	0.56	2.54	4.11	2.02	0.23
西北半干旱地区	0.77	1.62	2.47	3.16	0.31

数据来源：根据相关统计年鉴计算。

综上所述，在西北半干旱地区，依据2013年的数据：猪肉产量最大的地区为陕西半干旱地区，最具优势的也是陕西半干旱地区；牛肉产量最大的地区为甘肃半干旱地区，最具有优势的是青海半干旱地区；羊肉产量最大的地区是陕西半干旱地区，最具有优势的是青海半干旱地区；牛奶产量最大的地区是陕西半干旱地区，最具有优势的是陕西半干旱地区；禽蛋产量最大的地区是陕西半干旱地区，最具有优势的是宁夏半干旱地区。

从全国层面来看，猪肉在全国都不具有竞争优势，牛肉最具优势的是青海半干旱地区，羊肉最具优势的是青海半干旱地区和宁夏半干旱地区，除了甘肃半干旱地区，牛奶在全国具有较强的竞争优势，禽蛋在全国都不具有竞争优势。

（3）林业

分别计算西北半干旱地区各不同地区在全国范围内和在整个西北半干旱地区范围内的区位熵，如表3-7所示，在全国范围内，各省区半干旱地区整体区位熵均小于1，无区位优势，在该地区所有市（州）中，固原的区位熵（1.13）大于1，其他市（州）的林业区位熵均小于1。西北半干旱地区范围内，甘肃半干旱地区和青海半干旱地区的整体区位熵均小于1，在该地区无区位优势，陕西半干旱地区的整体区位熵（1.085）略大于1，区位优势不明显，宁夏半干旱地区整体区位熵（1.264）大于1，宁夏半干旱地区林业在西北半干旱地区具有区位优势。西北半干旱地区所有市（州）中，固原的林业区位熵无论在全国范围内还是在西北半干旱地区范围内均最大且大于1，表明固原的林业在西北半干旱地区具有区位优势。

表3-7　西北半干旱地区林业区位熵

地区	西北半干旱地区	全国
西安	1.119	0.581
铜川	0.611	0.317
宝鸡	1.554	0.808
咸阳	0.620	0.322
渭南	0.923	0.480
延安	1.802	0.936
榆林	1.281	0.666
陕西半干旱地区	1.085	0.564
兰州	0.467	0.242
白银	1.298	0.675
天水	0.674	0.350
平凉	0.838	0.435
庆阳	0.805	0.418
定西	0.419	0.218
临夏	1.069	0.556
甘肃半干旱地区	0.763	0.397
吴忠	1.072	0.557
固原	2.175	1.130
中卫	0.499	0.259
宁夏半干旱地区	1.264	0.657
西宁	0.398	0.207
海东	0.661	0.343
海南	1.173	0.610
青海半干旱地区	0.680	0.353

（4）渔业

如表3-8所示，西北半干旱地区在全国范围内，渔业区位熵均小于1，无区位优势。在西北半干旱地区范围内，甘肃半干旱地区和青海半干旱地区的整体区位熵均小于1，在该地区无区位优势，陕西半干旱地区整体的区位熵（1.001）略大于1，区位优势不明显，宁夏半干旱地区整体的区位熵（3.826）大于1，具有明显的区位优势。西北半干旱地区所有市（州）中，中卫在西北半干旱地区范围内的区位熵（9.826）最高且大于1，中卫的渔业在西北半干旱地区区位优势明显。

表3-8　西北半干旱地区渔业区位熵

地区	西北半干旱地区	全国
兰州	0.417	0.019
白银	0.428	0.020
天水	0.175	0.008
平凉	0.295	0.014
庆阳	0.139	0.006
定西	0.282	0.013
临夏	1.046	0.049
甘肃半干旱地区	0.323	0.015
西安	1.437	0.067
铜川	1.238	0.058
宝鸡	0.823	0.038
咸阳	0.522	0.024
渭南	1.706	0.079
延安	0.567	0.026
榆林	0.853	0.040
陕西半干旱地区	1.001	0.047
吴忠	4.866	0.226
固原	0.088	0.004
中卫	9.826	0.457
宁夏半干旱地区	3.826	0.178
西宁	0.002	0.000
海东	0.494	0.023
海南	2.230	0.104
青海半干旱地区	0.846	0.039

3.2.2 陕西半干旱地区

（1）种植业

2013年，陕西半干旱地区的各个作物的区位熵分布情况如表3-9所示，西安的种植类作物中，区位熵的分布如图3-1所示。区位熵最大的为石榴，是西安在陕西半干旱地区最具有竞争优势的作物，同时，其他水果的区位熵都较大，说明西安郊区地处省会边缘，有较好的地理区位优势，水果属于易腐烂农产品，在城市郊区种植水果不但有较多的劳动力保障，而且能够较快运输到城市，供人们鲜食。区位熵小于1的有花生、麻类、烤烟、苹果等作物。

表3-9 2013年陕西半干旱地区各作物区位熵

作物	西安	铜川	宝鸡	咸阳	渭南	延安	榆林	陕西半干旱地区
小麦	1.9	0.51	2.02	0.75	1.28	0.03	0.03	1.02
稻谷	1.67	0	2.23	0	0	0.92	10.42	0.02
玉米	1.46	0.9	1.3	0.57	0.98	0.7	3.61	0.98
大豆	0.88	0.6	0.78	0.15	0.45	1.53	10.24	0.92
棉花	0.34	0	0.02	0.01	4.32	0.11	0.05	1.13
油菜籽	0.64	2.07	1.48	1.05	1.37	0.27	0	0.31
花生	0.07	0	0.01	0.02	2.2	0.59	10.23	0.64
麻类	0	0	4.34	0	0	0	13.29	0.7
烤烟	0	0.15	4.24	0.58	0.49	1.85	0	0.26
蔬菜	1.94	0.35	1.02	0.93	0.84	0.62	1.38	0.86
苹果	0.02	1.71	0.62	1.29	0.86	1.69	0.38	1.26
梨	0.5	0.01	0.08	1.05	2.39	0.22	0.59	0.9
葡萄	1.74	0.03	0.8	1.08	1.43	0.08	0.37	0.8
桃	1.88	0.26	0.59	1.4	0.91	0.04	0.44	0.84
红枣	1.55	0.06	0	0.48	2.92	0.02	0.15	0.37
杏	3.05	0.24	0.28	1.15	0.66	0.12	0.8	0.82
柿子	1.17	1.16	0.89	0.8	1.48	0.35	1.9	0.82
猕猴桃	3.48	0	5.2	0.05	0.01	0.08	0.04	1.01
石榴	4.79	0	0	1.17	0.01	0	0.04	0.6

数据来源：根据《陕西统计年鉴（2014）》计算。

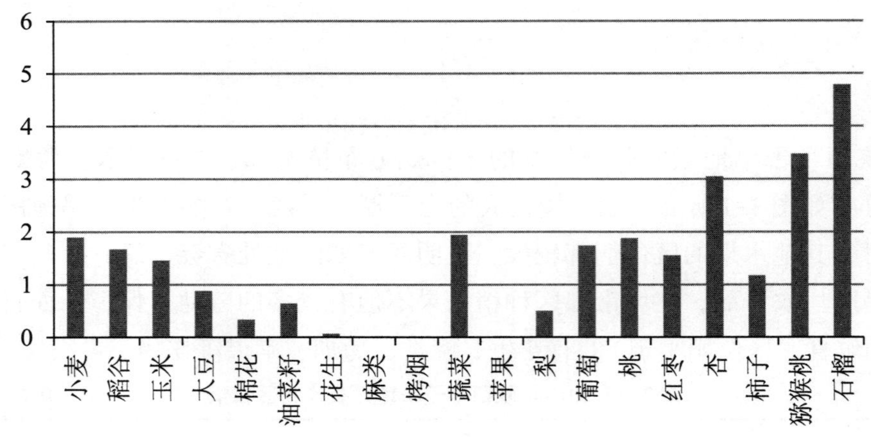

图3-1　2013年西安种植业区位熵分布图

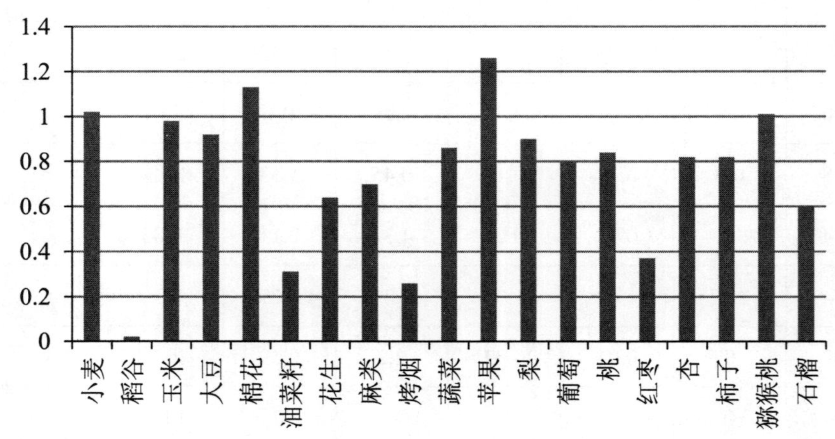

图3-2　2013年陕西半干旱地区种植业在全国区位熵分布图

如图3-2所示，陕西半干旱地区在全国最具竞争优势的种植业产品是苹果，存在竞争优势的还有棉花，其他作物基本不具有竞争优势。

（2）畜牧业

2013年，陕西半干旱地区各畜产品的区位熵结果如表3-10所示，西安和咸阳的区位熵分布如图3-3所示。因为地缘关系，西安和咸阳距离较近，再加上近年来西咸一体化的发展，两个地区的畜牧业区位熵分布情况基本相似，西安区位熵最大的是羊奶，其次是禽蛋，西安的这两个畜产品在陕西半干旱地区属于区位竞争优势产业。咸阳区位熵最大的是牛奶，其次是禽蛋和羊奶。

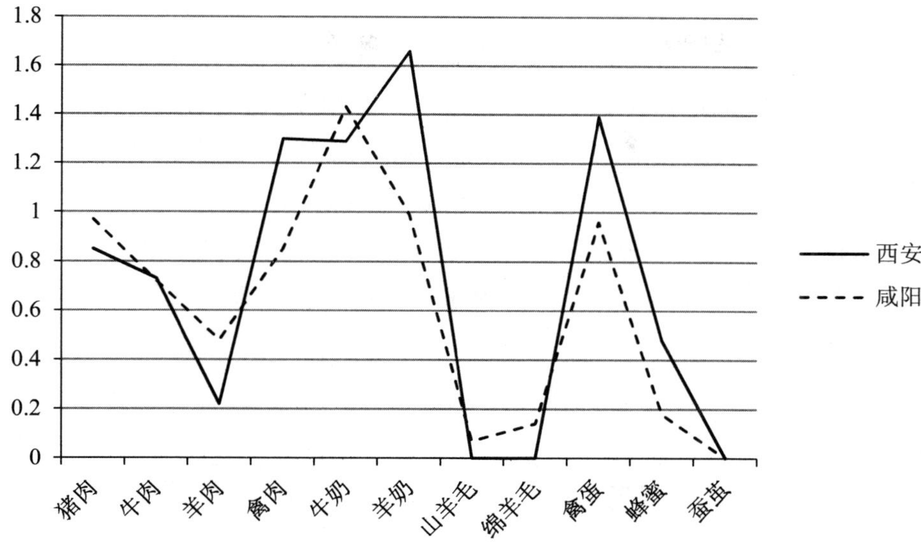

图3-3 西安和咸阳的区位熵分布图

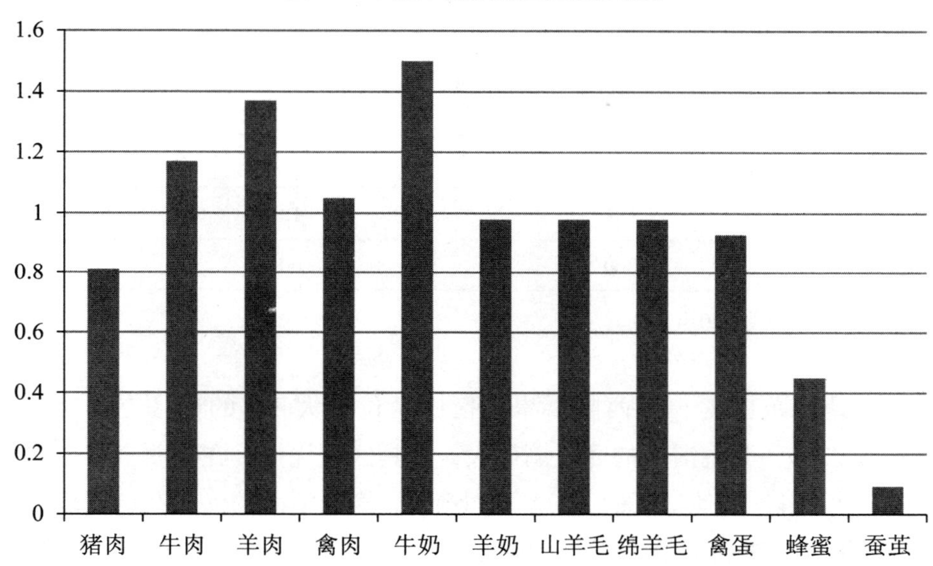

图3-4 陕西半干旱地区各畜产品在全国的区位熵分布图

如图3-4所示，陕西半干旱地区在全国最具竞争优势的畜产品是牛奶，还包括羊肉和牛肉。

表3-10 2013年陕西半干旱地区畜牧业各产品区位熵

地区	猪肉	牛肉	羊肉	禽肉	牛奶	羊奶	山羊毛	绵羊毛	禽蛋	蜂蜜	蚕茧
西安	0.85	0.73	0.22	1.30	1.29	1.66	0.00	0.00	1.39	0.48	0.00
铜川	0.62	3.15	0.61	1.39	0.71	0.24	0.00	0.00	1.77	0.07	0.00
宝鸡	0.82	1.90	0.43	1.04	1.41	0.77	0.00	0.00	0.75	1.05	3.65
咸阳	0.97	0.72	0.48	0.85	1.43	0.99	0.07	0.14	0.96	0.18	0.00
渭南	1.28	0.77	0.56	1.01	0.61	1.66	0.04	0.36	1.07	0.73	0.00
延安	1.46	1.45	1.09	1.27	0.05	0.08	1.53	0.30	1.04	5.82	4.31
榆林	0.99	0.43	4.16	0.64	0.28	0.04	6.27	6.17	0.69	1.63	0.53
陕西半干旱地区	0.81	1.17	1.37	1.05	1.50	0.98	0.98	0.98	0.93	0.45	0.09

数据来源：根据《陕西统计年鉴(2014)》计算。

（3）林业

在西北半干旱地区范围内，陕西半干旱地区中区位熵大于1的地区有：延安（1.802）、宝鸡（1.554）、榆林（1.281）和西安（1.119），其中延安的区位熵最大，区位优势最明显。在陕西全省范围内，区位熵大于1的地区有：延安（1.428）、宝鸡（1.231）、榆林（1.015），依然是延安的区位熵最大，区位优势最明显。在陕西半干旱地区范围内，区位熵大于1的有：延安（1.662）、宝鸡（1.433）、榆林（1.181）和西安（1.032），其中延安的区位熵最大，区位优势最明显，如表3-11所示。综合来看，在陕西半干旱地区，延安的林业最具有区位优势，且在西北半干旱地区和陕西半干旱地区均有区位优势。

表3-11　陕西半干旱地区林业区位熵

地区	陕西半干旱地区	陕西省	西北半干旱地区
西安	1.032	0.886	1.119
铜川	0.563	0.484	0.611
宝鸡	1.433	1.231	1.554
咸阳	0.344	0.491	0.620
渭南	0.852	0.732	0.923
延安	1.662	1.428	1.802
榆林	1.181	1.015	1.281
陕西半干旱地区	1.000	0.859	1.085

数据来源：根据《陕西统计年鉴（2014）》计算。

（4）渔业

在西北半干旱地区范围内，陕西半干旱地区中区位熵大于1的地区有渭南（1.706）、西安（1.437）和铜川（1.238），其中渭南的区位熵最大，最具区位优势。在陕西全省范围内，只有渭南的区位熵（1.138）大于1，其他地区的区位熵均小于1，表明渭南的渔业在全省范围内具有区位优势。在陕西半干旱地区范围内，熵大于1的地区为渭南（1.704）、西安（1.435）和铜川（1.237），其中渭南的区位熵最大，相较其他市有区位优势，如表3-12所示。综合来看，渭南的渔业在陕西半干旱地区内区位优势最明显。

表3-12　陕西半干旱地区渔业区位熵

地区	陕西半干旱地区	陕西省	西北半干旱地区
西安	1.435	0.958	1.437
铜川	1.237	0.826	1.238
宝鸡	0.823	0.549	0.823
咸阳	0.522	0.348	0.522
渭南	1.704	1.138	1.706
延安	0.567	0.378	0.567
榆林	0.852	0.569	0.853
陕西半干旱地区	1.000	0.668	1.001

数据来源：根据《陕西统计年鉴（2014）》计算。

3.2.3 甘肃半干旱地区

（1）种植业

2013年，甘肃半干旱地区不同地区各作物的区位熵，如表3-13所示。从图3-5中可以看出，2013年兰州在甘肃半干旱地区的区位熵所得结果是蔬菜区位熵最大（为2.29），兰州郊区农业地处省会周边，具有较好的农业区位优势，适合种植劳动力密集且易腐烂的新鲜蔬菜，大量的市场需求与方便的运输条件，确定了城市郊区更适合种植蔬菜类作物。兰州地区的区位熵值大于1的还包括胡麻籽，其他作物对甘肃半干旱地区来说属于竞争力较弱的种类，在甘肃半干旱地区不具有区位优势。

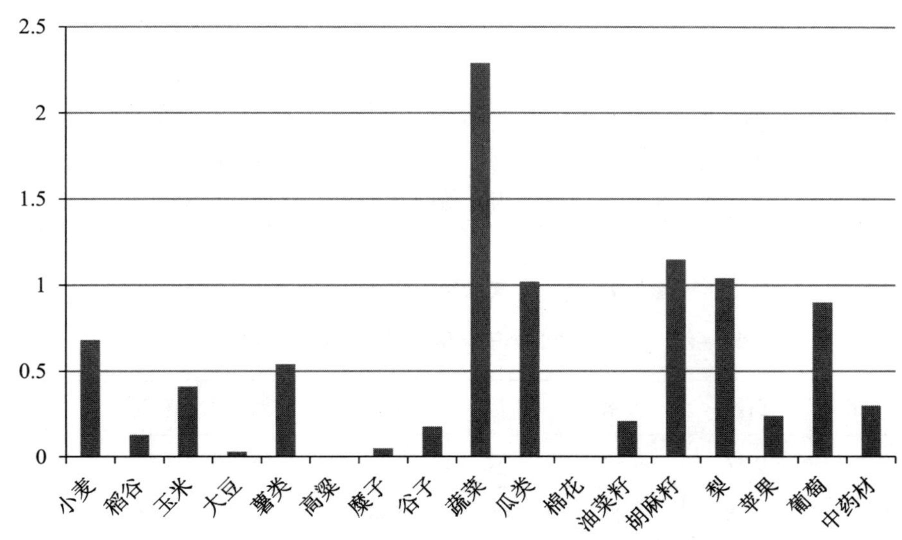

图3-5 2013年兰州地区种植业区位熵分布图

白银2013年在甘肃半干旱地区各作物的区位熵分布情况如图3-6。可以看出，取值最大的为棉花，白银地处兰州北部，降雨量相对较少，全市总耕地面积为777.12万亩，有效灌溉面积为148.46万亩，耕地降雨量较少、蒸发量较大、盐碱化程度较重，更适合种植抗盐碱类作物，棉花相对于其他作物抗盐碱性好，因此，白银属于棉花的竞争优势区。白银地处黄河沿岸灌区，是重要的稻谷生产区，在甘肃半干旱地区属于稻谷的优势产区。

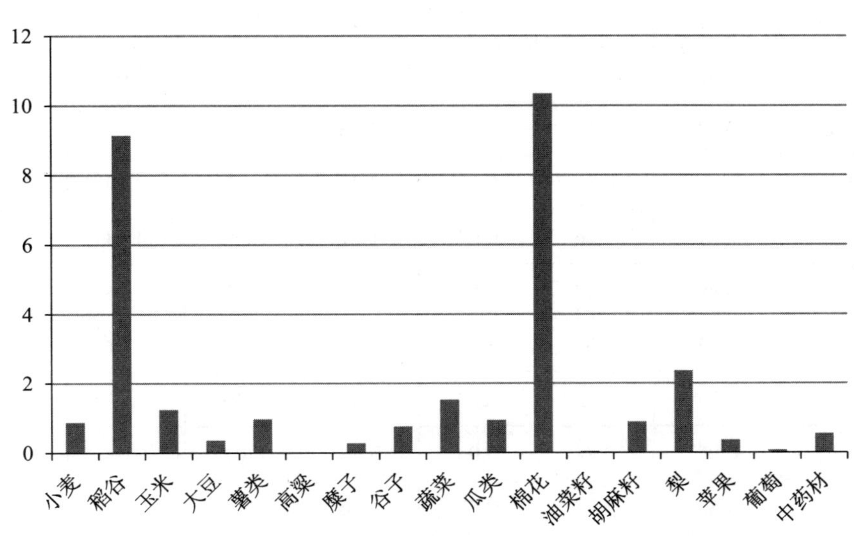

图3-6 2013年白银种植业区位熵分布图

天水2013年在甘肃半干旱地区的区位熵分布如图3-7所示，天水山脉纵横，北部为黄土高原地区，适合种植葡萄和苹果，从所得的区位熵结果也可以看出，葡萄在甘肃半干旱地区的区位熵最大，为3.84，其次是苹果（1.58），都大于1，是竞争优势区。

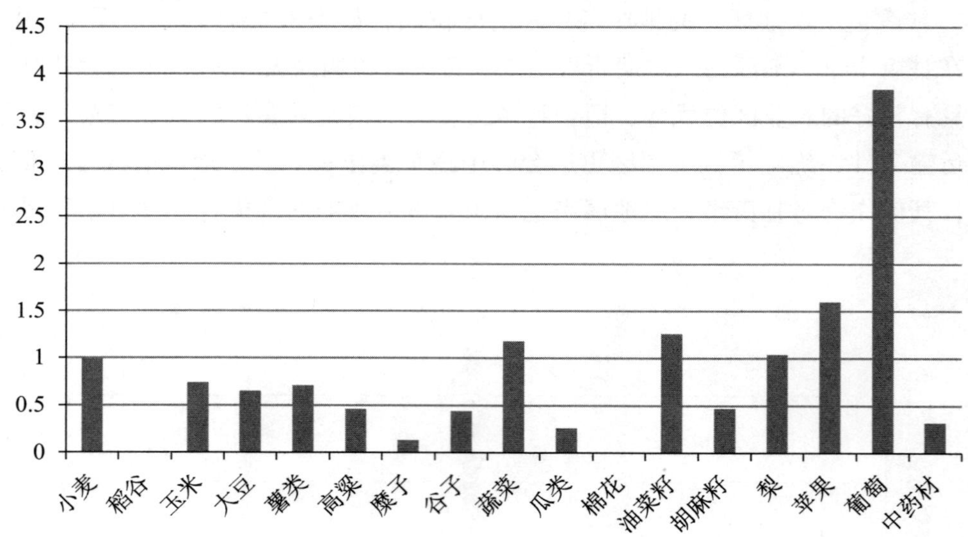

图3-7　2013年天水种植业区位熵分布图

表3-13　2013年西北半干旱地区甘肃地区各作物区位熵

作物	兰州	白银	天水	平凉	庆阳	定西	临夏	甘肃半干旱地区
小麦	0.68	0.87	0.99	1.32	1.22	0.53	1.56	1.06
稻谷	0.13	9.15	0.00	0.00	0.56	0	0	1.19
玉米	0.41	1.23	0.74	0.7	1.4	1.13	2.13	1.07
大豆	0.03	0.36	0.65	0.46	4.12	0.02	0.03	1.00
薯类	0.54	0.97	0.71	0.6	0.42	2.63	1.58	1.06
高粱	0.00	0.00	0.46	2.49	2.26	0.30	0.00	1.15
糜子	0.05	0.28	0.13	2.36	2.62	0.19	0.21	2.04
谷子	0.18	0.76	0.44	0.33	2.93	1.36	0.17	1.46
蔬菜	2.29	1.52	1.18	0.77	0.5	0.43	0.66	0.92
瓜类	1.02	0.94	0.26	0.35	3.56	0.17	0.00	0.93
棉花	0.00	10.35	0.00	0.00	0.00	0.00	0.00	0.00
油菜籽	0.21	0.04	1.26	0.64	1.57	0.29	4.68	1.01
胡麻籽	1.15	0.89	0.47	1.58	1.22	0.93	0.46	1.39
梨	1.04	2.37	1.04	0.6	0.12	0.59	3.61	0.87
苹果	0.24	0.37	1.6	2.2	1.09	0.06	0.12	1.44
葡萄	0.90	0.07	3.84	0.05	0.43	0.01	0.04	0.27
中药材	0.30	0.55	0.32	0.51	1.14	3.15	0.81	0.87

数据来源：根据《甘肃农村年鉴（2014）》计算。

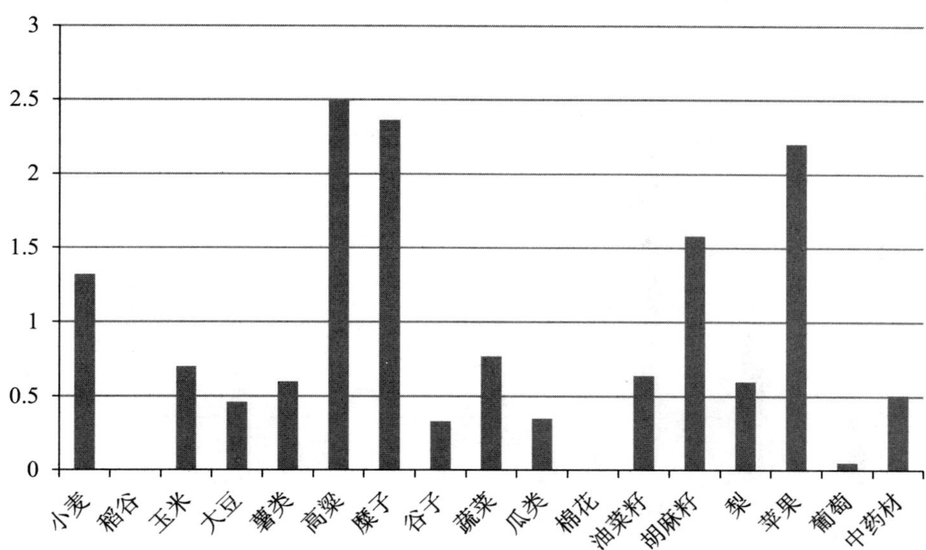

图3-8 2013年平凉种植业区位熵分布图

图3-8为平凉2013年在甘肃半干旱地区的区位熵分布情况，在甘肃半干旱地区最具有竞争优势的产品是高粱和糜子，竞争优势产品还包括苹果、胡麻籽、小麦，可以看出平凉在甘肃半干旱地区是小杂粮和苹果的优势产区。

如图3-9所示，庆阳2013年在甘肃半干旱地区的区位熵，在甘肃半干旱地区最具有竞争优势的产品是大豆，区位熵大于1的产品还包括瓜类、谷子、糜子、高粱，可以看出庆阳是甘肃半干旱地区重要的杂粮生产优势区。

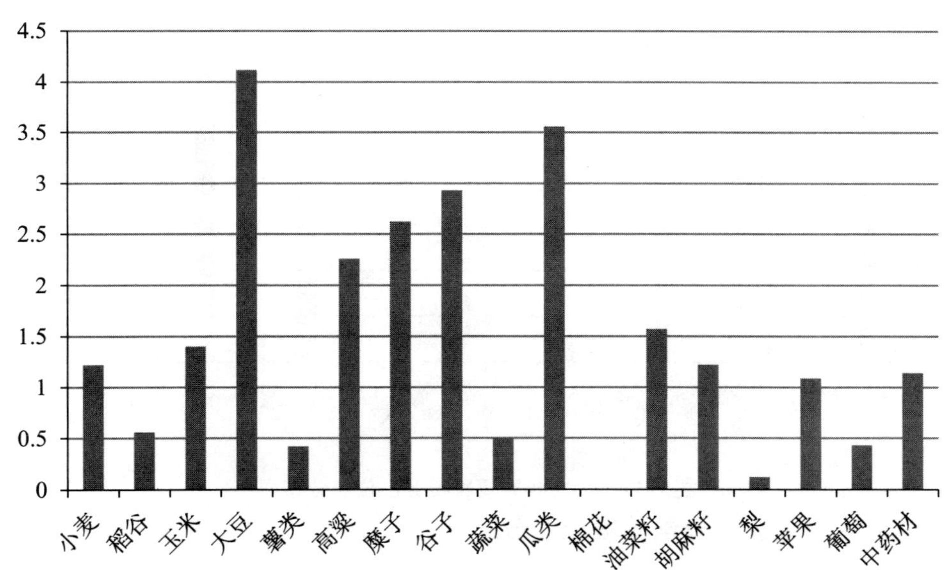

图3-9 2013年庆阳种植业区位熵分布图

定西2013年在甘肃半干旱地区的区位熵所得结果如图3-10所示，其中中药材最具有竞争优势，是甘肃半干旱地区最具有优势的中药材生产地区。同时，定西是薯类的竞争优势区。定西在海拔1800米以上的高寒阴湿地区，适合大规模种植中药材，其地区独特的地理环境为中药材种植提供了天然的优势环境。

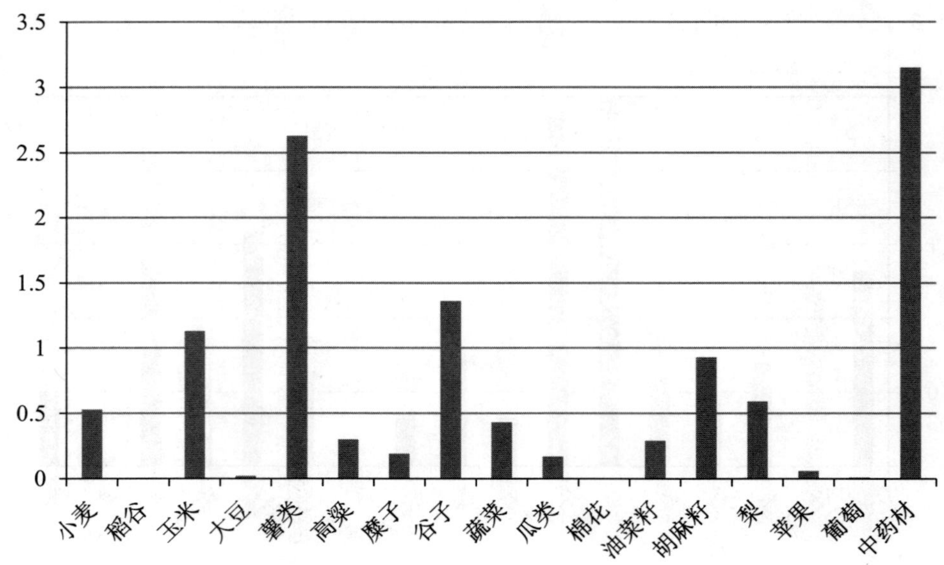

图3-10　2013年定西种植业区位熵分布图

临夏2013年在甘肃半干旱地区的区位熵如图3-11所示，其中油菜籽的区位熵最大，是临夏在甘肃半干旱地区最具有区位优势的作物，其次是梨、玉米、薯类、小麦，这几个作物的区位熵都大于1，是临夏的优势作物。

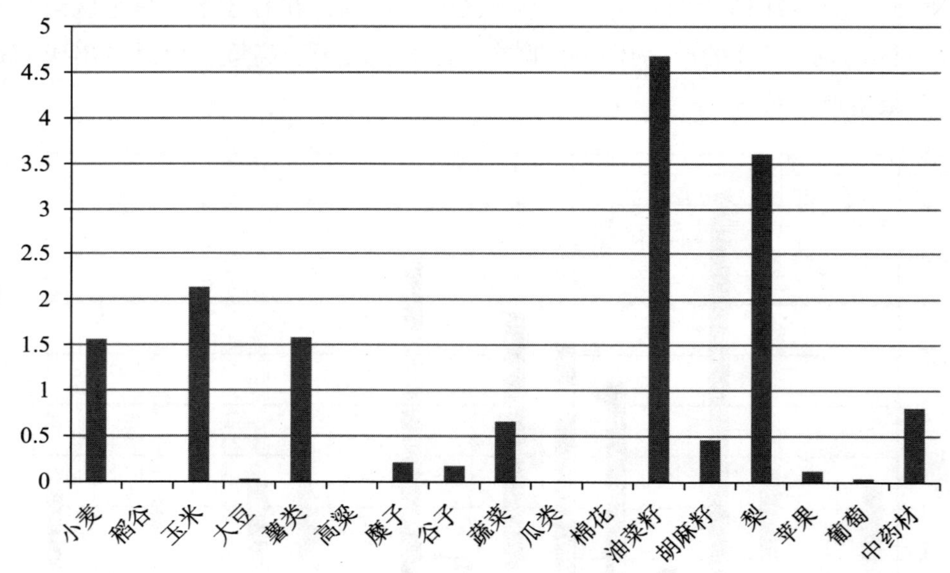

图3-11　2013年临夏种植业区位熵分布图

甘肃半干旱地区种植业在全国的区位熵分布如图3-12所示，在全国最具有竞争优势的是糜子，其次是苹果和胡麻籽。

（2）畜牧业

2013年，甘肃半干旱地区各畜产品的区位熵如表3-14所示，兰州区位熵最大的是牛奶（为4.64），禽蛋的区位熵为2.37，表明这两类畜产品具有较强的地理圈层区位优势。白银区位熵最大的是羊肉（为1.91），禽蛋区位熵为1.1，白银背靠兰州，与兰州属于同一个农业圈层。天水区位熵最大的是猪肉，禽蛋区位熵也大于1，表明猪肉和禽蛋是天水的优势畜牧产业。平凉的区位熵大于1的只有牛肉，为2.45，牛肉属于平凉在甘肃半干旱地区的竞争优势产业。庆阳的区位熵最大的是牛肉，大于1的还有羊肉，庆阳是牛羊肉的优势产区。定西区位熵大于1的只有猪肉，定西是猪肉的优势产区。临夏区位熵最大的是羊肉，区位熵大于1的畜产品还包括牛奶和牛肉。

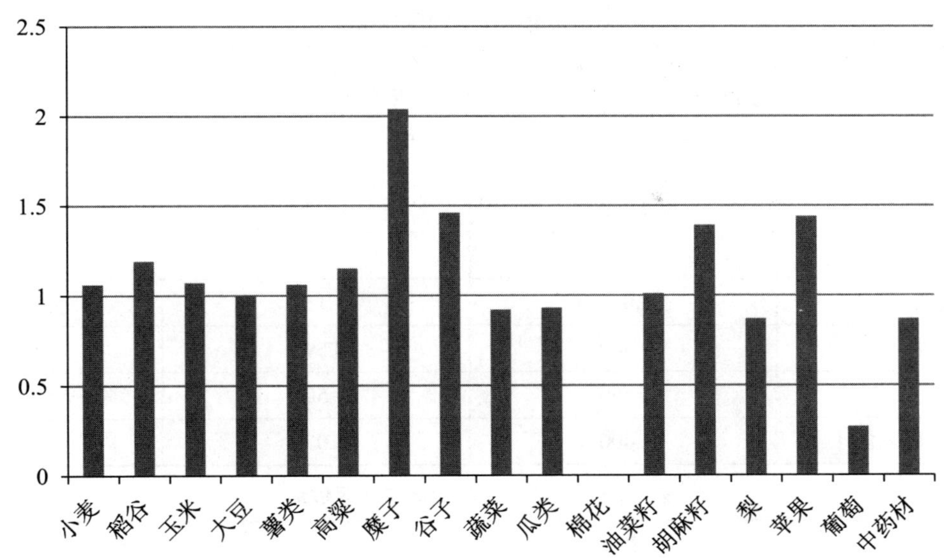

图3-12　2013年甘肃半干旱地区在全国的种植业区位熵分布图

表3-14　2013年甘肃半干旱地区畜牧业各产品区位熵

地区	猪肉	牛肉	羊肉	牛奶	禽蛋
兰州	0.87	0.09	0.65	4.64	2.37
白银	1.04	0.25	1.91	0.82	1.13
天水	1.44	0.74	0.20	0.26	1.18
平凉	0.69	2.45	0.19	0.60	0.66
庆阳	0.74	1.51	1.30	0.43	0.81
定西	1.57	0.41	0.62	0.35	0.73
临夏	0.55	1.17	2.27	1.23	0.58
甘肃半干旱地区	1.08	0.97	0.67	0.56	3.97

数据来源：根据《甘肃农村年鉴（2014）》计算。

（3）林业

在西北半干旱地区范围内，甘肃半干旱地区中区位熵大于1的地区有：白银（1.298）、临夏（1.069），其中白银的区位熵最大，最具有区位优势。在甘肃全省范围内，白银（1.829）、临夏（1.506）、平凉（1.180）、庆阳（1.134）的区位熵大于1，其中白银的区位熵最大，最具有区位优势。在甘肃半干旱地区范围内，白银（1.701）、临夏（1.400）、平凉（1.097）、庆阳（1.055）的区位熵值大于1，其中白银的区位熵最大，最具有区位优势，如表3-15所示。综合来看，在甘肃半干旱地区，白银的林业最具有区位优势，且在西北半干旱地区和甘肃半干旱地区均有区位优势。

（4）渔业

在西北半干旱地区范围内，甘肃半干旱地区中区位熵大于1的地区为临夏（1.046），区位优势不太明显。在甘肃全省范围内，临夏（3.657）、白银（1.497）、兰州（1.459）的区位熵大于1，其中临夏的区位熵最大，区位优势明显。在甘肃半干旱地区内，临夏（3.241）、白银（1.327）、兰州（1.293）的区位熵大于1，其中临夏的区位熵值最大，有区位优势，如表3-16所示。综合来看，临夏的渔业在西北半干旱地区不具有明显优势，但在甘肃半干旱地区区位优势明显。

表3-15　甘肃半干旱地区林业区位熵

地区	甘肃半干旱地区	甘肃省	西北半干旱地区
兰州	0.611	0.657	0.467
白银	1.701	1.829	1.298
天水	0.883	0.950	0.674
平凉	1.097	1.180	0.838
庆阳	1.055	1.134	0.805
定西	0.549	0.590	0.419
临夏	1.400	1.506	1.069
甘肃半干旱地区合计	1.000	1.075	0.763

表3-16　甘肃半干旱地区渔业区位熵

地区	甘肃半干旱地区	甘肃省	西北半干旱地区
兰州	1.293	1.459	0.417
白银	1.327	1.497	0.428
天水	0.541	0.610	0.175
平凉	0.915	1.033	0.295
庆阳	0.431	0.486	0.139
定西	0.874	0.986	0.282
临夏	3.241	3.657	1.046
甘肃半干旱地区	1.000	1.128	0.323

3.2.4　宁夏半干旱地区

(1) 种植业

依据宁夏半干旱地区的种植业产值数据，2013年宁夏半干旱地区的区位熵如表3-17所示。

表3-17　2013年宁夏半干旱地区各作物区位熵

序号	作物	吴忠	固原	中卫	宁夏半干旱地区
1	稻谷	2.3	0	1.02	0.46
2	小麦	1.43	1.4	0.34	0.97
3	玉米	1.67	0.67	0.84	0.97
4	薯类	0.46	1.89	0.55	1.45
5	豆类	0.49	1.93	0.49	1.35
6	油料	1.16	1.21	0.69	1.17
7	胡麻	0.76	1.7	0.53	1.41
8	向日葵	1.43	0.83	0.86	0.96
9	药材	1.2	0.7	1.14	0.88
10	蔬菜	0.88	1.6	0.53	0.84
11	瓜果类	0.79	0.08	1.99	1.23

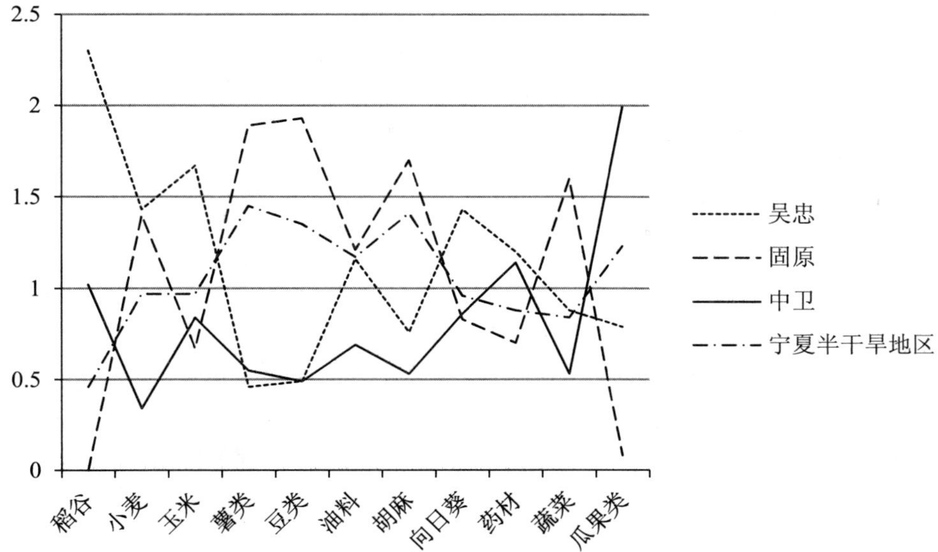

图3-13　2013年宁夏半干旱地区各作物区位熵分布图

从图3-13中可以看出，吴忠稻谷区位熵最大，为2.30，其次是玉米，说明该地区是种植稻谷和玉米的竞争优势产区。固原的豆类区位熵在各作物中最大（为1.93），其次是薯类作物的区位熵（为1.89），固原地处南部山区，更加适合种植豆类和薯类作物，以适应黄土高原山区的独特地理环境。中卫的区位熵最大的为瓜果类，中卫地处引黄灌区，地势平坦，旅游资源丰富，处在腾格里沙漠边缘，既有丰富的水源，又有较好的销售市场，是瓜果类作物的优良产地，所以是瓜果类的竞争优势区；其次是药材类作物，区位熵大于1，具有竞争优势。中药材的规模种植可以充分发挥中卫的特色产业竞争力，提高农业总产值。

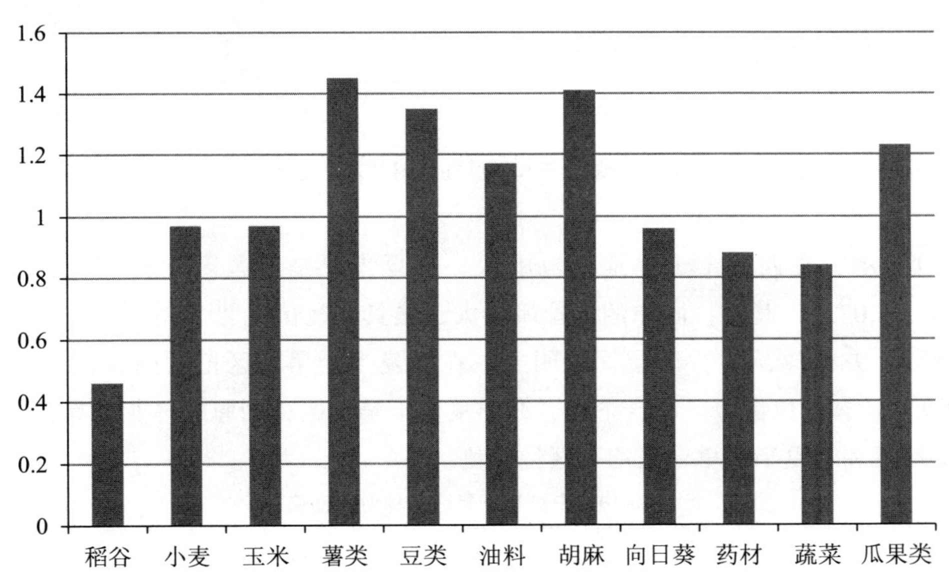

图3-14　2013年宁夏半干旱地区在全国各作物区位熵分布图

如图3-14所示，宁夏半干旱地区在全国具有竞争优势的种植业作物有薯类、胡麻、豆类、瓜果和油料。

（2）畜牧业

2013年，宁夏半干旱地区各畜产品的区位熵结果如表3-18所示，吴忠在宁夏半干旱地区具有竞争优势的是牛奶，固原具有竞争优势的畜产品是牛肉和猪肉，中卫畜产品区位熵最大的是禽蛋，大于1的畜产品还有猪肉。

表3-18　2013年宁夏半干旱地区畜牧业各产品区位熵

地区	猪肉	牛肉	羊肉	牛奶	禽蛋
吴忠	0.58	0.53	1.07	1.75	0.68
固原	1.16	2.30	0.90	0.02	0.43
中卫	1.73	0.63	0.96	0.45	2.30
宁夏半干旱地区	1.06	1.14	1.07	0.80	1.09

数据来源：根据《宁夏统计年鉴(2014)》计算。

如图3-15所示，宁夏半干旱地区的各类畜产品在全国的区位竞争优势不明显，其中牛肉的区位熵最大，为1.14。

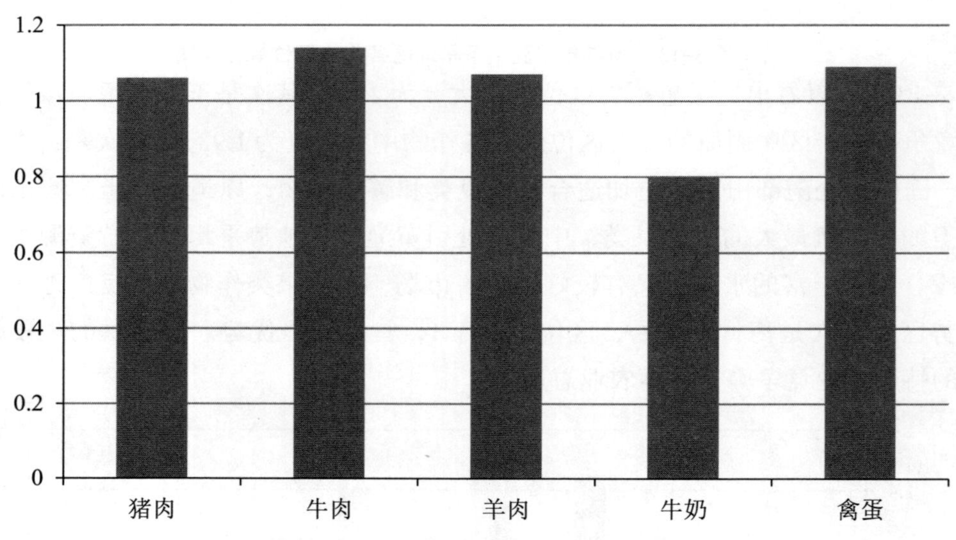

图3-15　2013年宁夏半干旱地区在全国各畜产品区位熵分布图

（3）林业

如表3-19所示，在西北半干旱地区范围内，宁夏半干旱地区区位熵大于1的地区为固原(2.175)、吴忠（1.072），其中，固原的区位熵最大，最具有区位优势。在宁夏全区范围内，只有固原的区位熵（1.988）大于1，区位优势明显。在宁夏半干旱地区范围内，也是固原的区位熵(1.721）大于1，具有区位优势。综合来看，在宁夏半干旱地区，固原的林业最具有区位优势，且在西北半干旱地区和宁夏半干旱地区均有区位优势。

表3-19　宁夏半干旱地区林业区位熵

地区	宁夏半干旱地区	宁夏全区	西北半干旱地区
吴忠	0.848	0.980	1.072
固原	1.721	1.988	2.175
中卫	0.395	0.456	0.499
宁夏半干旱地区	1.000	1.155	1.264

（4）渔业

在西北半干旱地区范围内，宁夏半干旱地区区位熵大于1的地区为中卫（9.826）和吴忠（4.866），其中中卫区位熵值最大，区位优势最明显。在宁夏全区范围内，只有中卫的区位熵大于1（1.066），区位优势并不显著。在宁夏半干旱地区内，中卫（2.568）和吴忠（1.272）的区位熵大于1，其中中卫的区位熵最大，有区位优势，如表3-20所示。综合来看，中卫的渔业在宁夏区区位优势不太明显，但在宁夏半干旱地区具有区位优势，在西北半干旱地区则具有最显著的区位优势。

表3-20　宁夏半干旱地区渔业区位熵

地区	宁夏半干旱地区	宁夏区	西北半干旱地区
吴忠	1.272	0.528	4.866
固原	0.023	0.010	0.088
中卫	2.568	1.066	9.826
宁夏半干旱地区	1.000	0.415	3.826

3.2.5　青海半干旱地区

（1）种植业

依据青海半干旱地区2013年各作物的产值情况，计算出各个市（州）的区位熵，如表3-21所示，西宁区位熵大于1的作物是蔬菜和食用菌，西宁郊区地处省会周边，是蔬菜的优势产区，与前面兰州郊区一样，都存在较好的销售渠道和密集的农业劳动力资源。海东葡萄的区位熵结果最大，为1.84，是葡萄生产的竞争优势区，其次是薯类的区位熵，大于1的作物还包括杂粮作物与梨。海南区位熵最大的是梨，在青海半干旱地区属于梨的竞争优势区，其他有竞争优势的作物还包括苹果、杂粮、小麦和油菜籽。

表3-21　2013年青海半干旱地区各作物区位熵

地区	小麦	杂粮	薯类	油菜籽	蔬菜和食用菌	苹果	梨	葡萄
西宁	0.97	0.39	0.75	0.91	1.32	0.55	0.11	0.03
海东	0.85	1.13	1.28	0.93	0.88	0.92	1.10	1.84
海南	2.12	3.00	0.31	1.87	0.31	3.65	4.48	0.00
青海半干旱地区	0.87	1.20	0.95	0.90	1.08	0.99	1.01	0.96

数据来源：根据《青海统计年鉴（2014）》计算。

青海半干旱地区在全国的种植业作物区位竞争优势不明显，其中区位熵最大的是杂粮（为1.2），如图3-16所示。

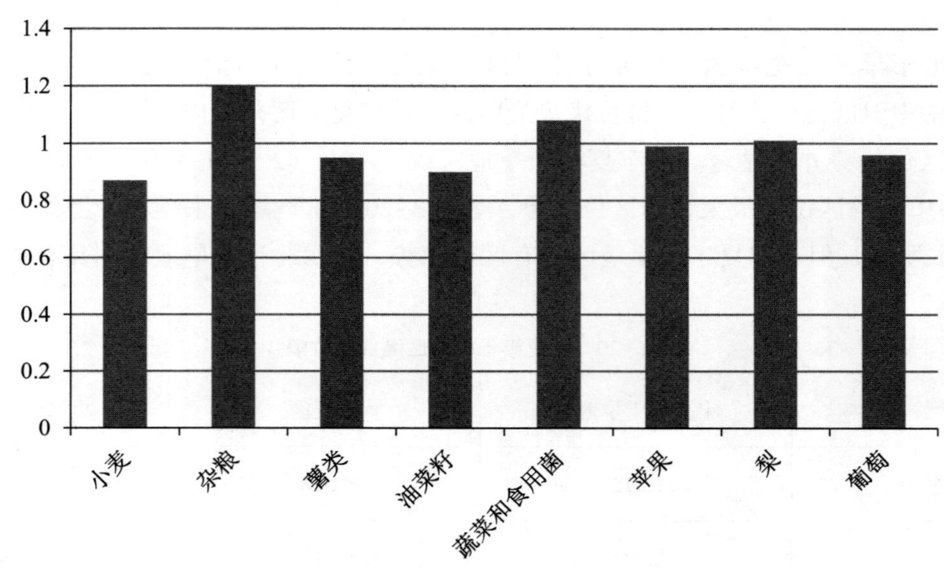

图3-16　2013年青海半干旱地区各作物在全国的区位熵分布图

（2）畜牧业

2013年，西宁在青海半干旱地区具有竞争优势的畜产品包括牛奶、牛肉。海东区位熵最大的是蜂蜜，蜂蜜属于海东的特色产业和优势产业，大于1的畜产品还有猪肉和禽蛋。海南畜产品的区位熵最大的是牛毛绒（为2.30），牛毛绒是该地区特色优势竞争产品，其中区位熵大于1的畜产品还包括羊毛、羊肉、蜂蜜和牛肉，充分体现了藏区的特色优势畜产品，如表3-22所示。

表3-22　2013年青海半干旱地区畜牧业各产品区位熵

地区	猪肉	牛肉	羊肉	牛奶	羊毛	牛毛绒	蜂蜜	禽蛋
西宁	0.97	1.18	0.54	1.71	0.35	0.73	0.00	1.10
海东	1.82	0.60	0.67	0.53	0.85	0.14	1.86	1.68
海南	0.13	1.22	1.95	0.63	1.98	2.30	1.30	0.12
青海半干旱地区	1.53	0.82	0.78	1.27	0.78	0.52	0.03	1.46

数据来源：根据《青海统计年鉴（2014）》计算。

青海半干旱地区在全国的区位熵结果表明，在全国最具竞争优势的是猪肉，其次是禽蛋和牛奶，如图3-17所示。

（3）林业

在西北半干旱地区范围内，青海半干旱地区中区位熵大于1的市（州）只有海南（1.173），具有区位优势。在青海全省范围内，也是海南的区位熵值（1.341）大于1，同样具有区位优势。在青海半干旱地区范围内，也是海南的区位熵值（1.726）大于1，如表3-23所示。综合来看，在青海半干旱地区，海南的林业最具有区位优势，且在西北半干旱地区和青海半干旱地区均具有区位优势。

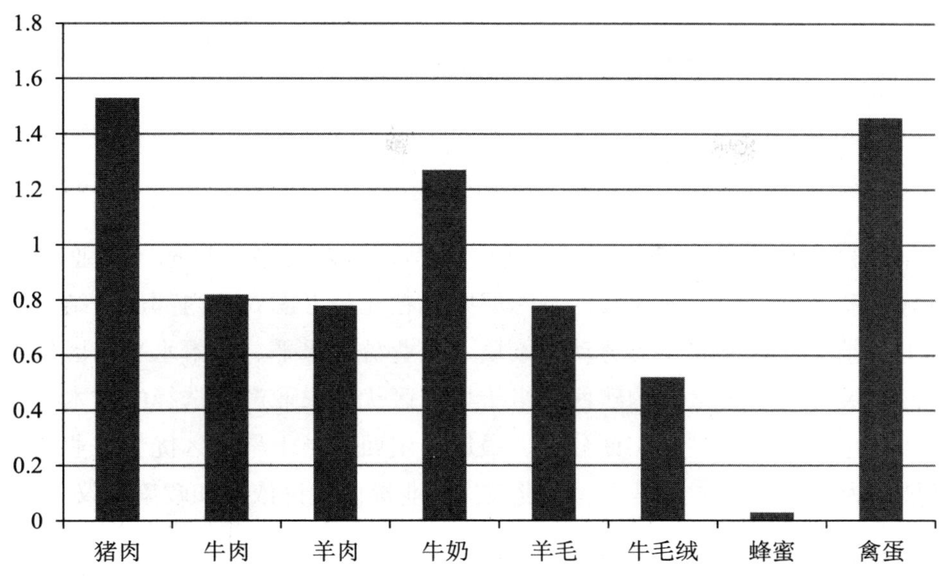

图3-17 2013年青海半干旱地区各畜产品在全国的区位熵分布图

表3-23 青海半干旱地区林业区位熵

地区	青海半干旱地区	青海省	西北半干旱地区
西宁	0.585	0.454	0.398
海东	0.972	0.755	0.661
海南	1.726	1.341	1.173
青海半干旱地区	1.000	0.777	0.680

（4）渔业

在西北半干旱地区范围内，青海半干旱地区中区位熵大于1的市（州）为海南（2.230），区位优势明显。在青海全省范围内，海南的区位熵（3.511）大于1，且区位优势显著。在青海半干旱地区范围内，海南的区位熵（2.637）大于1，有区位优势，如表3-24所示。综合来看，海南的渔业在青海省内、青海半干旱地区内、西北半干旱地区内均有区位优势。

表3-24 青海半干旱地区渔业区位熵

地区	青海半干旱地区	青海省	西北半干旱地区
西宁	0.002	0.003	0.002
海东	0.584	0.777	0.494
海南	2.637	3.511	2.230
青海半干旱地区	0.846	1.331	0.846

3.3 评价优势农业产业选择的思路、标准和方法

3.3.1 总体思路

西北半干旱地区优势农业产业选择的总体思路是，从西北半干旱地区农业产业发展现状出发，坚持市场导向和区域农业产业比较的基本原则，在充分考虑农业内部产业结构的特殊性和相对优势的基础上，结合产业发展中的劳动力素质、产业盈利水平、技术水平、区位条件、资金条件、政策及产业发展环境等要素，构建西北半干旱地区优势农业产业选择的技术标准和方法。在此基础上，运用实地调研数据进行实证分析，最后确定西北半干旱地区优势农业产业的类别，并分析论证其发展潜力，为西北半干旱地区建设现代农业提供理论依据和政策建议。

3.3.2 评价标准

根据以上西北半干旱地区优势农业产业选择的总体思路和原则，本课题认为，西北半干旱地区优势农业产业选择指标体系具体如下：

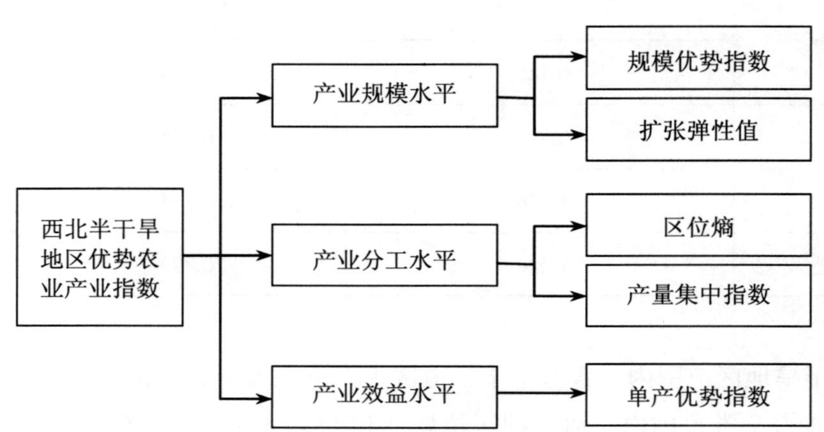

图3-18 西北半干旱地区优势农业产业评价指标体系

根据以上西北半干旱地区优势农业产业选择指标体系，其各个指标的经济含义和计算方法具体如下：

（1）产业规模水平

①规模优势指数

规模优势指数反映一个地区某一作物生产的规模程度，是资源禀赋、市场需求和种植情况的综合体现，是产业比较优势的静态描述。计算公式为：

$$X_{ij}=\frac{S_{ij}/S_i}{S_j/S} \tag{3-1}$$

其中，X_{ij}为 i 地区 j 作物的规模优势指数，S_{ij}为 i 地区 j 作物的播种面积，S_i为 i 地区所研究作物的总播种面积，S_j为指定高一级区域 j 作物的播种面积，S 为指定高一级区域所研究作物总播种面积。X_{ij}大于 1，说明与高一级区域平均水平相比 i 地区该作物生产显示规模优势；X_{ij}小于 1，说

明 i 地区该作物显示规模劣势。X_{ij}值越大，规模优势越明显。

②扩张弹性值

扩张弹性值是衡量产业规模变化的重要动态指标，扩张弹性高说明产业规模扩大有市场前景。计算公式为：

$$X_{ij}=\frac{Y_{tij}/Y_{oij}}{Y_{ti}/Y_{oi}} \tag{3-2}$$

其中，X_{ij}为 i 地区 j 作物的扩张弹性值，Y_{tij}为 i 地区 j 作物的本期产量，Y_{0ij}为 i 地区 j 作物基期产量；Y_{ti}为 i 地区所研究作物本期总产量，Y_{0i}为 i 地区所研究作物基期总产量。X_{ij}大于 1，说明该作物规模呈扩张趋势；X_{ij}等于 1，说明规模未变；X_{ij}小于 1，说明规模呈萎缩趋势。

（2）产业分工水平

①区位熵

区位熵是衡量某一区域要素的空间分布情况，反映某一产业部门的专业化程度以及某一区域在高层次区域的地位和作用。在产业结构研究中，运用区位熵指标主要是分析区域主导专业化部门的状况。所谓熵，就是比率的比率。它是由哈盖特所提出的概念，其反映某一产业部门的专业化程度，以及某一区域在高层次区域的地位和作用。区位熵的计算公式为：

$$LQ_{ij}=\frac{q_{ij}/q_j}{q_i/q} \tag{3-3}$$

在此公式中，LQ_{ij}就是j地区的i产业在全国的区位熵，q_{ij} 为j地区的i产业的相关指标（例如产值、就业人数等）；q_j 为j地区所有产业的相关指标；q_i 指在全国范围内i产业的相关指标；q 为全国所有产业的相关指标。

LQ_{ij}的值越高，地区产业集聚水平就越，一般来说：>1时，我们认为j地区的区域经济在全国来说具有优势；<1时我们认为j地区的区域经济在全国来说具有劣势。区位熵方法简便易行，可在一定程度上反映出地区层面的产业集聚水平。

②产量集中指数

产量集中指数反映产业集中度和地区专业化程度。计算公式为：

$$X_{ij}=\frac{Y_{ij}/P_j}{Y_j/P} \tag{3-4}$$

其中，X_{ij}为 i 地区 j 作物的产量集中指数，Y_{ij}为 i 地区 j 作物的产量，P_i为 i 地区农村人口，Y_j为指定高一级区域 j 作物产量，P 为指定高一级区域农村人口。X_{ij}大于 1，说明该作物比较集中，i 地区生产该作物专业化水平高；X_{ij}小于 1，说明该作物在 i 地区专业化水平较低。

（3）产业效益水平

产业效益水平主要用单产优势指数来衡量。该指标是从生产力角度衡量产业产出效益优势，是资源禀赋、生产投入和科技进步的综合体现。计算公式为：

$$X_{ij}=\frac{AY_{ij}/AY_i}{AY_j/AY} \tag{3-5}$$

其中，X_{ij}为i地区j作物的单产优势指数，AY_{ij}为i地区j作物单位产品净利润，AY_i为i地区所研究作物平均单位产品净利润，AY_j为指定高一级区域j作物单位产品净利润，AY为指定高一级区域所研究作物平均单位产品净利润。X_{ij}大于1，说明与高一级区域平均水平相比，i地区该作物有单产优势；X_{ij}小于1，说明i地区该作物处于单产劣势。X_{ij}值越大，单产优势越明显。

3.3.3 选择方法

（1）指标标准化

在评价指标体系中，由于各指标的单位不同、量纲不同、数量级不同，不便于分析，甚至会影响评价的结果。因此，为统一标准，要对所有的评价指标进行标准化处理，以消除量纲，将其转化成无量纲、无数量级差别的标准分，然后再进行分析评价。此处，考虑到所有评价指标均为正向指标，因此建议采用归一化标准化方法对指标进行标准化处理，具体方法如下：

$$X_i' = \frac{X_i}{\sum_{i=1}^{n} X_i} \tag{3-6}$$

式（3-6）中，X_i'为标准化后的指标数据；X为指标原数据。

（2）确定权重

评价指标体系中各个指标权重的确定用定性评价和定量评价相结合的原则来确定。

①确定定性评价指标权重

运用专家打分法，邀请国内知名专家作为评价专家，采用匿名打分的方法，拟安排3～4轮的专家打分，最后确定出每个具体指标的定性评价权重。具体做法是：邀请西北农林科技大学的25名专家作为打分专家，分3轮进行打分，最后将第3轮的打分结果通过计算每个指标的算术平均值，得出每个指标的定性评价指标权重，具体见图3-19。

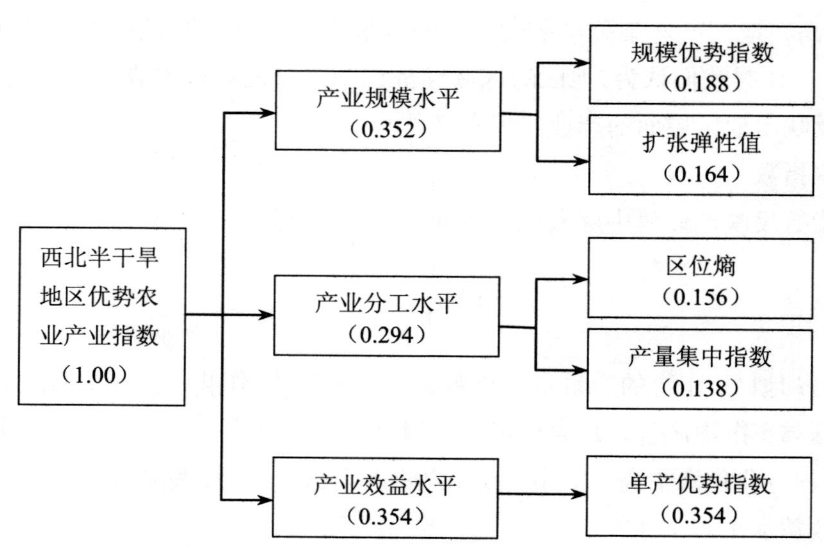

图3-19 西北半干旱地区优势农业产业评价指标定性确定的权重值

②确定定量评价指标权重

拟采用变异系数法来确定指标的权重，其基本思路如下。

变异系数法是一种客观赋权的方法，是直接利用各项指标所包含的信息，通过计算得到指标的权重。此方法的基本做法是：在评价指标体系中，指标取值差异越大的指标，也就是越难以实现的指标，这样的指标更能反映被评价单位的差距。由于评价指标体系中的各项指标的量纲不同，不宜直接比较其差别程度。为了消除各项评价指标的量纲不同的影响，需要用各项指标的变异系数来衡量各项指标取值的差异程度。各项指标的变异系数公式如下：

$$V_i=\frac{\sigma_i}{X_i}\quad (i=1,\ 2,\ \cdots,\ n) \tag{3-7}$$

式中：V_i 是第 i 项指标的变异系数，也称为标准差系数；σ_i 是第 i 项指标的标准差；X_i 是第 i 项指标的平均数。

各项指标的权重为：

$$W_i=\frac{V_i}{\sum_{i=1}^{n}V_i} \tag{3-8}$$

根据研究数据，采用变异系数法确定的定量评价指标权重见图3-20。

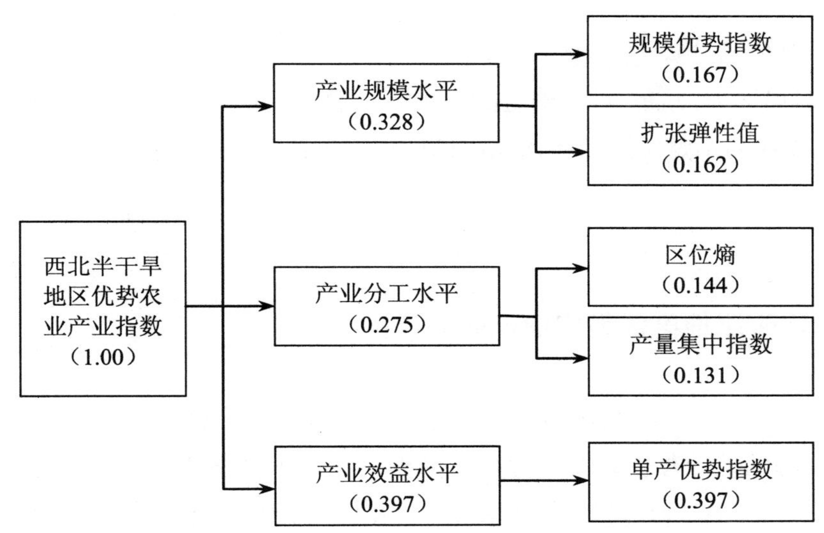

图3-20　西北半干旱地区优势农业产业评价指标定量确定的权重值

③确定定性评价与定量评价结果结构

同样使用专家打分法，具体结果可以在定性评价中同时进行。假设定性评价的结构权重为 α，则定量评价的权重就为 $1-\alpha$。

同时，在确定定性评价指标权重与定量评价指标权重的时候，通过专家3轮打分，确定出了定性指标权重与定量指标权重之间的比例，通过计算第3轮的打分结果的算术平均值，得出定性指标权重与定量指标权重之间的比例关系为0.573和0.427。

④确定综合权重 W_i

$$W_{i综合}=\alpha W_{i定性}+(1-\alpha)W_{i定量} \tag{3-9}$$

经过加权平均法，得出西北半干旱地区优势农业产业评价指标综合权重值见（图3-21）。

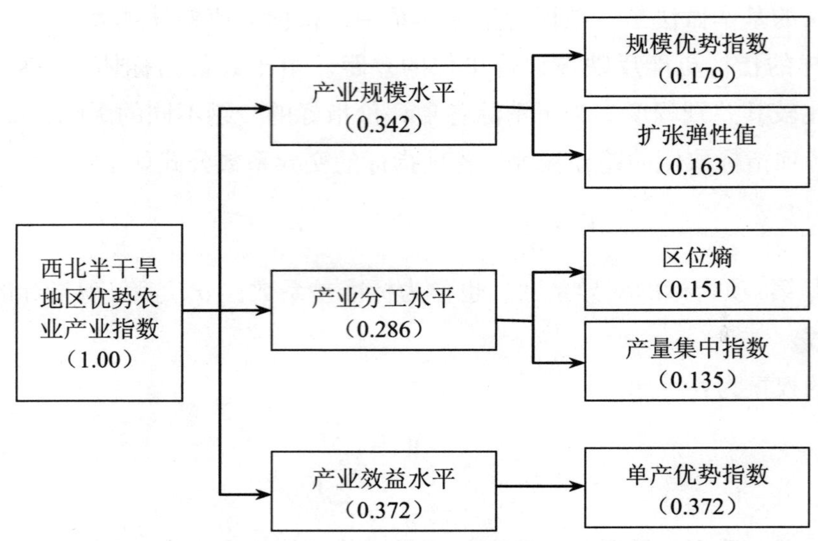

图3-21　西北半干旱地区优势农业产业评价指标综合权重值

（3）评价总分值的计算

根据以上指标标准化后的 X_i' 和确定的权重 W_i综合，就可以确定出农业内部各个产业的评价结果S_i，并发现其存在的不足，进而提出相应的建议。具体方法如下：

$$S_i = \sum_{i=1}^{n} X_i' \times W_{i综合} \quad (3\text{-}10)$$

3.4　西北半干旱地区优势农业产业的选择

根据上述确定的西北半干旱地区优势农业产业选择评价指标体系及其确定方法，结合陕西、甘肃、宁夏和青海的统计数据以及实地调研数据，具体围绕种植业、畜牧业、林业和渔业四大方面，分别测定不同类别农业产业的优势度指数，并根据实证研究结果划定其优质生产区域。

3.4.1　种植业

（1）小麦

西北半干旱地区优势小麦产业指数的测算结果具体见表3-25。

表3-25　西北半干旱地区优势小麦产业指数

序号	地区	产业规模水平			产业分工水平			产业效益水平			综合指数
		指数	权重	小计	指数	权重	小计	指数	权重	小计	
1	陕西半干旱地区										
1.1	西安	0.811	0.342	0.278	0.473	0.286	0.135	0.70784	0.372	0.263	0.676
1.2	铜川	0.259	0.342	0.088	0.151	0.286	0.043	0.225624	0.372	0.084	0.216
1.3	宝鸡	0.862	0.342	0.295	0.503	0.286	0.144	0.75208	0.372	0.280	0.718
1.4	咸阳	0.380	0.342	0.130	0.222	0.286	0.063	0.3318	0.372	0.123	0.317
1.5	渭南	0.964	0.342	0.330	0.562	0.286	0.161	0.84056	0.372	0.313	0.803
1.6	延安	0.015	0.342	0.005	0.009	0.286	0.003	0.013272	0.372	0.005	0.013

续表3-25

序号	地区	产业规模水平			产业分工水平			产业效益水平			综合指数
		指数	权重	小计	指数	权重	小计	指数	权重	小计	
1.7	榆林	0.017	0.342	0.006	0.010	0.286	0.003	0.014655	0.372	0.005	0.014
2	甘肃半干旱地区										
2.1	兰州	0.294	0.342	0.101	0.172	0.286	0.049	0.256889	0.372	0.096	0.245
2.2	白银	0.377	0.342	0.129	0.220	0.286	0.063	0.328667	0.372	0.122	0.314
2.3	天水	0.429	0.342	0.147	0.250	0.286	0.072	0.374	0.372	0.139	0.357
2.4	平凉	0.572	0.342	0.196	0.333	0.286	0.095	0.498667	0.372	0.186	0.476
2.5	庆阳	0.528	0.342	0.181	0.308	0.286	0.088	0.460889	0.372	0.171	0.440
2.6	定西	0.230	0.342	0.078	0.134	0.286	0.038	0.200222	0.372	0.074	0.191
2.7	临夏	0.676	0.342	0.231	0.394	0.286	0.113	0.589334	0.372	0.219	0.563
3	宁夏半干旱地区										
3.1	吴忠	0.649	0.342	0.222	0.379	0.286	0.108	0.566305	0.372	0.211	0.541
3.2	固原	0.636	0.342	0.217	0.371	0.286	0.106	0.554424	0.372	0.206	0.530
3.3	中卫	0.154	0.342	0.053	0.090	0.286	0.026	0.134646	0.372	0.050	0.129
4	青海半干旱地区										
4.1	西宁	0.361	0.342	0.123	0.210	0.286	0.060	0.314669	0.372	0.117	0.301
4.2	海东	0.316	0.342	0.108	0.184	0.286	0.053	0.275741	0.372	0.103	0.263
4.3	海南	0.788	0.342	0.270	0.460	0.286	0.132	0.687731	0.372	0.256	0.657

由表3-25的测算结果可以看出，陕西渭南小麦的综合优势度指数为0.803，为西北半干旱地区最高值，后面依次是陕西的宝鸡和西安、青海的海南，其小麦的综合优势度指数依次为0.718、0.676和0.657。别的区域小麦的综合优势度指数均远远小于这几个地区小麦的综合优势度指数。因此，西北半干旱地区小麦生产的优势区是陕西的渭南、宝鸡和西安以及青海的海南。

（2）大豆

西北半干旱地区优势大豆产业指数的测算结果具体见表3-26。

表3-26　西北半干旱地区优势大豆产业指数

序号	地区	产业规模水平			产业分工水平			产业效益水平			综合指数
		指数	权重	小计	指数	权重	小计	指数	权重	小计	
1	陕西半干旱地区										
1.1	西安	0.251	0.342	0.086	0.235	0.286	0.067	0.201925	0.372	0.075	0.228
1.2	铜川	0.171	0.342	0.059	0.160	0.286	0.046	0.137676	0.372	0.051	0.156
1.3	宝鸡	0.222	0.342	0.076	0.208	0.286	0.060	0.178979	0.372	0.067	0.202
1.4	咸阳	0.043	0.342	0.015	0.040	0.286	0.011	0.034419	0.372	0.013	0.039
1.5	渭南	0.128	0.342	0.044	0.120	0.286	0.034	0.103257	0.372	0.038	0.117
1.6	延安	0.865	0.342	0.296	0.810	0.286	0.232	0.69561	0.372	0.259	0.786
1.7	榆林	0.974	0.342	0.333	0.912	0.286	0.261	0.783225	0.372	0.291	0.885

续表3-26

2	甘肃半干旱地区									
2.1	兰州	0.024	0.342	0.008	0.023	0.286	0.006	0.019436	0.372	0.007	0.022
2.2	白银	0.290	0.342	0.099	0.271	0.286	0.078	0.233228	0.372	0.087	0.264
2.3	天水	0.523	0.342	0.179	0.490	0.286	0.140	0.421105	0.372	0.157	0.476
2.4	平凉	0.370	0.342	0.127	0.347	0.286	0.099	0.298013	0.372	0.111	0.337
2.5	庆阳	0.829	0.342	0.284	0.777	0.286	0.222	0.66729	0.372	0.248	0.754
2.6	定西	0.016	0.342	0.006	0.015	0.286	0.004	0.012957	0.372	0.005	0.015
2.7	临夏	0.024	0.342	0.008	0.023	0.286	0.006	0.019436	0.372	0.007	0.022
3	宁夏半干旱地区										
3.1	吴忠	0.208	0.342	0.071	0.195	0.286	0.056	0.167618	0.372	0.062	0.189
3.2	固原	0.821	0.342	0.281	0.768	0.286	0.220	0.66021	0.372	0.246	0.746
3.3	中卫	0.208	0.342	0.071	0.195	0.286	0.056	0.167618	0.372	0.062	0.189
4	青海半干旱地区										
4.1	西宁	0	0.342	0	0	0.286	0	0	0.372	0.000	0
4.2	海东	0	0.342	0	0	0.286	0	0	0.372	0.000	0
4.3	海南	0	0.342	0	0	0.286	0	0	0.372	0.000	0

由表3-26的测算结果可以看出，榆林大豆的综合优势度指数为0.885，为西北半干旱地区最高值，后面依次是陕西的延安、甘肃的庆阳和宁夏的固原，其大豆的综合优势度指数依次为0.786、0.754和0.746。别的区域大豆的综合优势度指数均远远小于这几个地区大豆的综合优势度指数。因此，西北半干旱地区大豆生产的优势区是陕西的榆林和延安、甘肃的庆阳和宁夏的固原。

（3）油菜籽

西北半干旱地区优势油菜籽产业指数的测算结果具体见表3-27。

表3-27　西北半干旱地区优势油菜籽产业指数

序号	地区	产业规模水平			产业分工水平			产业效益水平			综合指数
		指数	权重	小计	指数	权重	小计	指数	权重	小计	
1	陕西半干旱地区										
1.1	西安	0.307	0.342	0.105	0.253	0.286	0.072	0.184	0.372	0.068	0.246
1.2	铜川	0.994	0.342	0.340	0.819	0.286	0.234	0.594	0.372	0.221	0.795
1.3	宝鸡	0.711	0.342	0.243	0.585	0.286	0.167	0.425	0.372	0.158	0.568
1.4	咸阳	0.504	0.342	0.172	0.415	0.286	0.119	0.301	0.372	0.112	0.403
1.5	渭南	0.658	0.342	0.225	0.542	0.286	0.155	0.393	0.372	0.146	0.526
1.6	延安	0.130	0.342	0.044	0.107	0.286	0.031	0.077	0.372	0.029	0.104
1.7	榆林	0.000	0.342	0.000	0.000	0.286	0.000	0.000	0.372	0.000	0.000
2	甘肃半干旱地区										
2.1	兰州	0.042	0.342	0.014	0.034	0.286	0.010	0.025	0.372	0.009	0.033
2.2	白银	0.008	0.342	0.003	0.007	0.286	0.002	0.005	0.372	0.002	0.006

续表3-27

2.3	天水	0.810	0.342	0.277	0.667	0.286	0.191	0.484	0.372	0.180	0.648
2.4	平凉	0.127	0.342	0.043	0.105	0.286	0.030	0.076	0.372	0.028	0.101
2.5	庆阳	0.783	0.342	0.268	0.645	0.286	0.184	0.468	0.372	0.174	0.626
2.6	定西	0.057	0.342	0.020	0.047	0.286	0.014	0.034	0.372	0.013	0.046
2.7	临夏	0.928	0.342	0.317	0.764	0.286	0.219	0.554	0.372	0.206	0.742
3	宁夏半干旱地区										
3.1	吴忠	0.525	0.342	0.180	0.432	0.286	0.124	0.314	0.372	0.117	0.420
3.2	固原	0.548	0.342	0.187	0.451	0.286	0.129	0.327	0.372	0.122	0.438
3.3	中卫	0.312	0.342	0.107	0.257	0.286	0.074	0.187	0.372	0.069	0.250
4	青海半干旱地区										
4.1	西宁	0.333	0.342	0.114	0.275	0.286	0.079	0.199	0.372	0.074	0.267
4.2	海东	0.341	0.342	0.117	0.281	0.286	0.080	0.204	0.372	0.076	0.273
4.3	海南	0.685	0.342	0.234	0.564	0.286	0.161	0.409	0.372	0.152	0.548

由表3-27的测算结果可以看出，陕西铜川油菜籽的综合优势度指数为0.795，为西北半干旱地区最高值，后面依次为临夏、天水、庆阳、宝鸡、海南、渭南，其油菜籽的综合优势度指数依次为0.742、0.648、0.626、0.568、0.548、0.526。别的区域油菜籽的综合优势度指数均远远小于这几个地区油菜籽的综合优势度指数。因此，西北半干旱地区油菜籽生产的优势区是陕西的铜川、宝鸡市和渭南，甘肃的临夏、天水和庆阳，青海的海南。

（4）棉花

西北半干旱地区优势棉花产业指数的测算结果具体见表3-28。

表3-28 西北半干旱地区优势棉花产业指数

序号	地区	产业规模水平			产业分工水平			产业效益水平			综合指数
		指数	权重	小计	指数	权重	小计	指数	权重	小计	
1	陕西半干旱地区										
1.1	西安	0.070	0.342	0.024	0.053	0.286	0.015	0.068	0.372	0.025	0.064
1.2	铜川	0	0.342	0	0	0.286	0	0	0.372	0.000	0.000
1.3	宝鸡	0.004	0.342	0.001	0.003	0.286	0.001	0.004	0.372	0.001	0.004
1.4	咸阳	0.002	0.342	0.001	0.002	0.286	0.000	0.002	0.372	0.001	0.002
1.5	渭南	0.891	0.342	0.305	0.675	0.286	0.193	0.859	0.372	0.319	0.817
1.6	延安	0.023	0.342	0.008	0.017	0.286	0.005	0.022	0.372	0.008	0.021
1.7	榆林	0.010	0.342	0.004	0.008	0.286	0.002	0.010	0.372	0.004	0.009
2	甘肃半干旱地区										
2.1	兰州	0	0.342	0.000	0	0.286	0	0	0.372	0	0
2.2	白银	0.711	0.342	0.243	0.539	0.286	0.154	0.685	0.372	0.255	0.652
2.3	天水	0	0.342	0	0	0.286	0	0	0.372	0	0
2.4	平凉	0	0.342	0	0	0.286	0	0	0.372	0	0

续表3-28

2.5	庆阳	0	0.342	0	0	0.286	0	0	0.372	0	0
2.6	定西	0	0.342	0	0	0.286	0	0	0.372	0	0
2.7	临夏州	0	0.342	0	0	0.286	0	0	0.372	0	0

在西北半干旱地区，主要有陕西半干旱地区和甘肃半干旱地区生产棉花。由表3-28的测算结果可以看出，陕西渭南棉花的综合优势度指数为0.817，为西北半干旱地区最高值，后面是甘肃的白银，其棉花的综合优势度指数为0.652，别的区域棉花的综合优势度指数均远远小于这几个地区棉花的综合优势度指数。因此，西北半干旱地区棉花生产的优势区是陕西渭南和甘肃白银。

（5）蔬菜

在西北半干旱地区，主要有陕西半干旱地区、甘肃半干旱地区和宁夏半干旱地区生产蔬菜。西北半干旱地区优势蔬菜产业指数的测算结果具体见表3-29。

表3-29　西北半干旱地区优势蔬菜产业指数

序号	地区	产业规模水平			产业分工水平			产业效益水平			综合指数
		指数	权重	小计	指数	权重	小计	指数	权重	小计	
1	陕西半干旱地区										
1.1	西安	0.820	0.342	0.280	0.824	0.286	0.236	0.723	0.372	0.269	0.785
1.2	铜川	0.093	0.342	0.032	0.093	0.286	0.027	0.082	0.372	0.030	0.089
1.3	宝鸡	0.270	0.342	0.092	0.271	0.286	0.078	0.238	0.372	0.089	0.258
1.4	咸阳	0.246	0.342	0.084	0.247	0.286	0.071	0.217	0.372	0.081	0.236
1.5	渭南	0.222	0.342	0.076	0.223	0.286	0.064	0.196	0.372	0.073	0.213
1.6	延安	0.164	0.342	0.056	0.165	0.286	0.047	0.145	0.372	0.054	0.157
1.7	榆林	0.365	0.342	0.125	0.367	0.286	0.105	0.322	0.372	0.120	0.350
2	甘肃半干旱地区										
2.1	兰州	0.861	0.342	0.295	0.866	0.286	0.248	0.760	0.372	0.283	0.825
2.2	白银	0.572	0.342	0.196	0.575	0.286	0.164	0.504	0.372	0.188	0.548
2.3	天水	0.444	0.342	0.152	0.446	0.286	0.128	0.392	0.372	0.146	0.425
2.4	平凉	0.290	0.342	0.099	0.291	0.286	0.083	0.256	0.372	0.095	0.277
2.5	庆阳	0.188	0.342	0.064	0.189	0.286	0.054	0.166	0.372	0.062	0.180
2.6	定西	0.162	0.342	0.055	0.163	0.286	0.047	0.143	0.372	0.053	0.155
2.7	临夏	0.248	0.342	0.085	0.250	0.286	0.071	0.219	0.372	0.081	0.238
3	宁夏半干旱地区										
3.1	吴忠	0.186	0.342	0.064	0.187	0.286	0.054	0.164	0.372	0.061	0.178
3.2	固原	0.339	0.342	0.116	0.340	0.286	0.097	0.299	0.372	0.111	0.324
3.3	中卫	0.112	0.342	0.038	0.113	0.286	0.032	0.099	0.372	0.037	0.107

由表3-29的测算结果可以看出，甘肃兰州蔬菜的综合优势度指数为0.825，为西北半干旱地区最高值，后面是陕西西安，其蔬菜的综合优势度指数为0.785，别的区域蔬菜的综合优势度指数均远远小于这几个地区蔬菜的综合优势度指数。因此，西北半干旱地区蔬菜生产的优势区是甘肃

兰州和陕西西安。

（6）苹果

在西北半干旱地区，陕西半干旱地区、甘肃半干旱地区、青海半干旱地区和宁夏半干旱地区均生产苹果。西北半干旱地区优势苹果产业指数的测算结果具体见表3-30。

表3-30　西北半干旱地区优势苹果产业指数

序号	地区	产业规模水平			产业分工水平			产业效益水平			综合指数
		指数	权重	小计	指数	权重	小计	指数	权重	小计	
1	陕西半干旱地区										
1.1	西安	0.012	0.342	0.004	0.009	0.286	0.002	0.009	0.372	0.003	0.010
1.2	铜川	0.985	0.342	0.337	0.731	0.286	0.209	0.777	0.372	0.289	0.835
1.3	宝鸡	0.357	0.342	0.122	0.265	0.286	0.076	0.282	0.372	0.105	0.303
1.4	咸阳	0.743	0.342	0.254	0.551	0.286	0.158	0.586	0.372	0.218	0.630
1.5	渭南	0.496	0.342	0.169	0.367	0.286	0.105	0.391	0.372	0.145	0.420
1.6	延安	0.998	0.342	0.341	0.740	0.286	0.212	0.787	0.372	0.293	0.846
1.7	榆林	0.219	0.342	0.075	0.162	0.286	0.046	0.173	0.372	0.064	0.186
2	甘肃半干旱地区										
2.1	兰州	0.075	0.342	0.026	0.056	0.286	0.016	0.059	0.372	0.022	0.064
2.2	白银	0.116	0.342	0.040	0.086	0.286	0.025	0.091	0.372	0.034	0.098
2.3	天水	0.857	0.342	0.293	0.635	0.286	0.182	0.676	0.372	0.251	0.726
2.4	平凉	0.890	0.342	0.304	0.660	0.286	0.189	0.702	0.372	0.261	0.754
2.5	庆阳	0.342	0.342	0.117	0.253	0.286	0.072	0.270	0.372	0.100	0.290
2.6	定西	0.019	0.342	0.006	0.014	0.286	0.004	0.015	0.372	0.006	0.016
2.7	临夏	0.038	0.342	0.013	0.028	0.286	0.008	0.030	0.372	0.011	0.032
3	宁夏半干旱地区										
3.1	吴忠	0.167	0.342	0.057	0.124	0.286	0.035	0.132	0.372	0.049	0.142
3.2	固原	0.017	0.342	0.006	0.013	0.286	0.004	0.013	0.372	0.005	0.014
3.3	中卫	0.422	0.342	0.144	0.313	0.286	0.089	0.332	0.372	0.124	0.357
4	青海半干旱地区										
4.1	西宁	0.002	0.342	0.001	0.002	0.286	0.000	0.002	0.372	0.001	0.002
4.2	海东	0.004	0.342	0.001	0.003	0.286	0.001	0.003	0.372	0.001	0.003
4.3	海南	0.830	0.342	0.284	0.615	0.286	0.176	0.654	0.372	0.243	0.703

由表3-30的测算结果可以看出：陕西延安、铜川和咸阳苹果的综合优势度指数均较高，分别为0.846、0.835和0.630；甘肃平凉和天水的苹果综合优势度指数也较高，分别为0.754和0.726；此外，青海海南的苹果综合优势度指数也较高，为0.703。因此，西北半干旱地区苹果生产的优势区是陕西的延安、铜川和咸阳，甘肃的平凉和天水以及青海的海南。

（7）梨

在西北半干旱地区，陕西半干旱地区、甘肃半干旱地区、青海半干旱地区和宁夏半干旱地区均生产梨。西北半干旱地区优势梨产业指数的测算结果具体见表3-31。

表3-31　西北半干旱地区优势梨产业指数

序号	地区	产业规模水平			产业分工水平			产业效益水平			综合指数
		指数	权重	小计	指数	权重	小计	指数	权重	小计	
1	陕西半干旱地区										
1.1	西安	0.187	0.342	0.064	0.132	0.286	0.038	0.189	0.372	0.070	0.172
1.2	铜川	0.004	0.342	0.001	0.003	0.286	0.001	0.004	0.372	0.001	0.003
1.3	宝鸡	0.030	0.342	0.010	0.021	0.286	0.006	0.030	0.372	0.011	0.027
1.4	咸阳	0.392	0.342	0.134	0.277	0.286	0.079	0.396	0.372	0.147	0.361
1.5	渭南	0.892	0.342	0.305	0.631	0.286	0.180	0.902	0.372	0.335	0.821
1.6	延安	0.082	0.342	0.028	0.058	0.286	0.017	0.083	0.372	0.031	0.076
1.7	榆林	0.220	0.342	0.075	0.156	0.286	0.045	0.223	0.372	0.083	0.203
2	甘肃半干旱地区										
2.1	兰州	0.211	0.342	0.072	0.149	0.286	0.043	0.214	0.372	0.079	0.194
2.2	白银	0.764	0.342	0.261	0.540	0.286	0.154	0.772	0.372	0.287	0.703
2.3	天水	0.211	0.342	0.072	0.149	0.286	0.043	0.214	0.372	0.079	0.194
2.4	平凉	0.122	0.342	0.042	0.086	0.286	0.025	0.123	0.372	0.046	0.112
2.5	庆阳	0.024	0.342	0.008	0.017	0.286	0.005	0.025	0.372	0.009	0.022
2.6	定西	0.120	0.342	0.041	0.085	0.286	0.024	0.121	0.372	0.045	0.110
2.7	临夏	0.842	0.342	0.288	0.595	0.286	0.170	0.851	0.372	0.317	0.775
3	宁夏半干旱地区										
3.1	吴忠	0.204	0.342	0.070	0.144	0.286	0.041	0.206	0.372	0.077	0.188
3.2	固原	0.021	0.342	0.007	0.015	0.286	0.004	0.021	0.372	0.008	0.019
3.3	中卫	0.514	0.342	0.176	0.363	0.286	0.104	0.519	0.372	0.193	0.472
4	青海半干旱地区										
4.1	西宁	0.000	0.342	0.000	0.000	0.286	0.000	0.000	0.372	0.000	0.000
4.2	海东	0.003	0.342	0.001	0.002	0.286	0.001	0.003	0.372	0.001	0.003
4.3	海南	0.012	0.342	0.004	0.009	0.286	0.002	0.012	0.372	0.005	0.011

由表3-31的测算结果可以看出：陕西渭南梨的综合优势度指数最高，为0.821；甘肃的临夏和白银梨的综合优势度指数也较高，分别为0.775和0.703。别的区域梨的综合优势度指数均远远小于这几个地区梨的综合优势度指数。因此，西北半干旱地区梨生产的优势区是陕西渭南、甘肃临夏和白银。

（8）葡萄

在西北半干旱地区，陕西半干旱地区、甘肃半干旱地区、青海半干旱地区和宁夏半干旱地区均生产葡萄。西北半干旱地区优势葡萄产业指数的测算结果具体见表3-32。

表3-32 西北半干旱地区优势葡萄产业指数

序号	地区	产业规模水平			产业分工水平			产业效益水平			综合指数
		指数	权重	小计	指数	权重	小计	指数	权重	小计	
1	陕西半干旱地区										
1.1	西安	0.919	0.342	0.314	0.648	0.286	0.185	0.856	0.372	0.319	0.818
1.2	铜川	0.016	0.342	0.005	0.011	0.286	0.003	0.015	0.372	0.005	0.014
1.3	宝鸡	0.422	0.342	0.144	0.298	0.286	0.085	0.394	0.372	0.146	0.376
1.4	咸阳	0.570	0.342	0.195	0.402	0.286	0.115	0.532	0.372	0.198	0.508
1.5	渭南	0.813	0.342	0.278	0.573	0.286	0.164	0.758	0.372	0.282	0.724
1.6	延安	0.042	0.342	0.014	0.030	0.286	0.009	0.039	0.372	0.015	0.038
1.7	榆林	0.195	0.342	0.067	0.138	0.286	0.039	0.182	0.372	0.068	0.174
2	甘肃半干旱地区										
2.1	兰州	0.259	0.342	0.088	0.182	0.286	0.052	0.241	0.372	0.090	0.230
2.2	白银	0.020	0.342	0.007	0.014	0.286	0.004	0.019	0.372	0.007	0.018
2.3	天水	0.867	0.342	0.297	0.612	0.286	0.175	0.808	0.372	0.301	0.772
2.4	平凉	0.014	0.342	0.005	0.010	0.286	0.003	0.013	0.372	0.005	0.013
2.5	庆阳	0.124	0.342	0.042	0.087	0.286	0.025	0.115	0.372	0.043	0.110
2.6	定西	0.003	0.342	0.001	0.002	0.286	0.001	0.003	0.372	0.001	0.003
2.7	临夏	0.011	0.342	0.004	0.008	0.286	0.002	0.011	0.372	0.004	0.010
3	宁夏半干旱地区										
3.1	吴忠	0.153	0.342	0.052	0.108	0.286	0.031	0.143	0.372	0.053	0.137
3.2	固原	0.016	0.342	0.005	0.011	0.286	0.003	0.014	0.372	0.005	0.014
3.3	中卫	0.386	0.342	0.132	0.272	0.286	0.078	0.360	0.372	0.134	0.344
4	青海半干旱地区										
4.1	西宁	0.012	0.342	0.004	0.008	0.286	0.002	0.011	0.372	0.004	0.010
4.2	海东	0.714	0.342	0.244	0.504	0.286	0.144	0.666	0.372	0.248	0.636
4.3	海南	0.000	0.342	0.000	0.000	0.286	0.000	0.000	0.372	0.000	0.000

由表3-32的测算结果可以看出：陕西西安和渭南葡萄的综合优势度指数均较高，分别为0.818和0.724；甘肃天水葡萄的综合优势度指数也较高，为0.772。别的区域葡萄的综合优势度指数均远远小于这几个地区葡萄的综合优势度指数。因此，西北半干旱地区葡萄的优势区是陕西西安和渭南、甘肃天水。

（9）薯类（土豆）

在西北半干旱地区，薯类（土豆）的生产主要集中在甘肃半干旱地区、青海半干旱地区和宁夏半干旱地区。西北半干旱地区优势薯类（土豆）产业指数的测算结果具体见表3-33。

表3-33　西北半干旱地区优势薯类产业指数

序号	地区	产业规模水平			产业分工水平			产业效益水平			综合指数
		指数	权重	小计	指数	权重	小计	指数	权重	小计	
1	甘肃半干旱地区										
1.1	兰州	0.189	0.342	0.065	0.128	0.286	0.037	0.182	0.372	0.068	0.169
1.2	白银	0.340	0.342	0.116	0.231	0.286	0.066	0.327	0.372	0.122	0.304
1.3	天水	0.249	0.342	0.085	0.169	0.286	0.048	0.239	0.372	0.089	0.222
1.4	平凉	0.211	0.342	0.072	0.143	0.286	0.041	0.202	0.372	0.075	0.188
1.5	庆阳	0.147	0.342	0.050	0.100	0.286	0.029	0.141	0.372	0.053	0.132
1.6	定西	0.923	0.342	0.316	0.625	0.286	0.179	0.886	0.372	0.330	0.824
1.7	临夏	0.790	0.342	0.270	0.535	0.286	0.153	0.758	0.372	0.282	0.705
2	宁夏半干旱地区										
2.1	吴忠	0.161	0.342	0.055	0.109	0.286	0.031	0.155	0.372	0.058	0.144
2.2	固原	0.832	0.342	0.285	0.564	0.286	0.161	0.799	0.372	0.297	0.743
2.3	中卫	0.193	0.342	0.066	0.131	0.286	0.037	0.185	0.372	0.069	0.172
3	青海半干旱地区										
3.1	西宁	0.263	0.342	0.090	0.178	0.286	0.051	0.253	0.372	0.094	0.235
3.2	海东	0.769	0.342	0.263	0.521	0.286	0.149	0.738	0.372	0.275	0.687
3.3	海南	0.109	0.342	0.037	0.074	0.286	0.021	0.104	0.372	0.039	0.097

由表3-33的测算结果可以看出：甘肃定西薯类（土豆）的综合优势度指数最高，为0.824；宁夏固原和青海海东薯类（土豆）的综合优势度指数也较高，分别为0.743和0.687。别的区域薯类（土豆）的综合优势度指数均远远小于这几个地区薯类（土豆）的综合优势度指数。因此，西北半干旱地区薯类（土豆）生产的优势区是甘肃定西、宁夏固原和青海海东。

此外，由于种植业布局的区域特点，在省域内部，也有一些具有相对比较优势的产业，具体如下：

第一，花生。在西北半干旱地区，仅有陕西半干旱地区种植花生。西北半干旱地区优势花生产业指数的测算结果具体见表3-34。

表3-34　西北半干旱地区优势花生产业指数

序号	地区	产业规模水平			产业分工水平			产业效益水平			综合指数
		指数	权重	小计	指数	权重	小计	指数	权重	小计	
1	陕西半干旱地区										
1.1	西安	0.006	0.342	0.002	0.005	0.286	0.001	0.007	0.372	0.002	0.006
1.2	铜川	0.000	0.342	0.000	0.000	0.286	0.000	0.000	0.372	0.000	0.000
1.3	宝鸡	0.001	0.342	0.000	0.001	0.286	0.000	0.001	0.372	0.000	0.001
1.4	咸阳	0.002	0.342	0.001	0.001	0.286	0.000	0.002	0.372	0.001	0.002
1.5	渭南	0.174	0.342	0.060	0.158	0.286	0.045	0.206	0.372	0.077	0.181
1.6	延安	0.047	0.342	0.016	0.042	0.286	0.012	0.055	0.372	0.021	0.049
1.7	榆林	0.809	0.342	0.277	0.735	0.286	0.210	0.957	0.372	0.356	0.843

由表3-34的测算结果可以看出，陕西榆林花生的综合优势度指数为0.843，为陕西半干旱地区最高值，别的区域花生的综合优势度指数均远远小于该地区花生的综合优势度指数。因此，西北半干旱地区花生生产的优势区是陕西榆林。

第二，桃。生产优势区主要布局在陕西的西安和渭南，甘肃的天水。

第三，猕猴桃和石榴。生产优势区主要布局在陕西的西安和宝鸡。

第四，胡麻籽。生产优势区主要布局在宁夏的固原，甘肃的平凉和庆阳。

3.4.2 畜牧业

（1）猪肉

在西北半干旱地区，猪肉生产在陕西、甘肃、青海和宁夏四省（区）均有分布。西北半干旱地区优势猪肉产业指数的测算结果具体见表3-35。

由表3-35的测算结果可以看出：陕西的延安和渭南猪肉生产的综合优势度指数较高，分别为0.847和0.743；甘肃定西和天水猪肉生产的综合优势度指数也较高，分别为0.858和0.787；青海海东猪肉生产的综合优势度指数为0.642。别的区域猪肉生产的综合优势度指数均远远小于这几个地区猪肉生产的综合优势度指数。因此，西北半干旱地区猪肉生产的优势区是陕西的延安和渭南、甘肃定西和天水、青海海东。

表3-35 西北半干旱地区优势猪肉产业指数

序号	地区	产业规模水平			产业分工水平			产业效益水平			综合指数
		指数	权重	小计	指数	权重	小计	指数	权重	小计	
1	陕西半干旱地区										
1.1	西安	0.546	0.342	0.187	0.451	0.286	0.129	0.477	0.372	0.178	0.493
1.2	铜川	0.398	0.342	0.136	0.329	0.286	0.094	0.348	0.372	0.129	0.360
1.3	宝鸡	0.527	0.342	0.180	0.435	0.286	0.124	0.460	0.372	0.171	0.476
1.4	咸阳	0.623	0.342	0.213	0.514	0.286	0.147	0.545	0.372	0.203	0.563
1.5	渭南	0.822	0.342	0.281	0.679	0.286	0.194	0.719	0.372	0.267	0.743
1.6	延安	0.938	0.342	0.321	0.774	0.286	0.221	0.820	0.372	0.305	0.847
1.7	榆林	0.636	0.342	0.217	0.525	0.286	0.150	0.556	0.372	0.207	0.574
2	甘肃半干旱地区										
2.1	兰州	0.526	0.342	0.180	0.434	0.286	0.124	0.460	0.372	0.171	0.475
2.2	白银	0.629	0.342	0.215	0.519	0.286	0.149	0.550	0.372	0.205	0.568
2.3	天水	0.871	0.342	0.298	0.719	0.286	0.206	0.761	0.372	0.283	0.787
2.4	平凉	0.417	0.342	0.143	0.345	0.286	0.099	0.365	0.372	0.136	0.377
2.5	庆阳	0.448	0.342	0.153	0.369	0.286	0.106	0.391	0.372	0.146	0.404
2.6	定西	0.949	0.342	0.325	0.784	0.286	0.224	0.830	0.372	0.309	0.858
2.7	临夏	0.333	0.342	0.114	0.275	0.286	0.079	0.291	0.372	0.108	0.300
3	宁夏半干旱地区										
3.1	吴忠	0.093	0.342	0.032	0.077	0.286	0.022	0.081	0.372	0.030	0.084
3.2	固原	0.186	0.342	0.064	0.154	0.286	0.044	0.163	0.372	0.061	0.168

续表3-35

序号	地区	产业规模水平			产业分工水平			产业效益水平			综合指数
		指数	权重	小计	指数	权重	小计	指数	权重	小计	
3.3	中卫	0.278	0.342	0.095	0.229	0.286	0.066	0.243	0.372	0.090	0.251
4	青海半干旱地区										
4.1	西宁	0.379	0.342	0.130	0.313	0.286	0.089	0.331	0.372	0.123	0.342
4.2	海东	0.711	0.342	0.243	0.587	0.286	0.168	0.622	0.372	0.231	0.642
4.3	海南	0.051	0.342	0.017	0.042	0.286	0.012	0.044	0.372	0.017	0.046

（2）牛肉

在西北半干旱地区，牛肉生产在陕西半干旱地区、甘肃半干旱地区、青海半干旱地区和宁夏半干旱地区均有分布。西北半干旱地区优势牛肉产业指数的测算结果具体见表3-36。

表3-36　西北半干旱地区优势牛肉产业指数

序号	地区	产业规模水平			产业分工水平			产业效益水平			综合指数
		指数	权重	小计	指数	权重	小计	指数	权重	小计	
1	陕西半干旱地区										
1.1	西安	0.112	0.342	0.038	0.087	0.286	0.025	0.103	0.372	0.038	0.101
1.2	铜川	0.483	0.342	0.165	0.375	0.286	0.107	0.444	0.372	0.165	0.438
1.3	宝鸡	0.291	0.342	0.100	0.226	0.286	0.065	0.268	0.372	0.100	0.264
1.4	咸阳	0.110	0.342	0.038	0.086	0.286	0.024	0.102	0.372	0.038	0.100
1.5	渭南	0.118	0.342	0.040	0.092	0.286	0.026	0.109	0.372	0.040	0.107
1.6	延安	0.222	0.342	0.076	0.172	0.286	0.049	0.204	0.372	0.076	0.201
1.7	榆林	0.066	0.342	0.023	0.051	0.286	0.015	0.061	0.372	0.023	0.060
2	甘肃半干旱地区										
2.1	兰州	0.033	0.342	0.011	0.026	0.286	0.007	0.031	0.372	0.011	0.030
2.2	白银	0.093	0.342	0.032	0.072	0.286	0.021	0.085	0.372	0.032	0.084
2.3	天水	0.275	0.342	0.094	0.213	0.286	0.061	0.253	0.372	0.094	0.249
2.4	平凉	0.910	0.342	0.311	0.705	0.286	0.202	0.836	0.372	0.311	0.824
2.5	庆阳	0.561	0.342	0.192	0.435	0.286	0.124	0.516	0.372	0.192	0.508
2.6	定西	0.152	0.342	0.052	0.118	0.286	0.034	0.140	0.372	0.052	0.138
2.7	临夏	0.434	0.342	0.149	0.337	0.286	0.096	0.399	0.372	0.149	0.393
3	宁夏半干旱地区										
3.1	吴忠	0.217	0.342	0.074	0.168	0.286	0.048	0.199	0.372	0.074	0.196
3.2	固原	0.941	0.342	0.322	0.729	0.286	0.209	0.865	0.372	0.322	0.852
3.3	中卫	0.258	0.342	0.088	0.200	0.286	0.057	0.237	0.372	0.088	0.233
4	青海半干旱地区										
4.1	西宁	0.498	0.342	0.170	0.386	0.286	0.111	0.458	0.372	0.170	0.451
4.2	海东	0.253	0.342	0.087	0.197	0.286	0.056	0.233	0.372	0.087	0.230
4.3	海南	0.515	0.342	0.176	0.400	0.286	0.114	0.474	0.372	0.176	0.467

由表3-36的测算结果可以看出，宁夏固原牛肉生产的综合优势度指数最高，为0.852，甘肃平凉牛肉生产的综合优势度指数也较高，为0.824，别的区域牛肉生产的综合优势度指数均远远小于这几个地区牛肉生产的综合优势度指数。因此，西北半干旱地区牛肉生产的优势区是宁夏固原和甘肃平凉。

（3）羊肉

在西北半干旱地区，羊肉生产在陕西半干旱地区、甘肃半干旱地区、青海半干旱地区和宁夏半干旱地区均有分布。西北半干旱地区优势羊肉产业指数的测算结果具体见表3-37。

表3-37　西北半干旱地区优势羊肉产业指数

序号	地区	产业规模水平			产业分工水平			产业效益水平			综合指数
		指数	权重	小计	指数	权重	小计	指数	权重	小计	
1	陕西半干旱地区										
1.1	西安	0.044	0.342	0.015	0.034	0.286	0.010	0.042	0.372	0.016	0.041
1.2	铜川	0.123	0.342	0.042	0.095	0.286	0.027	0.117	0.372	0.044	0.113
1.3	宝鸡	0.086	0.342	0.030	0.067	0.286	0.019	0.083	0.372	0.031	0.079
1.4	咸阳	0.096	0.342	0.033	0.075	0.286	0.021	0.092	0.372	0.034	0.089
1.5	渭南	0.112	0.342	0.038	0.087	0.286	0.025	0.108	0.372	0.040	0.103
1.6	延安	0.219	0.342	0.075	0.169	0.286	0.048	0.209	0.372	0.078	0.201
1.7	榆林	0.835	0.342	0.286	0.647	0.286	0.185	0.799	0.372	0.297	0.768
2	甘肃半干旱地区										
2.1	兰州	0.194	0.342	0.066	0.150	0.286	0.043	0.185	0.372	0.069	0.178
2.2	白银	0.570	0.342	0.195	0.441	0.286	0.126	0.545	0.372	0.203	0.524
2.3	天水	0.060	0.342	0.020	0.046	0.286	0.013	0.057	0.372	0.021	0.055
2.4	平凉	0.057	0.342	0.019	0.044	0.286	0.013	0.054	0.372	0.020	0.052
2.5	庆阳	0.388	0.342	0.133	0.300	0.286	0.086	0.371	0.372	0.138	0.356
2.6	定西	0.185	0.342	0.063	0.143	0.286	0.041	0.177	0.372	0.066	0.170
2.7	临夏	0.677	0.342	0.232	0.524	0.286	0.150	0.648	0.372	0.241	0.622
3	宁夏半干旱地区										
3.1	吴忠	0.512	0.342	0.175	0.396	0.286	0.113	0.490	0.372	0.182	0.471
3.2	固原	0.431	0.342	0.147	0.333	0.286	0.095	0.412	0.372	0.153	0.396
3.3	中卫	0.459	0.342	0.157	0.355	0.286	0.102	0.439	0.372	0.163	0.422
4	青海半干旱地区										
4.1	西宁	0.266	0.342	0.091	0.206	0.286	0.059	0.255	0.372	0.095	0.245
4.2	海东	0.330	0.342	0.113	0.256	0.286	0.073	0.316	0.372	0.118	0.304
4.3	海南	0.962	0.342	0.329	0.744	0.286	0.213	0.920	0.372	0.342	0.884

由表3-37的测算结果可以看出：青海海南羊肉生产的综合优势度指数最高，为0.884；陕西

榆林和甘肃临夏羊肉生产的综合优势度指数也较高，分别为0.768和0.622。别的区域羊肉生产的综合优势度指数均远远小于这几个地区羊肉生产的综合优势度指数。因此，西北半干旱地区羊肉生产的优势区是青海海南、陕西榆林和甘肃临夏。

（4）牛奶

在西北半干旱地区，牛奶生产在陕西半干旱地区、甘肃半干旱地区、青海半干旱地区和宁夏半干旱地区均有分布。西北半干旱地区优势牛奶产业指数的测算结果具体见表3-38。

表3-38　西北半干旱地区优势牛奶产业指数

序号	地区	产业规模水平			产业分工水平			产业效益水平			综合指数
		指数	权重	小计	指数	权重	小计	指数	权重	小计	
1	陕西半干旱地区										
1.1	西安	0.748	0.342	0.256	0.647	0.286	0.185	0.703	0.372	0.262	0.702
1.2	铜川	0.412	0.342	0.141	0.356	0.286	0.102	0.387	0.372	0.144	0.387
1.3	宝鸡	0.818	0.342	0.280	0.707	0.286	0.202	0.769	0.372	0.286	0.768
1.4	咸阳	0.829	0.342	0.284	0.717	0.286	0.205	0.779	0.372	0.290	0.779
1.5	渭南	0.354	0.342	0.121	0.306	0.286	0.087	0.332	0.372	0.124	0.332
1.6	延安	0.029	0.342	0.010	0.025	0.286	0.007	0.027	0.372	0.010	0.027
1.7	榆林	0.162	0.342	0.056	0.140	0.286	0.040	0.153	0.372	0.057	0.152
2	甘肃半干旱地区										
2.1	兰州	0.442	0.342	0.151	0.382	0.286	0.109	0.415	0.372	0.154	0.415
2.2	白银	0.078	0.342	0.027	0.068	0.286	0.019	0.073	0.372	0.027	0.073
2.3	天水	0.025	0.342	0.008	0.021	0.286	0.006	0.023	0.372	0.009	0.023
2.4	平凉	0.057	0.342	0.020	0.049	0.286	0.014	0.054	0.372	0.020	0.054
2.5	庆阳	0.041	0.342	0.014	0.035	0.286	0.010	0.038	0.372	0.014	0.038
2.6	定西	0.033	0.342	0.011	0.029	0.286	0.008	0.031	0.372	0.012	0.031
2.7	临夏	0.117	0.342	0.040	0.101	0.286	0.029	0.110	0.372	0.041	0.110
3	宁夏半干旱地区										
3.1	吴忠	0.954	0.342	0.326	0.825	0.286	0.236	0.897	0.372	0.334	0.896
3.2	固原	0.011	0.342	0.004	0.009	0.286	0.003	0.010	0.372	0.004	0.010
3.3	中卫	0.245	0.342	0.084	0.212	0.286	0.061	0.231	0.372	0.086	0.230
4	青海半干旱地区										
4.1	西宁	0.758	0.342	0.259	0.656	0.286	0.188	0.713	0.372	0.265	0.712
4.2	海东	0.147	0.342	0.050	0.127	0.286	0.036	0.138	0.372	0.051	0.138
4.3	海南	0.174	0.342	0.060	0.151	0.286	0.043	0.164	0.372	0.061	0.164

由表3-38的测算结果可以看出：宁夏吴忠牛奶生产的综合优势度指数最高，为0.896；陕西咸阳、宝鸡和西安牛奶生产的综合优势度指数也较高，分别为0.779、0.768和0.702；青海的西宁

牛奶生产的综合优势度指数为0.712，别的区域牛奶生产的综合优势度指数均远远小于这几个地区牛奶生产的综合优势度指数。因此，西北半干旱地区牛奶生产的优势区是宁夏的吴忠，陕西的咸阳、宝鸡和西安，青海的西宁。

（5）禽蛋

在西北半干旱地区，禽蛋生产在陕西半干旱地区、甘肃半干旱地区、青海半干旱地区和宁夏半干旱地区均有分布。西北半干旱地区优势禽蛋产业指数的测算结果具体见表3-39。

表3-39 西北半干旱地区优势禽蛋产业指数

序号	地区	产业规模水平			产业分工水平			产业效益水平			综合指数
		指数	权重	小计	指数	权重	小计	指数	权重	小计	
1	陕西半干旱地区										
1.1	西安	0.234	0.342	0.080	0.198	0.286	0.057	0.217	0.372	0.081	0.218
1.2	铜川	0.298	0.342	0.102	0.253	0.286	0.072	0.277	0.372	0.103	0.277
1.3	宝鸡	0.126	0.342	0.043	0.107	0.286	0.031	0.117	0.372	0.044	0.117
1.4	咸阳	0.162	0.342	0.055	0.137	0.286	0.039	0.150	0.372	0.056	0.150
1.5	渭南	0.180	0.342	0.062	0.153	0.286	0.044	0.167	0.372	0.062	0.168
1.6	延安	0.175	0.342	0.060	0.149	0.286	0.042	0.163	0.372	0.060	0.163
1.7	榆林	0.116	0.342	0.040	0.099	0.286	0.028	0.108	0.372	0.040	0.108
2	甘肃半干旱地区										
2.1	兰州	0.886	0.342	0.303	0.751	0.286	0.215	0.823	0.372	0.306	0.824
2.2	白银	0.422	0.342	0.144	0.358	0.286	0.102	0.392	0.372	0.146	0.393
2.3	天水	0.441	0.342	0.151	0.374	0.286	0.107	0.410	0.372	0.152	0.410
2.4	平凉	0.247	0.342	0.084	0.209	0.286	0.060	0.229	0.372	0.085	0.229
2.5	庆阳	0.303	0.342	0.104	0.257	0.286	0.073	0.281	0.372	0.105	0.282
2.6	定西	0.273	0.342	0.093	0.231	0.286	0.066	0.253	0.372	0.094	0.254
2.7	临夏	0.217	0.342	0.074	0.184	0.286	0.053	0.201	0.372	0.075	0.202
3	宁夏半干旱地区										
3.1	吴忠	0.259	0.342	0.089	0.220	0.286	0.063	0.241	0.372	0.090	0.241
3.2	固原	0.164	0.342	0.056	0.139	0.286	0.040	0.152	0.372	0.057	0.152
3.3	中卫	0.877	0.342	0.300	0.744	0.286	0.213	0.814	0.372	0.303	0.816
4	青海半干旱地区										
4.1	西宁	0.207	0.342	0.071	0.176	0.286	0.050	0.192	0.372	0.072	0.192
4.2	海东	0.316	0.342	0.108	0.268	0.286	0.077	0.294	0.372	0.109	0.294
4.3	海南	0.023	0.342	0.008	0.019	0.286	0.005	0.021	0.372	0.008	0.021

由表3-39的测算结果可以看出：甘肃兰州禽蛋生产的综合优势度指数最高，为0.824，宁夏中卫禽蛋生产的综合优势度指数也较高，为0.816，别的区域禽蛋生产的综合优势度指数均远远小于这几个地区禽蛋生产的综合优势度指数。因此，西北半干旱地区禽蛋生产的优势区是甘肃兰州和宁夏中卫。

另外，在各个省域范围内，以下产业具有比较优势：

第一，陕西半干旱地区。渭南的羊奶产业、榆林的羊毛产业、延安的蜂蜜产业、延安和宝鸡的蚕茧产业等；

第二，青海半干旱地区。海南的牛毛绒和羊毛产业、海东的蜂蜜产业等。

3.4.3 林业

在西北半干旱地区，林业生产在陕西半干旱地区、甘肃半干旱地区、青海半干旱地区和宁夏半干旱地区均有分布。西北半干旱地区优势林业产业指数的测算结果具体见表3-40。

表3-40 西北半干旱地区优势林业产业指数

序号	地区	产业规模水平			产业分工水平			产业效益水平			综合指数
		指数	权重	小计	指数	权重	小计	指数	权重	小计	
1	陕西半干旱地区										
1.1	西安	0.444	0.342	0.152	0.393	0.286	0.112	0.445	0.372	0.165	0.430
1.2	铜川	0.243	0.342	0.083	0.214	0.286	0.061	0.243	0.372	0.090	0.235
1.3	宝鸡	0.617	0.342	0.211	0.545	0.286	0.156	0.617	0.372	0.230	0.597
1.4	咸阳	0.246	0.342	0.084	0.218	0.286	0.062	0.246	0.372	0.092	0.238
1.5	渭南	0.366	0.342	0.125	0.324	0.286	0.093	0.367	0.372	0.136	0.354
1.6	延安	0.715	0.342	0.245	0.632	0.286	0.181	0.716	0.372	0.266	0.692
1.7	榆林	0.509	0.342	0.174	0.449	0.286	0.129	0.509	0.372	0.189	0.492
2	甘肃半干旱地区										
2.1	兰州	0.185	0.342	0.063	0.164	0.286	0.047	0.186	0.372	0.069	0.179
2.2	白银	0.515	0.342	0.176	0.455	0.286	0.130	0.516	0.372	0.192	0.498
2.3	天水	0.268	0.342	0.092	0.237	0.286	0.068	0.268	0.372	0.100	0.259
2.4	平凉	0.333	0.342	0.114	0.294	0.286	0.084	0.333	0.372	0.124	0.322
2.5	庆阳	0.320	0.342	0.109	0.282	0.286	0.081	0.320	0.372	0.119	0.309
2.6	定西	0.166	0.342	0.057	0.147	0.286	0.042	0.166	0.372	0.062	0.161
2.7	临夏	0.424	0.342	0.145	0.375	0.286	0.107	0.425	0.372	0.158	0.410
3	宁夏半干旱地区										
3.1	吴忠	0.426	0.342	0.146	0.376	0.286	0.108	0.426	0.372	0.158	0.412
3.2	固原	0.863	0.342	0.295	0.763	0.286	0.218	0.864	0.372	0.321	0.835
3.3	中卫	0.198	0.342	0.068	0.175	0.286	0.050	0.198	0.372	0.074	0.192
4	青海半干旱地区										
4.1	西宁	0.158	0.342	0.054	0.140	0.286	0.040	0.158	0.372	0.059	0.153
4.2	海东	0.262	0.342	0.090	0.232	0.286	0.066	0.263	0.372	0.098	0.254
4.3	海南	0.466	0.342	0.159	0.412	0.286	0.118	0.466	0.372	0.173	0.450

由表3-40的测算结果可以看出：宁夏的固原林业生产的综合优势度指数最高，为0.835，陕

西延安和宝鸡林业生产的综合优势度指数也较高，分别为0.692和0.597，别的区域林业生产的综合优势度指数均远远小于这几个地区林业生产的综合优势度指数。因此，西北半干旱地区林业生产的优势区是宁夏固原，陕西延安和宝鸡。

3.4.4　渔业

在西北半干旱地区，渔业生产在陕西半干旱地区、甘肃半干旱地区、青海半干旱地区和宁夏半干旱地区四省（区）均有分布。西北半干旱地区优势渔业产业指数的测算结果具体见表3-41。

表3-41　西北半干旱地区优势渔业产业指数

序号	地区	产业规模水平			产业分工水平			产业效益水平			综合指数
		指数	权重	小计	指数	权重	小计	指数	权重	小计	
1	陕西半干旱地区										
1.1	西安	0.137	0.342	0.047	0.117	0.286	0.033	0.143	0.372	0.053	0.133
1.2	铜川	0.118	0.342	0.040	0.101	0.286	0.029	0.123	0.372	0.046	0.115
1.3	宝鸡	0.078	0.342	0.027	0.067	0.286	0.019	0.082	0.372	0.031	0.076
1.4	咸阳	0.050	0.342	0.017	0.042	0.286	0.012	0.052	0.372	0.019	0.048
1.5	渭南	0.162	0.342	0.055	0.139	0.286	0.040	0.170	0.372	0.063	0.158
1.6	延安	0.054	0.342	0.018	0.046	0.286	0.013	0.057	0.372	0.021	0.053
1.7	榆林	0.081	0.342	0.028	0.069	0.286	0.020	0.085	0.372	0.032	0.079
2	甘肃半干旱地区										
2.1	兰州	0.040	0.342	0.014	0.034	0.286	0.010	0.042	0.372	0.015	0.039
2.2	白银	0.041	0.342	0.014	0.035	0.286	0.010	0.043	0.372	0.016	0.040
2.3	天水	0.017	0.342	0.006	0.014	0.286	0.004	0.017	0.372	0.006	0.016
2.4	平凉	0.028	0.342	0.010	0.024	0.286	0.007	0.029	0.372	0.011	0.027
2.5	庆阳	0.013	0.342	0.005	0.011	0.286	0.003	0.014	0.372	0.005	0.013
2.6	定西	0.027	0.342	0.009	0.023	0.286	0.007	0.028	0.372	0.010	0.026
2.7	临夏	0.099	0.342	0.034	0.085	0.286	0.024	0.104	0.372	0.039	0.097
3	宁夏半干旱地区										
3.1	吴忠	0.770	0.342	0.263	0.658	0.286	0.188	0.808	0.372	0.300	0.752
3.2	固原	0.008	0.342	0.003	0.007	0.286	0.002	0.009	0.372	0.003	0.008
3.3	中卫	0.934	0.342	0.319	0.798	0.286	0.228	0.980	0.372	0.364	0.912
4	青海半干旱地区										
4.1	西宁	0.000	0.342	0.000	0.000	0.286	0.000	0.000	0.372	0.000	0
4.2	海东	0.002	0.342	0.001	0.002	0.286	0.001	0.002	0.372	0.001	0.002
4.3	海南	0.010	0.342	0.003	0.008	0.286	0.002	0.010	0.372	0.004	0.010

由表3-41的测算结果可以看出，宁夏中卫渔业生产的综合优势度指数最高，为0.912，吴忠渔业生产的综合优势度指数也较高，为0.752，别的区域渔业生产的综合优势度指数均远远小于这两个地区渔业生产的综合优势度指数。因此，西北半干旱地区渔业生产的优势区是宁夏中卫和吴忠。

3.4.5 结果及其修正

经过以上分析，西北半干旱地区优势产业选择及其优势区域分布具体见表3-42。

表3-42　西北半干旱地区优势产业选择及其优势区域分布

序号	优势产业类别	优势产区
1	种植业	
1.1	小麦	陕西的渭南、宝鸡和西安，青海的海南
1.2	大豆	陕西的榆林和延安，甘肃的庆阳，宁夏的固原
1.3	油菜籽	陕西的铜川、宝鸡和渭南，甘肃的临夏、天水和庆阳，青海的海南
1.4	棉花	陕西的渭南，甘肃的白银
1.5	胡麻籽	宁夏的固原，甘肃的平凉和庆阳
1.6	蔬菜	陕西的西安，甘肃的兰州
1.7	苹果	陕西的延安、铜川和咸阳，甘肃的平凉和天水，青海的海南
1.8	梨	陕西的渭南，甘肃的临夏和白银
1.9	葡萄	陕西的西安和渭南，甘肃的天水
1.10	薯类(土豆)	甘肃的定西，宁夏的固原，青海的海东
1.11	桃	陕西的西安和渭南，甘肃的天水
1.12	猕猴桃和石榴	陕西的西安和宝鸡
1.13	花生	陕西的榆林
2	畜牧业	
2.1	猪肉	陕西的延安和渭南，甘肃的定西和天水，青海的海东
2.2	牛肉	甘肃的平凉，宁夏的固原
2.3	羊肉	青海的海南，陕西的榆林，甘肃的临夏
2.4	牛奶	宁夏的吴忠，陕西的咸阳、宝鸡和西安，青海的西宁
2.5	禽蛋	甘肃的兰州，宁夏的中卫
2.6	羊奶	陕西的渭南
2.7	羊毛	陕西的榆林，青海的海南
2.8	牛毛绒	青海的海南
2.9	蜂蜜	青海的海东，陕西的延安
2.10	蚕茧	陕西的延安和宝鸡
3	林业	宁夏的固原，陕西的延安和宝鸡
4	渔业	宁夏的中卫和吴忠

3.5　案例分析：天水市优势农业产业的选择

3.5.1　天水市农业发展概况

（1）区位

天水市位于陕、甘、川三省交界的甘肃省东南部，地处六盘山、陇中黄土高原和秦岭山地交接处，地跨长江、黄河两大水系。东接关中，西通兰州，南控巴蜀，北倚陇东，是陕、甘、川交通要道。东西长197 km，南北宽122 km，面积14325 km。

（2）自然条件

天水市地貌区域分异明显，东部和南部为山地，北部是黄土丘陵，中部部分区域为渭河河谷。土壤类型多样，经过开垦耕种熟化而形成以黄绵土、黑垆土为主的耕作土壤，土层深厚，山塬开阔，是粮、油、菜、果的主要生产区。天水市年平均降水量为574 mm，平均海拔为1100 m，年均气温为11℃，年均日照时数为2100 h，无霜期为165～230 d，属暖温带半湿润与半干旱地带过渡区。

（3）社会经济条件

天水市为甘肃省第二大城市，辖秦州区、麦积区、秦安县、甘谷县、武山县、清水县和张家川回族自治县。2015年，全市生产总值为553.8亿元，年均增长10.9%。社会消费品零售总额为262.42亿元，是2010年的近2倍，年均增长14.3%。大口径财政收入为110.22亿元，是2010年的2.34倍，年均增长18.6%；财政支出为246.5亿元，是2010年的2.04倍，年均增长15.3%。农村居民人均可支配收入为6006元，比2010年翻了一番，年均增长16.3%；城镇居民人均可支配收入为20809元，是2010年的1.8倍，年均增长12.6%。

（4）农业生产情况

2013年年末，天水市农林牧渔业总产值为138.13亿元，其中农业产值为117.79亿元，占总产值的85.26%；林业产值为1.95亿元，占总产值的1.4%；畜牧业产值为18.26亿元，占总产值的13.22%；渔业产值为0.11亿万元，占总产值的0.08%。

3.5.2　农林牧渔业区位熵分析

分别计算天水市农业、林业、畜牧业、渔业在全国范围内、西北半干旱地区范围内和甘肃省范围内的区位熵，计算结果如表3-43、表3-44、表3-45所示。

表3-43　天水市及各县区在全国区位熵

地区	种植业	林业	畜牧业	渔业
天水市	1.606	0.352	0.451	0.008
秦州区	1.691	0.177	0.320	0.013
麦积区	1.627	0.204	0.432	0.014
清水县	1.446	0.204	0.761	0.010
秦安县	1.641	0.130	0.422	0.000
甘谷县	1.609	0.069	0.486	0.007
武山县	1.707	0.099	0.302	0.011
张家川县	1.486	0.306	0.676	0.005

表3-44　天水市及各县区在西北半干旱地区区位熵

地区	种植业	林业	畜牧业	渔业
天水市	1.251	0.677	0.526	0.175
秦州区	1.317	0.340	0.373	0.275
麦积区	1.267	0.392	0.504	0.293
清水县	1.127	0.392	0.888	0.208
秦安县	1.278	0.251	0.492	0.004
甘谷县	1.253	0.132	0.567	0.145
武山县	1.330	0.190	0.353	0.238
张家川县	1.157	0.589	0.789	0.107

表3-45　天水市及各县区在甘肃省区位熵

地区	种植业	林业	畜牧业	渔业
天水市	1.172	0.954	0.792	0.612
秦州区	1.233	0.458	0.560	0.642
麦积区	1.187	0.508	0.753	0.514
清水县	1.054	0.489	1.323	0.291
秦安县	1.196	0.300	0.731	0.004
甘谷县	1.172	0.153	0.840	0.145
武山县	1.244	0.213	0.521	0.209
张家川县	1.082	0.636	1.161	0.084

由表3-43、表3-44、表3-45可以看出，天水市的种植业无论在全国范围、西北半干旱地区，还是甘肃省内，其区位熵都大于1，具有比较优势，而其林业、畜牧业、渔业在三个区域范围区位熵皆小于1，不具有比较优势。

3.5.3　种植业分析

（1）产业规模水平分析

①规模优势指数分析

天水市各类农作物在甘肃省内的规模优势指数如表3-46所示，由计算结果可知：天水市整体及各县区的小麦规模优势指数都大于1，在省内具有规模优势；天水市各县区玉米规模优势指数皆小于1，在省内不具有规模优势；天水市的大豆在省内不具有规模优势但麦积区的大豆规模指数大于1，具有规模优势；天水市的高粱在省内不具有规模优势，但清水县的高粱规模优势明显，麦积区的高粱规模优势指数也大于1；天水市的蔬菜在甘肃省内具有规模优势，其中武山县蔬菜的优势明显，甘谷县的蔬菜也具有规模优势；天水市的油料在省内具有规模优势，秦州区、清水县、张家川县皆具有规模优势；天水市的苹果在省内具有规模优势，秦安县的规模优势最突出；麦积区的葡萄在省内规模优势明显；天水市中药材不具有规模优势；天水市的线麻在省内规模优势明显，主要集中在清水县、张家川县；武山县和甘谷县的甜菜具有规模优势。

表3-46 天水市及各县区主要农作物在甘肃省内规模优势指数

作物	天水市	秦州区	麦积区	清水县	秦安县	甘谷县	武山县	张家川县
小麦	1.290	1.457	1.285	1.106	1.301	1.350	1.073	1.512
玉米	0.709	0.667	0.842	0.774	0.676	0.667	0.536	0.857
大豆	0.568	0.000	1.247	0.767	0.864	0.216	0.641	0.000
高粱	0.779	0.000	1.086	3.096	0.428	0.454	0.040	0.000
谷子	0.438	0.000	0.427	0.903	0.359	0.940	0.168	0.000
蔬菜	1.025	0.713	0.613	0.778	0.640	1.067	2.759	0.896
瓜类	0.328	0.145	0.660	0.340	0.477	0.218	0.296	0.000
油料	1.173	1.859	0.814	1.365	0.929	1.044	0.873	1.421
油菜籽	1.593	2.363	1.238	0.957	1.464	1.745	1.509	2.046
胡麻籽	1.332	1.429	0.429	3.207	0.871	0.913	0.616	2.318
梨	0.613	0.450	0.470	0.099	0.991	0.830	0.755	0.643
苹果	1.729	1.376	1.941	1.985	2.841	1.803	0.520	0.841
葡萄	0.996	0.000	5.845	0.478	0.104	0.074	0.228	0.000
中药材	0.376	0.639	0.175	0.405	0.233	0.630	0.269	0.144
当归	0.151	0.054	0.011	0.166	0.019	0.040	0.845	0.000
党参	0.605	0.197	0.124	0.008	0.526	2.552	0.311	0.000
黄芪	0.264	0.563	0.043	0.159	0.171	0.524	0.240	0.000
线麻	7.454	0.000	0.000	26.285	0.000	0.000	0.000	43.815
甜菜	0.639	0.000	0.000	0.000	0.000	1.326	3.339	0.000

②扩张弹性值分析

选择2007年为基期的扩张弹性值（如表3-47所示），结果显示，天水市的小麦、大豆、蔬菜、油料、苹果、线麻、甜菜规模都有所扩大。

表3-47 天水市及各县区主要农作物在甘肃省内扩张弹性值

地区	天水市	秦州区	麦积区	清水县	秦安县	甘谷县	武山县	张家川县
小麦	1.190	1.526	1.177	1.262	0.954	1.365	1.070	1.285
玉米	0.700	0.508	0.698	0.572	0.831	1.130	1.327	0.539
大豆	1.329	0.000	0.750	2.636	1.587	1.243	4.089	0.000
高粱	0.345	0.000	0.106	2.331	0.553	0.110	0.371	0.000
谷子	0.392	0.000	0.105	1.729	0.441	0.370	0.334	0.000
蔬菜	1.273	1.103	0.984	1.389	1.384	1.158	1.383	1.809
瓜类	0.858	0.953	0.756	1.078	0.755	0.968	0.820	0.000
油料	1.032	0.896	1.204	1.215	0.773	1.395	0.811	1.451
油菜籽	1.229	1.097	1.250	2.051	0.721	1.549	1.290	2.199
胡麻籽	1.139	1.629	1.771	1.344	1.559	1.526	0.308	1.041
梨	0.865	0.287	1.685	0.508	0.795	1.771	2.227	2.029

续表3-47

地区	天水市	秦州区	麦积区	清水县	秦安县	甘谷县	武山县	张家川县
苹果	1.068	13.424	1.043	1.113	1.117	0.938	0.578	0.901
葡萄	0.652	0.049	0.669	0.518	1.938	0.140	0.859	0.000
药材	0.636	1.372	0.699	0.499	0.904	0.439	0.702	1.082
当归	0.536	0.666	0.110	0.230	0.000	0.182	3.138	0.000
党参	0.644	1.527	0.477	0.000	1.022	0.543	1.028	0.000
线麻	5.214	0.000	0.000	3.142	0.000	0.000	0.000	9.017
甜菜	1.421	0.000	0.000	0.000	0.000	2.682	1.109	0.000
烟叶	0.264	0.000	0.251	0.000	0.000	0.000	0.808	0.000

（2）产业分工水平分析

①区位熵分析

天水市及各县区农作物在甘肃省内区位熵如表3-48所示，结果显示：天水市的小麦在省内皆具有区位优势；天水市的玉米在省内不具有优势但麦积区、秦州区、清水县及张家川县的玉米在省内具有区位优势；天水市的大豆在省内不具有区位优势，但麦积区、秦安县及清水县的大豆在省内具有区位优势；天水市的高粱在省内不具有区位优势，但清水县的高粱在省内区位优势明显；清水县和甘谷县的谷子具有省内区位优势；天水市的蔬菜在省内具有区位优势，武山县、甘谷县和张家川县的蔬菜也都具有区位优势；天水市的油菜籽在省内具有区位优势；天水市的梨具有省内区位优势；天水市的苹果省内区位优势明显；天水市的葡萄具有省内区位优势，麦积区的葡萄省内区位优势明显；天水市的中草药不具有省内区位优势；天水市的线麻省内区位优势明显。

表3-48　天水市及各县区主要农作物在甘肃省内区位熵

作物	天水市	秦州区	麦积区	清水县	秦安县	甘谷县	武山县	张家川县
小麦	1.314	1.642	1.274	1.671	1.152	1.437	0.701	2.258
玉米	0.998	1.148	1.201	1.522	0.866	0.943	0.458	1.635
大豆	0.824	0.000	1.562	1.862	1.198	0.640	0.407	0.000
高粱	0.592	0.000	0.406	2.975	0.758	0.509	0.021	0.000
谷子	0.725	0.000	0.422	2.347	0.400	1.975	0.117	0.000
蔬菜	1.368	0.920	0.725	0.710	0.637	1.743	2.897	1.155
瓜类	0.310	0.246	0.538	0.294	0.237	0.470	0.216	0.000
油料	1.112	2.062	0.830	2.344	0.697	0.899	0.475	1.326
油菜籽	1.938	3.684	1.600	2.207	1.361	2.022	1.068	2.465
胡麻籽	0.817	0.702	0.336	3.390	0.535	0.467	0.255	1.601
梨	1.147	0.981	1.208	0.299	1.898	1.004	0.686	2.697
苹果	2.907	3.448	3.939	2.947	5.403	1.919	0.420	2.666
葡萄	1.303	0.009	8.017	0.501	0.077	0.034	0.217	0.000
中药材	0.349	0.443	0.210	0.877	0.179	0.432	0.229	0.216
当归	0.244	0.069	0.010	0.763	0.024	0.031	0.711	0.000

续表3-48

作物	天水市	秦州区	麦积区	清水县	秦安县	甘谷县	武山县	张家川县
党参	0.655	0.449	0.433	0.034	0.727	2.014	0.297	0.000
黄芪	0.438	0.746	0.089	0.278	0.396	0.833	0.383	0.000
线麻	9.575	0.000	0.000	36.155	0.000	0.000	0.000	104.274
甜菜	0.292	0.000	0.000	0.000	0.000	0.663	0.902	0.000
烟叶	0.042	0.000	0.102	0.000	0.000	0.000	0.132	0.000

②产量集中指数分析

天水市及各县区农作物在甘肃省内产量集中指数如表3-49所示，从表中可知天水市的油菜籽、苹果和线麻专业化水平较高。专业化水平较高的区域作物有：秦州区和清水县的小麦，清水县的玉米，麦积区和清水县的大豆，清水县的高粱，清水县和甘谷县的谷子，武山县和甘谷县的蔬菜，秦州区的油料，秦州区、清水县和甘谷县的油菜籽，清水县的胡麻籽，秦州区、麦积区、清水县、秦安县、武山县和张家川县的梨，麦积区的葡萄，清水县和张家川县的线麻。

表3-49　天水市及各县区主要农作物在甘肃省内产量集中指数

作物	天水市	秦州区	麦积区	清水县	秦安县	甘谷县	武山县	张家川县
小麦	0.815	1.016	0.794	1.107	0.684	0.802	0.637	0.781
玉米	0.666	0.764	0.804	1.084	0.553	0.566	0.447	0.608
大豆	0.562	0.000	1.068	1.355	0.782	0.392	0.406	0.000
高粱	0.402	0.000	0.277	2.156	0.492	0.310	0.020	0.000
谷子	0.492	0.000	0.288	1.701	0.260	1.205	0.116	0.000
蔬菜	0.934	0.627	0.497	0.518	0.416	1.070	2.895	0.439
瓜类	0.210	0.166	0.367	0.213	0.154	0.287	0.215	0.000
油料	0.780	1.442	0.584	1.756	0.468	0.567	0.488	0.518
油菜籽	1.084	2.054	0.898	1.318	0.728	1.016	0.874	0.768
胡麻籽	0.559	0.479	0.231	2.477	0.350	0.287	0.255	0.610
梨	0.105	8.560	11.833	4.345	2.978	0.542	6.569	3.405
苹果	1.978	2.340	2.691	2.142	3.519	1.174	0.418	1.011
葡萄	0.902	0.006	5.574	0.371	0.051	0.021	0.220	0.000
中药材	0.239	0.303	0.144	0.641	0.117	0.266	0.230	0.083
当归	0.165	0.047	0.007	0.553	0.016	0.019	0.706	0.000
党参	0.445	0.304	0.295	0.025	0.472	1.229	0.295	0.000
黄芪	0.297	0.504	0.060	0.202	0.257	0.508	0.381	0.000
线麻	6.413	0.000	0.000	25.862	0.000	0.000	0.000	38.925
甜菜	0.198	0.000	0.000	0.000	0.000	0.404	0.896	0.000
烟叶	0.028	0.000	0.070	0.000	0.000	0.000	0.132	0.000

（3）产业效益水平分析

天水市及各县区农作物在甘肃省内单产优势指数如表3-50所示，具有单产优势的区域作物有：天水市的大豆、谷子、梨、苹果、当归、黄芪，秦州区的玉米、蔬菜、瓜类、油菜籽、梨、苹果、当归、党参和黄芪，麦积区的玉米、胡麻籽、梨、苹果、党参和黄芪，秦安县的玉米、大豆、高粱、梨、苹果、党参、当归和黄芪，甘谷县的大豆、谷子、蔬菜、瓜类、梨和黄芪，清水县的小麦、玉米、大豆、谷子、油料、苹果、中药材和线麻，张家川县的玉米、梨、苹果、中药材和线麻。

表3-50　天水市及各县区主要农作物在甘肃省内单产优势指数

作物	天水市	秦州区	麦积区	清水县	秦安县	甘谷县	武山县	张家川县
小麦	0.655	0.816	0.699	1.151	0.662	0.646	0.319	0.934
玉米	0.974	1.342	1.081	1.613	1.030	0.923	0.450	1.285
大豆	1.024	0.000	0.967	2.027	1.137	1.967	0.341	0.000
高粱	0.536	0.000	0.288	0.802	1.451	0.744	0.276	0.000
谷子	1.162	0.000	0.760	2.162	0.909	1.392	0.372	0.000
蔬菜	0.944	1.028	0.917	0.765	0.818	1.091	0.565	0.888
瓜类	0.664	1.340	0.628	0.721	0.407	1.431	0.391	0.000
油料	0.691	0.909	0.814	1.482	0.635	0.592	0.301	0.662
油菜籽	0.706	1.019	0.822	1.586	0.627	0.635	0.312	0.681
胡麻籽	0.781	0.704	1.094	1.595	0.908	0.615	0.401	0.856
梨	1.705	2.234	2.565	3.255	2.027	1.040	0.629	3.717
苹果	1.187	1.990	1.569	1.241	1.561	0.709	0.433	2.178
葡萄	0.940	0.000	1.079	0.891	0.619	0.308	0.520	0.000
中药材	0.657	0.554	0.929	1.817	0.632	0.458	0.460	1.034
当归	1.137	1.018	0.703	3.821	1.061	0.508	0.449	0.000
党参	0.762	1.803	2.699	3.453	1.130	0.524	0.510	0.000
黄芪	1.167	1.051	1.604	1.463	1.903	1.057	0.857	0.000
线麻	0.896	0.000	0.000	1.137	0.000	0.000	0.000	1.616
甜菜	0.322	0.000	0.000	0.000	0.000	0.332	0.145	0.000

（4）综合分析

如图3-21所示的综合权重值，天水市各县区作物综合指数见表3-51，其种植业优势区域具体如下：

· 小麦优势县区：张家川县、清水县和秦州区；
· 玉米优势县区：清水县；
· 大豆优势县区：清水县；
· 高粱优势县区：清水县；
· 谷子优势县区：清水县；

· 蔬菜优势县区：武山县和甘谷县；
· 油料优势县区：秦州区；
· 油菜籽优势县区：秦州区、清水县和张家川县；
· 胡麻籽优势县区：清水县；
· 梨的优势县区：麦积区，张家川县和秦州区；
· 苹果的优势县区：秦州区、秦安县、麦积区和清水县；
· 葡萄的优势县区：麦积区；
· 中药材的优势县区：清水县；
· 当归的优势县区：清水县；
· 党参的优势县区：清水县和麦积区；
· 线麻的优势县区：张家川县和清水县；
· 甜菜的优势县区：武山县。

表3-51 天水市及各县区主要农作物综合指数

地区	天水市	秦州区	麦积区	清水县	秦安县	甘谷县	武山县	张家川县
小麦	0.964	1.184	0.970	1.232	0.890	1.015	0.664	1.259
玉米	0.850	0.992	0.961	1.223	0.854	0.871	0.607	1.056
大豆	0.909	0.000	1.078	1.805	1.128	1.162	1.017	0.000
高粱	0.537	0.000	0.408	1.924	0.911	0.503	0.182	0.000
谷子	0.767	0.000	0.489	1.850	0.584	1.212	0.262	0.000
蔬菜	1.072	0.921	0.795	0.829	0.802	1.190	1.706	1.019
瓜类	0.530	0.768	0.608	0.588	0.418	0.867	0.397	0.000
油料	0.899	1.302	0.850	1.581	0.694	0.839	0.529	0.994
油菜籽	1.167	1.776	1.084	1.612	0.902	1.219	0.853	1.424
胡麻籽	0.908	0.946	0.871	2.199	0.882	0.749	0.382	1.206
梨	1.098	2.271	3.094	2.003	1.762	1.054	1.696	2.746
苹果	1.611	3.998	2.036	1.709	2.514	1.165	0.468	1.667
葡萄	0.951	0.010	3.398	0.638	0.595	0.165	0.444	0.000
中药材	0.508	0.652	0.561	1.080	0.478	0.455	0.404	0.652
当归	0.620	0.537	0.301	1.765	0.430	0.245	1.023	0.000
党参	0.661	1.100	1.270	1.380	0.868	1.173	0.502	0.000
线麻	4.664	0.000	0.000	13.944	0.000	0.000	0.000	29.534
甜菜	0.533	0.000	0.000	0.000	0.000	0.936	1.042	0.000

3.5.4 畜牧业分析

从表3-52可以看出，天水市的畜牧业以猪肉和禽蛋为主，2013年猪肉产量占到了西北半干旱地区的5.13%，禽蛋占到了5.61%。

表3-52 天水市及各县区畜牧业规模

地区	猪肉		牛肉		羊肉		牛奶		禽蛋	
	产量（万吨）	比重（%）	产量（万吨）	比重（%）	产量（万吨）	比重（%）	产量（万吨）	比重（%）	产量（万吨）	比重（%）
天水市	6.01	5.13	0.97	3.21	0.18	0.64	0.55	0.18	1.37	5.61
秦州区	0.57	0.49	0.06	0.19	0.01	0.05	0.03	0.01	0.17	0.68
麦积区	0.76	0.65	0.08	0.25	0.02	0.06	0.10	0.03	0.25	1.03
清水县	0.97	0.83	0.34	1.11	0.03	0.09	0.27	0.09	0.27	1.11
秦安县	1.31	1.12	0.03	0.10	0.02	0.07	0.06	0.02	0.25	1.04
甘谷县	1.47	1.26	0.05	0.15	0.01	0.03	0.06	0.02	0.17	0.68
武山县	0.81	0.69	0.06	0.19	0.03	0.12	0.04	0.01	0.16	0.65
张川县	0.11	0.09	0.37	1.21	0.06	0.22	0.01	0.00	0.10	0.42
西北半干旱地区	117.19	100.00	30.32	100.00	27.92	100.00	309.14	100.00	24.46	100.00

分别计算各类畜产品在全国、西北半干旱地区以及甘肃省内的区位熵，如表3-53所示，天水市的猪肉在全国、西北半干旱地区和甘肃省内均有比较优势，牛肉在全国和西北半干旱地区具有比较优势但在甘肃省内则无比较优势，羊肉和牛奶在三个区域均无比较优势，禽蛋在全国范围来看无比较优势但在西北半干旱地区和甘肃省具有比较优势，且省内比较优势突出。

表3-53 天水市及各县区畜产品区位熵

类别	省内区位熵	西北半干旱地区区位熵	全国区位熵
猪肉	1.26	1.63	1.55
牛肉	0.72	1.02	1.661
羊肉	0.50	0.20	0.14
牛奶	0.18	0.06	0.14
禽蛋	4.69	1.79	0.55

分析天水市各区县畜产品的区位熵，如表3-54、表3-55、表3-56所示；秦州区的猪肉比较优势突出，牛肉在全国具有比较优势但在西北半干旱地区和甘肃省则无比较优势，羊肉、牛奶均为比较劣势，禽蛋在全国范围无优势，但在西北半干旱地区及甘肃省内比较优势明显；麦积区的猪肉在三个区域比较优势突出，牛肉在全国略有比较优势，在西北半干旱地区和甘肃省则无比较优势，羊肉、牛奶均为比较劣势，禽蛋在全国范围无优势，但在西北半干旱地区及甘肃省内比较优势明显；清水县的牛肉在三个地区比较优势明显，禽蛋在西北半干旱地区和甘肃省均有明显的比较优势；秦安县和甘谷县的猪肉在三个区域比较优势明显，禽蛋在西北半干旱地区和甘肃省内也都具有比较优势；武山县的猪肉在三个区域都具有比较优势，禽蛋在西北半干旱地区和甘肃省内也都具有比较优势；张家川县的牛肉在三个区域比较优势突出，禽蛋在西北半干旱地区和甘肃省内也都具有比较优势。

表3-54 天水市及各县区畜产品在全国区位熵

地区	猪肉	牛肉	羊肉	牛奶	禽蛋
天水市	1.256	1.661	0.500	0.180	0.548
秦州区	1.305	1.095	0.404	0.094	0.721
麦积区	1.264	1.040	0.359	0.251	0.798
清水县	1.010	2.868	0.364	0.431	0.539
秦安县	1.547	0.279	0.329	0.107	0.571
甘谷县	1.650	0.430	0.125	0.098	0.356
武山县	1.406	0.808	0.779	0.111	0.531
张家川县	0.236	6.464	1.752	0.027	0.425

表3-55 天水市及各县区畜产品在西北半干旱地区区位熵

地区	猪肉	牛肉	羊肉	牛奶	禽蛋
天水市	1.634	1.023	0.203	0.057	1.788
秦州区	1.698	0.674	0.164	0.030	2.351
麦积区	1.644	0.641	0.145	0.080	2.603
清水县	1.313	1.767	0.148	0.137	1.759
秦安县	2.011	0.172	0.133	0.034	1.864
甘谷县	2.145	0.265	0.051	0.031	1.162
武山县	1.828	0.498	0.316	0.035	1.734
张家川县	0.307	3.981	0.711	0.009	1.386

表3-56 天水市及各县区畜产品在甘肃省区位熵

地区	猪肉	牛肉	羊肉	牛奶	禽蛋
天水市	1.552	0.721	0.135	0.144	4.690
秦州区	1.612	0.475	0.109	0.075	6.166
麦积区	1.562	0.451	0.097	0.201	6.829
清水县	1.247	1.244	0.099	0.345	4.615
秦安县	1.910	0.121	0.089	0.086	4.890
甘谷县	2.038	0.186	0.034	0.078	3.048
武山县	1.736	0.350	0.211	0.089	4.548
张家川县	0.291	2.804	0.474	0.022	3.637

3.5.5 林业和渔业分析

依据天水市林业、渔业产值分别计算其在全国、西北半干旱地区以及甘肃省的区位熵，如表3-57所示，可知天水市的林业、渔业在三个区域均不具有比较优势，林业应以生态林建设为主要目标，而渔业不具扩大规模的资源与条件。

表3-57 天水市林业、渔业区位熵

类别	省内区位熵	西北半干旱地区区位熵	全国区位熵
林业	0.950	0.674	0.350
渔业	0.610	0.175	0.008

第四章

战略思想、原则与目标

4.1 战略思想

以习近平新时代中国特色社会主义思想和党的十九大精神为指导，抓住国家“一带一路”倡议和西部大开发的历史机遇，结合西北半干旱地区农业发展现状及其农业资源优势，坚持以市场为导向，以提高农业经营效益为中心，遵循大力建设区域优势农业产业和农村一二三产业融合的思路，从战略性主导产业、区域性优势产业和地方性特色产业三个层次上大力发展特色优势产业，将其作为区域经济发展的新增长点、新亮点，优化产业区域布局，促进农业发展方式转变，沿着“优势农业资源→优势农产品→商品→名品→精品”的路径，努力将西北半干旱地区农业资源优势转化为产业优势和经济优势，通过科学规划、财政大力扶持、做大做强龙头企业、强化农产品深加工、提高农民组织化程度、不断完善企业和农民的利益联结机制、扩大特色农产品出口等手段，把西北半干旱地区建成国内一流的优势农业产业发展示范区。

4.2 战略原则

（1）市场导向原则

市场导向是用户导向、竞争者导向、价格导向的有机结合，它可以有效地促进产业发展。用户导向要求产业发展要符合用户的特定需求，要以用户为出发点，以满足其需求为归宿，这是特色优势产业生存和发展的原动力；竞争者导向要求区域产业要对其同行业竞争做全面分析，要善于将区域产业放到国内国际同行业的更大范畴做出产业区域市场分工、产业链条分工、产业配套分工等方面的优劣剖析，找准自身优势，精确自身取位，妥善处理竞争合作关系，明晰提高产业竞争力的基本取向；价格导向要求区域产业要注重产业生产率的效率和效益，在市场经济条件下，生产率效率和效益高低最终归结为价格优势，围绕能否取得优势价格就成为价格导向的核心。用户导向、竞争者导向、价格导向结合在一起构成特色优势产业市场导向的基本内容。

（2）相对比较优势原则

发挥比较优势是经济转轨变型时期产业发展的最先考虑。首先，区域产业发展要考虑区域之间比较成本的差异，而比较成本的差异来自不同生产要素之间的价格比例，这也是区域之间分工和交换的基础。因此，现有生产要素的资源优势决定重点发展那些传统产业以期达到降低机会成本的目的。同时，还要考虑在市场经济条件下，优势又是动态变化的，那些体现产业发展方向、顺应市场前景、尽管当前很弱小的产业，也可能发展成为竞争力极强的优势产业，成为保持区域产业可持续发展的增长点。因此，对于特色优势产业的选取，不应是“大而全”和“小而全”，而要扬长避短，在重点考虑区域具有现实生产要素优势的产业的基础上，坚持培育具有潜在优势的新兴产业。

（3）产业效益最大化原则

对特定的地区来说，经济资源的种类不是单一的，即使是同一种资源也存在着多宜性，即可配置于不同的产业或产品。因此，一个地区如何在各产业中有效配置有限的资源，实现总收益最大，也是在选择优势产业时必须考虑的问题。边际效益理论证明，一个地区在配置资源时如果做到各产业的边际收益相等，即可达到总收益最大。根据这一原则，所谓优势产业只是相对的，在这一产业配置的资源达到一个临界点时，这一产业的效益优势即已丧失，因此，一个区域选择其优势产业并不意味着只选择一种或几种产品，发展优势产业也不意味着不重视甚至放弃其他农产品的发展。

（4）动态比较原则

在选择农业优势产业时，不仅要比较当前产业的发展水平，更要分析该产业未来的发展潜力。如果一个农业产业在未来的经济发展中具有超过平均水平的速度，就意味着它有较大的市场和较强的供给能力，有良好的发展前景；如果一个农业产业在国际市场上占有一定的份额，就意味着该产业在国际上具有一定的竞争力。动态比较优势就是要从现实的区域经济优势出发，结合本区域的特点，发挥优势、扬长避短，最终选出适合本区域发展的优势产业。

（5）技术密集原则

在发展特色优势产业的选取中，须注重产业技术升级，增强产业竞争力。传统优势产业通过技术改造保持或扩大原有的比较优势，使新兴特色产业有较高的技术起点而延长产业周期，通过掌握先进技术，使劳动力由普通熟练工转化为技术能手，将劳动力数量的优势逐渐转化为数量质量双优势。坚持技术进步，并不意味着一味发展技术资金密集型的高新技术产业。

（6）区位优势原则

某一地区的区位优势是该地区某农业产业得以形成和不断发展的基础，它包括该区域的地形、地貌、水文、土壤、气候、人口、交通、生产、习俗、经济和科技发展水平等。通常可以将某区域的区位优势划分为区域资源优势和区域经济效益优势。资源优势在农业生产领域中表现得特别明显。由于农业生产受自然条件和环境的限制，一些区域性特色产品具有地区上的不可替代性。

（7）富民富区原则

全面建成小康社会最终要使国家更加繁荣富强，人民生活更加幸福美好，概括讲就是“民富国强”。国家的强大建立在强大的经济基础之上，而这又离不开人民的富裕。唯有民富才能国强，而民富说到底就是民生问题。在特色优势产业的选取中，要摒弃这种路径依赖，适时适当改变过去的思路，分产业分层级地提出富民第一、富区域第二的产业发展取向，将富民产业放到产业发展的优先地位，充分发展能够广泛吸纳劳动力就业，提高劳动者、经营者收入的产业，同时也为民间资本的积累创造有利的前提条件。

4.3 战略目标

4.3.1 总体目标

围绕统筹城乡发展的目标，以农业功能多元化、产业结构高级化、技术装备现代化、经营管理科学化为主线，遵循大力建设区域优势农业产业和农村一二三产业融合的思路，立足西北半干旱地区农业生产基础，充分发挥其自然优势和资源优势，因地制宜，分类指导，实施战略性结构调整，大力推进优势特色产业向优势区域集中，实现区域适度规模经营，建立起稳定的优质特色农产品生产基地，以农产品加工业前延后伸为引领，延长产业链，提升价值链，不断拓宽农业产业范围和功能，大力进行农业产业结构调整和农业增长方式转变，形成特色农产品、初加工、精深加工、副产物的综合利用和第三产业发展的全产业链，构建政策扶持、科技创新、人才支撑、公共服务和组织管理体系，带动资源、要素、技术、市场需求的优化、整合和集成，走整体打造绿色（有机）农业、精品高端、开放式和可持续发展之路，把西北半干旱地区优势农业建设成为我国具有地方特色的国内一流的优势农业产业发展示范区域。到2025年，西北半干旱地区优势农业产值占到区域农业总产值的50%以上。

4.3.2 具体目标

（1）近期目标（2016—2020年）

通过对西北半干旱地区优势农业产业的建设，调整和优化农业结构，使其农业产业化经营水平显著提高，主要产品生产无公害化和绿色化日益突出，主导农产品的竞争力日益增强，农业生产环境进一步改善，特色农业现代化建设取得明显成效。到2020年，西北半干旱地区优势农业产业达到布局日益优化，生产实现良种化、标准化、规模化、品牌化，建立起较稳定的优质特色农产品生产基地，培育出若干具有区域影响的优势农产品加工龙头企业、农民专业合作社和特色农产品品牌，初步形成从特色农产品、初加工、精深加工、副产物的综合利用和第三产业发展的全产业链雏形，优势农业产业总产值占比明显提高，农民人均纯收入持续稳定增加。

（2）远期目标（2020—2025年）

通过对西北半干旱地区优势农业产业的建设，实现优势农业产业功能多元化，生产专业化、区域化、组织化，支撑科技化，装备现代化，劳动者知识化，生态环境优良化和主要产品生产实现绿色化和有机化，建立较完善的现代农业产业体系。到2025年，西北半干旱地区优势农业产业实现良种化、标准化、规模化、品牌化，建立起稳定的优质特色农产品生产基地，培育出若干具有区域影响的优势农产品加工龙头企业、农民专业合作社和特色农产品品牌，初步形成特色农产品、初加工、精深加工、副产物的综合利用和第三产业发展的全产业链，优势农业产业总产值占比显著提高，农民人均纯收入持续稳定增加，城乡居民收入差距稳步缩小，基本实现西北半干旱地区城乡协调发展。

第五章

战略布局

西北半干旱地区优势产业选择及其优势区域分布见表3-42，需要说明的是：

一是现实中的许多具体特色农业产业没有纳入现有的农业统计框架中，而此处计算主要依赖的是各区域农业统计数据，造成分析结果偏宏观，特色化不是很明显。实际上，近年来西北半干旱地区优势农业产业具有一定程度的发展，有些产业已经呈现出蓬勃发展的势头。

二是计算数据来自2013年相关统计数据，使得分析结果的现实性偏弱。

鉴于以上两方面原因，根据实地调查、走访座谈和参考当地现代农业发展规划，经认真讨论与甄别后认为，需要对以上四省区特色农业产业进行修正。修正坚持的原则如下：

第一，在保证粮食安全的前提下，一般不把小麦、玉米作为特色农业产业；

第二，充分考虑各区域现有农业产业的规模优势、技术优势和效益优势；

第三，更多考虑不同区域间的相对比较优势。

修正后的西北半干旱地区优势农业产业战略布局如下：

5.1 陕西半干旱地区

5.1.1 西安

大力发展大田托管、农产品加工、仓储物流等市场化服务，加快推进“一区三带七板块”建设，实施农业提质增效“五大工程”。

“一区三带七板块”：“一区”即秦岭北麓西安都市现代农业示范区；“三带”即西安南横线都市农业产业带、沿渭都市农业产业带、渭北农业产业带；“七板块”分别是白鹿原都市农业板块、周至猕猴桃板块、户县葡萄板块、长安鲜桃板块、临潼石榴板块、临潼奶牛板块、蓝田肉鸡板块。农业提质增效“五大工程”：粮食高产创建、设施蔬菜扩建、优势畜牧提升、特色果业增效和休闲农业拓展。

5.1.2 宝鸡

调整农业内部结构，加快土地流转步伐，积极培育专业大户、家庭农场、农民合作社、龙头企业等新型农业主体，支持新型农业服务机构开展代耕代种、联耕联种、土地托管等专业化规模化服务，推进原料生产、加工物流、市场营销等一二三产融合发展。

优势产业定位为太白县无公害蔬菜、眉县猕猴桃、凤县花椒、陇县配方羊奶粉、千阳县苹果以及奶牛、肉牛、肉羊养殖业等。

5.1.3 铜川

优化农业发展布局，按照“政府加强引导、基础设施配套、强化招商引资、组团协调推进”的思路，以现代农业组团为中心，集中打造山地、台塬、都市3个农业区，积极建设以优质苹果、时令水果（樱桃、葡萄）、休闲观光农业、设施蔬菜为主，以规模养殖、优质核桃、优质小麦、优质玉米、道地中药材种植为辅的8个产业带，着力构建“三区、八带、五组团”的现代农业发展新格局。

5.1.4 咸阳

综合发挥市场带动、园区示范、政策引导、项目支持作用，按照稳面积、抓改造、提品质、创品牌的思路，打响“马栏红”苹果、“泾阳蔬菜”、咸阳茯茶、休闲农业等特色农产品品牌，深度挖掘农业多种功能，着力推进乡村旅游与农业产业融合发展。

5.1.5 渭南

建设高标准农田，稳定粮食产量；持续推进农业结构调整，加快苹果、酥梨、葡萄、冬枣、蔬菜、软籽石榴和生猪、奶畜等产业规模扩张和品质提升，推广种养结合模式，大力发展生态农业；引进培育农产品深加工龙头企业，推动食品工业强市建设；实施“互联网+现代农业”行动，大力发展休闲观光农业、乡村生态旅游等新业态，让农民分享全产业链价值收益。

5.1.6 延安

稳定粮食产量；做大洛川苹果、延川红枣、延安小米、延安地椒羊、山地苹果等特色品牌；积极发展设施蔬菜和建设生猪、羊子、牛和家禽等规模化饲养小区；积极培育大型龙头企业，提升专业合作社产业化服务水平，大力发展家庭农场、加工养殖大户和农村服务业；完善社会化服务体系，强化农业生产经营服务和防灾减灾，支持电商、物流、商贸、金融等企业参与涉农电子商务平台建设。

5.1.7 榆林

稳定粮食播种面积；做大马铃薯、红枣、羊肉、小杂粮等产业；培育龙头企业，支持家庭农场规模经营，加强农民职业技能培训；进一步完善市县两级农产品质量安全追溯机制，加大“三品一标”认证力度，确保农产品质量安全。

5.2 甘肃半干旱地区

5.2.1 兰州

大力发展高原夏菜、中药材、玫瑰、百合和规模养殖等特色产业；“兰州百合”荣获2015意大利米兰世博会优质特产奖和特色产业推广贡献奖；打造“互联网+农业”新模式，推动农村一二三产深度融合。

5.2.2 白银

稳定粮食产量；构建“一带两区”特色农业区，以沿黄灌区为主，发展设施养殖、优质瓜菜、现代制种等产业，打造高效农业示范带；以高扬程灌区为主，发展节水种植、草食畜牧、特色林果等产业，建设立体复合型农业经济区；以南部旱作区为主，做大做强马铃薯、小杂粮、玉米、饲草等产业，大力发展绿色农业，建设旱作特色农业经济区。

5.2.3 天水

在稳定发展粮食生产的基础上，按照“南林、北果、东牧、西菜”的产业发展布局，积极调整产业结构，做大做强果品、蔬菜、畜牧等产业；大力发展以麦积、秦州、秦安川塬地和浅山区为重点的果品产业，以武山、甘谷、秦州、麦积渭河川道区为重点的蔬菜产业，以张家川、清水肉牛为重点的畜牧产业，以高寒冷凉山区为重点的马铃薯产业，以北部干旱浅山区、林区林缘区、西部秦岭半湿润区为重点的中药材产业。

（1）果品产业

通过土地流转大户承包、联户经营、龙头企业建设等方式，加大建设以秦州、麦积、甘谷、秦安、清水为主的花牛苹果生产基地，以秦安为主的鲜食桃生产基地，以麦积为主的山地葡萄生产基地，以秦州为主的甜樱桃生产基地，以清水为主的优质核桃生产基地。

（2）蔬菜产业

按照“做大规模、做优品质、做强品牌”的思路，实行规模化种植、标准化生产、品牌化销售，加大建设甘谷、武山设施蔬菜生产示范基地，渭河川道和浅山区蔬菜标准化生产基地、航天蔬菜基地、城郊“菜篮子”基地和高原夏菜基地。

（3）畜牧产业

武山、甘谷、麦积以发展猪产业为主，秦州、麦积、秦安以发展鸡产业为主，清水、张家川以发展牛羊产业为主，兴办标准化畜禽养殖小区，推广生态养殖技术，加快转变畜牧业发展方式，不断提高养殖质量和效益。

5.2.4 平凉

加快转变农业发展方式，健全现代农业产业体系、生产体系、经营体系，大力推广旱作农业技术，稳定粮食生产，持续提高牛、果、菜优势产业的质量效益和竞争力，培育设施养殖、马铃薯、油用牡丹、中药材等多元增收产业，推动农业标准化、信息化和机械化，因地制宜发展家庭农场、农民合作社，培育壮大农业企业，提升现代农业的综合效益。

5.2.5 庆阳

坚持宜农则农、宜牧则牧、宜果则果、宜林则林，加快推进农业结构调整，大力发展苹果产业、草畜产业（肉牛、肉绒羊、生猪、肉鸡）等优势产业，支持壮大“农字号”龙头企业、农民专业合作社、家庭农场、种养大户等经营主体，健全基层农业服务体系，提高农业机械化水平。大力发展农产品精深加工业，引导农业走“产出高效、产品安全、集约经营”的道路。

5.2.6 定西

完善现代农业产业体系，大力发展陇西中医药、安定马铃薯、草牧产业、蔬菜产业（高原夏菜）等优势产业。加快中成药新产品、中药制剂、配方颗粒、饮片加工和养生健康产品研发。完善中药材仓储、流通、销售体系，建立中药材流通追溯制度，把定西建成西部最大的中药材集散中心、商贸物流中心和现代中医药产业中心。发挥马铃薯主食产业开发联盟作用，深入推进马铃薯主食化战略先行试验示范区建设，提升定西马铃薯品牌效应，加快实施以马铃薯主食产品开发为重点的精深加工项目，提升仓储物流、质量检测、科技研发水平，把定西建成国家级马铃薯主食产品及产业开发战略核心区。坚持畜草并重，依托草牧产业科技创新战略联盟，推动种养加销全产业链发展，把定西打造成全国最大的草产业基地和全省草牧产业大市。科学高效利用引洮水资源，加快发展果蔬产业。大力发展旱作农业、设施农业和生态农业，积极培育种苗、花卉、小杂粮等富民多元产业，扶持壮大龙头企业。提升农业机械化水平，不断增强农业竞争能力。

5.2.7 临夏

按照稳粮增收、提质增效、创新驱动的总要求，围绕粮食安全，加强农业生产，把发展草食畜牧业作为结构调整的重点，因地制宜发展规模养殖；大力发展油菜、设施蔬菜、中药材等优势产业；围绕延伸链条、做强龙头企业，支持种养大户、家庭农场和农民专业合作社发展，培育和引进有实力的农产品精深加工企业，大力发展清真牛羊肉、乳制品和特色农产品精深加工，扩大生产规模、提高产品附加值，完善龙头企业与农民的利益联结机制，带动群众持续稳定增收。

5.3 宁夏半干旱地区

5.3.1 固原

抢抓实施马铃薯主粮化战略和建设现代农业的历史机遇，大力发展壮大马铃薯、肉牛养殖、冷凉蔬菜、中药材、苗木等产业；巩固扩大种薯三级繁育体系，建设牛胚胎移植中心等；组建六盘山生态农产品联盟，打好绿色牌、清真牌，提升农产品核心竞争力。

5.3.2 中卫

因地制宜，大力发展枸杞、硒砂瓜、清真牛羊肉、“设施+露地”蔬菜、西甜瓜、苹果以及马铃薯等特色优势产业板块；积极培育壮大农产品加工龙头企业、农民专业合作社、家庭农场、种养殖大户等新型农业经营主体；积极发展肉牛、肉羊的规模化养殖，促进特色农业实现质的飞跃。

5.3.3 吴忠

打响农业“绿色、有机、富硒、健康”的品牌，推动草畜（肉牛、滩羊）、优质粮食（大米）、酿酒葡萄、有机枸杞、中药材、瓜菜、家禽、休闲农业八大优势特色产业精品化、高端化、品牌化；培育新型经营主体和特色产业基地，延长产业链，提高附加值。

5.4 青海半干旱地区

5.4.1 西宁

坚持集约化、有机化、品牌化方向，大力发展生态畜牧业和种养结合循环农业，提高粮油、果蔬两个优势产业的生产能力，打造高原绿色有机品牌，延伸农业产业链，鼓励农民合作与联合、龙头企业带动，促进种养加一体化发展，提升农畜产品精深加工水平，促进产业链增值。

5.4.2 海东

加大建设油菜、马铃薯制繁种，富硒农产品、牛羊育肥等主导产业；推进蔬菜、果品、肉类、冷水鱼及富硒农产品等规模化、标准化生产，夯实品牌农业发展基础；建设好民和总堡、马场垣、乐都引胜沟、互助塘川、平安白沈沟等规模化蔬菜生产基地；大力发展现代生态牧场，建立山区资源立体式综合开发利用及生态循环农牧业；以“互联网+”为载体，以智慧农业为模式，建设以质量安全追溯体系等为主的电商营销体系。

5.4.3 海南

加大力度调整农业产业结构，以建设有机畜牧业（牦牛、藏系羊）为契机，依托黄河做大做强冷水鱼养殖品牌，推进日光节能温室、畜用暖棚等设施农牧业建设，进一步扩大农区畜牧业规模；突出设施蔬菜、奶牛规模化养殖、乡村旅游等特色产业，努力提高农牧民收入水平。

5.5 小结

将以上西北半干旱地区不同地区的特色优势产业进行汇总（见表5-1），由此可以得出以下结论：

（1）西北半干旱地区特色优势产业主要集中在苹果产业、牛羊养殖业、设施蔬菜以及马铃薯产业等方面。

（2）陕西半干旱地区特色优势产业主要集中在都市农业、苹果、牛羊养殖业。

（3）甘肃半干旱地区特色优势产业主要集中在牛羊养殖业、设施蔬菜、中药材、马铃薯、苹果。

（4）宁夏半干旱地区特色优势产业主要集中在牛羊养殖业。

（5）青海半干旱地区特色优势产业主要集中在牛羊养殖业和设施蔬菜。

（6）由于各区域条件差异较大，各个具体区域存在其独特的优势农业产业，见表5-1和图5-1至图5-4。

表5-1　西北半干旱地区优势农业产业汇总表

序号	区域	都市农业	葡萄	鲜桃	石榴	苹果	核桃	酥梨	枣	猕猴桃	奶业	牛羊养殖业	设施蔬菜	花椒	中药材	茯茶	小杂粮	马铃薯	苗木花卉	瓜类	牧草	油菜	枸杞	大米	冷水鱼养殖
1	陕西半干旱区																								
1.1	西安	●	●	●	●					●	●	●													
1.2	宝鸡	●				●				●		●	●	●											
1.3	铜川	●	●			●	●					●	●		●										
1.4	咸阳	●				●							●			●									
1.5	渭南	●			●	●		●	●		●														
1.6	延安					●			●			●					●								
1.7	榆林								●			●					●	●							
2	甘肃半干旱区																								
2.1	兰州	●										●	●		●				●						
2.2	白银											●	●				●	●		●	●				
2.3	天水			●		●		●				●	●		●			●							
2.4	平凉					●						●			●			●	●						
2.5	庆阳					●						●	●					●							
2.6	定西												●		●			●			●				
2.7	临夏												●									●			
3	宁夏半干旱区																								
3.1	固原											●	●		●			●	●						
3.2	中卫					●						●	●					●		●			●		
3.3	吴忠	●										●			●					●			●	●	
4	青海半干旱区																								
4.1	西宁	●				●						●	●												
4.2	海东					●						●	●					●				●			●
4.3	海南											●	●												●

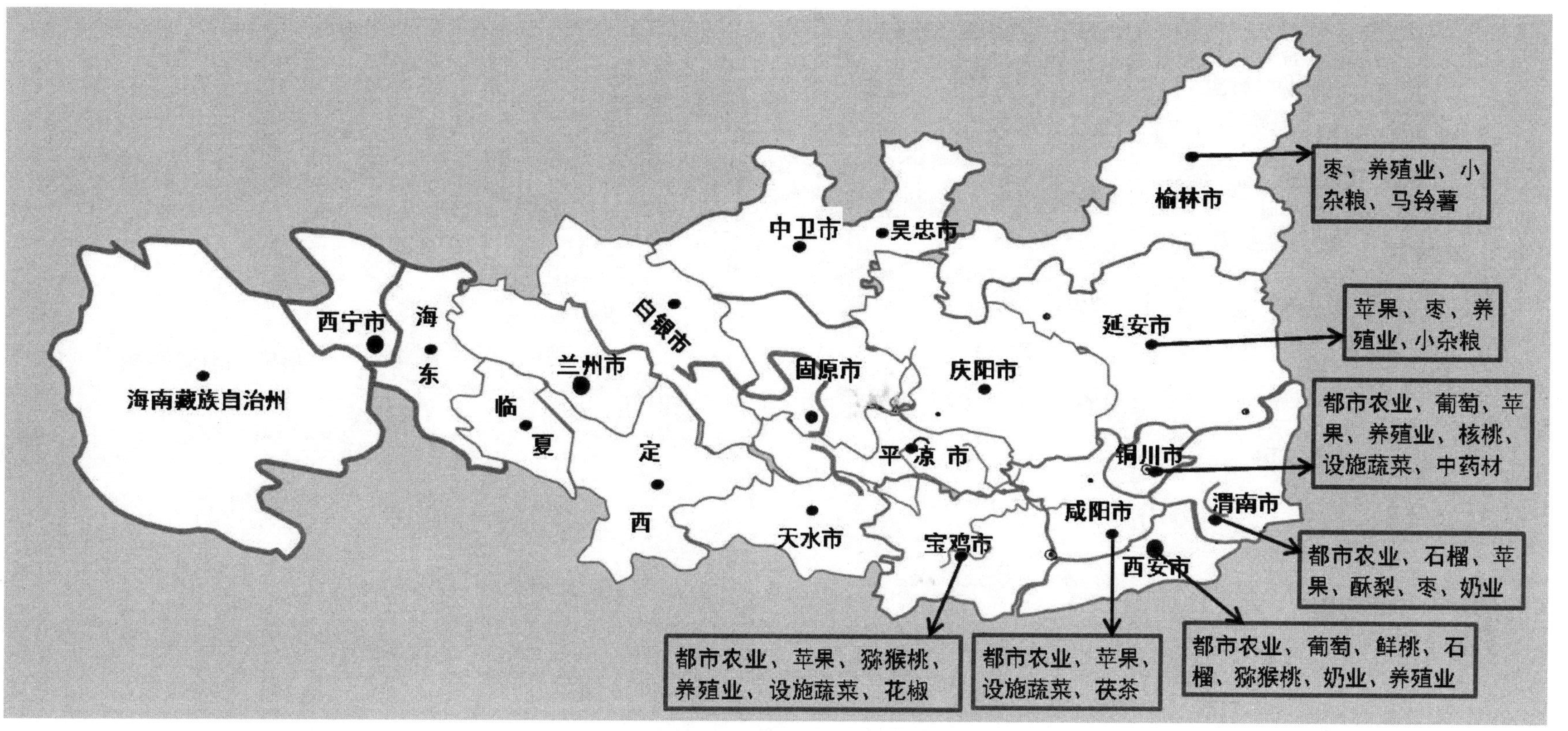

图5-1　陕西半干旱地区优势农业产业布局示意图

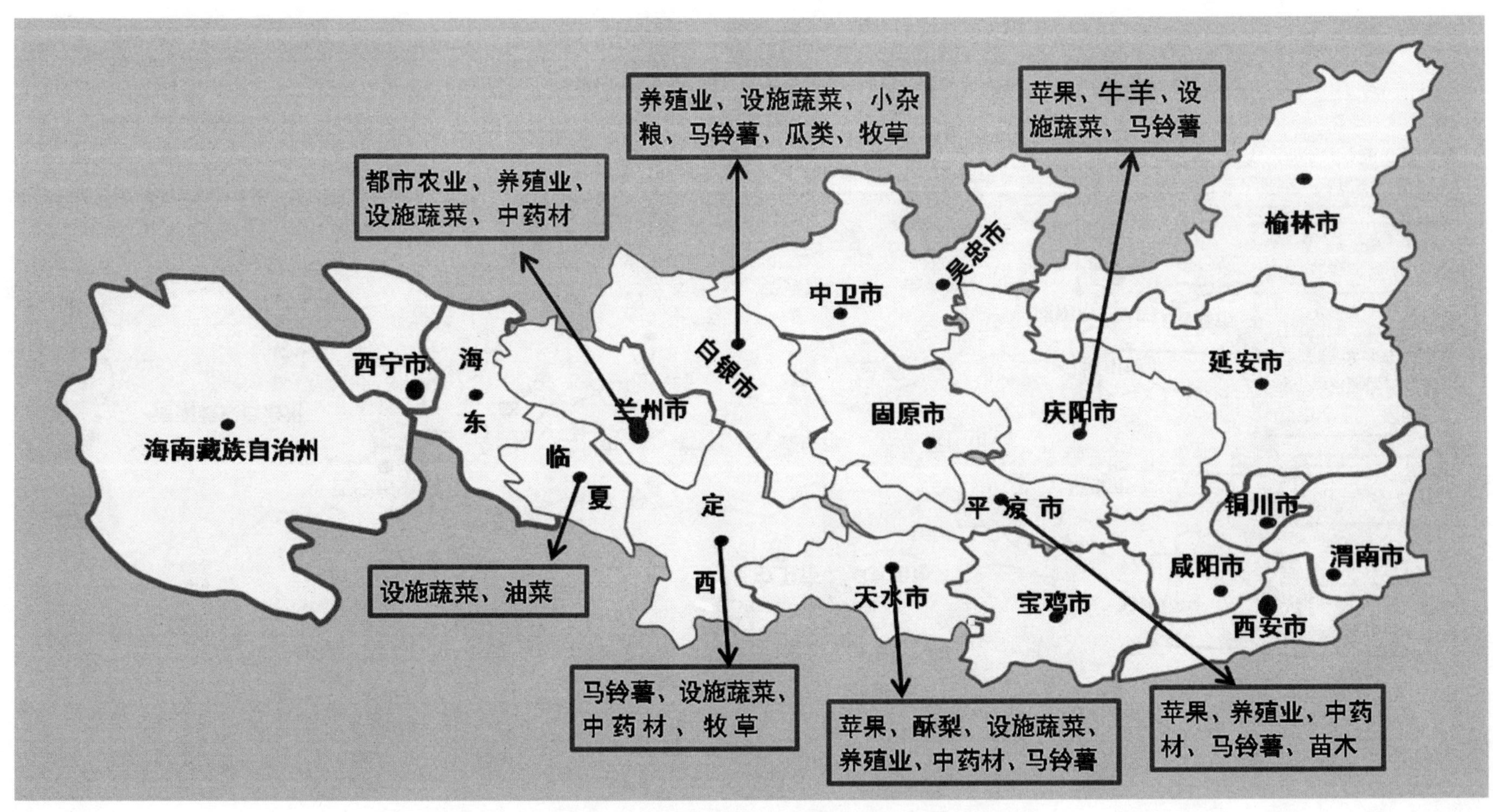

图5-2 甘肃半干旱地区优势农业产业布局图

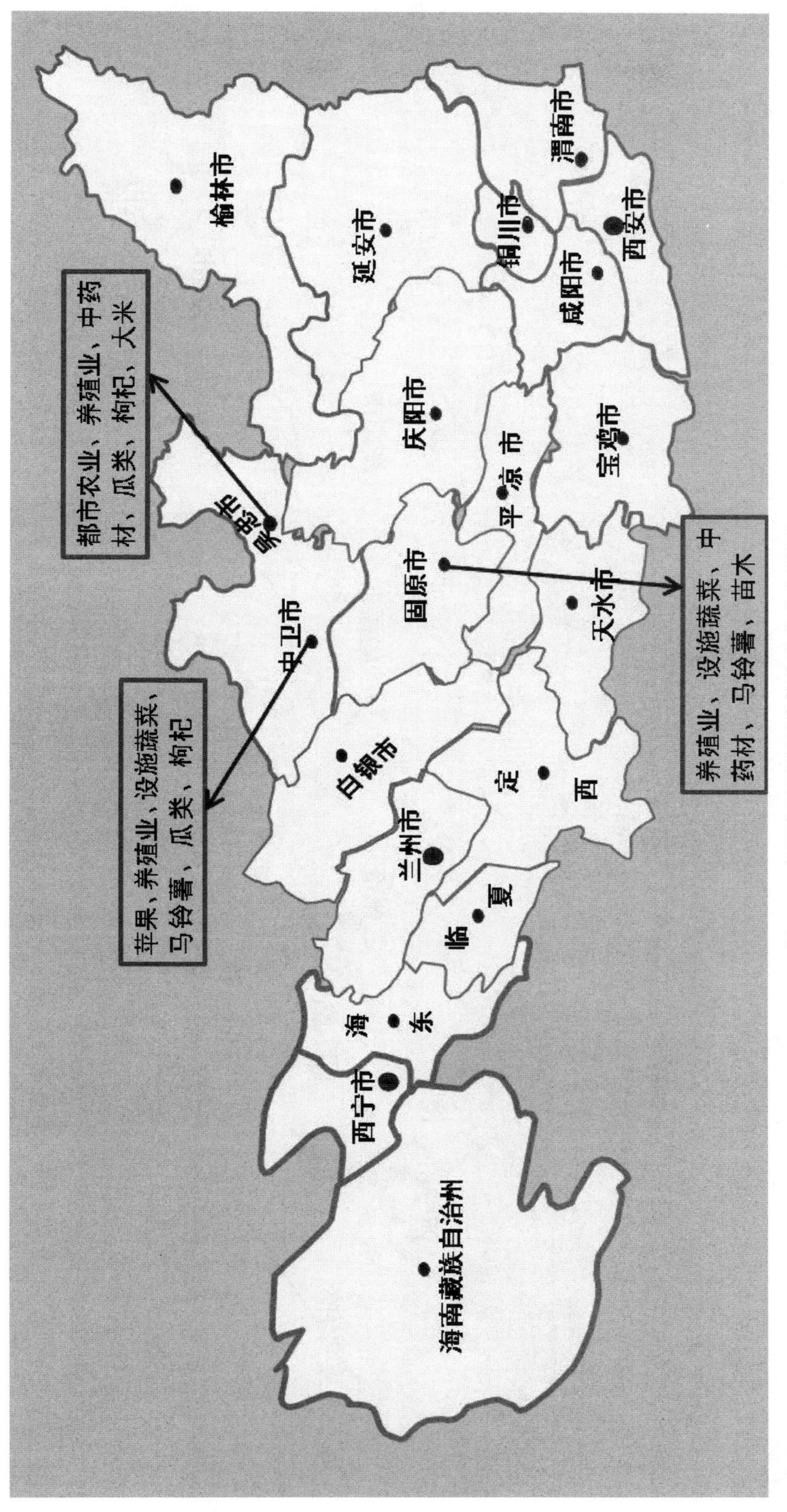

图5-3　宁夏半干旱地区优势农业产业布局图

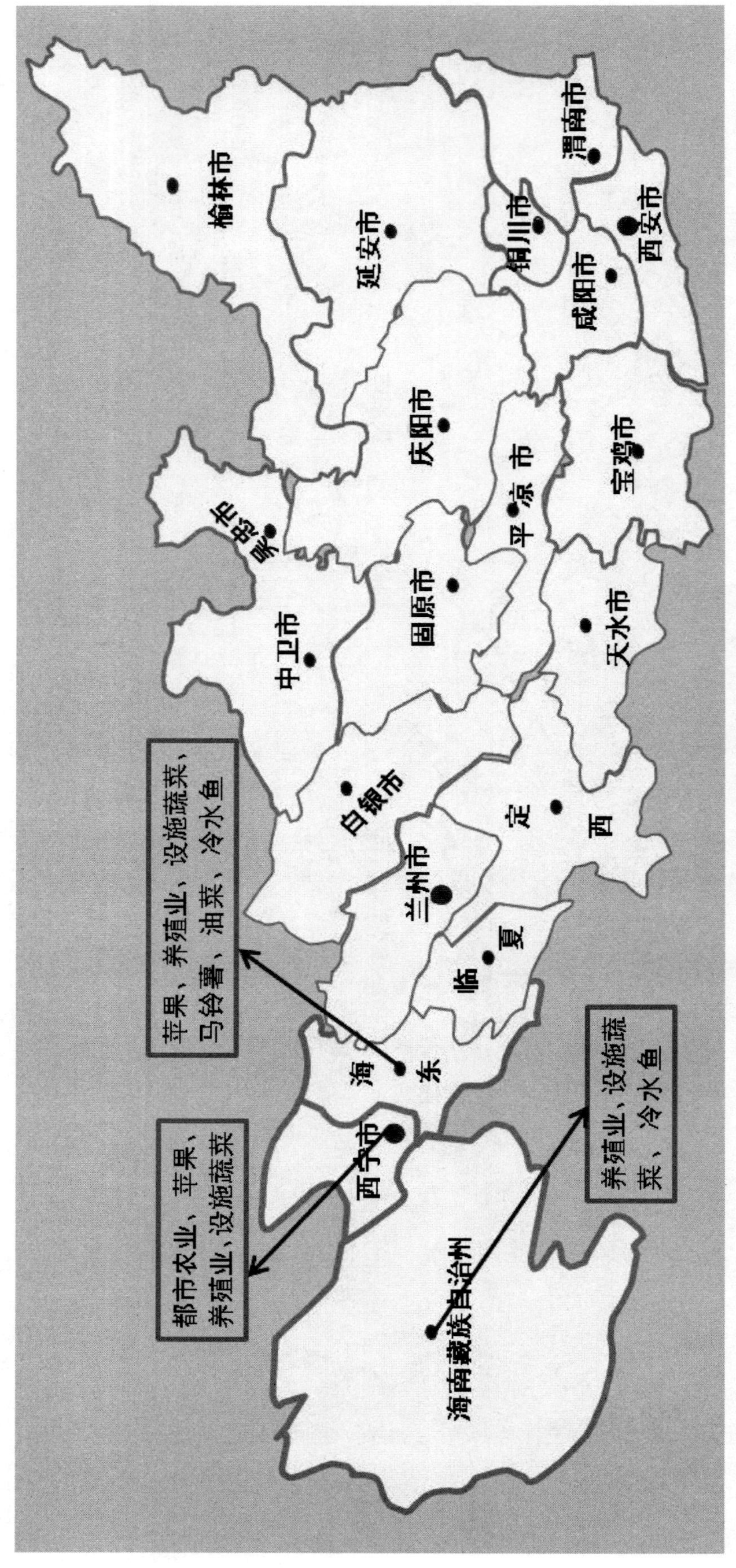

图 5-4　青海半干旱地区优势农业产业布局图

第六章

战略重点与步骤

6.1　战略重点

6.1.1　优势农产品生产基地建设工程

坚持以市场为导向，以政府支持为基础，坚持规划引领、分步落实、协调发展的理念，根据地区资源禀赋，在现有特色农产品生产区域布局的基础上，大力建设优势农产品生产基地，促进优势农业产业向优势区域集中。具体包括：一是围绕市场供应和加工需求，按照优势农业产业向最佳适宜区集中和“围绕龙头建基地，建好龙头带基地”的要求，进一步优化调整产业结构，发展“公司+基地+农户”的生产经营模式，建设集中连片特色优势农产品生产示范基地，不断发展和壮大基地规模，提升基地档次。二是按照现代农业的要求，加快农业基础设施建设，提高农业综合生产能力。实行严格的基本农田保护制度，抓好农田水利、渠系改造、人畜饮水等重点工程，提高水资源利用效率。继续实施湿地保护、农田防护林、重点风沙治理等林业生态项目，抓好乡村水、电、路网改造，实现所有乡（镇）公路达到规定的标准。通过新修梯田、改造中低产田、修建集雨水窖、发展集雨节灌等措施扩大旱作农业覆盖面，提高旱作农业生产水平。

6.1.2　龙头企业做大做强工程

以发展农产品精深加工和提高资源综合利用率为目的，积极争取有关政策，支持农产品加工企业加快技术装备改造升级，培育壮大一批领军企业，树立民族品牌，提升西北半干旱地区农产品加工业的发展水平和市场竞争能力。积极争取财政、税收、融资和贸易政策等方面的支持。以农产品精深加工、综合利用、质量安全和节能减排为重点，择优支持农产品加工领军企业进行技术装备改造升级，促进企业上规模、上水平，形成一批大型农产品加工领军企业，辐射带动基地和周边农户。加大政策扶持力度，支持多样化的特色优势农产品加工龙头企业和产业化组织发展。结合实施西北半干旱地区优势农产品区域布局规划，优化龙头企业和产业化组织布局。推进龙头企业改革，通过股份制、股份合作制、兼并、收购、租赁、转让等多种形式，整合资本、技术、人才等生产要素，转换经营机制，增强企业发展活力和后劲。引导龙头企业明确经营方向，改善经营管理，提高经济效益和市场竞争力，尽快形成一批产业关联度大、技术装备水平高、经济实力雄厚、带动能力强的龙头企业和企业集团，从而切实增强西北半干旱地区优势农业产业的市场竞争力。支持龙头企业实施现代农业产业化示范工程，实行标准化生产。鼓励各类农业产业化组织大力发展特色农产品精深加工，适应市场的不同需求，提升产品质量和档次，提高特色农产品的附加值，积极创造名牌产品，打造核心竞争力。

6.1.3 农民组织化程度提升工程

鼓励和支持多种形式的农民合作组织发展，按照民办、民管、民受益的原则，积极稳妥地发展各种形式的农产品行业协会，把转变政府职能同加强行业协会自身建设紧密结合起来，充分发挥行业协会在产业服务、行业自律等方面的作用。加强监督管理，使各类中介组织真正成为连接农户与龙头企业、农户与市场的桥梁和纽带，真正实现“建一个组织、兴一个产业、活一地经济、富一方百姓”的发展目标。在坚持家庭承包经营的基础上，鼓励和引导龙头企业与基地、农户建立稳定的产销协作关系及多种形式的利益联结机制。大力发展订单农业，促进龙头企业与农户形成相对稳定的购销关系。积极支持和鼓励有条件的龙头企业在收购特色农产品时，确定最低收购保护价，将部分加工、销售环节的利润返还给农户。促进龙头企业通过股份制、股份合作制等形式，与农户在产权上结成更紧密的利益共同体。认真总结和推广各地行之有效的产业化经营利益联结形式，形成“风险共担、利益共享”的新机制，切实保护企业和农户的利益，充分发挥龙头企业对农民增收的带动作用。着力培养新型经营主体，引导农户提高集约化、专业化生产水平，扶持联户经营、专业大户、家庭农场，着力发展多种形式的新型农民合作组织和多元服务主体，实现与市场的有效对接。探索合作社横向联合与合作新模式，推进联合社建设。加大合作社经营管理人员培训力度，建立健全合作社辅导员队伍和工作指导体系。支持合作社参加农产品展示展销活动，培育合作社知名品牌。

6.1.4 农业科技示范工程

依托大学和科研院所，整合科研力量，加强基础性、前沿性和公益性重大农业科学研究。培养农业科技领军人物和创新团队，加快建设半干旱地区农业科技创新中心。加强农作物新品种、新技术、新工艺等重大关键技术研发攻关，推进农业工程技术研究中心和重点实验室建设，提高农业科技创新能力。创新农业科研体制机制，建设省农业科技推广中心，健全地市级涉农科研机构，建立职能清晰、分工明确的区域性农业科研创新体系，统筹跨部门、跨地区、跨学科农业科技资源，形成开放、流动、协作、竞争的农业科研创新体系。积极推进“龙头企业+基地+农户”的基地建设模式，逐步建立以企业为主体，以示范基地为平台，以板块和特色产业发展需求为导向的农业新技术创新、示范推广体系，推动形成“企业带基地促产业”的发展格局，促进区域特色、板块经济快速发展，形成与实践相结合的高水平农业科技创新培育机制，促进农业科技创新建设可持续发展。

6.1.5　市场营销体系建设工程

加大对农业物流的投入，建设综合性物流园区，按照“一个产业一个物流营销平台”的要求，加快完善农产品市场体系，提高农产品集散速度，形成产地市场、批发市场和终端消费市场相衔接，农资供应、产品销售相配套的市场网络。鼓励有条件的地方实行农产品连锁经营、统一配送和电子商务等现代交易方式，拓展外销通道。着力扶持农产品流通龙头企业，大力培育农产品市场经营主体，鼓励农民创办运销组织，发展民间经纪人队伍，提高农产品贮运能力。支持龙头企业实施名牌战略和商标战略，鼓励有产地特色的农产品申报农产品地理标志、驰名商标、名牌产品。坚持实施“引进来”和“走出去”战略，通过举办和参加区内外农产品展示展销等活动，提高西北半干旱地区特色优势农产品市场知名度和竞争力。市场体系建设要以初级集贸市场为基础，以批发市场为中心，建成一个结构完整、功能互补的市场网络。要积极发展资金市场、劳务市场、技术市场和生产资料市场等重要生产要素市场，为推进产业化创造一个较好的外部环境和平等竞争的条件。要大力培育、专业协会、农产品购销公司及股份合作企业等各类中介组织，帮助农民进入市场。要发挥龙头企业市场开拓能力强、信息来源广的优势，巩固、开辟和占有市场，不断提高对国内外市场的覆盖面。要加强与大中城市联系，在沿海口岸和经济特区，设立对外窗口，开展补偿贸易、期货贸易等多种形式，不断扩大产品销路。

6.1.6　职业农民培育工程

依托国家新型职业农民培育工程和农业科技培训项目，开展基层农技人员轮训，探索推行农技人员资格准入制度，努力实现专业技术人员在农技队伍中占比达到80%的目标。发展农业职业技术教育，完善以政府为主导，面向市场、多元办学、开放运行的农民教育培训体系。探索新型职业农民培育路径，以农民专业合作社负责人、农业企业领办人、农业创业人员、规模种养场主等为重点，培养一批“以农业为职业、占有一定的资源、具有一定的专业技能、有一定的资金投入能力、收入主要来自农业”的新型职业农民。

6.2　战略步骤

分为两个阶段进行，各阶段的建设任务具体如下：

6.2.1　第一阶段：全面建设阶段（2015—2020年）

主要建设任务有：

（1）根据西北半干旱地区优势特色农业发展总体安排和具体布局，广泛开展宣传教育，提高广大干部和群众对大力发展优势特色农业的认知，将优势特色农业区划结果落到实处。

（2）有序推进农村土地承包经营权流转，大力培育和发展各类新型农业经营主体，推进农业产业化经营，促进优势特色农产品规模化、专业化、标准化生产。

（3）政府部门大力开展与涉农科研院所、大专院校的沟通和协调，做好关键技术攻关、技术供给和技术培训等工作。

（4）加大力度建设集中连片的特色优势农产品生产示范基地，按照现代农业的要求，加快农业基础设施建设，提高农业综合生产能力。

（5）建立健全区域特色优势农产品市场营销体系，不断提高特色优势农产品的市场占有率。

（6）制定优惠政策，广泛开展职业农民培训。

到 2020 年，西北半干旱地区优势农业产业布局日益优化，生产实现良种化、标准化、规模化、品牌化，建立起较稳定的优质特色农产品生产基地，培育出若干具有区域影响的优势农产品加工龙头企业、农民专业合作社和特色农产品品牌，初步形成特色农产品、初加工、精深加工、副产物的综合利用和第三产业发展的全产业链雏形，优势农业产业总产值占西北半干旱地区生产总值的比重提高到 35% 左右，农民人均纯收入持续稳定增加。

6.2.2 第二阶段：提档升级阶段（2021—2025 年）

主要建设任务有：

主要围绕特色优势农产品分区生产基地建设、做大做强特色优势农产品加工龙头企业、稳步提高农民组织化程度、健全完善市场营销体系和培育职业农民等方面的西北半干旱地区优势农业产业建设，到 2025 年，西北半干旱地区优势农业产业布局实现良种化、标准化、规模化、品牌化，建立起稳定的优质特色农产品生产基地，培育出若干具有区域影响的优势农产品加工龙头企业、农民专业合作社和特色农产品品牌，形成特色农产品、初加工、精深加工、副产物的综合利用和第三产业发展的全产业链，优势农业产业总产值占西北半干旱地区生产总值的比重提高到 50% 左右，农民人均纯收入持续稳定增加，城乡居民收入差距稳步缩小，实现城乡协调发展。

第七章

战略措施

农业产业化经营是提高农业竞争力和效益、增加农民收入的有效途径。发展农业产业化要坚持用工业化理念、一体化理念、可持续发展理念和开放合作理念来谋划，以提质增效增收为目标，变劣势为优势，变优势为强势，突出产前产中产后全程构建，注重生产加工流通有效衔接，加快产业带和产业大县建设步伐，努力把西北半干旱地区建成全国重要的优质特色农产品生产基地。

7.1　加强组织领导

要充分认识加快发展西北半干旱地区优势农业产业的重要意义，加强组织领导，健全工作机制，明确责任分工，强化考核评价，加快推进现代农业建设。要依据当地资源优势、区域特点、产业发展现状，制定本地区优势农业产业发展规划和实施方案，统筹协调推动重大工程的实施，确保规划落到实处。

7.2　强化产业政策扶持

7.2.1　加大财政政策扶持力度

调整和完善各项政策，加大扶持力度。在抓紧落实好现有各项政策的基础上，进一步适应形势发展的要求，调整和完善各项政策措施，加大扶持力度。积极推动各级财政逐步增加特色农业专项扶持资金规模，按照“总量持续增加、比例稳步提高”的要求，持续增加“三农”投入，加大对优势农业的财政转移力度。

（1）调整优化农业补贴方式、范围，增加农业防灾减灾稳产增产关键技术良法补助，支持耕地地力保护和粮食适度规模经营，新增补贴向主产区、种养大户、合作社倾斜。

（2）将乡镇或区域性农业、林业、动植物疫病防控、农产品质量检测监管等公共服务机构履行职责所需经费纳入地方财政预算，按照种养规模和服务绩效安排工作经费。提高基层农技人员待遇，实现在岗人员工资收入与基层事业单位平均水平相衔接。

（3）加大动物疫病防控经费投入，完善病死动物无害化处理补贴制度，建立和完善农作物病虫害专业化统防统治补助政策。

（4）扩大粮棉油高产创建、畜牧养殖产品标准化创建以及农业标准化示范县项目建设规模和土壤有机质提升项目实施范围。发挥财政资金带动作用，引导企业资本和社会资本投入农业，形成多元化投入格局。

（5）设立西部地区农业产业化专项资金，来源包括发行西部地区建设国债、预算内资金、发行彩票、吸收社会捐赠等，扶持一批有发展前景、带动作用强、以公司加农户为经营方式的龙头企业。

7.2.2 加大金融扶持力度

加大对合作社、龙头企业的金融扶持力度，创新信贷担保手段和担保办法，切实为农业产业化组织提供高质量的配套金融服务。依托金融部门，特别是要发挥农业银行、农业发展银行、农村信用联社和村镇银行服务“三农”的职能，不断增加农业产业化经营贷款，重点支持特色优势产业发展。在实施差别化的利率政策基础上，加大对龙头企业、合作社、种养大户生产性贷款的金融扶持力度，重点解决特色优势产业基地建设，产品收购、贮藏、运销、加工等环节中的资金需求。

（1）建立健全龙头企业信贷担保体系，促进特色农产品种养生产基地建设，加大农业基础设施建设力度，推进农业产业化经营。

（2）完善信贷担保办法，推进农户房产、林权、土地等抵押贷款。

（3）积极发展农业产业化小额担保公司，充分发挥农村信用合作作用，探索农民发展农业产业化资金股份政策，通过扩大农村有效担保物范围，进一步规范和引导民间借贷健康发展，打通农村资源资产化通道。

（4）对于投资于西部地区优势资源开发的项目，可根据贷款数额将还贷期限放宽至10～20年；对于贷款数额较大的重点项目，可由商业银行总行直贷解决，政府给予贷款贴息2～3年。

7.2.3 创新农用地经营模式

在坚持农村基本经营制度和充分尊重农民承包经营权的前提下，优化资源配置，实现土地集中经营和规模经营，建立特色产业基地。依托农村土地信用合作社、农机专业合作社开展土地存、贷和农田作业服务业务，鼓励支持多种管理模式，规范运作；鼓励农产品加工龙头企业租赁土地或以吸收土地入股的方式建设原料基地，推进土地适度规模经营，提高土地利用率，壮大优势特色产业基地规模。

7.3 鼓励优势农业产业经营机制创新

7.3.1 鼓励农村经济体制和制度创新

加快农村土地制度法制化建设，完善土地征用程序和补偿机制。完善农业投资管理体制，进一步放宽农业和农村基础设施投资领域。拓宽信贷资金支农渠道，改善农村金融服务。加大农业减灾投入，建立特色农业产业集群化发展专项生产基金和市场风险基金，推行农业互助保险模式。建设农业社会化服务与管理体系，要依法行政，加大农业执法力度，提高农业行政执法效果，使特色农业的各项管理工作走上法制轨道。

7.3.2 创新优势农产品经营模式

按照经济规律妥善处理生产、加工、经营三者之间的关系。一是扶持生产、保护农民利益。在生产、加工和经营体系中，生产是基础，加工、经营部门必须着眼长远利益，把生产当作实现自身利益的源泉，主动地扶持生产、服务生产、保护生产。积极支持和鼓励有条件的龙头企业在收购特色农产品时，确定最低收购保护价，将部分加工、销售环节的利润返还给农户。二是利益均沾、风险共担。大力发展“龙头企业+合作社+农户”等经营模式，促进龙头企业通过股份制、股份合作制等形式，与农户在产权上结成更紧密的利益共同体，形成“风险共担、利益共享”的新机制，切实保护企业和农户的利益。三是依法经营、规范管理。各产业化主体要依据国家相关法律法规，建立健全章程，用契约规范经营行为，使承担责任、履行义务、利益分配以及违约处罚等都有法可依、有章可循。

7.3.3 培育壮大龙头企业

根据西北半干旱地区的实际情况，按照“扶优、扶大、扶强”的原则，重点扶持一批布局合理，具有一定规模和辐射带动能力的农畜产品加工、贮藏、流通龙头企业。在龙头企业建设中，既要对已经形成一定规模和经济实力的企业给予扶持，帮助他们进行技术改造、增加科技含量、提高加工水平，又要从实际需要出发，抓紧新建一批区域性龙头企业。鼓励龙头企业通过联合、兼并、收购、租赁、组装上市等形式，实行低成本扩张，增强辐射带动能力。积极支持和鼓励多层次、多成分、多形式发展龙头企业，加大对外开放，大胆引进国内外资金、人才和先进技术设备，实行集团化经营，把龙头企业做大做强。

7.3.4 实施职业农民资格准入机制

拓宽农业培训的筹资渠道，除了加大中央财政支持以外，地方政府要配套提供相应的资金，鼓励当地农业企业、农民专业合作社、农民专业协会等单位与组织积极投入到新型农民培训工作中。建立由政府主导、统筹规划的职业农民培训体系；通过立法，明确职业农民培训在整个教育体系中的地位、承担主体以及运行机制，使职业农民培训获得根本性的制度保证。尽快明确各部门的职责和职能，形成统筹协调的运行机制，避免培训工作交叉重复运行，并着力构建促进职业农民培训发展的良好环境。

7.4 创新农业科技成果推广体系

按照“完善市一级、强化县一级、理顺乡一级、健全村一级”的发展思路，切实增强基层农技推广服务体系功能。坚持“条块结合”的管理体制，强化县级指导服务功能和乡镇组织实施功能，提高农技人员的专职化。大力推行“3+X”的“一站式”职能配置和服务模式：即在履行好农业技术推广、动植物疫病防控、农产品质量监管等三项基本职能的基础上，拓展“三农”政策宣讲、市场信息、科技信息、农业气象、土地流转、防汛抗旱、农业资源管理及农田水利等服务。引导、支持和鼓励社会化服务组织开展工厂化育苗、农机作业、农机维修、农资供应、电子商务等经营性服务，以实现政府公益性服务和市场社会化服务的有机链接，促进农业科技成果的快速转化应用。积极引导发展民办农业科技服务公司、农民专业合作社和农民专业技术协会。围绕特色、优势产业，对农户实行“六统一”服务，即：统一农业投入品配送；统一种子种苗供应；统一产品规格；统一生产技术标准；统一订单销售；统一品牌包装。

7.5 加大对建设优势农业产业的宣传

7.5.1 加大优势农产品质量安全宣传力度

加大宣传力度，引导农民增强农产品的质量安全意识，将无公害绿色农产品生产基地建设的重要性及农产品质量安全的具体工作，通过电视、广播及其他农民群众喜闻乐见的形式进行宣传。一是在地方报刊开辟专栏，印制专项工作简报，组织农民进行无公害农产品质量安全的学习；二是将有关基地建设、技术规程、标准等编印汇集成册，发放给生产基地（企业）的技术人员学习；三是将各种技术，按生产季节分解成单项，印成公告、传单，张贴在乡镇、村委会、村民小组的公共场所及生产基地的田头，让农民群众随时可见，时时学习。农业生产者进行多种形式的培训，提高标准意识、科技水平，整体提高农业人口的文化素养、道德水准。

7.5.2 加强优势农产品品牌宣传

大力推进农产品商标注册，增强农业企业、农民专业合作社、经纪人、农户等生产经营主体的商标意识，积极鼓励生产经营主体申报绿色农产品注册和实施原产地保护，运用商标来保护自己、扩大市场份额。加强对农产品品牌的监管工作，加大品牌保护力度，打击假冒伪劣行为，促进农产品品牌建设健康有序发展。

专题2

我国西北半干旱地区
旱作农业节水利用发展战略研究

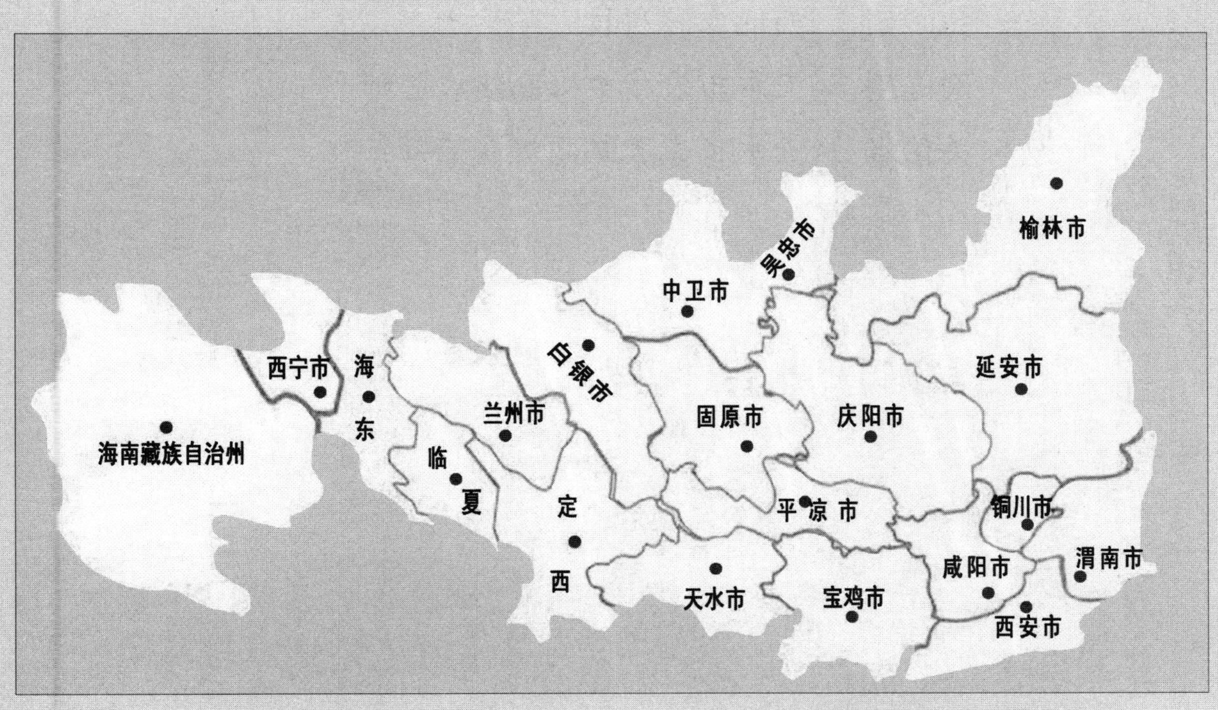

课题组顾问：

山　仑　　中国工程院院士

李佩成　　中国工程院院士

课题组组长：

霍学喜　　西北农林科技大学教授

课题工作组组长：

刘天军　　西北农林科技大学教授

课题工作组成员：

朱玉春　　西北农林科技大学教授

王永强　　西北农林科技大学讲师

赵佳佳　　西北农林科技大学博士

魏　娟　　西北农林科技大学博士

陶志刚　　天水市农技中心高级农艺师

关佑君　　天水市土肥站高级农艺师

第一章

西北半干旱地区发展旱作节水农业的重要性和必要性

1.1 缓解水资源紧缺的重大战略

我国是世界上13个严重的贫水国之一，水资源总量居世界第6位。我国也是世界上干旱半干旱地区面积较大的国家，旱地面积占全国总土地面积的35.9%，主要分布在我国西北部的陕西、青海、宁夏、甘肃等省区。农业生产条件不稳定的半干旱地区占国土面积的21.7%，年降雨量在300～550 mm左右的黄河中游的黄土高原地区是我国主要的旱作农业实施区。同时，随着今后人口增长以及工业化、城镇化的深入发展，工农之间、城乡之间争水矛盾将进一步加剧，受农业供水零增长政策的影响，农业灌溉用水增长空间有限，未来缓解农业用水供需矛盾，将更多依赖于对天然降水的有效利用。因此，大力发展旱作农业节水利用，将成为解决我国西北半干旱地区水资源短缺的重大战略途径。

1.2 国家粮食安全的重要保障

我国半干旱地区的耕地面积约有2000万 hm^2，在我国21世纪农业中占有重要地位，是解决未来我国粮食问题希望的寄托。但是目前该地区的灌溉面积仅为20%左右，单位面积产量仅为全国平均值的一半，其中典型半干旱地区，如黄土高原丘陵沟壑区，灌溉面积不足10%，单产仅为全国平均值的1/3。目前，半干旱农作区基础设施薄弱，水资源利用效率低，中低产田比例高，粮食产量仍有较大提高空间。中长期看，我国粮食供求紧平衡将成为一种常态，发展旱作农业节水利用，挖掘半干旱农作区增产潜力，将成为我国粮食安全的基础保障。

1.3 促进可持续发展的客观要求

西北半干旱地区是我国生态环境最脆弱的地区，长期以来，不合理的人为活动又进一步加剧了半干旱地区生态环境的恶化，导致大面积的水土流失，地下水位下降，旱灾频发，甚至河流断流，造成了一系列生态环境问题。大力发展旱作农业，通过节水利用技术的应用和推广，可有效地增强耕地蓄水抗旱能力，实现自然降水与灌溉水的综合利用，减少对地下、地表水资源的过度开发和依赖，减轻水土流失和土地沙化，促进人口、资源、环境相协调，增强农业可持续发展能力。

1.4 构建和谐社会的重要途径

西北半干旱地区是我国贫困高发区，经济欠发达，生态环境恶劣，产业结构单一，农民60%以上的收入来自农业。通过发展旱作节水农业，有效提高水土资源利用效率和效益，在稳步发展粮食生产的基础上，发挥旱作区农业独特的资源优势，加快特色农业产业发展步伐，促进旱作区农业再上新台阶，是增加农民收入和消除贫困的有效举措，是发展现代农业、推进社会主义新农村建设的重要内容，是促进区域经济发展、缩小城乡差别、构建和谐社会的重要途径。

第二章

西北半干旱地区旱作农业发展现状与问题

2.1　西北半干旱地区旱作农业发展概况

2.1.1　地域范围及特征

半干旱地区是一个特定的生态类型、重要农业区域。西北半干旱地区包括位于35°N以北、110°E以东地区，为黄土高原农牧交错区。这里既是气候变化敏感区，又是生态环境脆弱带，还是黄河中上游水土保持重点区域。该区域是雨养农业区，农牧林业生产和生态环境对气候条件的依赖性极强，气候变化对社会经济影响重大。这些地区主要包括甘肃省中东部、陕西省北部和中部、宁夏回族自治区大部、青海省东部，共4省区20个市州，总面积36.5万km^2，其中耕地面积697.7万hm^2，2013年区域人口5671万人，生产总值约2万亿元。半干旱地区的耕地面积约有2000万hm^2，在我国21世纪农业中占有重要地位，是解决未来我国粮食问题的希望之寄托。但是目前该地区的灌溉面积仅为20%左右，单位面积产量仅为全国平均值的一半，其中典型半干旱地区，如黄土高原丘陵沟壑区，灌溉面积不足10%，单产仅为全国平均产量的1/3。我国以黄土高原为中心的半干旱地区与国外同类地区相比有许多对农业发展不利之处。我国半干旱地区农业的特殊性表现在：一是人口密度大；二是坡耕地比例高；三是土壤肥力低下。

半干旱地区是一个特定的生态类型和重要的农业区域，其特点可归纳为：

（1）生态环境极为脆弱。严重的土壤侵蚀和频繁的干旱每年在同一地域交替发生。如我国西北黄土丘陵即属于典型的半干旱地区，年降水量仅为300～550 mm，土壤侵蚀模数达5000 t/(km^2·a)以上。

（2）天然植被、人工草地和旱作农业并存。林业受到地域降水的限制，只能局部发展，因此其成功的经营主要采取农牧结合的方式，以增强生产的稳定性和抗御自然灾害的能力，通常农牧业产值约各占一半。

（3）土地利用不合理。由于降水量尚处在允许从事农业生产的范围之内以及土地利用的多方向性等因素，往往在人口压力较大的情况下盲目开垦土地，造成土地利用不合理，引发人为的水土流失和土地贫瘠化，使得本来就很脆弱的农业生态环境持续恶化。

2.1.2 水资源现状

（1）西北半干旱地区水资源匮乏

我国是世界上水资源最匮乏的国家之一，人均水资源量仅为世界平均水平的四分之一。而且近年来，我国水资源总量一直呈下降的趋势，地表水、地下水资源总量也随之下降。在我国水资源最短缺的西北干旱半干旱地区，陕西、甘肃、宁夏、青海四省（区）水资源总量之和仅占全国水资源总量的5%左右。其中，地表水占全国总地表水的4.95%，比地下水资源量约低3%，而最高的地表与地下水资源重复量也只有8.22%。从图表2-1、图2-1可以看出，青海省的水资源相对较丰富，其地表水和地下水资源量以及地表与地下资源重复量分别为776亿m^3、349.4亿m^3和331.5亿m^2。而甘肃省和宁夏回族自治区水资源缺乏最严重，甘肃省的水资源总量都不到青海省的1/3，宁夏回族自治区的水资源总量更是不及青海省的1/10。

表2-1 2014年西北半干旱地区水资源总体情况(单位:亿m^3)

地区	地表水资源量	地下水资源量	地表水与地下水资源重复量	水资源总量
陕西	325.8	124.1	98.3	351.6
甘肃	190.5	112.6	104.7	198.4
宁夏	8.2	21.3	19.4	10.1
青海	776	349.4	331.5	793.9
全国	26263.9	7745	6742	27266.9
西北半干旱地区合计	1300.5	607.4	553.9	1354
西北半干旱地区占比	4.95%	7.84%	8.22%	4.97%

资料来源:《中国统计年鉴》。

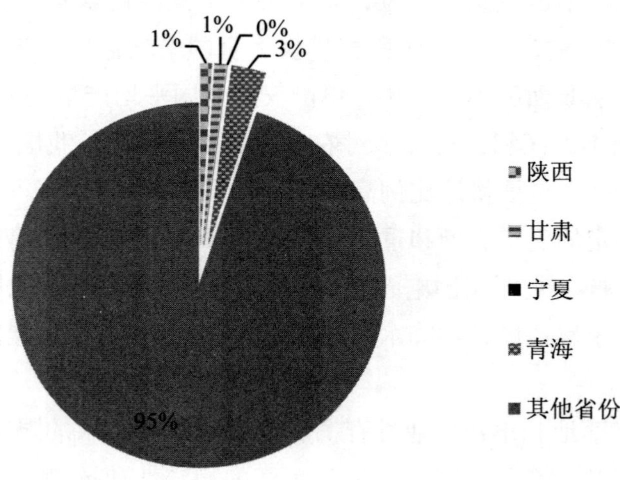

图2-1 2014年西北半干旱地区水资源总量饼状图

①近年来西北半干旱地区水资源总量变化情况

2011年我国水资源短缺最为严重，水资源总量及人均水资源量等指标是近四年来的最低值，2013年和2014年连续两年全国水资源总量也持续下降，陕西、甘肃、宁夏、青海四省（区）的水资源量的总和占全国水资源总量的比例也显著减少，从2011年的6.83%减少到2014年的4.97%不到。青海省水资源相对甘肃省和宁夏回族自治区丰富一点，在2014年保持在793.9亿m^3左右。而陕西省水资源总量减少最为严重，从2011年的604.4亿减少到2014年的351.6亿m^3。甘肃省和宁夏回族自治区的水资源总量总体严重匮乏，2011年至2014年仅为青海省的三分之一和十分之一（见表2-2）。

表2-2 西北半干旱地区水资源总量(单位:亿m^3)

地区	2011年	2012年	2013年	2014年
陕西	604.4	390.5	353.8	351.6
甘肃	242.2	267	268.9	198.4
宁夏	8.8	10.8	11.4	10.1
青海	733.1	895.2	645.6	793.9
全国	23 258.5	29 526.9	27 957.9	27 266.9
西北半干旱地区合计	1588.5	1563.5	1279.7	1354
西北半干旱地区占比	6.83%	5.30%	4.58%	4.97%

资料来源:《中国统计年鉴》。

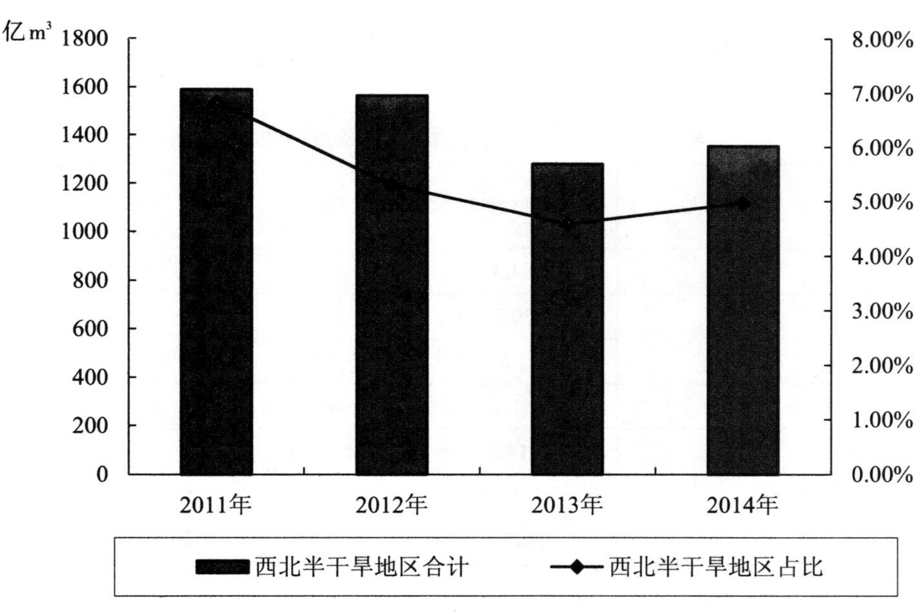

图2-2 2011—2014年西北半干旱地区水资源总量变化情况

②近年来地表水资源量变化情况

2011年到2014年期间，全国地表水资源总量基本上处于上升的态势，由2011年的22 215.2亿m^3上升到2014年的26 263.9亿m^3，但是西北半干旱地区地表水总量却处于总体下降的趋势，由2011年的1530.5亿m^3下降到2014年的1300.5亿m^3，且西北半干旱地区占比由2011年的6.89%下降到2014年的4.95%。其中，陕西地表水总量近年来下降幅度较大，由2011年的575.5亿立方米下降到2014年的325.8亿m^3。甘肃则呈现出先上升后下降的趋势，但2014年的地表水总量190.5亿m^3

仍低于2011年的233亿m^3。宁夏同样是先上升后下降，但2014年的地表水总量8.2亿m^3大于2011年的6.9亿m^3。青海地表水资源总量在波动中上升，由2011年的715.1亿m^3上升到2014年的776亿m^3（表2–3）。

表2–3　西北半干旱地区地表水资源量(单位:亿m^3)

地区	2011年	2012年	2013年	2014年
陕西	575.5	368	331.5	325.8
甘肃	233	259	262.2	190.5
宁夏	6.9	8.5	9.5	8.2
青海	715.1	879.2	629.5	776
全国总计	22215.2	28371.4	26839.5	26263.9
西北半干旱地区合计	1530.5	1514.7	1232.7	1300.5
西北半干旱地区占比	6.89%	5.34%	4.59%	4.95%

资料来源:《中国统计年鉴》

③近年来地下水资源量变化情况

2011年到2014年期间，全国地下水资源总量在波动中有小幅度上升的趋势，由2011年的7214.8亿m^3上升到2014年的7745亿m^3，而西北半干旱地区地下水资源总量在波动中有小幅度下降趋势，由2011年646.3亿m^3下降到2014年的607.4亿m^3，其占全国水资源总量的百分比也在波动中呈下降趋势，由2011年的8.96%下降到2014年的7.84%。其中青海地下水资源量占西北半干旱地区总量的50%左右，2011年到2014年有小幅度上升趋势，而陕西、甘肃、宁夏均呈小幅度下降趋势（表2–4）。

表2–4　西北半干旱地区地下水资源量(单位:亿m^3)

地区	2011年	2012年	2013年	2014年
陕西	164.3	130.2	118.5	124.1
甘肃	129.3	139.1	138.9	112.6
宁夏	21.6	21.6	22.1	21.3
青海	331.1	400.5	290.8	349.4
全国	7214.8	8416.1	8081.1	7745
西北半干旱地区合计	646.3	691.4	570.3	607.4
西北半干旱地区占比	8.96%	8.22%	7.06%	7.84%

资料来源:《中国统计年鉴》。

④近年来人均水资源量

《中国统计年鉴》的资料显示，全国人均水资源量呈现先上升后下降的趋势，但2014年的人均水资源量1998.6 m^3/人仍高于2011年的1730.4 m^3/人。其中，陕西总体上处于下降趋势，由2011年的1616.6 m^3/人下降为2014年的932 m^3/人，下降幅度较大。甘肃和宁夏则与全国人均水资源量的变化趋势较为同步，都是先上升后下降，不同的是甘肃2014年的人均水资源量767 m^3/人低于2011年的人均水资源量945.4 m^3/人，而宁夏2014年的人均水资源量153 m^3/人高于2011年的137.7 m^3/人。由于青海省地广人稀，导致青海省人均水资源量远超过其他半干旱地区甚至全国部分城市（表2-5、图2-3）。

表2-5 西北半干旱地区人均水资源量(m^3/人)

年份	2014年	2013年	2012年	2011年
陕西	932	941.3	941.3	1616.6
甘肃	767	1042.3	1038.4	945.4
宁夏	153	175.3	168	137.7
青海	13 675	11 216.6	15 687.2	12 956.8
全国	1998.6	2059.7	2186.1	1730.4

资料来源:《中国统计年鉴》。

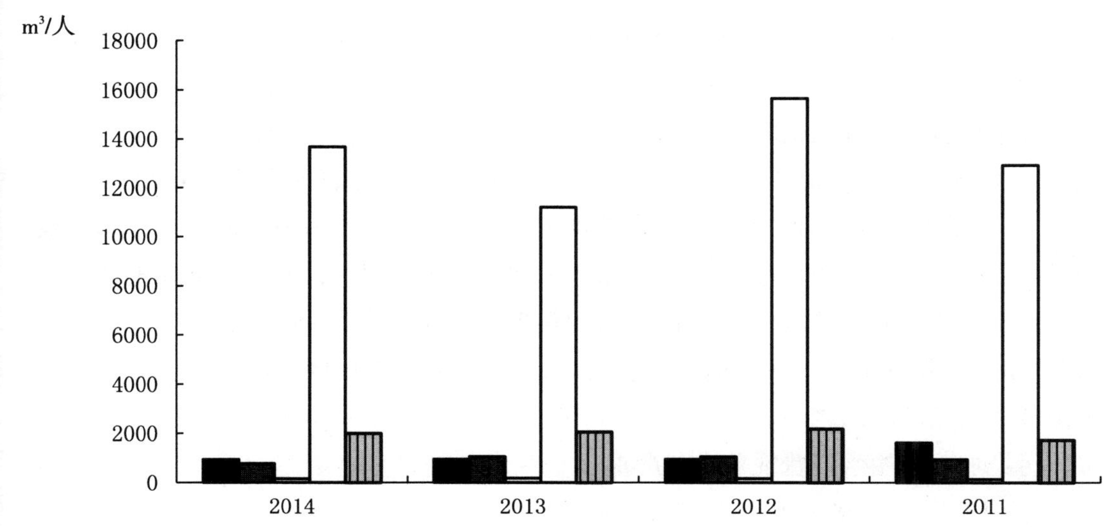

图2-3 西北半干旱地区人均水资源量柱状图

（2）西北半干旱地区水资源利用效率低

针对西北半干旱地区水资源利用效率低的问题，以随机抽样的方法与面对面访谈的形式，于2015年7月至8月在陕西省白水县和千阳县调研水资源利用、灌溉效率等相关问题，调查收回问卷260份，其中有效问卷242份，有效率为94.23%。通过构建灌溉用水效率测算公式以及计量经济学等先进计算方法，得出农户生产技术效率和灌溉用水效率，见表2-6：

表2-6 农户生产技术效率和灌溉用水效率分布表

效率值(%)	生产技术效率			灌溉用水效率		
	样本数量	比率(%)	累计比率(%)	样本数量	比率(%)	累计比率(%)
1～10	0	0	0	3	1.24	1.24
10～20	0	0	0	58	23.97	25.21
20～30	0	0	0	61	25.21	50.41
30～40	11	4.55	4.55	46	19.01	69.42
40～50	11	4.55	9.09	37	15.29	84.71
50～60	27	11.16	20.25	15	6.20	90.91
60～70	54	22.31	42.56	12	4.96	95.87
70～80	64	26.45	69.01	7	2.89	98.76
80～90	58	23.97	92.98	3	1.24	100.00
90～100	17	7.02	100.00	0	0	100.00
最小值	0.33			0.09		
最大值	0.96			0.86		
均值	0.79			0.33		

从表中可以看出：第一，农户农业生产技术效率平均值为0.79，灌溉用水效率平均值为0.33，表中农户的农业生产技术效率和灌溉用水效率都处于技术无效水平，具有很大的改进空间，基于农户层面的农业灌溉用水效率处于比较低的水平；第二，从农业生产技术效率和灌溉用水效率的频数分布可以看出，农业生产技术效率的分布比较稳定，主要集中于60%～100%的效率水平上。而对于农业灌溉用水效率而言，则表现出较大的波动性，分布比较分散，每个阶段的效率值都有所分布，其中10%～70%的效率值之间分布的比例相对更多一些。

（3）西北半干旱地区水资源现状总结

西北半干旱地区水资源短缺，水资源总量为1354亿m^3，占全国的4.97%，每1.00×10^4 km^2拥有水资源总量为8.26×10^8 m^3，远低于全国2.83×109 m^3的水平，与占国土面积35.9%相比，水土极不平衡，水资源匮缺。

①水资源不仅匮乏，且在枯竭

西北半干旱地区不仅水量匮缺，而且水源还在枯竭。维持着河西走廊6.70×10^4 hm^2耕地、4.00×10^6人口、数百个工矿企业、5.00×10^6头牲畜生存发展的固体水库——祁连山冰川的退缩一直在悄悄地进行着。来自中国科学院兰州冰川冻土研究所的多年观测证实：祁连山的冰川大部分处于退缩状态，而且退缩速度在加快，东部冰川的年平均退缩速度在16.8 m，中部冰川的年平均退缩速度为3.3 m，西部冰川的年平均退缩速度为2.2 m。黄河源头地区雪线上升，导致黄河来水减少，这也是黄河断流的原因之一。

②水体污染加重，用水浪费现象十分严重

西北半干旱地区地表水和地下水贫乏，但同时存在水体污染、水环境恶化和浪费严重等问题。首先，工业用水定额高，重复利用率低。西北内陆河流域城市工业单位产值用水量相当于全国的2倍，我国城市工业1.0×10^4元产值耗水量为200 m^3，发达国家仅为20 m^3。水的重复利用率低，80%的工业废水未经处理直排入流，而发达国家工业水重复利用率达70%以上。其次，城市用水浪费也很大。据统计，全国城市自来水管网水量损失率高达30%，这还不包括使用中的跑、冒、滴、漏。

③降水成为西北地区经济可用的重要资源之一

水资源是能够循环恢复使用的动态水量，一般认为地球上水资源包括3个方面：地下水、地表水和降水资源。地下水是存在于地下岩层或土层孔隙、裂隙或溶洞中的水。一般来说，地下水每年都从降雨的入渗和河流、水库的渗漏中获得补充，其开采量一般不能超过补给量，否则地下水资源将会逐年消耗形成区域降落漏斗，造成地下水资源枯竭，地面沉降、塌陷或地裂缝、地下水污染等。地下水埋藏深，开发利用不仅技术上难度大，而且经济上也难以承受。地表水主要表现为河流，而西北地区的河流多为内陆季节型河流，支流短且少，水量有限，多呈季节性变化，径流在流域内发生且在流域内耗尽，地表水和地下水资源贫乏。

西北半干旱地区降雨不仅年内分配不均，且年际变化很大，降雨多集中在6—9月，多以大雨或暴雨形式出现，降雨历时短、强度大，水分入渗慢而产生径流，造成“降水资源浪费，水流失严重”。

2.2　西北半干旱地区旱作农业发展现状

旱作农业就是在降雨量不足、没有灌溉的条件下，依靠自然降水进行的农业生产，包括种植业、养殖业、林果业及其他农业生产。旱作农业的核心是充分利用自然降水，提高自然降水的利用率和利用效率。多年来，国家高度重视旱作农业节水利用的发展，制定了一系列扶持政策，各地从本地实际出发，采取积极有效的抗旱节水措施，加快推进旱作农业发展，取得了一定的成效。

（1）建成了一批旱作农业节水利用示范区

从1996年开始，国家启动了旱作农业节水利用示范基地建设项目，截至目前已投入中央资金5.75亿元，建设旱作农业节水利用示范基地500多个，建成抗旱节水示范区约700万亩，配套节水设备设施2.2万台（套）、农机具1.2万台（件）、测试仪器5282台，动土方3100万m^3，建设蓄水设施56亿m^3，惠及农民约300万户。通过工程建设与农艺节水技术的组装配套，有效改善了示范区农业基础条件，提高了农田基础地力和抗旱节水能力。据统计与测算，示范区新增生产能力50～90千克/亩，新增节水能力80 m^3/亩，年均节本增效6亿元以上。在示范区的带动下，西北半干旱区域降水利用效率和生产能力稳步提高，并形成了一批特色产业，对保障农产品有效供给、促进农民增收做出了重要贡献，为大规模发展旱作农业项目积累了成功经验。

（2）研发推广了一批旱作农业节水利用技术成果

在国家的重视和支持下，各级农业科研推广单位，针对区域特点和旱作农业发展需求，围绕提高降水利用率和利用效率，在品种选育、栽培模式、田间工程、设施设备、化学制剂等方面开展了系统研究，取得了一大批旱作节水农业科技成果，并结合各类旱作节水农业项目的实施，组织开展了大量技术推广工作，垄沟种植、集雨池窖、地膜（秸秆）覆盖、深耕深松、膜下滴灌、免耕栽培、生物篱、坐水种和抗旱制剂等旱作节水农业技术得到了较大范围的应用。

（3）初步建立了旱作农业节水利用技术服务体系

为促进旱作农业节水利用技术成果转化与农业生产需求紧密结合，近年来，西北半干旱地区各级政府部门不断加大工作力度，强化科研推广手段和能力建设，着力完善产、学、研、推紧密结合的技术服务机制，初步形成了以农业科研院所为支撑、以农技推广机构为主体、以相关企业为补充的旱作农业节水利用技术服务体系框架。科研方面，相关科研院所和大学设立了旱作农业节水利用实验室或研究室，建设了旱作农业节水实验基地和野外观测台站，初步形成了从国家到地方的旱作节水农业技术试验网络。推广方面，各级农技推广机构加强了旱作节水农业技术服务设施设备和人员配备，建设了一批具有一定检测能力的土肥水实验室与旱情监测点，开通了专业网站，开展了技术骨干培训及科技示范户培训，旱作节水技术推广服务能力不断提高。同时，大批企业积极参与旱作农业节水利用技术产品研发和普及，地膜、保水剂、抗旱机具、节灌补灌设备等旱作节水产品基本形成系列，初步实现了标准化、规模化生产，为旱作农业节水技术的应用提供了物质保障。

（4）优化了种植结构，提高了粮食产量，促进了农民增收

通过推广和应用一大批旱作农业节水技术和科研成果，西北半干旱地区在种植结构、粮食产量和农民增收方面取得了显著成效。第一，优化了种植结构。如甘肃省通过推广全膜双垄沟播技

术，大力发展玉米和马铃薯等高产耐旱作物，玉米面积由2000年的700万亩扩大到2009年的1000万亩，马铃薯面积由1997年的500万亩扩大到2009年的1000万亩，初步形成了中东部旱作区玉米优势产业带和马铃薯种植、加工、流通产业聚集区。陕西在陕北推行压杂扩薯，渭北推行压小麦扩玉米。宁夏中部干旱带大力发展硒砂瓜、红枣、杂粮等抗旱作物，南部山区大力发展马铃薯、地膜玉米、反季节蔬菜等优势特色作物。通过种植结构调整，西北地区已初步形成特色鲜明、布局合理、优势突出、效益显著的农业生产布局。第二，提高了粮食产量。农田节水技术的示范推广应用，使天然降水利用率由50%提高到70%，将无效降雨变为有效降雨；将灌溉水利用率提高20%以上，核心示范区一般亩节水在30 m^3到100 m^3，保证了农作物生育期对水分的需求，从而增加了粮食产量。甘肃省在旱作区推广集地膜集雨、覆盖抑蒸、垄沟种植一体的玉米全膜双垄沟播技术，使天然降水的利用率提高了1倍，玉米平均增产35%以上，马铃薯平均增产30%以上，大旱的2007年，49万亩全膜双垄沟播玉米，亩均增产超过100千克，高的达到150千克。第三，促进了农民增收。2008年，甘肃省推广全膜双垄沟播玉米种植，比半膜玉米亩增收210多元，比春小麦亩增收300多元。宁夏推广压砂瓜100多万亩，平均亩产1000多千克，亩收益600元以上。目前，甘肃的马铃薯、陕西的苹果、宁夏的压砂瓜等已成为西北旱作农业区增长最活跃、产业化程度最高、农民增收最明显的支柱产业。

2.3 西北半干旱地区旱作农业发展存在的问题

（1）认识不到位，重水浇地轻旱地

西北半干旱地区保障粮食安全的战略地位日益突出，但降水所决定的水资源总量缺乏是刚性限制，在无其他水资源可供开发的条件下，应水路不通走旱路，充分利用当地天然降水发掘旱作农业生产潜力，搞好旱作农业。这比在没有水源或水源不足的地区去勉强发展井灌或建设水库，不讲经济效益地进行高程提水要实用，而且又经济高效。但在实际工作中，一些地方对发展旱作农业的重要战略地位认识不足，重灌区、轻旱区，重工程技术、轻农艺技术的现象依然不同程度地存在，扶持政策和发展措施的连续性不够，加之旱作区自身发展条件和能力较差，制约了旱作农业的发展。

（2）投入严重不足，粗放经营生产

在西北半干旱地区，投入少、经营粗放是一个普遍的问题，并随着可利用水分减少而问题有越严重的趋势。长期以来，国家对旱作农业基础设施建设的投入严重不足，没有固定渠道。同时，西北半干旱地区多为经济欠发达地区，地方财力不足、农民收入水平低，投资能力弱。这种状况导致旱作农业的基础设施建设欠账较多，基础设施较为薄弱，抗旱减灾能力提升缓慢，影响了旱作区农业综合生产能力的持续提高。

（3）技术支撑和推广力度不够

经过多年的发展，我国虽已初步建立了以旱作农业节水技术为核心的旱作农业技术服务体系框架，形成了一批相对成熟的旱作农业技术，但技术研发能力总体仍比较薄弱且力量分散，技术推广体制机制不完善，基层农技推广机构公共服务能力和手段不足，特别是重大旱作农业节水技术研发滞后，技术成果普及速度慢、范围小、到位率低。已推广的技术也以单项技术居多，综合配套技术示范少，农民应用旱作农业技术的积极性和作用没有充分调动和发挥，还不能适应半干旱地区现代农业发展形势需要。

(4) 技术人才队伍急需加强

现代以节水农业为核心的旱作农业是一个相对较新的学科，也是一个综合性较强的技术，需要水利、农业、机械、生物、化学、工程等众多学科联合攻关，技术的综合性和学科的年轻特点，就使得对新型人才的要求提出了新的挑战。过去，我国从事旱作农业节水利用的科技工作者大多为农田水利与农学科技工作者，难以适应现代旱作农业节水利用技术发展的需求，急需培养一支新型的产学研结合的旱作农业节水利用科技队伍，以适应现代旱作农业科技发展之需求。

第三章

旱作农业节水利用技术发展现状、问题及趋势

3.1 节水利用技术发展现状

在国家攻关计划、“863”计划、科技基础平台建设等科技发展计划的支持下，我国旱作农业节水技术取得了较大成绩，已经拥有了一批具有自主知识产权的农业节水技术。

3.1.1 抗旱品种和旱作栽培技术

根据当地的降水分布、干旱发生规律和作物水分特性，因地制宜压缩需水量大易干旱的作物，扩大雨热同步和秋熟作物，选择耗水少而水分利用效率高的作物。通过调整作物布局，建立适应型高效种植制度，一般可使农田整体水分利用效率提高1.5～2. 25 kg/(mm · hm^2)，增产15%～30%。在优化种植制度下，选用抗旱、节水、高产品种一般可较原主栽品种增产10%～25%，水分利用效率提高1.5～2.55 kg /(mm · hm^2)。近年来，由于干旱缺水严重，育种家把品种的抗旱性能作为作物品质育种的重要攻关目标之一，目前西北半干旱地区推广的主要品种的抗旱性能都较过去有了很大的提高。玉米、小麦、豆类、薯类、杂粮、棉麻、油料、糖料、果树等都有一批高抗旱品种。

3.1.2 减免耕保水技术

在半干旱地区，采用“以松代耕”“以旋代耕”“高留茬免耕套播”和“免耕直播”等方式，可以增加水分入渗深度和蓄水保墒能力，减少水分流失（跑墒），节约用水。目前推广的“小麦高留茬免耕技术”“水稻免耕抛秧”、硬茬播种等，都是以节水保墒和减少水肥流失为主的保护性耕作技术。它与简化栽培和节本增效技术结合，近两年有加快发展的趋势。

3.1.3 生物、化学制剂保水技术

近年来，我国已研制开发了多种生物和化学、有机与无机的抗旱保水剂、黄腐酸抗旱剂、水

分蒸腾抑制剂等，在旱作农业节水上推广应用，主要用于拌种、苗木移栽和扦插之前的浸根，以增强作物根部的吸水保水能力，提高出苗、成活率。有的在整地时施入或与肥一起底施；也有的喷洒在土面或作物叶面；还有的是通过作物生理调控机制，增加作物抗旱机能，实现抗旱节水和保产增效的目的。小麦、玉米用保水剂拌种后，出苗率比不拌的高20%～30%，增产15%～25%。喷黄腐酸可使作物叶片蒸腾速率降低19%～27%，田间耗水量减少7%～9%，增产9%～12%，水分利用效率提高25%～35%。用“ABT和根粉”拌种或浸种，可提高土壤储水利用率20%以上。

3.1.4 覆盖保水技术

在耕地表面覆盖塑料薄膜、秸秆或其他材料可以抑制土壤蒸发，减少地表径流，提高地温，培肥地力，改善土壤物理性状，因此起到蓄水保墒、提高水的利用率，促进作物增产的良好效果。秸秆覆盖一般可节水15%～20%，增产10%～20%。覆盖塑料薄膜可增加耕层土壤水分1%～4%，节水20%～30%，增产30%～40%。地膜覆盖和秸秆覆盖在我国应用面积较大，成效显著。其中：地膜覆盖技术自20世纪70年代末引入，推广面积年年扩大，至今应用面积已达2.4亿亩，大棚和日光温室等设施栽培面积3000多万亩；秸秆还田技术近年来推广也较快，已从1990年的3.6亿亩，扩大到目前的5.6亿亩，扩大了2亿亩，年秸秆还田量大约1.8亿吨，约占农作物秸秆总量的30%。目前，秸秆还田的方式方法多种多样，有秸秆粉碎还田、整秆还田、高留茬还田，有地面覆盖，也有沟埋土压方式，还有秸秆地膜双覆盖模式等。

3.1.5 水、肥耦合技术

通过对土壤肥力的测定，建立以肥、水、作物产量为核心的耦合模型和技术，合理施肥，培肥地力，以肥调水，以水促肥，充分发挥水肥协同效应和激励机制，提高抗旱能力和水分利用效率，可在不增加施肥量的条件下，获得较大的经济效益，以节约水肥资源，减少污染，改善生态环境，增产增收。在不增加施肥量和水量的情况下，肥料利用率可提高3%～5%，产量增加10%以上。

3.2 节水利用技术面临的问题

（1）节水技术创新储备不足，难以适应旱作农业现代节水利用的发展需求

经过近十年的发展，我国一些科研单位在灌溉的理论研究方面取得了显著成效，研发了一些成熟的实用技术，并在生产中推广应用。但存在综合技术水平较低、高新技术研究薄弱两大问题。具体表现在，所研究的技术在生产实际应用中往往与实验结果相差甚远，单项技术未进行综合和集成，未发挥出整体优势。如在节水农业技术的应用推广中，存在重视节水灌溉技术，忽视农艺技术现象，由于节水灌溉技术与农艺技术不配套，造成节水效果不明显或水利用效率较低的情况出现。

（2）成果转化速度和产业化水平有待提升

我国在旱作农业节水技术储备方面相对较弱，加之已有技术集成度差，未能形成可供实际应用的技术体系，导致技术成果转化率低；另一方面，我国节水企业发育还不十分成熟，处于起步

阶段，还没有形成大规模发展的产业，也使得技术成果转化速度相对较慢，严重制约了旱作农业的发展。据有关研究报道，我国旱作农业节水利用产业水平与发达国家相比至少落后20～25年，节水农业技术水平与国外发达国家差距在10～15年之间，节水利用的产业水平差距最大。技术成果的转化与产业化开发是我国旱作农业节水利用当前发展的重要任务，尤其是旱作农业节水利用产业水平的升级更是薄弱环节。

（3）研发平台建设相对薄弱

我国旱作农业节水利用技术研发平台建设仍很薄弱，尽管已经拥有了与旱作农业节水利用相关的多个学科，有一部分国家与省部级工程技术研究中心，也拥有一部分省部级的重点实验室和野外试验站，但我国还没有一个节水农业国家重点实验室和野外试验站网络，研发平台建设尤其薄弱，也相对分散，没有集成综合整体优势。对于旱作农业节水利用前沿技术的研究，如生物节水技术、非传统水资源开发利用技术、精量用水灌溉技术，以及抗旱节水育种技术等缺乏有效的研究创新平台，这是导致我国旱作农业节水利用技术创新能力相对较差、创新技术储备不足的重要原因。

（4）技术研发与重大工程建设之间的结合不够紧密

由于缺乏有效的管理体制与运行机制，我国目前旱作农业节水利用技术研发与重大工程建设之间的结合还不够紧密，导致技术研发与工程建设有相对脱节现象，也给技术成果的转化与推广应用带来了一定困难。一方面，已经有相对成熟的技术，但工程建设部门并不了解，或者说工程建设部门了解，但由于行业保护政策，并不积极地去应用推广；另一方面，工程建设中急需解决的一些重大技术问题，由于缺乏有效的管理体制与运行机制，也很难较快地反馈到科技人员手中，使得工程建设中有关重大技术问题难以及时得到解决。

3.3 节水利用技术发展趋势

世界干旱半干旱以及半湿润偏旱区涉及50多个国家和地区，面积占世界陆地面积的35%，达4570万km^2。旱作农业生产区不仅是世界农产品的主要生产区，而且随着干旱缺水加剧，发达地区农业生产潜力开发趋于峰值，许多国家将农业持续发展的开发重点已投向旱区。大量研究结果和事实表明，在培育和引进水分利用效率高的作物新品种基础上，改善旱区土壤生态环境及提高水资源利用效率是增加粮食总产、解决全球粮食安全的必经之路，发展旱作农业已成为许多国家实现农业及社会可持续发展的重要战略选择。

由于旱区区域间自然条件、社会环境以及历史发展进程的不同，不同国家依据各自的自然、社会和经济特点，建立了相对稳定和完整的技术体系和旱作农业模式，极大地推动了农业发展。如美国的保护性耕作和夏季休闲模式，澳大利亚的粮草轮作模式，以色列的设施节水模式，印度的农林耕作制和集雨种植模式等。目前旱区农业节水利用技术呈现以下趋势：

（1）借助现代基因工程技术改良或培育新品种，提高作物抗旱性

在旱地发展农业生产最为主要的限制因子为水分，提高作物本身对土壤、大气中水资源的利用效率，增强作物在干旱环境下的适应能力是当前旱作农业科学研究的重点领域之一。目前，通过传统的和改良的育种手段开发干旱条件下稳产高产的新品系和新种质仍然是有力的手段。

目前，发达国家凭借其优越的技术条件和雄厚的资金支持，在培育抗旱节水作物新品种上研

究成果较多，如澳大利亚和以色列等国家的小麦品种、以色列和美国的棉花品种、加拿大的牧草品种、以色列和西班牙的水果品种、巴西的陆稻品种等。这些品种不仅具有节水抗旱的突出特点，又具备稳定的产量性状和优良的品质特性，在旱作农业的发展中发挥了其应有的作用。

（2）创新、集成保护性耕作技术，构建农业资源持续利用型的耕作体系

保护性耕作已成为世界上应用最广、效果最好的一项旱作农业技术，受到世界各国的关注。保护性耕作起因于美国20世纪30年代的“黑风暴”，20世纪80年代后，保护性耕作逐步推广应用到70多个国家。据FAO统计，目前全世界保护性耕作应用面积达到1.69×10^{8} hm^{2}，占世界总耕地面积的11%。其中免耕面积达到7476.23×10^{4} hm^{2}，占世界总耕地面积的4.9%。据Derpsch（2009）估计，95%的免耕地在美洲，其中北美洲占51%，南美洲占44%，使用保护性耕作技术面积最大的主要有美国、巴西、阿根廷、澳大利亚、加拿大等国。美国从20世纪40年代开始研究保护性耕作技术，20世纪60年代开发成功免耕播种机和除草剂后，开始大面积推广，不同形式的保护性耕作面积达到1975×10^{4} hm^{2}，占土地面积的64%；1971年巴西引进并试验成功保护性耕作技术，1975年免耕播种机研发成功后，得到大面积的推广，1985年达到40×10^{4} hm^{2}，1995年达到650×10^{4} hm^{2}，2002年超过1700×10^{4} hm^{2}，是世界上保护性耕作应用面积增长最快的国家之一；截至2002年，阿根廷保护性耕作面积超过2000×10^{4} hm^{2}，超过阿根廷总耕地面积的80%；澳大利亚从20世纪80年代开始大面积推广保护性耕作，澳大利亚谷物研究和发展委员会的调查报告显示，澳大利亚基本已取消铧式犁，保护性耕作技术使用面积达到864×10^{4} hm^{2}，占全国农田面积的71%，据统计1996—2000年，澳大利亚73%的农民从改变耕作方式中受益；20世纪60年代前，加拿大普遍采用铧式犁翻耕方式，20世纪80年代开始大面积推广保护性耕作技术，目前80%的农田采用高留茬、少免耕为主的保护性耕作技术，面积达到408×10^{4} hm^{2}，免耕作物主要是小麦、大麦、玉米、苜蓿、豆类等。巴西和阿根廷在全球保护性耕作面积发展最快的国家中，分别列居第二和第三位，另外，日本、墨西哥、以色列、印度、埃及、巴基斯坦、俄罗斯等国家也相继开展了保护性耕作的研究和应用，并取得了一定的成效。

2001年10月，联合国粮农组织与欧洲保护性农业联合会在西班牙召开了第一届世界保护性农业大会，标志着保护性耕作在世界范围内得到广泛的重视；2002年8月26日在南非召开的第二届可持续发展首脑会议呼吁，大力发展保护性耕作，促进农业可持续发展；2004年4月16日出版的国际权威期刊《Science》中，美国俄亥俄州立大学的生态学家认为，传统耕作导致的土壤结构破坏、生态环境恶化过程是缓慢的，但后果却是致命的，必须在全世界范围内广泛实行保护性耕作；国际土壤耕作组织认为，保护性耕作是目前能够实现粮食生产和环境保护协调发展的可持续发展农业技术、是土壤保护的成功范例。

（3）通过集水工程措施实现雨水的时空调配，提高天然降雨利用效率

雨水的收集和利用，是一项古老而文明的技术，在青铜器时代已经开始，已有4000多年的历史。2000年前阿拉伯的闪米特部族的纳巴泰人在内格夫沙漠中创造了集流集水系统，1000多年前就建造了能灌能排的雨养梯田；印度15世纪在Thar沙漠地区采用了“khadin”集水农业系统；几百年前印第安人就收集雨水种植玉米、南瓜和甜瓜。

在二十世纪五六十年代以后，随着二战的结束和经济的复苏，以及全球旱灾频率的加快和人口的增长，特别是20世纪70年代非洲大旱灾的打击后，古代雨水的利用技术重新受到人们的重视，在有关国家政府的参与和科技人员的努力下，随即投入了较大规模的理论研究与技术开发。

仅在1910至1980年期间就有170篇有关集水的文章被发表。集水种植是印度旱作农业技术的重要组成部分，主要在降水量少的地区采用，有三种形式：一是利用蓄水池收集田间降雨，在降水好的年份可以把总降水量16%～26%的径流收集起来，作为补充灌溉的水源；二是利用田内集水，即通过收集周围平地或集水区的水分来稳定作物产量。在此阶段，集水技术在伊朗主要用于果树如杏扁桃、阿月浑子、石榴、橄榄以及草场植物苜蓿、兰草种植。

20世纪80年代初，国际雨水收集系统协会成立以来，各国对雨水的利用进行了系统的研究，如东南亚的尼泊尔、菲律宾、印度和泰国，非洲的纳米比亚、坦桑尼亚和马里等国。雨水利用范围从生活用水向城市用水和农业用水发展，这一阶段雨水集流的研究主要集中在以下几个方面：第一，微型集水区集雨系统的定量模拟研究。荷兰、以色列、美国的科学家合作研究了微型集水区集雨方式，利用水量平衡的原理从理论上进行了定量研究，建立了设计微集水系统的模型，提出了微型集雨系统适合于在年降雨量为250 mm左右，且有黄土分布的荒漠区使用。第二，以农业生产为目的的降雨径流集水系统研究。20世纪80年代后期，联合国有关组织在对非洲的援助中把发展适合当地的径流农业技术作为一项重要内容，使一些发达国家的科技人员在非洲不同地区做了大量的试验，在恢复被遗弃的径流农业系统和开发新的径流农业技术方面取得了卓有成效的成绩。第三，以改善生态环境和建立新的农业生态系统为目的集水系统研究。以色列土地开发署林业部在内格夫荒漠区于1990年开始的“Savannization Project”计划，旨在通过微型集水区集水技术人为建造一个包括植物、微生物、水、土、营养物质相互作用的良好生态系统，增加生物多样性及生物生产力，促使荒漠生态景观向草原景观转变，抑制和逆转荒漠化。第四，微流域集水农业系统。微流域集水农业系统是指利用面积较大的集水区产生径流并贮存于蓄水池或贮水罐中，再通过修筑渠道、管道等输水设施把水分输入要灌溉的农地或直接供人畜饮用。我国于20世纪80年代为解决贫困山区人畜饮水问题开始对集水技术进行初步研究，20世纪90年代在政府的支持和科技人员的努力下，以集水技术为依托建立了初具规模的庭院经济集水农业模式。如甘肃的“121”工程，陕西的“甘露工程”，山西的“123”工程，宁夏的“窖窖工程”和内蒙古即将启动的“11338”工程。甘肃省的“121”工程、宁夏的“窖窖工程”和陕西“甘露工程”已形成一定规模。同时我国在黄土高原区大面积推广集流梯田和田间沟垄集雨覆盖措施，在农业生产方面获得了显著成效。

（4）强调生态自我修复与生态人工设计并重，恢复与重建旱地生态环境，开展农田土壤侵蚀防控研究

土壤侵蚀是许多国家研究的热点科学课题，特别是在美国、澳大利亚、中东地区和印度、中国及俄罗斯等旱地面积较大、土壤侵蚀严重的国家。另外，日本和欧洲等资源有限的发达国家，对土壤侵蚀与旱作农业也产生了极大兴趣。美国土壤侵蚀研究受国家农业研究服务部、自然资源保护局、环保局以及相应的一些大学（如Purdue大学）及学会（水土保持学会、农学会等）的重视。在水土保持机理研究方面，除了有著名的美国土壤侵蚀通用方程式外，近年来水质评价、保护耕作、有限灌溉等方面是土壤侵蚀与旱农研究的一些热点。例如，仅水质评价项目（1993—2003年）就列入一个有20年的动态监测时间，并在全国设定数十个监测站，投入经费近3亿美元的项目。

严酷的自然条件和日益恶化的生态环境是旱作农业可持续发展面临的两大严重障碍，因而旱地各国对生态环境问题给予了极大重视。乌克兰、俄罗斯等国通过在干旱半干旱地区营造农田防

护林，实施混农林制度，有效地控制风蚀；美国、澳大利亚、加拿大等国通过发展人工草地、推行粮草轮作制和保护性耕作等措施，减少旱地水土流失，使农牧业生产稳步发展。近年来，我国对旱地生态环境问题十分重视，也认识到生态环境建设与农业生产之间是对立统一的关系。一方面，生态环境的好坏直接关系到农业生产力的高低及其可持续能力的强弱；另一方面，建设旱地生态环境，又需要将大量的土地退耕还林还草，这将使生产能力薄弱的旱作农业面临新的压力。因此，必须正确处理生态环境恢复重建与农业生产之间的关系。

纵观国内外土壤侵蚀的研究现状，当前国际土壤侵蚀研究领域的前沿主要包括以下4个方面：第一，风蚀水蚀过程机理，土壤抗蚀性研究及风蚀水蚀交错作用，土壤侵蚀与土壤结构及蜕化研究等；第二，土壤保持规划与区域发展，包括区域旱作农业发展，土地蜕化与保护规划，制图与动态监测等；第三，环境质量评价与持续性，包括土地利用模式建立，土壤肥力提高与水土保持，化学药剂应用及资源环境保护；第四，侵蚀控制技术与战略，包括坡地利用模式，小流域综合治理，小流域水质的非点源污染监测，植被建造与覆盖作用，侵蚀控制战略等。

（5）评估气候变化对旱作农业生产的影响，稳定与持续发挥旱作农业系统的综合生态功能

全球气候变化已成为一个不争的事实，且呈现干暖化趋势。气候变化通过影响作物的生理过程、种间相互作用，甚至改变物种的遗传特性，进而影响农业生态系统的种类组成、结构和功能。由于不同物种对全球气候变化的反应有较大差异，因此可以预计农业生态系统的种类组成将随全球气候变化而发生显著改变。大气温度升高可能使农业生态系统的呼吸量提高，从而降低整个生态系统的碳贮存量。同时，降水量的改变、海平面的上升也会在很大程度上影响农业生态系统的功能。气候变暖将有利于病菌发生、繁殖和蔓延，从而使农田生态系统的稳定性降低。

对于气候变化对农业生产的影响，国内外学者研究较多，且取得了一些重要进展，但全球气候变化究竟发生在怎样的时间尺度上，它变化的原因是什么，以及怎样理解全球变暖等一系列科学问题，很多学科还众说纷纭，并没有形成统一的观点，但是全球变暖是不争的事实，只是在变暖的幅度、原因或区域分布，特别是未来气候变化预测方面，还存在许多不确定性，亟待多部门合作开展深入研究。

第四章

西北半干旱区域旱作农业节水利用的典型模式

4.1 小麦高产高效栽培技术模式

渭北塬区地处关中灌区向陕北丘陵沟壑区过渡的旱腰带上，含宝鸡、咸阳、渭南、延安和铜川五地市的25个县（市）。冬小麦是这里的重要粮食作物，常年播种面积达53万hm^2，占陕西省小麦播种面积的35%左右。多年试验研究和生产实践表明，这里的旱地冬小麦蕴藏着巨大的生产潜力。因此，采取综合开发措施，最大限度提高有限降水资源的利用效率，挖掘其旱地小麦产量，对提高该区小麦生产水平和粮食自给能力、促进农业可持续发展具有重要的现实意义。

4.1.1 渭北塬区自然降雨特点

渭北塬区旱地冬小麦生产用水主要依靠自然降雨，属典型的雨养农业区。该区域自然降雨的特点：一是降雨量少，年均降雨量为584 mm；二是降雨的年际变幅大，变异系数达20%；三是降雨季节分配不均，且与小麦生长发育需求不吻合。降雨量主要集中在夏季，春旱频率最大，3—4月冬小麦需水临界期（拔节—抽穗期）的降雨量仅占全年的10%～15%，降雨满足率仅25%～30%；而夏闲期7、8、9月降雨量占全年的40%～50%，土壤保蓄率仅30%～40%，60%～70%的降雨因无效蒸发而损失。

4.1.2 关键节水技术

（1）选用抗旱耐瘠的优良品种

抗旱耐瘠的优良品种是半干旱地区小麦高产稳产的物质基础。抗旱品种具有根系发达、分蘖力强、叶片较小、穗下节长的特点，其前期发育较慢而稳健，后期灌浆快，对肥、水的要求低，落黄好，不早衰。因此，在半干旱地区种植受水分亏缺的影响较小，易达到稳产高产。

（2）建立蓄水保墒的田间耕作与管理体系

主要是合理轮作倒茬及精细整地、蓄水保墒，生育期间适时划锄镇压、覆盖，以充分利用有限的水资源，这是半干旱地区小麦高产稳产的关键。农历八月的播前底墒雨、十月的麦苗分蘖盘根雨、翌年三月的拔节孕穗雨，这三场雨与冬小麦产量有密切的关系。渭北塬区全年降水量的60%左右集中在夏季，通过雨水蓄纳，做到伏雨秋用、秋雨春用、春雨夏用，是旱地冬麦增产的重要环节。渭北塬区小麦种植的土壤耕作采用浅耕灭茬、深耕蓄墒、耙耱收墒、播前细整等措施。

（3）培肥地力，合理施肥

渭北塬区旱作麦地土壤干旱，养分少，土壤结构不良，通过增施肥料来改善土壤结构，达到"以肥调水"，增强小麦对水分的利用能力，提高降水利用率。一是增施有机肥，有机肥与无机肥配合使用。有机肥养分全面，有利于改善土壤结构，增强土壤保水供肥能力。二是氮磷钾配合施用。氮磷钾配合施用可保持营养平衡，互相促进，显著提高肥效。三是轮作倒茬，增肥养地。合理轮作倒茬是一种生物养地法。采用合理轮作倒茬和夏播一年生豆科绿肥来培肥地力。四是采用一次性施肥方法。旱地因不能浇水而影响追肥效果，将分次追肥改为施一次底肥。一般采用农家肥、磷肥、碳酸氢铵一次底施比分次追肥增产10%左右。在底肥未施足时，追施氮肥和磷肥。

（4）适期足墒下种

根据渭北塬区旱地小麦生育特点，采用抗旱播种技术或沟播技术等，做到足墒、适时适量下种，实现苗全、苗匀、苗壮。通过适期适量播种，控群体大小，不仅能防止冬前过旺，养分消耗过多使后期早衰，而且能防止前期苗小体弱。

（5）田间管理

田间管理工作的重点是保墒防旱，采取中耕和镇压等措施。主要在雨后及早春土地返浆时进行中耕，在播后及早春表土干后进行镇压。当耕层坷垃过多，土壤空隙大，早春管理采取中耕与镇压相结合，先镇压后中耕。

4.2 小麦深松残茬覆盖耕作技术模式

4.2.1 深松残茬覆盖耕作技术特点

深松耕最早于20世纪40年代由苏联的马尔采夫提出，他在这方面做了大量研究工作。20世纪50年代起，美国研究用凿形犁等进行深松耕作，对增加土壤深层蓄水、提高作物产量具有显著作用。国内有关深松耕的试验研究于20世纪70年代首先开始于东北地区，采用深松机间隔深松，建造纵向"虚实并存"的耕层构造，以"虚"通气蓄水，以"实"提墒供水，协调了蓄水与供水的矛盾。随后，山西、宁夏和陕西也开始了这方面的研究工作，都证明深松耕具有显著的保持水土、增强抗旱能力、提高作物产量之功效。

为了最大限度地提高旱地小麦的产量，实现高产更高产，还可把"夏闲期残茬覆盖深松"和"生育期起垄覆膜沟播"这两项技术相结合，组成"旱地冬小麦留茬覆盖深松膜侧沟播栽培技术"。即在夏闲期残茬覆盖深松的基础上，临播前采用旋耕施肥整地的表土作业，随后用起垄覆膜沟播机进行起垄覆膜膜侧沟播小麦。这样就可融夏闲期的"深松深层贮水效应""残茬覆盖保水增肥效应"和小麦生育期的"膜侧沟播聚水、保水、增温效应"于一体，从而使旱作麦田的水、肥、气、热条件显著改善，因而可以大幅度提高旱地小麦产量。

高留茬或残茬覆盖，是防止水土流失、保墒和提高土壤肥力的主要措施，国外早在20世纪60

年代便开始了这方面的研究，在美国等国家已广泛应用于农业生产。国内学者李立科的“旱地冬小麦高留茬少耕全程覆盖技术”已在渭北旱塬的合阳县推广，有一定增产效果。秸秆覆盖保墒效应主要表现在降雨后的一段时间，以后随着时间的推移，其保墒效果变差，因而对小麦生长发育和增产的作用有限。

4.2.2 技术效果

鉴于渭北塬区的降雨分配特点，为了将有限的降雨，尤其是夏季休闲期间的降雨最大限度地蓄存于土壤之中，供冬小麦生育期调用，即“伏雨春用”，杨春峰、韩思明等于20世纪80年代末研究成功了“深松残茬覆盖耕作技术”。研究结果表明，这一技术可以将夏闲期的降雨最大限度地蓄存于土壤之中，增产效果见下表。

表4-1 旱地小麦深松残茬覆盖蓄水增产效果

处理	拔节期0～50cm土层贮水量(mm)	夏闲末0～200cm土层蓄水量(mm)	小麦产量(kg/hm²)
翻耕法(CK)	53.82	482.4	3300.0
深松残茬覆盖法	72.22	535.5	4297.5
较对照(CK)增加(%)	34.19	11.0	30.2

4.3 玉米全膜双垄沟播技术模式

甘肃干旱少雨、水资源短缺，因此旱作农业的发展直接关系到国民经济发展的全局。在多年实践的基础上，甘肃省总结推广全膜双垄沟播技术，正在旱作农业区引发着一场新的革命。

4.3.1 全膜双垄沟播技术特点

全膜双垄沟播技术集覆盖抑蒸、垄沟集雨、垄沟种植技术为一体，实现了保墒蓄墒、就地入渗和雨水富集的效果。其特点如下：

一是显著减少了土壤水分的蒸发，尤其是秋覆膜和顶凌覆膜避免了秋冬早春休闲期土壤水分的无效蒸发，又减轻了风蚀和水蚀，保墒增墒效果显著。

二是显著的雨水集流作用。田间相间的大小垄面是良好的集流面，将微小降雨集流入渗于玉米根部，大大提高了天然降水的利用率。

三是增加了积温，扩大了玉米尤其中晚熟品种的种植区域。

四是有效抑制田间杂草，减轻土壤的盐碱危害。

4.3.2 全膜双垄沟播技术模式效果

全膜双垄沟播技术集成了雨水叠加入渗、土壤水分覆盖抑蒸和太阳辐射增温三大原理。这一技术应用在生产中，表现出了明显的效应。

(1) 技术效果

①雨水入渗叠加利用

由于该技术采用了大小垄相间的种植方式，全地面覆盖地膜后，人为增加了集雨面积，可使有限的降水，甚至是5 mm以下的无效降水，通过垄的分水作用、地膜的良好阻渗作用，汇集到种植沟，并沿播种孔入渗到作物根部，变成有效降雨，大大提高了耕层土壤水分含量，很好地解决了普通半覆盖种植降水滞留膜面的缺陷，集雨效果远优于平铺半覆盖方式。2006年在中川乡高陵村王河社试验田6月下旬降水19 mm后三天，测定土壤含水量，全膜双垄沟播种植播种行中0～20 cm、20～40 cm土层土壤水分分别为18.9%、15.6%，分别比普通平铺覆盖增加5.0和2.9个百分点；2007年5月中下旬，降雨（不到5 mm）后第三天在四房吴乡三房吴村测定土壤含水量：全膜双垄沟播种植距植株10 cm处，0～10 cm、10～20 cm土层土壤水分分别为16.3%、16.0%，比平铺覆盖分别高出3.8和2.7个百分点。集雨效果非常明显。

②土壤水分抑蒸

由于地表完全覆盖地膜后，基本切断了土壤向大气的水分散失，使因棵间蒸发的无效水分散失降到了最低。同时，使土壤深层的水分加快向上移动，明显聚集在土壤表层，有效提高了土壤水分的利用率。2006年在中川于玉米拔节期和抽穗期分别测定分析土壤水分：双垄沟全覆盖处理，0～2 cm土层土壤水分，分别比平铺半覆盖增加2.2和3.3个百分点；20～40 cm土层水分，分别比普通平铺半覆盖增加2.1和1.7个百分点。2007年，在中川、老君、四房等乡分别在玉米不同生育期测定土壤水分，全膜双垄沟播种植0～20 cm耕层土壤含水量比普通半覆盖平均高出1.7～4.2个百分点。多年多点测定结果表明：全膜双垄沟播种植玉米全生育期0～20 cm耕层土壤水分，要比普通半覆盖种植高出1.7～4.2个百分点。等于每亩多保蓄2.6～6.3 m^3水，相当于多降水3.9～9.4 mm，保墒效应非常明显。因而，全膜双垄沟播技术具有显著的抗旱增产效果。

③太阳辐射增温

地面覆盖地膜后，由于地膜的强透光性，可使土壤获得大量太阳辐射而升温，同时，全膜双垄沟播技术，采取了全地面覆盖地膜和大小垄相间的种植方式，一方面增大了地表表面积，增加了土壤的太阳辐射能，基本切断了水分向空间的汽化消耗，从而阻止了太阳辐射能随水气的散失。因此，可以显著提高土壤温度。经测定：4—7月份玉米生长期，全膜双垄沟播种植，膜内土壤0～10 cm土层日平均土温比露地高出3.5～4.8 ℃，比普通半覆盖高出1.5～1.8 ℃。增温效应明显。同时，全膜双垄沟播种植，其特殊的垄、沟相间的曲面形地表，改变了太阳光线的反射角度，从而改善了植株下部的光照条件，增加了基部叶片的光照强度，有效提高了群体的光合作用。玉米苗期，由于太阳光线的多角度反射，使中午近地15 cm空间的气温，比露地高出4.1 ℃，比普通半覆盖高出1.0 ℃。

（2）生物效果

①促进生长

拔节前测定玉米生长势，全膜双垄沟播比普通半覆盖株高增加2.7～5.4 cm，叶片长度增加3～8 cm；大喇叭口期在中川示范田测定，全覆盖比普通平铺半覆盖株高平均增加33 cm，茎粗平均增加0.6 cm，叶长平均增加11.5 cm，叶宽平均增加1.4 cm。田间生长势表现出明显的差异。

②增产增收

一般全膜双垄沟播种植比常规半覆盖种植穗粒数增加95～130粒，穗粒重增加30.0～41.4 g，增产20.0%～31.8%，亩增收150～220元。亩用地膜5.3～5.8 kg，每亩比普通半覆盖增加地膜1.5～1.8 kg，增加地膜成本21～25元，初次推广，群众对操作技术掌握不够，每亩比普通半覆盖多用人工费30元左右，亩累计增加成本51元。操作熟练时，可基本不增加用工。2006年中川示范点试验：渗水膜全膜双垄沟播亩产646.6 kg，比普通膜半覆盖增产33.7%；普通膜全覆盖亩产627.6 kg，比半覆盖增产29.8%。示范田平均亩产量620 kg，比普通半覆盖500 kg增产120 kg，增产24.0%，按当年玉米价格1.50元/kg，秸秆0.20元/kg计算，每亩增加玉米产值180元，秸秆产值22.80元（粒秆比1：0.95），扣除成本，每亩净增产值151.80元。如果采用一膜两用技术，可延长技术显效期。选用质量较好的地膜，玉米收获后，保护好地膜，下茬种植谷子、胡麻等作物。在水源方便的地块，还可以采用节水补灌、补肥，继续种植一茬玉米。亩产值可达到200～300元，每亩可节约地膜成本80～90元，节省人工、畜工费120元左右，相当于直接经济效益400～500元/亩。

（3）生态效果

该技术用膜边重叠平压在宽垄上，因此，要比常规平铺覆盖更容易清理残膜，从而减少土壤污染，有利于保持土壤环境。同时，全地面覆盖防止了土壤表面的风蚀和水蚀，有效减少了水土流失，有利于改善生态环境。

4.4 生态经济林高效用水技术模式

国家退耕还林（草）工程实施以来，陕北黄土丘陵区生态经济林栽植面积发展势头迅猛，成为有效应对耕地大面积减少后农民脱贫致富的主导产业，其中以红枣最具有代表性。黄河沿岸和无定河沿岸光照充足，昼夜温差大，土层疏松深厚，是我国红枣栽植最早和最佳优生区之一，面积已达200万亩，但由于干旱缺水，加之枣树蒸腾耗水强烈，引起枣树生长所需要水分供求关系矛盾突出，容易形成大面积低效生态经济林，土壤水分不足及利用效率低已成为制约红枣产业可持续发展的主要瓶颈。针对上述问题，西北农林科技大学从20世纪90年代就提出以降雨径流调控与利用为主要手段，通过坡地降雨径流调控消除水土流失动力，通过现代农业节水技术实现有限径流高效利用，同步解决上述两大难题，并在生产中得到应用，取得了明显的示范推广成效。

为进一步系统总结经验、巩固已有成果，指导生产实践，以地处黄土丘陵区的陕西榆林市南部六县（米脂、绥德、佳县、吴堡、清涧和子洲）为研究区，以红枣为对象，在对近10年相关数据资料采集和野外参与式农户调查的基础上，采用系统分析、典型研究与定性案例相结合的研究方法，并结合课题组在集雨微灌工程技术和旱作保墒技术上的研究成果，总结形成农户土地流转规模经营、坡地集雨种植、矮化密植节水栽培、覆盖耕作、关键期少量补水和合理施肥为核心的陕北黄土丘陵区红枣生态经济林高效用水技术模式。

在农户土地流转规模经营方面，对常见土地经营模式进行调查和分析，在土地长期承包、集中连片、规模化经营基础上，依靠农业科技人员全程指导，充分利用现代科技已成为现代高效农业发展的主要途径；在坡地集雨种植方面，对常有用鳞坑、水平阶、反坡梯田及覆盖保墒技术进行调查与总结分析，发现不同整地和覆盖保墒技术优化组合，可显著提高降水资源利用效率，其中苗木覆膜+套袋造林可使成活率提高30%以上；在矮化密植栽培技术方面，红枣栽植密度在111～222株/亩，栽植品种主要有梨枣、赞皇枣、姜创枣、蜂蜜罐、灵宝枣、枣脆王和米枣等。枣树多采用先结果后整形，冬、春、夏修剪相结合，冬剪整形，春、夏剪结果原则，修剪方式主要有一边倒、“V”字形、立壁式、细纺锤形等，其中开心型修剪方法，春、夏剪结合，株高和冠径小于2 m，产量提高150%；树体缩小50%，可减少蒸腾损失40%以上。

根据调查，黄土丘陵区枣树栽植格局已由国家退耕还林工程实施前的“传统稀植+无灌溉”格局发展到目前的“传统稀植+无灌溉、矮化密植+无灌溉、矮化密植+管灌、矮化密植+耕作保墒、矮化密植+滴灌”共存格局。对于具有便利水源条件和前期资金投入基础较好地区，“矮化密植+滴灌”方式较为普遍，根据西北农林科技大学在陕北米脂的试验，在平水年灌水不超过5次，定额不到50 m^3/亩条件下，红枣产量达到1300 kg/亩，水分生产效率达到4.2 kg/m^3，单产、水分生产效率，以及经济效益均实现了三个跨越；在不具有灌溉水源条件和前期滴灌工程资金投入少的地区，“矮化密植+旱作保墒”技术已逐渐推广应用，该方式使土壤含水量提高15%～20%，有效缓解了干旱缺水。同时，调查中发现，传统枣树多不施肥，产量低下，土壤严重缺氮、磷，钾相对丰富，根据前人测定结果，坡地枣园有机质和全氮含量相当于梯田的60%，通过合理施肥，可以显著提高枣树产量。

4.5　“农业-经济-生态”持续发展模式

天水市麦积区柳沟流域以“富民和改善生态环境”为主要宗旨，建立了“夯实农业基础，发展新兴支柱产业，配套水利建设，增加农业和生态效益”的生态经济型可持续综合发展模式。

4.5.1　基本概况

柳沟小流域地处甘肃省天水市麦积区，属黄土丘陵沟壑区第三副区，位于东经105°52′30″—105°56′44″、北纬34°33′50″—34°37′34″之间，流域总面积为21.58 km^2，水土流失面积占流域总面积的96.01%。流域内地形支离破碎，沟壑密度为3.20 km/km^2，沟内无长流水，径流泥沙主要以洪水形式下泄。区域气候为暖温带半湿润半干旱地带，多年平均气温为11.3 ℃，多年平均降水量为503.2 mm，降水时空分布不均，年际变化较大，年内分配不均，多以暴雨形式出现。区内有农户2540户，总人口1.28万人，全部为农业人口。

4.5.2　农业持续发展模式

依据柳沟的水土流失现状和自然条件，以“富民和改善生态环境”为主要宗旨，按照“山、水、田、林、路综合配套，分流域治理，整体推进，夯基础，兴产业，配水利，增效益”的指导思想和治理要求，坚持生态效益和产业化相结合，高科技应用和综合治理相结合，综合开发和脱贫致富相结合，近期效益和长远效益相结合，采取先办点、后连线、突出重点、整体推进的方法，建成“梯田绕山转，农路沿山盘，绿树路两边，满山果飘香，提灌上山巅”及“梯田水利化，林果产业化，道路网络化，灌溉水利化”产供销一体化的生态经济型可持续综合治理模式。

（1）坚持山、水、田、林、路综合治理

改善农业生产条件治理前，柳沟流域1281.85 hm^2的耕地，全挂在渭河流域北部干阳坡上，流域以坡改梯为重点，采取山顶防护林戴帽，荒坡乔、灌、草封育，沟坡水保林固土，山腰建果园，整流域产业开发，精心施工，科学治理，经过6年的治理，完成了全部治理任务。一是整个流域实现了梯田化，新增梯田577.27 hm^2，累计达到903.59 hm^2，占总土地面积的41.87%，人均基本农田达到0.07 hm^2；二是积极调整产业结构，扩大经济林果面积276.61 hm^2，实现了万亩葡萄基地的目标；三是生态主体工程基本形成，建沟坡水保林171.55 hm^2，人工种草46.48 hm^2；四是引进12个优质果品试验，示范推广，保证了产业化发展的品种要求；五是3700眼人饮水窖基本解决了群众生活用水，2800眼集雨节灌水窖和各方集资筹建的三处上水工程及沟道塘坝蓄水工程的建设，基本解决了果园灌溉，并采取了喷、滴、管、渗等节水措施，合理利用了水资源；六是布设了147座谷坊、36处沟头防护等沟道工程，基本控制了沟道侵蚀；七是新修道路73 km，道路网络化为产业开发、提高群众生活提供了保障。

(2) 实施产业化开发战略，增加群众收入，促进生态治理

柳沟流域由于水土流失严重，加上北山十年九旱，历史上一直单一种小麦，年收单产不过2250 kg/hm²。治理后农业生态条件大大改善，根据该流域适合栽植葡萄的特点，改变单一种粮的生产方式，加快土地流转，在柳沟建成了以葡萄为主的万亩优质葡萄基地，葡萄单产30000～45 000 kg/hm²，收入达到75 000元/hm²左右，“下曲葡萄”认证为国家AA级“绿色食品”，远销内蒙古、新疆、山东、广东等地，形成了产、供、销一条龙的产业化道路，实现了产业化经营脱贫致富的目标。

(3) 着力推广农业高新技术，提高农业生产科技含量

引进名、优、特、稀品种，改良土壤，推广间作套种，发展高产优质高效农业，建成美国大樱桃和“黑红提”科技示范园区两处，带动区域建成全国最大的绿色无公害山地葡萄基地。柳沟已成为稳产、高产的“两高一优”农业示范流域。

(4) 水土保持防护体系基本形成，明显改善区域生态环境，流域治理使经济效益和生态效益初步显现

通过大搞农田基本建设，布设沟道工程，全面实施坡改梯、荒坡荒沟绿化等多项治理措施，初步形成了“山顶刺槐林戴帽，半山葡萄果缠腰，梯田果带生物埂，营林道路沿山绕，河沟塘坝节节拦，提灌渗灌引到田”的水土保持综合防护体系，柳沟流域的生态环境明显改善。流域治理程度由原来的31.76%提高到现在的83.13%，土壤侵蚀量比治理前减少49.34%，植被覆盖率由15.59%提高到了38.51%。

第五章

国外旱作农业节水利用实践及经验

水资源是人类生存和发展不可缺少的重要资源，也是农业生产的关键条件。目前，全世界共有可耕地14亿hm^2，其中可有效灌溉面积仅占17%，在水资源极为有限的情况下，农业灌溉用水占全球用水总量的60%左右，因此，世界各国都非常重视对农业节水灌溉技术的研究，以解决缺水与农业生产的矛盾，实现水资源可持续利用。

5.1　美国旱作农业节水利用实践及经验

5.1.1　美国水资源概况

美国地处北美洲中部，北邻加拿大，南接墨西哥，总面积为937万km^2。美国地域辽阔，分布着平原、山脉、丘陵、沙漠、湖泊、沼泽等各种地貌。美国地势总体上东、西两侧较高，中部低。美国降雨量总的来说是西部降雨量较少，而东部较多。全国年平均降雨量为760 mm，降水较充沛，但也分布不均，东部地区年降水量可达800～1000 mm，西部内陆地区降水仅250 mm，有些地区甚至不足90 mm。从降雨量和淡水资源看，美国是淡水资源相对充沛的国家，人均水资源占有量为12000 m^3。在区域分布上为东多西少。

5.1.2　美国水资源管理

美国虽然水资源总量丰富，但是对于水资源的管理和配置一直比较重视。美国政府一直强调水资源的利用和保护，特别是对于水资源的保护制定了很多法律和政策。经过相当长时间的努力，美国在水资源的管理上取得了很多成就。

（1）20世纪初，美国联邦政府就意识到东、西部水资源严重不均衡的问题。为此，美国政府在中西部基础水利设施投入很大，修建了很多基础水利设施，为农业灌溉提供了良好的基础。针对地域水资源严重不均的问题，修建了一大批水资源开发利用工程，实现了防御洪水和合理配置水资源的目标。比如在美国西部的加州，实施了北水南调工程，有效缓解了南部地区的水资源供需矛盾。

（2）为了更有效地保护和利用水资源，美国联邦政府和各州政府分别制定了多项水资源相关法律法规。早在1972年美国政府就通过了《禁水法》，并于当年实施，法律规定禁止被污染的污水、废水排入水源，否则会受到法律的惩处。在《禁水法》的基础上，1987年联邦政府颁布了《水质标准法》，这部法律统一了长期以来排放水和使用水水质标准不一的局面，使各类使用水和排放水的水质标准在全国按照一个标准执行。此后，还有一些其他的保护和利用水资源的法律、法规相继颁布，这些法律和法规的实施，有力保证了水资源的科学利用和有效保护。

（3）在水资源利用上，水务管理部门对于各行业的水资源平衡非常重视。美国的各级水务管理部门，不仅要负责供水，更重要的是维持水资源平衡。具体工作是统筹调配农业用水、工业用水、城市居民生活用水、生态用水，以及负责污水净化处理和回收再利用等。水务部门的协调和统筹使水资源的效用达到最合理的配置。另外，在水资源的调配上，特别遵循初始用水权。简单地说就是水务部门把水资源分配给农业、工业、城市生活、生态等不同用水部门，但由于执行后由于某一行业水资源短缺，而其他行业有剩余用水额，则要求需求方用水必须向供给方购买。通常农业是最大用水户和配额方，因此，很多情况下，都是向农业购买，并向相关的农户投资节水设施。这项措施对于保护农业和工业，提倡节约用水起到了较好的作用。

（4）注重水资源的综合保护。首先在排放上，执行标准严格。如：对工业排污，严格执行标准，企业一旦超标排污将受到严惩；同时，对农业使用的化肥、农药的用量、种类等也有严格规定，不允许超量和残留污染地下水。与这些措施配套，联邦政府在全国建立了2万多座采用先进污水处理技术和污水收集处理系统的处理厂，有效保护了水资源环境。

（5）明确水权，利用市场机制优化配置水资源。水权是由法律明确规定的水资源的使用权和处置权。美国是较早明确水权的国家。水权作为一种资源所有权，可以有偿转让出售，水资源缺乏的地区可以通过水市场向水资源丰富的地区购买，通过市场机制，激励用水者节约用水。鼓励灌区采用包括渠道防渗、新型节水灌溉在内的多种节水措施，可将农业灌溉节约下来的水转移到非农业用途，增加水权灵活性，使得多方受益。同时，美国也是一个高度市场化的国家，通过市场机制形成水价，实现水资源的配置、调控水资源的供求关系。水资源进入市场后，水资源的各个环节都是通过市场机制实现价值体现的。水资源按水质和成本记价，水价包括水债券、资源税、污水处理费、检测费等，每年修订一次。同时注重水价的杠杆作用，通过水价达到节约用水的作用。

5.1.3 美国发展旱作农业节水利用的经验

美国幅员辽阔，地广人稀，通过严格的水资源管理措施以及长期实行的节水农业，美国农业已非常发达，粮食、农副、畜牧产品的产量居世界前列，是世界上重要的农业国家。

（1）政府投入资金大力发展节水农业

美国联邦政府为了发展农业，解决中西部干旱地区的灌溉用水困难，长期以来一直采用多项优惠政策。首先，优先安排节水灌溉工程。对于农业灌溉体系中的基础设施实行的是政府全额投资，政府逐年投建供水、输水设施，同时联邦政府对具体节水灌溉技术实行补贴。例如仅西部的加州对节水灌溉技术补贴达3000万美元/年。其次，长期提供低息或无息贷款，鼓励私人投资。同时还在税收政策上提供免税优惠。美国的水利工程免交任何税赋，还可以通过财产税退税的方式偿还工程贷款。最后，政府还通过发行专项债券或提取专项建设基金的方式，筹集资金，支持农业灌溉工程建设。

（2）根据各地区实际情况，建立完备的农业节水灌溉体系

美国联邦政府根据东部和中西部地区的水资源情况，建立了相应的节水灌溉体系。特别是对于缺水较严重的中西部地区，投入很大。在中西部比较干旱的10个州，已经建立了完备的节水灌溉体系。其中农业节水灌溉体系配套和管理最好的是加利福利亚州、得克萨斯州和马里兰州。经过多年的建设，美国西部10个州已建成水库348座、泵站267座、渠道21.6万km、输水干管2300 km。同时，为了及时为农业生产者提供气象服务，在西部各州建立了数量众多的气象站，指导农民节水灌溉。

（3）鼓励农户投资节水工程

对于农户急需但又缺乏资金的节水工程，只要提出申请，联邦政府就会提供专项贷款。这些贷款多数为长期免息或低息贷款，偿还期限为30～50年，年利息在3%以下。为了鼓励农户修建节水工程，政府还会向农户补贴建设工程费用，一般占总投资的20%。在农户偿还完所有贷款后，节水工程的产权就归农户所有。这样既能鼓励农户节水的积极性，又能促使其管好用好节水工程。

（4）推广应用多种节水灌溉方式

对于推广和应用先进的节水灌溉技术，美国一直非常重视。在美国应用节水灌溉技术的耕地中，大约50%的面积采用喷灌，43%应用地面灌溉，6%为滴灌，1%为其他。另外，随着滴灌技术的成熟，以及其对水的高利用率，使得应用面积快速增长，其中增长最快的是膜下滴灌。

（5）技术推广组织市场化运作

美国的农业灌溉技术推广机构多为股份制的公司，实行企业化运作管理，同时辅以少数政府的事业型单位。股份公司的董事会具有最高的决策权，负责涉水事务管理的各项重大决策，并直接决定经理和工作人员的聘任。公司下派众多技术人员深入各个农场，根据农作物的不同生长阶段、土壤水分情况和天气状况，指导农户按需灌溉，精确灌溉。各大灌区的管理代表，则是由用水农场主直接选举产生。公司的管理层领导除了要对股东负责外，更要对广大用水户负责。

5.2 以色列旱作农业节水利用实践及经验

5.2.1 以色列水资源概况

以色列位于欧亚相接的地中海东岸，是一个南北长、东西较窄的国家，全国实际控制面积为2.78万km²。以色列是一个耕地少、严重缺水的沙漠国家，沙漠的面积超过全国土地面积的60%，而且南北降雨量分布极为不均，北部年降水量可达到800 mm，而南部年降水量不到30 mm。全国50%以上的面积年降水不足180 mm，除每年11月至来年3月为雨季外，其余7个月是连续干旱季节，而年际降水变化幅度也高达25%～160%。以色列国境内仅有一条河流——约旦河，可利用的淡水资源总量为16亿m³，以色列多年平均径流量为20.45亿m³，人均年径流量仅400 m³，仅为我国人均年径流量的18%。然而，以色列在如此恶劣的自然条件下，依靠节水技术，取得了令人惊叹的农业成就。

5.2.2 以色列旱作农业节水利用的实践

以色列由于自然条件较差，一直致力于发展节水农业，经过长期的发展和研究，在节水灌溉方面取得了很大成就。

（1）大力推广节水灌溉技术

以色列一直注重普及和推广农业节水灌溉技术，建立了一个节水灌溉体系。通过把整个水资源分为调配、输配、田间灌溉和作物吸收四个环节，各个不同环节采用有针对性的节水措施，形成了一个节水灌溉体系。对整个体系相关环节采取水资源优化调配技术、节水灌溉工程技术、农艺及生物节水技术和节水管理技术等提高灌溉水的利用效率。由于措施得力，占以色列耕地面积50%的旱地几乎生产了全部所需的谷物。经过多年的研究、应用和完善，以色列的节水灌溉体系已经比较成熟和完善，其中节水灌溉工程技术是整个体系的核心。目前，以色列的节水灌溉工程技术处于世界领先地位，节水灌溉技术和节水设备已出口很多国家。

（2）不断进行技术创新，高效利用水资源

以色列农业科研始终围绕两个思路进行：一是节水技术的研究与开发；二是节水技术与高产农作物有机结合的技术开发与研究。例如以色列针对滴灌技术，研制防堵塑料管、接头、过滤器、控制器等，通过多年的不断技术创新，使滴灌技术突破了技术瓶颈，取得了不错的经济效益。在研究节水灌溉技术的基础上，把工程技术与农作物生长过程相结合，实现了节水技术与农作物高产的有机结合。

（3）良好的国家输水工程

以色列地表水资源分布很不均匀，北部地区集中了绝大部分的水资源，几乎占到水资源总量的80%，而占水资源仅20%的南部地区却集中着全国65%的耕地，因此，要保证粮食的稳产、高产，必须把北部的水资源送到南部地区。为了解决南北水资源分布严重失衡的问题，从建国后以色列就开始兴建国家北水南调输水工程，历时11年，耗资1.47亿美元，基本完成了南水北调输水工程。工程建成后，在很大程度上缓解了水资源不均衡的问题，逐渐形成了以输水工程为主线的全国性水网工程网络。国家输水工程沿途联结了许多地区性水利工程，地区性的供水系统又与更小的输水系统相连，这样就形成了一个四通八达的供水网络。这样的供水网络对以色列统一调配使用水资源、优化农业灌溉奠定了坚实的基础。

（4）增建集水设施，收集淡水资源

由于地表径流较少，以色列尽可能收集可以收集的淡水资源。政府和国民通过修建集水设施，最大限度地因地制宜收集和贮存雨季天然降水资源。收集到的这些淡水资源一般直接应用于农业生产，如果还有剩余也把这些水资源存储于地下水库，或者注入地下含水层。

（5）选择恰当的农作物

在淡水资源非常紧缺的情况下，以色列政府将经济效益较好的农作物作为优先发展的方向，如种植经济效益相对较好的棉花、花卉、柑橘等，而对于必须发展的粮食作物则放到雨水量相对比较充沛的西北部地中海沿岸的旱作农业区来种植。为了节约淡水资源，对于高耗水的农业，则主要依赖于进口，例如养殖业几乎全部依赖于进口。

（6）重视循环水的利用

20世纪70年代初，随着工业的不断发展，以色列政府意识到回收工业废水和污水可以节约水资源，并于1972年制订了“国家污水再利用工程”计划。该计划规定城市废水和工业污水必须回收再利用一次以上，形成“循环水”并用于农业灌溉。这样既节约了水资源，同时也保护了生态环境。每年以色列用于农业灌溉的处理水达到2.5亿m^3，预计到2020年，超过三分之一的农业灌溉将使用“循环水”。经过多年不断努力，以色列实现了对绝大部分的城市生活污水和工业废水的回收利用，处理后的水中水量的46%直接用于灌溉，33.3%回灌于地下，约20%排入河道。利用循环水进行农业灌溉，不但可以起到增加灌溉水源、降低污水污染环境、保护水源的作用，还可以使过度灌溉缺水的河流得到水源的补充。

（7）对水资源进行严格控制和管理

为了对全国有限的水资源进行有效管理和合理利用，以色列议会早在1955年就颁布了《水法》，规定了全国所有的水资源都属于国家所有。同时还成立了国家水利委员会负责管理全国水资源，制定水资源相关政策法规和用水规划，以及水土保护、防治污染等具体的管理工作。为了保证用水决策的透明度，在水利委员会内设有一个理事会，三分之一理事会成员由政府部门指派，三分之二由各行业的用水户代表组成。对于农业灌溉是必须优先给予保证的，水利委员会将每年75%的用水配额必须分配给农业生产。另外，委员会的理事会根据农业生产中的不同农作物，制定不同的用水定额。

5.2.3 以色列旱作农业节水利用的经验

以色列是一个水资源严重缺乏的国家，而农业灌溉用水量却是以色列最大的用水项，为了减小农业灌溉用水量，以色列政府多年来致力于提高灌溉技术和自动控制技术。到目前为止，以色列的灌溉面积为22万hm^2，农业用水量为12.8亿m^3，占总供水量的62%。令人惊叹的是，以色列的农业灌溉用水平均利用率高达90%（其中滴灌面积占其全部灌溉面积的三分之二），很高的利用率为其农业的发展起到了巨大的作用。

以色列节水农业的成功主要有两个方面的原则：一是具有高水平的农业研究机构；二是有一个完整、高效的农业推广服务体系，以及两大体系的紧密协作。以色列农业研究和推广体系完整，整个体系由政府部门、科研机构和农民合作组织组成，体系内各机构有效组织和协作。首先，农户或农业经营者在生产中遇到的困难将成为农业科技课题，这些课题需要的研究经费和试验基地由生产部门提供，研究则由农业部下属的农业研究机构负责。科研机构取得科研成果后，由专业机构负责推广，推广工作一般是农业推广技术服务站负责，一般采取培训班、示范点等方式推广。取得的农业经济效益则由农业生产部门和科研部门共享。这种以生产引导科研的模式针对性强，推广和服务体系完备，使以色列农业节水灌溉体系成效显著。当然，对于农业的投入也是以色列取得出色成绩的另一个重要方面。根据统计资料，以色列平均每年投入8000多万美元用于农业研究与开发，占农业GDP的2.6%，投入力度居世界第4位。经过多年持续发展，以色列农业节水灌溉技术已经比较成熟，处于国际领先水平，节水灌溉技术产业已成为一个非常有竞争力的产业。

从技术角度讲，以色列在农业节水灌溉上取得的很好的效果，主要得益于它采取了以下几方面的节水灌溉措施：水量计量、水价政策、灌溉过程的计算机管理和遥控、水肥同步施用。这些措施使水的有效利用率大大提高，在单位面积的平均灌溉水量不增加的情况下，农业产出增长了12倍。

综上所述，以色列在农业节水灌溉方面取得了很大的成绩，主要归功于两点：一是建立了一套由政府部门、科研机构和农民合作组织紧密结合的农业研究和推广体系，使研究与农业生产联系紧密，解决了农业生产的实际问题；二是政府对农业和农业节水灌溉技术的巨大投入，既包括对农业节水灌溉技术研发的投入，也包括对农业节水灌溉技术推广的补贴。

5.3 印度农业节水利用实践及经验

5.3.1 印度水资源概况

印度位于亚洲南部、印度洋北岸，是南亚次大陆最大的国家，国土面积为297万平方千米。全国平原面积占国土总面积的43%，山地占25%，其余都是高原。从总体上看，印度地形的特点是南北高、中部低。印度大部分地区属于典型的热带季风气候，年均气温在24～27 ℃之间。降水总量较丰沛，但季风气候条件下降水很不稳定，全年降水有80%以上集中在6—9月的雨季，使得印度全国广大地区常常受到洪涝灾害的威胁。印度河流水量丰沛但季节变化很大。印度的恒河水量位居亚洲第二，但最大径流与最小径流之间相差50多倍，印度河的最大流量与最小流量之间更是相差百倍以上。每到旱季供水就十分紧张，严重的旱情平均每5年就会出现一次。

印度现有人口约11.5亿，耕地面积为1.2亿公顷，约占国土总面积的45%，居亚洲之首。印度的水资源只占全球的4%，但却需要养活占全球17%的人口。印度的农业是水资源的需求大户，利用地下水灌溉的农田占全国总面积的52% 。自1947年独立以来，印度水利事业有了很大的发展，灌溉面积也成倍增长，高居世界第二位。但同时，灌溉面积分布很不平衡，而且可供利用的灌溉潜力只开发了40%。

印度自20世纪60年代后期开展的“绿色革命”使印度基本上实现了粮食自给，但“绿色革命”仍然有很大的局限性。除去耕地破坏、环境污染外，其最大的一个问题就是覆盖面不够，特别是印度广大的干旱、半干旱地区，基本上被排斥在“绿色革命”之外。印度的干旱、半干旱农业生产区约有1.04亿公顷，占全印净耕地面积的73%，这些地区的农作物主要依赖天然降水，缺乏保护性的灌溉设施，全印几乎所有的粗粮、豆类及大部分棉花和油菜籽都是由这些地区生产的。印度大部分贫困人口居住在干旱和半干旱地区，依赖农业及其相关活动为生，干旱和半干旱地区的农业开发不仅关系到印度农业能否实现新的革命性跨越，也关系到印度整体的经济发展、社会稳定和国家繁荣。

5.3.2 印度农业节水利用的政策

（1）实施国家流域发展计划

印度政府于1986年开始在16个邦的干旱、半干旱地区发起了国家流域发展计划，这是基于持久性管理而建立的一种机制。该计划的一个突出特点就是以整个流域而不是单独的行政区域为基本的发展单位，同时是在流域内所有可获得资源的基础上进行的，可获得的资源包括水源、土壤、劳动力和牲畜等，其中水是最主要的资源。该计划的主旨为最大限度地保护流域内水资源，留存降水，保护地表土壤免受侵蚀，提高土地和农作物的生产率，从而提高整个流域的经济水平。

统计数据表明，印度多数邦都开展了流域发展计划，该计划已经在一百多个不同规模的流域内展开，仅印度政府的投资就超过了35亿美元，此外，世界银行、印度-德国流域发展计划等其他机构或项目也提供了数量可观的投资。

（2）完备的农业科研体制

印度的农业科研系统是世界上最庞大、最综合的制度化研究系统之一，它由中央、地方和其他机构组织构成。中央农业科研系统的核心是印度农业研究委员会，它是印度国家农业研究系统的最高研究组织。印度农业研究委员会主要以应用基础研究为主，重视解决农业生产中的根本性问题。地方性科研系统是指各邦农业科研机构，包括邦农业大学和邦农业厅。每个邦至少有一所农业大学，负责该邦农业教育和科研任务，也承担一定的推广职能；邦农业厅主要负责具体的推广任务。除了政府设立的机构外，一些涉农企业和非政府组织也广泛参与农业科研工作，遍布全国的各类农业合作社更是直接面向农户提供各项技术服务。

在节水技术推广方面，通过其下设的县、区办公室和农技推广站，各邦农业厅起着主导作用。印度农业研究委员会主要通过三种形式实现其推广任务：第一，专门的技术推广计划，如全国示范计划和从实验室到田间计划。第二，开展农业推广教育。20世纪70年代中期以前，印度的农业科技推广工作是由乡村工作者兼职完成的，20世纪70年代中期以后，形成独立的由各级专职人员组成的推广系统。第三，建立技术转让中心。把新技术的好处推广给农户、农作物和各地区，组织农户进行田间试验，逐步推广新技术。值得一提的是，印度对进行农业科研和推广的机构实行全额政府拨款制度，经费来自政府财政预算，明确农业科研推广机构的公益性质，保证国家在农业科技发展中的主导地位。

（3）农户参与式灌溉管理制度

近些年来，世界各国纷纷制定相关政策，鼓励用水户参与灌溉管理，在世界银行的推动下，印度也在20世纪90年代初开始试点。印度政府成立了专门的用水户参与灌溉管理网络，并为其提供资金，在25个邦和7个中央直辖区，举行了专门的培训班进行宣传，有些邦还颁布了相关法令。通过成立农户用水协会，政府积极将农民纳入协会，参与水利工程维护，帮助组织灌溉水分配，有效解决用水争端。

5.3.3 印度农业节水利用的经验

印度是当今世界采用微灌技术的第二大国，在印度，农民从20世纪70年代开始就熟识微灌技术。但是，由于当时的设备质量较差并缺少专业技术服务，最初没有得到普及。在之后的20年间，政府与相关企业的不懈努力使得印度成为世界上采用微灌技术的第二大国，大约有380万公顷的各种作物用上了微灌系统。在微灌技术扩散过程中两个因素起着关键作用：一是政府补贴政策；二是企业推广工作。

印度的微灌补贴政策在水资源最短缺的6个邦实施，面向购买微灌设备的农户，对所花费用给予一定比例（在30%～90%之间）的补贴。补贴制度是针对不同的作物、以该作物的单位成本为依据建立的。园艺作物，如葡萄、香蕉、柿子、椰子、芒果、草莓、油棕以及辣椒和番茄等都已显著地从微灌系统获益。在马哈拉斯特拉邦和左吉拉特邦，甘蔗和棉花也已大面积采用微灌系统。

实践证明，在发展中国家，对于那些微喷灌等需要花费巨资的项目不可缺少地要有来自政府的支持。印度在推广普及微灌技术方面的经验教训对加快我国推广微灌技术的步伐是有借鉴意义的。

5.4 国外农业节水利用的经验总结

以上选取了三个具有典型特点的国家，概况介绍了它们农业节水利用和管理方面的政策和经验。从其他国家的经验来看，各国的成功经验虽然依据各国实际情况有所不同，但成功模式有共性之处，主要体现在：

（1）政府大力扶持与农户积极参与相结合

不论是发达国家，还是发展中国家，政府对农业节水灌溉都有大力扶持政策，如政府的公益性投资、提供无息或低息贷款，采取多项政策鼓励农户参与节水工程建设的投入。在澳大利亚，灌溉斗渠以上的工程都是政府投资兴建。政府补贴渠系输水运行维护费用的30%。农场主若修建农场内部的节水设施，可申请获得低于商业利率7个百分点的优惠贷款。在日本，中央政府负责修建干渠以上部分的灌溉基础设施，地方政府负责支渠以上部分，用水协会负责毛渠的修建。中央政府承担三分之二以上的费用，地方政府承担30%左右，社区和受益农户承担余下的5%，若无力支付，可先由政府垫付，待工程完工受益后再逐步偿还。

（2）重视水价体系，利用价格政策促进节水

在全世界范围内，农业比较价值较低，农业灌溉用水价格都低于应有的水资源价格。为了鼓励农业节水的采用，各国都重视水价的制定，利用经济杠杆促进农业节水。例如，以色列对不同用水户制定明确的用水配额，所交水费按照实际用水占法定配额的比例征收，实行阶梯水价。实际用水低于法定配额50%的按正常水价征收（0.1美元/m^3），其余的50%收取0.14美元/m^3，对于超过配额10%的收取0.26美元/m^3，超过配额20%为0.5美元/m^3。这样既能保证农业用水的基本需求，又能鼓励或迫使农户采用节水灌溉技术。

（3）良好健全的农业节水科研推广机制

高水平的节水农业科研组织和完善的推广服务体系相结合是节水农业得以快速发展的有力保障。以色列建立了一套由政府部门、科研院校和农民合作组织紧密结合的农业研究和推广体系。研究课题直接来自基布兹或莫沙夫，并由它们提供科研经费及试验基地，由政府下属的农业科研院校承担。成果通过农业推广技术服务站以培训班、示范点等方式推广，所创利润由生产部门和科研部门双方分成。这种以生产实际引导科学研究、二者紧密结合的节水农业推广体系取得了显著效果。

（4）推行用水者参与灌溉管理

很多发达国家，如澳大利亚、日本、西班牙、美国等，已经实行用水户参与灌溉管理的政策，这样可以减轻财政负担，改进灌溉工程的管理与运行机制，提高用水效率。根据国外经验，用水户参与灌溉管理最直接的好处就是水费收入增加，政府的灌溉工程运行维护费用减少，灌溉系统能得到定期维修。如墨西哥灌溉管理责任转移后，水费收入增加4倍，政府的运行维护费用支付从80%减少到25%。由灌溉工程受益区用水户组成的管理组织，负责灌区运行和维护，提高用水户灌溉用水的实际成本，促使其自觉采纳节水技术。

第六章 发展思路、目标和任务

6.1 发展思路

以习近平新时代中国特色社会主义思想和党的十九大精神为指导，牢固树立并切实贯彻创新、协调、绿色、开放、共享的发展理念，围绕发展现代农业、繁荣农村经济，以增强西北半干旱地区农业综合生产能力为首要任务，以提高降水利用率为着力点，以科技创新和技术集成应用为支撑，针对半干旱地区的水土资源特征和优势主导产品，确定西北半干旱地区旱作农业节水利用的区域布局和发展重点，综合运用农艺、生物、工程等措施，因地制宜推广旱作农业节水利用技术和配套措施，加强西北半干旱地区农业基础设施建设，完善政策、技术支撑和服务体系，全面推进西北半干旱地区旱作农业的发展，为保障粮食等主要农产品基本供给、促进农业稳定发展和农民持续增收及改善西北半干旱地区生态环境做出积极贡献。

6.2 基本原则

（1）坚持分区谋划，突出发展重点

根据区域资源和环境条件，围绕确保粮食安全、生态安全和农民增收，因地制宜确定西北半干旱地区不同区域的发展方向和模式，明确旱作农业节水利用农业基础设施建设和技术推广的具体内容，逐步形成效益明显、各具特色的旱作农业节水利用发展新格局。

（2）坚持节约增效，促进持续发展

以提高水资源利用率和利用效率为核心，把节约水资源和提高利用效率放在旱作农业发展的突出位置，加强相关技术的集成组装和配套，减少降水资源的无效损失，提高农业生产中单位水资源的产出效率和效益，以增收激活节水，以节水促进增收，走出一条效率和效益双赢的旱作农业发展之路。

（3）坚持政府推动，动员社会参与

明确各级政府及部门的职能和任务，创新和改革投入、管理及运行机制，建立稳定的投资渠道。同时，注意发挥市场配置资源的基础性作用，调动农民应用旱作农业节水技术的积极性，吸引社会力量参与旱作农业节水建设，推进旱作农业稳定持续发展。

（4）坚持科技引领，突破技术瓶颈

加强以生物和农艺节水为重点的旱作农业节水技术创新，强化工程节水措施与农艺、农机、生物、化学、管理等节水措施的联合应用，大力普及高效适用、简便成熟的实用技术和装备，推动综合技术的集成示范，不断突破制约旱作农业节水技术的瓶颈，增强抗旱节水综合能力。

（5）坚持生态文明理念，推进协调发展

按照人口、资源环境与农业生产协调发展的要求，根据西北半干旱地区降水资源的承载能力，妥善处理旱作农业发展与环境保护的关系，通过提高降水的利用率和产出效益，逐步减少对地下水的开采，为实施生态环境建设提供稳定的物质基础，实现生产与生态协调发展。

6.3 发展目标

通过本战略的实施，使西北半干旱地区农田基础设施得到改善，旱作农业节水技术得到较大面积的推广应用，初步形成不同区域稳产、高效的现代旱作农业节水利用发展模式，自然降水利用率和利用效率明显提高，旱作农业用水紧缺态势得到基本缓解，粮食综合生产能力稳步提升，农民收入水平持续增加，生态环境不断改善。

6.4 主要任务

（1）改善农田抗旱节水的基础条件

根据西北半干旱地区水土流失和风蚀严重、低产田比重大、农田土壤易旱的现状，完善农田抗旱基础设施，配置集雨池窖、补灌设备、机耕道和防护林等田间配套工程；对土壤进行改造，建设田面坡度小于5°、耕层深度大于25 cm、土体厚度50 cm以上旱耕梯田，采取深耕深松改土、生物培肥、覆盖保墒和生物篱等措施，提高土壤肥力和蓄水抗旱能力，建设稳产高效旱作农田。

（2）构建抗旱节水技术支撑体系

针对当前西北半干旱地区旱作农业节水利用发展的技术难点和需求，建立合作协作机制，协调科研院校及生产、推广、管理等部门的力量，建设生物节水、雨水利用、节水信息等各类实验室，完善旱作农业节水技术创新与服务平台，开展旱作农业节水技术的原始创新、集成创新和引进消化吸收再创新，大力推进旱作农业节水技术进步，建立健全西北半干旱地区发展的技术支撑体系。

（3）发展抗旱节水的现代物质装备

针对西北半干旱地区农村劳动力结构快速变化的现状，适应旱作农业发展对现代物质装备的迫切需求，着力提高旱作农业节水利用发展的机械化水平。重点加强农田基本建设、土壤改良、地力培肥、节水补灌、抗旱播种及植保施肥等方面机械的推广应用，切实改善旱作区农业生产手段，促进高效旱作节水技术的快速普及应用，不断挖掘降水、耕地、良种、肥料等核心要素的生产潜能。

（4）稳步推进节水型旱作制度

根据西北半干旱地区降水时空分布特点，围绕高效利用水土资源，因地制宜地选用农作物抗旱新品种，减少和淘汰高耗水品种，调整种植结构，推行节水型高效耕作栽培模式，逐步形成适合西北半干旱地区特点的新型节水种植制度。在此基础上，积极发展节水型特色种植、养殖业以及其他产业，深化西北半干旱区域农业结构调整，繁荣农村经济。

（5）高效用水信息化网络体系

以提高西北半旱地区农业高效用水信息化技术水平为目标，通过研究集成和应用农业用水基础数据监测网络与共享、作物需水信息感知、灌区渠系水情信息监测与智能输配水、大田和设施作物精量灌溉控制等技术和系统，加速西北半旱地区农业生产和灌溉信息化管理的步伐，保障农户适时、适量灌溉，提高水资源利用率，缓解农业缺水状况，实现节水节能、农业增产、农民增收和水利增效的目标，保障国家粮食安全、战略水安全及生态安全。

第七章

区域布局与发展重点

7.1 陕西半干旱地区

7.1.1 发展重点

围绕小麦、玉米、马铃薯、苹果及小杂粮生产，加强垄沟种植、等高种植等田间集雨微工程建设，大力推广集雨覆盖种植、保护性耕作、抗旱保水等技术，提高雨水资源利用率和利用效率，增强粮食自给能力，提高农业综合生产能力。

7.1.2 主推技术

（1）地膜覆盖技术

渭北主推地膜覆盖垄侧或者垄上种植技术，陕北主推全膜双垄沟播栽培技术。要积极推行顶凌或及早覆膜、打渗水孔、足墒适期播种等技术。

（2）科学选用地膜

推广厚度不低于0.01 mm的地膜，合理养护、适时揭膜，探索机械捡膜等集成技术模式，减轻破损，提高回收率。开展好可降解地膜、多功能地膜等新技术试验示范，减少地膜残留，逐步杜绝“白色”污染。

（3）水肥一体节水补灌技术

针对渭北及秦岭北麓旱地小麦示范推广精细整地、宽幅沟播、耙磨镇压、水肥一体、秸秆覆盖等旱地小麦抗旱栽培集成技术，实现水分和肥料的高效利用。

（4）测土配方施肥及培肥保墒技术

要选择农企合作省级推荐企业，按照当地配方，生产应用配方肥料，促进增产增收。积极推广秸秆还田技术，增施有机肥，不断提高耕地肥力。推广深松耕技术，疏松土壤，打破犁底层，增加土壤蓄水能力。

7.2　甘肃半干旱地区

7.2.1　发展重点

围绕小麦、玉米、马铃薯及小杂粮生产，建立完善的现代旱作农业技术创新与推广体系，大力普及成熟适用的抗旱节水技术，集成推广抗旱新技术、新品种、新材料、新机具，形成标准化、系统化、科学化的综合抗旱技术体系；实现粮食生产稳定增长，农业结构优化升级，特色产业发展壮大，农业综合生产能力进一步增强，农村经济全面发展。

7.2.2　主推技术

（1）推广全膜双垄集雨沟播为主的地膜覆盖技术

把全膜双垄集雨沟播技术作为干旱区提高粮食产量的核心技术。同时，示范推广膜侧沟播、秋覆膜和顶凌覆膜、一膜两用、小麦全膜覆盖穴播多茬种植等覆盖栽培新技术。

（2）推广集雨补灌为主的旱作节水技术

通过兴修水平梯田、水平沟、隔坡梯田、丰产沟、铺压砂田等田间保水工程，减少地表径流，提高雨水拦蓄入渗利用率。修建集雨水窖、蓄水池、温室及大棚集雨槽，采用滴灌、管灌、喷灌、穴灌等方式，进一步增强旱作农业的可控能力。

（3）推广以抗耐旱品种为主的生物抗旱技术

突出耐旱、抗旱性品种推广应用，大力推广种子包衣、药剂拌种、精量半精量播种、抗旱剂、保水剂、抑蒸剂等配套技术，提高作物的抗旱能力。充分利用旱地化肥、农药等污染少、农产品品质好等优势生产条件，发展具有旱地特色的优质无公害品牌产品，实现产品增值和资源的高效利用。

（3）推广测土配方施肥为主的培肥地力技术

把耕地质量建设的重点放在中低产田改造上，推广测土配方施肥、秋施肥、化肥深施、增施有机肥等科学施肥技术，扩大绿肥生产和秸秆还田等培肥地力技术的应用面积，提高耕地质量。

（4）推广保护性耕作为主的机械化作业技术

因地制宜推广机械深松、高茬收割、秸秆直接粉碎还田、机械起垄覆膜、精少量播种、机收机播等机械化旱作农业技术。

7.3　宁夏半干旱地区

7.3.1　发展重点

围绕西甜瓜、马铃薯、玉米、向日葵等特色优势作物种植，以科技创新和技术集成应用为支撑，综合运用农艺、生物、工程等措施，重点推广以覆膜保墒集雨补灌为主的旱作节水农业技术，进一步完善旱作节水农业技术体系和特色农业生产体系，提高旱作节水农业区的抗旱、减灾、避灾能力，提高自然降水利用率和利用效率，提高农业装备水平和科技支撑能力，逐步缓解旱作区资源型缺水的紧迫性，缓解季节性干旱对农业生产的威胁。

7.3.2 主推技术

宁夏半干旱地区分为中部半干旱偏旱区和南部半干旱地区两大区域，各区域主推技术如下：

（1）中部半干旱偏旱区

中部半干旱偏旱区含同心县、盐池县、红寺堡区及中宁县南部、沙坡头区南部、原州区北部、海原县北部区域，宁夏回族自治区内通常称为中部干旱带。区域面积为2.82万km^2，占宁夏旱作农业区总面积的58.2%，人均耕地占有量在宁夏旱作农业区为最多。生态条件极脆弱，匮乏的水资源、风多沙大和瘠薄的土地，造成农业结构单一、农田生产力水平低下。今后应坚持“生态优先、草畜为主”的方针，大力发展草食畜牧业；种植业内部应扩大压砂瓜、马铃薯、红枣及以甘草为主的中药材等的种植，主推覆膜保墒集雨补灌旱作节水农业技术。

（2）南部半干旱地区

南部半干旱地区含西吉县、原州区中南部、隆德县北部、彭阳县大部及海原县中南部。区域面积为1.55万km^2，占宁夏旱作农业区总面积的31.9%，人均耕地在宁夏旱作农业区属居中。降水变率大，水土流失严重，土地垦殖率高，干旱发生频繁，农业发展缓慢。今后应按照“生态优先，草畜主导，特色种植，产业开发”的方针，加快退耕种草步伐，坚持封山禁牧，控制水土流失，推进生态建设；积极扩大苜蓿、饲用玉米等人工牧草种植，大力发展肉牛、肉羊舍饲养殖；调整种植结构，压夏增秋，扩大马铃薯、玉米、小杂粮、油料的等种植；大力推广旱地土壤“水库”增容、覆盖保墒、深松蓄水、保护性耕作等旱作节水技术，选用抗旱节水型旱地作物的优良品种，支撑旱作农业发展。

7.4 青海半干旱地区

7.4.1 发展方向

立足青海实际，围绕油菜、马铃薯、冷季豆类和青稞等特色农作物，以基础设施建设为重点，平整加固梯田、培肥土壤、覆盖栽培、深耕深松、抗旱生物制剂等为关键技术，工程措施与生物措施相结合，以建设高标准高产稳产基本农田为着力点，发展特色农产品生产，努力提高农业综合生产能力，真正建立起节水型、高效能的农业生态经济系统，全面推进全省农村经济的可持续、健康发展。

7.4.2 主推技术

综合青海省的自然状况、社会经济发展条件、农业区域特征等因素，将青海分为东部粮油主产区，海北、海南青稞油菜轮作区，柴达木盆地绿洲麦豆绿肥轮作区，青南青稞饲草饲料小片种植区四大旱作区。每个旱作区主推技术如下：

（1）东部粮油主产区

主要围绕田间基础设施建设，主推平整加固梯田、培肥改良土壤、覆盖栽培、深耕深松、抗旱生物制剂等各项技术。

（2）海北、海南青稞油菜轮作区

主推土壤改良、沟垄保墒、保护性耕作、抗旱生物制剂等技术，开展试验、示范、推广活动。

（3）柴达木盆地绿洲麦豆绿肥轮作区

主推农田整治、土壤改良、节灌技术等技术。

（4）青南青稞饲草饲料小片种植区

主推农田整治、土壤改良、沟垄保墒、保护性耕作等技术。

第八章

重点工程、建设内容及保障措施

根据西北半干旱地区旱作农业节水利用发展的客观需求，开展旱作农业节水利用示范工程和技术支撑工程建设。

8.1 旱作农业节水利用示范工程

以陕西、甘肃、宁夏和青海4个省区的半干旱地区为重点，选择具有代表性的旱作农业县，建设旱作农业节水利用核心示范区，并依托现有公益性农业技术推广机构，配套建设旱作农业节水利用试验推广站。通过发挥核心示范区的样板作用和强化县级试验推广站功能，将核心示范区内集成的旱作农业节水技术在县域内进行辐射，推动半干旱地区旱作农业全面可持续发展。

8.1.1 旱作农业节水利用核心示范区

功能定位：立足于完善核心示范区农田基础条件、集成应用先进技术、探索良性运行机制，打造不同类型的旱作农业节水利用发展模式示范样板，辐射带动县域旱作农业发展，促进粮食增产、农业增效、农民增收。

建设内容：主要围绕田间基础设施建设，修建田间道路、田间桥涵、集雨水窖（池）、生物篱（防护林）和配备补灌设备，开展平整加固梯田、土壤改良培肥、农田整治、节灌技术、覆盖栽培、沟垄保墒、深耕深松、保护性耕作、抗旱生物制剂等各项技术，开展试验、示范、推广活动，提高农业生产能力和农田节水能力。

8.1.2 旱作农业节水利用试验推广站

功能定位：一是承担核心示范区建设任务。组织完成田间基础设施建设，开展旱作节水技术和农机装备的示范推。二是承担县域内推广辐射任务。结合核心示范区发展旱作节水农业成效，利用各类技术推广手段，开展技术培训。三是承担旱作节水农业新技术试验任务。引进集成新品种、新技术、新机具，开展中间试验等技术熟化、转化工作。四是承担信息监测预警任务。监测、采集土壤墒情、旱情、地力等旱作节水农业相关信息，为指导抗旱减灾和农业生产提供信息服务。

建设内容：每个试验推广站，按照0.5万亩的作业服务能力配备示范机具设备及配套设施（包括拖拉机及推土机和各类作业机具设备）；配套建设农机具停放场、库棚等附属设施；每站配备多媒体投影仪、DVD录像机等培训设备，对于承担旱作农业节水信息监测任务的试验推广站，增配土壤墒情监测仪器设备和数据传输设备。

8.2 旱作农业节水利用技术支撑工程

以现有农业科研、推广单位为依托，构建旱作农业节水技术支撑体系，承担旱作农业节水技术的研发、中试、转化和监测服务等任务，为旱作农业发展提供技术支撑。

8.2.1 国家旱作农业节水利用工程技术中心

功能定位：承担创新型旱作农业节水技术的基础性研发，跟踪国际前沿技术的发展动态，开展旱作农业节水种子资源、技术标准、新型制剂和材料、机械设备及管理政策、运行机制等关键课题的研究工作，指导区域旱作农业节水工程技术分中心开展相关工作，对旱作农业节水利用信息进行动态监测、汇总、分析和预警，打造国家级旱作农业节水技术创新和信息服务平台。

建设内容：一是依托中国农业科学院，重点建设生物节水实验室、农艺节水实验室、节水机具实验室、化学节水实验室、雨水利用实验室、节水信息实验室、节水管理实验室和试验基地等，配套必要的仪器设备和实验设施；二是依托全国农业技术推广服务中心，建设旱作农业节水监测预警中心，完善基础设施建设，配备信息收集、处理、发布等设施设备。

8.2.2 省级旱作农业节水利用工程技术分中心

功能定位：一是开展全省旱作农业节水新技术研究，与国家旱作农业节水工程技术中心和区域分中心合作，引进新品种、新技术、新机具，开展中间试验等技术熟化、转化工作；二是制定旱作农业节水规划；三是承担国家和省上重大旱作农业节水项目；四是指导全省旱作农业节水生产；五是开展旱作农业节水技术的培训和宣传工作；六是承担国家信息监测预警任务。选择部分典型区域的试验推广站，监测、采集土壤墒情、旱情、地力等旱作节水农业相关信息，与国家旱作节水农业工程技术中心和区域分中心联网，为指导抗旱减灾和农业生产提供信息服务。

建设内容：依托西北农林科技大学、甘肃农业大学、宁夏大学和青海大学，新建省级旱作农业节水技术研发中心实验室，配置试验室仪器、监测设备和培训设备等。

8.3 保障措施

（1）加强顶层设计，完善体制机制

统筹考虑国家、部门及地方的旱作农业节水利用的有关发展规划，鼓励部门和地方政府共同参与旱作农业节水利用发展规划的实施，促进相关部门的旱作农业节水利用发展规划的有机结合和高效实施。调动部门和地方政府的积极性，加强衔接，科学、合理、有效地配置国家、部门、地方政府科技计划，建立旱作农业节水利用科技创新的组织管理体系。

（2）加大财政支持力度，建立多渠道投入机制

各级政府要明确旱作农业节水技术研发、示范和推广的公益性地位，将其纳入财政优先安排领域，切实加大投入力度，稳定和拓宽投资渠道，加快启动一批具有带动作用的节水利用工程项目，加强西北半干旱地区旱作农田基础设施建设。加大对旱作农业节水科技创新条件建设、关键技术与设备研发、技术服务体系建设等的支持力度，促进技术开发与推广应用。积极制定财政补贴、税收优惠等扶持政策，引导社会资金进入旱作农业节水利用的建设领域，逐步建立政府主导、社会参与的稳定投入机制。

（3）强化产学研结合，促进企业创新能力建设

本着“优势互补、资源共享、互惠互利”的原则，通过组建产学研战略联盟和校企联合研发中心（基地、孵化器）等方式，建设以企业为主体、产学研结合的技术创新体系，鼓励和引导高等院校、科研院所和优势企业联合，实现科学研究、产品开发、人才培养等活动的紧密结合，强化旱作农业节水利用科普宣传与培训，完善技术服务体系，充分发挥产学研优势，提升研发创新能力和产业竞争力。

（4）加强创新人才培养、团队与平台建设

加强技术创新人才的培养和引进力度，长期重点支持一批从事节水农业研究的优秀人才和优秀研究群体，造就一批站在学科前沿、善于创新的高层次中青年专业技术人才队伍，推进高素质节水农业技术及产业人才队伍建设，加强旱作农业节水技术人才的国际培训合作和国际学术交流。建设“西北半干旱地区旱作农业节水技术与装备国家重点实验室”“农业水土资源与环境空间数据监测与共享平台”和“农业节水定位试验研究网络平台”，完善我国旱作农业节水创新基地平台。

同时，采用集中培训，广播、电视、录像、专题讲座等多种方式、多层次的培训。采用理论培训与现场技术指导相结合，充分发挥科技人员的技术优势，加强对农民的科技培训和技术服务指导，提高农民的节水种田技术水平。

（5）创新工作机制，建立多部门节水农业发展网络

旱作节水是一项系统工程，涉及水资源时空调节、充分利用自然降水、适时实施人工降水、合理利用灌溉水、挖掘土壤水资源潜力、提高作物水分利用效率等诸多方面。建立农业、水利、气象等多个部门参与的农业节水利用发展网络，整合各部门技术力量和资源。统一部署，分工负责，全面推进，为旱作农业节水的发展提供强有力的组织保障。

（6）完善相关政策和标准，创新节水发展机制

依据《土地管理法》《农村土地承包法》《水法》和《基本农田保护条例》，制定《农田节约用水条例》等规章，逐步建立结构合理、管理科学、程序规范的旱作农业节水利用的法律法规体系。加强旱作农业节水的标准体系建设，制定《旱作农业节水技术规范》和《旱作农业节水工程建设标准》等，逐步将旱作农业发展纳入标准化轨道。

积极探索建立农民参与的旱作农业节水的发展机制，扶持和引导农民应用节水技术和设备，把旱作农业节水利用与农民的利益有机结合起来，充分调动农民的积极性，形成农民自觉参与旱作农业建设的长效机制。深化工程建设形成的固定资产产权制度改革，采取产权转让、承包租赁、合作经营等多种方式，完善运行管护机制，发挥工程建设长久效益。

专题3

我国西北半干旱地区现代农业区域示范与创新模式发展战略研究

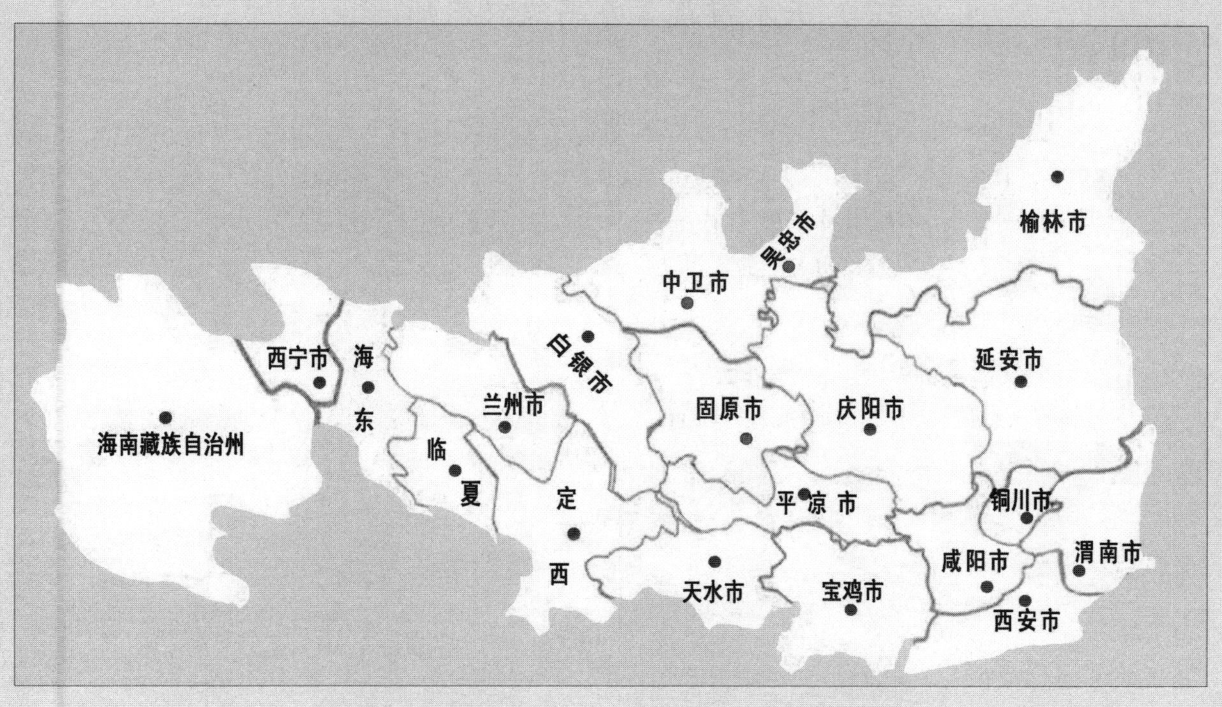

课题组顾问：

康绍忠　　中国工程院院士

课题组组长：

宋尚有　　甘肃省粮食厅研究员

课题工作组组长：

孙养学　　西北农林科技大学教授

课题工作组成员：

马红玉　　西北农林科技大学讲师

张晓宁　　西北农林科技大学讲师

杨　峰　　西北农林科技大学讲师

赵多长　　天水市农业局推广研究员

郭万田　　天水市蔬菜办高级农艺师

第一章

导论

1.1　研究背景

改革开放以来，我国经济持续快速发展，国内生产总值已跃居世界第二。我国农业发展取得了巨大成就，粮食和重要农产品生产保障能力大幅提升，农村居民人均可支配收入大幅提高，农业机械化水平和科技创新水平越来越高，农业基础设施和物质装备显著改善，生态农业、设施农业、休闲农业等新型农业形态不断出现并形成规模，农产品的市场化程度提高，农业与工业、第三产业的联系更加紧密。我国农业正处在由传统农业向现代农业的过渡时期，但是农业发展过程中仍存在着人地矛盾突出、淡水资源短缺、农业基础设施落后、农业经营和经济增长方式粗放、城乡“二元”分割的经济社会结构等诸多矛盾和挑战。在我国经济步入“新常态”，同步推进新型工业化、信息化、城镇化和农业现代化发展的新阶段下，如何进一步推进农业现代化建设，是国家现代化建设的关键内容和主要目标。

进入21世纪以来，党中央和国务院高度重视农业农村发展。党的十六大报告中明确提出：“统筹城乡经济社会发展，建设现代农业，发展农村经济，增加农民收入，是全面建设小康社会的重大任务。”党的十七届三中全会特别指出，发展现代农业，必须按照高产、优质、高效、生态、安全的要求，加快转变农业发展方式，农业科技进步和创新，加强农业物质技术装备，健全农业产业体系，提高土地产出率、资源利用率、劳动生产率，增强农业抗风险能力、国际竞争能力、可持续发展能力。2013年中央一号文件指出：始终把解决好农业农村农民问题作为全党工作重中之重，把城乡发展一体化作为解决“三农”问题的根本途径；必须统筹协调，促进工业化、信息化、城镇化、农业现代化同步发展，着力强化现代农业基础支撑，深入推进社会主义新农村建设。清晰的政策演变轨迹体现了中央持之以恒强化农业、惠及农村、富裕农民的坚定决心。

为探索中国特色农业现代化道路，加快现代农业建设进程，2009年11月，农业部启动国家现代农业示范区创建工作，并将“创建国家现代农业示范区”写进了2010年中央一号文件。截至2015年1月，农业部分三批确定了283个国家现代农业示范区，并提出“十二五”期间力争大部分示范区率先实现农业现代化。2012年，中央一号文件提出“加快推进现代农业示范区建设”，随后在国务院发布的我国第一个《全国现代农业发展规划》中，把“创建国家现代农业示范区”作为“十二五”现代农业发展的八项任务之一，做出全面部署。与此同时，各省（自治区、直辖市）、市农业部门也陆续推出省级现代农业示范区（或产业园）、市级现代农业示范区（或产业园），积极为发展国家级现代农业示范区创造条件。

经过多年实践，国家现代农业示范区在保障粮食等农产品供给、提升主导产业生产能力、加强农业基础设施建设、提高农业生产经营管理水平、提高农业科技支撑能力以及增加农民收入等方面均走在了全国前列，成为我国现代农业发展的领头羊。然而，建设的国家级、省级农业示范区，并不都是完全成功的。究其原因，示范区建设的政策是否完善、体制机制是否健全、组织管理制度是否有效是关键性影响因素。研究总结典型示范园区的做法与成效，分析比较不同区域示范园区的发展模式和路径，探究示范园区现代农业建设过程中的问题和解决方式，有利于系统总结实践经验，有效带动其他地区现代农业建设，促进农业现代化进程。

我国西北半干旱地区涉及甘肃西北部、陕西中部和北部、宁夏中南部及青海东部等。区域耕地规模大，是我国农业的重要组成部分，在农业科技快速发展和农业现代化的进程中，西北半干旱地区发展现代农业有其不可替代的地位和作用。一方面，区域优势逐渐显现，农业机械化、化学化、良种化、信息化水平不断提高；另一方面，诸多问题和矛盾也显现出来，如农户市场组织程度低、关联产业发展滞后、区域内产业竞争力不足、集贸市场建设滞后、乡村基础设施落后、化肥农药流通混乱、农民收入水平低、部分农民生活贫困等。尤其是生态环境恶劣，水资源短缺，自然灾害频繁，生态污染，土壤盐碱化、荒漠化程度加重等一系列长期存在的问题，依旧严重影响着西北半干旱地区现代农业的发展。在此背景下，以西北半干旱地区现代农业为研究对象，系统分析和论证西北半干旱地区现代农业区域示范和创新模式发展战略问题，为国家战略决策和全面建成小康社会提供理论和实践参考。

1.2 研究目的和意义

1.2.1 研究目的

在运用现代农业的相关理论基础上，结合西北半干旱地区现代农业发展现状及存在问题分析，研究总结西北半干旱地区现代农业区域示范与创新模式。从现代农业区域示范和发展模式出发，制定西北半干旱地区现代农业未来发展战略，为该地区现代农业示范园区建设和现代农业发展提供战略决策。具体目的如下：

（1）通过检索和借鉴国内外学者相关研究成果，结合西北半干旱地区现代农业发展实际，从理论层面揭示现代农业、区域示范、创新模式、发展战略的研究突破和动态进展。

（2）通过深入甘肃、青海、宁夏、陕西实地调研和统计分析，系统分析西北半干旱地区现代农业发展、现代农业区域示范效应和现代农业创新模式的发展现状、特征、效果和问题。

（3）根据现代农业区域示范与模式创新的理论与实践依据，通过数据挖掘和指标体系设计，从定量分析上，探索影响西北半干旱地区现代农业区域示范和模式创新的影响因素。

（4）通过现代农业示范区、农业龙头企业、农民合作社、农户家庭农场的典型案例剖析，明确西北半干旱地区现代农业区域示范与创新模式的组织载体和生产经营主体。

（5）根据西北半干旱地区自然区域特点、现代农业产业发展特征和社会经济发展环境，制定现代农业区域示范和创新模式发展战略，明确西北半干旱地区现代农业创新模式运作路径和产业适应性。

（6）以天水国家农业科技园区和天水市市级农业园区建设为案例，通过分析其存在的问题和典型经验，提出天水现代农业示范区建设的思路、目标和重点，发挥天水在西北半干旱地区现代农业发展中的示范引领作用。

1.2.2 研究意义

我国正处于传统农业向现代农业发展的转变时期，经济步入“新常态”，农业进入新阶段，实现农业现代化、发展现代农业是未来农业发展的必然方向，也是“四化同步”“三农融合”“建成小康社会”的必然选择。加快西北半干旱地区现代农业发展，对于破解我国“三农”难题，制定未来农业发展战略和远景规划具有强烈的影响力。因此，研究西北半干旱地区现代农业区域示范、创新模式、发展方向和发展重点，可以为区域现代农业更好更快发展提供战略决策，对进一步加快现代农业发展步伐具有十分重要的战略意义和现实意义。

（1）制定战略

通过研究，可以明确西北半干旱地区现代农业未来发展理念、思路、目标和路径，制定切实可行的发展战略和匹配性强的发展政策，为推动西北半干旱地区现代农业发展及模式选择提供引领作用。

（2）区域示范

通过深入分析西北半干旱地区自然环境、社会环境、优势产业和农业科技发展，明确西北半干旱地区现代农业示范园区、示范项目、示范对象、示范方式、示范投入、示范效果等区域示范的影响因素，为西北半干旱地区现代农业区域示范提供实践经验和运作范式，推进现代农业区域示范效果。

（3）创新模式

通过调研、总结、凝练、实践，形成西北半干旱地区现代农业发展的各类创新模式，明确各类创新模式的名称、类型、结构、功能、运行方式、实施效果、适用范围和使用条件，为西北半干旱地区现代农业发展提供实用有效的创新模式和发展路径，提升现代农业生产效率和经营效益。

（4）示范园区

通过对四个国家级现代农业示范区进行解析，总结西北半干旱地区现代农业示范园区建设和发展中的经验和教训，明确园区科学规划、科技创新、示范推广、产业发展、组织管理、招商引资、生态环境、综合服务、土地流转、优化政策十大核心任务，为西北半干旱地区现代农业示范园区建设和发展提供模式支持和决策支持。

（5）天水示范区

通过研究，提出天水现代农业示范区建设思路、目标和重点，并提出针对性的政策建议，提升和促进天水现代农业发展水平。

1.3 国内外研究

1.3.1 国外研究

在对农业现代化概念形成基本认知后，国外学者纷纷从不同层面揭示农业现代化的类型特征，认为农业机械化和农民的现代化是农业现代化的重要特征。通过农业可持续发展可以兼顾环境、食品安全和政治稳定等目标，可以很好地诠释农业现代化的特征。

美国经济学家熊彼特提出了技术创新理论，该理论主张现代农业园区应是一个技术创新的平台，并赋予现代农业园区本身就是创新的独特观点，其打破原有的传统农业体系将农业生产要素、生产条件、生产组织等重新组合，以建立效益更好、生产率更高的创新型农业生产体系，这些改变又激发了现代农业对高新技术、新品种的需求，以及采用先进的管理方法和经营组织形式等观点。法国学者佩鲁认为，在地理空间上的增长并非均匀发生，它以不同强度呈点状分布，通过各种渠道影响区域经济。也就是说具有优势的地区将会随着产业聚集日益成为发展极，通过这些发展极产生的扩散效应又将带动邻近地区共同发展。系统工程理论要求把现代农业园区看成是一个开放的动态的系统，强调园区系统内部各要素之间、内部要素与系统外部环境之间相互协调发展，从而合理地利用一切自然资源和社会资源，使园区获得最高的生物产量和最好的经济效益。这些观点对现代农业示范区规划布局、运营管理和功能定位有着极大的指导作用。

在知识经济时代，创业型大学承担的使命也实现了新的扩展，即由单纯的组织教学发展到教学、科研以及直接参与经济和社会发展，该理论应用于农业科技园区，通过三方互动，园区内创业型大学的知识优势成为吸引政府资助、用于支持区域多种技术创新和当地经济和社会发展的前提条件，正是基于此种情况，企业也愿意和大学以及科研机构合作，提供给大学一定的研发资金，这也成为企业争取政府支持的一项资本。国外科技园区的管理模式基本上划分为四类：政府管理型模式、大学和科研机构管理型模式、公司管理型模式、协会管理型模式。农业现代化是世界各国和地区农业发展的必由之路。经过多年的发展和实践，美国形成了劳动节约型现代农业发展模式，日本形成了土地节约型现代农业发展模式，西欧形成了节劳节地型现代农业发展模式。

1.3.2 国内研究

（1）现代农业经营模式创新的研究

国内对现代农业发展模式的研究主要在农业产业化经营模式创新，主要有龙头企业型、市场带动型、主导产业型、集团开发型等。蒋和平等编著的《中国特色农业现代化建设机制与模式》专著中将中国特色农业现代化建设模式概括为：城乡统筹带动型、区域发展带动型、基地建设带动型、新农村建设带动型、设施农业带动型、科技园区带动型、生产建设兵团带动型、国有大型龙头企业集团带动型、沟域经济带动型等。曾福生认为以专业农户为基础适度规模的精准农业是农业经营模式的主导模式，多种模式并存是现代农业经营模式的格局和演变趋势。刘凤仙对河南省现代农业发展的研究指出，通过大力发展农业产业链，有效地推动了河南省现代农业模式创新进程，涌现出了像黄淮区内的“公司+中介组织+农户”“专业批发市场+农户”“公司+基地+农户”“农民经纪人+农户”等多种现代农业模式。随着农业产业化、标准化的不断深入，逐步出现了"骨干龙头企业+中小企业+基地+农户""企业+由企业控股的规模化养殖+农户"等发展特色明显、经营模式先进的农业产业化发展模式。此外，还有豫西南的生态农业发展模式，豫北经济区内的农业产业集群和加工产业集群发展模式，以及粮食生产良性循环的现代农业发展模式，为河南省现代农业发展和模式创新提供了重要的经验借鉴。

（2）现代农业技术模式创新的研究

杨敬华等在《农业经济问题》发表的《中国现代农业经营模式及其创新的探讨》中提出了农业科技园区发展的"四螺旋"模型。他们认为在农业科技园区创新和创业发展中除具备政府、企业和科研机构的三螺旋结构关系外，科技中介在农业技术推广和扩散中具有不可替代的作用，在我国小农户家庭经营体制中尤为重要。政府、企业、科研机构和科技中介成为农业科技园区中的四种力量，构成了农业科技园区创业与创新发展的"四螺旋"模型。在"四螺旋"结构关系中，政府为园区各主体提供良好的发展环境，企业是园区运作的主体，大学与科研机构为园区发展提供技术支撑，科技中介为园区发展提供各种科技服务。申忠海对"四螺旋"模型进行了修正，提出了农业科技园区发展的"五螺旋"模型，他认为农户作为农业新技术的最终采用者，应是农业经济发展中的基本单元。农业生产和经营的过程较长，农民对新技术的采用态度和接受能力直接影响农业技术成果的转化，影响农业发展的科技含量和经济效益，是技术的最终使用者和农业产品的直接生产者。因此，把农民纳入农业科技创新体系中是一种非常可取的观点，是农业科技园区创新理念的突破。

（3）现代农业管理模式创新的研究

申秀清研究认为，应当区分不同发展阶段，在农业科技园区管理模式向目标模式的演进中遵循不同的路径，建设和成长阶段采取政府主导下的多元共管的公司治理模式，规范发展阶段采取基于市场机制的多元主体网络治理模式。

（4）现代农业制度模式创新的研究

申秀清在《中国农业科技园区创新机制研究》中提出，在土地集体所有制的框架下，实现土地制度创新的唯一着眼点就是农民的土地承包经营权。强化农民的土地承包经营权，坚持30年长久不变的政策并鼓励各种方式的流转，是对农民地权的重大理性回归，为完善农民土地权益提供了制度创新的空间。农业科技园区土地利用机制创新要本着"明确所有权、稳定承包权、搞活使用权、强化经营权"的思路来进行。

（5）现代农业金融创新模式的研究

张云研究指出，开展现代农业金融服务，不能延续小农经济条件下的传统农业信贷经营方式，必须创新业务模式来实现业务发展和风险控制的平衡，具体包括：农业产业链金融带动模式、特色抵质押创新模式、综合化经营服务模式、多方合作信用支持模式。詹慧龙对云南省现代农业发展实践研究指出，政府承担建设现代农业第一责任，建设现代农业应突出重点，避免"撒胡椒面"现象出现，创新资金筹措，建立健全财政农业投入增长和资金有效使用考核机制，完善奖惩机制，推动现代农业快速发展。在这些现代农业模式中，人们不仅仅注重现代科学技术在农业发展中的作用，更多的是在吸取"石油农业"模式的经验和教训之后，把生态理论和可持续发展理论运用到模式的构建中，为现代农业的未来发展勾勒出一个生态和谐的未来现代化道路。

（6）现代农业服务创新模式研究

李静认为现代农业应具有比传统农业更为丰富的内涵，向假日农业、休闲农业、观光农业、旅游农业等新型农业方向发展是现代农业发展的一个重要特征。因此，需要现代农业的主导者在突出现代高新技术先导性、农工科贸一体性、产业开发多元性和综合性的同时，鼓励和引导农户广泛地参与专业化生产和社会化分工。这一思想和2007年中央一号文件强调的“发展现代农业，必须注重开发农业的多种功能，向农业的广度和深度进军”相吻合。诚然，由于农业问题的长期复杂性，现代农业的内容仍在不断地充实和演进当中。安源归纳了我国现代农业发展特点和国内现代农业发展模式：东部集约型、大城市郊区都市型、中部地区产业型、西部特色农业型。柳百萍等提出，安徽现代农业创新发展模式主要有：优势农产品型、生态农业型、特色农业型、乡村旅游产业带动型和城郊都市农业型。竹艺、李静芸等在基于原生态农耕文明的现代农业创新模式研究中指出，发展新型现代农业是高效利用现有农业资源的重要措施，能提升我国农业发展水平，满足建立现代农业制度的需要，是农业价值提升的重要方式，也是提高农业综合产能的必然选择，能解决目前环境污染问题，且有利于生态系统的平衡和生态文明建设。

1.3.3 简要评述

国内外关于现代农业各方面的研究成果较为全面和丰富，涉及概念界定、类型与特征、目标与评价指标体系、现代农业发展模式、路径与战略等诸多方面。既有纯理论研究，也有实证研究；既有全国性研究，也有区域性研究；既有一般性研究，也有重点性园区研究；既有宏观战略研究，也有微观主体研究；既有论文性研究，也有专著性研究；既有学识性研究，也有官方文件式提炼总结；既有观点、概念的创新，也有理论体系和主张的构建。总之，国内外学者在半个多世纪的研究过程中，对农业现代化和现代农业有了肯定的答案，从理论和实践的结合上清晰地论述了农业现代化和现代农业的概念、理论、方法、模式和发展战略，奠定了我国农业现代化和现代农业发展的理论基础和发展方向。国内外学者的研究成果，也深化了本课题对现代农业的理论认知，为课题研究拓宽了思路、深化了理念、明确了方向、提供了研究范式和分析方法、找到了切入点。但现阶段研究依然存在以下几方面的问题：

（1）缺少关于农业现代化演进过程解构与规律变异的探析。现阶段关于现代农业自身发展研究大多止步于现代农业概念特征以及评价指标体系定性研究。通过定量研究刻画现代农业演进过程并分析演进过程规律的研究十分鲜见，研究有待进一步补充和深化。

（2）国内外关于现代农业的研究，大多是从宏观层面进行切入的。由于中国地大物博，各地自然资源禀赋、自然条件不同，各地农业现代化发展差异也十分巨大，关于西北半干旱地区的区域性专门研究还有待补充。

（3）国外关于高科技产业园区的研究较多，但关于农业科技园区的系统研究较少，且各国农业现代化发展的模式也不尽相同，针对我国区域差距大的现状，可供借鉴的模式、经验和理论不够充足。

（4）国内关于农业科技园区建设的研究和建设内容较为趋同，研究层面比较单一，发散思维不足；在理论研究和方法上缺乏创新，尚未形成完整的研究体系，缺乏对现代农业示范区深层次的思考，具有引领性的知名现代农业示范园区较少。

（5）结合农业区域特点进行的现代农业区域示范和模式创新实践，还有大量的研究工作要做。由于现代农业在我国还处于初级阶段，战略性和实践性问题的完全解决还有很长的路要走。

西北半干旱地区发展现代农业既具有客观必然性，又具备现实条件。面对工业化和城镇化的巨大需求，面对资源和环境的双重约束，面对技术和经济的相对滞后，只有加快推进现代农业发展战略研究，努力实现农业生产手段、生产方式和经营理念的现代化，才能突破资源和环境的瓶颈制约，提高土地产出率和资源利用率，生产出量大、质优、健康的农产品，发挥农业的多种功能，不断增加农民收入，改变西北半干旱地区农村落后的面貌。

1.4　研究思路和方法

1.4.1　研究思路

以区域经济发展理论、现代农业发展理论和农业模式创新理论为指导，以我国西北半干旱地区现代农业区域示范和创新模式为研究对象，在检索和借鉴国内外学者相关研究成果和深入西北半干旱地区（甘肃、青海、宁夏、陕西）实地调研的基础上，系统论述现代农业、区域示范、创新模式、发展战略的概念内涵和理论基础。根据西北半干旱地区自然、社会经济条件和区域农业生产历史，采用统计描述法全面分析了西北半干旱地区现代农业区域示范、创新模式和现代农业示范园区的发展现状、示范效果和存在的问题。运用主成分分析法，实证分析了西北半干旱地区现代农业区域示范与创新模式的影响因素。采用典型案例法，重点分析了西北半干旱地区现代农业区域示范与创新模式的农业科技园区、农业龙头企业、农民合作社、农户家庭农场四大组织载体。应用规划设计法，结合西北半干旱地区的实际，提出了该地区现代农业区域示范与创新模式发展战略设想、战略架构、五大创新模式和八大现代农业。最后，以天水国家农业科技园区和天水市市级农业园区建设为典型案例，分析其存在的问题和典型经验，提出天水现代农业示范区建设思路、目标、重点和政策建议，全面提升天水市现代农业发展水平。研究思路及逻辑框架见图1-1。

1.4.2　研究方法

在研究方法上，将规范研究和实证分析、定性研究和定量分析相结合，在资料调研、数据采集、典型案例整理的基础上，根据现有相关研究方法筛选，力求实用、有效地解决课题研究中的问题，深化课题内涵和可操作性。具体采用的主要研究方法有：

（1）问卷调研法

通过深入政府部门、农业产业化龙头企业、家庭农场、农民专业合作社、农户调研，获取西北半干旱地区现代农业发展的相关数据，分析现代农业发展的现状、存在的主要问题和现代农业区域示范与创新模式的影响因素。

（2）统计分析法

通过对西北半干旱地区现代农业发展的相关数据资料进行统计分析，描述西北半干旱地区现代农业的发展现状、现代农业示范园区发展水平、区域科技示范效果和创新模式的表现形式。

（3）计量分析法

结合现代农业区域示范与创新模式的理论和实践依据，运用主成分分析方法和SPSS19.0软件包进行运算，实证分析西北半干旱地区现代农业区域示范与创新模式的影响因素和影响程度。

（4）典型案例法

通过检索、调研、整理，将近年来西北半干旱地区现代农业发展典型案例，如甘肃天水现代农业示范区建设和发展、陕西杨凌农业示范区建设和发展、青海海东现代农业示范区建设和发展、宁夏吴忠现代农业示范区建设和发展，以及农业产业化龙头企业、农民专业合作社、家庭农场、农户等典型案例，揭示西北半干旱地区现代农业区域示范与创新模式的组织载体和实践路径。

（5）规划设计法

结合西北半干旱地区自然条件、优势特色产业和社会经济基础，借鉴国内外和各区域现代农业发展模式和经验，规划设计我国西北半干旱地区现代农业区域示范与创新模式发展战略和天水市国家级现代农业示范区可持续发展战略。

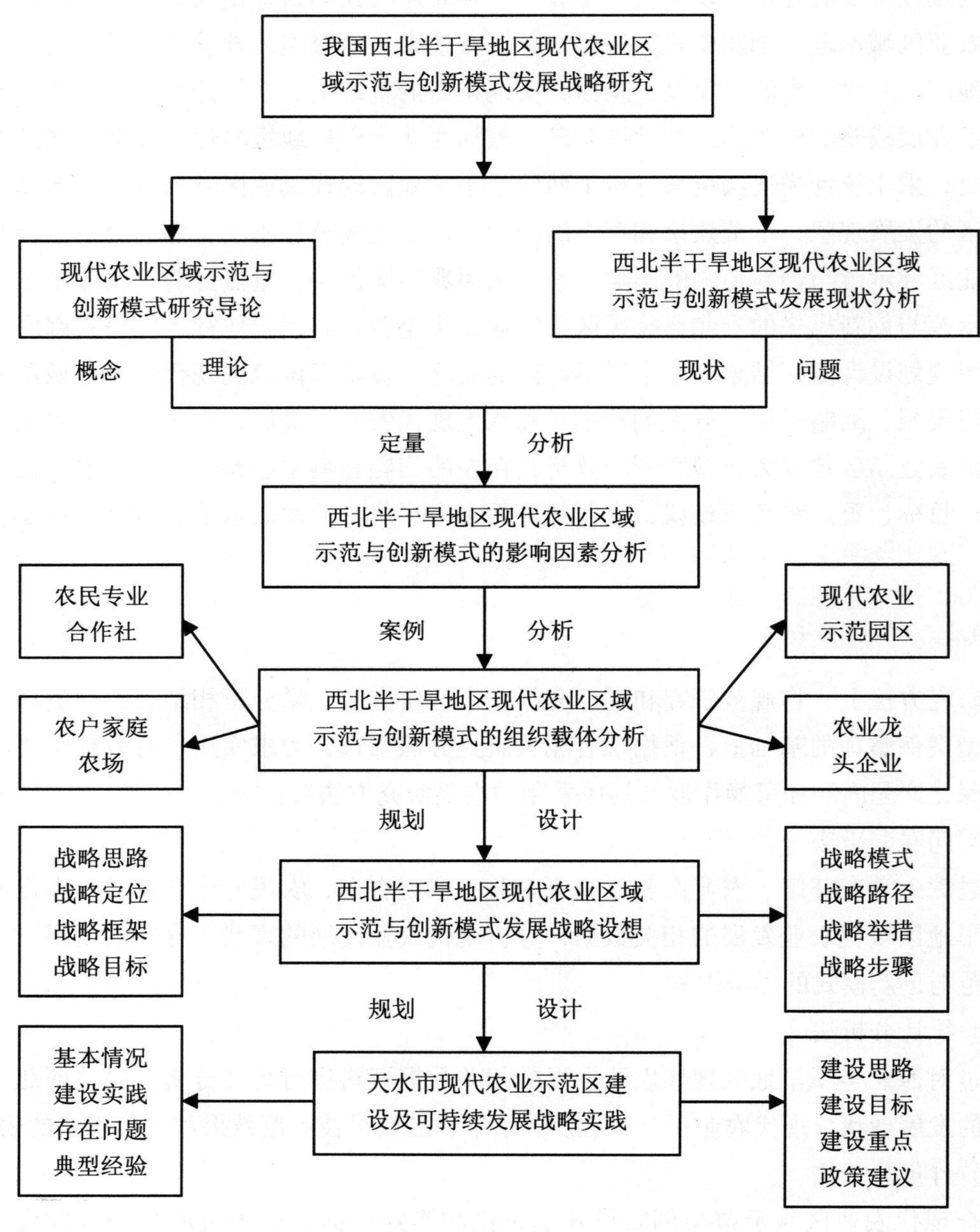

图1-1　课题研究思路逻辑框架

第二章

现状分析

2.1 现代农业示范效应与创新模式相关概念界定

2.1.1 现代农业区域示范的概念

(1) 现代农业区域示范的界定

现代农业区域示范是以现代产业发展理念为指导，以新型农民为主体，以现代科学技术和物质装备为支撑，采用现代经营管理方式，以可持续发展的现代农业示范园区为载体，对周边区域有带动和示范作用的农业形式，具有产业布局合理、组织方式先进、资源利用高效、供给保障安全、综合效益显著的特征。

(2) 现代农业区域示范的效益指标

不同学者对现代农业区域示范效益评价也有不同的界定。陈益升等介绍了美国学者提出的评价指标体系，该体系按指标重要程度分为重要指标、一般指标和相对不重要指标，即经济发展指标、科研院校与技术研发指标、利益分配指标。雷玲在借鉴与参考国内外学者的研究成果基础上，结合杨凌现代农业示范园实际情况，构建了现代农业区域示范的综合效益评价指标体系（见表2-1）。

表2-1 现代农业区域示范的效益指标

	一级指标	二级指标
现代农业区域示范的效益指标	园区规模	园区企业个数
		园区占地面积
		园区总产值
	科技水平	与大学、科研院所合作项目数
		引进或自主研发先进技术项目
		科技创新型企业数量
	经济效益	年投资利润率
		土地生产率
		农产品销售量
	社会效益	园区职业农民培训数
		带动劳动力就业人数
		农村居民人均可支配收入增长率
	生态效益	造林面积
		育苗面积
		园区农业机械化程度

2.1.2 现代农业创新模式的概念

现代农业创新模式是各种农业生产要素在某一特定的区域内，在一定的组织框架下使现代农业的生产要素、生产条件、生产组织进行重组，以建立效益更好、生产率更高的新的现代农业生产方式和科技服务体系。现代农业创新模式主要划分为技术创新模式和管理制度创新模式两类。现代农业的技术创新模式是农业科研单位和农业科技企业技术创新的结果，同时将成果应用于现代农业，是农业高新技术转化为现实生产力的过程。它包括农业新技术、新农艺、新品种、新业态、新产业、新的生产方式，如立体农业、设施农业、智慧农业、休闲农业、循环农业等。管理制度创新模式是提高现代农业组织化、产业化、专业化、现代化水平和效率，主要体现在农业发展资源的有效组合上。它包括现代农业发展模式、主体组织模式、商业运作模式、要素投入模式、空间布局模式等类型。从现代农业发展本身看，模式创新演绎了自然、科技、农业、要素融合发展的整体思维理念，造就了现代农业新的发展路径和主导方向，是对区域经济发展战略的深化和延展。

2.2 西北半干旱地区现代农业示范效应

2.2.1 甘肃省现代农业示范效应

（1）甘肃省现代农业示范效应的现状

甘肃省现代农业的示范效应主要是通过示范区和示范园实施的。经过多年的发展和积累，甘肃省已进入传统农业向现代农业加快转变的关键阶段。在2011—2012年国家认定的5个国家现代农业示范区和11个省级农业示范区的基础上，目前全省共有现代农业示范区（园）104个（图2-1），其中国家和省级现代农业示范园区共29个（具体名单见表2-2），省级现代农业示范园共75个（具体名单见表2-3，各地区分布见图2-2）。

表2-2　甘肃省国家级、省级现代农业示范区名单

县(市、区)	示范区名称
甘州区	张掖市甘州区国家现代农业示范区
肃州区	酒泉市肃州区国家现代农业示范区
安定区	定西市安定区国家现代农业示范区
凉州区	武威市凉州区国家现代农业示范区
敦煌市	酒泉市敦煌市国家现代农业示范区
临泽县	张掖市临泽县省级现代农业示范区
永昌县	金昌市永昌县省级现代农业示范区
临夏县	临夏州临夏县省级现代农业示范区
榆中县	兰州市榆中县省级现代农业示范区
靖远县	白银市靖远县省级现代农业示范区
临洮县	定西市临洮县省级现代农业示范区
静宁县	平凉市静宁县省级现代农业示范区
合水县	庆阳市合水县省级现代农业示范区
武都区	陇南市武都区省级现代农业示范区
秦安县	天水市秦安县省级现代农业示范区
条山农工商公司	甘肃农垦条山农工商公司省级现代农业示范区
民勤县	武威市民勤县省级现代农业示范区
景泰县	白银市景泰县省级现代农业示范区
金川区	金昌市金川区省级现代农业示范区
永靖县	临夏州永靖县省级现代农业示范区
徽县	陇南市徽县省级现代农业示范区
泾川县	平凉市泾川县省级现代农业示范区
镇原县	庆阳市镇原县省级现代农业示范区
武山县	天水市武山县省级现代农业示范区
玉门市	酒泉市玉门县省级现代农业示范区
高台县	张掖市高台县省级现代农业示范区
皋兰县	兰州市皋兰县省级现代农业示范区
陇西县	定西市陇西县省级现代农业示范区
黄羊河农工商公司	甘肃黄羊河农工商公司省级现代农业示范区

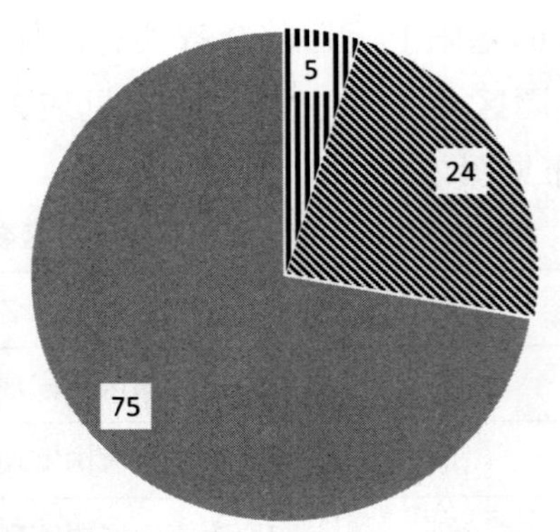

图2-1 甘肃省现代农业示范园区数量(单位:个)

表2-3 甘肃省省级现代农业示范园名单

市州	示范园名称
武威市(4个)	荣华现代绿洲生态移民·农业产业化基地示范园、民勤县陶中现代农业示范园、古浪县农业循环经济产业示范园、天祝县南阳山片移民点现代农业示范园
白银市(5个)	会宁县甘富优质苹果示范园、靖远县大坝蔬菜产业示范园、景泰县红砂岘现代农业示范园、白银区现代农业科技观光示范园、平川区高枣坪节水农业示范园
嘉峪关市(1个)	嘉峪关市苗圃现代农业示范园
金昌市(2个)	永昌县万亩高效节水高产高密栽培现代农业示范园、金川区现代循环农业综合示范园
临夏州(4个)	和政县华丰庄园现代农业示范园、永靖县三塬现代农业综合示范园、积石山县大河家蛋皮核桃现代农业示范园、临夏众博牧业蛋鸡养殖示范园
陇南市(8个)	两当县左家乡食用菌产业示范园、礼县苹果矮占密植现代栽培示范园、西和县何坝镇现代农业示范园、康县两河镇有机茶园标准化建设示范园、成县广华农业科技示范园、文县李子坝茶叶示范园、武都区吉石坝现代农业示范园、宕昌县阿坞乡特色中药材标准示范园
平凉市(7个)	泾川县泾河区现代农业示范园、灵台县秦宝牧业现代肉牛产业示范园、静宁县欣叶果品现代农业示范园、庄浪县水洛河流域现代农业示范园、崇信县内河川现代农业示范园、华亭县黎明川现代农业示范园、崆峒区泾河流域现代农业示范园
庆阳市(8个)	西峰区肖金镇现代农业示范园、庆城县白马铺现代农业示范园、镇原县茹和川区现代农业示范园、宁县海升现代农业示范园、正宁县宝塬绿洲高新农业示范园、合水县怡露现代农业示范园、华池县新堡草畜产业示范园、环县甘牧源现代示范园
天水市(7个)	武山县蔬菜产业科技示范园、甘谷县现代农业示范园、秦州区秀金山现代农业综合开发示范园、麦积区花牛苹果产业示范园、清水县现代农业示范园、秦安县蜜桃产业现代农业示范园、张家川县现代畜牧产业示范园
酒泉市(6个)	肃州区标准化养殖示范产业园、敦煌市莫高高效节水农业产业园、玉门市顺兴现代农业示范园、瓜州县蔚丰现代农业示范园、金塔县振大枸杞产业示范园、阿克塞县现代农业科技示范园
张掖市(4个)	山丹县果蔬生态示范园、临泽县平川农业科技产业园、民乐县六坝现代农业示范园、高台县南华镇现代农业肉牛肉羊养殖示范园
兰州市(8个)	甘肃东方天润玫瑰示范园(永登县)、七里河区西果园高原夏菜种植示范园、榆中县青城镇魏家坪现代农业示范园、皋兰县黑石镇绿色大棚韭黄示范园、安宁区银滩现代农业示范园、兰州新区西岔镇现代农业示范园、西固区河口生态循环农业示范园、兰州鑫源航天农业科技示范园(红古区)
定西市(6个)	中国药都·陇西药圃标准示范园、岷县十里镇中药材标准化种植示范园、通渭县马营镇现代农业示范园、安定区马铃薯育繁推一体化创新示范园、临洮县绿洲现代农业示范园、渭源县中药材标准化种植示范园
农垦集团(3个)	甘肃农垦敦煌农场高标准瓜果现代农业示范园、甘肃农垦天牧乳业有限公司高标准奶牛养殖示范园、甘肃农垦条山农工商公司现代农业示范园
甘南州(2个)	合作市卡加曼乡现代农业示范园、卓尼县现代农业标准化种植科技示范园

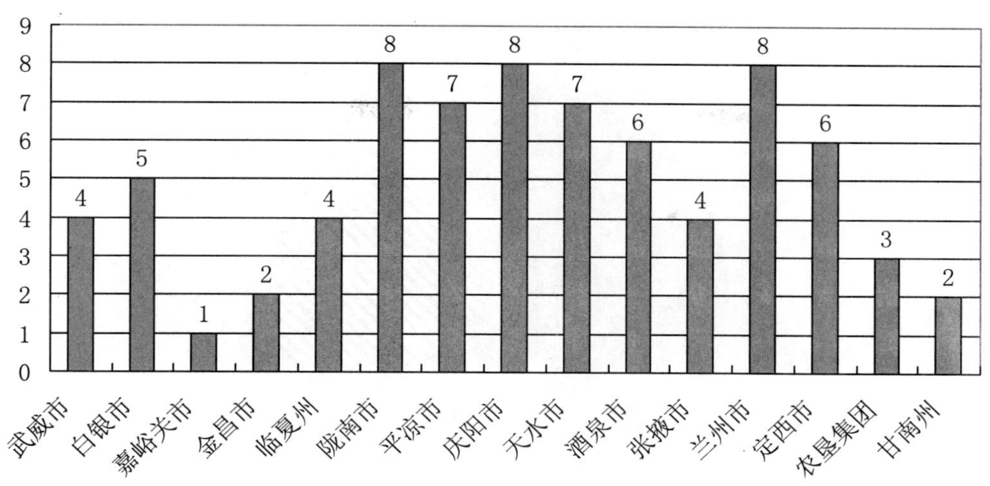

图2-2 甘肃省各地区省级现代农业示范园分布(单位:个)

(2)甘肃省现代农业示范效应实践成果

甘肃省各地充分发挥区域、资源优势，探索了许多特色鲜明、充满活力的农业发展新途径。特别是在5个国家级现代农业示范区和部分省级现代农业示范区以及省级现代农业示范园建设基础上，进一步得到了实践。

甘肃省现代农业示范效应的实践举例如下：张掖市甘州区构建了“一核、六园、多基地”发展模式以及区政府注资5000万元成立甘州区农业投资公司，筹资1500万元成立担保公司，搭建投资和担保平台，提高资金使用效率，有效防范金融风险；酒泉市肃州区高起点规划、高标准建设非耕地设施蔬菜产业园、高效制种产业园等“一区十园”，探索出了“政府引导、园区搭载、企业带动、金融支持、农户参与”的“肃州模式”以及肃州银达非耕地农业产业园采用温室智能化管家——设施农业环境信息数据采集分析仪器；定西市安定区立足干旱少雨的资源条件，走出了“小土豆、大产业”的新路子，启动实施了总投资25亿元国家级马铃薯专业批发市场建设项目，被郑州商品交易所列为陇薯品种马铃薯期货交易交割地，“定西马铃薯”也被国家工商总局认定为“中国驰名商标”；武威市凉州区大力推广“设施农牧业+特色林果业”主体模式，着力培育壮大以日光温室为主的瓜菜业，以暖棚养殖为主的畜牧业，以葡萄、红枣、优质梨、枸杞为主的特色林果业，突出灌溉农业和绿洲农业特色，打造节水增收富民产业，现代农业快速发展；条山农垦大力提高农业生产机械化水平，引进和自主研发了马铃薯产业机械化生产设备，现拥有大型联合收割机等农用机械300多台（套），农机总动力达1.2万千瓦以上，机耕作业率达到100%，机收率为70%，农业生产机械化居全省前列，投资近亿元从以色列引进了滴灌设施，在西北地区属于领先水平。

2.2.2 陕西省现代农业示范效应

(1)陕西省现代农业示范效应的现状

陕西省现代农业是以杨凌为核心，以关中为重点区域，向陕南陕北辐射的区域布局结构。杨凌作为国家级农业高新技术产业示范区发挥着带领全省现代农业创新探索的重任，关中地区有着四千多年的农耕史，温润的气候、肥沃的土地使其成为我国西部地区的重要粮食生产基地。2013年年底，全省共建成省级现代农业园区220个，基本实现了农业生产县（区）全覆盖。按园区类别分：甲类24个，占11%；乙类58个，占26%；丙丁类138个，占63%（图2-3）。

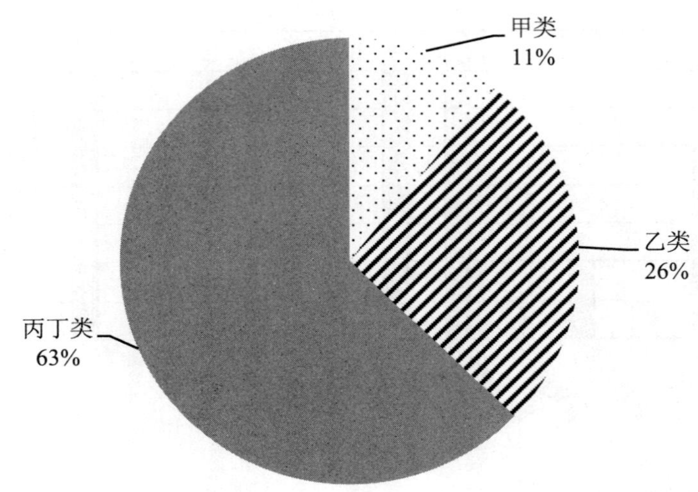

图2-3　陕西省现代农业园区按类别分类数量(单位:个)

按生产方式分：种植类161个，占73.2%；养殖类30个，占13.6%；综合类29个，占13.2%（图2-4）。

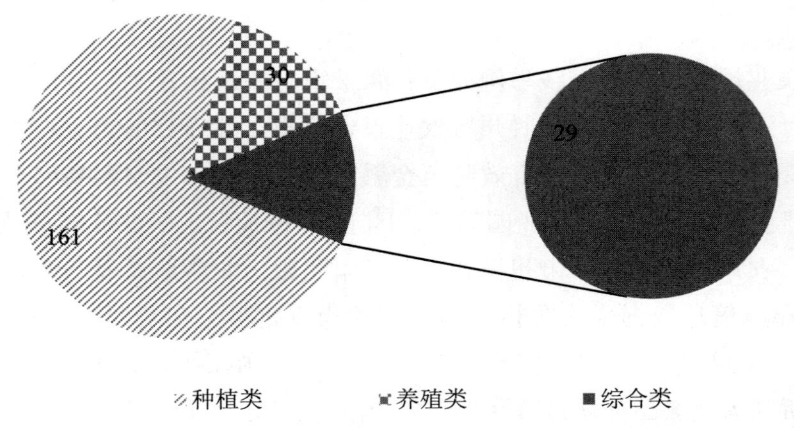

图2-4　陕西省现代农业园区按生产方式分类数量(单位:个)

从园区区域分布情况看：关中地区106个，占48%；陕北地区55个，占25%；陕南地区59个，占27%（图2-5）。

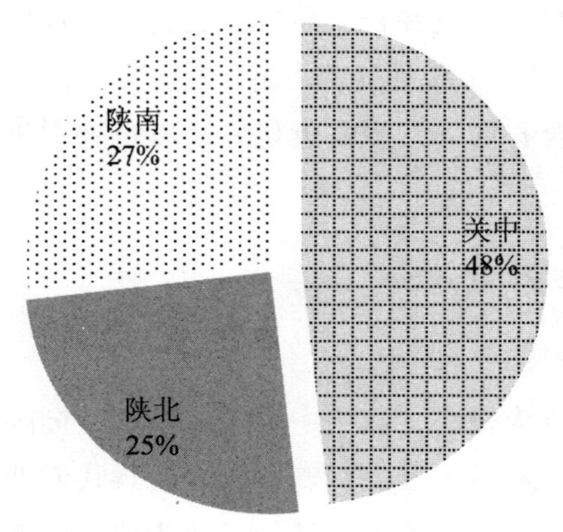

图2-5　陕西省现代农业园区按区域分类数量(单位:个)

陕西省榆林市具有耕地面积大、资金充足等优势，现代农业园区发展迅速，其中：有省级农业园区34个，占全省15.5%，居全省首位。榆林市定边县结合当地传统优势，积极发展现代农业园区，形成了马铃薯、玉米、特色蔬菜、名优小杂粮、优质油料五大特色农业主导产业和六大特色农产品优势产业带。2013年全县农业园区马铃薯种植面积为93.6万亩，占全省17.3%，其中：规模连片在万亩以上的乡镇16个，100亩以上的马铃薯种植大户3000余户，300亩以上规模的专业农场4个。马铃薯平均亩产973.9 kg，其中：水地平均亩产1404 kg，旱地平均亩产760 kg；农业园区最高亩产达到5933 kg，是普通地块的6倍，并形成了龙头企业、农民专业合作社以及经纪人为主体的流通销售渠道。其中：龙头企业年销售量占4%，农民专业合作社年销售量占40%，农村经纪人年销售量占56%，促进了农村产业升级和农民增收。

2015年陕西省新认定武功县代家农业园区、西安市长安区黄良农业园区、白水县兴华农业园区、安康市汉滨区双龙农业园区、勉县锦泰农业园区、榆林市榆阳区大志农业园区等81个园区为第5批省级现代农业园区（图2-6）。截至目前，陕西省全省已有省级农业园区301个（具体名单见表2-4）。除了上述这些园区，陕西省还有国家唯一的农业高新技术产业示范区——杨凌高新技术产业示范区，杨凌示范区农业科技优势明显，农业园区起步较早，档次高，引领作用较强。

表2-4 陕西省国家级、省级现代农业示范园区

级别	示范园区名称
国家级（6个）	西安市长安区国家现代农业示范区、富平县国家现代农业示范区、安康市汉滨区国家现代农业示范区、西咸新区泾河新城(泾阳)国家现代农业示范区、宝鸡市陈仓区国家现代农业示范区、平利县国家现代农业示范区
省级（301家）	西安市灞桥区白鹿原现代农业园区、安康市汉滨区河西现代农业园区、蒲城县龙阳现代农业园区、礼泉县肖山现代农业园区、杨凌示范区秦宝现代农业园区、汉中市汉台区春雨现代农业园区等第一批和第二批建设的50家省级现代农业示范园区
	澄城县润强现代农业园区、三原县正大现代农业园区、西乡县东裕现代农业园区、千阳县海升现代农业园区、蒲城县东陈现代农业园区等第三批建设的100家省级现代农业示范园区
	渭南市临渭区中大现代农业园区、宜川县西坪塬现代农业园区、宝鸡市陈仓区绿丰源现代农业园区、礼泉县袁家现代农业园区、西安市灞桥区盛原现代农业园区等第四批建设的70家省级现代农业示范园区
	大荔县尊天现代农业园区、西乡县军鑫现代农业园区、洛川县农高果友现代农业园区、渭南市临渭区沁园现代农业园区、紫阳县蒿坪现代农业园区等第五批建设的81家省级现代农业示范园区

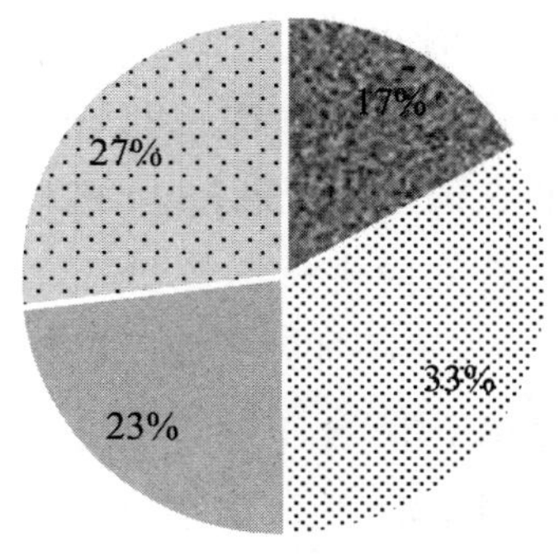

图2-6 陕西省分批次建设的现代农业园区数量(单位:个)

（2）陕西省现代农业示范效应实践成果

①农业产业基地、集群脱颖而出

陕西省在现代农业园区建设中，把园区规模化经营与主导产业高度融合，促进了农业产业基地集群发展。在渭北建成集中连片果业基地28个，占省级林果园区数量的57.1%、面积的50.5%。榆林市依托耕地资源充足的优势，建成粮食基地10个，占省级粮食种植园区的47.6%，面积占62.9%。陕南地区发挥畜禽和水产养殖传统优势，建设畜禽养殖园区12个，占省级养殖园区40%，畜禽养殖面积占38.1%，水产养殖面积占99.8%。西安、宝鸡、咸阳、渭南和杨凌发挥交通便利和城市周边优势，积极发展设施蔬菜，5个市区的省级农业园区共建成日光温室23.7万亩，大拱棚8.2万亩，分别占省级农业园区日光温室、大拱棚面积的91.3%和61.7%。

②创新园区发展模式

在现代农业园区发展中，各地充分依托当地特色产业优势，创新园区产业发展模式，走循环经济发展之路。洛川县是陕西省苹果之乡，苹果种植规模大、产量高、品质好，受到各地客商的青睐。洛川县菩堤现代农业园区充分利用苹果产业优势，在农业示范园区中发展畜牧养殖，兴办大型沼气，发展循环农业，走出了一条“果、沼、畜”循环发展，“种、养、加”相互结合的新路子，成为循环农业的典范。洛川县明景农牧公司依托规模养殖，配套建成储肥池6个，储存量为1000余 m^3；建成8 m^3沼气池10口、100 m^3沼气池2口，并用沼气发电解决场区和周边群众生产生活用气、用电问题。每年可为周边3000余亩果园提供6700余吨沼肥，带动生产有机苹果7500余吨，促进了绿色果品建设，为果农带来增收节资效益390余万元，不仅提升了当地苹果品质，也有效解决了养殖区环境污染问题。

以杨凌农业高新技术产业示范区为例，2014年，杨凌农业高新技术产业示范区坚持把科技创新、机制创新、模式创新作为主攻方向，不断提升现代农业发展水平，示范效应显著增强。一是科技创新能力不断增强。全年投入研究与试验经费4.4亿元，支持驻区高校、科研机构和企业增强创新能力，重点支持以企业为主体的创新体系建设，在核心、关键领域取得一批重要成果，全年新增科技成果及专利申报720项，申报省级科学技术奖14项。二是示范推广效应持续扩大。依托科教单位及产业链推广企业，培训和发展科技特派员210人，在陕西省内外新发展示范推广基地22个，产业链推广企业8个，对外示范推广总面积达到5222.2万亩，推广效益达到141.8亿元。三是技术创业工作蓬勃发展。修订了《鼓励创新创业优惠政策》，设立创业专项资金1100万元，孵化科技企业、扶持涉农企业各15家。按照“招团队、建平台、强服务、促产业”的思路，进一步健全支持创新创业政策体系，依托专业孵化器，在国内外开展创业团队招引和政策推进活动，全年招引创新创业团队106个，引进博士以上高层次人才98人。四是切实开展职业农民培训工作。积极实施《杨凌示范区面向旱区职业农民培训规划》，培训农村实用人才3.84万人次，评定农民技术职称1205人，“杨凌农科培训”品牌效应进一步显现。五是国际交流合作活动积极活跃。以全国“121”协同创新战略联盟为平台，与美国加州大学、珠海横琴等联合共建中美食品安全研究中心。围绕丝绸之路经济带杨凌现代农业国际合作中心建设，全年与吉尔吉斯斯坦、哈萨克斯坦等国家达成了一系列合作意向。开展各类国际交流活动18次，举办援外培训12期，来自45个国家的219名学员参加了培训。六是农业高新技术产业化步伐不断加快。进一步规范了“五个中心”运行机制，成立了国家（杨凌）旱区植物品种权交易中心理事会，建立了国家（杨凌）旱区植物品种权交易中心与国家（杨凌）农业技术转移中心联动运行机制。建成了杨凌农业大数据中心，成为服务全国农业发展的大数据平台。发起设立了资金规模为5亿元的杨凌种业投资基金，14户企业入驻种子产业园。

2.2.3　宁夏回族自治区现代农业示范效应

（1）宁夏回族自治区现代农业示范效应的现状

宁夏回族自治区现代农业示范效应也是通过创建现代农业示范基地（具体名单见表2-5，各批数量见图2-7）实施的，现代农业示范基地示范效应成效显著。

表2-5　宁夏回族自治区现代农业示范园区

级别	现代农业示范园区名称
国家级（5个）	宁夏回族自治区银川市贺兰县国家现代农业示范区、宁夏回族自治区永宁县国家现代农业示范区、宁夏回族自治区农垦国家现代农业示范区、宁夏回族自治区吴忠市利通区国家现代农业示范区、宁夏回族自治区中卫市沙坡头区国家现代农业示范区
省级（77个）	宁夏水产研究所现代渔业种苗繁育示范基地、宁夏原种场农作物优新品种繁育展示示范基地、宁夏农垦平吉堡现代农业综合示范基地、宁夏农垦连湖供港蔬菜示范基地、宁夏农垦玉泉营酿酒葡萄示范基地等第一批建设的47个自治区现代农业示范基地
	宁夏农垦贺兰山优质牧草种养加一体化综合示范基地、宁夏金沙林场防沙治沙综合示范基地、宁夏农科院作物所农作物新品种繁育推广综合示范基地、宁夏兴庆昆仑设施花卉标准化生产示范基地、宁夏金凤翔达奶牛创高产标准化养殖示范基地、宁夏永宁红星高档肉牛养殖示范基地等第二批建设的30个自治区现代农业示范基地

宁夏回族自治区推进北部引黄灌区现代农业示范区、中部干旱带旱作节水农业示范区、南部山区生态农业示范区建设，以节水、化学品低投入、优质良种、标准化栽培养殖等技术为核心，推进农业生产向高产、优质、高效、生态、安全转变，提高特色优势农产品集中度，奠定农民增收基础。

①北部引黄灌区现代农业示范区

以现代农业科技示范园为引领，用现代技术装备改造农业，加快转变农业发展方式，着力推进区域产业化、经营集约化、生产规模化、质量标准化和产加销一体化，全面提高劳动生产率、资源利用率和土地产出率，建立资源节约型、环境友好型和高效循环型的现代农业体系。把黄河两岸建成休闲观光农业产业带，引黄灌区建成引领西北、面向全国的现代农业示范区。

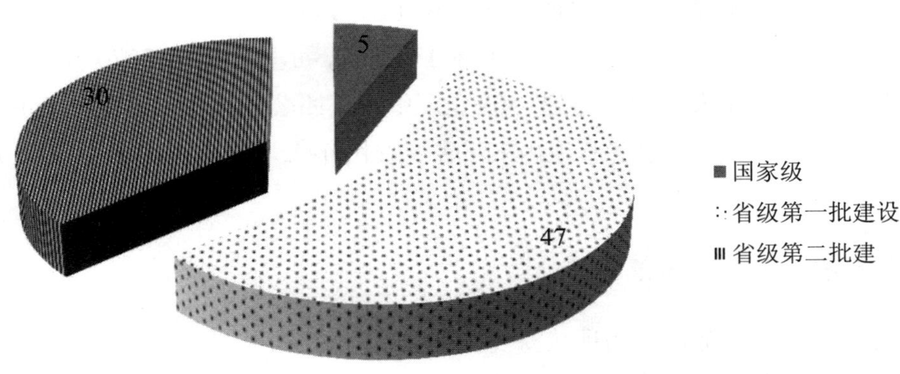

图2-7　宁夏现代农业示范基地数量（单位：个）

②中部干旱带旱作节水农业示范区

按照节水、生态、特色、避灾的发展方向，以现代旱作节水农业科技示范园为引领，坚持生态恢复重建、农业基础设施建设和特色优势产业发展并重，建设特色优势农产品产业带。把中部干旱带建成引领西北的旱作节水农业示范区。

③南部山区生态农业示范区

坚持生态优先、草畜先行、特色种植、产业开发，以“三河源”水源涵养保护工程为重点，加快生态恢复和农田水利基础设施建设，以提高水资源利用效率为目标，配套完善库井灌区，进一步培育壮大退耕还林接续产业。把南部山区建成我国西北黄土高原生态农业示范区。

截至2015年，宁夏回族自治区形成了600万亩优质粮食、400万亩马铃薯、80万头奶牛、1600万只肉羊和250万头肉牛、100万亩淡水鱼、100万亩设施蔬菜和100万亩露地蔬菜、100万亩硒砂瓜、150万亩红枣、100万亩枸杞、80万亩葡萄、100万亩苹果、100万亩中药材等13个优势特色产业带，建设120个现代农业示范基地，打造现代农业产业集聚区。

（2）宁夏回族自治区现代农业示范效应实践成果

①创新运行机制

120个现代农业示范基地中，有96个经营性示范基地全部由龙头企业创建，其中：国家级龙头企业5个、自治区级农业产业化重点龙头企业55个、市县级农业产业化重点龙头企业28个、农民专业合作社示范社8个。创建企业通过土地流转，形成了“企业+基地+市场+农户” 的四位一体运营机制，实现了规模化经营、专业化布局、标准化生产和机械化作业的现代农业发展模式。

②增强科技支撑能力

在30个专家服务团队的精心指导下，通过现代农业示范基地这个平台，加快了新品种、新技术的培育、引进和集成推广步伐，提高了农业机械化程度，提升了现代农业科技水平。2015年，全区120个示范基地地：引进新品种1443个。培育新品种30个，示范基地优良品种覆盖率达到100%；推广新技术65项，新技术到位率90%以上；配套各类农机（设备）4695台（套），关键农时、关键环节农业机械化率达到了90%。

③提升农产品质量安全水平

中卫夏华、西吉华林、吴忠孙家滩、惠农卉丰等示范基地在生产过程中，严格执行生产规程，坚持标准化生产，推行统一品种、统一种养技术、统一病虫害防治、统一品牌销售，确保了农产品质量安全，提高了市场竞争力，取得了很好的效益。

④带动农民增收

通过创建现代农业示范基地，有力地推动了农业结构调整，促进了产业升级，带动了农民增收。宁夏兴唐米业公司在灵武建成有机水稻基地1.2万亩，示范基地内2570名农民通过打工、土地流转和农机作业服务，年人均收入达到6303元。中粮集团公司在惠农区通过土地流转建成番茄标准化种植示范基地5.1万亩，示范基地内1万多名农民年人均收入达到6690元，高出周边农户20%以上。

2.2.4 青海省现代农业示范效应

（1）青海省现代农业示范效应的现状

截至2015年，青海省以县为单位创建的各类农业示范区发展到20个，其中国家级现代农业示范区4个（具体名单见表2-6）。

青海省扎实推进现代农业示范区建设，2015年安排1亿元省级财政专项资金，支持海东、海南、海北以及黄南示范区建设，共带动社会投资2.23亿元，四大示范区总建设规模达3.23亿元。引进和培育设施农牧业、农畜产品加工、生物资源开发等领域企业339家，组建专业合作社80家，实施各类示范、推广及产业化项目242项，推广新品种、新技术857项，新品种示范面积达到100万亩以上，良种化率达到99.5%，农牧业规模化、集约化、科技化、组织化水平进一步提升。

表2-6 青海省国家级现代农业示范园区

级别	现代农业示范园区名称
国家级（4个）	青海省西宁市大通回族土族自治县国家现代农业示范区、青海省互助县国家现代农业示范区、青海省海晏县国家现代农业示范区、青海省门源县国家现代农业示范区

青海省现代农业示范区初步形成了五大模式。

一是以东部农区为代表的设施农业集中式园区。以日光节能温室为核心区，以设施蔬菜和露天蔬菜为主导产业，集菜篮子产品生产、特色产品展示、技术试验和观光休闲等功能于一体，初步建成了平安富硒果蔬、乐都蔬菜制种、互助杂交油菜、马铃薯制种繁种、“八眉猪”繁育、民和设施果品、循化“两椒一核”等产品基地。

二是以环湖牧区为代表的生态畜牧业式园区。以生态畜牧业建设为主体，以牦牛、藏羊、饲草料为主导产业，推进畜牧业集约化、规模化生产。海南州建设了共和县环湖生态畜牧业、兴海县河卡有机畜牧业、同德县良种牦牛养殖、贵南县草产业、贵德县农牧耦合式等示范区，创建了高寒牧区推进示范区建设的新模式。海北州重点打造了州级核心示范区以及辐射辖区四县的19个高原现代生态畜牧业示范点。

三是以河南县为代表的有机产品带动式园区。以欧拉羊、高原牦牛产业为主导，以保护品种资源为重点，重点建设有机畜产品生产基地，建立健全有机畜牧业科技支撑体系、监管体系和可追溯体系，形成了功能完善的有机畜牧业产业链。

四是以海西州为代表的循环经济产业园区。以生物工程为发展核心，以种植业、养殖业、土壤水肥、生物制品、农畜产品为产业泵，形成循环产业链，实现草原畜牧业、种植业、饲草生产、生化加工、销售环节的良性循环。

五是以西宁市为代表的都市休闲观光农业园区。以市郊为重点、三县为单元，以服务城市、繁荣农村为导向，重点发展“菜篮子”产品以及农事体验、采摘观光、餐饮文化等休闲产业，构建融生产、生活和生态功能为一体的都市现代农业产业体系。

（2）青海省现代农业示范效应实践成果

①立足加速农业科技成果转化，大力推进园区创新体系建设

先后建成春油菜、马铃薯、青稞、牦牛、农产品加工等重点实验室15个，各类研发中心10个，还建立了青藏高原特色生物资源工程中心和青海西宁国家现代农业示范园区农产品质量检测中心等产业化服务平台。围绕高原特色农牧业产业的发展，组装、配套、推广了一批先进适用农业科技成果，在农业科技的示范、推广方面发挥了重要的示范载体作用。近十年来，累计实施各类示范、推广及产业化项目242项，引进及推广新品种、新技术857个，开发新产品135个，新品种示范面积达到100万亩以上，园区产值达到27.45亿元。通过园区的引导示范，以春油菜、马铃

薯、蚕豆等为代表的新品种及配套技术得以大面积推广；引进的油桃、草莓、大樱桃、花卉等一批果蔬新品种在设施农业中发挥了重要作用；特色农畜产品及生物资源加工技术得到进一步提高。通过引进消化吸收再创新，康普、清华博众、展大、小西牛、明胶等一批企业完善了技术体系和生产模式，成长为高新技术企业，发挥了显著的示范带动作用，提升了产业化水平，有力推动了全省绿色现代农业发展。

②突出企业主体作用，促进产学研结合

现代农业示范园区在建设发展过程中，通过政府引导，积极搭建技术、资金、管理、市场等平台，广泛吸纳科研院所、大专院校、农业推广部门专业技术人才以及科技特派员深入园区开展各类技术服务；通过大力开展招商引资活动，发挥园区集聚作用，引进了优秀企业，使创新要素向园区集中。产学研的有效结合，提升了园区科技创新能力，增强了园区科技示范带动作用。全省现代农业示范园区在发展过程中围绕良种繁育、设施农业、农畜产品加工、特色生物资源开发等领域，已吸纳企业339家，这些企业已成为园区投资建设的主体、园区发展的主要力量。各园区在建设过程中坚持走开放式科技创新道路，广泛开展科技合作，分别与中国科学院、清华大学、中国农业大学、西北农林科技大学等省内外教育科研单位建立了长期的战略合作关系，吸引外部科技资源为省内农业发展服务。西宁国家农业示范园区中的康普、清华博众等企业与中国科学院西北高原生物研究所建立的产学研联盟，围绕生物产业发展，开发新产品30余个，取得专利25件、科研成果15项，建设原料基地6万亩，区域内农牧民每年获得生产性收入4750万元，实现产值2.65亿元，取得了良好的经济效益和社会效益。海东国家农业示范园区中的互丰农业科技集团公司与省农林科学院等部门建立了长期的战略合作关系，采取“公司+科研+基地+农户”的产业化运行模式，以合作共赢为目标，以市场为导向，以科技为动力，开展杂交油菜制种、马铃薯脱毒种薯繁育，为省内外提供了优质农作物良种，建立杂交油菜制种基地近2万亩，每年为省内外提供优质油菜杂交种300万kg以上，生产脱毒马铃薯种薯10万t以上。通过产学研结合，青海省已成为全国重要的制种繁种基地和生物资源开发基地。

③合理配置生产要素，促进生产经营方式转变

现代农业示范园区充分发挥市场对资源的配置作用，有效集聚资金、土地等各种生产要素，构建了区域农业新型生产关系，促进了农业生产力和生产关系的协调发展，实现了从生产、加工、流通到消费等各个环节的有机衔接，开创了农业发展的新局面。通过土地租赁、返包倒租等形式，加快了土地流转，促进了土地资源的规模化，实现了集约化经营；通过企业聚集效应，有效引导社会资金进入农业产业化生产领域，促进了城乡统筹发展；通过吸引专业技术人才、科技特派员、乡土人才参与农业示范园区建设，开展农业科技成果转化，优化了农业科技人才队伍结构。各种生产要素在园区得到有效组合，实现了农业生产经营方式的转变。

④强化科技服务能力，促进新农村建设

为强化科技服务，园区依托科研院所、大专院校、农业推广部门和企业，采取多种方式，以增强农业综合能力和增加农民收入为目标，以产业结构调整为突破口，以加强农业科技信息服务为手段，依据各自的条件和优势创造性地开展工作，服务能力显著增强、服务水平不断提高，有力推进了全省新农村建设。海东国家农业示范园区的乐都兴农农产品产销协会依靠“协会+公司+农户+信息化服务”模式，不断强化服务能力，利用现代信息化手段，开展技术咨询、市场信息、需求对接等服务，已在全县建立面向全社会的信息服务网点48个，覆盖了15个乡镇90个

村，服务对象超过8000人。

2.3　西北半干旱地区现代农业创新模式

2.3.1　甘肃省现代农业创新模式

（1）龙头企业主导型现代农业模式

龙头企业主导型发展模式由龙头企业通过土地流转，建设种植养殖基地，牵头组建合作社，将合作社、协会、园区和农户联系起来，按照工业化的经营模式，专业化、标准化、安全高效地发展现代农业。这种模式既利用了企业的先进管理经验、技术、资金及市场优势，又在连接社员和市场的服务环节上，充分发挥了合作社等组织的桥梁和纽带作用。甘肃省现代农业目前运作的模式有："龙头企业+基地"模式、"企业+合作社+农户"模式、"企业+协会+农户"模式、"园区+企业+农户"模式、"企业+农户和龙头企业+养殖小区+专业村"模式。如甘肃农垦黑土洼农场的"黑土洼模式"。甘肃农垦黑土洼农场是甘肃农垦集团公司直属管理的下属企业，创建于1958年，原隶属于甘肃国营八一农场，2012年划转甘肃省农垦集团公司直属管理。黑土洼农场地处永昌县西南侧，南依祁连山系中段，北靠焉支山，海拔2430米，占地10万亩。黑土洼农场立足自身条件和外部环境，紧紧抓住和用好国家支持"三农"发展政策机遇，大力发展膜下节水滴灌农业，调整优化种植结构，坚定不移走高效节水农业之路，发展成效显著，在当地高效节水农业发展行列中走在了前列，被称为"黑土洼模式"。

（2）合作社主导型现代农业模式

合作社主导型发展模式由村委会负责人、企业或种养大户牵头注册专业合作社，社员以土地、农机入股等方式加入合作社，按个人意愿分别签订不同类型的合同，获得相应收入。合作社把入股流转的土地再进行统一规划、集中管理、规模经营、统一市场销售。该模式不仅解放了本地剩余劳动力，也使农业生产经营实现专业化、规模化。甘肃省现代农业具体运作的模式有：村办合作社模式、"合作社+公司+农户"模式、"合作社+农户"模式。如甘肃环县南湫乡代家洼村农民计生智的合作社采取的土地流转经营模式，为干旱山区发展现代农业进行了有效尝试，逐渐形成了"合作社+基地+农户"的发展模式，将过去不被看好的贫地僻壤转变成农民致富的"绿色银行"，推动了该县传统农业向规模化、集约化的现代农业模式转变。

（3）家庭农场主导的现代农业模式

种养大户兴办的家庭农场发展模式是种养大户和致富能手通过土地流转达到适度规模经营，在现阶段有利于稳定农村生产关系，充分发挥种养业能手的带头作用，使农民不离开土地也能增加收入，也有利于生产方式转变、降低生产成本、化解小生产与大市场的矛盾。同时，形成了家庭种养相结合的生态良性循环。在目前的形势下，家庭农场是农民非常欢迎的也是非常适合的一种模式。甘肃省家庭农场以种植经济林果、设施种植或养殖业等高效产业为主，主要经营类型有经济林果、养殖、"林果+养殖"等类型。

（4）高效生态现代农业模式

民乐县积极探索现代农业发展新模式，大力集聚生态农业发展正能量，促进生态优势向产业优势转化。该县全力打造适合本地发展的高效生态农业，着力建设优质小麦生产、马铃薯生产加工、中药材生产加工、啤酒大麦生产加工、玉米及蔬菜制种生产、油料生产、蔬菜生产、生态观光休闲农业八大农产品生产基地。通过培育一批较大规模的农产品生产基地，建立一批有产品精深加工能力和市场竞争力的农业产业化龙头企业，提高全县高效生态农业的生产规模和经营水平。

2.3.2 陕西省现代农业创新模式

（1）“杨凌”现代农业模式

陕西省现代农业创新主要是以杨凌农业高新示范区为代表。近年来，杨凌示范区在促进农民增收、发展现代农业工作中，探索出“政府组织、科技支撑、企业带动、农户实施”的现代农业综合开发模式，简称“杨凌模式”。“杨凌模式”的实施和推广，极大地促进了杨凌农业和农村经济的发展，涌现了一大批诸如“公司+科技人员+农户”“公司+基地（协会）+农户”“专家+基地（协会）+农户”“一村一品”“乾兴模式”、技术入股、专家大院、信息网络平台、媒体传播、展会等现代农业发展模式。

①“专家大院”现代农业模式

从2000年起，西北农林科技大学和宝鸡市政府一道在农村田间地头建立了32个农业“专家大院”，学校选派28名教授作为首席专家，直接将新技术、新成果从实验室带到“专家大院”里的示范园，通过“专家+龙头企业+农民”“专家+技术推广单位+农民”“专家+中介服务组织+农民”等方式培训科技骨干和新型农民，带动70万农户创造社会经济效益5亿多元，有力促进了当地农业经济的发展。农业专家大院从2000年起在宝鸡市规划立项，现已建成秦川牛、苗木花卉、设施农业、辣椒、乳品加工、农业信息等32个各具特色的专家大院，分布在全市11个县区、24个乡镇。农业科技专家大院多数建在田间地头，配有专家起居室、办公室、实验室、培训室、图书资料室和科技咨询室。农业专家大院的旁边，有实验田或农业科技示范园，专家进门能进行科学研究和技术培训，出了门可以进行现场指导和大田示范，使“科技成果进村入户，先进适用技术到田间地头”成为现实。专家在开展技术服务的过程中，也能有效地捕捉农民的需求信息，有针对性地进行研究开发，使研究开发与成果转化相互促进、相得益彰。

②“乾兴”现代农业模式

针对农业科技和农业生产不能很好对接的突出问题，陕西杨凌乾兴农林新科技有限公司依托杨凌的农业科教优势，创造了农业科技人员与农业按照市场规则结合的独特模式——“乾兴模式”。“乾兴模式”的创新点是利用现代网络技术，开发出了乾兴农业专家远程可视系统，实现了专家与农民不受时空限制的动态技术传播和咨询业务，使现代农业科技不仅可以到县、乡、村，还可以进入千家万户。“乾兴模式”是对传统农业科技推广方式的一种创新，也是一次革命。

③校村共建的现代模式

为充分发挥杨凌的科教人才优势，示范区从2000年开始实施了“校村共建、科教兴杨”工程，从西北农林科技大学和杨凌职业技术学院抽调了数百名科技人员与杨凌区内各村建立校村共建关系，通过帮助共建村制定发展规划、开展科技培训、技术指导，进行以村容村貌治理为主的精神文明创建活动，促进了杨凌的农村发展和农民增收工作。

④“一村一品”的现代农业模式

国外的实践表明，现代农业要取得效益就必须要先形成规模化、产业化。中国农村地域的复杂性决定了要形成产业化就必须根据各地不同的自然条件、社会条件走专业化之路。目前，12类特色产业、61个各具特色的专业村已经在杨凌示范区的农村中出现。特色产业包括设施农业、畜牧养殖、优质杂果、锣鼓乐器等产业，建成了以蒋寨等村庄为代表的奶牛养殖专业村、以胡家底等村庄为代表的日光温室大棚蔬菜生产专业村、以崔西沟为代表的“农家乐”旅游村、以上川口村为代表的铜鼓乐器加工村。统计表明，在杨凌示范区从事“一村一品”的农户已达到1.5万户，占全示范区总农户数的80%以上；已初步形成了李台乡大棚蔬菜、杨村乡名优杂果、大寨乡奶牛养殖、五泉镇小麦良种的产业发展格局。

⑤“企业+科技人员+农户”的现代农业模式

杨凌示范区成立以来，在政府的推动下，科技人员、农户、企业采取多种方式进行了合作，涌现了“企业+科技人员+农户”模式的一批农业企业，这种模式是由公司或企业提供资金、设备和场地，科技专家提供高新技术成果和技术服务，共同组成股份，公司根据生产需要，采取自愿的原则组织农户，通过建立相对稳定的合同关系，形成比较紧密的产、加、销一体化的经济实体。

⑥农民专业合作社为主导的现代农业模式

近年来，示范区农民在自愿的前提下，按照“民办、民管、民受益”的原则，组建了奶业专业合作社、蔬菜专业合作社、草苜专业合作社等多个农民专业合作社，会员达数千人，会员遍及杨凌及周边各县区。各类农民专业合作社、经济合作组织的健全和发展，把分散经营的农户有效地组织起来，提高了农民的组织化程度，较好地解决了农户与市场、农业生产与科技的连接问题，解除了农户发展产业和进行结构调整的后顾之忧。

（2）“尊天模式”

大荔县以现代农业示范园区建设为平台，按照“政府引导、企业运作、市场经营”的原则，创新出以企业为主导、村级组织扶持引导，形成“企业+基地+农户+市场”、农工贸为一体的大荔“尊天模式”。该模式以陕西大荔尊天农业有限公司为主体，整合涉农项目资金，投资1.9亿元，在平罗村流转土地5200亩，建成新品种、新技术展示区，标准化绿色蔬菜基地生产区，贮藏、净菜加工区、物流中心区、观光农业区等六大功能区为一体的大荔尊天有机现代农业园区。

“尊天模式”已成为大荔县产业化发展的成功范例。一是在园区建设上符合现代农业的发展方向，是带动全县乃至全省设施产业的超前发展的一个缩影。二是推广以企业为主导，村级组织、扶持、引导的“企业+基地+农户”的生产经营模式，既整合了当地土地资源、资金资源、人力资源等要素，又为当地农业的发展、产业结构的优化升级、农民的增收提供了试验基地和平台。三是新品种、新技术的示范园的展示，为新品种、新技术的加速推广起到了孵化和催化剂的作用。园区先后引进新品种6个、新技术6项，其中温室薄皮甜瓜一年两茬高效栽培技术先后在高明镇、范家镇、冯村镇、埝桥镇等5个镇示范推广1200亩，实现亩收益45 456元，取得了显著的经济效益和社会效益，达到了经济效益、生态效益、社会效益的多赢。同时，也为全省工厂化育苗中心的良性经营和省级示范园的高效展示和园区的产业化发展创出了一些可取的经验。

“尊天模式”的创新发展，为大荔县设施产业升级发展起到了推动作用。近年来，全县新建省级示范园4个、县级示范园26个、专业化育苗站36个，新增设施面积4万亩。仅设施农业一项，每年就可为农民带来收入1280元，县域产业的发展也得到优化升级，产品质量和地产效益也得到了显著提高，取得了显著的经济效益和社会效益。

2.3.3 宁夏回族自治区现代农业创新模式

（1）“1+6”现代农业模式

宁夏回族自治区平罗县在巩固提升农村土地信用合作社模式的基础上，探索建立了以土地股份合作社为核心，以股份合作农场、家庭农场、村社联建合作社、村队企业化等主要模式为补充，以社会化专业服务、农业科技服务、加工流通服务、公共品牌服务、农村金融服务、农业保险服务为支撑的“1+6”现代农业发展模式，创新统分结合经营体制，提高农业集约化水平和组织化程度，推动了现代农业快速发展。截至2011年年底，平罗县挂牌成立农村土地信用合作社62个，累计流转土地达27.91万亩。

（2）“兰光”现代农业模式

宁夏回族自治区贺兰县立岗镇兰光村经过几年的实践，探索出了“四个创新+四个统一”的“兰光模式”，在现代农业的发展过程中实现了经济效益和社会效益的“双赢”。一是创新土地经营权流转方式，实行统一经营，按照“依法、自愿、有偿”的原则，逐步将全村土地全部流转到村集体，实行统一经营。二是创新产业发展方式，实行统一培育。兰光村积极创新产业发展方式，采取“支部+合作社+基地+农户”的运作模式，将全村特色产业进行科学规划，实行统一培育，发挥产业整体优势，促进产业提质增效。三是创新企业化管理方式，实行统一管理。兰光村积极探索运用企业化的管理方式，实行“统种分管”，定工日、定产出、定奖惩等高效管理办法，提高了劳动生产率和干部群众的生产积极性。四是创新科技推广服务方式，实行统一示范。兰光村针对农民科技文化素质低、推广能力弱的实际，采取以村集体为技术推广单位，以村社为推广小组，以村党员干部为推广示范户，加快农业先进技术的全程化推广，加快农业新技术、新品种的示范推广，加快农户管理技术的普及推广，实现了技术与生产的“高位嫁接”，有力地促进了农业先进技术的广泛应用。

（3）“政府引导、企业（农户）为主体”的现代农业模式

宁夏吴忠园区在政府的引导下，形成了以企业和农户为主体的现代农业模式。经营管理中，公共基础设施（如水利设施、道路、科技条件）的建设由政府负责建设或政府进行资金补助；生产经营设施（如温室、牛舍、羊舍、厂房、生产线），则由农户和企业自行建设。园区企业和农户自主经营、自负盈亏、自我管理、自我发展，企业或农户是园区管理经营的主体。政府只负责落实相应的政策，提供园区发展的宽松环境，把握园区的发展方向，向农民提供技术服务。充分利用园区的集聚效应，集中智力、物力、财力和营造宽松的发展环境，通过技术创新、技术引进、技术集成、农民培训、龙头企业孵化、示范带动，充分发挥吴忠市农业优势，提升清真牛羊肉、乳品、果蔬、优质粮食等农业主导产业。

从宁夏吴忠园区设立的实践看，一方面其技术创新、技术引进、技术集成、农民培训、示范带动功能具有一定的公益性，需要通过政府的直接投资或协调投资者行为来保证公共产品的有效供给。因此，政府必须投入一定的引导资金支持园区技术创新、成果转化、农民培训和技术示范。现实中，政府对农业科技成果示范推广、农民培训也给予了一定的资金补助。同时，园区遵循市场经济规律，农业资源由市场进行配置。园区企业或农户以追求自身利益最大化为目标采用新品种、新技术、新设施实现增长方式的转变。为了获取更大利润，园区企业或农户必须增加对新品种、新技术、新设施的投入，并加强生产管理，提高经营水平。

2.3.4 青海省现代农业创新模式

（1）“民和”现代农业模式

青海省民和回族土族自治县把发展设施农业和推广全膜双垄栽培技术作为推进现代农业的突破口，大力实施“农畜联动、草畜结合”工程，着力打造全省最大的旱作节水农业基地、优质果品基地、高原特色冷水养殖基地和农区畜牧业强县，闯出了一条生态、循环、高效的高原现代农业发展之路，被外界概括为“民和模式”。这种模式首先是以农户为主的内部小循环。利用养殖业产生的废弃物做文章，农牧结合，大力实施沼气建设工程，建立了“畜-沼-果”“畜-沼-粮”等多种循环模式。其次是以联动为方式的产业中循环。民和县依托全膜双垄栽培技术的推广，以改造旱区农业、发展养殖业，循环利用、联动发展的思路，提出了打造农区畜牧强县的目标。最后是以园区为载体的区域大循环。整个县域范围作为循环农业的试验场和责任田，依托高原特色现代农业示范园建设，民和县建立了生态养殖示范园、农副产品加工综合利用示范园和全膜双垄栽培技术示范基地。

（2）“公司+科研+基地+农户”的现代农业模式

海东国家农业科技园区互丰农业科技集团公司与省农林科学院等部门建立了长期的战略合作关系，采取“公司+科研+基地+农户”的产业化运行模式，以合作共赢为目标，以市场为导向，以科技为动力，开展杂交油菜制种、马铃薯脱毒种薯繁育，为省内外提供了优质农作物良种，建立杂交油菜制种基地近2万亩，每年为省内外提供优质油菜杂交种300万kg以上，生产脱毒马铃薯种薯10万t以上。通过产学研结合，青海省已成为全国重要的制种繁种基地和生物资源开发基地。

青海海东国家农业科技园区于2007年启动建设，是2010年12月被科技部批准设立的第三批27个国家级农业科技园区之一。2012年6月开工建设的“青海中关村高新技术产业基地暨海东科技园”，是海东工业园区的园中园，是中关村在北京市外建立的第一个辐射基地。建成7.01万m^2的创业大厦，占地面积28万m^2的水系景观，总建筑面积2.88万m^2的中关村基地人才公寓。青海中关村高新技术产业基地暨海东科技园瞄准打造“全国一流创新园区”的目标，着力推动产业集聚、载体建设、融资运营、平台建设，有68家高新技术企业入驻，其中5家为生产型建设项目，63家入驻孵化器项目。行业涉及新能源、新材料、信息产业、文化传媒、电子商务、金融服务、农业科技、商贸物流等。

青海海东国家级农业科技园区由核心区、示范区和辐射区三部分组成。核心区以雨润镇深沟村为中心，以刘家村、荒滩村和碾伯镇水磨湾村为节点，总占地面积5000亩，为“一轴七区”的布局形式。“一轴”即贯穿核心区的109国道一段为东西向轴线，“七区”即占地10亩的管理培训配套服务区、占地800亩的畜牧业产业技术创新及示范区、占地800亩的种植业产业技术创新及示范区、占地500亩的农副产品综合加工区、占地500亩的农副产品物流配送区、占地1890亩的品种创新及技术中试区、占地500亩的农耕文化体验休闲区。示范区沿湟水河两岸流域及“乐化—引胜”公路沿线分布，主要建设5万亩的大蒜标准化高效生产示范区、1万亩的长辣椒标准化高效生产示范区、2.5万亩的地膜双膜马铃薯生产示范区、100万株的大樱桃生产示范区、10万亩的马铃薯种薯繁育区、6000亩的深冬精细菜生产区、15万亩的马铃薯全膜双垄栽培技术推广区、高原富硒种植养殖区和畜牧业养殖等9个示范区。辐射区为县域内没有划为核心区、示范区建设的其他区域以及周边环境条件类似的县、区，面积50万亩。通过现代农业示范区的建设，形成沿湟水河两岸的川水沟岔地以蔬菜果蔬为特色和生猪养殖为主的产业带；干旱浅山以全膜马铃薯规模化商品生产、牛羊舍饲为主导的产业带；脑山地区马铃薯种薯繁育、油菜种植、生态养殖为主的产业带。园区建设启动以来，通过狠抓规划编制、招商引资、产业培育、基础设施建设和资源整合工作，使园区建设各项工作稳步推进，示范引领作用逐步显现。

2.4 小结

（1）现代农业区域示范效应亟待加强

现代农业区域示范能创新农业运行机制，提升农产品质量安全水平，加速农业科技成果转化，增强科技支撑能力，促进产学研结合、强化科技服务能力，实现生产经营方式转变，带动农民增收。西北半干旱地区四个省区现代农业示范园区在新技术、新品种、新模式、新产业示范推广、产业提升、农民增收方面发挥了重要作用，但示范的面积、推广的区域、产生的效果显示度较低。2015年，全国现代农业示范园区中，农村居民年人均可支配收入达到13 000元，但是甘肃、陕西、宁夏、青海四个省区农村居民人均可支配收入远远低于这个水平，示范园区或基地内农村居民人均可支配收入也达不到全国平均水平。由此可见，与全国相比，西北半干旱地区四个省区现代农业区域示范效应亟待加强。

（2）现代农业模式创新应与时俱进

现代农业模式的创新主要是从技术和制度两个层面进行的。西北半干旱地区的甘肃、陕西、宁夏以及青海等省区在发展现代农业的过程中，选择了不同的模式，如甘肃省的“黑土洼模式”、陕西省的“杨凌”现代农业模式、宁夏回族自治区的“兰光”现代农业模式、青海省的“公司+科研+基地+农户”的现代农业模式等。每个省区结合所在区域的自然禀赋，从技术上、制度安排上对现有的现代农业发展模式进行了不同程度的创新，用创新的力量推动了现代农业的进一步发展。不管是任何一种模式，随着新技术的不断应用以及制度的不断完善，都应做出相应的调整和改变，随着“互联网+”等新型事物的不断涌现，西北半干旱地区现代农业模式应在结合现有优点的基础上，不断与时俱进、推陈出新，才能更好发挥现代农业的引领作用。

第三章

效应影响因素分析

现代农业发展模式多种多样，国外现代农业发展模式主要有日本土地节约型小农农业、美国劳动节约型石油农业、北欧生产集约复合型现代农业等，我国现代农业发展模式有龙头企业带动型、都市郊区型、科技园区型、“企业+合作组织+农户”型及观光休闲型等。受区域特征的影响，现代农业模式的选择受资源禀赋的约束，面对资源禀赋的差异，区域示范在发展现代农业方面起着非常关键的作用，可以由点到面、由小到大地推进现代农业创新成果，使区域特征与现代农业发展相适应，降低现代农业创新的风险性。各类现代农业园区成了示范和展示的重要载体，从现代农业园区的发展模式来看，其根本在于必须维持园区竞争优势，才能有效地发挥现代农业示范和扩散效应。因此，把创新理念根植于现代农业区域示范之中，成为促进现代农业区域示范和辐射带动功效的关键。

西北半干旱地区作为现代农业发展的主战场，不仅肩负着该地区的民生大计和破解“三农”难题的重任，而且对我国未来农业发展战略和远景规划具有强烈的影响力。因此，本章研究西北半干旱地区现代农业区域示范问题，剖析影响区域示范效应关键性影响因素，在此基础上，规范和调整资源配置，创新示范模式，引领现代农业发展，对西北半干旱地区现代农业持续发展具有重要现实意义。

3.1　西北半干旱地区现代农业区域示范效应指标设计

在遵循资源禀赋差异的基础上，对西北半干旱地区现代农业发展的区域示范效应进行分析，从示范效果、示范投入2个方面共16个具体指标对其影响区域示范的主要因素进行分析（见表3-1），试图从中总结出适合西北半干旱地区现代农业发展的创新示范模式。

表3-1 西北半干旱地区现代农业区域示范指标

区域示范效应	示范效果	1.示范推广及辐射总面积
		2.推广总效益
		3.完成技术贸易合同
		4.引进国外新品种
		5.农高会交易总额(园区招商引资)
		6.鉴定科技成果及专利
		7.举办国际交流活动
		8.新建示范基地
		9.新增规模以上完成产值
		10.培训职业农民数量(次数)
		11.获农民技术职称人数
		12.科技培训
		13.农民人均纯收入
	示范投入	14.研发经费
		15.地方财政总收入
		16.固定资产投资

3.2 西北半干旱地区现代农业区域示范效应影响因素的实证分析

3.2.1 研究样本选择

在现代农业示范方面，各类现代农业园区是最为典型而重要的窗口。为探索中国特色农业现代化道路，加快现代农业建设进程，2009年11月，农业部启动国家现代农业示范区创建工作，并将“创建国家现代农业示范区”写进了2010年中央1号文件，2012年，中央1号文件提出“加快推进现代农业示范区建设”。在此背景下，国家级、省级和市级现代农业示范区（或产业园）陆续推出。

经过多年实践，国家现代农业示范区在保障粮食等农产品供给、提升主导产业生产能力、加强农业基础设施建设、提高农业生产经营管理水平、提高农业科技支撑能力以及增加农民收入等方面已取得显著成果。然而，在283个国家现代农业示范区（截至2015年1月）中，示范效果不显著、示范区建设的政策不完善、组织管理低效等问题普遍存在。

我国西北半干旱地区耕地规模大，是我国农业的重要组成部分，在农业科技快速发展和农业现代化的进程中，西北半干旱地区发展现代农业有其不可替代的地位和作用。一方面，区域优势逐渐显现，农业机械化、化学化、良种化、信息化水平不断提高；另一方面，诸多问题和矛盾也显现出来，尤其是生态环境恶劣、水资源短缺、自然灾害频繁、生态污染、土壤盐碱化、荒漠化程度加重等一系列长期存在的问题，依旧严重影响着西北半干旱地区现代农业的发展。系统分析西北半干旱地区现代农业区域示范问题，尤其是国家现代农业科技园区，承载着现代农业展示和示范的功能，无论在职业化农民的培育、现代科学技术和物质装备的支撑，以及现代经营管理方式的采用等方面都具有典型的示范作用。因此，选取西北半干旱地区的4个国家级现代农业园区为研究对象，分别是陕西的杨凌农业高新技术产业示范区（1997年设立）、甘肃的天水国家农业科技园区（2002年设立）、青海的海东国家农业科技园区（2010年设立）、宁夏的吴忠国家农业科技园区（2001年设立），对其在现代农业区域示范的示范效果和示范投入进行研究分析，探寻影响西北半干旱地区的现代农业示范发展的主要影响因素。

3.2.2 数据收集与处理

选取西北半干旱地区4个国家级现代农业科技园区作为样本进行实证分析，采取实地调查、荟萃分析与统计数据相结合的方式，对现代农业与农户的区域示范效应进行测量。实地调查采取典型调查的方式，发放调研问卷，收集相关数据。荟萃分析方法主要是整理和分析现有的关于4个科技园区的研究数据，对比分析新收集数据的初步分析和现有的二手数据分析，运用系统性策略整合从现有的资料介绍、研究报告以及相关文献研究中取得的数据。统计数据主要来源于《中国科技统计年鉴》。对以上三种主要方法获得的数据采取SPSS19.0版本进行处理。

因为上述4个样本地区设立国家级现代农业科技园区的时间前后不一，本文主要采用了2011—2013年的数据（海东国家农业科技园区2010年设立），根据数据的可获得性把上述设计指标体系转化成可操作的指标，主要包括研发经费、鉴定科技成果及专利、举办国际交流活动、完成技术贸易合同、新建示范基地、推广总面积、科技培训、培训农民人次、获农民技术职称人数、招商引资新增规模以上完成产值、引进国外新品种、固定资产投资、地方财政总收入、农民人均纯收入和推广总效益（见表3-1）。从这16个方面对西北半干旱地区4个国家现代农业科技园区的示范效应与创新模式进行了因子分析。

3.2.3 数据处理与结果讨论

（1）数据分析

对其示范绩效采取多指标综合测量的方法，从示范效果和示范投入2个大的方面16个具体指标考察西北半干旱地区现代农业的示范效应。由SPSS统计方法给出的变量相关系数矩阵可以看出相关系数矩阵中大部分相关系数都较高（见表3-2），各变量呈较强的线性关系，能够从中提取公共因子，适合进行因子分析。因此，运用主成分分析方法，运用SPSS19.0软件包进行运算，从示范效应的所有解释变量中提取出2个主成分SF_i（i=1，2），这2个主成分的总解释率为100%，因子分析效果很理想（见表3-3）。

根据表3-4旋转后的矩阵可以看出，研发经费、鉴定科技成果及专利、完成技术贸易合同、新建示范基地、获农民技术职称人数、新增规模以上完成产值、引进国外新品种、固定资产投资、地方财政总收入、农村居民人均可支配收入、推广总效益在第1个因子SF1上有较高的载荷，第1个因子主要解释了这几个变量；举办国际交流活动、推广总面积、科技培训、培训农民、农高会交易总额在第2个因子FREF2上有较高的载荷，第2个因子主要解释了这几个变量。与旋转前相比，因子含义较为清晰：SF1可解释为为示范而进行的要素投入；SF2可解释为为示范而举办的宣传推广活动。

表3-2 变量的相关系数矩阵

指标	研发经费(亿)	鉴定科技成果及专利(项)	举办国际交流活动(次)	完成技术贸易合同(万)	新建示范基地(个)	推广总面积(万亩)	科技培训(场)	培训农民(人)	获农民技术职称人数	招商引资(亿元)	新增规模以上完成产值(亿)	引进国外新品种(类)	固定资产投资(亿元)	地方财政总收入(亿元)	农民人均纯收入(元)	推广总效益(亿元)
研发经费(亿元)	1.000	0.936	0.885	0.998	0.995	0.999	0.999	0.989	0.988	0.997	0.984	0.968	0.996	0.975	0.987	0.996
鉴定科技成果及专利(项)	0.936	1.00	0.663	0.956	0.998	0.915	0.923	0.873	0.979	0.905	0.984	0.994	0.965	0.991	0.980	0.963
举办国际交流活动(次)	0.885	0.663	1.000	0.853	0.707	0.908	0.900	0.944	0.801	0.918	0.786	0.740	0.837	0.759	0.798	0.840
完成技术贸易合同(万元)	0.998	0.956	0.853	1.00	0.972	0.993	0.995	0.978	0.996	0.990	0.993	0.982	1.00	0.987	0.995	1.00
新建示范基地(个)	0.955	0.998	0.707	0.972	1.00	0.938	0.944	0.901	0.990	0.929	0.993	0.999	0.979	0.997	0.990	0.978
推广总面积(万亩)	0.999	0.915	0.908	0.993	0.938	1.000	1.00	0.996	0.978	1.00	0.973	0.953	0.989	0.962	0.977	0.990
科技培训(场)	0.999	0.923	0.900	0.995	0.944	1.000	1.00	0.994	0.982	0.999	0.977	0.959	0.992	0.967	0.981	0.992
培训农民(人)	0.989	0.873	0.944	0.978	0.901	0.996	0.994	1.000	0.954	0.998	0.947	0.921	0.971	0.932	0.952	0.972
获农民技术职称人数	0.988	0.979	0.801	0.996	0.990	0.978	0.982	0.954	1.00	0.972	1.00	0.995	0.998	0.998	1.000	0.998
招商引资(亿元)	0.997	0.905	0.918	0.990	0.929	1.000	0.999	0.998	0.972	1.00	0.967	0.946	0.985	0.955	0.971	0.986
新增规模以上完成产值	0.984	0.984	0.786	0.993	0.993	0.973	0.977	0.947	1.00	0.967	1.00	0.997	0.996	0.999	1.000	0.996
引进国外新品种(类)	0.968	0.994	0.740	0.982	0.999	0.953	0.959	0.921	0.995	0.946	0.997	1.000	0.987	1.000	0.996	0.987
固定资产投资(亿元)	0.996	0.965	0.837	1.00	0.979	0.989	0.992	0.971	0.998	0.985	0.996	0.987	1.00	0.992	0.998	1.00
地方财政总收入(亿元)	0.975	0.991	0.759	0.987	0.997	0.962	0.967	0.932	0.998	0.955	0.999	1.000	0.992	1.000	0.998	0.991
农民人均纯收入(元)	0.987	0.980	0.798	0.995	0.990	0.977	0.981	0.952	1.00	0.971	1.00	0.996	0.998	0.998	1.000	0.997
推广总效益(亿元)	0.996	0.963	0.840	1.00	0.978	0.990	0.992	0.972	0.998	0.986	0.996	0.987	1.00	0.991	0.997	1.00

表3-3 变量总方差解释情况

成份	初始值的特征			提取平方和载入		
	合计	方差的%	累积%	合计	方差的%	累积%
1	15.402	96.265	96.265	15.402	96.265	96.265
2	0.598	3.735	100.000	0.598	3.735	100.000
3	5.206E-16	3.254E-15	100.000			
4	3.644E-16	2.278E-15	100.000			
5	3.247E-16	2.203E-15	100.000			
6	3.128E-16	1.955E-15	100.000			
7	2.008E-16	1.255E-15	100.000			
8	1.137E-16	7.104E-16	100.000			
9	4.835E-17	3.022E-16	100.000			
10	2.017E-17	1.261E-16	100.000			
11	−7.608E-17	−4.755E-16	100.000			
12	−1.840E-16	−1.150E-15	100.000			
13	−2.162E-16	−1.351E-15	100.000			
14	−3.164E-16	−1.977E-15	100.000			
15	−4.741E-16	−2.963E-15	100.000			
16	−5.912E-16	−3.695E-15	100.000			

提取方法:主成分分析。

表3-4 旋转成分矩阵[a]

序号	指标	成分	
		1	2
1	研发经费(亿元)	0.731	0.683
2	鉴定科技成果及专利(项)	0.925	0.381
3	举办国际交流活动(次)	0.328	0.945
4	完成技术贸易合同(万元)	0.772	0.635
5	新建示范基地(个)	0.900	0.436
6	推广总面积(万亩)	0.693	0.721
7	科技培训(场)	0.706	0.708
8	培训农民(人)	0.622	0.783
9	获农民技术职称人数	0.829	0.560
10	招商引资(亿元)	0.675	0.738
11	新增规模以上完成产值(亿元)	0.841	0.540
12	引进国外新品种(类)	0.878	0.478
13	固定资产投资(亿元)	0.792	0.611
14	地方财政总收入(亿元)	0.864	0.504
15	农民人均纯收入(元)	0.831	0.556
16	推广总效益(亿元)	0.788	0.615

提取方法：主成分。旋转法：具有Kaiser标准化的正交旋转法。a.旋转在3次迭代后收敛。

利用表3-5中的因子得分系数矩阵的有关系数，对2个主成分运用初始解释变量进行线性表示。然后，结合原始数据，计算出各个样本各自对应的2个示范绩效的主成分SF_1和SF_2的值。最后，利用表3-3中旋转后的各个主成分对总方差的解释比例作为权重，可以计算出各个样本对应的示范绩效的最终值SF_i（i=1，2，…，n）。

（2）结果讨论

由表3-5可知，在现代农业示范投入的要素中，鉴定科技成果及专利、完成技术贸易合同、新建示范基地、获农民技术职称人数、新增规模以上完成产值、引进国外新品种、固定资产投资、地方财政总收入、农民人均纯收入以及推广总效益的得分系数为正，剩下的得分系数为负。只有研发经费的得分系数为负，这可能是由于研发经费作为前期投入，加之后续转化率的制约，对示范绩效的直接影响较小。其中鉴定科技成果及专利和新建示范基地的得分系数最高，分别高于平均水平0.346和0.286，这表明在示范区建设的要素投入中，科技成果和基地的数量对示范效果起着重要的作用，因为科技成果、示范基地和示范绩效之间的关系最为直接，这些有形的事物更容易对农民们产生激励作用，发挥示范的作用。要素投入对示范区建设是基础，也是关键，提高要素的实用效率才能够促进园区示范效应的持续增长。

在为示范举办的活动中，国际交流活动、推广总面积、科技培训、培训农民、招商引资的得分系数均为正值，其中举办国际交流活动的得分系数最高，为0.725，这可能是由于国际交流活动的规格相对其他活动较高，更具有权威性、科学性和实效性，因此其对示范园区的建设具有更加明显的实用效果。而农民培训的人数可能在一定程度上对示范绩效有所贡献，但培训的效果，即受训农民掌握以及运用的实际程度才对示范绩效有重要影响，这也从另一个侧面反映出，西北半干旱地区在现代农业示范方面，过分注重新技术、新品种和新设备的示范推广，对农民培训还存在着培训效率较低的问题，通过农民人力资本的提升来改造传统农业、发展现代农业的意识还不是很强烈。然而农民的受教育和培训的水平将直接影响其对新事物的接受能力。

表3-5　得分系数矩阵

序号	指标	成分	
		1	2
1	研发经费(亿元)	−0.26	0.136
2	鉴定科技成果及专利(项)	0.346	−0.330
3	举办国际交流活动(次)	−0.514	0.725
4	完成技术贸易合同(万元)	0.040	0.054
5	新建示范基地(个)	0.286	−0.254
6	推广总面积(万亩)	−0.083	0.206
7	科技培训(场)	−0.063	0.182
8	培训农民(人)	−0.181	0.325
9	获农民技术职称人数	0.138	−0.069
10	招商引资(亿元)	−0.109	0.237
11	新增规模以上完成产值(亿元)	0.163	−0.099
12	引进国外新品种(类)	0.237	−0.193
13	固定资产投资(亿元)	0.072	0.014
14	地方财政总收入(亿元)	0.207	−0.155
15	农民人均纯收入(元)	0.143	−0.075
16	推广总效益(亿元)	0.067	0.020

提取方法：主成分。旋转法：具有Kaiser标准化的正交旋转法构成得分。

3.3　结论与启示

通过对西北半干旱地区现代农业示范效应的分析，影响其绩效的16个因素主要归纳为示范要素的投入和示范推广活动的开展两方面，其中示范要素投入的影响权重更大，但是，示范活动的开展也为示范要素投入效率的提升起到了一定的辅助作用。在诸多要素中，科技成果及专利数量、新建示范基地个数和国际交流对示范绩效影响的贡献非常显著，但是，科研投入、推广总面积、科技培训、农民培训等对示范绩效的贡献较弱，对现代农业的示范效应起到一定程度的抑制，从中可以反映出示范的效应不只是体现在数量方面，更重要的是示范的真实效果，是示范质量的概念。科研投入、科技培训、农民培训等因素对示范绩效的贡献较低，反映出在现代农业示范过程中对影响效应比较间接的因素重视不足。现代农业的发展离不开高素质与专业化的农业劳动者，因此，研发经费、科技培训与专业化农民的培训等因素是影响现代农业持续发展的动力。

由于农业生产的区域性特点，现代农业区域示范是由点到面、由小到大地推进现代农业创新成果不可缺少的过程，区域示范是把区域特征与现代农业发展相结合，降低现代农业创新的风险性。因此，现代农业区域示范与创新模式的作用尤为关键，突破现代农业发展所面临的区域性制约因素，创新发展是第一要务。科技园区作为现代农业、科技创新、示范推广、农业资源和农业经营主体的聚集区，发挥着现代农业的载体功能。以4个国家级现代农业示范区为研究对象，分析了影响区域示范的主要因素，总结了西北半干旱地区现代农业示范园区建设和发展中的经验和限制性因素，为西北半干旱地区现代农业示范园区建设和发展提供了模式支持，以推进农业生产方式和资源利用方式的有机结合，促进科技园区经营管理方式和农业内部产业结构的转型升级。

在现代农业转型升级和创新发展的过程中，政府和市场应建立恰当的分工与合作机制，结合影响区域示范的主要因素，重点突破制度、技术、金融、经营和服务领域的模式创新。政府在现代农业创新发展过程中应主要发挥因势利导的作用，以克服外部性和协调的问题，改善基础设施、金融、制度和法制等影响交易费用的外部环境。市场应该在创新农业经营主体、完善服务体系、科技推广、研发投入、人力资本提升以及农业的组织化程度方面更加努力，探寻适宜的创新模式，促进西部半干旱地区现代农业的永续发展。

第四章

组织载体分析

4.1 西北半干旱地区农业科技园区发展分析

4.1.1 西北半干旱地区农业科技园区组织模式

现阶段农业科技园区发展整体上呈现出由数量扩张到质量提升、由盲目跟进到标准化建设、由综合示范到特色产业化经营、由政府主导到企业化经营转变的特征。促进农业科技创新及农业技术成果转化、提高园区经济效益和社会效益、提高农民收入水平和生活水平，以农业科技园区为组织载体，探索农业现代化发展道路是未来农业科技园区发展的重要目标。

由于自然资源禀赋条件和社会经济发展程度不同，农业科技园区种类繁多，具体的发展模式也千差万别。

（1）从产业分布来看，农业科技园区分为蔬菜种植（尤其是设施蔬菜）产业园区、有机水果园区、畜牧养殖园区和农产品加工园区等。从地区分布来看，各省（自治区、直辖市）都设有国家级农业科技园区。从核心区的建设面积来看，西部地区占用土地面积最大，分别是中部的5倍、东部的10倍以上，西部地区园区以土地投入为主的格局非常明显。

（2）基于主体类型来划分，农业科技园区的类型大致可分为政府建设的园区、科研单位创建的园区、农业龙头企业创建的园区和合资建设的园区四大类。

①政府建设的园区

政府建设的园区是指由中央政府和地方政府投资兴办的各级各类园区，投资主体单一，发展资金相对短缺。区分不同的投资主体，有利于合理制定园区发展战略，以及设定恰当的价值目标和定位。国家科技部、农业部等部门安排建设的农业示范项目、农业综合开发高新技术示范项目、现代农业示范区等，都属于政府建设型园区。国家级农业科技园区和国家级现代农业科技城基本上是该种类型，还包括各级地方政府兴办的省级、地市级园区。这类园区的着眼点在于对现代农业产业结构调整的带动、高新农业技术成果的推广和辐射、带动农民增收和提高农业综合实力，具有很强的公益性和社会性，兼备一定的经营属性，往往不以经济利益最大化为目标。

②科研单位创建的园区

科研单位创建的园区通常是指农业高等院校和科研院所凭借自身的科研、试验、示范基地，通过承担各类项目并投入部分自有资金建设的园区。其目标是借助本身的资源、信息、技术、装备、人才、科研成果以及配套的装备优势，进行国外引进品种试种试验、高新技术开发研究、新技术新品种成果转化，并进一步推广和进行产业化种养殖示范。

③龙头企业创建的园区

龙头企业创建的园区是指由国内私营企业、转型后的国有企业以及一些外资企业在我国一些优势区域依托优势特色产业创建的农业科技园区。该类园区的目标是利益最大化，通常是瞄准市场对蔬菜、花卉、水果、农畜产品和水产品等特色产品的需求，特别是国际市场的现实需求和潜在需求，进行产业化经营。园区的产品定位、目标市场选择、技术使用和管理机制都采用企业化模式，园区的建设和规划也依据这一原则。

④合资共建的园区

这类园区一般由政府提供部分启动资金和优惠的政策环境，并帮其协调社会关系，由企业、集体经济组织、农民合作社、协会组织和农户等作为投资主体合资共建，多采用企业化管理模式。政府下属的事业单位也可以投资入股和技术入股的形式，参与园区的创办和管理，如科技特派员参与创业的模式。

（3）按产业特征不同，将农业科技园区分为深加工型农业园区、外向型农业园区、城郊型农业园区、特色农业园区和综合开发型园区。

①深加工型农业园区往往具有一定的规模和产业基础，以农产品深加工为主，实行种养加、农工商一体化经营，有良好的区域品牌。

②外向型农业园区主要围绕发展出口创汇农业而建立起来，是一种通过使用农业高新技术，生产优质特色农产品，以国外市场销售为主的发展模式。

③城郊型农业园区，通常被称为“都市农业”，指建设在大中城市郊区，为城市居民提供绿色产品、休闲娱乐场所以满足城市人民物质文化需要的农业科技园区，此类园区往往还具有青少年科普教育和培训的功能。

④特色农业园区是指开展特色农业示范，如立体农业、生态农业、节水农业、旱作农业等，或开展某一类作物的生产和示范的园区。

⑤综合开发型园区是指集多品种产品生产、精深加工、教育培训和休闲观光等多种功能的园区。

（4）按建设区域和级别划分，可分为国家级农业科技园区、省级农业科技园区、地（市）级农业科技园区、县级及其他农业科技园区。

①国家级农业科技园区，包括由国家科技部、农业部和国家农业综合开发办公室等立项的园区。

②省级农业科技园区，包括省（区、市）级农业现代化示范基地、农业高新技术开发区和省级农业生态园等。

③地（市）级农业科技园区，就是由各地（市）政府投资立项的园区。

④县级及其他农业科技园区，主要包括县（区）级兴办的园区和各级政府机构给予认可的农业科技园区。

（5）按技术含量和科技带动能力划分，农业科技园区可分为高新技术型园区、技术开发型园区、成果孵化器型园区、技术普及和推广型园区。

①高新技术型园区，是指集农业高新科技的自主研究、开发、试验和农产品生产、经营为一体的农业科技园区，有技术人才密集和产品技术含量高的特点。一般由大学、科研机构和高科技企业创建和参与创建，如国家现代农业科技城、国家杨凌农业高新技术产业示范区。

②技术开发型园区，是以品种、技术的引进，消化吸收，组装应用和示范为主的园区，如引进品种试种，为区域农业生产提供蔬菜、瓜果、果树和动物幼仔等种苗服务。

③成果孵化器型园区，依托优惠政策和宽松的创业环境，吸引各种投资到园区兴办农业企业及其相关联的其他产业，形成良性互动和网络创新互动的格局，有利于农业高新成果的转化和转让，也有利于孵化出新技术和新企业。

④技术普及和推广型园区，作为农业技术的承接地，直接连接着农户，向农民开展培训、农业技术示范和推广，直接引导和带动农民使用新技术，这类园区作为最基层的园区，在传播技术和带动农民增收方面的作用巨大。

（6）从西北半干旱地区来看，农业科技园区模式主要有三区（核心区、示范区、辐射区）联动发展模式、园中园发展模式、产业集群发展模式、农业科技企业创业孵化模式、节水灌溉示范模式、现代农业园区标准化生产模式、循环农业园区模式、休闲农业示范模式等。

4.1.2 西北半干旱地区现代农业科技园区典型案例

（1）案例一：杨凌农业高新技术产业示范区

1997年7月，国务院批准正式成立杨凌农业高新技术产业示范区，示范区实行“省部共建”体制，按照“小政府，大服务”的方式，实行开放式运行，封闭式管理。

中央交给杨凌示范区的任务是：从干旱、半干旱地区农业发展和生态环境保护的科技需求出发，重点研究和推广应用农牧林草优良品种以及旱作和节水农业、资源综合利用、生态环境保护等方面的先进技术；通过推进农科教、产学研紧密结合，发展壮大农业高新技术产业；通过科技示范和产业化带动，推动干旱、半干旱地区农业产业结构调整和农民增收，实现可持续发展等10个方面进行创新性探索，发挥示范作用。经过20年的建设发展，示范区成功地完成了初始创业、二次创业，保持了持续、快速、健康发展的好势头。突出表现在四个方面：一是初步改变了“农科乡”的面貌，构建了一个现代化农科城的雏形；二是完成了区内科教资源的有效整合，在国内首次实现了科研和教学两大系统的有机融合，科教实力和科技创新能力明显增强；三是成果转化步伐加快，农业高新技术产业发展有了一定的规模和基础；四是积极实施科技示范，示范辐射带动作用进一步增强，效益进一步扩大。

目前，示范区以面向旱区农业发展为主导，在动植物遗传育种、水土保持和生态修复、植物保护、动物重大疫病防治、农业水土工程等学科领域已形成明显的特色和优势，取得了一批重要成果。先后获得120多项省部级科技成果奖励，其中有14项获得国家级奖励，取得了如体细胞克隆山羊、生物农药创制、胚胎干细胞研究、杂交小麦育种及节水农业和黄土高原综合治理等重要成果。示范区管委会与两所高校在全国16个省区建设农业科技示范推广基地150个，基地通过

“科研+基地+农户”等形式，共引进、推广国内外良种1700多种，培训农民400多万人次，推广农业实用技术1000余项，推广农林作物良种2亿亩，治理水土流失面积200多km^2，受益农民5000多万人，每年科技示范推广产生的效益超过60亿元。

2008年以来，按照“现代农业看杨凌”的定位，以“国内一流、国际知名”为目标，以集聚创新农业新品种新技术、探索现代农业新模式新机制为重点，突出标准化、专业化、整装化、板块化、全覆盖的特点，规划建设占地100 km^2的杨凌现代农业示范园区。目前，园区八类产业已发展到8万余亩，引进涉农企业31家，累计完成投资22亿元，组建36家“土地银行”，土地流转率达到46%，组建了324个农民合作社，实现“银保富”设施大棚保险全覆盖，取得了显著的经济效益和社会效益。通过现代农业示范园的建设，杨凌在探索和发展现代农业、促进农民增收、推动城乡一体化的新途径，以及建立新型农业经营体系方面，取得了显著成效。

以生物制药、食品加工、环保农资和良种繁育为主的高新技术产业初具规模。现有医药企业18家，亨通光华、岱鹰生物、富万钾、博迪森等高科技企业陆续在美国和香港成功上市，标志着示范区入区企业进入国际资本市场的步伐进一步加快，发展水平显著提高。在环保农资领域，以富万钾、博迪森为代表的农化企业达47家，杨凌已成为西北最主要的环保农资生产基地。亨通连锁、秦丰连锁两家大型农资连锁企业销售网已覆盖全省主要县区，网点达2000多个。在绿色食品领域，有食品加工企业38家，年销售收入约8亿元。恒兴果汁、当代蜂产品、圣桑饮料为区域性知名品牌。2014年，全区80户规模以上工业企业实现产值110.4亿元，同比增长20.9%，是2005年的6.8倍。杨凌依托在生物育种、转基因、胚胎遗传、克隆技术、细胞工程、旱作节水农业、植物资源开发利用等方面的独特优势，吸收国内外先进技术成果，培育了一批有较强科技创新能力的企业。

示范区在加强科技示范辐射源头建设的同时，在科技示范方面取得了新成效，积累了新经验，探索了新机制。辐射带动能力进一步增强，示范辐射的广度和范围、作用和效益有显著的扩大和提高，示范辐射的体制、机制探索也取得积极的成效。

①示范推广模式的探索创新取得新进展

积极探索建立以大学为依托的农业科技推广模式，并获得科技部、农业部和省政府的大力支持，设立了杨凌农业科技推广资金。“公司+科教人员+农户（基地）”的示范推广模式进一步完善，科技示范主体（大学、企业）与农户之间有效结合的利益机制更加优化。杨凌乾兴公司按照市场化运作方式，把杨凌一流专家组织起来，依靠网络技术实现了“农民不出门，专家请到家”，探索出了市场化与网络化紧密结合的农业科技推广新模式，即“动态专家+公司+客户（包括农户、企业和政府）”的“乾兴模式”，为有效解决农业科技“入户难”问题创造了可资借鉴的经验。杨凌电视台开展的“百县联播送科技”活动，首批与周边10个县电视台签订了农业科技节目联播协议，直接受益群众达500万人。

②以项目为载体的跨区域合作不断扩大

同咸阳签订的咸阳—杨凌农业产业一体化协议成效初显，使咸阳10多个县区的农民广泛受益。杨凌的恒兴果汁等30多家企业先后在咸阳建立了原料生产基地或成果示范基地，100多项新技术、新成果得到推广应用。以“专家大院”形式为主，与宝鸡市的农业科技合作有效带动了宝鸡农业的发展和农民增收。与宝鸡、安康、汉中、渭南、商洛等市的农业科技与产业合作已全面推开。先后与甘肃平凉、天水，青海黄南州，宁夏固原，广西百色，山东聊城，新疆昌吉、伊犁等省外20多个地市政府签订了科技示范合作协议。西北农林科技大学与新疆昌吉米泉生物制药公司进行了多年合作，并利用杨凌的技术和该公司联合组建了一个动物保健品厂，年经济效益6000多万元。杨凌乾兴公司与宁夏中卫市政府合作，在当地建立了20多个远程终端，开展远程农技干部专业技能培训，已开展远程培训和咨询活动10多次，培训乡镇干部300多名。

③积极开展面向区内外的农民专业技能培训

围绕干旱半干旱地区农业产业发展重点，为适应农业产业结构调整的需求，重点开展了种业、畜牧业、果业、设施农业、节水农业、农产品加工业等专业的系列化、专业化培训活动。共组织编印农民培训实用教材16种。开展了农民“绿色证书”“星火培训”“基层党员带头人”“县市党政领导”等培训活动。大力开展以农村发展带头人、职业农民、农村创业技能人才为主的新型农民培训，造就了一批有文化、懂技术、会经营的新型农民，涉及陕西、宁夏、青海、新疆、甘肃、山西、山东、河南、河北等省58个县区，建立培训基地、站点近千个。杨凌示范区制定了《杨凌示范区农民培训规划纲要》和《杨凌示范区农民技术职称评定管理办法》，成立了农民技术职称评定委员会。面向干旱半干旱地区农民培养农技员、农技师及高级农技师。一部分经过培训的农民先后被上海、山东、新疆等地聘用，从事农业技术指导。“杨凌农科”品牌初具知名度。

④农高会的示范辐射作用进一步增强

省部联办的农高会规模、层次和影响日益扩大，高科技和产业化特色更加鲜明，成为与北京科技周、深圳高交会、上海工业博览会齐名的国家级科技展会之一。他们聚集在杨凌这个农业科技的神圣殿堂，面对着农业生物工程、设施农业、农业机械、畜牧和林业苗木等多个领域的4万多项科研成果和项目进行交流、交易和学习，有近万项科研成果通过这个舞台得到转化，交易总额达1255亿元，每年有2600多项实用技术通过这个舞台传播辐射到广大农村的田间地头，受益农民达3亿多人。杨凌的“农高会”已成为“农业技术交易”和“农业国际合作”的重要平台，成为最受农民欢迎的农博盛会。

（2）案例二：天水国家农业科技园区

天水国家农业科技园区是科技部2010年12月批准建设的第三批国家农业科技园区。按照“打航天牌、走循环路、创加工业、带农民富”的总体思路，园区以打造一个中心（西部干旱半干旱地区农业科技创新示范中心）、推动两家公司上市（天水众兴菌业科技股份有限公司和天水神舟绿鹏农业科技有限公司）、建设三个基地（中国天水航天育种示范基地、西部优质特色农产品生产加工基地、甘肃天水现代农业循环经济示范基地）、培育三条产业链（航天种业、特色果蔬、循环农业）、建设八大示范园区（在五县两区建设八大特色示范园区）为目标，积极实施科技创新、产业示范、基础支撑强化三大工程建设，全面推进核心区、示范区、辐射区三区建设，加快构建天水国家农业科技园区核心区（位于天水市麦积区三阳川）、示范区（包括天水市7个县区）和辐射区（甘肃省14个市州及“关中—天水”经济区区域）三级不同层次的园区发展体系。

①核心区建设成效显著

依托五个功能分区（科技研发创新区、特色果品种植区、绿色蔬菜种植区、生态畜牧养殖区和农产品加工物流区），重点建设了“十二个产业示范园”（现代农业科技创新园、航天育种产业园、众兴菌业产业园、花牛苹果示范园、鲜食葡萄示范园、设施蔬菜示范园、工厂化奶牛养殖园、工厂化蛋鸡养殖园、工厂化生猪养殖园、农产品加工物流园、休闲观光生态园和循环农业示范园），截至2013年年底，核心区建成面积3.3万亩，现有入园企业28家，其中：国家级农业产业化龙头企业1家，省市级农业产业化龙头企业16家，省级工程技术中心2家，高新技术企业、企业技术中心、工程实验室各1家。已建成优化节能日光温室246座，智能化全自动连栋温室7座，钢架塑料大棚414座，日产70吨食用菌工厂化生产线1处，大型果蔬气调库6座，工厂化标准养殖场4个，乳制品加工厂、沼气发电厂、有机肥厂各1个，生态观光园、农产品加工配送中心、蔬菜种苗繁育中心、马铃薯脱毒快繁中心各1处，花牛苹果标准化示范园8000亩，优质薄皮核桃示范园4000亩，鲜食葡萄生产基地1.7万亩。先后被确定为“中国西部航天（太空）育种基地”“全国农业旅游示范点”“全国青少年科普教育基地”“院士专家企业工作站”“博士后科研工作站”“国家级科技特派员创业基地”“国家级天水无公害蔬菜标准化示范区”等。2007年，被省政府升格为省级农业科技示范园区，2010年被科技部批准为国家农业科技园区，被中国农学会评为“全国十大名园”“全国优秀农业园区”。

②示范区建设初具规模

在核心区加快建设的同时，园区围绕“南林、北果、东牧、西菜”的总体产业布局，以培育“一乡一业、一村一品、一域一业”为目标，以果品、蔬菜、畜牧三大主导产业为重点，着力建设了7个农业产业园（以南山万亩花牛苹果为核心的麦积花牛苹果产业园、以大樱桃为主的秦州特色果品产业园、以武山农业科技示范园区为核心的武山无公害蔬菜产业园、以渭河川道设施蔬菜为核心的甘谷设施蔬菜产业园、以秦安蜜桃为主的优质果品产业园、以清水县科技园区为核心的高原夏菜产业园、以优质肉牛养殖为主的张家川畜牧产业园）和65个规模大、科技含量高、示范带动作用强、经济效益好的农业科技示范基地，带动种养殖面积80多万亩，推动了整个天水市现代农业的发展。

③辐射区建设不断推进

辐射区的重点是为核心区企业生产提供标准农产品原料，推动农业技术转化和应用。园区依托航天育种工程研发平台，带动了河西走廊航天制种产业的发展，成立了张掖神舟绿鹏农业科技有限公司，发展制种产业；通过众兴菌业等农业产业化龙头企业，收购周边及河西走廊等地区的大量农业废弃物（棉籽壳、玉米芯、麦麸等），增加了农户的收入；通过长城果汁等果品加工企业，带动了陇南、平凉等地的果品加工原料基地，推动了果品产业的发展；利用自身农业科技园区建设成功经验，引导带动周边农业科技园区的建设和产业的发展，推动了辐射区农业科技园区的发展，园区辐射带动效应日益显现。

④品牌效益日益凸显

园区立足区域优势，不断整合资源，加快“提质扩园”步伐，重点发展了航天种业、特色果蔬、循环农业三条产业链，构建了从良种繁育推广、标准化种养殖、农产品深加工利用到产品流通交易的完整产业链条，培养了“龙果”“羲皇”“宇航天骄”“羲航”“一品红”“白娃娃”“九龙山”等一批知名品牌产品，孵化了“众兴菌业”“神舟绿鹏”“嘉信畜牧”“洁通农业”“盛龙果园”等一批国家省级农业产业化龙头企业。

⑤机制体制更趋灵活

园区不断创新内部管理、科技服务、园区运营、投资融资、人才引进等机制，先后制定了《天水市农业高新技术示范区管理办法》《天水市农业高新技术示范区开发优惠政策》和《关于进一步加快天水国家农业科技园区发展的意见》，持续为园区的发展提供支撑与保障，为企业发展营造了良好环境，充分调动了入园企业的积极性，园区“技术创新、科技示范、产业孵化、培训交流、辐射带动、旅游观光”六大功能不断显现，科技创新转化能力持续增强、科技创业服务能力显著提升、带动产业发展能力不断提升，形成了“小机构大服务”的天水农业园区运行模式，特别是建立的中小企业特殊联保贷款机制，解决了园区企业融资难的问题。园区机制创新使园区内有动力、外有压力，始终保持旺盛的发展活力。

（3）案例三：青海海东国家农业科技园区

青海海东国家农业科技园区从2002年开始规划建设，按照“一区两园”，辐射带动所辖六县的总体规划进行布局。“一区”：青海海东国家农业科技园区。“两园”：乐都无公害富硒果蔬产业示范园、互助马铃薯和优质杂交油菜制繁种及产业示范园。

海东地区位于青海省东部，辖6个县，即民和回族土族自治县、循化撒拉族自治县、化隆回族自治县、互助土族自治县、平安县、乐都县，属于黄土高原向青藏高原过渡镶嵌地带，海拔在1650～4630 m之间。由于海拔高低悬殊，气候差异明显，形成了川水、浅山、脑山三个农业生态类型区。海东地区是青海省最重要的农畜产品供给基地，高原特色农业明显。2008—2010年，乐都、互助、循化被批准为省级高原特色现代农业示范园区，2010年12月被批准为海东国家农业科技示范园区。

园区以发展“绿色、有机、循环”农业为主线，凸显“科技创新、引领带动、展示培训、示范推广、加工转化、休闲观光”等6大功能，重点围绕高原杂交油菜制种中心、马铃薯原种繁育中心、蔬菜工厂化育苗中心、精准农业信息中心、莓类浆果及花卉组培育苗中心和高原农牧业高科技研发基地等平台，积极开展产学研联合实施科技研发，园区现已形成年生产双低杂交油菜良种210万kg、马铃薯原种16万t、培育蔬菜种苗600万株、浆果苗木150万株、鲜切花7万支的规模，同时建成了杂交油菜制种、脱毒马铃薯繁种、蚕豆制种、特色蔬菜生产、树莓种植等产业基地10万亩，有效地发挥了海东农业科技园区在支撑引领高原特色现代农牧业发展中的重要作用，如今海东国家农业科技园区已成为全省高原现代农业产学研结合的农业科技创新与成果转化孵化基地、促进农民增收的科技创业服务基地和发展现代农业的综合创新示范基地。

近年来，海东国家农业科技园区充分利用地理、交通、资源、环境等方面的优势，以发展现代农业、提高土地产出率、促进农民增收为目标，以发展高原现代特色农业、提质增效、转型升级为主攻方向，着力转变高原现代特色农业发展方式，在努力促进农业生产经营专业化、标准化和集约化方面发挥了重要的示范引领作用。进一步调整农业结构，促进经济发展和生态良性循环，建成集农牧业新品种和新技术引进培育、试验示范，特色果蔬、油菜、马铃薯等农作物制繁种，农畜产品加工，农牧业科技培训、推广和现代物流为一体的现代农业科技示范园区。通过近几年的发展，海东国家农业科技园区核心区面积已达5万亩，累计引进推广农牧业新品种、新技术190余个（项），带动农户7710户，农牧民年人均收入达到8228元，核心区入驻企业达126个，总产值达17亿元，年净利润达9334万元。

立足于青藏高原区域独特的川水、浅山、脑山地形和冷凉的气候条件，以及具有明显地方特色的资源和产业优势，按照现代化农业园区的要求，体现高原独特、绿色、生态理念，培育壮大区域特色产业。一是大力发展以杂交油菜制种、脱毒马铃薯制繁种为主的高原制种产业；二是利用高原无污染和富硒土壤的优势，大力发展高原富硒蔬菜、果品、畜禽产业。

2012年，建设优质油菜制繁种基地3万亩左右，为全国春油菜区及部分冬油菜区提供近1000万亩的优质油菜杂交种，年增农民纯收益10亿以上；年建设专用型马铃薯脱毒种薯基地近7万亩，生产脱毒种薯近12万t，满足本县及周边地区60万亩以上的马铃薯生产用种；建设蚕豆、小麦原种繁殖基地2万亩以上，生产优质种子近600万kg；生产双孢菇菌种100万瓶以上；繁育东方百合种球原种、原种子球约60万枚，唐菖蒲子球30万枚等。同时建成了乐都长辣椒和乐都紫皮大蒜提纯复壮基地、马铃薯脱毒种薯繁育基地和百亩大樱桃育苗基地，年生产蔬菜种苗一亿株以上。

园区加强与青海大学、西北农林科技大学、中科院高原生物研究所等院校和科研院所的合作，积极吸引科研院所、科技人员、科技成果“三入园”，使园区建设能保持“青春常在”，促进各自特色产业的持续发展。累计与研究院所合作开发项目37项，引进各类农业新技术225项，引进农作物、经济花木、畜禽和水产新品种855个，新设备262台（套），建立专家大院2个，聘请专家48人，常驻25人，为园区建设提供了有力的科技支撑。在乐都核心区已建成西北农林大学的杨凌科技实验示范基地，平安县的中科院油料所的生产实验基地，互助、民和的青海大学科研基地正在建设。综合运用国内外现代农业科技成果、现代农业生产手段和现代经营管理方式，建立技术研发平台26个，检测农畜产品样本63类1900余种，认证无公害农产品18个，申报了11个无公害基地，11个农产品获得地理标志认证，注册农产品商标89个，申请农牧业产品专利11项，制定技术新标准16项，审定种子品种5个，制定标准16个。引进各类农业新技术225项，引进农作物、经济花木、畜禽和水产新品种855个，旱作农业技术推广（双垄全膜技术）81万亩，建立高原黄河冷水鱼网箱养殖基地20 016 m^2。园区累计举办各类培训班819期，培训人次达4.6万人，接待参观考察1287批，参加人数为10.2万人。

派驻园区科技特派员150人，实施科技开发项目16个，创办企业和组建经济合作组织21个，直接参与农户11 606户。科技特派员工作作为园区工作的一个重要抓手，园区共采取3种模式：一是“科技特派员+基地+农户”模式；二是“科技特派员+龙头企业+基地”模式；三是“科技特派员+专业合作社+基地+农户”模式。即科技特派员根据当地资源优势和产业优势，结合自己特长，联合基地建设、专业合作社、龙头企业，通过大量引进先进适用技术、优良品种，发挥示范带动作用，加快农村科技推广和普及、带动产业发展，开展产前、产中、产后全程服务，带动农民共同致富。

（4）案例四：宁夏吴忠国家农业科技园区

宁夏吴忠（孙家滩）国家农业科技园区是宁夏第一个国家级农业科技园区，地处宁夏中部干旱带核心区，总面积为576 km^2，已开发耕地17万亩，有天然草原68万亩。园区土地资源丰富，发展现代农业优势明显。园区为“一区四园”设置，在园区内设有四个专业科技示范园，即奶产业科技园、肉牛肉羊产业科技园、无公害设施果菜科技园、节水型优质粮食作物科技园。

作为宁夏最大的综合性现代农业示范基地，这里的节水灌溉正迎来黄金发展机遇期，也正收获着农民增收、产业发展的硕果。当地节水灌溉面积、设施种类、管理模式、智能化技术应用等均走在了全自治区前列。孙家滩不但成为宁夏中部干旱带节水灌溉的“领跑者”，也成为宁夏中部干旱带现代农业发展最有效的实践者。

①从“大水漫灌”到“精准灌溉”

孙家滩园区实施了“玉米覆膜滴灌项目”，使1000亩土地重获生机。村民李正义的青储玉米亩产达到6吨，创造了当地青储玉米产量的“奇迹”。覆膜滴灌节水、省肥，过去400 m^3的水还不够浇半亩地，如今通过施肥罐实现了水肥一体化，肥料直接到达玉米根部，不仅能满足作物的需水要求，更能有效提高水肥利用率，减少水肥流失，380 m^3的水就能保证1亩膜下玉米“吃好喝饱”。在荒漠设施农业示范园，16座鳞次栉比的日光温室成为耀眼的风景。孙家滩研发建设了大跨度无焊接无立柱新型日光温室，并配套安装了远程监控和自动化控制设施，该温室冬季升温快，保温效果好，比第五代棚平均提高3～5 ℃，有效保证了冬季栽培，在种植模式、管理方式、经济效益上实现了新突破，被称为我国第六代日光温室。茎叶粗壮、叶面肥厚的黄瓜、西红柿，让种植户喜上眉梢。实施水肥一体化膜下滴灌技术，乳瓜亩产达2.2吨，产值7万元，实现利润5万元。当地农民表示，种地用水越来越少，但钱挣得越来越多。节水灌溉工程充当了孙家滩现代农业变革的主角，正是各项节水灌溉技术的应用和推广，奏响了当地农民增收致富的序曲，更为产业发展写下了浓墨重彩的一笔。

②突破“瓶颈”天地宽

缺水是制约孙家滩农业科技园区发展的重要因素之一。由于地处中部干旱带，园区年平均降雨量仅为193 mm，用水依赖抽黄工程，16万亩耕地年供水量指标仅为4000万 m^3。技术人员算了一笔账：按照亩均用水量450 m^3计算，只能满足园区60%的耕地用水。为此，节约用水、科学用水，大力加强节水型农业建设，已成为园区促进农业经济发展的必由之路。近年来，园区共计建设节水灌溉蓄水池12座，总蓄水量达320万 m^3，配套泵房12座，深井泵36台，铺设供水主管道80 km、支管道200 km。同时，新建、维护水利建筑设施5000多座，推行小畦灌溉技术，建设小畦田3万亩，有效地提高了水利用率，使园区农业用水利用率从2008年的57%提高到了2013年的65%。园区在村里成立农民用水户协会，按用水量计量收费，有效地增强了群众节约用水的意识。针对水资源紧缺的现状，园区大力提倡群众发展高效节水农业，引进抗旱节水作物品种，推广苹果、红枣、枸杞、苜蓿等节水作物种植，已完成优质苹果种植5.6万亩、优质骏枣及同心圆枣种植1万亩、苦水枸杞种植2500亩、苜蓿种植2.5万亩。在推行节水灌溉的同时，园区因地制宜地对产业结构进行了调整。通过改变传统单一的管理模式，推广小畦灌溉，农渠砌护，节水喷灌、滴灌、痕灌技术，号召群众种植节水作物，园区节水农业工作取得了阶段性成果。

③高新技术的“领跑者”

在吴忠市孙家滩，工程师高波用手机发出信号对1.2万亩苹果基地进行控制。借助“云计算”和物联网技术，再辅以埋在植物根部的墒情探测器，实现了对植物的全自动灌溉。传统灌溉1万亩土地至少需要30名工人24小时不间断管护，每年总费用超过120万元。而云端控制节水技术只需几个工人巡查即可，节水40%左右，每万亩地年总灌溉费用不到12万元。从以前的大水浸灌，到如今的鼠标一点，当地农业灌溉技术实现了质的飞跃。高科技是园区的生命力所在。发展节水灌溉伊始，园区就将目光紧盯国内外高新技术的最前沿，引进以色列、澳大利亚等国先进设备，集中示范应用10多项高效节水关键技术，打造集智能节水灌溉、精量播种、定量配方施肥的高效节水精准农业示范区。积极引进集播种、覆膜、起垄、滴灌管铺设于一体的先进机械4台（套），建设示范点3个，示范面积达3500亩，目前各示范点作物长势喜人，节水效果显著，劳动力投入大幅下降。以节水为纽带，以土地为基础，不断探索高效节水发展新模式，加大节水新技术、新产品的推广使用，采用了先进的无线控制软件、电磁阀、低压小流量滴灌，有效提升了园区高效节水工程的科技含量，实现了高效节水工程管理、田间管理自动化。

④现代农业的“引擎”

吴忠国家农业科技园区已争取到自治区水利厅、科技厅支持，实施了总投资930万元的1500亩高效节水灌溉核心示范区建设项目。项目通过引进、展示、消化、吸收国内外10多项高效节水技术及相关设备，应用物联网等现代化技术，开展管理制度、灌溉制度研究，打造技术示范、农民培训和推广服务平台，着力解决宁夏乃至西部节水灌溉实践的关键技术问题。目前已采取膜下滴灌的方式种植葡萄150亩、枸杞100亩、灵武长枣40亩，种植8类蔬菜总面积1200亩。孙家滩节水灌溉工程在发展节水农业方面迈出了关键性的一步，为吴忠市探索农业节水新途径开了一个好头。目前，园区共建成了5.6万亩的优质苹果示范园、5000亩的枣树种质资源圃、3600亩的荒漠阶梯式设施农业示范园、650亩的工厂化种苗繁育中心、2000亩的供港澳有机蔬菜基地，推广节水灌溉面积达8.6万亩，占耕地面积的51%。园区正在积极配合自治区大柳树前期工程办公室编制《宁夏生态节水高效农业示范区规划》，把孙家滩真正建成宁夏高端农产品的生产区、高效农业技术的展示区、高效节水灌溉的示范区和新农艺、新农机、新技术、新品种的集成区，同时成为宁夏扶贫开发的典范区和大柳树工程灌溉的先型区。

4.2　西北半干旱地区农业龙头企业发展分析

4.2.1　西北半干旱地区农业龙头企业组织模式

农业产业化龙头企业既符合现阶段农村经济发展的实际，又满足各参与主体的利益要求。龙头企业在不同地区、产业、发展阶段所采用的模式各不相同。“市场牵龙头，龙头带基地，基地联农户”的格局是基本模式。该模式以龙头企业为主体，围绕一项或多项产品，形成“公司+农户”“公司+基地+农户”“企业+合作社+农户”以及“公司+基地+合作社（专业协会）+农户”等农业组织形式。目前，龙头企业组织模式主要有以下类型：

（1）专业市场带动型“专业市场+企业+农户”

该模式是以当地优势产业为依托，通过建设专业市场或专业交易中心，拓宽商品流通渠道，充分发挥市场导向作用，带动区域特色农业实现专业化、规模化生产，进而推动商品基地建设以及农产品加工销售。其特点是：以大中型农产品专业批发市场为主导，龙头企业围绕区域内的特色农业资源推动专业村、专业镇等特色农产品生产基地建设；农户为专业龙头企业生产，也可以通过合同或联合体形式与专业龙头企业建立联系。双方通过产品这一纽带形成一种相互依赖、互为发展、互惠互利的经济关系，从而能够在很大程度上调动广大农户生产的积极性，并促进农业区域专业化发展带的形成。

（2）中介组织带动型“中介组织+企业+农户”

中介组织带动型是以各种中介组织（包括各类农民专业合作社、供销社、技术协会、销售协会）为纽带，组织产前、产中、产后全方位服务，使众多分散的小规模生产经营者联合起来，形成统一的较大规模的经营群体，实现规模效益。这种农民联合自助组织，对提高农民的组织化程度，降低生产成本，调节成员之间的利益分配起到了重要作用。这些经济合作组织会为农户提供生产技术、生产资料购买、组织运销、储存加工等各类服务，以服务促联合，以联合促供销，以供销促效益，为农户代言，与龙头企业谈判，积极参与农业产业化经营，为农户谋求更大的利益。这种农民联合自助组织，较其他组织更能被农民信任和接受。

（3）主导产业带动型“主导产业+企业+农户”

该模式以市场需求为导向，以效益为中心，发挥当地资源比较优势，围绕优势特色产业、产品，进行区域化布局，集中连片开发，发展“一乡一业、一村一品、数乡一业、数村一品”的区域性、规模化生产，推动农产品种植基地建设，培育当地龙头企业，提高产品品质，实现农业产业集群发展，打造县域优势产业和拳头产品。这种模式始于“一村一品”项目。主导产业带动型通常在优势特色产业带内发展，粮食类、药材类、蔬菜瓜果类、畜牧类、建筑建材类、传统工艺类等各具特色的专业村是主要的发展对象。这种模式也有其局限性，有的地区“一村一品”模式中龙头企业发展乏力，单纯依靠政府投入，农户直接面向市场产销，导致资金投入不足，标准化生产程度、产品质量检测及产品精深加工水平都不能适应现代农业发展的要求。

（4）现代农业综合示范区带动型

以甘肃农垦黄羊河集团为例，由黄羊河集团出资培养龙头企业，如2004年上市的莫高股份公司、黄羊河集团麦芽公司、黄羊河集团食品公司等大型龙头企业。这些企业以黄羊河农场为原料基地，农场员工承包农场土地，每户承包十几亩到上百亩不等，基地农户充分发挥规模经营优势，通过“五统一”即统一规划种植、统一良种、统一病虫防治、统一技术措施、统一交售订单产品，保证了龙头企业的原料来源。

农业经营是多元参与主体在共同利益上的合作博弈，其基本原则是“风险共担、利益共享”。但是，由于区域布局、经济发展、产业特点、市场发育程度不同，农户与企业面对的市场情况和进入市场的状况千差万别，使得各地实行农业产业化经营时的利益分配方式呈现出多样化的局面。

4.2.2 西北半干旱地区农业龙头企业典型案例

（1）案例一：北方菜业有限责任公司

北方菜业有限责任公司是主导产业带动型的农业产业化龙头企业，公司通过批发市场及网络营销的拓展，带动“一乡一品，数乡一品”基地建设，逐步发展为设施农业科技示范园区的组成部分。

甘肃北方菜业靖远瓜果蔬菜批发市场位于靖远县南郊，紧靠国道109线、靖天公路和白宝铁路，距省会兰州128 km，距银川市380 km，白兰高速公路近在咫尺，贯穿全境，交通网络四通八达。市场始建于1992年，1999年被白银市委、市政府评为安全文明市场，2000年被确定为农业部定点批发市场，同时也是农业部农产品信息网络采集点，2002年被中国蔬菜流通协会评为定点市场，2005年被白银市委、市政府认定为白银市农业产业化龙头企业，同年12月被白银市评为“非公经济”二十强企业，2010年被市政府评为“扩内需保增长先进单位”。甘肃北方菜业靖远瓜果蔬菜批发市场是甘肃省最大的产地批发市场，年交易量达7.5亿kg，交易额达6.4亿元。现已初步形成区域性农产品集散于一体的营销网络体系，充分发挥了中心批发市场的储备调节供应作用，对促进当地及周边地区农业发展起到了重要的带头作用。

靖远县位于黄河上游，甘肃省中部，地处西陇海兰新经济带，甘肃段兰白经济核心区内，是典型的农业大县。靖远蔬菜生产的快速发展不仅改变了省内蔬菜紧张的局面，每年有11亿多kg的各类瓜果蔬菜销往全国20多个省市地区，成为全国的西菜东送五大蔬菜生产基地和西北的冬春淡季蔬菜供应中心，迅速发展的蔬菜产业已成为甘肃农村效益显著的产业。自实施全国“菜篮子”工程以来，经过广大干部群众的艰苦努力，靖远瓜果蔬菜生产得到了长远的发展，形成了以日光温室为主，普通大棚、小拱棚、地膜覆盖和露地蔬菜协调发展的多元化种植结构，初步实现了四季均衡上市、均衡供应的供需机制，农产品综合市场品种齐全、空前繁荣。作为全省瓜果蔬菜生产大县，在东湾、北湾、糜滩、平堡、大芦、兴电灌区、三滩、兴隆、永新、高湾等乡已分别建成茄子、蜜刺黄瓜、辣椒、西甜瓜、黄河蜜、早熟洋芋、绿头萝卜、苹果、香水梨、大蒜、籽瓜等生产基地。甘肃靖远瓜果蔬菜批发市场，已覆盖了甘肃省的靖远县、白银区、会宁县、平川区、景泰县，宁夏的中卫、同心、海源、固源等县区。区域内各类瓜果蔬菜面积已达到100多万亩，各类瓜果蔬菜种植面积不断扩大，产量逐年增加，产品品种由原来20多种发展到目前40多个大类，100多个品种。主要销往内蒙古、宁夏、陕西、青海、新疆、四川、重庆、上海、福建、广东、西藏、吉林、辽宁、黑龙江等省区市及周边地县，还出口到俄罗斯、哈萨克斯坦、吉尔吉斯斯坦等国。2007年大白菜、大白葱、胡萝卜、绿萝卜被确定为香港专供蔬菜。带动白银市农村人口136万人，辐射周边地区农村人口100多万人。据对北京、西安、呼和浩特、乌鲁木齐等地调查，结果表明，靖远县生产的黄瓜、茄子、辣椒、西甜瓜等反季节瓜果蔬菜在西北、华北各大市场具备了一定的竞争力，在此期间全国蔬菜总量缺口较大，且货源不足，这为靖远蔬菜特别是无公害优质蔬菜生产提供了广阔的市场空间。

北方菜业的发展经验主要是：

第一，利用区域优势。市场紧靠国道109线、白宝铁路靖远火车站，交通便利、运输快捷，是区域内最重要的农副产品和周转运销中心，市场场地宽阔，水、电、路畅通，区位优势明显。

第二，挖掘资源优势。黄河流经靖远县境内154 km，为靖远县发展黄河灌溉提供了得天独厚的条件。靖远县及周边地区的光、热、水、土等自然条件是生产优质蔬菜最适宜的产业集中区，盛产许多名优蔬菜，其特点：一是品种丰富、质量好、外形美观、色泽新鲜、无病虫害，深受广大消费者欢迎。如茄果类、瓜类、根菜类等品种。二是上市时间适宜，甘肃大部分地区的瓜果蔬菜上市时间都集中在6—10月份，而这几个月正是南方地区缺菜的季节，有利于“西菜东送、北菜南调”。所以，其具备了大量运销的市场基础。三是配套条件较好，年生产脱水菜、真空冻干蔬菜5000吨，甘肃夏菜种植区群众经济条件较好，有利于调整种植结构，发展蔬菜生产。目前，县城及周边地区蔬菜种植面积已达100多万亩，蔬菜年总产量达11.2亿kg，总产值达8.28亿元，“一乡一品、数乡一品”的格局已形成，农副产品的种植面积逐年不断增加，生产资料的需求量也不断增大。

第三，强化管理优势。按照“效能优先”的原则，建立新市场组织结构，重点建设物业管理公司和客商服务中心，将安全保卫、车辆管理、清扫保洁、设施维修、后勤保障等职能整合成立物业管理公司，将交费办理、咨询投诉、日常管理等与顾客有关的职能整合成立客户服务中心，拉近与客户的距离，提高管理效率，培养了一批高素质的管理人才和工作人员。加之市场良好的信誉和优质的产品，吸引了大批客商。

第四，健全信息网络。北方菜业靖远瓜果蔬菜批发市场信息发布中心可以向菜农、客商发布全国各地当天的瓜果蔬菜市场行情。市场上配备了瓜果蔬菜无公害快速检测仪，对上市的农副产品可进行简单的检测。开通了国际互联网，与农业部信息中心、省发改委信息中心、省农牧厅信息中心以及靖远县电视台等国家权威信息机构建立了互通互联关系，成立了靖远信息工作站，在省内率先并入全国农业信息网。在乌鲁木齐、兰州、银川、上海、广州等主销区建立营销网点，建立网站，宣传当地的农产品，发布信息，广泛招商。现已形成商品集散、仓储保鲜、加工运输、信息咨询、配送服务的配套体系，吸引了区域内广大菜农和运销大户在此交易，成为一个区域性的农副产品瓜果蔬菜集散中心。

第五，坚持政府支持。靖远县人民政府就市场交易、人才及外资引进等方面制定优惠政策，吸引客商入市，坚持“你赚钱，我发展”的宗旨，降低收费标准，形成“低洼效应”会聚客商。实行减免停车费、住宿费、摊位费、交通管理费，并将收费标准制度上墙，给进市场运销车辆发放由市场、交通、公安、农机等部门联合印制的“绿色通行证”，凡是运销瓜果蔬菜的车辆，交警、交通、农机部门确保一路通行。

第六，完善基础设施、科技体系。近年来，为了促进瓜果蔬菜生产的发展，在全县范围内经常举办多种形式的蔬菜技术培训班，培养了一大批蔬菜科技种植能手和蔬菜专业户，筛选推广了一批新优特品种及先进栽培技术和设施，形成了规模化、规范化蔬菜栽培技术规程。当地生产的辣椒、茄子、黄瓜、西甜瓜、冻干蔬菜等11个主栽品种已获得中国绿色发展中心认证的A级绿色证书，标志着靖远蔬菜向优质、安全、低残留、高质量迈进了一大步，为无公害蔬菜的大规模生产奠定了良好的基础。农业科技推广体系完善，技术条件具备，有一大批专业技术人员长期扎根农业生产第一线，负责蔬菜生产的技术推广、良种引进、农机供应、经营服务等。全县初步形成了县、乡、村、社四级农业技术推广网络。先后两次被农业部确定为农民技术职称评定示范县，被中国科协列为“全国100个科普示范县”，特别是日光温室建造技术，新型设施材料、滴灌、施肥、嫁接、无公害生产技术等有了很大突破，建成的甘肃设施农业科技示范园区之一——靖远大坝农业高科技示范区的示范带动作用日益明显，为靖远蔬菜产业发展提供了技术保证和人才资源。

（2）案例二：青海湖乳业有限责任公司

青海青海湖乳业有限责任公司，简称“圣湖乳业”，是目前青海省集奶牛繁育养殖，乳制品生产、加工、销售为一体的规模较大的综合性省级农牧产业化龙头企业。公司积极响应国家“三农”政策，把牛奶加工融入青海农业产业化链中，制定了“公司+基地+农户”的发展模式，大力发展奶源基地建设。新建现代化、集约化、规模化奶牛养殖牧场2座。项目带动近千户养殖户发家致富和辐射带动5000户农户调整产业结构种植青贮玉米，户均增加收入2000元以上。

在连续4年的环湖赛中，圣湖乳业成为唯一指定乳制品提供商，2012年“ITF国际网球女子巡回赛”和环青海湖国际公路自行车赛等大型赛事上也作为唯一的指定乳制品提供商。圣湖乳业的“青藏高原牦牛乳深加工技术研究与产品开发”技术荣获国家科技进步二等奖。青海青海湖乳业有限责任公司也是国家民委认定的民族特许产品青海省唯一乳品企业。

圣湖乳业自成立至今，在仅有的8年里，依托青海乳业的优势，开发自身的条件，使如今的圣湖乳业在青海奶业市场上所占份额“三分天下有其一”。作为食品企业，特别是备受人们关注的乳制品，质量安全是重中之重的问题。同样，在面对这道关卡时，圣湖乳业对每一道程序都严格把关，绝对将质量安全做到最好。

在奶源方面，为保证鲜奶供应和食品安全，青海青海湖乳业有限责任公司加强奶源基地建设，先后斥资8000余万元在湟中县（圣亚牧场）和湟源县（圣源牧场）建设规模化、标准化奶牛养殖场2座，成为国家级规模化养殖小区和青海省级规模化养殖小区。投资5000万元引进的3000余头荷斯坦奶牛，在正常运营后年均可为青海省提供鲜奶2万余吨。在奶牛养殖方面，公司打破传统的收集散户、集中收奶的模式，将当地农户家的优质奶牛集中在一起，帮农户们养殖，这样就保证了奶源从喂养到产奶都是安全、透明的。这种模式不仅将程序简化，而且使奶源的质量更加透明。在圣湖乳业的奶源基地，所有的奶牛享受的是天然的养殖和现代化的管理。近几年，在饲料喂养方面，圣湖乳业采取“自给种植”的方法。他们通过“公司+基地+农户”的模式，采用与农户签约、订单收购等办法，很好地解决了奶牛养殖的饲料来源问题，逐步建立起了2000亩饲料基地，带动了近5000户饲料种植户，户均增加收入2000元以上。这种绿色饲料更好地为奶牛提供了营养，也为奶源的绿色安全添上合格的商标。

在青海乳制品行业，传统的养殖无法保证奶牛的健康及产奶量，然而圣湖乳业的奶源基地却是将传统的牛舍建设成为五幢宽敞的现代化牛舍，让泌乳期、干乳期、育成牛和牛犊各自都有适合自己的“宿舍”，并且，每幢牛舍还连接运动场，供它们“休闲娱乐”，这种养殖充分体现了接近自然状态的“放养和集中”的现代牧场管理理念。因为管理科学，一头奶牛平均日产鲜奶达到21 kg，并且基本消除了奶牛乳房炎隐患。正是这种不失天然养殖并结合科学改建及管理的方法，使圣湖乳业的奶源在有安全保证的基础上能够更好地供应市场需求。

除了牛舍的改建，在圣湖乳业产奶基地还有一批高科技设备作为保障。“阿波罗”型挤奶设备，使奶牛每天享受到了自动化挤奶的舒适。每天挤奶的时间是15分钟，挤奶时，奶牛井然有序地进入挤奶厅，自动化装置将自动完成检测、识别、挤奶、计量等工作，完成挤奶后，奶牛就可以悠然自得地回到运动场休息、放养。这项设备的应用使挤奶流程简单化，实现了挤奶的高效率化，而且，在没有人工挤奶的情况下，更加确保了奶质的安全。这项技术的自动化程度也使得圣湖乳业在全省乳制品行业中处于领先地位。除先进的挤奶设备外，大型饲草加工搅拌机、自备制冷奶罐等设备一应俱全，棚圈、饲料库、贮窖也都是高标准建设。在全国“三聚氰胺”事件的影响下，圣湖乳业针对安全检测把关更严，公司引进了具有国内先进水平的乳制品检测设备和无菌实验室，率先购进了“三聚氰胺”检测设备，保证了对产品的安全检测能力。这样一来，在食品产业中，青海青海湖乳业有限责任公司与传统养牛业相比，在先进的饲养方式及管理模式上，实现了养牛业的一次技术革命。

在生产销售方面，圣湖乳业目前拥有国内领先水平的九条生产线，其中利乐钻常温酸奶生产线为全国第四条同类生产线，并且填补了西北市场的空白。圣湖乳业产品的内包装采用国际先进利乐砖材料，低碳环保，安全可靠。在产品生产车间里，圣湖乳业从每一次的装罐到生产包装、成品都是全自动化的机器操作，工作人员几乎没有机会触碰到产品本身，这种生产模式就完全避免了由于工作人员的失误而破坏产品的质量。本着立足西北、面向全国的经营思路，圣湖乳业不断开发高品质、高档次、差异化的乳制品，并销往北京、上海、广州、西安、兰州、长沙、银川等二十几个大中城市。从此，圣湖乳业便有了“高原无污染、纯天然绿色奶源”的口碑。

在产品开发方面，青海青海湖乳业有限责任公司一方面将乳业产品做到优质化、品质化服务大众，另一方面对青海牦牛奶独有条件充分利用，开发出更多新的、青海仅有的乳制品，成功将“圣湖藏咖奶茶”“青海藏灵菇酸奶”“圣湖浓缩奶”推向市场，这些乳制品的开发生产不仅仅将青海牦牛奶中的营养成分有效提取，而且由于企业在奶源的设备、技术还有生产车间、生产线上都做到统一的机械操作，系统的管理使市场上的每袋产品均能追溯到原料供应商、生产操作工，甚至是每一头奶牛，每一滴奶。如果产品出现质量问题，销售方面就可以准确追溯。

4.3 西北半干旱地区农民专业发展分析

4.3.1 西北半干旱地区农民合作社组织模式

20世纪90年代初，政府开始大力推进农业产业化经营，并始终强调引导公司与农户形成利益联合体，提出了“扶持龙头企业、就是扶持农民”的口号。但是我国由于农产品市场的买方垄断格局，龙头企业和农户的双方市场地位不对等、相差较大，结果必然是企业控制，农户依附，没有相互依存关系，自然也无法形成利益共同体。农民专业发展起来后，“公司+农户”的模式逐步被“公司+合作社+农户”的模式所替代。从合作社内部经营权结构来看，当前合作社发展统一经营的方式主要有以下四种类型：

（1）社员分户生产管理、农民专业提供从种到收的一条龙社会化服务

即“（农户）生产在家，服务在（合作）社”。入社农户保持原承包经营权不变，继续在原有的承包地上从事农产品生产，但是生产的种子、化肥、农药等投入品购买，植保、浇水等田间生产管理服务以及产品收获、销售等由合作社统一提供服务。一些实力较强的合作社还注册了自己的商标。通过合作社的统一经营服务，实现分散农户的投入品的规模购买或农业设施的共同利用，以及农产品的规模销售，降低了农户的生产经营成本，实现了规模经济。特别是土地连片统一耕作、统一植保，不仅提高了土地的利用率，而且降低了环境污染。

（2）农户承包经营权入股、农民专业统一经营

农户将承包地入股合作社，合作社聘用生产经营人员对社员入社土地进行统一规划，并统一种植品种、统一生产管理，最终统一产品销售，而农户成员完全退出生产经营领域。合作社纯收益按照社员入股土地进行分红。为提高农户入社积极性，合作社通常按照农户土地原有收益提前支付货币或实物地租，并优先安排有意愿的社员在合作社打工。近年来，这种形式成为部分地方政府力推的一种形式。

（3）农户土地入股、转包经营，农民专业提供中介服务

农户将承包地入股合作社，农民专业将土地集中后，统一发包给社员或租赁给其他企业、种植大户承包经营。农民专业代表入社农户与承包方（或租赁方）谈判土地使用价格，并签订合同。合作社代表入股农户的利益，协调与土地使用方的关系，保障入股农户的土地租赁费收益。同时也降低了种植大户、龙头企业与一家一户农户谈判的成本。

（4）合股经营

农民专业吸引农业企业入社，农民以土地入股、公司以现金入股，双方按股份承担责任、分享收益。公司通常负责合作社土地的整理规划和开发经营，并参照入社前农户的土地收益水平支付农户“保底分红”（实际是地租），年底再根据合作社经营状况进行按股分红。对于这种形式，无论是政界还是学界都存在不同声音，鉴于公司掌握市场、人才、资本等关键要素资源，即便是农民在合作社中控股，其话语权也十分有限，但是这类合作社的出现，对于在劳动力大量转移，土地被粗放经营，甚至撂荒的地区，对于提高土地生产率具有积极的作用。但是也存在一旦公司经营破产、农户收益无从保护的潜在风险。坚持农户入社的自愿原则是最基本、也是最根本的保护农民权益的有效手段。

4.3.2 西北半干旱地区农民专业合作社典型案例

(1) 案例一：恒芮牧业农民专业合作社

2010年4月，通渭县恒芮牧业农民合作社注册成立，法人代表张金平，注册资金108万元。通渭县恒芮牧业农民合作社是经通渭县人民政府、通渭县农牧局、通渭县畜牧局批准，以肉羊、肉牛、肉猪的改良繁育、优化养殖、科技推广、良种调拨、活羊活牛屠宰精加工、畜产品交易于一体的农牧业组织。2012年12月10日，合作社成员大会决议，修改了合作社章程，改变成员出资标准，增加出资额，注册资金达到了1700万元。

为了促进通渭县恒芮牧业农民合作社的可持续发展，不断提高其市场竞争能力，延长农林牧产业链条，增加农民收入，推进全县经济、社会和生态文明建设，依据《通渭县恒芮牧业农民合作社章程》第二章第二十二条之规定，经2014年3月26日合作社成员大会决议，通渭县恒芮牧业农民合作社于2014年4月正式并入甘肃恒芮农牧开发有限公司。甘肃恒芮农牧开发有限公司下辖通渭县恒芮牧业农民合作社、通渭县畜禽交易市场、通渭县恒芮养殖协会、通渭县恒芮农牧互助资金协会，按照大力发展牛、羊、猪、鸡四大畜牧产业，实现通渭县打造牛羊养殖大县和畜牧业循环经济示范县的战略目标。

恒芮牧业农民合作社自成立以来，紧紧围绕通渭县委、县政府关于农业产业结构调整的思路，依托产粮大县全膜双垄沟播玉米秸秆资源丰富的优势，着力发展以肉羊繁育、育肥为主的草食畜产业。秉承"精诚团结，高效务实，为民富民"的发展理念和"小规模、大群体、共致富"的服务宗旨。通过"合作社+基地+社员"的发展模式和"统一供种、统一技术、统一饲料、统一防疫、统一收购、分户饲养"的"五统一分"的经营模式，大力发展肉羊产业。

在具体的经营中，采取"投羊还羔"的经营方式，即每向农户投放一只基础母羊和种羊，从第二年开始，合作社社员每年向合作社返还一只所产羊羔，一共三只，基础母羊和种羊无偿送给社员。"投羊还羔"这一经营方式的主要特点是合作社主导，市场化运作，规范化管理，产业化经营。对于广大社员尤其是贫困社员来说，具有投资小、风险低、见效快的特点，备受欢迎。

2013年，国家发改委将通渭县列入循环经济示范县，恒芮牧业畜禽产品加工副产物综合利用项目作为循环经济的一个主要示范项目列入项目目录。合作社抓住通渭县把草畜产业做大做强、实现与全国同步进入小康社会的良好机遇，计划到2015年年底，对肉羊养殖基地、肉羊养殖农户投资1.5亿元，在全县1/3的农户中（约5000户）发展肉羊规模化、专业化养殖业，初步形成基础母羊存栏5万只、种公羊存栏5000只、年育肥羔羊15万只的产业规模，并且解决农村5000人的就业问题。此外，合作社还将流转土地6000多亩，用于种植优质饲草。合作社被通渭县确定为全县农村青年创业示范基地。

(2) 案例二：同心县农民合作社

近年来，宁夏回族自治区各级党委、政府高度重视农民合作社的培育和发展，将其作为创新农村经营体制、提高农民组织化程度、转变农业增长方式、推进新农村建设、增加农民收入的重要载体。同心县委、县政府制定了《关于促进农民合作社加快发展的意见》，坚持协调配合、合力协作、整体推进，全县农民专业合作社呈现出良好的发展态势。

农民专业合作社从小规模的家庭经营模式向集中连片的规模经营方向发展。通过农民专业合作组织，不仅把小规模的家庭经营模式农户连接成集中连片的规模经营，也使农产品市场通过合作社走向了全国乃至国际市场，起到了连接农户与市场的纽带作用。

截至2012年年底，同心县共成立农民专业合作社339家（专业协会8家），其中：从事种植业的97家（粮食产业63家），占农民专业合作社总数的29%；林业12家，占4%；畜牧业147家，占43%；农机服务业14家，占4%；其他69家，占20%。入社社员12 236户，辐射带动农户39065户。举办各种类型培训班36期，培训社员34 970人次，年实现销售额5亿元，助农增收4000多万元。涉及粮食、蔬菜、林果、畜禽、水产品、农机等多个产业和生产、储藏、运销、加工、技术、信息服务、融资服务等领域。目前，全县规范运行的专业合作社有60家，达到农民合作社示范社创建标准的有23家，区级农民专业合作社示范社有13家，市级农民专业合作社示范社有12家。同心县圆枣专业合作社，带动枣农3000多户，种植枣树30 000多亩，产品远销至上海、山东、北京、广东，枣农每年人均增加收入1398元。

促进农户产业结构调整。通过合作社的带头作用，使当地特色种植业、养殖业逐步向规模化发展。同心县的枣树、红葱、西甜瓜、枸杞、甘草、药材等特色产业和示范基地逐步形成，截至2012年年末，特色种植业和牛、羊、家禽等养殖业共实现销售收入2亿多元。

逐步实现了土地资源和农民资源的优化组合。农民专业合作社通过自身拥有的管理、技术、设备使土地的利用率明显提高，尤其是那些被老百姓认为使用价值非常低的旱地得以充分利用。合作社流转土地，发展规模经营。引导天予枣业有限责任公司、泰杰工贸有限公司等从事农业种植的企业和合作社流转农户土地44 533.8亩，进行规模经营。农民合作社通过合理有序的土地流转，使农民一方面获得土地租金，另一方面可外出打工或在合作社打工，获得双重收益。

以引导发展新型农民专业合作社——农村土地流转合作社为重点，完善经营机制，扩大规模。过去承包地块过于零散，家家种地、户户备耕的经营方式成为现代农业发展的一大障碍。同心县在深入调研的基础上，探索实施土地流转合作社模式，在不改变农民土地承包经营权的前提下，引导农民把土地承包经营权流转到农民专业合作社，由农民专业合作社统一经营管理，实现了承包权、经营权、收益权的适当分离和有机结合。

4.4 西北半干旱地区农村农户家庭农场发展分析

4.4.1 西北半干旱地区农村农户家庭农场组织模式

家庭农场起源于欧美，是指农民家庭通过租赁、承包或者经营自有土地的农业经营形式。在我国，家庭农场的概念在2013年中央一号文件中首次出现，将其定义为以家庭成员为主要劳动力，从事农业规模化、集约化、商品化生产经营，并以农业收入为家庭主要收入来源的新型农业经营主体。与传统农业相比，家庭农场最突出的特点是规模化经营、专业化生产、社会化服务和机械化运作。我国家庭农场经过多年探索，基本形成了以下四种组织模式：

（1）政府主导模式

在政府安排下，主要通过行政手段实现土地流转兼并，进而培育家庭农场。自2007年起，为了应对农业劳动力非农化和老龄化的趋势，上海市松江区开始实践百亩左右规模的家庭农场模式。主要做法是，先将农民手中的耕地流转到村集体，然后由区政府出面将耕地整治成高标准基本农田，再将耕地发包给承租者。政府主导模式的重要意义在于为我国提供了一个特大型城市在后工业化阶段发展现代规模农业的典型样本。其具有以下特征：一是家庭经营。家庭农场经营者原则上必须是本地农户家庭，且必须主要依靠家庭成员从事农业生产经营活动；不得常年雇用外来劳动力从事家庭农场的生产经营活动。二是规模适度。全区共有家庭农场1267户，经营面积为15.02万亩，占全区粮田面积的88.8%，户均经营面积为118.6亩。三是农业为主。松江粮食生产家庭农场最大的吸引力在于，依靠农业为主的专业生产经营业能增收致富。四是集约生产。通过耕地流转，将土地、劳动力、农机等生产要素适当集中，实现集约化经营、专业化生产。

（2）大户主导模式

其最大特点是市场自发性。20世纪90年代后期，一些种植、养殖大户自发或在政府引导下，将自己的经营行为进行工商注册登记，寻求进一步参与市场竞争的机会，从而演变成“家庭农场”。例如在宁波市，经过工商登记从事种植、畜牧养殖的“法人”型家庭农场共有600多家。大户主导模式主要有以下特征：一是经营规模适中。种植类农场生产规模基本在50亩到500亩之间；每个农场雇工数较小，通常10人以内；基本涵盖了粮食、蔬菜、瓜果、畜禽等主导产业。二是家庭农场主综合素质较好，管理水平较高。绝大部分农场主产业规模都是从小做到大，专业知识、实践技能较强，懂经营、会管理，有不少农场主是购销大户或农产品经纪人，市场信息灵，产销连接紧密，产品竞争力强。

（3）中介主导模式

主要是通过当地的农业企业、合作社和服务中介的组织和引导，在当地培育家庭农场。例如在郎溪县，由于工业化、城镇化步伐明显加快，离土进城务工的人越来越多，为一家一户的小规模种植向适度规模经营提供了条件。全县已发展各类家庭农场300多户，家庭农场每年人均纯收入将近3万元。郎溪县成立家庭农场协会是其家庭农场发展的重要创新。为使家庭农场由单打独斗的“游击队”转变为协同作战的“集团军”，郎溪县农委牵头于2009年成立了“郎溪县家庭农场协会”，遴选了产业代表性强、规模较大、辐射带动作用明显且有一定影响力的家庭农场主为会员，让家庭农场抱团，破解家庭农场融资困难，共享技术培训和市场信息。

（4）自发发展模式

主要是运用市场机制，配套相应的土地流转政策和家庭农村扶持政策，加快农村土地集中，培育家庭农场。典型做法以延边为例：延边由于地处中朝边境，许多当地人常年在韩、日等邻国打工，当地务农人口迅速减少。与之相应的是土地流转呈现加速趋势，农村土地经营权自发向种地大户集中。延边州专业农场总数已发展到近千家，经营总面积达6万多公顷，其中农户流转面积占经营总面积的80%以上。针对专业农场等规模经营主体生产所需资金量大而抵押物不足的情况，延边州创新农村土地经营权他项权证抵押贷款，全州利用土地经营权他项权证，加大为专业农场的贷款力度；创造了“县市农业局+银行+担保公司”联合推荐担保贷款新产品；在各县市成立了物权融资公司，开辟农村土地收益保证贷款。

4.4.2 西北半干旱地区农村农户家庭农场典型案例

（1）案例一：大山里的家庭农场——邦富农家庭农场

邦富农家庭农场流转村民的土地200亩，通过大户主导模式创办，农场种植180亩马铃薯，20亩党参，规模日益扩大，发展势态良好。以家庭成员为主要劳动力，播种、除草、收获等农忙时雇用村里人帮助，通过土地集中，实行机械化耕作，采用新技术，使用好品种，降低农业成本，增加单位产量，净收入10余万元。

（2）案例二：王升办起“组合版”家庭农场——种植养殖集约经营，观光休闲增添活力

东升家庭农场流转80多户村民的土地，通过自发发展模式创办，农场不仅种植西芹400亩、花菜200亩，还投资兴建了垂钓中心，走上了农业规模化、集约化发展道路。农场主王升2013年流转土地800亩种蔬菜、建鱼塘，办起了集种植、养殖、观光、休闲于一体的“组合版”家庭农场，既增加了农民收入，也让城里人有了好去处。东升家庭农场与香港加记公司达成进港销售协议，投资12万元在120亩鱼塘完善垂钓、娱乐、餐饮、购物等设施。东升家庭农场现雇用管理员4人、长期雇工12人，平均每天用工30人。王升办的“组合版”家庭农场步入良性发展阶段，被评为自治区示范家庭农场。

4.5 小结

西北半干旱地区现代农业区域示范与模式创新必须建立在坚实的组织载体基础上，农业的产业化、规模化、标准化、专业化、现代化都必须由强大的经营主体组织来实施。实践证明，农业科技园区组织、农业产业化龙头企业、农民合作社和农户家庭农场四种新型组织载体是目前现代农业发展过程中最有效的组织形式，也是政府鼓励和积极发展的农业组织形式。

农业园区主要有两种组织形式：一是政府创办的园区，即政府行为；二是公司企业创办的园区，即市场行为。西北半干旱地区大多数现代农业园区都是政府行为，仅有少数是市场行为。西北半干旱地区现代农业的发展，应以现代农业园区为依托，通过基础环境、优质服务和优惠政策将农业龙头企业、农民专业合作社和农户家庭农场吸引到园区，组建产业集群、产业联盟，实现区域示范和模式创新。

当前西北半干旱地区现代农业的组织载体是在农户这一组织单元上形成的经济生态系统，包括农户、家庭农场、农民合作社、龙头企业、中介服务等，各主体通过不同形式的结合构成一个多样化的共生组织群落。表现出如下特征：

（1）现代农业组织载体的各个主体都是独立的经济组织，无论是农户，还是农民专业合作社、公司、中介，都有独立的资产、独立的财务，并自负盈亏。

（2）多元利益主体具有互补性，不同的主体具有不同的功能和不同的比较优势。例如，“农户+合作社+龙头企业”就是充分发挥各自比较优势的共生组织群落。任何一个主体的可持续发展都要依赖其他主体的支撑或带动。

（3）主体的内在机制是现代农业创新的关键因素，内在机制建立了主体之间物质、信息和能量传导的媒介、通道或载体，是组织载体形成和发展的基础。对于西北半干旱地区现代农业的组织群落而言，内在机制就是在市场经济基础上形成的创新能力、竞争能力、经营管理能力。

（4）提升农业生产效率是现代农业组织载体创新的重要方面，农业科技园区、龙头企业、农民合作社和农户家庭农场都是提高组织化程度的重要载体。大力发展农民专业合作社和龙头企业，培育和造就一批新型职业农民，有利于解决“谁来种地”等制约农业发展的突出问题。

现代农业创新的组织载体既包括市场化、社会化的硬件基础设施，例如交通网、信息网、物流网等，也包括适应市场化、社会化的制度、规章、习俗等软件基础设施。内在机制要形成各主体之间物质、资金、信息交流的通畅机制，而多元利益主体的互补性则要建立相应的信任机制，以规避机会主义行为。由于自然资源禀赋条件和社会经济发展程度不同，农业组织载体种类繁

多，但农业生产经营组织化程度低，生产经营格局仍以分散的农户为主，不适应现代农业组织载体创新的要求，实践中亟待进行深层组织体系的梳理与整合，建立自上而下的层级组织管理系统。

典型的农业科技园区、农业产业化龙头企业、农民专业合作社和农户家庭农场四种组织载体是经过多年探索而建立起来的基本组织载体，其中，农业科技园区组织载体可以作为顶端载体，从农业组织结构层面上改变农户经营分散的格局，把农民真正组织起来，实现生产、加工、销售、服务一体化经营，培育地区级的市场竞争主体，支持和引领其他组织载体的发展。为此，政策上需鼓励引导通过转包、出租、互换、转让、股权合作等形式，促使土地承包经营权向种植大户、家庭农场、农民专业合作社、农业企业等新型农业经营主体流转，加速推进农业规模化经营和企业化运作。

第五章

战略设想

西北半干旱地区干旱缺水，生态恶劣，农业欠发达，区域经济发展相对滞后，扶贫攻坚任务重。但该地区农业资源丰富，土地幅员辽阔，农村文化多元，开发潜力巨大。

5.1 战略思路与定位

5.1.1 战略思路

以习近平新时代中国特色社会主义思想和党的十九大精神为指导，深入学习贯彻习近平“三农”思想，立足西北半干旱地区现代农业发展现状，牢固树立创新、协调、绿色、开放、共享的发展理念，以区域特色农业为依托，以现代农业示范园区为载体，以产业化龙头企业、农民合作社和农户家庭农场为经营主体，加大农业科技创新和品牌培育，推进区域化布局、专业化生产、规模化经营、产业化开发、企业化管理、社会化服务，加快资源向产业集聚、产业向园区集中、土地向规模化流转、资金向重点项目投入、人口向城镇迁移，突破关键技术，创新示范模式，打造示范高地，延长产业链，提升价值链，构建政策扶持、科技创新、人才支撑、公共服务和组织管理五大现代农业产业体系，加快西北半干旱地区现代农业发展。

5.1.2 战略定位

以特色资源为依托，加快农业科技成果转化，加强“三品一标”产品认证，积极开拓国内外市场，提高农民职业化率、土地产出率、劳动生产率、产品商品率、资源利用率，提升机械化、集约化、产业化、标准化、信息化水平，转变农业发展方式，调整农业产业结构，优化农业资源配置，延伸壮大产业链，着力发展高科技农业（立体农业、替代农业、设施农业、集约农业和高效农业、智慧农业等）、可持续农业（有机农业、循环农业、生态农业、低碳农业、绿色农业、无公害农业等）、多功能农业（创意农业、休闲农业、观光农业、旅游农业、庭院农业、礼品农业、定制农业、电商农业等）、节水型农业（旱作农业、集雨农业、滴喷灌农业、节水灌溉农业、设施灌溉农业等），推进农业供给侧结构性改革，促进农村一二三产业融合发展和农业的可持续、绿色发展。

5.2　战略框架与目标

5.2.1　战略框架

西北半干旱地区现代农业发展战略框架由四大层次构成：一是战略目标层，即现代农业发展给西北半干旱地区带来的社会效益、经济效益和生态效益等社会贡献。二是动力机制层，是由农业科技、产品市场、政府政策、经营管理四大动力（拉力和推力）作用的创新驱动，即不断推进现代农业的科技示范、发展模式、体制机制的创新贡献。三是现代农业产业体系层，是以产业基地、农业示范园区为载体，通过科技示范和产业化生产，实现产业增值和规模化、可持续发展。它是农业经营主体、农业科技体系、农业生产体系、农业供销物流体系和农业管理体系构成的综合实体系统，是能量、物质、信息投入产出的功效放大系统。四是资源环境层，一方面为现代农业产业体系层提供源源不断的生产要素和物质基础，另一方面由于资源稀缺和环境破坏，也构成了现代农业产业体系层运作的制约和障碍（图5-1）。因此，在西北半干旱地区现代农业发展中不仅要保护和利用　区域资源环境，更要保护资源环境，坚持绿色发展理念。

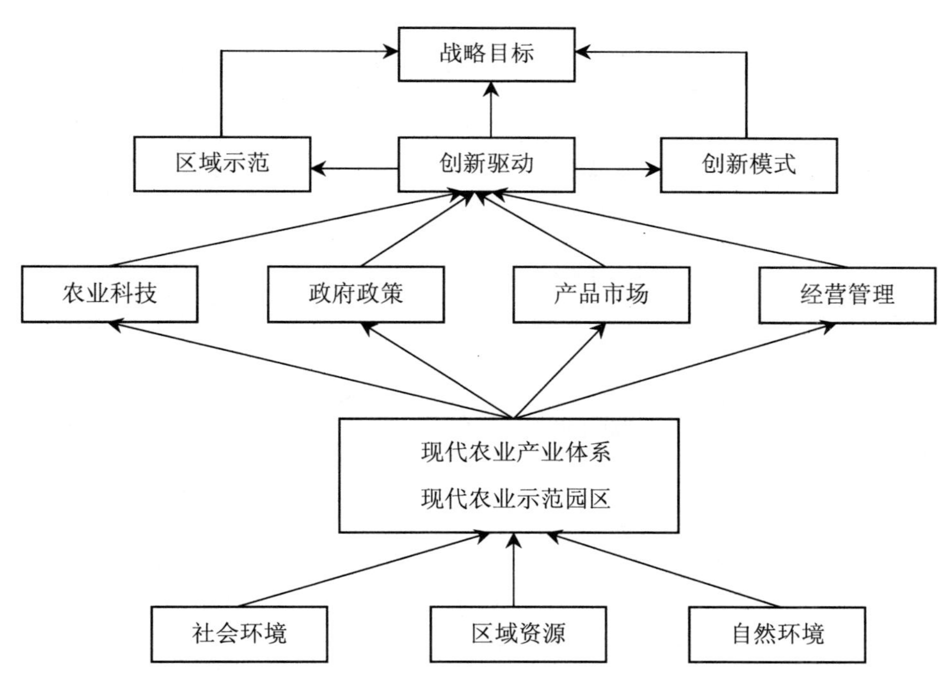

图5-1　西北半干旱地区现代农业发展战略框架

5.2.2　战略目标

牢固树立创新、协调、绿色、开放、共享的发展理念，以转变发展方式、调整优化结构、提高质量效益为主线，以农业增效、农民增收、农村富裕为目标，强化政策扶持，注重区域示范和模式创新，同步推进农业现代化与新型工业化、城镇化、信息化，力争到2020年西北半干旱地区农业科技贡献率、农民职业化率、土地产出率、劳动生产率、产品商品率、资源利用率大幅提高，机械化、集约化、产业化、标准化、信息化水平显著提升，农业产业结构进一步优化，农村一二三产业融合发展，基本实现农业现代化。具体目标见表5-1。

表5-1　西北半干旱地区现代农业发展目标

序号	具体目标	2020年
1	农业科技成果转化率	达到全国平均水平
2	农业科技贡献率	达到全国平均水平
3	现代农业科技示范数量和规模	达到全国平均水平
4	农业科技推广辐射面积	全部覆盖
5	农业新技术、新品种研发、示范、推广经费投入	全国领先
6	现代农业发展模式、组织模式、布局模式、运作模式	全面普及和推广
7	现代农业示范园区	创新示范成效显著
8	现代农业产业体系	确立
9	农业生产方式、产业结构、资源配置	明显优化
10	转型升级、产业链延伸、产业集群、提质增效	实现质的突破
11	机器逐渐代替人力	现象明显
12	农业机械化率	达到全国平均水平
13	现代农业专业化、科学化、集约化、产业化、标准化	达到全国平均水平
14	一二三产业融合度	达到全国平均水平
15	节水灌溉面积	全部覆盖
16	节水旱作技术	国际领先
17	农业基础设施	西部领先
18	农民职业化率	达到全国平均水平
19	土地产出率	达到全国平均水平
20	劳动生产率	达到全国平均水平
21	资源利用率	达到全国平均水平
22	农产品竞争力	达到全国平均水平
23	农产品加工率	达到全国平均水平
24	农产品绿色、品牌营销	成为主导
25	“互联网+现代农业”	普及
26	自然气候、空气质量、生态环境、水资源等	明显改善
27	森林覆盖率	超过全国平均水平
28	农村居民恩格尔系数	逐年下降
29	小康社会目标	实现
30	农村居民人均可支配收入	快速增长

5.3 创新模式与区域示范

5.3.1 创新模式

（1）生态循环农业模式

生态农业是指在保护、改善农业生态环境的前提下，遵循生态学、生态经济学规律，运用系统工程方法和现代科学技术，集约化经营的农业发展模式。循环农业就是运用物质循环再生原理和物质多层次利用技术，实现较少废弃物的生产和提高资源利用效率的农业生产方式。从现代农业层面上看，生态循环农业通过产业链、食物链、生态链、供应链的共生关系和循环节点微生物、沼气等，将种植业、果菜业、养殖业、加工业等相结合，形成能量、物质资源的循环利用。从农业生产经营组织看，生态循环农业作为一种新型生产组织形式，提高了资源利用效率，减少了污染物的排放，节省了农业组织的成本，增加了农业产出，从而提高了农业组织经济效益和环境效益，有利于可持续发展。从农户家庭看，生态循环农业作为一种新型生活方式，一方面能够合理处理农村大量生产生活垃圾，有效改善农村人居环境；另一方面，通过对废弃资源的合理利用，能够降低农村生活成本，增加农业产出，从而增加农民收入，提高农民生活水平，促进农村经济和可持续发展。

典型生态循环农业模式：

一是果园“五配套”循环模式。该模式以土地资源为基础，以太阳能为动力，以沼气为纽带，形成以果带畜、以畜促沼、以沼促果、果畜结合、配套发展的良性循环体系，见图5-2。

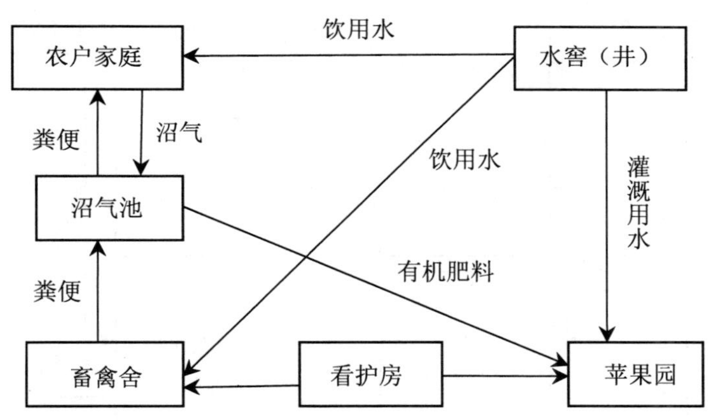

图5-2 果园“五配套”循环模式

二是陕西“猪-沼-果/菜”循环模式。该模式以沼气为纽带，将生猪养殖和果菜种植紧密结合起来，达到系统内部废弃物、能源、肥料的良性利用。该模式以农户家庭为基本单元，使沼气池的建设与猪舍和厕所三结合，构成养猪-沼气-果菜种植三位一体的家庭农场经济格局，形成生态良性循环，增加农民收入，见图5-3。

三是陕西“苹果-奶畜”循环模式。果园树下种牧草→牧草养羊→羊粪生产有机肥→有机肥施用果园模式用于家庭农场，奶牛粪便→有机肥→果园→苹果加工→果渣喂牛用于合作社或农业企业，见图5-4。

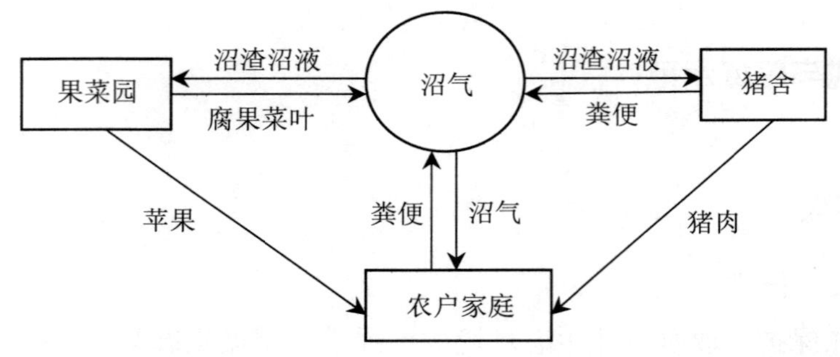

图 5-3 “猪-沼-果/菜”循环模式

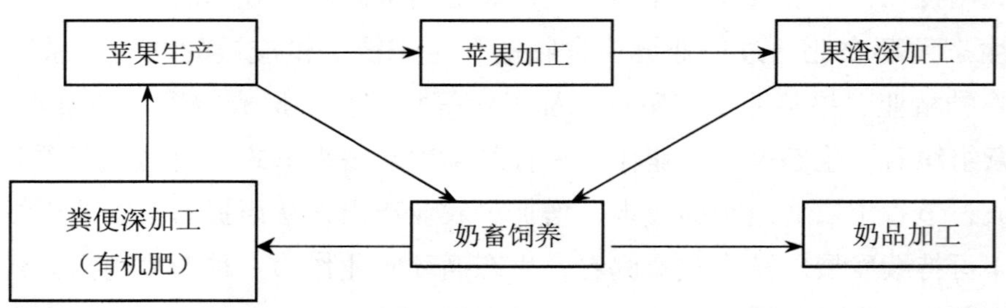

图 5-4 苹果奶业交叉循环模式

四是天水“食用菌-猪、有机肥-种植业”循环模式。以天水众兴菌业科技股份有限公司为核心，通过农业废弃物收购、工厂化食用菌生产、菌渣综合利用，构建“农业废弃物-工厂化食用菌生产-菌渣生物质能源、生态养猪、生物有机肥（土壤养分）-农作物种植业”循环产业链，形成区域特色生态循环产业化农业高效综合利用模式，见图5-5。

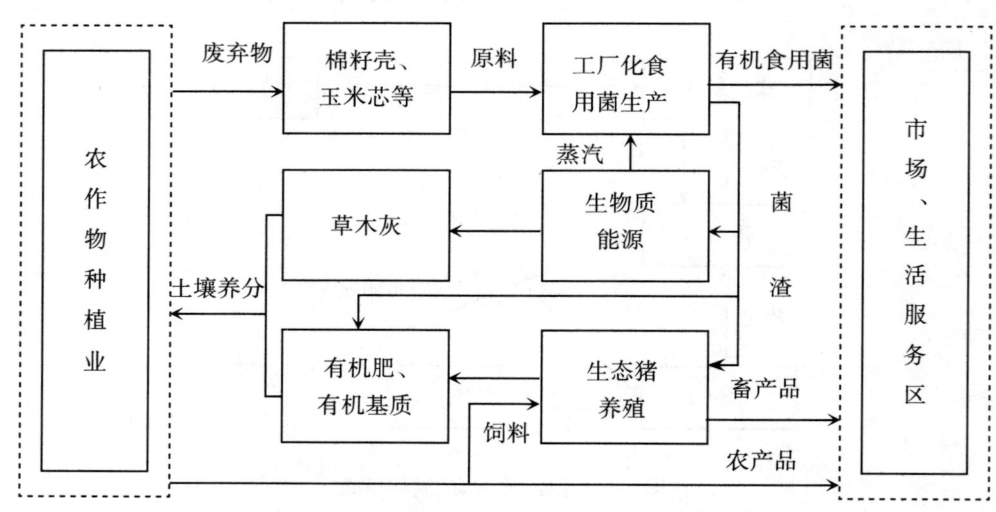

图 5-5 “食用菌-猪、有机肥-种植业”循环模式

（2）节水旱作农业发展模式

节水旱作农业发展模式结构由旱作农业、节水农业、水利工程和节水农业生产资料四大板块组成，具体见图5-6。在没有灌溉条件的地区，坚持蓄水和保墒并举，通过保护性耕作、深松耕、土壤改良，营造土壤水库，提高蓄水保水能力；合理开发抗旱小型水源，推广抗旱品种，科学应用抗旱剂、保水剂，解决春季抗旱保苗问题；大力推广地膜、石块、秸秆覆盖技术，实现集雨保墒；在有灌溉条件的地区，大力发展膜下滴灌、微灌、喷灌、集雨补灌、水肥一体化、旱作节水机械化等高效节水技术。建立“蓄水-集水-保水-节水-用水-管水”综合节水技术体系，实

现“一个促进、两个缓解、三个提高”的总体目标，即促进粮食增产和农民增收；缓解农业生产缺水矛盾，缓解干旱对农业生产的威胁；提高水分生产力，提高农业抗旱减灾能力，提高耕地综合生产能力。

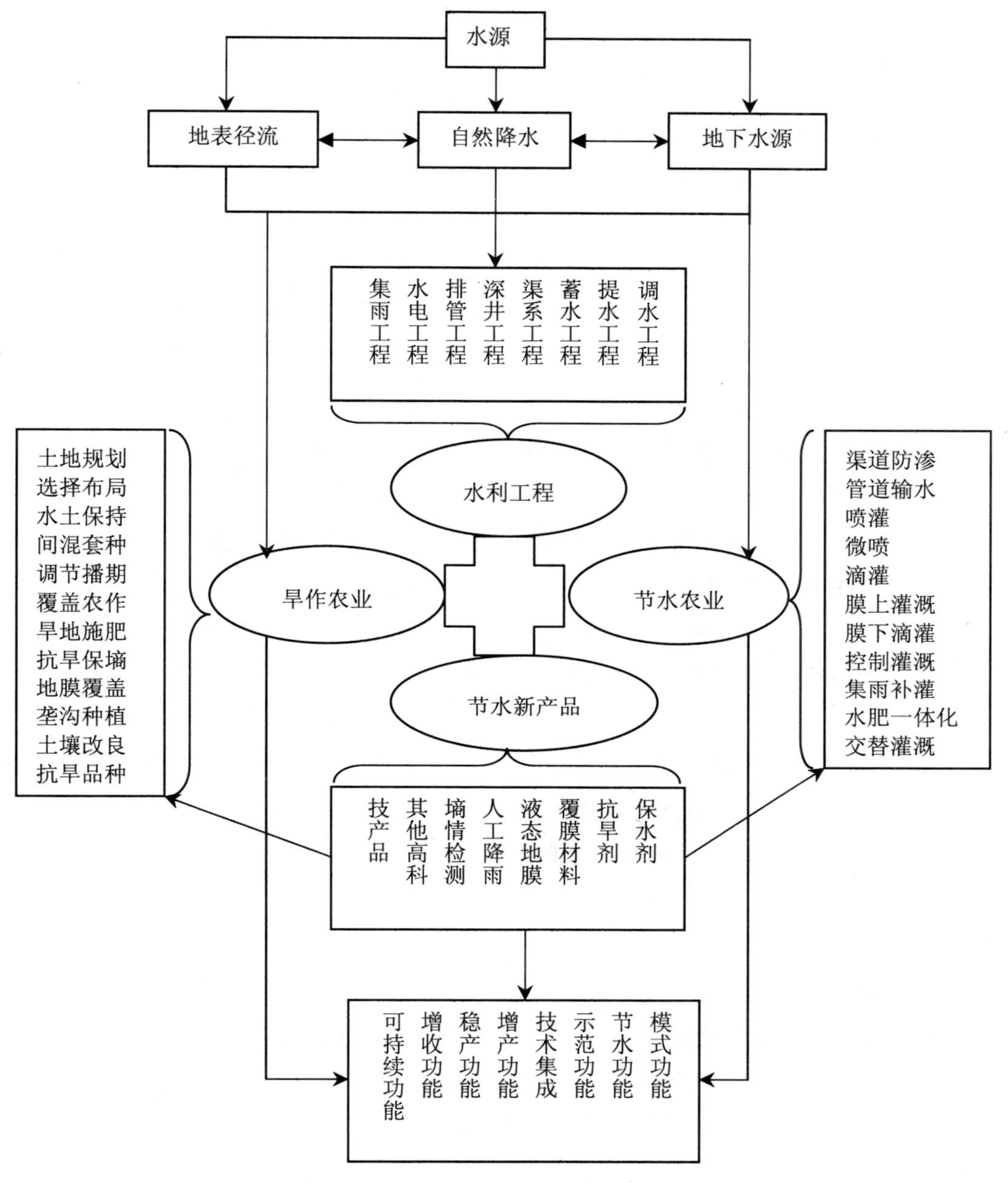

图5-6　节水旱作农业发展模式结构

典型节水旱作农业模式：

一是甘肃半干旱地区以玉米、马铃薯全膜双垄沟播旱作技术为代表的旱作农业发展模式。全膜双垄沟播技术把工程技术与生物技术、良种与良法、农技与农艺相结合，变单一的抗旱技术为综合的抗旱技术，是对优良品种、地膜覆盖、垄作栽培、测土配方施肥、机械化等各种实用抗旱技术组装配套和集成运用。根据覆膜季节可分为秋覆膜、顶凌覆膜，配套机械有抗旱补灌机、铺膜点播机、免耕播种机、起垄覆膜机、马铃薯播种收获机。

二是甘肃景泰县水肥一体化节水农业模式。水肥一体化技术是将灌溉与施肥融为一体的农业新技术。借助压力系统（或地形自然落差），将可溶性固体或液体肥料，按土壤养分含量和作物种类的需肥规律和特点，配兑成的肥液与灌溉水一起，通过管道和滴头均匀、定时、定量供给作物根系发育生长区域。水肥一体化技术推广要有井、水库、蓄水池等固定水源、符合水质微灌要求，主要应用于设施农业栽培、果园栽培等经济作物栽培以及经济效益较好的其他作物。

三是宁夏吴忠的集雨示范模式。该模式主要由集雨面、输水系统、蓄水系统和灌溉系统四大板块组成，常用的旱区集雨方式有田野集雨、温室集雨、路面集雨和屋面集雨。庭院集雨经济型模式：在屋顶和庭院修筑集雨面或水窖，根据可收集雨水量和市场需求确定蔬菜、果树、花卉等庭院种植与畜禽养殖的结构与规模。集雨高效种植型模式：利用塬、道路和坡地等建设集流工程和蓄水工程，采取坐水种、点灌、膜下滴灌和微喷灌、节水补灌、水肥耦合、覆盖与耕作保墒、化学抗旱等技术，推广农业优良品种等节水灌溉措施。集雨生态畜牧型模式：充分利用雨水资源，建设集流与蓄水工程，推广饲草节水补灌技术，采取微喷灌等节水措施，协调解决水、草、畜的矛盾。

（3）“互联网+现代农业”发展模式

“互联网+现代农业”发展模式可分为顶层模式、中层模式和基层模式。顶层模式是“互联网+现代农业”平台，由现代农业生产（供给农产品及加工品）、互联网平台（网站）、市场客户群（农产品及农业生产资料消费者）、物流快递公司和第三方支付（支付宝、余额宝、银行等）五大部分构成，起基础作用。中层模式是互联网交易分类模式，有C2C、B2B、B2C、O2O、P2P等多种形式。基层模式是产品展示交易的操作模式，除了正常的C2C、B2B、B2C、O2O交易模式外，还有创客和威客们根据目标市场消费特质设计的，具有灵活、方便、新潮、廉价的特色模式，如团购、微营销、代金券、众包、众筹、众创田园、创业工厂、新农民创新创业等。“互联网+现代农业”发展模式的功能表现如下：一是“互联网+”在现代农业生产过程中的应用，即智慧农业；二是农业创客、威客们应用互联网所进行的创新创业实践；三是农产品在互联网上的营销、展示、配送等，即农业电商网店；四是互联网金融，如第三方支付、P2P网贷、大数据金融、众筹等。

典型“互联网+现代农业”模式：

一是“互联网+现代农业”营销模式。该模式由互联网平台、各类网站、电商网店、市场消费者、各类农副产品和现代农业经营组织，以及物流、信息流和资金流组成。互联网平台起支撑和链接作用，各类网站起展示和信息传播作用，电商网店起产品专业化展示和交易组织作用，现代农业经营组织起各类农副产品供给作用，具体见图5-7。其中：陕西武功形成了以电商园区为依托的县域电商经济模式，它由园区承载、龙头引领、人才支撑、政策导向、产业集群五大内核组成；甘肃成县借助微博、微信等平台形成了以核桃为主的农产品微营销电商模式。

二是杨凌众创田园（空间）模式。杨凌“众创田园”是由杨凌示范区管委会投资建设，杨凌示范区创新创业园发展有限公司运营管理，现代农业主题突出，创新与创业、线上与线下、孵化与投资相结合，为创客和企业创新创业提供低成本、便利化、全要素、开放式的综合服务平台。杨凌“众创田园”开展以“创历程”“企业大学”“创客训练营”“周末创客汇”等为主题的项目路演、新农民创业培训和创业辅导活动，为创客提供资源对接、商业模式优化、团队构建、政策解读、工商注册、法律财务、媒体宣传等服务。杨凌“众创田园”是杨凌示范区打造的推动“大众创业、万众创新”的开放空间，通过集聚创新创业资源，营造良好的创新创业生态环境，吸引孵育创客创新创业，发挥杨凌示范区在农业科技创新创业的示范引领作用，加快推动众创、众包、众扶、众筹等新模式。

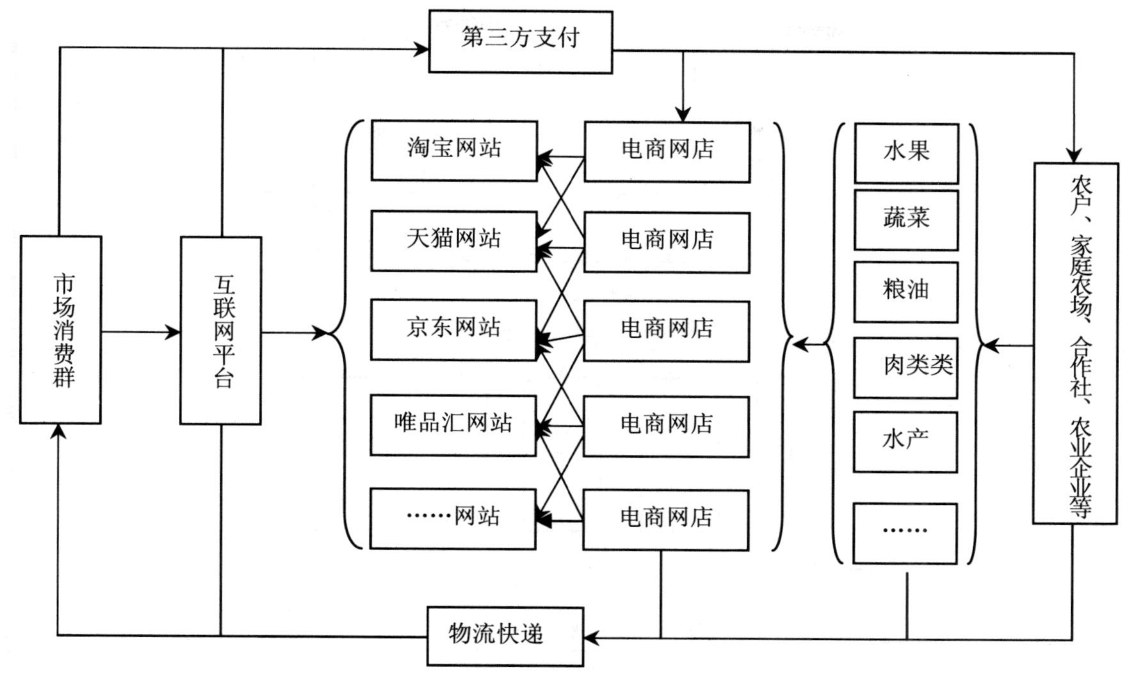

图5-7　“互联网+现代农业”商业运作模式

（4）现代农业与产业扶贫相结合模式

西北半干旱地区所涉及的甘肃、青海、宁夏、陕西都是重点扶贫省，在“十三五”期间，要全部脱贫，任务艰巨。长期以来，西北半干旱地区在发展现代农业与扶贫攻坚方面进行了积极探索，取得了良好成效。在“四化同步，三农融合”发展的新时期，西北半干旱地区必须解放思想、创新机制，将发展现代农业与脱贫致富有机结合起来，在发展现代农业过程中落实精准扶贫、产业扶贫和科技扶贫工作，实现西北半干旱地区农村如期步入小康社会。

典型产业扶贫模式：

一是产业扶贫模式。产业扶贫模式就是以市场经济为导向，以科技为支撑，以加工或销售企业为龙头，依靠基础资源，发展优质、低耗、高产、高效农业，通过拳头产品带动基地建设，通过基地建设联系千家万户，从整体上解决贫困农户温饱问题的扶贫模式（见图5-8）。

二是整村推进扶贫模式。整村推进扶贫模式以县为基本单元，以贫困村为核心，瞄准贫困人口，制定规划，分年实施，分期投入，分期分批解决贫困问题，包括改善贫困农民直接相关的生产生活条件、提升贫困人口基本素质和外出务工技能、大力发展直接增加贫困农民收入的农村一二三产业、加强现代农业示范园区建设、农业科技研发示范推广、农业新技术新产品新模式引进等内容（见图5-9）。

三是科技扶贫模式。该模式是在政府推动下，以大学为依托，设立大学农业科技促进中心，在不同生态区和农业主产区建立农业科技示范推广基地或试验示范站，通过基地项目吸纳基层推广人员和涉农企业优秀人才，通过农业科技示范、培训咨询、信息服务，形成科技成果转化平台和全新的科技扶贫模式和运行机制（见图5-10）。

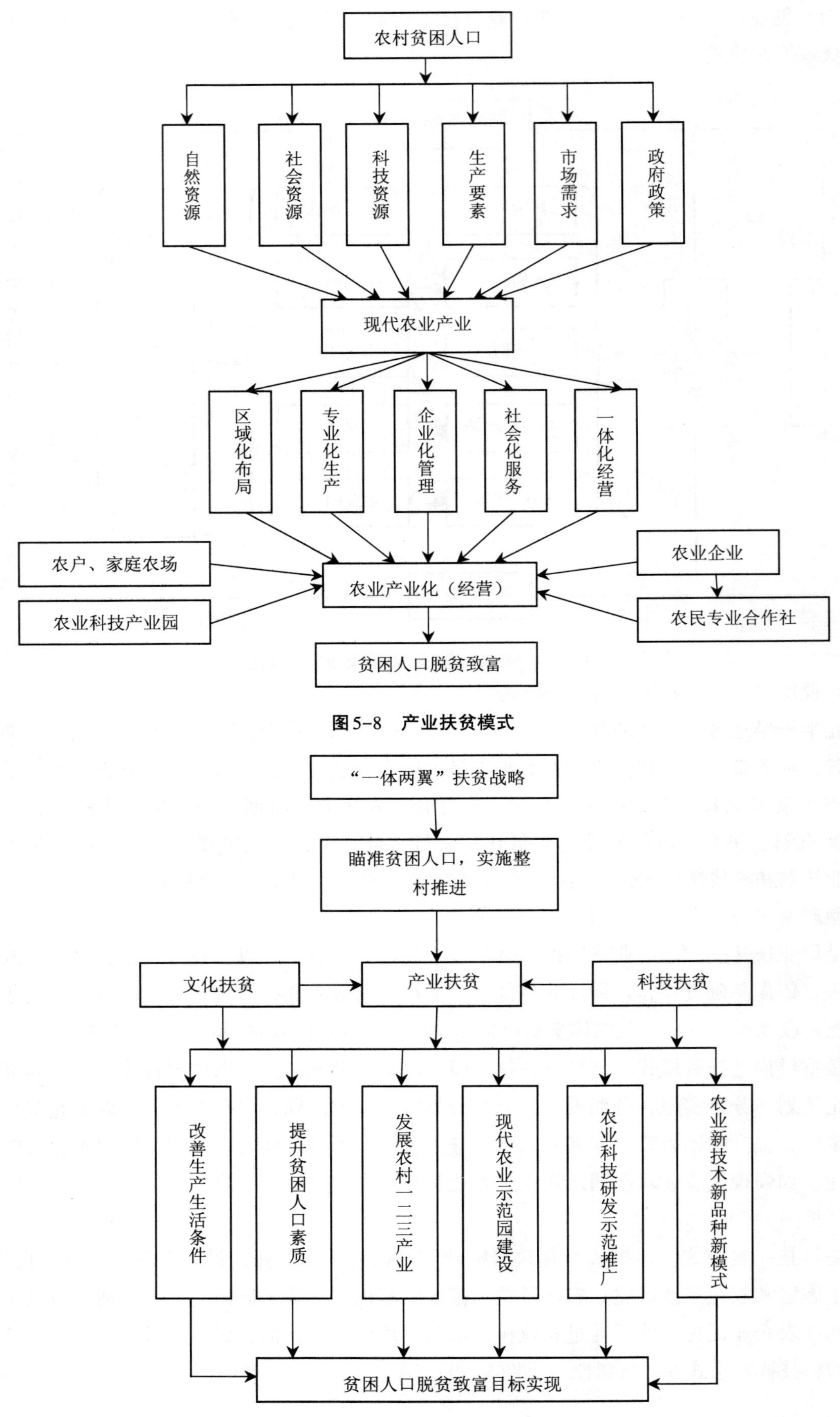

图5-8　产业扶贫模式

图5-9　整村推进扶贫模式

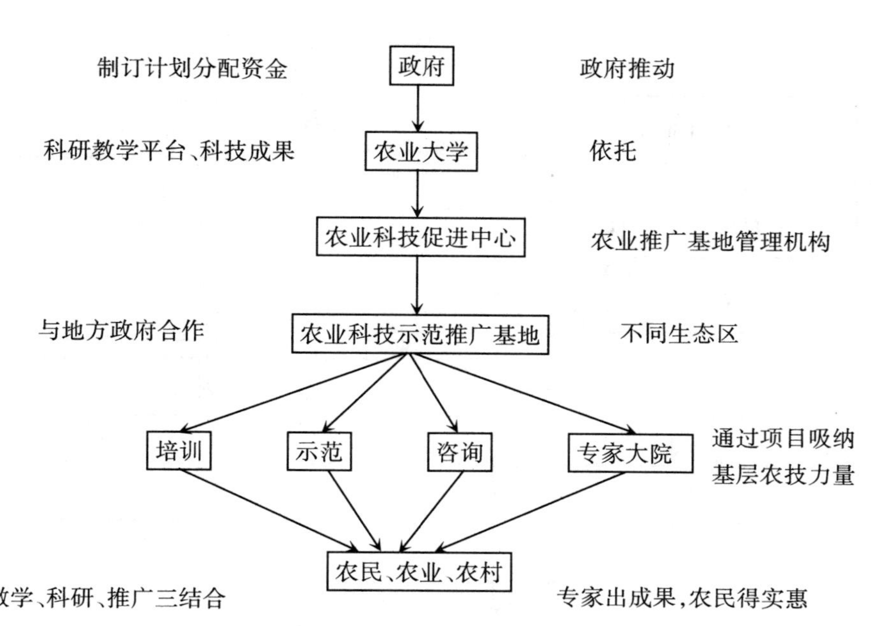

图5-10　科技扶贫模式

（5）“三产融合”发展模式

现代农业是一二三产业高度融合的产业。通过第一产业（农村种养业）、第二产业（农产品加工业）和第三产业（农村服务业）的前延后伸、交叉渗透、接二连三、功能重构，借助“互联网+”、文化创意，实现创新驱动和融合发展。三产融合发展可采取以下方式：可以采取以农业为基础，向农产品加工业、农村服务业顺向融合的方式，如兴办产地加工业、建立农产品直销店、发展休闲观光农业；也可以采取依托农村服务业或农产品加工业向农业逆向融合的方式，如依托大型超市，建立农产品加工或原料基地等。

典型三产融合发展模式：

一是现代农业全产业链模式。如苹果全产业链模式、牛羊全产业链模式、生猪全产业链模式、食用菌全产业链模式（见图5-11、图5-12、图5-13、图5-14）。

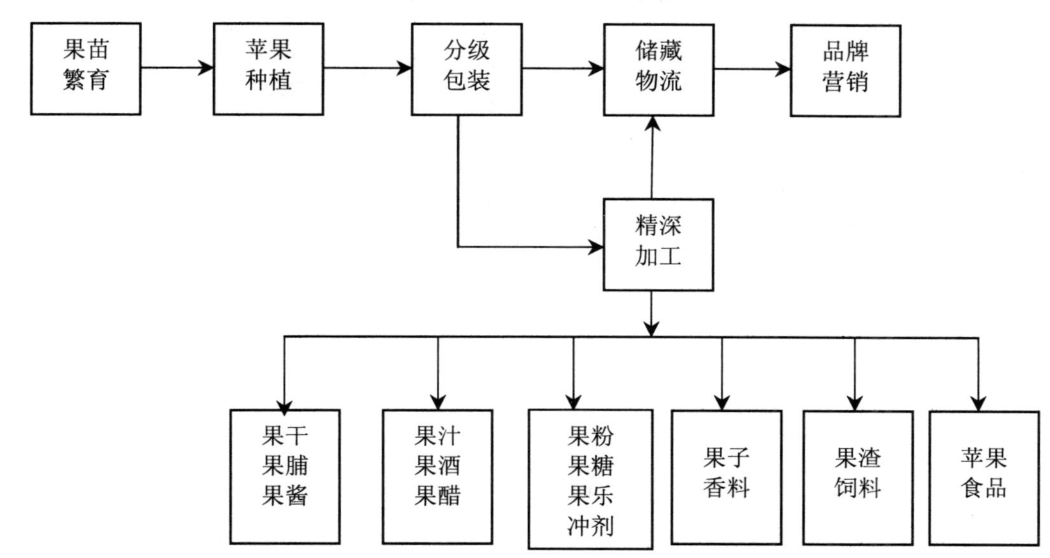

图5-11　苹果全产业链模式

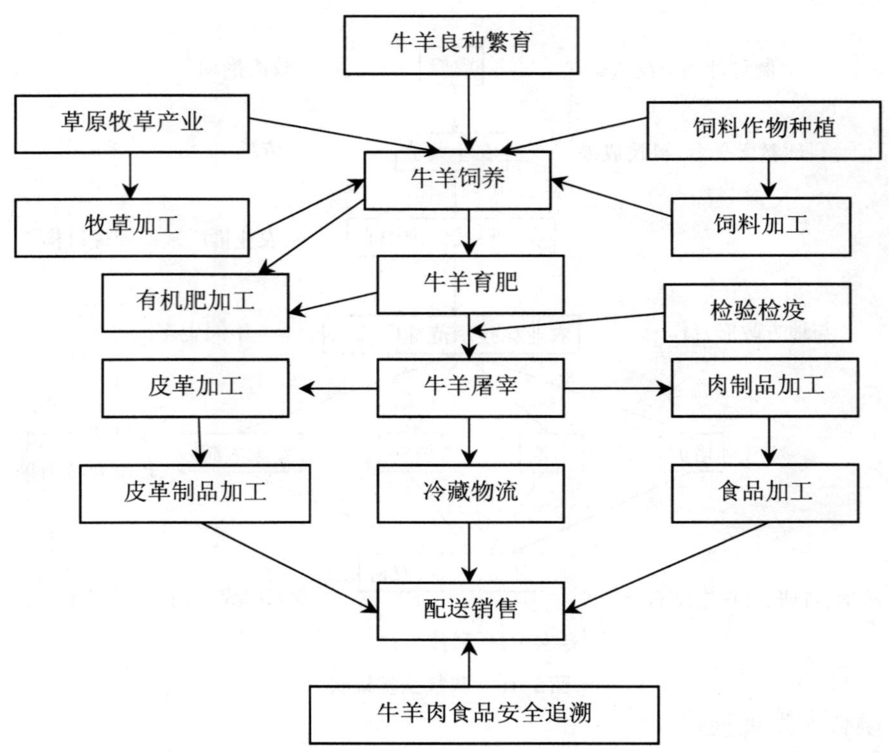

图5-12　牛羊全产业链模式

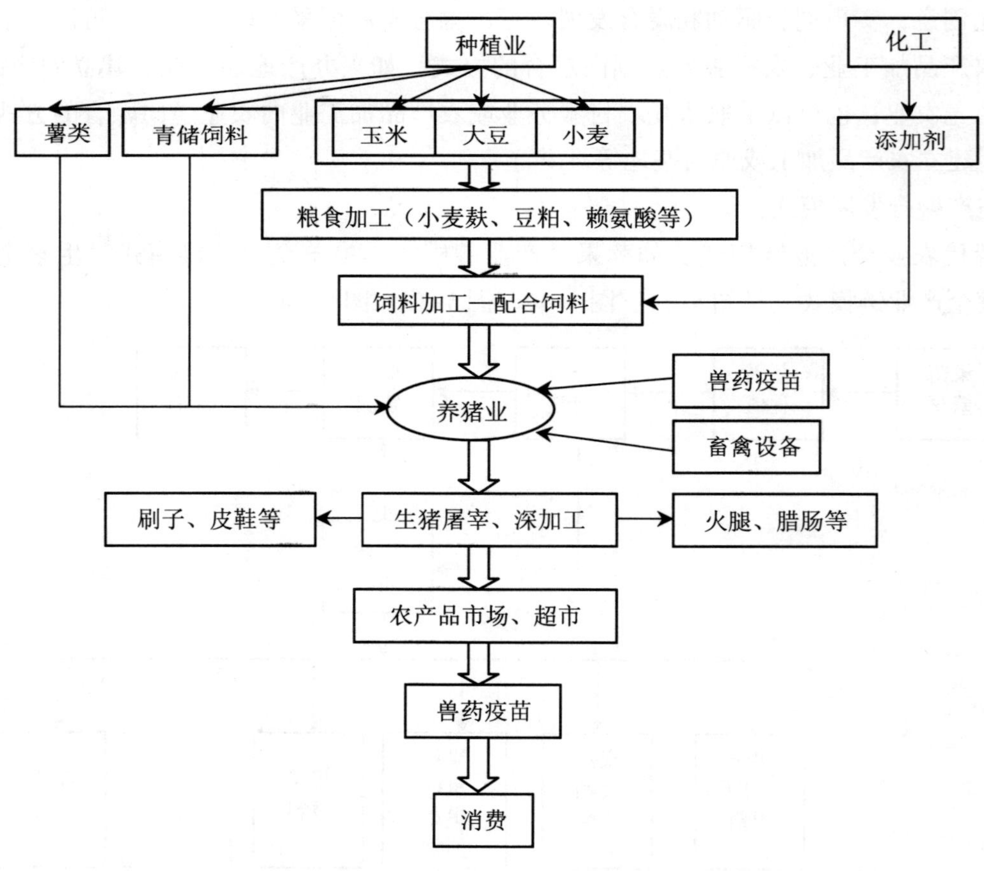

图5-13　生猪全产业链模式

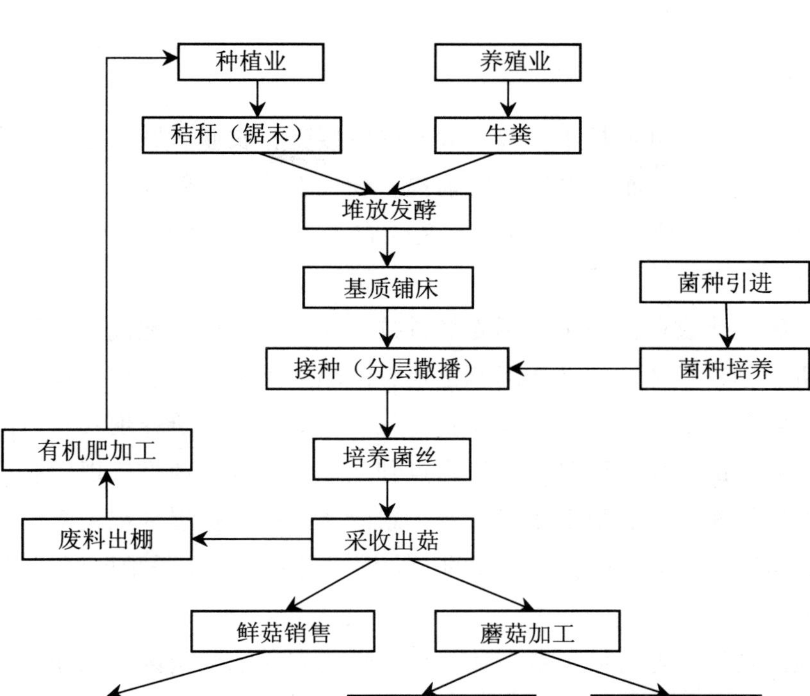

图5-14　食用菌全产业链模式

二是休闲观光农业模式。休闲观光农业模式是现代农业与服务业的有机结合，是依托农业景观资源和农业生产条件打造的，为满足社会需求的农业综合体。主要有果菜采摘、开心农场、生态餐饮、科技展示、创意工厂、休闲垂钓、农耕文化、产品造型、农家乐等形式。如：西宁乡趣农耕文化生态园、宁夏湖畔人家明清田园式清真农家乐、陕西兴平马嵬驿民俗文化村、甘肃省庆阳市黄土地休闲农业专业合作社（见图5-15）。

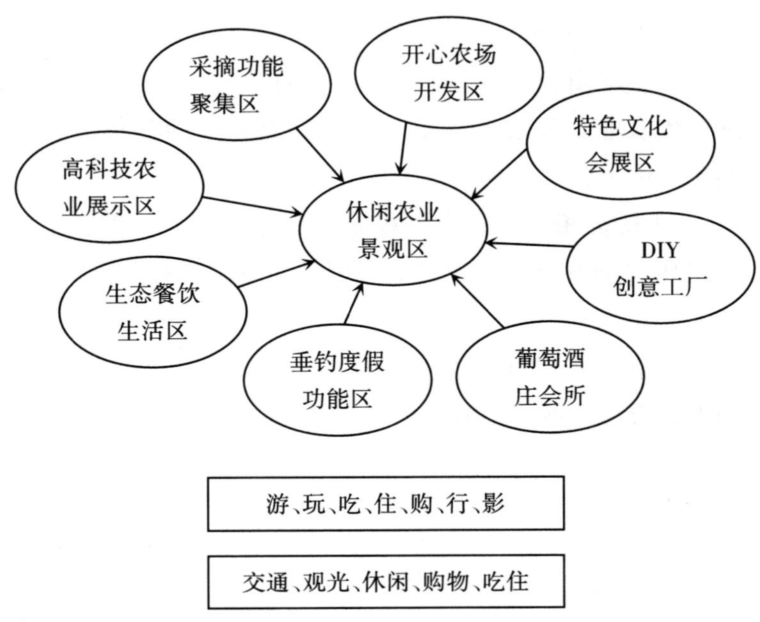

图5-15　休闲农业综合体模式

5.3.2 区域示范

要使高技术含量的产品（或技术）被广大农民所接受，农业区域示范是现代农业发展中不可逾越的环节，也是现代农业示范园区存在的前提。现代农业的创新发展和运行过程，本身就是一个为农业生产者做示范的过程，这一点在所有现代农业示范区表现得尤为明显。

（1）示范内容

西北半干旱地区现代农业区域示范不光是科技产业示范，更是现代农业创新示范，包括科技创新示范、体制机制创新示范、产业新形态示范、产品新品种示范、生产运作模式示范、商业经营模式示范、现代农业发展模式示范和农业新政策示范等内容。研究现代农业区域示范不仅有利于理解和认识现代农业的本质，而且有利于由点到面、由小到大地推广现代农业创新成果，使区域特征与现代农业发展相适应，降低现代农业创新的风险性，扩展区域经济学的农业发展观。从本研究课题战略方向看，推进现代农业发展的五大模式是西北半干旱地区区域示范的重点内容。

（2）示范主体

西北半干旱地区现代农业区域示范主体包括：现代农业示范园区、农业产业化龙头企业、农民专业合作社和农户家庭农场四大主体。其中：现代农业示范园区是区域示范的平台和基地，是现代农业创新示范的推动者和引领者；农业产业化龙头企业是现代农业区域示范的创新者和实施者，在现代农业的生产经营过程中试验、示范、推广自己的新技术、新产品、新品种、新模式、新机制；农民合作社和农户家庭农场是现代农业区域示范的参与者和验证者，在现代农业的生产经营过程中，将现代农业示范园区和农业产业化龙头企业的创新成果示范推广到更大的区域和土地面积上。

（3）重点示范区域

一是生态循环农业发展模式重点示范区域：陕西的宝鸡、延安、榆林、渭南；甘肃的白银、天水、平凉、庆阳、定西；宁夏的吴忠、固原；青海的海东、海南、西宁。

二是节水旱作农业发展模式重点示范区域：陕西的宝鸡、延安、榆林、渭南、铜川、咸阳，甘肃的白银、天水、平凉、庆阳、定西、临夏，宁夏的吴忠、中卫、固原，青海的海东、海南。

三是“互联网+现代农业”发展模式重点示范区域：陕西的杨凌、武功，甘肃的天水、兰州、庆阳，宁夏的吴忠、中卫，青海的西宁。

四是现代农业与产业扶贫相结合的发展模式重点示范区域：陕西的贫困县、贫困村和贫困户，甘肃的贫困县、贫困村和贫困户，宁夏的贫困县、贫困村和贫困户，青海的贫困县、贫困村和贫困户。

五是“三产融合”发展模式重点示范区域：陕西的宝鸡、延安，甘肃的天水、庆阳、兰州地区，宁夏的吴忠、中卫，青海的海东、海南。

5.4 战略举措与路径

5.4.1 战略举措

（1）实现三大突破

一是在农业现代化实现程度上取得重大突破。以加快实现农业现代化为重要抓手，重点提升农业物质装备、农业科技推广、农业经营管理、农业金融支持、农业产出和可持续发展水平。二是在转变农业发展方式上取得重大突破。农业发展从过去追求数量增长向追求质量和效益提升转变，从主要依靠农业资源向主要依靠科技进步转变，从依靠传统农民向依靠新型经营主体转变，从依靠政府主导的农业投入向多元化投入转变。三是在农业科技创新发展上取得重大突破。加强农业科技创新团队、农业科技人才队伍、农业科技创新发展环境建设，优化科技资源布局、拓展科技创新领域、壮大农业科技力量、完善农业科技管理体系，充分利用互联网、大数据、云平台、电子商务等先进科技成果，在农业新业态及农业科技创新和应用推广上取得重大突破。

（2）开展五大创新

在农业资金投入方式上有创新；在新型农业经营主体培育上有创新；在农业适度规模经营上有创新；在农业三产有机融合上有创新；在农业体制机制上有创新。

（3）推进八类现代农业

在优化农业资源配置，调整农业产业结构，转变农业生产方式，完善农业生产体系，培育农业经营主体，实施农业转型升级、提质增效、产业集群、产业链延伸和多功能发展的过程中，要大力推进生物质、生态、循环、休闲、旱作节水、设施、立体、智慧等八类现代农业。

（4）实施九大现代农业工程

九大现代农业工程包括：现代农业示范园区建设工程、粮食综合生产能力提升工程、智慧农业与电子商务建设工程、农产品质量监控和品牌培育工程、农业科技与社会化服务构建工程、农业生态环境保护与生态循环农业示范工程、现代农业设施建设和农业机械化促进工程、高标准农田建设和农田节水灌溉工程、新型农业经营主体培育工程和新型职业农民培育工程。

5.4.2 战略路径

（1）制定现代农业区域发展专项规划

按照我国区域发展规划功能区域要求，将西北半干旱地区现代农业发展规划纳入国家区域发展战略规划，地方政府分别制定中长期发展规划，以指导西北半干旱地区现代农业的快速发展。规划要结合该地区的实际，摸清发展现状、资源环境，在已有产业的基础上，设计新思路、新创意、新亮点、新方案，突出理念、目标、定位和特色，优化空间布局，强化支撑技术，实施重点项目，创新体制机制，调动各方力量，分阶段、有步骤地实施规划，实现西北半干旱地区现代农业的总体发展目标。

（2）加快现代农业示范园区提质增效

一是加强农业科技示范与成果转化。园区是农业科技示范与成果转化的重要载体和窗口，要创新机制，突出科技创新和技术示范功能，做好新品种、新技术、新模式示范。二是强化产业培育和集聚产业要素。现代农业示范园区是产业载体和企业聚集地，园区要不断优化产业结构，形成主导产业集群，通过科技创新和市场开发，生成新产业和新业态，促进产业升级换代，通过企业集聚和产业链延伸，发挥示范引领作用。三是创新现代农业发展模式。要经过试验示范和不断探索实践，创新发展可复制、可推广的生产模式、管理模式、运行模式，为西北半干旱地区现代农业发展提供借鉴和参考。

（3）大力培育各种新型农业经营主体

制定专项扶持政策，从资金、技术、人才、土地等方面加大力度，支持家庭农场、农民专业合作社、农业龙头企业等新型农民经营主体培育流转农村土地，发展适度规模经营，增强农业竞争力。

（4）走“产学研”相结合的创新路子

“产学研”合作是推进农业高等院校和科研院所农业科技创新成果转化的有效途径，将政府、企业、农民和高校及科研院所紧密地联系在一起。通过产学研的紧密结合，将高校创造的科技成果尽快转化为产业优势，促进产业发展和成果转化。

第六章

天水市现代农业示范区建设实践及可持续发展战略研究

天水市立足自然资源优势，因地制宜，从解决制约现代农业发展的土地、资金、技术、劳力、市场等关键问题入手，着力打造一批发展理念超前、物质装备完善、科技水平先进、产业体系完善、经营方式创新的现代农业示范园区，推动了特色产业发展，产生了良好的经济效益和社会效益。

6.1 天水国家农业科技园区建设实践

6.1.1 园区建设基本情况

天水国家农业科技园区地处甘肃省天水市麦积区中滩镇，始建于2002年7月。2007年10月升格为省级农业科技示范园区，2010年12月被科技部批准晋升为国家农业科技园区。经过十余年的建设和发展，园区培育出了航天种业、特色果蔬菜、循环农业三条产业链，初步形成了核心区、示范区、辐射区梯次布局与发展的三大科研示范、技术推广、产业发展的功能区域，具备了技术创新、科技示范、产业孵化、培训交流、辐射带动、旅游观光六大功能。园区建设坚持“政府推动、统一规划、市场运作、项目支持、示范引导、多元投资、共同建园”和“谁投资、谁建设、谁经营、谁受益”的原则，创新了园区运营、投资融资、科技服务等机制。园区先后获得各类荣誉称号154项。

（1）打创新牌，体制机制彰显活力

园区从规划建设开始，就在投资、管理、技术支撑等方面进行创新，实行“政府推动、统一规划、市场运作、项目支持、示范引导、多元投资、共同建园”的运行机制，按照“谁投资，谁建设，谁经营，谁受益”的原则，采取“市场化运作、企业化管理、自担风险、自负盈亏”的管理模式，探索出了一条“园区育企业、企业建基地、基地带农户、农户兴产业”的农业产业化发展新路子。特别是建立的中小企业特殊联保贷款机制，先后共为8家企业累计联保贷款3亿元，有效解决了企业融资贷款的难题，为企业发展注入了活力。

（2）打科技牌，技术创新成果丰硕

园区始终紧盯国内外农业新技术，不断加大科技投入和创新力度，建立了技术培训、质量检测、信息交流、组织培养等多个技术中心；积极实施“借脑”工程，以科研院校为依托，聘请科技专家到园区进行技术指导和培训，加快了农业科技成果的创新与转化。园区先后示范和推广了658个新品种和68项新技术，承担和协作实施国家农业科技成果转化、“863”计划、国家科技支撑计划、星火计划、高技术产业化和甘肃省重大科技专项、民生科技等科技项目20项，取得科技成果56项，获市级以上科技奖励27项，制定地方标准6项，申报发明专利11项、新型实用专利92项。

（3）打航天牌，品牌效应日益扩大

园区与中科院、中国空间技术研究院合作，建立了中国西部航天育种基地，成立了甘肃省航天育种工程技术研究中心。截至目前，通过我国返回式卫星搭载和与俄罗斯、美国等国际交流的农作物达9大类999个品种（系），选育出益变种质材料24 207份，育成的38个农作物新品种拥有自主知识产权，并通过了省级科技成果鉴定和国家农业部新品种认定。到2013年年底，在新疆、甘肃、内蒙古、云南等25个省区累计推广航天农作物新品种面积217万亩，实现农业产值95亿多元，农业增加值19.5亿多元。

（4）打产业牌，基地建设不断拓展

采取“园区+企业+科技+农户”和“公司+基地+农户”的产业化经营模式，不断扩大示范推广基地，强化辐射带动作用。神舟绿鹏公司在山西沂州、甘肃张掖、陇南成县及天水市4个航天蔬菜新品种标准化制种基地的面积达到了1500亩，带动制种农户880户；众兴菌业公司收购农业下脚料3万多吨，安排800名农民工就业；嘉信畜牧养殖公司与五个县区14 500多农户签订了饲草收购合同，年收购饲料2万多吨，带动生产基地2.3万亩、农民2万多人，农民增收800多万元；维亚公司提供良种仔猪1.4万头，为3家养殖合作社和4家养殖企业提供常年技术指导，带动发展规模化养殖专业户720多户。

（5）打循环牌，促进园区可持续发展

园区以“三阳川循环农业示范园区”建设为重点，立足现有产业，通过畜禽养殖、食用菌工厂化生产、沼气工程、有机肥加工等产业，同园区及周边的种植业有机结合起来，形成了基于“规模化、设施化、品牌化、生态化、循环化”的高效集成复合型农业产业体系，以产业链为载体，以农业生产中废弃物和雨水的收集再利用为重点，通过产业融合发展，实现了资源的高效利用和农产品附加值的提升，建立了现代农业循环产业链，走出了一条具有自身特色的循环高效经济发展之路。“天水高新农业循环经济发展模式”被列为甘肃省十大循环经济典型推广案例。

6.1.2 园区建设中存在的主要问题

（1）扶持政策仍需加强

天水市人民政府制定了《关于进一步加快天水国家农业科技园区发展的意见》，为园区今后的发展提供了支持、指明了方向。但作为国家级农业科技园区，为寻求更大的发展，在全省现代农业发展中发挥引领作用，须争取省政府制定加快天水国家农业科技园区发展的政策或意见。

（2）基础设施建设滞后

随着园区的发展，现有的水、电、路等基础设施已不能适应发展的需要，水、电设施陈旧，管网老化，渠道不畅，成本较高。同时，按照批准的园区总体规划，园区要形成“一环六横五纵”的道路系统，安全可靠的防洪系统、供排水系统、电力系统和电信网路系统，须统一协调相关单位和部门，共同推进园区基础设施的建设。

（3）创新能力有待提升

园区科技创新能力和管理水平不高，园区科技成果转化、管理人才的培养、科技人才的引进、高技能人才的培训明显滞后，园区部分企业规模小，技术水平低，合作观念、品牌意识淡薄，抵御市场风险能力和辐射带动能力不强，这些因素制约着园区科技创新能力、产业水平的进一步提升。

（4）产业带动能力较弱

园区经济总量不大，与当地农民的利益关联度不强，对全市农业产业升级的辐射带动作用有限，对区域经济的拉动作用相对较弱，缺乏领航型的大企业，不能体现天水市“国家级园区支撑”经济发展的辐射带动作用，基本仍处于“增长点”阶段，形成“增长面”任重道远。

6.1.3　园区建设管理典型经验

（1）好思路是园区加快发展的首要前提

一个园区要建设、要发展，首先要解决的问题就是要有明确的思路和切实可行的规划。为了全力打造天水农业高新技术示范区，天水市委、市政府把园区建设作为实施“科教兴市”战略、提升全市农业科技水平、加速农业产业化建设步伐的重大举措，在完成一二期建设任务后，经反复调研、论证，制定并批准了天水国家农业科技园区总体规划，提出了“打航天牌、走循环路、创加工业、带农民富”的发展思路和“提质扩园”的工作设想，为园区发展指明了方向。

（2）好机制是园区加快发展的强大动力

园区在建设中打破了传统的小农经营模式，在组织管理、土地流转、投资融资、经营管理、技术研发、辐射带动等方面进行体制与机制创新，制定了“政府推动、统一规划、市场运作、项目支持、示范引导、多元投资、共同建园”的运行机制，建立了“谁投资、谁建设、谁经营、谁受益”的经营机制，确立了“以企业投资为主、银行贷款为辅、政府投资为引导”的融资机制，采取了“市场化运作、企业化管理、自担风险、自负盈亏”的管理机制，形成了“园区育企业、企业建基地、基地带农户、农户兴产业”的产业化发展机制，孵化培育了一批农业产业化龙头企业和品牌产品，构建起产权明晰、权责明确、政企分开、管理科学的园区运行管理模式，推动了园区的快速发展。

（3）好环境是园区加快发展的根本保障

园区作为培育现代农业企业的产业发展基地，确立龙头企业为园区的经营主体，始终在为企业自主发展创造广阔的发展空间和自主发展的平台，为企业的生产经营活动提供优质服务，帮助企业排忧解难。市政府先后制定了一个“办法”、一个“政策”和一个“意见”，持续为园区企业的发展营造了良好环境，充分调动了入园企业的积极性。以算大账、舍小利、做大赢家为基本出发点，用实际行动全力打造“重商”“崇商”的发展环境，园区也通过企业的不断壮大得到了迅速发展。特别是建立的中小企业特殊联保贷款机制，先后共为8家企业累计联保贷款3亿元，这一全新的融资模式有效解决了入园企业在租赁土地上资产无法抵押贷款的困境，破解了企业融资贷款的难题，为企业发展注入了活力。

（4）争取实施好项目是园区加快发展的助推器

园区在建设之初就得到了市政府的高度重视和省区市各部门和单位的大力支持，将园区的事作为自己的事“特事特办、急事快办”，为园区的发展、项目的争取创造良好的发展环境。园区企业先后争取国家省市重大项目60多项，落实资金6000多万元，这些项目的实施为园区建设与发展提供了强大支撑，园区技术创新、科技示范、产业孵化、培训交流、辐射带动、旅游观光六大功能得以充分体现。

6.2 天水市现代农业示范园区建设实践

6.2.1 示范园区建设基本情况

创建现代农业示范区，是提升全市农业发展水平、增加农民收入的重要途径，是加快现代农业建设、推进农村经济发展的重要举措。天水市结合各县区实际，积极探索现代农业示范区建设，加快发展现代农业。2013年，天水市实施了现代农业推进计划的“十一百千”工程，按照《关于创建现代农业示范区的意见》（天政发〔2012〕117号），启动建设了天水花牛苹果产业园区、武山蔬菜科技示范园区、清水核桃产业示范园区、秦安蜜桃产业示范园区、甘谷设施蔬菜产业示范园区、张家川畜牧产业示范园区、秦州秀金山现代农业综合开发示范园区、三阳川循环农业示范园区8个市级现代农业示范区，2015年又新创建了清水农业科技示范园区、武山牟坪苹果矮化密植示范园区2个现代农业示范园区。其中7个园区被认定为省级现代农业示范园。秦安县、武山县先后被确定为省级现代农业示范区。

（1）清水核桃产业示范园区

该示范园区依托清水县西灵山万亩核桃产业基地，通过引进优质品种和推广先进技术，加强核桃园综合管理，提升核桃产业发展水平。示范园区位于清水县东部白沙乡太石河流域，涉及白沙、永清2个乡镇13个行政村56个自然村19 252人，总耕地面积4.3万亩。主要建设内容：一是基础设施建设。砂化产业路64 km，修集雨场2处1.3万 m^3，建设渠系28.6 km，绿化道路64 km、荒山荒坡500亩。二是核桃产业发展。建设核桃产业园1万亩。新建100亩核桃采穗圃1处。推广覆黑地膜、配方施肥、节水灌溉、间作套种等技术。三是开展技术培训。年举办培训班30期次，培训农户0.9万人次。四是发展农民专业合作社。组建果品专业合作社2个，新建果品市场2个。

（2）秦安蜜桃产业示范园区

该示范园区位于秦安县王尹乡，涉及孙湾、胡坪、马河三大流域，包括郭山、付山、尹川、张底、胡坪等11个村3560户1.6万人，总面积1.1万亩，其中孙湾流域7000亩、胡坪流域1000亩、马河流域3000亩。主要建设内容：一是推广桃树长枝修剪技术1.1万亩。二是推广起垄覆黑地膜、果园种草覆草、桃园配方施肥、早春晚霜冻害预防等技术，悬挂昆虫性诱剂、粘虫板、糖醋液，树干缠绑诱虫带，安装太阳能杀虫灯等病虫害防控技术。三是新建40亩蜜桃种质资源采穗圃1处。四是新建占地20亩蜜桃新品种观察试验站1处。五是硬化田间农路10 km，新建上水工程1处，灌溉面积600亩。六是组建果品专业合作社11个，发展会员1000多人。七是新建100吨小型果库3个，新增贮量300吨。八是建成果品综合批发市场1个、集散市场6个。

（3）甘谷设施蔬菜产业示范园区

该示范园区位于甘谷县磐安镇西北片的渭河川道区，涉及十甲坪、五甲坪、裴家坪、李家坪、谢家坪5个行政村，总人口1.5286万人，耕地面积12550亩，常年蔬菜种植面积1.01万亩，其中设施蔬菜0.97万亩，二代日光温室300亩，水泥立柱大棚0.88万亩，竹木结构大棚600亩。主要建设内容：一是设施建设。主要建设1152 m^2光伏太阳能工房1座、十一连栋智能温室4224 m^2、三连体示范温室2座2016 m^2，自动内覆膜多层覆盖展示大棚3座，手动内覆膜多层覆盖展示大棚6座，自动化育苗生产线1处，年育苗量达到4500万株。新建无立柱钢架大棚336座、水泥立柱塑料大棚600座、改造现有老旧低矮竹木结构大棚为水泥立柱大棚6000座。二是新品种、新技术引进推广。建设蔬菜新品种、新技术、新设施集中展示园3处30亩，引进展示新品种120个。推广测土配方施肥技术3万亩。安装太阳能频振式杀虫灯200盏，推广粘虫诱杀色板60万张，配套防虫网300套。三是基础设施建设。改造或硬化示范区5村田间道路20 km，维修衬砌灌渠30 km。四是田园清洁工程。新建田间尾菜清洁熟化池15处，垃圾收集屋5座，配备清洁车5辆。五是农产品质量安全体系建设。完成示范区6个绿色无公害农产品产地（复）认证全覆盖，建成农产品检验检测点1处，落实检测员2名。推广“五坪”标准化生产技术2.7万亩。六是市场营销体系建设。扶持发展蔬菜产销合作社3个、蔬菜产业经纪人50人，改扩建十甲坪蔬菜交易市场，成立蔬菜生产服务中心，建设蔬菜贮藏冷链中心。七是科技培训。培育科技示范户75户、农村经纪人240人（次）、农民3万人次。

（4）三阳川循环农业示范园区

该园区位于麦积区三阳川，涉及中滩、石佛、渭南3镇97个行政村12.31万人，东西长20 km，南北宽10 km，总面积约为250 km^2，其中盆地面积47 km^2，耕地面积13.55万亩，是利用天水国家农业科技园区的科技、人才、品牌等优势，示范带动周边乃至全市循环农业发展。主要建设内容为：一是循环农业新模式示范。重点推广“种-养-加”“畜-沼-果/菜/粮”等8种农业循环经济发展模式，建设众兴菌业公司生物质能源利用、润德大型沼气发电有机肥生产、雨水集流、尾菜治理、废弃塑料棚膜回收、中滩垃圾填埋场、地热资源循环利用等循环农业工程，减少燃煤、畜禽粪便、尾菜、生活垃圾等对环境的污染，实现变废为宝和“零排放”目标，推动区域城乡一体化发展。二是循环农业示范点建设。重点围绕蔬菜、林果、畜牧、农产品加工物流、循环农业建设等50个农业科学发展示范点，加快示范园区主导产业发展。三是循环农业产业园构建。以循环农业模式示范和示范点建设为动力，促进航天育种产业园、众兴菌业产业园、标准化果蔬示范园、标准化养殖示范园、农产品加工物流园五大循环农业产业园建设，提升和优化示范园区产业结构，延伸示范区产业链条。

（5）天水花牛苹果产业示范园区

该园区位于麦积区马跑泉镇东柯河谷，北起310国道，南至沽坨村，东西以城区南北两山山脊线为界，规划总面积5万亩，核心区占地面积1199.5亩。主要建设内容：一是仓储交易区。建设交易大厅、苹果储藏保鲜库、现代化选果车间等，占地229.3亩。二是果品初加工区。整合现有加工企业，引入果袋、纸箱、果网、托盘等规模加工企业，占地465.3亩。三是休闲观光区。建设集花牛苹果新技术展示、苗木繁育、果园游艺、休闲娱乐、果品采摘、农事体验为一体的苹果文化旅游景区，占地122.3亩。四是科研会展区。建设花牛苹果研发中心、苹果质量技术检测中心、展销中心、商务中心和会议中心等，占地80亩。五是深加工区。通过招商引资，引进生产果脯、果酒、果干等深加工企业，年消化苹果5万吨，占地302.6亩。六是综合服务区。建设行政服务大楼、商贸酒店、商住小区，完善市场运营配套服务体系，占地50亩。七是花牛苹果标准化示范园区。将现有果园全面改造提升，新建一批花牛苹果基地，区域内花牛苹果标准化生产面积达到5万亩。

（6）武山蔬菜科技示范园区

该园区位于武山县蔬菜产业科技示范园，以渭河为轴，分两板块建设。南板块位于武山大道孟庄村至史庄村段，涉及城关、洛门2镇5村，面积4000亩；北板块位于史庄大桥以东至洛门渭河大桥以西，天定高速公路以北，涉及城关、洛门2镇10村，面积1.1万亩，总规划面积1.5万亩，其中蔬菜产业科技示范园核心区100亩，蔬菜冷链物流区200亩，蔬菜产品加工区200亩，精品蔬菜生产示范区3500亩，标准化蔬菜示范区1.1万亩。主要建设内容：一是蔬菜产业科技示范区。建设工厂化育苗中心，新建玻璃智能连栋温室1栋8736 m^2、日光温室10座4800 m^2、基质配制及播种室189 m^2、PO连栋温室3500 m^2、催芽室108 m^2，配置蔬菜育苗设备10台（套）、六要素气象设备1套。新建280 m^2培训办公楼1栋，配置必要办公设备。新建塑料大棚100个，配置防杀虫设备3批。硬化道路3000 m、衬砌渠道7000 m，打机井1眼。二是蔬菜冷链物流区。对武山国家蔬菜批发市场迁建提升改造，新建蔬菜集散交易区2.05万 m^2、大型恒温冷库4个0.83万 m^2、加工车间3个0.35万 m^2、宾馆及服务用房7栋2.23万 m^2，机动车辆停车位300个；绿化面积3.1万 m^2。三是生产示范区。由相关单位负责帮建具有各自特色的产业示范区，统一规划，统一建棚，建设高标准钢架大棚。

（7）张家川畜牧产业示范园区

该示范园区位于张家川县清水河流域，涉及连五、川王、龙山、大阳4个乡镇74个村18 854户9.69万人。主要建设内容：一是建设畜牧产业示范园。主要建设肉牛育肥区、饲草料加工贮备区、有机肥生产加工区、办公服务区四大功能区域，占地200亩。二是新建及改扩建。主要对云景苑养牛场、连五养牛场、郑家养羊场、韩川养羊场进行标准化改建，对三马养殖场进行二期建设，对联民屠宰加工厂和储备场进行改扩建，并新建汇达牧业公司川王养羊场、嘉禾草业公司苜蓿加工厂、龙山镇活畜交易市场等。

（8）秦州秀金山现代农业综合开发示范园区

该示范园区位于天水市秦州区城区西郊藉河南岸，地处南沟河及平峪沟之间，距市中心城区约10 km，主要依托国家农业综合开发项目，整合涉农项目资金建设。园区涉及玉泉、太京、皂郊3镇10个行政村4432户1.61万人，总面积3.1万亩，核心区2.25万亩，占总面积的72.6%；可利用耕地面积1.8万亩，人均耕地面积1.13亩。主要建设内容：一是林业工程。新栽标准化生产大樱桃1万亩，荒山、大地埂绿化美化6000亩。二是水利工程。新打机井，铺设上水管道，新建35 km自流引水工程1处，总蓄水量5500 m^3蓄水池8座，U形排水渠16 km。三是科技工程。推广林下经济6000亩（种植西瓜、航天椒、中药材）。四是交通工程。新修道路24 km，栽植行道树24 km。五是其他工程。建设葡萄长廊300 m，办公及科技培训中心1000 m^2，3间凉亭、70 m休闲长廊和20亩花木游园，建成100亩花木繁育基地，建设具有民族特色占地10亩的农家作坊和传统农业工艺体验场、水景景观1处，民俗农耕文化游园14座。

（9）清水县现代农业示范园区

清水县现代农业示范园区位于天平二级公路与桐温公路交汇地带，规划面积1330亩。园区发展坚持“谁投资、谁经营、谁受益”的原则，实行统一规划、统一管理、分步实施、分户经营、市场化运作的管理模式，带动清水县蔬菜、花卉、林果、中药材产业发展。主要建设内容：一是建设2822 m²的五连体连栋温室一座。二是建设普通塑料大棚726座。三是建设优质苗木繁育基地100亩。四是建设优质干鲜果育苗基地100亩。四是新品种、新技术引进示范推广。五是连体连栋温室主要试验示范黄瓜、番茄、辣椒、草莓、西瓜等农作物新品种，无土栽培、工厂化育苗、花卉生产等新技术，展示农业科技新成果。

(10）武山县洛门牟坪现代农业苹果矮化密植示范园区

武山县洛门牟坪现代农业苹果矮化密植示范园区是武山县政府与陕西海升公司合作建设的现代化果业示范园。主要建设内容：一是栽植矮化密植苹果1000亩。果园具有“四省、一优、二高、一强”的特点，即省水60%、省肥70%、省地80%、省力90%，具有品质优、商品率高、效益高、抗逆性强等优势。栽植后可实现当年开花，次年结果，三年丰产，盛果期平均亩产可达5000 kg以上。二是引进示范果品种植新品种、新技术。引进欧美国家先进的矮化脱毒自根砧优良苹果品种，示范立架栽培、水肥一体化、农机农艺融合等新型栽培模式，园区的建设对示范引领和带动果品产业向标准化、现代化发展，调整优化武山农业种植结构有重要的意义。

6.2.2 示范区建设存在的问题

(1）科技创新能力不强

农业基础设施不完善，抵御自然灾害能力不强，农机化发展相对滞后，农产品加工转化能力较弱，农业社会化服务体系不完善。示范园区偏离城市，对高新技术人才的吸引力不足，农业科技人才普遍缺乏。园区企业规模较小，发展资金短缺，技术创新投入不足，自主创新能力较弱。

(2）示范带动作用不突出

园区特色主导产业标准化生产水平还不高，市场占有率和竞争力还不强，特色产业提质增效任务艰巨；新品种、新技术、新设施、新设备示范展示区作用发挥不突出，科技含量不高，对辐射区和周边区产业发展示范效应不明显；园区龙头企业、农民专业合作社、家庭农场等经营主体与农户之间利益联结机制松散，吸引力和带动力不强。

(3）发展运行机制不健全

示范园区招商引资成效不明显，吸引社会投资较少，建设资金普遍不足。龙头企业实力不强，园区二、三产发展缓慢，可持续发展形势严峻。管理人员服务和创新意识不强，服务水平和能力与园区发展不相适应。

6.2.3 示范区建设的经验

(1）搞好布局规划，合理流转土地，是现代农业示范区建设的先决条件

天水市立足地理优势，按照“依法、自愿、有偿”原则，以促进特色产业发展为目标，积极探索土地承包经营权流转管理办法，采用置换、转包、转让、租赁、合作等形式，解决农业园区建设用地，实现适度规模经营，形成聚集效应、规模效益，促进了农业产业化发展。正确处理土地适度规模经营与保护农民合法利益关系，保障农民的基本生活和发展需求，加快了现代农业发展。

(2）立足当地实际，发展特色产业，是现代农业示范区建设的基本前提

天水市立足自然资源和区位优势，从调整产业结构入手，加快果品、蔬菜、中药材及养殖基地建设，扩大特色产业面积。提高农业物质装备和科技水平，按照把现代农业示范区建设成现代农业生产和现代农业装备应用的展示区，农民接受新知识、新技术的培训基地的要求，在以渭河流域为主的蔬菜生产区建成日光温室、塑料大棚、小拱棚22.7万亩，提升了产业效益，逐步走出适合天水市情实际的现代农业发展道路。

（3）依托项目支持，加大资金投入，是现代农业示范区建设的关键环节

目前，农民的现金积累十分有限，抵御自然灾害、市场风险的能力很弱，农业生产的根本目标是维持日常生活所需，农民一次性投入大量的资金建设现代农业示范区并发展现代特色农业，既不现实又不可能，更超过了农民承受投资风险的心理限度。因此，只有依靠项目扶持，解决现代农业发展所需的基础设施和前期建设资金投入，使农民先从现代农业生产中获得收益，积累资金，锻炼承受投资风险的能力，才能使现代农业发展进入良性发展轨道。

（4）引进新优品种，推广实用技术，是现代农业示范区建设的根本途径

天水在现代农业示范园区建设中，坚持以技术创新为动力，以经济效益为中心，大力推广应用现代农业新技术。引进、推广了塑料大棚、日光温室建设等新技术，使塑料大棚的效益由12万元～15万元/公顷提到15万元～22.5万元/公顷，日光温室的效益由22.5万元～30万元/公顷提高到37.5万元～45万元/公顷。与此同时，配套推广了无土栽培、嫁接育苗、平衡施肥、病虫害综合防治等无公害标准化生产措施和航天辣椒等一批国内外名优特新品种。

6.3 天水市现代农业示范区可持续发展战略

6.3.1 总体思路

以习近平新时代中国特色社会主义思想和党的十九大精神为指导，全面贯彻中央和省委省政府“三农”工作部署，以实施乡村振兴战略为抓手，以农业供给侧结构性改革为主线，坚持质量兴农、绿色兴农、品牌兴农。牢固树立创新、协调、绿色、开放、共享的发展理念，以科学发展观为指导，以发展现代农业为方向，以创新驱动战略为动能，以天水市现代农业推进计划、“一十百千”现代农业推进工程为抓手，按照“一区多园，提质增效”的发展思路，以促进农民增收为核心，着力转变农业发展方式，推进农业供给侧结构性改革，大力培育农村新型经营主体，强化技术创新、科技示范、产业孵化、培训交流、辐射带动、旅游观光六大功能，加快构建现代农业产业体系、生产方式和资源利用方式，在国家“一带一路”倡议、西部大开发战略的指引下，统筹园区建设与区域经济发展，力争将天水打造成规划布局合理、生产要素集聚、设施装备先进、管理方式高效、科技水平领先、产业集中度较高、经营机制灵活、辐射带动作用明显的一流的现代农业示范区，使之成为全省现代农业发展的样板区、先进适用技术转化的展示区、经营体制机制创新的试验区，为促进西北半干旱地区现代农业发展做出贡献。

6.3.2 发展目标

紧紧依托天水现有资源，发挥区域农业特色优势，加大示范区建设力度，加快示范区发展步伐，将现代农业示范区打造成为甘肃农业产业结构调整、带动农民致富的强大辐射源和现代农业

科技创新发展的新高地、新平台，使其成为产学研结合的农业科技创新与成果转化孵化基地、促进农民增收的科技创业服务基地、培育现代农业企业的产业发展基地、体制机制创新的科学发展试验基地和发展现代农业的综合创新示范基地，为提高农业的综合竞争力提供强有力的科技支撑。通过示范区的建设，使天水市农业生产条件明显改善，主导产业更加清晰，种养加各业协调发展，先进适用技术得到广泛应用，农业装备水平显著提高，农业效益和农民收入快速增长，农业经营机制更加灵活完善，农业生产和农民生活环境更加优美，农业生态环境不断改善，现代农业发展体系不断完善，农业现代化建设取得明显进展。

——到2020年，建成西北一流国家级农业科技园区1个、国家级现代农业示范区1个、省级现代农业示范区5个、省级农业科技园区10个、市级农业科技园区20个。园区示范区核心面积达到10万亩，产值达到100亿元，核心区农村居民人均可支配收入达到15 000元以上。

——到2025年，建成一流国家级农业科技园区1个、国家级现代农业示范区2个、省级现代农业示范区10个、省级农业科技园区20个、市级农业科技园区50个。园区示范区核心面积达到20万亩，产值达到150亿元，核心区农村居民人均可支配收入达到25 000元以上。

6.3.3 建设重点

（1）培育三大特色优势产业

围绕建设果品、蔬菜、畜牧三大百亿元产业目标，坚持标准化建基地、规范化保质量、品牌化促营销，特色优势产业得到较快发展。果品产业深入实施品牌增效工程，加快建设花牛苹果、鲜食蜜桃、鲜食和酿酒葡萄、大樱桃、早实核桃五大果品基地，提升花牛苹果、秦安蜜桃、秦州大樱桃、麦积葡萄等一批名牌产品知名度和市场占有率。蔬菜产业深入实施设施蔬菜技改增效工程，加快建设设施蔬菜、航天蔬菜、城郊“菜篮子”、高原夏菜为主的蔬菜生产基地。畜牧产业深入实施畜牧产业扩量增效工程，加快建设肉牛、奶牛、生猪、蛋鸡为主的四大养殖基地。

（2）推进示范园区建设

按照“科学规划、分步推进、机制创新、多元投入”的建设思路，依托区域特色优势产业，加快天水国家农业科技园区和天水花牛苹果产业园区、武山蔬菜科技示范园区、清水核桃产业示范园区、秦安蜜桃产业示范园区、甘谷设施蔬菜产业示范园区、张家川畜牧产业示范园区、秦州秀金山现代农业综合开发示范园区、三阳川循环农业示范园区、清水农业科技示范园区、武山牟坪苹果矮化密植示范园区等10个市级现代农业示范园区建设，加大国家级、省级现代农业示范区、省级农业科技园区创新力度，全面提升园区农业标准化、规模化、机械化、信息化、设施化、科技化、产业化建设水平，提升园区示范水平。制定农业园区发展扶持政策，加大资金扶持力度，引导金融资本、工商资本和民间资金参与园区建设，进一步完善投融资发展机制。建立健全政府主导、企业主体的建设运行机制，提高科学化管理水平，完善考核评价奖惩机制，实现农业园区持续健康发展。积极总结推广省、市级农业园区建设经验和模式，加快县区级现代农业示范园区建设步伐，构建全产业、多层级农业园区创建体系，推动全市现代农业发展。

（3）深入实施十个百万工程

整合资源力量，加大投入力度，深入实施十个百万工程，着力夯实农业发展基础，推动农业基础条件的改善。实施百万亩优质梯田建设工程，创建万亩梯田示范点、千亩示范点，提高优质梯田比率和梯田化率；实施百万亩农村土地流转工程，创建万亩、千亩以上示范点，提高农村土地流转率和规模经营面积；实施百万亩旱作农业科技增粮工程，推广玉米全膜双垄沟播、测土施肥、病虫害综合防治等旱作农业新技术和新品种，提高抗旱减灾能力，稳定粮食生产；实施百万亩果园提质增效工程，推广覆盖黑膜、疏花疏果、防治病虫害、果实套袋等新技术，加快建设国家级果品标准化示范园、省级果品标准化示范园、A级绿色产品认证基地；实施百万亩优质蔬菜基地建设工程，加快蔬菜科学发展示范点建设，提高蔬菜标准化生产水平，扩大“三品一标”蔬菜种植面积，提高蔬菜安全质量；实施百万头肉牛养殖基地建设工程，创建各类标准化示范场，提高规模化养殖比例；实施百万农民实用技术培训工程，积极举办各类培训班，加大农民和农技人员培训，培育新型职业农民；实施百万农民脱贫致富工程，整合专项、行业、社会等扶贫资源力量，加快富民产业培育，推进精准扶贫精准脱贫行动；实施百万农村人口饮水安全工程，建成集中供水工程，解决农村人口饮水不安全问题，提高全市农村自来水普及率；实施百万亩林业生态建设工程，组织实施退耕还林、三北五期防护林、中央财政补贴造林和天然林保护等一批重点生态工程，提高全市森林覆盖率。

（4）培育农业新型经营主体

在坚持农村基本经营制度的前提下，以培养新型职业农民和家庭农场、发展农民专业合作社、做大做强农业产业化龙头企业为重点，发展农业社会化服务和多种形式规模经营，推进各类经营主体共同发展。在种养业生产环节重点培育发展专业大户和家庭农场，在农资采购、农产品销售和农业生产性服务环节重点发展农民专业合作社，在农产品加工和物流环节重点做大做强农业龙头企业。到2020年，新培育1～2家上市农业企业、创建农民专业合作社示范社1100家以上、示范性家庭农场600家以上，形成以家庭农场（专业大户）为骨干、农民专业合作社和农业产业化龙头企业为纽带、各类社会化服务组织为保障的集约化、专业化、组织化、社会化相结合的新型农业经营体系。

6.4 政策建议

（1）建设甘肃省天水市国家现代农业示范区

甘肃省天水市通过实施现代农业推进计划、“一十百千”现代农业推进工程，先后建成国家农业科技园区1个、省级现代农业示范区2个、省级农业科技园区7个、市级现代农业科技示范园区10个，形成了果品、蔬菜、畜牧三大主导产业，在现代农业建设方面取得了初步成效。但同时也面临着县区园区发展不平衡、产业链连接不紧密、示范带动作用发挥不突出等问题，须进一步加大现代农业建设力度，充分发挥天水在西北半干旱地区现代农业发展中的示范引领作用。为此建议，启动建设天水国家现代农业示范区，编制实施《天水国家现代农业示范区总体规划》和《天水国家现代农业示范区建设实施方案》，配套《天水国家现代农业示范区建设管理办法》和《天水国家现代农业示范区建设优惠政策》，国家和甘肃省在项目、资金、技术等方面给予倾斜和支持，将天水国家现代农业示范区打造成西北半干旱地区现代农业发展的样板区、先进适用技术转化的展示区、经营体制机制创新的试验区，推进区域协调可持续发展和全面建成小康社会。

（2）建设甘肃天水国家农业可持续发展试验示范区

西北半干旱地区是我国重要的生态屏障，也是全国农业发展的后备战略区域。天水地处甘肃东部，属黄土沟壑区与西秦岭山脉结合地带，是西北半干旱地区的核心区域，区域内山多川少，

90%以上的耕地是山旱地，土壤自然气候条件多样，干旱、暴洪、冰雹、冻害等各种自然灾害发生频繁。随着天水市社会经济的快速发展，经济发展与生态建设的矛盾日益突出，生态脆弱、水资源匮乏、水土流失严重、可持续发展压力空前加大。为此，建议国家在农业可持续发展试验示范区建设方面向西北半干旱地区加大倾斜支持力度，支持天水建设国家农业可持续发展试验示范区，并给予项目、资金、技术等方面的支持。通过示范区建设，创新出一批适应西北半干旱地区农业可持续发展的集成技术，形成一批适宜西北半干旱地区特点的农业可持续发展模式，构建起良性运行的农业可持续发展机制，示范和引领西北半干旱地区农业产业、资源环境、农村社会可持续发展，促进区域农业现代化、农民增收和生态文明建设。

（3）建设西部干旱半干旱地区农业科技创新示范中心

充分发挥大专院校和科研院所以及科技企业的创新源头作用，重点在科技创新平台搭建、科技人才队伍培养引进、旱作农业技术集成、成果转化能力提升及技术示范推广培训体系完善等方面加大建设力度，以甘肃天水市现代农业示范区为依托，组建西部干旱半干旱地区农业科技创新示范中心创新联盟，设立西部干旱半干旱地区农业科技创新示范中心创新基金，成立创新联盟办公室和信息中心。积极推进企业研发中心、公共技术服务平台建设，提升农业科技园区科技创新能力，实施现代农业产业提升、科技创新、信息入户、金融到家、人才进村、培训到田六大工程，壮大一批现代农业产业园、农业龙头企业，引进示范高产优质抗逆新品种、全膜双垄沟播技术、集雨节灌技术、设施栽培技术、主要农作物全程机械化技术等一批旱作农业新品种、新技术，及时将一批农业气象信息、科技信息、市场信息推送到农户，创新开展农业保险、联户担保、承包土地担保等多种形式的金融服务，推动一批三区人才、领军人才、农业专业技术人才开展结对智力帮扶，培育一批新型职业农民、农业实用人才、科技领军人才，为天水市乃至西北半干旱地区现代农业发展提供强有力的科技支撑。

第七章

结束语

从原始农业到传统农业再到现代农业，不仅是社会经济发展的必然，也是农业生产力、生产方式和生产关系进步的结果。西北半干旱地区发展现代农业既具有客观必然性，又具备现实条件。面对工业化和城镇化的巨大需求，面对资源和环境的双重约束，面对技术和经济的相对滞后，只有深化现代农业发展战略研究，努力实现农业生产手段、生产方式和经营理念的现代化，才能突破资源和环境的瓶颈制约，提高土地产出率和资源利用率，生产出量大质优的安全农产品，发挥农业的多种功能，保证农民收入增加，改变西北农村落后的面貌。

由于农业生产的区域性特点，农业区域示范是现代农业发展中不可超越的环节，也是现代农业示范园区存在的前提。区域示范不光是科技示范，更是现代农业创新示范，包括科技示范、体制机制示范、产业新形态示范、产品品种示范、生产运作模式示范、商业经营模式示范、农业新政策示范等内容。研究现代农业区域示范不仅有利于理解和认识现代农业的本质，而且有利于由点到面、由小到大地推进现代农业创新成果，使区域特征与现代农业发展相适应，降低现代农业创新的风险性，扩展区域经济学的农业发展观。

创新模式是现代农业发展演变的战略思路，是达到既定目标的行动方法，它既指明了现代农业发展的宏观方向性，又体现了现代农业管理运作的微观操作性。创新模式有产业发展模式、主体组织模式、商业运作模式、要素投入模式、空间布局模式等类型。创新模式在实践中创造、在发展中创新，没有模式便没有现代农业发展的方向和途径。从现代农业发展本身看，模式创新演绎了自然、科技、农业、要素融合发展的整体思维理念，造就了现代农业新的发展路径和主导方向，是对区域经济发展战略的深化和延展。

课题以区域经济发展理论、现代农业发展理论和农业模式创新理论为指导，以我国西北半干旱地区现代农业区域示范和创新模式为研究对象，在检索和借鉴国内外学者相关研究成果和深入西北半干旱地区（甘肃、青海、宁夏、陕西）实地调研的基础上，系统论述了现代农业、区域示范、创新模式、发展战略的概念内涵和理论基础。根据西北半干旱地区自然、社会经济条件和区域农业生产历史，采用统计分析法全面分析了西北半干旱地区现代农业区域示范、创新模式和现代农业示范园区的发展现状、示范效果和存在问题。运用主成分分析法实证分析了西北半干旱地区现代农业区域示范效应的影响因素。采用典型案例法，重点分析了西北半干旱地区现代农业区域示范与创新模式的四大组织载体。应用规划设计法，结合西北半干旱地区的实际，提出了该地区现代农业区域示范与创新模式发展战略设想、战略架构、五大创新模式和八大现代农业。最后将西北半干旱地区现代农业区域示范与创新模式发展战略设想和战略路径落实到天水市国家级现代农业科技示范园区，为天水市现代农业示范区建设指明了方向。

课题通过现代农业区域示范与创新模式研究导论、西北半干旱地区现代农业区域示范与创新模式发展现状分析、西北半干旱地区现代农业区域示范效应的影响因素分析、西北半干旱地区现代农业区域示范与创新模式的组织载体分析、西北半干旱地区现代农业区域示范与创新模式发展战略设想、天水市现代农业示范区建设及可持续发展战略实践六个部分的研究，得出了以下五点结论，可为西北半干旱地区现代农业发展提供战略决策参考。

（1）通过深入甘肃、青海、宁夏、陕西实地调研和统计分析，系统分析了西北半干旱地区现代农业区域示范效应和现代农业创新模式的发展现状、特征、效果和问题。结果表明西北半干旱地区现代农业开始起步，发展水平较低。农业科技和创新模式的示范、推广效应较弱，示范效果没能很好地转化为生产力，示范效果显示度不足，带动作用不强。人们在西北半干旱地区农业发展过程中创造了许多组织模式和发展模式，但随着科技的发展、产业转型升级和经营主体转变，这些模式需要结合西北半干旱地区实际与时俱进、不断创新。

（2）根据现代农业区域示范与模式创新的理论与实践（依据4个国家级现代农业示范园区），通过数据挖掘和指标体系设计，从定量分析上，探索影响西北半干旱地区现代农业示范效应的16个因素，其中：科技成果及专利数量、新建示范基地个数和国际交流对示范效应影响的贡献非常显著，而研发经费、推广总面积、科技培训、培训农民等对示范效应的贡献较弱，反映出在西北半干旱地区现代农业区域示范过程中对影响效应比较间接的因素重视不足。现代农业作为知识密集和技术密集型产业，高素质的农业劳动者是建设现代农业必不可少的条件。

（3）通过4个国家现代农业科技园区（杨凌农业高新技术产业示范区、天水现代农业科技园区、海东现代农业示范园区、吴忠现代农业示范园区）、2个农业产业化龙头企业（北方莱业有限责任公司、青海青海湖乳业有限责任公司）、2家农民专业合作社（恒芮牧业农民合作社、同心县农民合作社）、2个农户家庭农场（大山里的家庭农场——邦富农家庭农场、王升“组合版”家庭农场）的典型案例剖析，明确西北半干旱地区现代农业区域示范与创新模式的组织载体和生产经营主体是：现代农业示范园区、农业产业化龙头企业、农民专业合作社、农户家庭农场。

（4）根据西北半干旱地区自然区域特点、现代农业产业发展特征和社会经济发展环境，制定了现代农业区域示范和创新模式发展战略，其中最核心的是五大创新模式（生态循环农业发展模式、节水旱作农业发展模式、“互联网+现代农业”经营模式、现代农业与产业扶贫相结合发展模式、三产业融合发展模式）、八类现代农业（生物质农业、生态农业、循环农业、休闲农业、旱作节水农业、设施农业、立体农业、智慧农业）。

（5）以天水国家农业科技园区和天水市市级农业园区建设为案例，通过分析其存在的问题和典型经验，提出天水农业现代示范区建设的思路、目标和重点。并提出建设甘肃省天水市国家现代农业示范区、甘肃天水国家农业可持续发展试验示范区、西部干旱半干旱地区农业科技创新示范中心三条现代农业发展建议，通过“两区一心”建设，进一步发挥天水在西北半干旱地区现代农业发展中的示范引领作用。

专题4

我国西北半干旱地区农作物育种创新与种子育繁推一体化发展战略研究

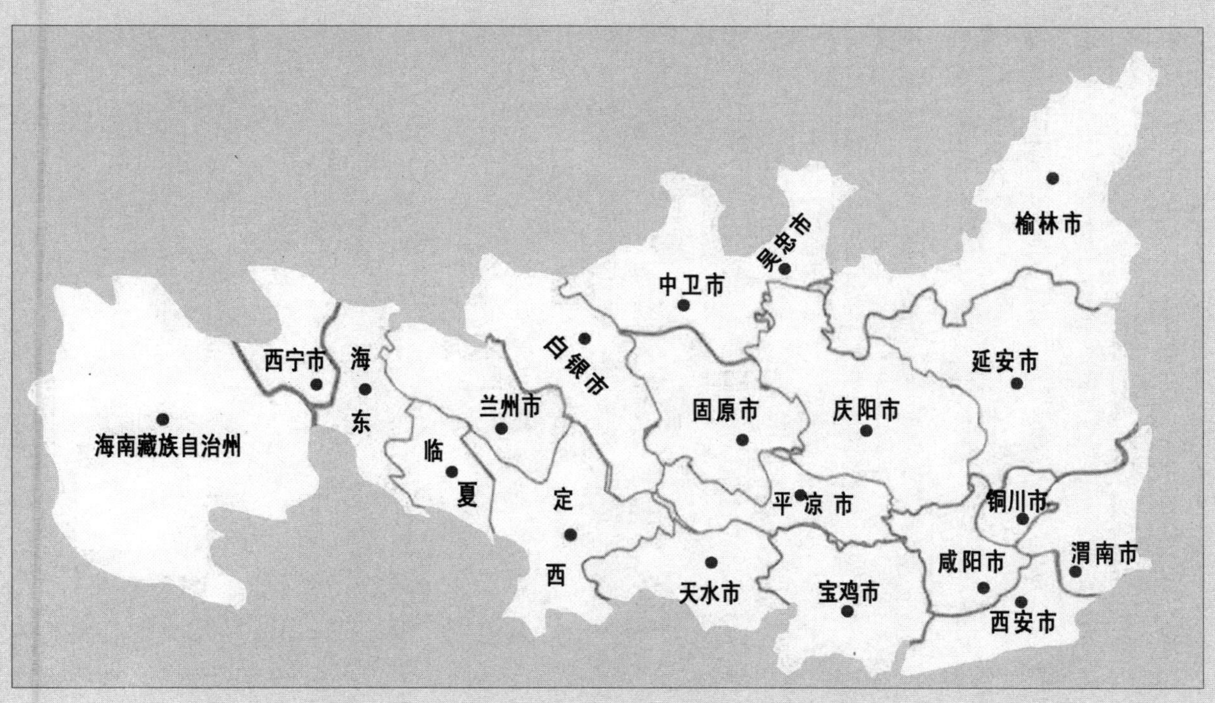

课题组顾问：

盖钧镒　　中国工程院院士

课题组组长：

方智远　　中国工程院院士

课题工作组组长：

夏显力　　西北农林科技大学教授

课题工作组成员：

张　会　　西北农林科技大学讲师

蔡　洁　　西北农林科技大学博士

臧鹏飞　　天水市农业局工程师

闫永祥　　天水市农产品质量监督管理站高级农艺师

第一章

引言

国以农为本，农以种为先。《国务院关于加快推进现代农作物种业发展的意见》（国发〔2011〕8号）明确提出将农作物种业定位为国家战略性、基础性核心产业，把种业作为促进农业长期稳定发展、保障国家粮食安全的根本途径。《国务院办公厅关于深化种业体制改革提高创新能力的意见》（国办发〔2013〕109号）要求充分发挥市场在种业资源配置中的决定性作用，突出以种子企业为主体，推动育种人才、技术、资源依法向企业流动，充分调动科研人员积极性，保护科研人员发明创造的合法权益，促进产学研结合，提高企业自主创新能力，构建商业化育种体系，加快推进现代种业发展，建设种业强国。以上意见的出台是党中央、国务院深入分析国内外农业发展趋势，准确把握现代农业发展规律，对种业定位及种业发展做出的科学判断与方向引导，再次强调了种业创新是农业创新的前沿和关键。充分认识我国现代农作物种业发展背景与必要性，对有效应对发达国家种业冲击、提升我国种业自主创新能力和国际竞争力、加速实现我国由农业大国向农业强国转变具有重要的战略意义。

1.1　研究背景

随着全球经济一体化进程不断加快和生物技术迅猛发展，农作物种业国际竞争异常激烈，加快推进现代农作物种业发展，加强种业科技创新，培育和推广优良品种，已成为突破耕地、水、劳动力等资源约束，加快现代农业发展，提升农业国际竞争力的迫切需要。当前，世界各国尤其是发达国家为了能够继续保持农业领先优势，并在国际经济、科技竞争中赢得主动，纷纷把推动种业创新作为国家战略，并从大幅度提高资金投入，高度重视基础研究领域、高技术领域的自主创新与国际合作，加强种质资源控制、人才培养与挖掘、扶持跨国企业等层面采取了一系列有力举措。1958年以来，美国对农业科技的投入以年均8%左右的速度增长。法国农科院作为欧洲最大的农业科研机构，每年的科研经费仅次于法国国家科研中心。荷兰、德国、日本等国家，通过采取全球化战略、高投入研发、集团化经营等一系列措施，使得种业市场化运作模式日趋成熟，市场垄断能力不断增强。近10年来，由于农化企业兼并种子企业，以及转基因生物技术广泛应用，国际跨国大公司生物育种技术得到了空前发展。模拟环境技术的成功应用，选育出了更加抗倒、抗病的品种；自动化基因测序技术的应用，实现了取样、研磨、加助剂、测序全程自动化，提高了效率；定量定位插入基因技术、SPT种子生产技术、活体植物快速鉴定技术等，保证了优势品种不断育成。与此同时，孟山都、先正达、杜邦、利马格兰、KWS等大公司利用这些技术在世界各地建立了自己强大的研发平台和生产基地，在品种选育、种子生产以及销售等方面冲破国家或地域限制，实现了生产要素在全球范围内优化配置和企业利润最大化。目前，全球农作物种子的贸易额为300亿美元，市场总价值量约为500亿美元，世界种业排名前10名的跨国种业公司的销售收入在1996年时达到全球种子市场的16%，2012年达到了75%，仅用16年时间实现了质的飞跃。数据显示，2013年排名前三位的跨国种业公司孟山都、杜邦先锋和先正达总计销售额达320亿美元，占全球种子销售额的50%。

改革开放特别是进入21世纪以来，我国农作物种业发展实现了由计划供种向市场化经营的根本性转变，取得了巨大成绩，为提高农业综合生产能力、保障农产品有效供给和促进农民增收做出了重要贡献，特别是为粮食生产“十二连增”发挥了重要作用。主要农作物良种覆盖率提高到95%以上，良种在农业增产中的贡献率达到43%以上，种子企业实力明显增强，育繁推一体化水平不断提高。但是，与发达国家相比，我国农作物种业发展仍处于初级阶段，与发展现代农业的要求还不相适应，具体表现在：育种创新能力仍然较低，育种材料深度评价不足，育种力量分散以及育种方法、技术、模式较为滞后，成果评价及转化机制不完善，育种复合型人才缺乏，种子企业数量多、规模小、研发能力弱，种子繁育基础设施薄弱且抗自然灾害风险能力差，种子市场监管技术和手段落后，财政、税收、信贷等政策扶持力度不够，等等。另外，根据国际种子联盟（International Seed Federation，ISF）统计，2012年我国种子市场价值为99.5亿美元，仅次于美国120亿美元，居世界第二位。我国巨大的种业规模和农产品市场潜力，正成为主要跨国公司竞争的焦点。

基本国情和面临的挑战，要求我国既要通过深化体制机制改革、整合种业研发资源、推动协同创新来大幅度提高种业整体发展水平，也要结合区域种质资源优势和依托科研院所及种业企业来加快特色种业提档升级，快速提升我国农作物种业科技创新能力、企业竞争能力、供种保障能力和市场监管能力，进而构建以产业为主导、企业为主体、基地为依托、产学研相结合、育繁推一体化的现代农作物种业体系。就西北半干旱地区而言，如何抓住种业发展战略机遇期，通过体制机制创新，加快实现资源、技术、人员、资金的有效整合，培育一大批具有重大应用前景和自主知识产权的突破性优良品种，不仅有利于推动西北半干旱地区现代农业提档升级，而且也有利于促进我国农产品供给侧改革，满足农产品消费市场多层次、多样性、个性化需求，实现农业可持续发展。

1.2 研究必要性

（1）种业发展关系国家粮食安全

粮食是关系到国家安全的战略性资源，种子是粮食安全的关键。种子行业在农业产业链的重要地位很大程度影响甚至决定着农作物的产量和质量。2004年以来，中央连续发布了13个中央一号文件，改变了我国农村发展长期徘徊不前的不利局面，粮食实现了“十二连增”，2015年粮食总产量达6.21亿吨，其中种业的发展为农业稳定和保障粮食安全做出了重要贡献。但是，受耕地资源、水资源、劳动力资源紧缺以及自然灾害频发等因素的影响，特别是耕地流失加剧以及耕地非粮化倾向凸显，已经为我国粮食安全带来隐忧。现代粮食产业的特征是产业链不断延长、生产迂回度不断深化。种子产业作为粮食产业链上的上游区段，关系整条供应链的形成与整合。今后很长时间，农作物面积的增加潜力不大，粮食产量的增加将主要依靠提高单产，而发展种子科技将是提高单产的主要手段。中国是农业大国，但是事实上，我国并不是种子强国。随着全球化进程加快、生物技术发展和改革开放的不断深入，跨国种子集团通过合资控股等形式进入中国种子市场将愈演愈烈，并通过价值链形态达到逐步控制国内相关产业及其产品市场。因此，要确保中国人的饭碗必须牢牢端在自己手上，就必须加快种业科技创新步伐，形成一批具有市场竞争力的优良农作物品种，为国家粮食安全、生态安全和农林业持续稳定发展提供根本性保障。

（2）种业发展关系现代农业建设

农业丰则基础强。推进现代农业建设，顺应我国经济发展的客观趋势，符合当今世界农业发展的一般规律，是提高农业综合生产能力的重要举措，是建设社会主义新农村的产业基础。种业是农业生产的源头，是现代农业最具增值潜力的利润来源之一。世界各国的经验表明，现代农业的竞争，很大程度上就是优良品种的竞争，而优良品种的产生依赖于种业科技的发展。因此，许多农业现代化程度高、农产品竞争力强的国家，往往把发展种业科技放在重要位置。根据美国对20世纪农业生产技术发展的调查，种子技术改良大约占到了农业增产贡献率的60%，其他所有技术提升大约占40%。改革开放以来，农业科技进步对我国农业发展贡献巨大，以良种为代表的科技成果推广功不可没，良种在科技进步贡献率中所占比例达到43%以上。但是与现代农业建设的总体要求相比，我国种业科技创新整体水平不高，培育具有高产、优质、多抗、广适的重大品种，提升种子生产能力和加工水平，保障种子质量安全，仍然是现代农业建设的重中之重。

（3）种业发展关系农民增收

制种业是发展农村经济、提升农业效益、增加农民收入的重点产业。制种业在成为地区主导产业后，可以产生以下效果：一是优化当地产业结构；二是促进相关产业发展；三是提高当地农业生产水平；四是显著增加当地农民收入。甘肃省张掖市是我国最大的玉米制种基地，近10年来，张掖市种子产业发展经过试验示范、基地壮大和市场化改革三个阶段的发展，成为全国名副其实的玉米制种大市。每年玉米制种田的面积在100万亩左右，生产杂交玉米种子4.5亿kg，占全国大田玉米年用种量40%以上，能满足国家近2亿亩大田玉米的用种需求。玉米制种产业已经发展成为张掖的金色产业。

（4）种业发展关系“种业走出去战略”的实现

2000—2013年间，中国种子进出口贸易总额从2000年的13 358.92万美元增加到2013年的61 668.70万美元，增幅高达4.62倍，年平均增长率为12.54%，其中进口总额从7740.87万美元增加到33 392.62万美元，出口总额从5618.05万美元增加到28 276.08万美元。据国际种子联盟（ISF）统计，截至2012年，中国的种子出口额约占全球种子出口总额的2.38%，位列全球第十位，进口额约占全球种子进口总额的2.75%，位列全球第十位（图1–1）。

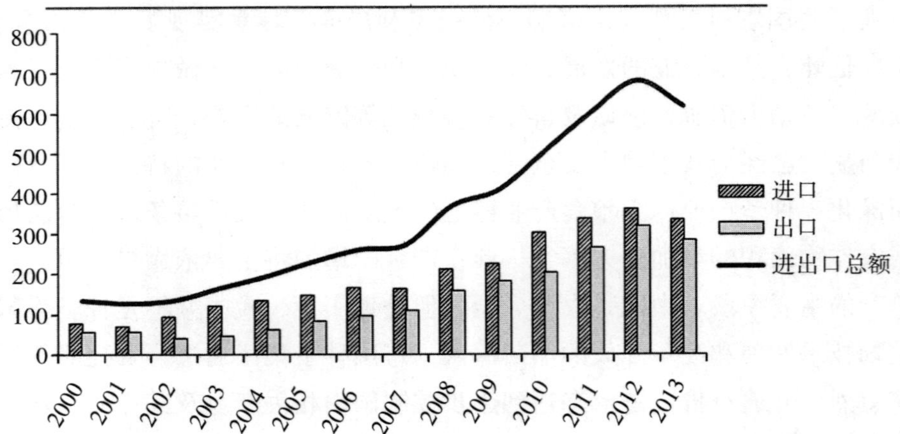

单位：百万美元

数据来源：中国海关统计数据整理。

图1-1　2000—2013年我国种子进出口贸易情况

截至2013年年底，我国已与全球151个国家和地区建立了种子贸易关系，特别是种子出口目标市场国迅速增加。除了传统的东南亚目标市场国外，非洲、南美、中亚等新兴市场以及欧美等发达市场都正在成为我国种子企业积极拓展的热点。在保持杂交水稻出口优势的前提下，继续扩大杂交玉米、蔬菜种子及小麦品种在东南亚、中亚、欧洲的出口量。种业持续健康发展对实现“种业走出去战略”，意义重大。

总之，农产品，尤其是粮食，不仅是人们赖以生存的基本必需品，而且是人们从事其他一切活动的前提和基础，关系到国计民生和社会稳定。国内农产品供给的数量安全和质量安全仍然是我国政府高度重视的战略问题。以育种创新和育繁推一体化为目标，加大农业供给侧结构性改革力度，将技术革新、种质资源创制与我国西北半干旱地区现代农作物种业发展创新紧密结合，对有效应对发达国家种业冲击、提升我国种业自主创新能力和国际竞争力、加速实现我国由农业大国向农业强国转变具有重要的战略意义。

1.3　文献综述

1.3.1　国外研究动态综述

全球种业始于1742年，历经两个多世纪的发展，世界上高度发达且具有跨国竞争力的种子产业现主要集中在美国、荷兰、法国、日本、英国、澳大利亚等国家。这些国家经过多年的探索与实践，已经形成了通过种子生产与投放程序化、种子公司经营规模扩大化、相关产业之间关联效应化以及种子企业经营和资本运作国际化等途径，加快种子产业发展的成功经验。其种业发展主要呈现出产业规模大、商品化率高、产业集中度高、竞争实力强等特点。

（1）国外种业发展历程

19世纪现代种子产业开始兴起，20世纪中叶现代种业进入兴盛时期。法国、美国、日本、荷兰、澳大利亚、加拿大等国家在现代种子产业方面已经取得了较好的成绩，这些国家在种业理论研究、管理体制等方面已经相当成熟。以美国为代表的现代种子产业大体经历了政府管理

(1900—1930年)、立法阶段(1930—1970年)、垄断经营(1970—1990年)、跨国公司竞争(1990年以后)四个时期。Douglas研究了种子企业的发展阶段，并提出了一定的划分标准，对西方国家的种业管理体系提出了一种构架。黄钢将发达国家种业发展历程分为4个阶段：近代种业孕育阶段(19世纪中叶—1930年)、近代种业发展阶段(1930—1969年)、现代种业发展阶段(20世纪70年代—20世纪80年代)和科技种业发展阶段(20世纪90年代至今)。Morris认为种业的发展阶段可以分为四个阶段：前工业化阶段、产业阶段、快速发展阶段和成熟阶段。Jorge以1970年为界将美国的种子产业分为两个阶段：种子产业从萌芽到快速发展阶段(1920—1970年)，种子企业由兼并之路逐渐走向产业化阶段(1970年至今)。到现今为止，美国种业形成了以科技创新力、企业竞争力、供种保障力和市场监管力四力协同创新发展的种业核心竞争力。

(2)国外种业科技创新研究

Hayami等人在研究20世纪60年代的“绿色革命”中出现的新品种技术转移活动之后，提出了诱导技术创新的理论。Anderson等对农民采纳新品种的技术选择经济行为进行了一系列的研究。John R. Secret Venzke强调种业的核心价值在于创新，其动力则来自知识产权保护。科技创新能使美国成为世界种业强国，以孟山都、杜邦先锋为首的种业公司每年在种业科研方面的投入高达10亿美元左右，美国的育种技术与资源方面的领先，提高了其在农产品市场的竞争力。

(3)国外农作物育种创新与种子育繁推一体化研究

西方发达国家非常重视种业产业化发展，所以该领域发展十分迅猛。20世纪70年代，美国种子产业开始整合，20世纪80年代早期约有200家种子公司。随着经济全球化，一些发展中国家也开始着手种子产业市场化改革。Pray分析了印度市场化改革对农户及种子产业的影响，发现市场化改革后，印度种业之间的竞争增强，种子公司提高了对种子研发阶段的投入，该改革最大的受益者是印度的农民。霍学喜认为，经过多年的探索与实践，国外种业已经实现了种子生产与投放程序化、产业之间关联效应化、生产规模扩大化、经营及资本运作国际化。突出表现为发达国家的种业明显具备了两大优势：第一，种子科技含量高；第二，种子市场竞争能力强。Gadwal对印度种业的发展历史及现状进行了研究，认为20世纪80年代的改革，使得私人种子公司不仅参与生产、销售种子，还加大了对种子未来需求的科研投入，农民获益程度远远高于种子公司，使得印度的农民成为改革的最大获益者。陈志兴研究认为发达国家种业竞争激烈，集中度提高；决定种子公司发展的关键转移至科技进步，生存的前提为保证种子质量、中试新品种、品牌保护和市场占有率。

美国联邦政府将种子管理职能交由农业部管理，动植物检疫局和农业市场服务局承担执行职能，通过签订谅解备忘录的方式，联邦种子监督与检测部门将执法职能委托给州种子管理部门。Clay Sneller认为，基因标记和分子育种技术的发展给现代种子产业带来了冲击。

在日本，种子市场监管的各主体充分发挥其主体职能，互相补充。政府的职能主要表现在政策法规的制定与监督、品种登记等公益性服务方面，主要农作物的科研育种工作由国立、县立农业科研单位负责，各种子企业负责与所经营相关的园艺作物的育种工作，种子行业协会着重强调行业的自我监管和自我能力提高的培养。Patrick Heffer认为伴随着生产过程化的发展，瑞士种子公司的质量保证体系开始完善，产品自动控制程度也随着生产过程化的发展得到了不断发展，农民越来越看重种子品牌和产品合格证。阿根廷学者认为，种业竞争一体化的最终受益者不是政府也不是农民，而是生物技术实力较强的种子公司。在跨国种业激烈竞争的洪流中，种子企业向跨国公司的模式发展将是发展中国家种子产业发展的主流方向。

(4) 国外航天育种发展

早在20世纪60年代初，苏联学者就研究和报道了空间飞行对植物种子的影响。从1966年到1989年，苏联先后发送了11颗专用的生物卫星，这些生物卫星试验项目很多，搭载的生物种类也很全，主要目的是研究人类在太空中长期生活需要解决的一些问题。除了研究地球生物在太空中的变异之外，还试验了长期失重对生物机体的影响，太空中动物的伤口愈合情况、生育机能、生物细胞的生长以及如何为宇航员提供新鲜食品等。除生物卫星计划外，苏联还在空间站上进行了大量的生命科学试验。此后，美国和德国等许多实验室研究了植物在空间条件下生长发育及其遗传特性的变化，空间微重力、高能粒子对植物种子和植株的影响，植物及其细胞在空间条件下生长发育及其衰老过程，低等植物在空间的生长规律，等等。为了探索空间条件下植物生长发育规律，改善空间人类生存的小环境，解决航天员的食品供给及生存安全，俄罗斯的航天员在和平0号空间站上长期生活期间，曾播种过小麦、洋葱、兰花等植物，这些植物要比在地球上生长得快，成熟得早。美国在太空实验室和航天飞机上也进行过种植松树、燕麦、绿豆等植物的试验，发现这些植物在失重条件下生长不仅没有受到影响，而且蛋白质含量高，说明在宇宙空间种植农作物可以提高产量。美、俄两国已先后培育出百余种太空植物，包括番茄、萝卜、甜菜、甘蓝、葛首等蔬菜。美国、日本、西欧制定的21世纪太空计划中，将植物在密封太空舱内生长发育作为重点，试种和培育了小麦、玉米、水稻、郁金香等100多种植物，研究飞行过程中各种因素对植物生长发育的影响。日本、美国、俄罗斯耗费巨资，组织了科学家进行太空植物的试验研究，目的是要建立“太空农场”。

(5) 国外种业发展趋势

以美国为首的发达国家将种业发展作为保障本国粮食安全、世界粮食安全的重要战略部署，将种业投资列为影响国家安全的审查范围，把发展种业放在国家发展的优先地位。国际种子联盟(ISF) 统计数据表明，截至2009年，全球种子市场价值比21世纪初增长40%，种子市场发展迅速；2009年国际种业前10强销售占全球种子市场的46%，种子市场的集中度不断提升。据国际农业生物技术应用服务组织(ISAAA) 统计，由于生物技术的迅猛发展，全球转基因作物种植面积已由1996年的2550万亩发展到2010年的22.2亿亩。据统计，截至2011年，已经有67个国家加入国际植物新品种保护联盟(UPOV)，其中，49个国家选择《国际植物新品种保护公约》1991年文本，对植物新品种实行更严格的保护措施，可见种子产业知识产权保护已经被各国提上日程。

纵观世界种业发展现状，不难发现世界种业呈现的三大趋势：第一，种子行业寡头垄断市场格局已经形成；第二，未来种业竞争焦点将集中在高新科技和人才两方面；第三，规模化、集团化、国际化的种子公司将是企业的发展方向。鉴于种业发展的经济效益、社会效益及其在农业中特殊的战略地位，种子产业应当被世界各国放在突出位置，通过种子产业的创新发展来促进世界农业的发展。

1.3.2 国内研究动态综述

种子是农业最基本的生产资料和科技载体，农作物种业历来是我国的基础性、战略性产业，种子产业的发展是提高粮食生产能力、保障国家粮食安全的根本。中华人民共和国成立以来，中国种子产业在种业管理发展、农作物育种创新、育繁推一体化等方面都取得了一定的成绩，但与世界发达国家相比，还有不小的差距。长期以来，科研单位是国内种子研发项目的主体，大多数种子企业以产、销为主。种业各环节互相脱离，即种子科研、生产、推广和销售是相互分离的，科研经费完全依靠国家投入，科研水平低，成果转化速度慢，很难形成育繁推一体化的良性循环状态。

（1）种业管理发展

中华人民共和国成立以来，种子作为重要的农业生产资料，经历了粮种不分、粮种交换，再到具有商品属性种子等阶段，逐步发展，形成了初具规模的种子产业。总体来看，我国种业的发展可分为四个主要时期：自留种时期、初始育种期、工业化生产时期和产业化发展时期。自留种时期（1950—1977年）：全国各级农业部门成立了种子机构，实行行政、技术两位一体。广泛开展群众选育运动，选育出的品种就地繁育、就地推广，在农村实行家家种田、户户留种，在一定程度上缓解了当时的问题，但不能大幅度提高产量。成立生产合作社之后，种子机构实行行政、技术、经营三位一体，农村用种主要靠生产队自选、自繁、自留、自用。初始育种期（1978—1995年）：1978年国务院批转了农业部《关于加强种子工作的报告》，批准在全国建立种子公司，提出品种布局区域化、种子生产专业化、加工机械化、质量标准化，以县为单位统一供种的方针。种子工作有了重大的转折，育种进入产业化发展阶段。工业化生产时期（1995—2000年）：1995年国家启动种子工程，安排30亿元专项资金建立了一批标准化的种子基地，进口了一批大型的、先进的种子加工设备，产生了一批较大规模的种子企业，实行育繁推销一体化，改变了以前科研部门育种、种子公司经营的各自为政的做法，提出了种子公司办科研、科研部门搞经营或二者联合的发展模式。产业化发展时期（2000年至今）：2000年12月1日，《种子法》颁布实施，强化了种子法规建设。一大批民营种子企业涌现，为我国种子市场注入了新的生机和活力，大大加快了农作物种业的市场化改革进程。

从我国种业在市场化进程中可以看出，政府在不同程度或某些方面充当着一个重要的市场竞争角色，诸如：采取统一供种、限定品种的良种补贴、限价管理、品种推介等措施，干预了市场公平竞争；资助研究项目主要下达给农业科研院所或农业院校，而种子企业特别是民营种子企业则很难获得国家项目资助。政府对种业市场化的某些干预，应该逐步“弱化”或“退出”。但是，种子作为一种特殊的农资商品，政府实施依法管理和监督也是必要的。为此，我国先后颁布实施了一系列种业管理的法律法规，《种子管理条例》《种子检验管理办法》《种子管理条例农作物种子实施细则》等先后出台，为强化种质资源管理及种子研究、开发、生产、加工、储运和营销等种子管理提供了法律依据，使种子管理逐步制度化、规范化、法律法规化。

（2）育种科研与创新

在育种科研方面，中华人民共和国成立以来，国家就非常重视作物育种工作，投入了大量的经费，建成了一定规模的基础设施，配备了相当的仪器设备，培养了大批育种专家，积累了丰富的种质资源和育种材料。目前，全国专门从事农作物育种的机构有500家左右，数量居世界首位，主要是农业科研和教学单位，但种子企业的育种能力较低，多数种子公司没有专门的研发机构和研究人员。我国育种科研体系由于受体制、机制的制约，种子行业的生产经营和科技资源相互脱节问题十分突出，制约了我国农作物新品种选育及推广的速度。一方面，种子企业的育种能力很低，绝大多数的公司几乎没有研发机构和科研人员；另一方面，我国农业科研单位的种子科研和开发也不尽如人意，机构臃肿、人员众多，致使投入产出不成正比。此外，虽然《植物新品种保护条例》和《种子法》已经颁布实施，但育种主体对培育新品种的知识产权自身保护能力较弱，加之政府对农业科研经费投入有限、高层次种业科研人才缺乏等原因，在很大程度上影响了我国种业的健康、快速发展。在育种技术方面，虽然在某些领域如杂交水稻居于世界前列，但总体来看，种业研究设施和技术水平还比较落后，与发达国家相对还有较大差距。

在育种创新方面，近年来我国育种创新活动发展迅速，航天育种尤为突出。航天育种是航天诱变育种的简称，是利用航天技术、以太空诱变为基础的育种技术；是利用返回式航天器，将作物种子等种质材料搭载到太空，利用太空特殊环境的诱变作用使作物基因产生变异，返回地面后选育新品种的作物育种技术；包括以下几个阶段：首先是种子筛选。种子筛选是航天育种的第一步，这一程序非常严格，需要专业技术。带上太空的种子必须是遗传性稳定、综合性状好的种子，这样才能保证太空育种的意义。其次是“天上诱变”。利用卫星和飞船等太空飞行器将植物种子带上太空，再利用其特有的太空环境条件，如宇宙射线、微重力、高真空、弱地磁场等因素对植物的诱变作用产生各种基因变异，再返回地面选育出植物的新种质、新材料、新品种。最后是“地下攻坚”。由于这些种子的变化是分子层面的，我们必须先将种子都播种下去，一般从第二代开始筛选突变单株，然后将选出的种子再播种、筛选，让它们自交繁殖，如此繁育三四代后，才有可能获得遗传性状稳定的优良突变系，其间还要进行品系鉴定、区域化试验等。这样，每次太空遨游过的种子都要经过连续几年的筛选鉴定，其中的优系再经过考验和农作物品种审定委员会的审定才能被称为真正的“太空种子”。我国的宇宙生命科学试验，是借助返回式卫星和神舟飞船的载荷余量实现的。返回式卫星和飞船除了主要试验目的之外，还有部分载荷余量，以搭载方式进行试验节省了大量的经费。搭载物采用有源包装和无源包装方式，有源包装主要使用生物培养箱，用电控方法保持其中的大气压力、气体、湿度、温度和营养的配比，主要用于昆虫、特殊菌种和动物精液。无源包装有两种：一是植物的枝芽和菌种，用试管包装，保持试管内的大气压力、营养和湿度；二是植物干种子，用布袋包装。自1987年以来，我国科学工作者利用返回式卫星和飞船搭载了60多种植物的500多个品种的种子，涉及粮棉油及蔬菜、瓜果等作物，经国内22个省、区、市，70多个研究单位多年的地面选育，取得了一批可喜的成果，已经培育出水稻、小麦、莲子、青椒、番茄等作物新品种、新品系，还有许多优良菌株及一批种子资源，为农业生产做出了一定的贡献。此后，全国相继建立了多个航天育种试验示范基地，对经过太空遨游的作物种子进行选育、种植试验和示范，这些太空瓜果不仅个头大、色泽亮丽、口感清爽、营养丰富，而且产量高，具有很强的地面环境适应性和抵御病虫害的能力。

我国育种科研与创新成就还表现在新品种权的申请授权量稳步增长；其次表现为品种权结构不断优化，所申请的新品种权虽然大田作物占比依然较高，但蔬菜等经济类作物占比在不断上升。从新品种类别上来看，育种创新正在朝着多元化方向发展。除此之外，育种创新主体也在朝着多元化方向发展，不再是过去那样由科研院所一家独大，企业的申请量在不断增加，种子企业的创新地位在稳步提升，其申请量一度超过科研院所，这与我国种业未来强化企业育种创新地位的战略目标是一致的。育种创新活动能取得上述成就，一方面说明育种创新主体的品种权保护意识在提高，另一方面也说明育种创新主体的创新热情被极大激发。但是由于种业改革过度的市场化、育种创新的体制机制仍未理顺等原因，育种创新仍然存在两个方面的问题：一方面是对基础性育种的社会公益性和公共物品特点认识和重视不够，导致基础研究贫乏，公益性的育种科研成果储备严重不足，削弱了育种创新的水平和持续发展的后劲；另一方面是以企业为主导的商业化育种体系仍未建立，企业育种积极性整体不高。

（3）育繁推一体化

自2011年农业部确定培育具有核心竞争力和较强国际竞争力的育繁推一体化种子企业以来，国内学者对育繁推一体化经营理念的内涵进行了探讨。一般来讲，首先，种业育繁推一体化中“育”是指种业自身有科研团队，有培育新品种的能力，能培育出市场上有核心竞争力的品种，为种业发展提供可持续增长的动力。其次，“繁”是指种业有稳定的繁育基地，有技术人员在一线生产指导，制种过程必须采取集约方式，变一家一户的繁育为集中大面积繁育。加强对播种、去杂、收获等种子生产关键环节的管理，能生产出合格的杂交种子。种子生产由粗放型向集约型转变。最后，“推”是指种业推广销售与经营，健全销售网络，将最新培育的新品种推广到适宜区域种植。通过设立种业分公司，健全省级代理商与市县级代理商销售体系，将优良的种子销售给用种农户，获取利益最大化。种业在推广过程中通过科研成果转让、知识产权入股、企业资助科研、资产捆绑重组等方式，实现种业科研、生产、经营的强强联合，增强国际竞争能力。由科研、生产、经营脱节向育繁推、产加销一体化发展。

随着种业商业化育种的推进，种业育繁推一体化过程中存在较多的问题。首先，各级政府是育种投资主体、科研院所和高校是研发主体、企业是推广主体的相互剥离现象仍然广泛存在。其次，创新主体偏差，导致育种效率低下，育、繁、推脱节。更为严重的是，由于企业很容易以相对较低的成本购买公共科研单位用政府的公共财政投入而产生的育种成果，这就严重扭曲了技术市场的价值规律，对私人资本投入商业化育种会形成巨大的挤出效应，抑制了集经营、研发于一体的具有较强育种创新能力的大型种子企业的形成。最后，现行行政权主导的品种审定制度不适应种业市场化，行政权过多地干预育种行为，审定过程缺乏有效监督，极易滋生权力寻租等腐败行为。由于中国种子产业长期在计划经济的框架下运行，国有种子公司机构臃肿，政企不分，体制改革步履艰辛。佟屏亚等人经过全面系统的调研分析后指出，改革遇到的困难是产权结构问题，改革的出路在于产权多元化。民营种子公司以及股份制公司代表中国种业的发展方向，但都必须从家族式管理体制中解脱出来，建立现代企业管理制度。霍学喜等人的研究结果表明，我国现行种子管理体制存在的弊端，表现在政府和企业之间缺乏行为规范，各相关产业之间缺乏高效率的产业关联关系，种子研发、繁育、生产、储运、营销等产业缺乏科学激励，种子技术及商品种子市场运作过程缺乏规范的监督和管理。

解决现行种业管理的弊端，越来越多的学者开始研究如何促进种子育繁推一体化加速现代种业企业快速发展壮大，主要举措如下：第一，实现种子工程上、中、下游有关单位企业有机结合，尽快完成体制创新。高校、研究所主要从事基础研究等公益性研发；企业作为育种主体，根据市场需求进行商业化育种及开发。第二，构建并完善高效商业化育种体系，建立“科学设计、专业分工、标准操作、流水作业”的商业化育种模式，持续制造满足市场需求并且具有商业价值的品种育种体系和活动。第三，推广普及规模化农场种子繁育体系。规模化农场繁育种子具有高纯度、高质量、低成本等优点，其必然成为我国未来种子繁育的主要模式。第四，加大对育繁推一体化种子企业投入，支持引进国内外先进育种技术、装备和高端人才，并购优势科研单位或种子企业，促进育繁推一体化种子企业发展壮大，提高品牌效应。最后，优化种业发展环境。深入开展打假护权专项行动，建立种子可追溯管理信息系统，保护农民和品种权人合法权益。加快建立品种审定绿色通道，做好品种测试与品种审定的有机衔接。全面清理现有行政规定，打破地方封锁，推动形成全国统一开放、竞争有序的种业大市场。

1.3.3 西北半干旱地区种业发展动态

我国西北地区地域辽阔，得天独厚的地理位置和特殊的气候等条件造就了天然的制种优势。目前，我国75%的玉米良种制种分布在西北地区，70%以上的蔬菜、花卉种子生产在甘肃的河西走廊。在我国种业面临竞争日趋激烈的新格局下，西北半干旱地区农作物种业发展颇受各界广泛关注。

（1）各省域发展动态

陕西省种子经营初具规模，种子产业化雏形已基本形成。到2013年年底已有民营、股份制种子企业205家，覆盖城乡的种子经营门店超过9000家。注册资本3000万元以上的企业达到18家，种业从业人员约11万人。其中，存在的问题和发展瓶颈主要有以下几方面：第一，多数种子企业还是产权家庭控制型企业，财产所有权与经营权未彻底分离，且企业管理体制和运行机制落后。种子企业的资本重组和资本运营存在障碍，难以吸收和集中优势资本参与企业经营，阻碍了种子企业的发展壮大。第二，多数企业重销售、轻科研，优秀人才缺乏，存在“重引进、轻培养”和“引得来、用不好、留不住”等现象，创新动力不足，拥有自主品种权品种的企业不多。为此，陕西省将通过兼并重组等方式，促进种业资源整合，优化种子企业布局，提高种子市场集中度。要整合现有育种力量和资源，按照市场化、产业化育种模式开展品种研发，引导科研院所、高等院校的科研人员通过技术入股、成果参股等方式参与商业化育种，逐步建立以企业为主体的商业化育种新机制。

甘肃省农作物制种具有得天独厚的自然资源、技术力量和区位优势，目前杂交玉米年制种产量已占全国大田玉米用种需求的60%左右，制种面积常年稳定在10万hm^2以上。马铃薯脱毒种薯繁殖面积在10万hm^2以上，蔬菜、花卉种子生产面积在1万hm^2以上，已成为全国三大现代种业制种基地之一，对提高农业生产效益、增加农民收入做出了重要贡献。甘肃省通过加大政策扶持、整合农业项目投入、加强基地基础设施建设、提高制种机械配套等措施，引导制种企业向生产优势区域集中，已形成了规模化玉米种子生产基地、马铃薯种薯繁殖基地、杂交油菜种子生产基地、全国最大的啤酒大麦种子生产基地、小麦原（良）种生产基地和蔬菜、花卉种子生产基地六大基地。张掖市还积极探索了“企业+基地”“企业+专业合作社+基地”和“企业+制种大户+基地”的模式，充分发挥了龙头企业和农民专业合作社的引领作用，通过企业和合作社流转土地，建成“四化”制种示范基地0.71万hm^2。尽管取得了一定的成就，但是仍存在制种关系不稳定、供种保障能力不强、机械化水平低和制度监管不力等方面的问题。甘肃省要实现制种现代化必须进一步加强土地平整、路渠配套、生产加工链条完整，推进生产全程机械化、过程控制智能化和信息管理网络化，充分满足农业生产精量播种和种子质量可追溯的要求，实现土地集中连片、农民专业合作、企业育繁推一体化，推动资本、人才、技术向优势区域聚集，形成产业集群化发展。

宁夏回族自治区光热资源丰富，有良好的种子生产基础。从事农作物品种科研育种单位有9家，主要开展小麦、水稻、玉米、马铃薯、向日葵、小杂粮等农作物品种育种工作。已建成国家级区试站4个，初步建立了农作物新品种试验、抗逆性鉴定、品质测试、DNA指纹鉴定等试验审定体系。但宁夏种子企业小、散、弱，带动力不强，基础设施水平较低等因素严重制约着优质种子的生产、种子的加工升级以及种子质量的检测控制等各个环节的发展。因此，一是要引导、鼓励、支持种子企业之间、种子企业与其他行业企业之间的联合与合作、兼并与重组，促使其做大，进而做强。二是要积极引进国内外大型种子企业在本区投资办企业，通过其有效资本、先进技术、人才资源和管理模式，促进种业做大做强。三是推进科企合作，提高企业的品种选育能力，加快建设育繁推一体化企业，增强核心竞争力。

（2）各品种发展动态

我国西北地区地域辽阔，特殊的地理位置和气候条件造就了天然的制种优势。陕西省科技资源优势突出：这里有国家唯一一个农业高新技术产业示范区——杨凌，这里有70年小麦育种历史的高等院校——西北农林科技大学，在这里先后涌现出一大批育种专家，如开创新中国小麦育种历史、培育出“碧蚂1号”小麦良种的赵洪璋，培育出“小偃6号”、在黄淮麦区推广超过1亿亩、得过国家最高科学技术奖的李振声等。目前，我国75%的玉米良种制种分布在西北地区，其中甘肃河西走廊约占45.6%、新疆约占29.4%；我国70%以上的蔬菜、花卉种子生产在甘肃的河西走廊，其中酒泉占60%以上。定西市近几年形成年生产马铃薯脱毒苗6500万株、微型薯（原原种）1亿粒的能力，原种扩繁基地达到0.067万hm^2以上，优质良种和脱毒种薯一、二级原种生产基地稳定在6.7万hm^2以上；培育出的优良品种有高淀粉型陇薯3号、5号和优质菜用薯新大坪、大白花、陇薯6号等，优质品种的布局面积已占到80%以上，已形成了具有国内先进水平的陇薯、渭薯、武薯、甘农薯、青海薯等五大优良品种系列，建成了全国最大的马铃薯脱毒种薯和优质良种生产供应基地以及西部最大的马铃薯科研育种基地。天水中国西部航天育种基地自成立以来，已经拥有经过太空搭载的蔬菜、粮食、瓜果等9大类999个品系，培育出益变材料24207份，选育成功的38个农作物新品种通过了省级鉴定。青海省主攻方向是油菜，要把双低甘蓝型油菜品种的推广作为重点加以突破，着力抓好青杂2号、青杂3号、青杂4号、青杂5号等甘蓝型品种的扩繁推广。宁夏小麦、粳稻育种水平处于全国同类地区前列。被国内专家誉为“穿梭育种”典范的小麦品种宁春4号，30年来是我国春小麦种植面积最大的品种，累计种植面积超过866.7万hm^2，为我国春小麦生产做出了突出贡献。优质水稻新品种宁粳43号，荣获全国优质食味粳稻品评一等奖，成为享誉国内高端市场的大米品种。

1.3.4　国内外研究动态述评

从已有的研究成果可以看出：发达国家种业科技水平高，种业经营管理体制成熟，种业发展战略注重基础性、前瞻性、战略性、国际化；研究内容不仅细化到种子企业和不同农作物层面，而且对种子产业发展创新环境极其重视，提出了有利于种业创新发展的不同模式、体制与机制。特别是国外对植物新品种保护制度的研究已经较为深入，深化到植物新品种保护对某一种农作物品种，比如大豆、玉米等产业的纵向、横向一体化影响。

相对发达国家而言，我国种子产业在研究的广度和深度上都存在一定差距。无论是种业技术创新还是管理体制创新都主要集中于宏观层面，重点讨论与分析了现行管理体制、法律环境、各市场主体行为等对种业发展的影响，而且主要采用案例分析研究，缺乏对区域内部种子产业集聚和技术创新的系统研究。另外，我国地域面积广阔，物种资源丰富，各区域内部发展种业的区位条件和资源优势各有差异，不同区域在种业发展中究竟具备什么样的发展潜力、需要怎样的支撑条件仍然是值得深入研究的重大问题。基于此，本研究在充分借鉴国内外种业发展经验的基础上，深入剖析西北半干旱地区现代农作物种业发展现状、问题及其策略，研究结论对推动西北半干旱地区种业发展，具有重要的理论与实践参考价值。

第二章

西北半干旱地区农作物育种创新与种子育繁推一体化现状与问题分析

2.1 现状与成效

近年来，西北半干旱地区各省（区）把现代制种业作为重要的特色优势产业来培育，发挥其区位优势和技术优势，促进了种业的健康快速发展，为提高农业综合生产能力、保障农产品有效供给和促进农民增收做出了重要贡献。2000—2014年，我国国家审定主要作物品种2227个，西北半干旱地区审定农作物品种1070个，具体如表2-1和表2-2所示。西北半干旱地区的玉米、小麦、油菜和马铃薯育种在我国种业发展进程中起到了重要作用。

表2-1 我国国家主要农作物品种审定情况

年份	国定主要农作物						
	稻	小麦	玉米	棉花	大豆	油菜	马铃薯
2000	7	10	17	5	5	2	0
2001	37	13	13	7	1	17	0
2002	0	0	1	5	0	22	0
2003	95	44	77	2	1	28	0
2004	70	25	46	3	0	28	0
2005	59	22	51	20	0	19	0
2006	84	32	68	20	0	6	0
2007	52	31	36	18	0	15	0
2008	45	20	29	25	0	36	0
2009	52	33	14	23	0	26	0
2010	55	22	24	9	19	35	6
2011	29	21	25	15	19	31	3
2012	44	16	20	6	7	16	0
2013	43	0	18	5	16	0	3

续表2-1

年份	国定主要农作物						
	稻	小麦	玉米	棉花	大豆	油菜	马铃薯
2014	24	52	124	36	25	27	15
合计	696	341	563	199	93	308	27

表2-2 西北半干旱地区农作物审定情况

年份	国定主要农作物							省定主要农作物			
	稻	小麦	玉米	棉花	大豆	油菜	马铃薯	青稞	苹果	向日葵	胡麻
2000	3	20	25	4	4	3	0	0	1	0	2
2001	1	21	6	1	1	6	0	0	0	1	0
2002	11	11	25	0	0	4	1	0	0	1	1
2003	11	25	43	2	5	4	3	0	0	0	0
2004	3	21	16	1	0	5	0	0	0	2	0
2005	4	40	16	2	2	9	7	2	0	0	1
2006	7	16	19	0	2	1	0	4	0	0	0
2007	12	29	37	5	1	3	2	0	0	0	0
2008	9	31	35	5	0	5	5	0	0	0	0
2009	8	28	44	8	0	14	6	0	0	0	1
2010	2	24	54	4	4	24	0	0	0	0	1
2011	4	17	36	6	4	18	0	0	0	0	0
2012	5	23	82	6	2	17	3	0	0	0	0
2013	0	9	17	5	0	5	1	0	0	0	0
2014	0	16	26	1	3	3	9	0	0	0	0
合计	80	315	455	49	25	118	28	6	1	4	6

（1）品种选育水平逐步提升

截至2013年12月底，全国农业植物新品种权的申请总量累计达11 710件，授权总量达4018件，其中2013年申请量为1333件，授权量为138件。西北半干旱地区申请量为23件，授权量为2件，分别占全国的1.7%、1.4%。2013年西北半干旱地区各省（区）品种权申请数量情况如图2-1所示。

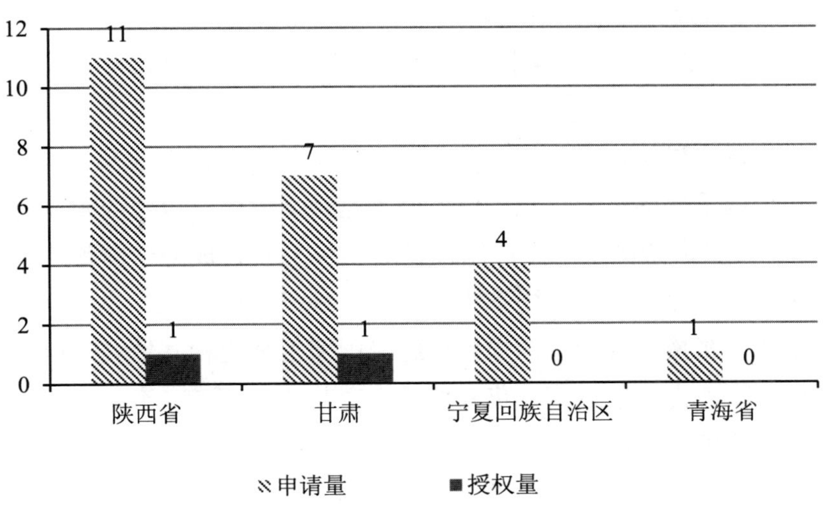

图2-1 2013年西北半干旱地区品种权申请数量情况

2014年，通过国家审定的主要农作物品种有140个，包含稻47个、小麦21个、玉米29个、棉花13个、大豆14个、油菜9个、马铃薯7个。其中，西北半干旱地区通过国家审定品种小麦1个、玉米品种2个、油菜品种2个、马铃薯品种1个。

甘肃省经过种子科研、教学、推广及生产经营单位的长期努力，农作物优良品种的引进、选育、生产和推广得到了快速发展。玉米、小麦、啤酒大麦、胡麻和马铃薯改良分中心及一批品种区域试验站建成。共审定玉米品种175个、马铃薯品种47个，其中“吉祥1号”玉米、“陇薯6号”马铃薯等成为最具优势和潜力的新品种。全省从事玉米育种的企业占玉米种子企业的42%，种子企业单独选育审定的新品种数量占省级品种审定总数的70%以上，企业逐步向科技创新主体发展。良种覆盖率达到95%以上，小麦、玉米品种经过了4次更新换代，换代年限由10年缩短到7～8年。培育了世界首个杂交胡麻品种及一大批抗锈冬小麦、南瓜、番茄等优良品种，良种对粮食的贡献率由2003年的36%提高到目前的40%。

青海省杂交油菜、蚕豆、青稞、马铃薯等特色优势作物新品种选育达到国内领先水平，有力地促进了粮油等主要农产品的产量提高和品质提升。

宁夏回族自治区建成国家级区试站3个，启动建设农作物新品种展示示范园区17个，年均引育各类农作物新品种品系和组合800多个，审定推广水稻、小麦、玉米、马铃薯等14类农作物694个优新品种，及时退出199个不适宜种植品种。全区玉米新品种推广率达到100%，品种专用化率超过75%，水稻优质率达到87%，三大粮食作物品种分别实现第五、六、七次更新换代。

陕西省各类农作物共育成审定品种821个，其中小麦品种180个、玉米品种186个、油菜品种53个、其他作物品种402个，搜集整理种质资源3.5万余份。通过新品种的加速推广，品种更新换代由过去的9～10年缩短到4～5年，良种在农业增产中所占份额由过去的36%提高到40%左右，良种覆盖率达到95%以上，确保了农业生产安全和单产稳定提高。

（2）供种能力不断增强

2014年，全国杂交玉米制种面积为294万亩，甘肃省制种面积为122.66万亩，占全国制种面积的42%，宁夏回族自治区制种面积为8.1万亩，占全国制种面积的3%；全国杂交玉米种子产量为10.36亿kg，其中，甘肃省杂交玉米制种产量为4.79亿kg，宁夏回族自治区玉米制种产量为0.29亿kg，占全国总产量的50%。2014年全国各区域玉米制种面积、产量及其占比情况如图2-2和图2-3所示。甘肃省和宁夏回族自治区杂交玉米制种单产分别为390.3 kg/亩、390.9 kg/亩，仅次于新疆维吾尔自治区的415.5 kg/亩，远高于全国平均353 kg/亩的单产。近12年来，全国杂交玉米制种单产变动状况如图2-4所示。

甘肃省种子优势产业集群初步形成，已发展成为全国最大的杂交玉米种子生产基地、马铃薯脱毒种薯生产基地和全国重要的瓜菜、花卉对外制种基地。其中：以河西走廊为主的玉米种子生产基地150万亩，年产种量占全国玉米生产用种量的60%左右，成为全国现代农作物种业三大核心基地之一，1市7县被农业部认定为国家级杂交玉米种子生产基地，农业部和甘肃省政府联合成立了国家级种子基地（张掖）管理协调领导小组，国家玉米制种基地（甘肃）建设项目已在全国率先启动；以酒泉、张掖为主的瓜菜、花卉种子生产基地15万亩，年产种300多万kg；以中南部为主的马铃薯脱毒种薯扩繁基地110万亩，年产种20亿kg以上；以陇东为主的小麦原（良）种生产基地有40万亩，以临夏、天祝、民乐为主的杂交油菜种子生产基地有2万亩，以河西走廊为主的啤酒大麦种子生产基地有5万亩。全省现有种子企业480多家，其中注册资本1亿元以上的有

8家，注册资本3000万元以上的占22%，中国种业54家骨干企业中已有41家在甘肃省建立了加工中心和生产基地，全省种子生产优势产业集群初步形成。

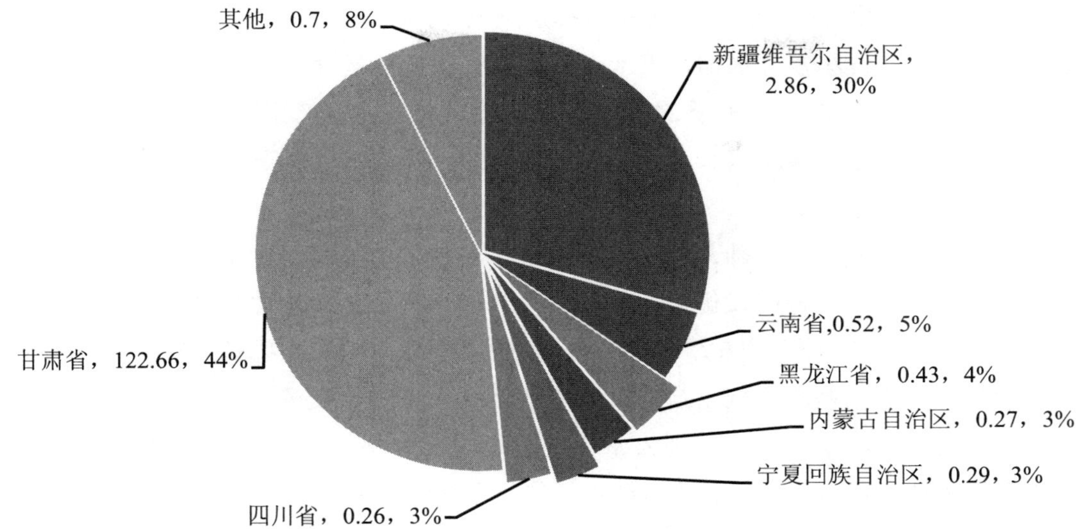

图2-2 2014年全国各区域杂交玉米制种面积(单位:万亩)及其占比

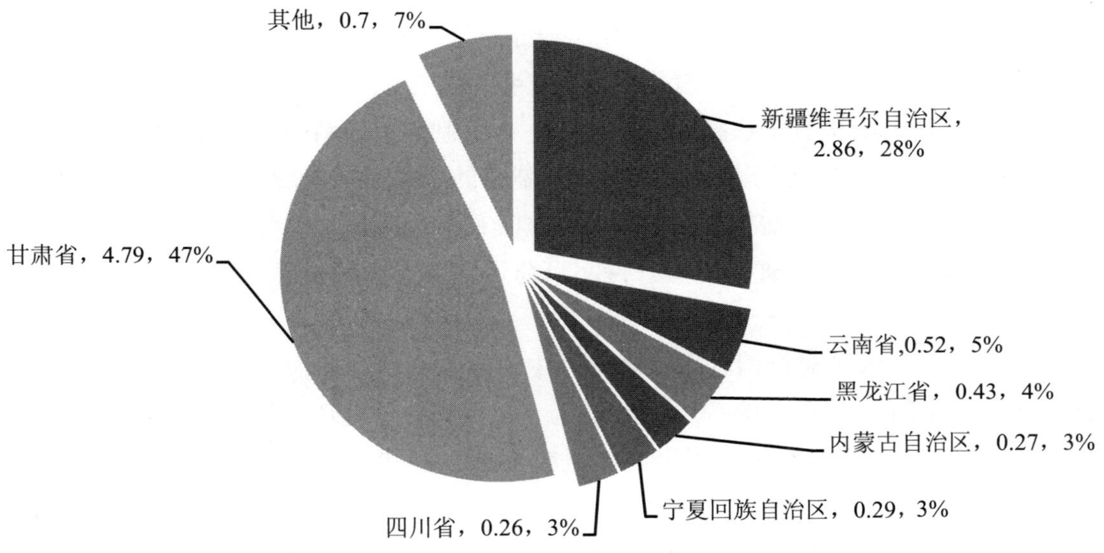

图2-3 2014年全国各区域杂交玉米制种产量(单位:亿kg)及其占比

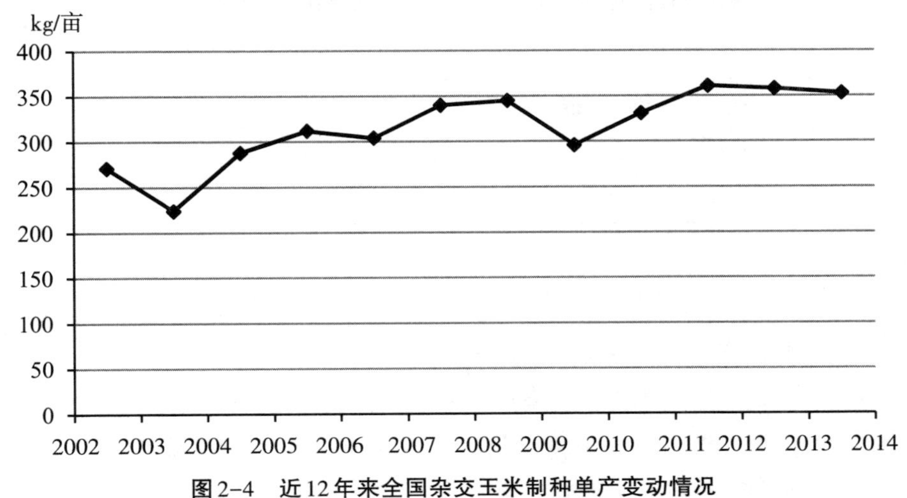

图2-4 近12年来全国杂交玉米制种单产变动情况

青海省优良品种供应能力显著提高。全省种子基地发展到55万亩，种子生产能力稳步提高，种子统供率达到11%，良种覆盖率达到93%以上；杂交油菜和杂交玉米基本上实现精选加工、包装、标牌销售和商品化供种一条龙，良种覆盖率达到100%。

宁夏回族自治区建设小麦、水稻、玉米、脱毒马铃薯良种繁育基地23个，全区发展农作物繁制种55万亩，年繁育各类农作物种子24万吨，在保障宁夏农业生产用种的同时，还向我国西北、东北、华北及南方各地供应春小麦、蔬菜、马铃薯种子。小麦、水稻、玉米三大作物良种统供率分别达到35%、75%、100%。

陕西省则具有良好的发展基础，种质资源丰富，科技实力较强，种子生产基地相对稳定，小麦、玉米、杂交油菜自主品种研发优势明显，大宗农作物种子生产能力稳步提高。现有良种生产基地70万亩，其中杂交制种面积6万多亩，常规种良繁面积65万亩左右。种子生产能力不断提高，小麦、油菜等农作物基本实现了自给，其中陕西省生产的杂交油菜种子72%销往外省，占到全国市场33%的份额。种子包衣从小到大，应用面积达3000多万亩，玉米、水稻、小麦、油菜、棉花等主要农作物种子基本实现了精选、包衣、包装和标牌销售。

（3）政策法规逐步健全

以甘肃省为例，2007年在全国首次以政府规章颁布了《甘肃省农作物种子生产基地管理办法》，2009年修订了地方法规《甘肃省农作物种子条例》，制定完善了17项配套管理制度及231个种子生产、贮藏、销售等方面的地方标准，形成了以《种子法》为核心，地方性法规、政府规章及各类规范性文件为基础的种子法律体系。同时，省上制定了一系列扶持种子产业发展的政策措施，为种业提供了难得的发展机遇。2012年省上制定的《关于加快现代农业发展的意见》《甘肃省加快推进现代农业发展提质增效五年行动计划（2012—2016年）》等文件中，均将现代种业列为发展现代农业重点产业之一进行重点扶持。目前，甘肃省已初步建立起良好的法律平台环境，种业发展环境不断优化。

近5年来，国家加大了对全国种子管理体系中财政支持的力度，在财政资金中，支付人员工资福利约占54%，用于开展业务的费用约占23.45%，全国种子管理体系人均工资5.66万元，人均业务费2.47万元。2014年，西北半干旱地区财政支持金额和种子管理及人均经费情况如表2-3所示。

表2-3　西北半干旱地区种子管理体系经费投入情况

地区	财政支持金额(万元)	人均经费收入(万元)	人均经费支出(万元)
陕西省	18 421.66	9.71	9.63
甘肃省	15 562.2	11.75	11.9
青海省	5852.47	17.66	17.45
宁夏回族自治区	3160.34	13.55	11.88

（4）检测监管逐步改善

宁夏建成了自治区种子质量监督检测中心和固原市、石嘴山市两个种子质量检测分中心。2012年，全区杂交玉米、水稻、小麦种子合格率分别达到99%、96%、97%。全区各级种子管理部门坚持日常检查和专项抽查相结合，严肃查处各种违法违规行为，切实维护种子市场秩序。

青海省基本建立了省、州、县三级种子管理体系，海东、海西、海南建立了州地级种子质量监督检测体系，良种补贴种类和区域不断扩大。

甘肃省建成省、市级种子质量检测中心（分中心）8个，全省种子质量年检测能力由3000份增加到3万份，省级种子质量监督检测中心通过了农业部真实性分子检测和转基因检测资质考核认证，实现了常规检验向转基因、品种真实性分子检测及马铃薯病毒检测的跨越。部分市、县种子管理部门通过检验机构认证，提高了开展种子质量监督抽查的能力。目前，全省已基本形成以省级种子质量检测中心为龙头，市、县种子质量检验机构为主体，企业检验室为基础的种子质检体系。同时，建立健全了省、市、县三级种子管理体系，并通过竞争上岗、择优录用，分次分批培训等措施，建设了一支近1600人的素质过硬的专业化种子管理队伍。取得执法资格证的人员占到45%，取得种子检验员资格证的接近20%，为种子市场监管提供了人员保障。

2.2　问题与成因

2.2.1　面临的问题

（1）种子企业科技人员数量少，素质有待提升

由于农作物育种周期长、见效慢、劳动强度大、待遇低等种种原因，目前西北半干旱地区育种科研机构真正从事育种工作的人力资源较为匮乏。种业研发能力整体不强，科研开发资金不足，从而导致超前品种少、创新能力差，这是该区域种子企业的致命伤，而这种现象与科研人员数量少、科研力量弱有着直接的关系。

一是种子企业聘请的多为科研机构退休人员，年龄偏大。虽有丰富的育种经验，但知识更新不够，超前意识不强，不能紧跟市场需求而随时调整科研课题和方向。只善于从技术角度来看待问题，缺乏把握全局的战略眼光。二是由于受市场经济负面作用的影响，一部分科技人员自身思想素质不高，奉献意识不强，存在患得患失的思想，对工作有消极怠工倾向，这种思想的存在成为种子企业发展的绊脚石，尤其是在企业发展的起步阶段这种障碍作用更明显，影响了其他员工能动性、积极性的发挥。三是研发队伍结构不合理，人才断层现象严重。农业院校毕业的学生不愿去种业单位工作，使整个队伍学科带头人年龄日趋老化，中青年骨干专家占不到总数的10%。

（2）种子选育缺乏突破性品种，种子企业竞争力弱

受传统计划经济体制下国家出资、科研单位育种、种子公司经营的影响，西北半干旱地区长期存在种业科研创新能力不强、成果转化效率低、产学研用结合不紧密等问题，育繁、推广长期相互分离。其次，由于品种选育需要的时间长、投资多、风险大，单个企业在资金、技术储备等方面难以满足育种创新的基本要求。农作物品种选育手段落后，基本采用自然突变选育、人工杂交等常规方法，在基因工程、分子标记、单倍体育种等生物技术研发方面落后，导致区域种业研发周期长、创新难度大、科技含量不高。育种环节采用的基础材料仍主要是老材料的反复筛选-优系，从国外带回的品种以二环系等方法选育出来，通过交换或其他方式摄取。老材料重复应用直接导致培育出的品种中的亲本重复率很高，其结果是品种间差异性不大，突破性品种较少，难以满足现代种业创新发展要求。

青海省种子企业多、规模小、实力弱，没有研发能力，无种子骨干企业，种子基地基础条件差，不巩固、不稳定；甘肃省种子企业品种研发投入不足、自身积累少，尚未成为真正的科技创新主体，80%的企业没有专门的科研育种机构和育种人员，新品种研发能力弱，整体缺乏自主知

识产权的品种，核心竞争力不强；宁夏回族自治区种子企业普遍存在小、散、弱的状况，企业核心竞争能力低下，发展后劲不足，绝大部分种子企业没有品种创新能力，产学研分离，育繁推脱节，种子生产基地、加工设备、检验、仓贮设施条件较差；陕西省种子企业“多、小、弱”，注册资本和营业额达“双千万”的种子企业只有7家，仅占企业总数的2.2%，90%的企业注册资本在100万元到500万元之间，种子生产、加工、营销水平低，管理方式落后。

（3）协同创新与全产业链整合能力不足

研发主体缺乏协作环境，强势领域不能开展联合攻关。目前，西北半干旱地区商业化育种仍然主要由高校及科研院所承担，由于育种人才的缺乏，进行商业化育种的企业比例很小，这就造成了商业化育种主体的错位以及种子产业链条环节的脱节。高校及科研院所一般只进行品种研发，生产经营环节一般由种子企业操作，这就形成了高校及科研院所有品种而无经营，种子企业搞经营却无品种的境况。高校及科研院所重成果、轻成效，所育品种往往市场开发价值不高，推广效应差，无法与企业品种需求有效对接，还往往导致市场上品种“多、乱、杂”现象。而品种的多、乱、杂现象，加大了农业技术部门为农服务的难度。

西北半干旱地区现有种子公司大多是由原先的国有各级种子公司改制或原先国有企业管理人员创办企业而来，管理人员结构其实并未发生改变，各种子企业仍然按照以往的管理和经营模式进行运作，管理模式相对简单，而且几乎是同一种经营理念，根本谈不上企业的创新发展，再加上绝大多数种子企业缺乏育种科研人才和条件，因此企业独立生存能力偏差。总的来看，多数种子企业运行机制不灵活，资金规模小，营利水平低，经营管理手段落后。许多企业自身没有科研人员和育种条件，主要经营科研单位育成的品种，企业依附性强，专业化协作水平低，经营品种小而全，经营领域专而窄，企业生产要素配置极不合理，缺乏规避市场风险的能力。

（4）种子生产、加工与储备能力不足

由于农作物制种比其他大田作物生产承担的自然风险大，加之农村劳动力外出务工偏多，受自然条件、劳力、农用生产资料价格上涨、市场需求、农业结构调整和社会发展等诸多因素的影响，西北半干旱地区种子生产、加工与储备存在诸多不足。

以陕西省为例，第一，杂交制种面积下降，种子加工能力不足，作物间发展不平衡。据初步统计，目前陕西省杂交玉米制种面积较20世纪90年代末下降10多万亩，油菜制种面积也仅有最高年份的50%左右，历史上杂交水稻制种面积近万亩，而现在基本上没有，瓜菜类制种面积也有所下降。现有种子加工设备大部分为2000年以前购置，加工能力较小，且主要集中在退出市场的市县级种子公司，民营企业种子加工设备缺乏，特别是缺乏大型现代化成套加工生产线和配备的烘干设备，种子加工能力不足，水平不高。除小麦、油菜两大作物种子生产量能够完全满足全省农业生产用种外，玉米、棉花、水稻和瓜菜等作物基本或全部依赖外调，导致陕西省种子供应受外部影响较大，虽然农业生产用种能够保障，但由于运输和劳务等环节的增多，种子成本增加，价格较高。第二，制种基地建立缺乏长期稳定性。省内较多种子企业有扩大制种计划的愿望，而基地农民生产积极性不高，宁可外出打工或改种大田作物，也不愿制种，使基地落实困难。陕西省利用“种子工程”项目，对建设制种基地投入了不少资金。由于受项目建设较分散、优势区域集中度不强，以及基地建设与管理的政策界限不明确等方面的影响，一些制种基地的生产功能发挥不好。第三，种子基地分散，基础设施较落后。陕西省4万亩杂交玉米种子基地分布在陕北和渭北的4个县区，杂交油菜3万亩的种子基地分布在5个市的10多个县区，相对集中的小麦种子基地每个县区也难以达到上万亩。基地分散，导致陕西省种子不便管理，且难以形成优势产业。从陕西省种子生产基地的分布来看，除关中灌区外，其他基地主要集中在旱塬区，种子生产受气候因素影响较大。从目前仓储和晾晒场地建设情况来看，主要集中在企业注册地，基地仓储和晒场条件严重不足，影响种子的收购和就地加工。第四，种子储备总量不足。目前陕西省只有国家储备，无省级储备，全省年均用种需求量为2.5亿kg，而种子储备量仅220万kg，不足年用种量的1%，难以保障救灾备荒等应急需求。

（5）种业监督管理体系缺位

青海省种子执法力量薄弱，种子质量管理和市场监管的技术与手段落后，工作经费不足，缺乏与《中华人民共和国种子法》相配套的地方行政规章。

甘肃省大部分基层种子管理机构缺乏种子执法车辆、执法取证设备，影响了种子案件查处的及时性和有效性。60%的基层种子管理机构因缺乏必要的检验仪器设备，不能开展必要的种子质量检测，难以保证生产用种质量安全。新品种试验、示范、信息等公共服务能力不强，无法在良种和农户之间形成有效对接，市场上品种多乱杂现象较为严重。制种大市、大县种子管理人员相对不足，普遍缺乏工作经费，不能满足监管工作的需要。

陕西省省市县三级承担种子管理服务和执法职能的管理机构有115个，而实际承担委托执法职能的只有75个，差额事业单位有5个，财政拨付工作经费的只占机构总数的41%，法定种子鉴定机构只有17个。尽管农业部门会同质检、公安等部门每年都在搞种子市场专项整顿治理，但由于没有形成高压态势，市场无序竞争、销售渠道散乱、贴牌侵权、制售假冒伪劣种子的现象仍时有发生，甚至个别地方行政部门强行要求农民到指定公司购买种子。此外，绝大部分种子管理机构技术装备也不完善，品种试验、质量检测、市场监管技术手段和设施滞后。管理执法人员的法律素质、业务素质和技术素质有待提高。

宁夏种子管理机构目前大部分与农业综合执法大队（科）是一套人马、两块牌子，专职种子管理人员比重低、经费紧缺、办公条件差、管理手段落后，种子行政执法管理工作未形成制度化，自治区级救灾种子储备制度尚未建立，《国务院办公厅关于推进种子管理体制改革加强市场监管的意见》规定的职能职责需要落实，这些都不同程度地影响和制约了该区种业的发展。

2.2.2 问题成因分析

（1）科研投入不足，研发激励机制不健全

种子科研力量主要从科研机构和企业两方面来。科研机构基本依靠国家投入，科研水平低，成果转化速度慢，很难形成良性循环。同时，由于行业分散，单个种子企业规模小，资金有限，大都不具备科技创新能力，科技创新严重不足，在竞争中处于不利地位。众所周知，科研育种是种子企业的生命，没有新品种，企业也就失去了生存的根本。国外种子公司都非常重视科研育种，投入巨大。20世纪90年代以来，跨国种业公司投入科研的经费迅速增长。公开资料显示，美国孟山都集团2010年种子业务收入达到76.11亿元，同年仅研究性投入就达到了12.05亿美元，占公司主营业务收入的11.47%；杜邦先锋种业2010年研究性投入则达到了16亿美元，占公司主营业务收入的10%，其他著名的跨国种业公司一般都把每年销售收入的12%～15%用于科研投入。这些公司充足的科研经费保证了其在种子生产核心技术上的领先和垄断地位，如在基因工程和细胞工程研究应用方面，孟山都、杜邦先锋等几家大种业公司先后育成了抗虫或耐除草剂的转基因玉米、大豆、棉花品种，其中孟山都公司还研究成功一项“终结基因”技术，即对转基因种子进行药物处理，使其第二代出现不育，以此来垄断该品种的生产。而在西北半干旱地区省份，过少的资金投入难以满足庞杂的育种研发工作需要，成为种子研发的“短腿”所在。

西北半干旱地区种子企业一个普遍而又突出的问题是科技人才的工作和生活环境不理想。在人才的应用问题上，一定程度上存在着“重引进、轻培养”和“引得来、用不好、留不住”等现象，企业内部缺乏活力，人才断档已严重影响到了企业的持续发展。由于种子企业没有完善的激励机制，不能营造良好的工作和创新环境，不能充分调动科技人员的积极性，造成了人才严重流失。

新品种开发凝结了科技人员大量的创造性劳动，在育种成果向生产及经销领域转化过程中，科技人员的创造性劳动和科研机构的知识产权应该得到补偿，科研机构及育种专家在转让品种时，种子公司通常不愿意或不按照要求支付转让费，严重影响了科研人员的积极性和科技创新后劲。但现行管理体制中，由于种子技术市场发育程度低、种子科研成果交易过程不规范和新品种知识产权保护乏力等原因，绝大多数育种成果及良种本身并未真正成为商品，而且种子科研机构及其科技人员在转让良种及其繁育技术时，种子公司一般不愿意或不按照有关规定和要求支付转让费。结果是种子科研机构及其科技人员付出的劳动得不到必要的补偿，形成育种的不如卖种的、搞科研的不如搞经营的等现象，挫伤了科技人员的积极性，很多优秀人才被国外的公司挖走而造成大量的人才流失，进而造成政府负担过重而种子研究和开发机构的科研经费不足。许多种子研究和开发机构由于受经费制约，无法进行设备更新以及种质资源库、中试基地、推广网络建设，因而缺乏种子技术创新、新品种开发的条件和动力。另一方面，绝大部分种子公司都未建立起自己的研究和开发机构，普遍缺乏具有自己知识产权的优良品种，造成许多品种超期服役以及品种混杂、退化等现象严重。

（2）种业科研机构协作不力，研发市场瞄准性差

条块分割，自成体系。种业科研机构垂直分布，条块分割，归部门或地方所有，研究院所、研究所室之间相互封闭，缺乏科技创新必要的学科交叉与人才流动。从科研单位内部分工看，科研与开发分离，自成体系，限制了市场化的发展进程。从育种机构设置看，大多是按行政区域设置和布局，难以通过横向联合和协作攻关，科技资源配置极大浪费。从科研机构分布看，省级和地方育种单位缺乏业务联系，各自为政。科研管理环节多、效率低，有限的育种经费经过层层分解，还有一半被“人头费”用去。另一方面，人员、经费、设备分散使用，实验室、中试基地缺乏，难以组织大规模的育种攻关。

研究重复，协作不力。科学研究重在创新，但由于短期利益机制的驱动，部分科研单位和科技人员在选育技术储备不足的条件下，热衷于追求育种数量和速度，形成了育种摊子越铺越大、题目越做越小、经费越来越少、时限越来越短的局面。导致种子开发低水平、交叉重复和低下的效率，投入与产出不成正比。种子质量不高，很难创出名牌，严重影响种子产业向社会化、专业化、商品化、规模化方向发展。

急功近利，偏离生产。由于科研单位以培育品种作为考核育种人员业绩的指标，使得一些育种人员重成果、轻成效。为了评职、调薪或获取短期商业利益，急功近利，追求品种“速成”。所研发的品种偏离生产，在丰产性、抗病性方面同质化严重，品种开发价值不高，推广价值不大。

（3）国家对种业支持力度不够，种业企业市场竞争能力不足

制种基地既是生产种子的源头，也是稳定制种业发展的基础，更是保障农业安全用种的根本。国家对提高农民种粮积极性给予了较多优惠政策，比如粮食直补、良种补贴、农机和农资补贴等，但对从事农作物制种基地农户却未落实专项补贴政策。制种受多种不确定因素影响，天气好种子丰产、天气差种子减产，非常不均衡。制种不利，整个产业都会受影响。对整个农业抗灾救灾，对一些好的杂交品种制种，以及遭遇灾害天气应该要有补贴。但西北半干旱地区乃至全国仍未对制种设置专项补贴，同时西北半干旱地区财政对农业的支持乏力，财政救灾补贴主要是针对整个农业产业，制种在整个农业中的比重还比较小，专门申请制种补贴很难，难以获得财政支持。另外，我国部分省份如福建、四川、吉林、甘肃等制定了农业政策性保险试点方案，一些地方也相继开展了农业政策性保险试点，而西北半干旱地区农业政策性保险发展相对滞后，未来应将种业放在非常重要的位置，推动一批种业的扶持政策、制种保险等的出台，逐步落实制种专项优惠政策。

西北半干旱地区种子企业数量多、行业分散、集中度低、生产规模小，大多属于小、全、散的小型企业。由于缺乏有效的联合、整合，“鸡头型”小企业难以建立和支撑从资源到品种的育种创新链，而且处于种业价值链的低端，更不能适应现代市场经济发展要求，市场竞争弱势明显。目前我国有持证种子经营企业8000多家，种子零售商或代销店10万多个，注册资本在3000万元以上的有80多家，经营额在亿元以上的种子企业约有30家，排序前10名的企业销售总额约为48亿元，但仍仅相当于全球十强种业企业销售额的6%。

西北半干旱地区仅拥有敦煌种业这一国内大的种业龙头企业，根本无法与类似美国孟山都集团这样的国外巨头形成有效竞争。跨国种子公司集种子科研、生产、加工、销售和技术服务于一体，营销经验丰富，运行机制灵活，生产的种子质量好、信誉高，深受农民欢迎。这不可避免地对生产经营规模小的国内种子公司产生冲击，如果不及时采取措施，在进行种子行业结构调整时，面对具备雄厚技术、资金和经营优势的跨国种子公司的挑战，西北半干旱地区种子企业将难以抗衡。但从目前形势看，西北半干旱地区种子产业的兼并、重组步伐较慢，需加快种业整合，建立具有较强竞争力的大型种子企业。

（4）主体利益联结机制不健全，育繁推一体化协同性差

由于多年的行政分割、垄断经营，各种业公司隶属于不同的行政单位，依靠圈地盘坐吃当地市场，导致市场割据，产业间缺少必要的联动。近年来，大多数种子公司加速转型，科研单位、种子公司及相关企业加强了合作，共同组建了股份公司，形成了育、产、销联合体。但是由于原有管理体制和用人机制还没有理顺，习惯性的思维方式还没有完全转变，利益主体间利益联结机制不健全，种业纵向整合的力度与成效不显著。如科研育种单位育成新品种时，种业公司受自身实力所限制，无力购买，育成单位要么束之高阁，要么自己开发经营。在美国，85%的发展研究、60%的应用研究和16%的基础研究是在企业进行的，形成了“企业研究技术、大学研究科学”的格局。跨国种业公司之所以在高新技术上具有明显优势，得益于拥有强大的企业研发实力和巨额经费投入，大部分种业公司都把销售利润的8%～10%用于科学研究。西北半干旱地区大部分种子企业缺乏品种培育能力，320家种子公司中有自主研发能力的不到总数的3.5%，科研经费投入平均不到销售额的1%，低于国际公认的“死亡线”。由于科技投入不足，造成种子企业科研水平低，成果转化速度慢，很难形成一个良性循环。

（5）良种繁育基地基础薄弱，贮藏加工技术手段落后

优良品种的基础研发和选育由于周期长、地域限制性大等难以控制的因素，对土地和基础设施方面的要求很高，但因体制、政策等方面的原因，种子科研单位和企业在用地指标、建设必要的设施等方面阻力比较大，田、水、电、路很难配套。种子的冷库建设、仓储建设、烘干包装等加工设备简陋落后，如陕西农垦大华种业公司年生产销售1000多万kg的种子量，绝大部分在露天存放。拥有成套烘干加工设备的企业较少，更谈不上计算机控制的工业生产线了。

（6）新品种知识产权保护意识弱，种子质量安全监管体系不完善

新品种知识产权保护意识弱。长期以来，西北半干旱地区不论是育种者、生产者还是种子经营者都对品种知识产权缺乏充分的了解，对新品种知识产权保护意识不强，给种业的健康发展造成了一定的负面影响。世界农业发达国家发展农业的成功经验之一是十分重视植物新品种保护。美国的先锋种子公司、法国的丽玛种子公司、澳大利亚的太平洋种子公司都把品种资源研究和新品种选育视为公司的生命线，他们将销售利润的绝大多数用于育种科研，促进快出品种、出好品种。植物新品种保护的根本目的是鼓励培育和使用植物新品种，促进农业生产的发展。虽然我国1999年已经颁布实施了《植物新品种保护条例》，但是由于起步晚、宣传力度不够和公民法律意识淡漠，种业研发单位及个人对植物新品种的保护力度依然不够，主要表现在：首先，科研机构及育种专家在转让品种时，种子公司通常不愿意或不按照要求支付转让费，严重影响了科研人员的积极性和科技创新的后劲。其次，品种权的私下转让、假冒侵权、盗取亲本现象严重，使得品种权人不能取得培育或转让新品种而应得的报酬。第三，知识产权制度实施较晚，保护力度不够。例如，植物新品种保护制度作为一项新的知识产权制度在我国刚刚实施数年，广大科研单位和科研人员没有充分认识到植物新品种保护的重要作用，知识产权意识淡薄。

国内外实践发展表明，植物新品种保护有利于在育种行业中建立一个公正、公平的竞争机制，加速资源的优化配置，有利于品种权人主动打击假冒和侵权行为，依法维护自己的合法权益。植物新品种保护是参与国际经济技术一体化进程的一个必不可少的环节，对种业创新发展意义重大，亟待予以加强和完善。

种子质量安全监管体系还不完善。经过多年的努力，多数省份已初步建立起种子质量安全监管体系，并且开展了大量的种子质量安全监管工作，取得了一定的成绩。但总体而言，西北半干旱地区目前的种子质量安全监管体系还不完善。现有质检机构数量严重不足，种子质量检测能力较弱，种子检验人员素质较低，种子质量安全监测还没有形成制度化。

第三章

西北半干旱地区农作物育种创新与种子育繁推一体化实证研究

3.1 西北半干旱地区农户制种影响因素分析

目前在我国，各地种子公司制种大都会通过与农户合作，由农户代为种植，收获以后公司按照约定的价格收购，通过加工包装等环节处理，在市场上以种子的形式出售。这就使得农户成为种子生产的一个重要群体，是种子产业中直接影响种子数量和质量的最大群体。在种子产业围绕着“稳定农民增收、提高企业效益、保证用种安全、促进行业发展”的工作思路下，如何有效提高西北半干旱地区农户制种意愿，进行保质保量的种子生产，对保障西北地区乃至全国农业生产用种安全，促进种子产业持续健康发展，有着重要的现实意义。针对西北半干旱地区农户制种意愿的调查，分析农户制种意愿及其影响因素，以期相关研究结论对推动西北半干旱地区种业发展起到一定的参考作用。

3.1.1 数据来源和描述性分析

（1）数据来源

课题组于2015年7月至8月在陕西省、甘肃省、青海省、宁夏回族自治区展开实地调研，随机抽取16个村（组）农民进行入户调研。总共发放问卷300份，收回有效问卷276份，经过整理，删除含有缺失项目的问卷，获取有效样本270份，问卷有效率为90%。

（2）描述性分析

从户主特征变量来看，在接受调查的农户中女性占34.97%，男性占65.03%，由于中国农村通常是男性在家庭经济活动中发挥比较重要的作用，男性比例较大能更好地反映农户意愿；被调查者年龄为18周岁以上，其中：50～60岁年龄段所占比例最大，占43.21%；高中以上文化程度占18.23%，初中文化程度占42.36%，小学及以下文化程度占39.41%；务农年限为20～30年期限的所占比重比较大，占49.65%；当过村干部的受访者占全部受访者的21.25%。从家庭特征变量来看，在接受调查的农户中有71.53%的家庭农业纯收入占家庭总收入的比重在30%～60%之间，

69.16%的被调查农户家庭耕地面积在10亩以下。从社会经济特征变量来看，种子市场价格在1.0～3.0元之间所占比重为82%，每亩地投入成本在200～300元之间的比重为64.31%；作物类型为小麦、玉米作物的比重为71.23%；认为制种过程不繁杂的农户为72.14%；在被访者中，农户自身承担风险的比重为27.03%，农户和公司共同承担风险的比重为52.16%，由公司或保险公司承担风险的比重为20.81%。在被访者中，听说过并得到良种补贴的农户占38.73%。

调查发现，76.15%的男性、64.53%的女性有制种意愿，总体意愿较高。从影响因素来看，年龄40～60周岁、务农年限10～20年、农业纯收入占家庭总收入比重>60%、耕地面积在10亩以上的农户制种意愿较高。是否当过村干部以及受教育程度对制种意愿的体现并不明显。从社会经济变量特征来看，种子市场价格在1～3元之间、制种投入成本在200～300元/亩之间、制种过程比较简单、农户自身承担风险比重较小、政府提供良种补贴时，农户制种意愿较高。

3.1.2 计量模型与实证检验

(1) 模型构建

以农户制种意愿为因变量，研究自变量（各影响因素）如何影响农户的制种意愿。因变量是典型的二元选择问题，农户在愿意制种与不愿意制种之间进行选择的概率是由农户自身及其外部环境特征所决定的，因此，通过建立Logistic回归模型进行分析。

$$Y = F(x_1, x_2, x_3, \cdots, x_n) + \mu \qquad \text{（式一）}$$

式一中，Y为农户制种意愿，x为影响因素，μ为随机误差项。设Y=1的概率为p，则y的分布函数的表达形式如下：

$$P_i = F\left(\alpha + \sum_{j=1}^{n} \beta_j x_{ij} + \mu\right) = 1 \Bigg/ \left\{1 + \exp\left[-\left(\alpha + \sum_{j=1}^{n} \beta_j x_{ij} + \mu\right)\right]\right\} \qquad \text{（式二）}$$

式二中，P_i表示第i个样本农户做出某一特定选择的概率；β_j表示第j项影响因素的回归系数；x_i表示第i个样本农户第j种影响因素；μ表示回归截距。模型中的变量定义、统计性描述与影响预测方向如下：

表3-1 各变量赋值及对被解释变量的预期作用

变量名称		变量定义	影响预测
被解释变量	是否制种	是=1，否=0	
户主特征变量	性别	男=1，女=0	+
	年龄	18～30周岁=1，30～40周岁=2，40～50周岁=3，50～60周岁=4，60周岁以上=5	～
	受教育程度	小学及以下=1，初中=2，高中及以上=3	～
	是否当过村干部	是=0，否=1	+
家庭特征变量	农业纯收入占家庭总收入比例	<30%=1，30%～60%=2，>60%=3	+
	耕地面积	<5亩=1，5亩～10亩=2，>10亩=3	+

续表3-1

变量名称		变量定义	影响预测
社会经济特征变量	市场价格	<1元=1,1～3元=2,>3元=3	+
	投入成本	<200元=1,200～300元=2,>300元=3	-
	作物类型	粮食作物=0,非粮食作物=1	-
	制种过程	非常繁杂=1,比较繁杂=2,一般=3,比较简单=4,非常简单=5	+
	自然风险损失承担	农户承担=1,农户和公司共同承担=2,公司和保险公司共同承担=3	+
	政府良种补贴	是=1,否=0	+

（2）估计结果及分析

运用SPSS统计软件对调查数据进行了二元Logistic回归分析，估计结果如表3-2所示。从估计结果来看，模型整体拟合效果良好、检验基本可行。

表3-2　模型估计结果

变量		回归系数	标准误差	沃尔德值	显著度	发生比率
（V）		（B）	（S.E）	（Wald）	（Sig.）	Exp（B）.
户主特征变量	性别	0.623**	0.278	5.166	0.022	1.649
	年龄	0.293	0.065	0.078	0.141	1.267
	受教育程度	-0.052***	0.013	6.211	0.007	0.954
	是否当过村干部	0.435	0.294	5.365	0.611	1.785
家庭特征变量	农业纯收入占家庭总收入比例	0.355***	0.156	4.983	0.005	1.322
	耕地面积	0.877***	0.489	10.334	0.009	1.358
社会经济特征变量	市场价格	0.684***	0.244	5.196	0.007	1.122
	投入成本	-0.543***	0.208	7.886	0.006	0.512
	作物类型	-0.153	0.316	0.582	0.389	0.780
	制种过程	0.073**	0.302	0.054	0.027	1.072
	自然风险承担损失	0.663*	0.375	3.127	0.077	1.141
	政府良种补贴	0.278*	0.150	3.443	0.064	1.320

注:*、**、***分别表示在10%、5%、1%的显著水平上显著。

影响农户制种意愿的影响因素如下：

①农户自身特征对农户制种意愿的影响

在农户自身特征变量中：性别对农户制种意愿有显著的正向影响，这与前面的假设相符；年龄变量对农户制种意愿的影响为正，但是没有通过显著性检验；受教育程度对农户制种意愿有显著的负向影响，与前面假设也是一致的；是否当过村干部对农户制种意愿影响为正，但是没有通过显著性检验；性别变量在5%的显著性水平上显著影响农户制种意愿，影响系数为1.649，表明女性制种意愿较男性低，男性依靠投入体力从事农业生产的意愿更加强烈；年龄变量在5%的水平上通过显著性检验，影响系数为1.267，表明年龄越大的农户制种意愿越强烈；受教育程度在1%的水平上显著影响农户制种意愿，影响系数为0.954，表明受教育程度低的农户制种意愿较高，受教育程度高的农户拥有其他工作机会的可能性更大，其参与制种的意愿也相对较低。

②家庭特征变量对农户制种意愿的影响

在家庭特征变量中，农业纯收入占家庭总收入的比例、耕地面积对农户制种意愿有显著的正向影响，与假设相一致。农业纯收入占家庭总收入的比例变量在1%的水平上显著影响农户制种意愿，影响系数为1.322，表明农户家庭农业纯收入占总收入比重越高，其制种意愿也越强烈；耕地面积变量在1%的显著水平上影响农户制种意愿，影响系数为1.358，表明耕地面积越大，农户制种意愿越强烈。

③社会经济特征变量对农户制种意愿的影响

在社会经济特征变量中，市场价格、自然风险损失承担对制种意愿有显著的正向影响，符合预期。市场价格特征变量在1%的水平上显著影响农户制种意愿，影响系数为1.122，表明种子市场价格越高，农户越愿意进行制种生产；自然风险损失承担变量在10%的水平上显著影响农户制种意愿，影响系数为1.141，表明农户承担风险比例越低，越愿意参与制种生产过程。投入成本变量对农户制种意愿有显著的负向影响，在10%的水平上显著影响农户制种意愿，影响系数为0.512，表明投入成本越小农户制种意愿越强烈；作物类型对农户制种意愿为负数，但是没有通过显著性检验，意味着农户更倾向于从事粮食作物生产，但是由于粮食作物与非粮食作物投入产出比不同，在一定程度上削弱了其影响程度。制种过程在5%的水平上显著影响农户制种意愿，影响系数为1.072，说明制种过程越繁重、复杂农户参与制种的意愿越低，越繁重复、杂意味着农户需要的投入和劳动力就越多，这在某种意义上降低了农户制种的积极性和效益。政府良种补贴变量在10%的水平上显著影响农户制种意愿，影响系数为1.320，表明存在政府良种补贴时农户制种意愿会更高。

3.2 农户种子消费及影响因素分析

我国用种规模巨大，吸引了许多跨国种业巨头进入，并逐渐占居了蔬菜种子和玉米等部分农产品种子供应市场的主导地位。国内种业公司应及时了解现有品种的改进空间，培育新品种，发挥本土优势，发现种子消费者的心理诉求和购买行为偏好，开展目标营销，才能在市场竞争中取得一席之地。

种子企业的产品输出终端、利润源泉是种子消费者，创新源动力来源于种子市场，而农户作为种子市场庞大的消费群体，他们的消费需求、消费体验对当地种子市场健康发展极为重要。本节基于西北半干旱地区农户种子消费情况实地调查数据，运用Logistic模型分析了农户种子消费满意状况及其影响因素，以期对促进西北半干旱地区种子产业发展起到一定的参考作用。

3.2.1 数据来源与描述性统计

（1）数据来源

依据前期调研情况设计初始问卷，并根据调查情况，对初始问卷进行修改，形成正式问卷。为了解西北半干旱地区农户种子消费情况，在2015年6—7月份，课题组成员在甘肃、青海、宁夏和陕西四省（区）对农户进行了随机抽样调查。调查采取问答方式，农户根据实际经验对各因素的重要性进行判断，并依据上次购种经历填写各因素的满意度等。调研共发出问卷240份，回收

238份，在问卷录入、生成数据库后，对数据进行了逻辑检查和区间检查，即检查各问题的选项是否符合逻辑、是否落入合理的数据区间内，同时对部分存在疑问的样本进行电话回访，经过整理，删除含有缺失值的问卷后，共获取有效问卷218份。调查内容涉及农户及被访者的基本特征、种子消费行为、良种补贴评价等。

(2) 描述性统计

①农户特征

218份有效问卷均匀分布甘肃、青海、宁夏和陕西四省（区），有效问卷中的农户家庭平均规模为5.98人，其中家庭劳动力平均为2.92人。男性占调查样本的96.8%，74%以上的户主年龄在40岁以上，并且有丰富的务农经验。户主的受教育水平以初、高中为主，其中初中文化程度占39%，高中文化程度占35.8%，高中以上学历仅占11%。户均耕地面积为9.95亩，户均农业纯收入为6901.1元，约占家庭纯收入的26.5%。

②农户作物种植及种子投入情况

被调查农户多种植小麦、玉米等粮食作物，其中，小麦种植户比重为66%，玉米种植户比重为88.9%，33.6%的农户选择种植瓜果蔬菜，种植大豆等油料作物、水稻和苗木的农户比重仅为7.9%。但小麦、玉米等粮食作物的效益率较低，在不考虑劳动力成本的情况下，每亩的收益大概为400～600元；瓜果蔬菜每亩的收入则相对较高，每亩收益在几百至几千元不等，主要取决于种植品种和市场行情。在种子投入方面：样本农户的小麦种子投入为每亩14 kg，种子价格为3.36元/kg，麦种投入占总投入（不包括劳动力投入）的比重为14.2%；玉米种子投入平均为2.15 kg/亩，价格为20.24元/kg，玉米种子投入占总投入的12.3%。

③良种补贴评价

在220份有效问卷中，85%的农户表示没有听说过良种补贴，15%的农户表示获得过良种补贴，这主要是由于农户对国家现行的良种补贴和粮食补贴混为一谈，将良种补贴混到粮食补贴里面。对于良种补贴的发放标准，有185户表示基本不了解，有23户表示了解一些，只有10户表示非常了解。有20.1%的农户表示良种补贴会影响其选种行为，79.9%的农户表示不会对其选种行为有影响。

对目前补贴标准，有45%的农户表示满意，有29.8%的农户满意度一般，25.2%的农户表示不满意。目前的补贴方式主要是直接现金和间接现金（直接打到一卡通卡上、发放代金券、发放种子）等两种方式。鉴于发放程序的复杂性，有10%的农户对良种补贴方式不满意。

3.2.2　模型构建及变量说明

对数据的分类整理，选择其中对农户种子消费满意度有影响的相关变量数据，通过构建Logistic回归模型，对西北半干旱地区农户种子消费满意度及其影响因素进行实证分析。

(1) 模型构建

模型的因变量为农户种子消费满意度，为二元离散变量，将农户种子消费满意赋值为1，将农户种子消费不满意赋值为0。对于这类二元离散选择问题，无法直接采用一般的多元线性回归方法进行分析，因此选择二元Logistic回归模型来分析。

(2) 变量选取及含义

农户对种子的满意度受多种因素影响。刘元宝认为，农户对质量优良的品种价格并不十分敏感，对种子具有品牌的忠诚度和信任度高度关注，购种的主要依据是自己的经验。郑渝认为影响农民购种的因素依次为种子质量、种子价格、品种和品牌。蒙秀锋认为农户选用农作物新品种受到内部因素（受教育程度、收入来源、劳动力状况、耕地面积、收入水平）和外部因素（品种价格、特性、经销点的数量、广告宣传）的影响。李冬梅认为水稻产量、出售水稻的数量、农技员推广和亲戚朋友的购种行为对农户选择水稻新品种具有正向影响，目前的种植业收入对农户选种具有负向影响。农户以往的种植习惯、土壤特性、媒体广告宣传、种子公司推荐和农户年龄对其使用新品种的意愿有正向或负向影响，但是不同地区影响程度不一样。

借鉴相关研究成果，本节在探讨农户种子消费满意度时，模型中具体解释变量定义及对被解释变量的预期影响方向见表3-3。

表3-3　各变量赋值及对被解释变量的预期作用

变量		定义	预期作用
因变量	种子消费满意度	不满意=0，满意=1	
区域因素	地区(x_1)	陕西=1，甘肃=2，青海=3，宁夏=4	+/～
农户个体及家庭特征变量	受教育程度(x_2)	小学及以下=1，初中=2，高中及中专=3，本科及大专=4	+
	职业类型(x_3)	农业=1，农业兼业型=2，非农业兼业型=3，非农=4	+
	务农年限(x_4)	10年及以下=1，10～20年=2，20～30年=3，30～40年=4，40年以上=5	+
	农作物面积(x_5)	3亩及以下=1，3～5亩=2，5～10亩=3，10～20亩=4，20亩以上=5	+
	农业收入所占比重(x_6)	0～0.05=1，0.05～0.1=2，0.1～0.2=3，0.2～0.5=4，≥0.5=5	～
种子品质	较其他种子产量(x_7)	很低=1，低=2，相当=3，高=4，很高=5	+
	较其他种子发芽率(x_8)	很低=1，低=2，相当=3，高=4，很高=5	+
种子抗性	较其他种子抗虫性(x_9)	很低=1，低=2，相当=3，高=4，很高=5	+
	较其他种子生育期(x_{10})	很低=1，低=2，相当=3，高=4，很高=5	+/～
种子价格	较其他种子价格(x_{11})	很低=1，低=2，相当=3，高=4，很高=5	～
购买种子便利性	卖种者提供注意事项(x_{12})	极不同意=1，不同意=2，没感觉=3，同意=4，很同意=5	+
	购买到种子方便性(x_{13})	极不方便=1，不方便=2，没感觉=3，方便=4，很方便=5	+

3.2.3　实证结果及分析

运用SPSS21.0软件，将自变量全部引入回归方程，建立Logistic回归模型，得到回归系数及检验结果（见表3-4）。

（1）区域因素

地区差异的系数为-0.151，没有通过显著性检验，这说明甘肃、陕西、宁夏和青海四省（区）虽然在区域条件上差异较大，但对农户在种子消费满意度方面没有显著差异。

（2）农户个体及家庭特征变量

受教育水平程度每增加1单位，农户对种子满意程度增加17%，这可能是因为受教育程度越高，其从事非农产业的机会就越多，就越不在意种子消费的满意程度，但受教育程度没有通过显著性检验；职业类型对农户种子消费的影响为正，但没有通过显著性检验，说明农户非农化程度越高，该农户对种子满意度也越高，但影响程度并不显著；务农年限每增加1个单位（10年），农户对种子消费的满意度增长29.7%，并通过5%显著性检验，这主要是因为务农年限越长，农户选种经验越丰富，会增加农户用种的满意度；农作物面积与农户种子消费满意度呈正相关，并通过5%的显著性检验，农作物播种面积越大的农户，对种子信息的掌握程度较高，一般情况下选择种子的品种会经过深思，对种子消费的满意度也较高；农业收入所占比重与农户种子消费满意度呈正相关，但影响程度不大，没有通过显著性检验。

表3-4 农户种子消费满意度影响因素Logistic模型估计结果

项目		B	S.E	Wald	Sig.	Exp(B)
区域因素	地区	−0.151	0.154	0.967	0.325	0.859
农户个体及家庭特征变量	受教育程度	0.157	0.188	0.693	0.405	1.170
	职业类型	0.220	0.184	1.422	0.233	1.246
	务农年限	0.260*	0.137	3.620	0.057	1.297
	农作物面积	0.370**	0.180	4.207	0.040	1.447
	农业收入所占比重	0.028	0.132	0.045	0.832	1.028
种子品质	较其他种子产量	0.645***	0.178	13.163	0.000	1.907
	较其他种子发芽率	0.107	0.127	0.701	0.402	1.112
种子抗性	较其他种子抗虫性	0.036	0.123	0.084	0.771	1.036
	较其他种子生育期	−0.029	0.113	0.068	0.794	0.971
种子价格	较其他种子价格	−0.044	0.114	0.146	0.702	0.957
购买种子便利性	卖种者提供注意事项	0.343**	0.175	3.839	0.050	1.410
	购买到种子方便性	0.323*	0.167	3.743	0.053	1.381
常量		−1.952	1.446	1.822	0.177	0.142

注：***、**和*分别表示在1%、5%和10%的统计水平上显著。

（3）种子品质

较其他种子产量在1%显著性水平下与农户种子消费满意度正向相关，这说明农户对一个品种满意度的评价标准主要是通过该品种产量来确定，在购买种子的时候农户会考虑种子产量相一致；较其他种子发芽率没有通过显著性检验。

（4）种子抗性

较其他种子抗虫性的系数为0.036，OR值为1.036，说明抗虫性越强，农户的满意度越高，但这一变量没有通过显著性检验，这或许是因为目前的种子抗虫性都相对较好，农户关注度不高；较其他种子生育期与农户种子消费满意度呈负相关，说明农户倾向于生育期短的种子，但其没有通过显著性检验。一般来说气候因素对一个品种生育期长短的选择有着重要影响，而气候因素具有较强的不确定性，这也就降低了该因素的显著性。

（5）种子价格

种子价格与农户种子消费满意度呈负相关，即种子价格越高，农户的满意度相对也就越低，但没有通过显著性检验，可能是因为低价代表着低质量，对于价格很低的种子农户并不敢购买，这也是种子消费市场的普遍现象。

（6）购买种子便利性

卖种者提供注意事项与农户种子消费满意度在5%的显著性水平下呈正相关，显示卖种者提供的注意事项有助于提高农户的种子消费满意度，卖种者所提供的建议对农户进行农业生产的实用性很强；购买种子方便性与农户种子消费满意度在5%的显著性水平下呈正相关，说明购买的方便性有助于提高满意度，这主要是由于农户对高产量品种的需求程度很高，他们希望通过改善区域交通条件及营销网点的布设，更加方便地购买高产量品种。

3.3 企业育种创新及育繁推一体化分析

3.3.1 种子企业发展现状

自国务院8号文颁布以来，种子企业减少了2751家，合计减幅为31.6%。种子企业数量大幅下降的主要原因，一是2011年颁布实施的《农作物种子生产经营许可管理办法》大大提高了市场准入门槛，不仅阻止新的弱小企业诞生，一批经营许可证到期的弱小企业也因达不到许可要求被迫退出种业，或寻求合作实现整合；二是持续4年的种子执法年活动清理了一批无经营活动的企业，处罚、注销了一批违法企业。企业数量的大幅减少，降低了企业无序竞争的强度，为企业发展创造了良好环境。2014年，西北半干旱地区仅有甘肃敦煌种业股份有限公司成为种子销售收入、商品种子销售额和本企业商品种子销售前十强企业，具体如图3–1所示。但是，种子企业销售利润前10名没有西北半干旱地区的种子企业。

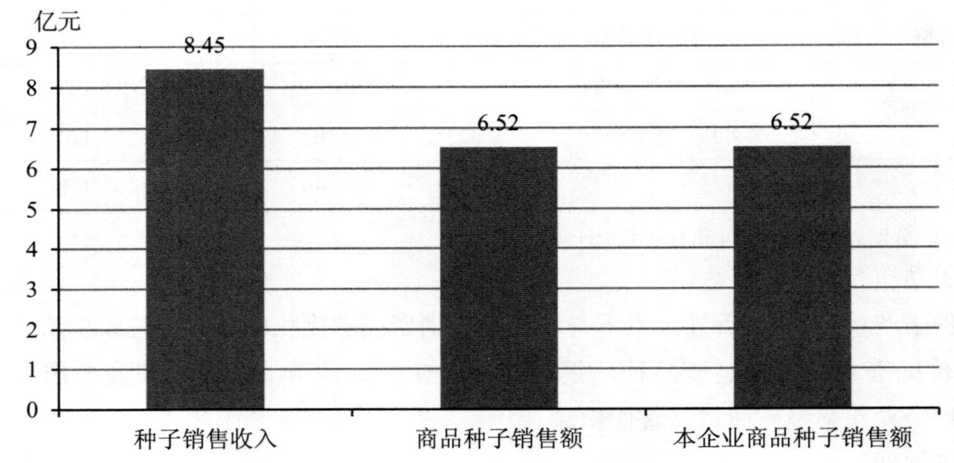

图3–1 甘肃敦煌种业股份有限公司经营业绩

2013年，中国种业协会开展了第四次中国种业骨干企业认定。通过对种业企业2010—2012年的净资产和收益率、种子销售额、利润总额、自育品种、科研投入以及种子企业科研基地和生产基地等指标进行评比，评定出了56家中国种业信用骨干企业，综合排名前10名的企业被评为中国种业信用明星企业。西北半干旱地区的甘肃敦煌种业股份有限公司成为中国种业信用骨干企业，但以一名之差与中国种业信用明星企业失之交臂。

2013至2014年间，在各省（自治区、直辖市）企业中，数量下降最多的省份为陕西省和甘肃省，分别减少了97家和90家，青海省的种子企业数量最少，降为14家。西北半干旱地区各省（自治区、直辖市）种子企业数量分布情况如图3–2所示。

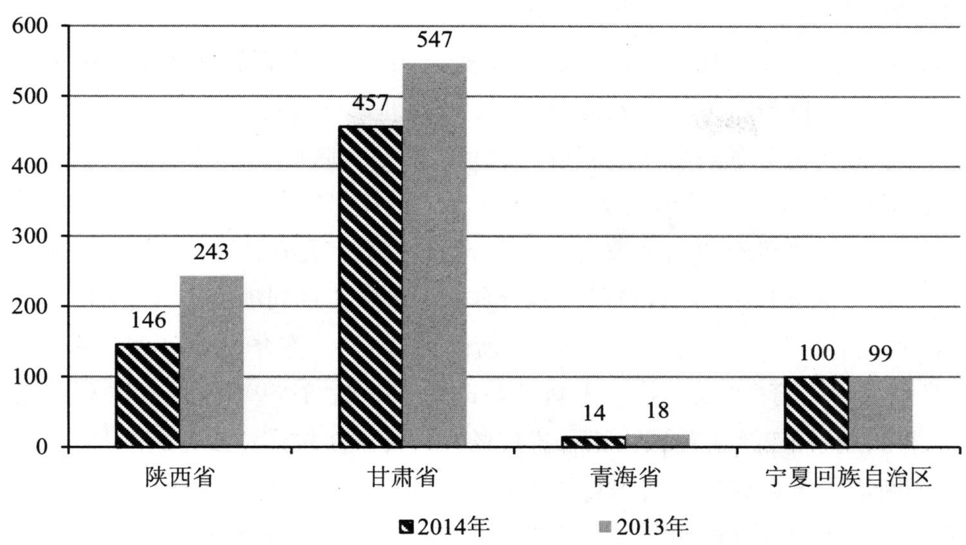

图3-2 西北半干旱地区种子企业数量分布情况

2013年和2014年，各地农作物省审品种数分别为1372件和1471件，企业占比居全国各省（自治区、直辖市）之首的是内蒙古，当年企业审定品种占比接近80%左右，陕西省和甘肃省的企业品种占比都不足60%，具体如图3-3所示。

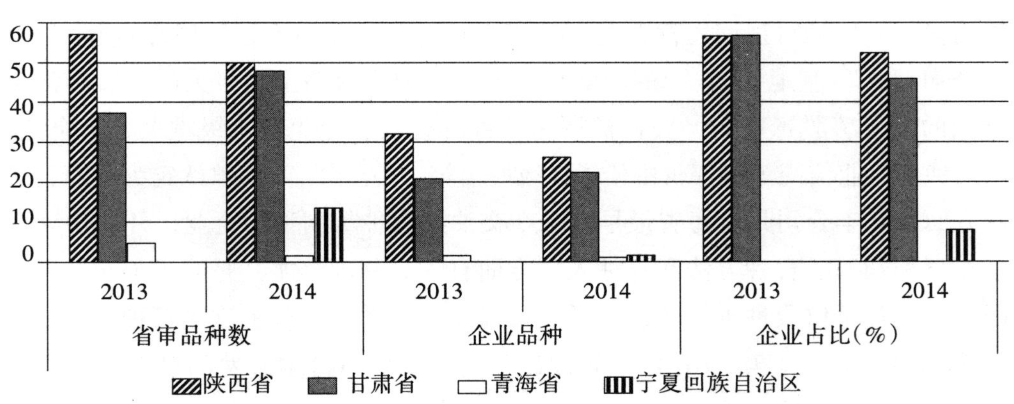

图3-3 西北半干旱地区省审品种中企业品种占比

3.3.2 典型种子企业发展现状及创新能力分析

（1）甘肃金源种业

甘肃金源种业股份有限公司是2001年注册的民营科技企业。公司成立以来，坚持走自主创新、持续创新的路子，始终树立“创新驱动发展”的理念，以玉米新品种选育为重点，以构建育繁推一体化的现代种业体系为发展方向，不断提升企业自主创新和研发能力，取得了一定成绩。

一是企业实力不断壮大。公司现有注册资金10 095万元，是农业部颁发全国经营证的育繁推一体化企业，是甘肃省农业产业化重点龙头企业、高新技术企业和著名商标企业。现有员工70人，其中高级职称10人（享受国务院特殊津贴专家2名），中级职称15人，有农业部和省级考核发证的种子生产、加工、贮藏和检验等各类专业技术人员30人。公司下设科研部、生产部、销售部、质检部、加工中心、办公室、财务部。公司拥有完善的加工、贮藏和检验设施，具有常规育种实验设施和高标准科研基地280亩，建立了比较稳定的良种繁育基地3万余亩，形成了年加工玉米种子2.0万吨的生产能力。

二是企业研发能力不断提升。公司自成立以来，始终以玉米新品种选育为科研重点，不断加大科研投入，坚持持续创新。每年投入资金300多万元，累计科技创新投入已超过2000万元。目前已有13个玉米新品种分别通过甘肃、新疆、北京、广东、陕西和吉林等省（区、市）的审定定名。先后实施完成国家发改委高新技术产业项目1项，科技部星火计划项目1项，省科技厅星火计划项目1项。目前，承担实施的国家农业综合开发农业部专项项目1项、科技部成果转化项目1项，甘肃省科技重大专项1项、市科技局院地合作项目1项，自列项目“鲜食糯玉米新品种选育”“超甜玉米新品种选育”“黄淮海高产耐密玉米新品种选育”“东华北高产耐密玉米新品种选育”“东北早熟玉米新品种选育”“极早熟玉米新品种选育”6项。这些项目进展顺利，能够达到预期目标，有望选育出在我国玉米主产区大面积推广的高产优质多抗广适玉米新品种。

三是科技创新取得丰硕成果。公司自立项目“玉米新品种及自交系选育”2010年获甘肃省科技进步三等奖；与河西学院合作实施的“玉米顶腐病研究及防治技术大面积应用”项目2010年获甘肃科技进步三等奖；“高产优质多抗玉米新品种金凯3号选育及大面积推广应用”先后获张掖市2014年科技进步一等奖、甘肃省科技进步二等奖；“超甜玉米新品种甘甜1号选育及示范推广”项目获张掖市2014年科技进步三等奖。

（2）青海互丰农业科技集团有限公司

青海互丰农业科技集团有限公司是以油菜、马铃薯等农作物新品种引育、制（繁）种、示范推广和加工销售为一体的科技型民营企业。公司注册资本为3003万元，现有专业技术人员82人。公司采取“公司+科研+基地+农户”的产业化模式，建成了目前全国最大的杂交春油菜制种基地和青海省最大的马铃薯脱毒中心。公司被评为“青海省农业专业化省级重点龙头企业”“诚信企业”等，中国种子行业信用等级评价中给予A级授信等。“互丰”商标被认定为青海省著名商标。

在科研方面，互丰公司是青海省最早开展杂交油菜育种与制种的企业，开展油菜育种有近20年的历史，在育种资源、育种方法和育种人才方面有一定基础，尤其是互丰公司与青海省农林科学院、中国农科院等单位及种子企业建立了科研和业务联系，引进了许多育种资源，在育种方法上也紧跟国内前沿，其中“互丰010”“杂7216”是互丰公司自主研发的高产、优质杂交油菜品种。近年来分别提交国家及青海、新疆、甘肃、内蒙古油菜区域试验及生产试验的新品种有6个，先后获得国家实用新型专利5项。互丰公司科研大楼建设及高科技人才引进、培训已正式启动，研发中心正在筹建，征用研发基地土地近200亩。

种子生产与供应方面，公司成功打造了以互助县为核心的八条制繁种产业带。每年建立优质油菜制种基地3万亩左右，为全国春油菜区及部分冬油菜区提供近1000万亩的优质油菜杂交种，年增农民纯收益近10个亿；每年建立马铃薯原种基地约2万亩，生产优质脱毒原种近4万吨，满足本省及周边地区近20万亩的马铃薯一级种基地建设用种。目前，全国春油菜区近80%的油菜杂交种系互丰公司所生产。近年来，互丰公司开拓蒙古国及俄罗斯等国外油菜杂交种市场，年供应面积已达70万亩以上。互丰公司正全力打造国家级育繁推一体化种子企业，打造全国杂交油菜制种第一县、西北重要马铃薯脱毒种薯繁育基地。

（3）天水神舟绿鹏农业科技有限公司

天水神舟绿鹏农业科技有限公司成立于2001年，专业从事航天农作物新品种选育、制种、推广及产业化开发，现为中国空间技术研究院的下属企业，中国航天科技集团公司航天育种创新基地，甘肃省农业产业化重点龙头企业，省重点扶贫龙头企业，省质量免检防伪单位，AAA级信誉单位。2007年经甘肃省科技厅批准，成立了甘肃省航天育种工程技术研究中心，2013年批准建设甘肃省航天工程生物育种实验室，初步构建了航天育种科研创新平台，2014年经甘肃省院士工作领导小组批准成立了院士工作站。

公司现有职工148人，其中技术人员78人，包括高级职称4人，中级职称35人，硕士研究生7人，委托在培博士1人。航天育种工程中心聘请了国内大专院校、科研院所的院士、教授、研究员（共27人）组成了专家委员会，加强了科研创新队伍。

现拥有通过航天搭载的航天蔬菜、粮油、花卉、牧草等9大类农作物，育成的38个航天农作物新品种通过了科技成果鉴定和甘肃省农作物新品种审（认）定。育成新品种已示范推广到甘肃、陕西、宁夏、青海、新疆、内蒙古、四川、贵州、福建、云南、辽宁、河北、山东等25个省（区），累计推广247.5万亩，实现农业产值95亿元，实现农业增加值19.5亿元。先后承担完成了国家星火计划、农业科技成果转化、国家高技术产业化航天蔬菜新品种生物育种、甘肃省重大专项、省科技孵化器等项目8项，协作完成了国家863计划和科技支撑计划“航天蔬菜育种”子课题，研究水平均达国内领先。现承担着省科技支撑计划和省企业重点实验室（培育基地）项目2项。

（4）甘肃省敦煌种业股份有限公司

甘肃省敦煌种业股份有限公司是为搭建融资平台，加快区域内优势产业发展而整合、重组的酒泉境内的国有种子公司和棉花公司所设立的股份制企业，公司于1998年年底经省人民政府批准设立，2003年12月29日公开发行7500万A股股票，2004年1月15日在上海证券交易所挂牌上市。

公司成立以来，在做强做大种子、棉花产业的基础上，采取合资合作、吸纳整合优势资源、加大项目建设投资力度、组建营销网络体系等方式，促进了公司快速发展。公司现有注册资本1.86亿元，总资产25.25亿元，分（子）公司28家，涉及种子、棉花、食品、证券投资等领域，共有员工1280人。

公司依托河西走廊优越的自然资源和良好的农业生产基础条件，实行“公司联基地、基地联农户”的产业化经营模式，建立了60万亩稳定的制种基地和国内一流的大型种子加工生产线，拥有一整套国内同行业领先的从亲本提纯、扩繁、田间去杂、去雄授粉、清杂晾晒到收贮保管等过程的质量控制技术操作规程，建立了完善的种子质量控制体系，并通过委托育种、合作育种、联合开发、合资合作、整体吸纳、买断产权品种等形式，拥有玉米、小麦、水稻等自有知识产权品种共60多个，形成了覆盖全国不同生态区的市场营销网络，年产销玉米、小麦、水稻、瓜类蔬菜、棉花等各类农作物种子近1亿kg。2006年，公司与世界500强企业美国杜邦集团先锋良种公司合资合作，投资2000万美元设立了敦煌种业先锋良种有限公司，利用先锋优势品种，扩大和提升了中国玉米杂交种市场份额和品位，市场竞争实力大幅提升。

近年来，公司以加快发展特色优势产业和农业产业化经营为主线，又先后投资近4亿元建成果蔬制品、番茄制品、包装制品、棉蛋白油脂和脱水蔬菜加工等农副产品加工项目，生产的番茄粉、番茄酱、脱水洋葱等产品远销北美、欧洲、中东、东南亚等20多个国家和地区，不断培育新的产业和新的经济增长点。

3.4 西北半干旱地区航天育种典型分析——以天水市为例

航天育种作为我国科技工作者开创并占据一定优势地位的新兴农作物育种技术，是加快培育农作物优良品种的有效途径之一，对促进我国农作物育种技术进步、提升我国粮食综合丰产能力和农产品市场竞争力具有重要意义。

天水航天育种的发展与我国航天事业的快速发展和重大突破紧密相连，是在我国航天育种研究迅速崛起的大背景下发展起来的。自我国1987年首次开展航天育种以来，先后22次利用返回式卫星、7次利用神舟飞船，搭载了上千种作物种子、试管苗、生物菌种和材料，获得了大量产生变异的新性状品种。其在农业生产中的大规模应用，明显提高了农作物产量，改善了农产品质量，优化了农作物抗性，并为航天工程育种的产业化发展奠定了坚实基础。

3.4.1 天水市航天育种发展历程

天水市航天育种工作的发展经历了三个阶段。

第一阶段为开始阶段。即1998年初至2001年4月。天水市农业局和中国空间技术研究院、中国科学院遗传与发育生物学研究所初步接触，在天水市麦积区社棠良种场开始黄瓜、辣椒、茄子、豇豆、菜豆等蔬菜的航天育种工作。

第二阶段为发展阶段。即2001年5月至2009年10月。天水绿鹏农业科技有限公司和天水市农业科学研究所共同进行航天蔬菜新品种的选育工作，其中2001年中国空间技术研究院、中国科学院遗传与发育生物学研究所和天水绿鹏农业科技有限公司签订合作协议，在甘肃天水农业高新技术示范区建立了中国西部航天育种基地，2003年通过中国空间技术研究院和中国科学院验收挂牌，成为中国空间技术研究院和中国科学院与地方合作正式命名挂牌的全国唯一一家航天育种基地，也是国家“863”计划实施基地和科技成果转化基地，同时，在基地成立了天水航天育种研究所。2007年，经甘肃省科技厅批准，成立了甘肃省航天育种工程技术研究中心，建成了分子生物学、组培、生理生化、病理实验室，以及种子检测室、种质资源库，配套了温室、网棚、种子加工车间、种子库。

第三阶段为特色发展阶段。即2009年10月至今。中国空间技术研究院对绿鹏公司进行控股，主要进行辣椒、茄子、番茄等茄果类蔬菜的航天选育工作，使天水市的航天育种事业进入高速发展阶段。

3.4.2 天水市航天育种发展成效

2001年以来，在天水市委、市政府和中国科学院遗传与发育生物学研究所、中国空间技术研究院合作下，“中国西部航天（太空）育种基地”得到了持续快速发展，负责基地建设、管理、新品种选育、科技创新及产业化开发的天水神舟绿鹏农业科技有限公司也得到了壮大，发展成为甘肃省农业产业化重点龙头企业、甘肃省重点扶贫龙头企业。2007年，经甘肃省科技厅批准，成立了甘肃省航天育种工程技术研究中心，2013年批准组建甘肃省航天工程生物育种重点实验室，2014年甘肃省院士工作领导小组批准成立了企业院士专家工作站。建起了甘肃省航天育种工程技术中心科研楼，设立了分子生物学实验室、病理实验室、组织培养实验室、生理生化实验室、种子检验室、种子加工车间、种子库、育种网棚等科研设施和3个标准化制种基地，配套了科研、办公、仓储、加工等仪器设备，夯实了科研基础，初步构建了航天育种科研创新平台，形成了较为完善的技术服务和销售网络。先后承担完成国家星火计划、农业科技成果转化、国家高技术产业化航天蔬菜新品种生物育种、甘肃省重大专项、省科技孵化器等项目10项。获省、市科技进步奖9项，国家专利3项，2个新品种列入国家新品种知识产权保护，航天辣椒通过了国家绿色食品A级认证。注册了“龙果”“宇航天娇”“天舟”等5个商标和“中国航天育种网”。拥有通过航天搭载的航天蔬菜、粮油、花卉、牧草等9大类农作物999个品系，育成24 207份优异种质材料，38个航天农作物新品种通过了科技成果鉴定和甘肃省农作物新品种审（认）定，其中蔬菜品种36个，冬小麦品种1个，5叶型紫花苜蓿品种1个。在国内建立了试验示范基地（点）183处，取得了显著的经济效益和社会效益。航天生物工程育种已成为天水的一大特色优势农业品牌。

3.4.3 天水市航天育种发展问题

虽然天水发展航天育种有国家、省、市给予的政策支持，形成了良好的技术支撑、独特的种质资源、鲜明的品牌优势及成功的产业化运营模式。但是天水在加快发展航天生物工程育种的过程中也存在一些困难和问题，主要表现在：一是品种推广步伐缓慢，尽管天水航天育种已有10多年发展的历史，但由于推广不到位、资金缺乏等方面的原因，致使育成的航天蔬菜新品种推广出现了“墙里开花墙外红”现象，到2010年年底，天水市累计推广面积不足5万亩。二是配套优惠政策缺乏，目前航天工程育种产业已纳入国家新兴产业发展战略，天水市把航天育种示范区建设列入“1135”发展战略，因此亟须制定支持天水航天育种发展的相关配套政策，从资金、人才、项目等方面予以倾斜。三是科研经费投入不足，多年来，航天育种一直缺少较大的项目支持，研发资金特别紧张，航天种子繁育能力有限，虽建立了3处标准化制种基地，但由于资金不足，严重制约着航天籽种产业化开发进程。四是育种机理尚不完善，由于植物空间诱变育种涉及的领域范围广、难度大，还有许多科学问题有待进一步完善解决，这在一定程度上制约了航天育种产业的发展，因此须进一步重视和加强空间诱变机理的研究。这些都在一定程度上影响和制约着天水航天育种加快发展。

第四章

西北半干旱地区农作物优势种业选择

农作物种子居于农业生产链条的最上游。根据业内专家估算，2014年全国种子市场规模约1149.28亿元，较2013年增长35.56亿元，增幅为3.19%；2013年度较2012年度种子市值增长75.66亿元，增幅为7.29%，种子在农业中的地位不断提升。优势种业是以种业资源差异为导向的地域分工的产物。西北半干旱地区农作物优势种业选择应与西北地区资源禀赋相适应，突出半干旱地区特色，在对不同品种种业现实和未来发展前景进行科学分析和评价的基础上，择优排序和甄选出发展基础坚实和发展前景广阔的农作物优势种业品种。

4.1 基本原则

（1）与西北半干旱区域资源禀赋相适宜原则

农业自然资源及劳动力资源的数量和质量、气候条件的优劣、生态环境质量的好坏，决定了区域农业优势产业的选择方向，而地理区位、基础设施、融投资能力以及农业技术、生产管理等要素又决定了区域农业优势产业的选择领域与目标。本区域光热条件优越，年日照时数大部分地区在2400～3200小时，是我国太阳能仅次于青藏高原的第二个高值区。土地资源丰富，人均耕地面积大。西北半干旱地区人均耕地面积大大超过全国人均耕地面积0.10公顷/人的水平，甘肃、宁夏两省区人均耕地面积超过全国平均水平的2倍。同时，本区也存在着水资源短缺、生态环境脆弱、基础设施落后等制约因素。因此，种业选择应充分发挥西北半干旱地区光热条件优越、人均耕地面积大的优势，注重节水种业发展和环境友好型种业发展。

（2）以市场为导向原则

市场机制遵循比较利益原则，引导资源要素合理流动，促进种业结构优化并向优势区集中，从而实现资源高效利用。种业优势选择首先应摸清种业市场供求关系、竞争对手等信息，选择在国内（国际）市场上具有较大需求和潜在市场需求、区域竞争能力强、效益好的品种进行开发。企业在商业化育种、成果转化与应用等方面处于主导地位，种业企业自身价值的实现和效益的获得是以市场需求为前提。若不了解市场需求或对市场需求预测偏差，尽管可能产品质量很好，却不能销售出去或不能以合适的价格销售出去，导致企业亏损，自身价值不能实现。因此，以市场需求为出发点进行生产（即市场导向）是种业生存和发展的原动力。

（3）立足现状、坚持现实发展与未来发展相结合原则

优势种业代表种业发展的趋势，是种业结构演变的突破口和切入点。从种业发展和演变的过程来看，在区域内起支柱作用的种业都是由原来具有比较优势的种业演进而来的。而且，随着时间和空间的变化，原有种业优势会降低甚至丧失，新的种业优势可能迅速提升。因此，优势种业的选择不能停留在现有优势的范围之内，必须选择高成长率的优势种业并精心培育使其迅速转化为区域支柱产业，种业振兴必须以优势种业不断更新选择为基础。

（4）比较优势原则

不同区域由于资源分布的不均衡致使各区域种业优势不同。优势种业是由动态比较优势所决定的产业。比较优势主要有较高的比较劳动生产率、经济效益、规模效益和较低的比较成本等。这种比较优势也是区域种业的竞争优势。因此，应重点发展那些成本较低、经济效益高、具有规模比较优势的种业。同时区域内比较优势又是动态的，有些种业优势可能会随着时间的推移弱化或丧失，有些种业尽管当前比较优势较弱，但市场前景广阔，发展迅速，比较竞争优势上升很快，可能成为区域内种业发展新亮点。因此，在进行优势种业选择时，除了要对当前比较优势种业进行选择，还应注重具有潜在比较竞争优势种业的培育。

（5）可持续发展原则

我国西北半干旱地区水资源缺乏，自然环境相对恶劣，生态环境脆弱，破坏后很难恢复。因此，西北半干旱地区优势种业选择应将优势种业发展与生态环境保护相结合，寻求经济、社会与环境协调发展的最佳路径，积极转变经济增长方式，走集约型发展道路。种业发展在追求经济效益的同时，必须注重资源消耗、生态破坏和环境污染问题，忽视生态环境问题的优势种业，不是真正的“优势”产业。

4.2 选择标准及评价方法

4.2.1 选择标准

优势种业选择要依据产业选择相关理论，找出评价标准，并建立评价指标体系进行评价，得出结果。在借鉴国内外优势产业选择评价标准的基础上，结合种业的特性及资料的可获得性，我们选择动态比较优势标准作为种业优势选择的主要标准。

（1）市场比较优势

市场经济条件下，需求是推动产业发展最直接也是最大的原动力，是衡量区域优势产业的重要指标之一。从市场比较优势看种业优势产业的选择，一个地区种业的发展真正可以信赖的发展条件在于市场需求，市场是影响收入的决定因素，也是优势种业发展的关键所在。

（2）效率比较优势

一个地区某种农作物种业生产效率高低，是从生产要素资源利用率的角度来反映区域内某一农作物种业的比较优势。一般说来，效率越高，单位产出（产值）越大，单位生产成本越低，市场竞争力越强，越具有优势。

（3）规模比较优势

表面上看规模是种业面积的多少，是一个数量概念，其实质是代表了种业的规模化和专业化水平，是区域内资源禀赋、市场需求、种植制度、管理水平等多因素综合作用的结果。一般来说，具有相当的规模，也就说有了规模集聚，就意味着受到市场认可，受到市场认可就意味着可以实现自身经济价值。反过来，规模优势在一定程度上是对一定时期内种业竞争力优势的反映。

4.2.2 评价方法

优势种业是区域内市场优势、资源优势、生产优势等多种优势的综合体现，具有较强的竞争性。本研究在坚持科学性和客观性的基础上，充分考虑种业数据的可比性和可获得性，采用比较优势分析的方法进行种业评价，选取效率优势、规模优势以及综合优势三个指标来测度区域种业优势强弱，通过对指标优势系数的比较和综合分析，对本区域内最具有竞争优势的种业品种进行选择，为区域种业发展指明方向。

（1）效率比较优势

效率比较优势主要是从资源内涵生产力的角度来反映种业的比较优势。一个地区农作物单产水平是该地区自然资源禀赋、物质投入和科学技术水平的综合体现。效率比较优势就是以区域内某一农作物品种单产为关键因子构建的相对比较优势模型，指一国某区域某种农作物品种的平均单产量与全国该种农作物品种单产量之比。效率优势分析指数计算公式如下：

$$A_{ij} = Y_{ij} / Y_i$$

式中，A_{ij}为i省（区、市）j种作物的效率比较优势指数，Y_{ij}为i省（区、市）j种作物的单位面积产量，Y_i为全国j种作物的平均单位面积产量。若A_{ij}>1.0，表明j种作物在该区域具有效率方面的相对优势地位，数值越大其效率优势越高；若A_{ij}<1.0，则表明j种作物与全国平均生产水平相比在效率方面处于劣势地位，数值越低其劣势程度越高。

（2）规模比较优势

规模比较优势分析就是以区域种业生产规模为关键因子进行比较分析，指某区域某个品种育种面积占该区域所有育种总面积的比重与全国该品种育种面积占全国所有农作物育种总面积比重的比率。由于全国所有农作物育种面积统计数据较难获得，本研究用主要农作物育种面积（不包含马铃薯制种面积）来替代所有农作物育种总面积。一般来说，规模优势指数越大，该品种的竞争优势越大。其原因在于只要有相当的规模，就意味着有市场需求，有市场需求就可以实现自身的价值，获得效益。规模优势指数反过来在一定程度上可以反映农产品的比较优势状况。规模优势指数的计算公式如下：

$$B_{ij} = (Y_{ij}/Y_i) / (Y_j/Y)$$

式中，B_{ij}为i区j种农作物的规模优势指数；

Y_{ij}为i区j种农作物的育种面积；

Y_i为i区主要农作物的育种总面积；

Y_j为全国（全省）j种农作物的育种面积；

Y为全国（全省）所有主要农作物的育种面积。

$Y_{ij}>1$，表明与全国（全省）平均水平相比，i区j作物育种具有规模优势；$Y_{ij}<1$，表明i区j作物育种与全国（全省）平均水平相比育种规模处于劣势。Y_{ij}值越小，劣势越显著。

（3）综合优势指数

综合优势指数是效率优势指数与规模优势指数综合的结果，能够更为全面地反映一个地区某种农作物生产的优势度。这种综合比较优势只能取上述两种比较优势的几何平均值，因为算术平均值有更大互补关系，不能反映区域农业比较形成中两种因素缺一不可的相互制约关系。因此，取效率优势指数与规模优势指数的几何平均值来反映区域综合比较优势。

综合优势指数的计算公式如下：

$$C_{ij}=\sqrt{A_{ij}\times B_{ij}}$$

$C_{ij}>1$，表明与全国（全省）平均水平相比，i区j作物生产具有比较优势；$C_{ij}<1$，表明i区j作物生产与全国（全省）平均水平相比无优势可言。C_{ij}越大，优势越明显；$C_{ij}=1$，表明与全国平均水平相比，i区j作物既没有比较优势，也不存在比较劣势。

4.3　种业优势度测算及优势种业选择

根据玉米、水稻等7种主要农作物商品种子使用量、种子价格计算，2013年度，全国主要农作物种子市值合计为783.72亿元。根据业内专家估算，花生、瓜类、蔬菜、花卉类作物的种子市值约为280亿元，其他类种子（杂粮、甘蔗、水果苗木等）市值约为50亿元，种子市场总规模约为1113.72亿元。本研究在充分考虑西北半干旱地区种业现状的基础上，对区域内农作物种业进行了初步筛选。本区域内除宁夏河套平原外水稻面积零星，水稻制种面积80%左右集中在四川、湖南、江苏、江西、福建和海南6省，大豆种植和育种主要在东北地区，甘蔗西北半干旱地区基本没有种植。从表4-1可以看出，西北半干旱地区四省（区），水稻、棉花、大豆制种面积较小，竞争优势不强。据此，本研究选择玉米、小麦、马铃薯、油菜、瓜菜、水果苗木等品种进行种业优势度测算。

表4-1　2013年西北半干旱地区主要农作物种子生产情况（单位：万亩）

地区	水稻	玉米	小麦	棉花	大豆	杂交油菜
全国	163	384	1233.34	141.81	250	14.0
陕西省	—	3.38	61	—	—	3
甘肃省	—	154	71.7	1	2.45	1.82
青海省	—	—	2.52	—	—	4.8
宁夏回族自治区	—	13.6	—	—	—	—

资料来源：全国农业技术推广服务中心和相关省种子管理站。

4.3.1　玉米

我国作为玉米生产和消费大国，积极参与国际玉米种业竞争有着重要的意义。良好的育种格局促进玉米科研进步。多层次、多点次的育种格局扩大了玉米科研队伍，促进了试材的相互交流，增加了优良品种的育成概率，提高了优良品种区域适应性及不同区域的单产。在玉米育种技术上除欧美等国外，我国也有一定的优势。全国农业技术推广服务中心统计资料显示，2013年玉米制种面积为384万亩，杂交玉米总产为13.76亿kg，平均亩产为358 kg。推广面积在10万亩以上的玉米品种有879个，推广面积超过1000万亩的有4个，即郑单958、先玉335、浚单20和德美亚1号。2013年，我国种用玉米出口数量为27 8714 kg，出口金额为1004千美元，2014年，我国种用玉米出口金额为713千美元。玉米出口主要集中在法国、美国、加拿大、澳大利亚、匈牙利等国家。

中国玉米种子制种产量高，品种类型多。我国的西北地区光热资源丰富，灌溉条件好，玉米制种继续向甘肃省、新疆维吾尔自治区、宁夏回族自治区优势区集中。2013年西北半干旱地区制种面积及产量见表4–2，甘肃省、宁夏回族自治区、陕西省3省（区）制种面积为170.98万亩，产量为68 523万kg，分别占全国制种总面积、总产量的44.5%和49.8%。

表4–2 西北半干旱地区玉米制种及产量情况

地区	制种面积(万亩)	单产(kg/亩)	制种产量(万kg)
陕西省	3.38	350.00	1183
甘肃省	154	402.00	61 908
青海省	—	—	—
宁夏回族自治区	13.6	399.41	5432

资料来源:全国农业技术推广服务中心。

根据比较优势分析的方法，对西北半干旱地区4个省（区）玉米种业效率优势、规模优势以及综合优势3个指标进行了测度，详见表4–3。

表4–3 西北半干旱地区玉米比较优势测算结果

地区	效率优势	规模优势	综合优势
陕西省	0.98	0.27	0.52
甘肃省	1.12	2.72	1.75
青海省	—	—	—
宁夏回族自治区	1.12	1.29	1.20

从表4–3可以看出，甘肃省、宁夏回族自治区玉米种业具有效率优势，甘肃省具有强显著性规模优势，宁夏回族自治区具有规模比较优势。玉米种业综合优势甘肃省大于宁夏回族自治区，陕西省玉米综合优势处于劣势。陕西省玉米综合优势处于劣势的原因在于陕西省玉米种业主要集中在陕西榆林地区，其余县区玉米制种零星。榆林的榆阳、靖边、神木、横山制种面积占全省玉米制种面积80%以上。从全省看，玉米种业不具有规模优势，但榆林玉米集中县区具有规模优势。

4.3.2 小麦

小麦作为我国重要的粮食作物，分布辽阔，区域遍及全国各省、区、市。中华人民共和国成立以来，小麦品种的更新换代为我国小麦增产、保障国家粮食安全做出了巨大的贡献。2013年小麦种子收获面积为1233万亩，单产为331 kg/亩，总产为40.83亿kg。2013年小麦推广面积在10万亩以上的品种有389个，单个推广面积超1000万亩的有7个品种，分别为济麦22、周麦22、西农979、百农AK58、郑麦9023、郑麦366、山农20。

西北半干旱地区处于西北优势小麦区。该区气候干燥，蒸发量大，年降水量为50～250 mm；

光照充足，昼夜温差大，有利于干物质积累；地势复杂，有高原、盆地、沙漠，土壤以灰钙土、棕钙土、栗钙土为主，耕地面积广阔，是我国优质强筋、中筋小麦的优势产区之一。

2013年西北半干旱地区小麦制种面积及产量见表4-4，陕西省、甘肃省、青海省3省制种面积总计为135.23万亩，产量为32 450万kg，分别占全国制种总面积、总产量的16.1%和8.04%。

表4-4　西北半干旱地区小麦制种及产量情况

地区	制种面积(万亩)	单产(kg/亩)	制种产量(万kg)
陕西省	61.0	300	18 300
甘肃省	71.71	184.02	13 196
青海省	2.52	378.57	954
宁夏回族自治区	—	—	—

资料来源:全国农业技术推广服务中心。

根据比较优势分析的方法，对西北半干旱地区4个省（区）小麦种业效率优势、规模优势以及综合优势3个指标进行了测度，详见表4-5。

表4-5　西北半干旱地区小麦比较优势测算结果

	效率优势	规模优势	综合优势
陕西省	0.91	1.53	1.18
甘肃省	0.56	0.39	0.47
青海省	1.14	0.08	0.30
宁夏回族自治区	—	—	—

从表4-5可以看出，青海省小麦种业具有效率优势，陕西省小麦种业具有规模优势和综合比较优势。甘肃省、青海省、宁夏回族自治区小麦种业具有规模劣势。甘肃省陇东小麦集中优势区具有综合比较优势。

4.3.3　马铃薯

甘肃省、宁夏回族自治区、陕西省西北部和青海省东部地区，气候凉爽、日照充足、昼夜温差大，生产的马铃薯品质优良，单产潜力大，是我国食用、加工和种用马铃薯优势区。马铃薯种薯制种面积各省数据资料较少，马铃薯制种主要为周边或省内自用，本研究用马铃薯种植优势度测算来替代和间接分析马铃薯种业的优势度。2013年陕西省、甘肃省、青海省、宁夏回族自治区马铃薯播种面积分别为422.4万亩、1048.05万亩和140.55万亩，合计面积为1611.0万亩，占全国总面积的19.12%（见表4-6）。

表4-6　西北半干旱地区马铃薯种植面积及产量情况

	播种面积(万亩)	单产(kg/亩)	总产量(万吨)
陕西省	422.4	163.59	69.1
甘肃省	1048.05	233.39	244.6
青海省	140.55	255.43	35.9
宁夏回族自治区	—	—	—

资料来源:2014农业统计年鉴。

根据比较优势分析的方法，对西北半干旱地区4个省（区）马铃薯种业效率优势、规模优势以及综合优势3个指标进行了测度，详见表4-7。

表4-7　西北半干旱地区马铃薯比较优势测算结果

地区	效率优势	规模优势	综合优势
陕西省	0.72	1.93	1.18
甘肃省	1.02	4.93	2.25
青海省	1.12	4.94	2.35
宁夏回族自治区	—	—	—

从表4-7可以看出：甘肃省、青海省马铃薯种业具有效率优势；甘肃省、青海省小具有强显著性规模优势，陕西省具有较强的规模比较优势；甘肃省和青海省具有强综合优势，陕西省具有比较综合优势。由此可见，西北半干旱地区马铃薯种业优势明显。

4.3.4 油菜

2013年杂交油菜制种收获面积为14万亩。油菜推广面积在10万亩以上的品种有209个。其中推广总面积前10位的油菜品种推广面积为1799万亩，占油菜推广总面积的23.67%。

青海省、甘肃省油菜生产区日照强，昼夜温差大，菜籽油含量高，是我国春油菜的优势区。

2013年杂交油菜制种面积及产量见表4-8，陕西省、甘肃省、青海省3省制种面积总计8.3万亩，产量为876.4万kg。

表4-8　西北半干旱地区杂交油菜制种及产量情况

	制种面积(万亩)	单产(kg/亩)	制种产量(万kg)
陕西省	3	70.00	210
甘肃省	1.82	117.58	214
青海省	3.48	130.0	452.4
宁夏回族自治区	—	—	—

资料来源:陕西省、甘肃省、青海省种子管理站。

根据比较优势分析的方法，对西北半干旱地区4个省（区）油菜种业效率优势、规模优势以及综合优势三个指标进行了测度，详见表4-9。

表4-9　西北半干旱地区杂交油菜比较优势测算结果

地区	效率优势	规模优势	综合优势
陕西省	0.95	6.64	2.51
甘肃省	1.59	0.88	1.18
青海省	1.76	9.76	4.14
宁夏回族自治区	—	—	—

从表4-9可以看出，甘肃省、青海省杂交油菜种业具有效率优势；青海省、陕西省具有强显著性规模优势；青海省、陕西省具有强综合优势，甘肃省具有比较综合优势。由此可见，西北半

干旱地区油菜种业优势明显。

4.3.5　瓜菜

我国是世界蔬菜生产和消费大国，也是蔬菜用种大国。蔬菜常年播种面积为2.7亿亩，产量为6亿吨，分别占世界蔬菜生产的43%和45%，蔬菜用种量约为1亿kg，市场价值在100亿元左右。我国蔬菜种子2010年和2011年两年的出口显性比较优势指数RCA的值都大于1，表示在国际种子市场上具有比较优势。2011年我国出口额的排名为第7位，占全球出口额的比例为出口量的3.17%。2002—2011年我国出口蔬菜种子金额年平均增长率超过两位数。我国蔬菜种子的主要出口国家和地区包括美国、荷兰、泰国、意大利、以色列、印度、日本、韩国以及我国的台湾地区。

甘肃省河西走廊地势平坦、土壤肥沃、灌溉便利、光热资源丰富、昼夜温差大，是生产多种农作物种子的理想场所。截至2012年年底，河西地区种子进出口贸易备案登记企业有122家，蔬菜、瓜菜、花卉等对外制种年繁育种量达到1447万kg，出口量为1100万kg，占全国制种出口量的75%；出口1.32亿美元，占全国制种出口额的60%以上，现已成为全国最大的蔬菜、瓜类、花卉等对外制种产业基地。

4.3.6　林果苗木

特色林果业是西北半干旱地区传统的优势产业，西北地区的苹果、葡萄、梨、核桃、枸杞等林果产品具有极高的声誉和极强的国际竞争力。林果业已成为西北半干旱地区产业发展的名片。

2013年，陕西全省水果面积为1790万亩，产量为1487万吨，其中苹果面积为997.8万亩，产量为942.8万吨；猕猴桃面积为100万亩，产量为100万吨，均位居全国第一位，陕西已成为全球集中连片苹果栽植面积最大的区域。

截至2012年年底，甘肃省林果业总面积为1864.2万亩，果品总产量为637万吨。以苹果、花椒、葡萄、核桃、枸杞、杏、枣、梨、桃等9大经济林果树种以及油橄榄、玫瑰、甜樱桃、银杏、沙棘等5种特色树种为主体的区域化优势栽培区初步形成。

2013年，宁夏枸杞种植面积达到85万亩，占全国种植面积的45%；干果总产量达到8.8万吨，约占全国总产量的55%，出口量占全国60%以上。宁夏已培育出枸杞品种10多个，全国枸杞种植品种多以宁夏枸杞品种为主。枸杞年综合产值达到100亿元，成为宁夏农民增收的生力军。宁夏枸杞的生产规模、果品质量和市场占有率等均居全国前列。

林果业的发展，每年新增和改造的规模大，需要的优质良种苗木数量巨大。按每年新增果园面积100万亩、平均每亩栽植56株计，每年需优质良种苗木5600万株。每年改造低产果园100万亩，以平均每亩需用168支接穗计，需优质良种接穗16 800万枝。林果种苗业市场前景广阔。

4.4　区域布局及发展重点

4.4.1　陕西省

根据种业优势度测算的结果，结合陕西省的资源禀赋，重点发展小麦、油菜、玉米、马铃薯和果树、瓜菜等农作物种业。到2020年，建设标准化、规模化、集约化、机械化的优势种子生产基地70万亩，陕西省培育了一批具有自主知识产权的突破性优良品种，主要农作物品种更新换代1～2次，主要农作物良种覆盖率达到97%以上，商品化供种率达到80%以上。扶持和培育了8～10个育种能力强、生产加工技术先进、营销网络健全、技术服务到位的育繁推一体化种子企业。

（1）小麦

在关中灌区培育高产、优质、抗病的小麦新品种，在渭北旱塬培育抗旱、高产、优质新品种。培育推广种植面积1000万亩以上新品种1个、300万亩以上新品种2～3个，实现1～2次品种更新换代。建设规模化、标准化、机械化种子生产基地50万亩。

（2）玉米

利用陕西榆林的自然资源优势，建立5万亩玉米制种基地，年制种2500万kg。筛选高产、优质、多抗、广适杂交组合，选育综合性状优良的突破性新品种。培育高产、抗逆、适合机械化作业的突破性杂交品种1～2个，实现新品种一次更新换代。

（3）油菜

在渭北等地建设油菜种子生产基地3万亩。培育一批高产、高油、抗病且适合机械化作业的“双低”新品种，推广种植面积100万亩以上的品种1～2个，适宜机械作业的品种1～2个。

（4）瓜菜

选育一批优质、抗逆、高产、适合设施栽培的西瓜、甜瓜、番茄、白菜、黄瓜、线椒新品种。在关中和设施蔬菜集中区，建设一批规模适度、相对稳定的种子生产基地。

（5）果树

培育以苹果、猕猴桃为主，以中早熟为重点的丰产、优质、多抗、适应性广的新品种10～12个，其中培育具有自主知识产权并适宜省内乃至西北、西南推广的优良品种2～3个。新建和扩建省市级优势果树良种苗木繁育中心和基地，支持重点基地县新建有规模、上水平的种苗采穗圃和繁育圃。

4.4.2 甘肃省

根据种业优势度测算的结果，结合甘肃省的资源禀赋，甘肃省重点发展玉米、马铃薯、小麦、油菜、瓜菜、啤酒大麦、水果苗木等农作物种业，积极推进航天育种优势领域发展。

（1）玉米

依托敦煌种业、金张掖、德农武禾种业等种子企业，加快玉米种业向张掖的甘州、临泽和高台，酒泉的肃州，武威的凉州等县（区）为核心的规模化种子生产基地集中，沿黄灌区和陇南徽县种子基地作为补充。建成国家级标准化、规模化、机械化杂交玉米种子示范基地100万亩以上，玉米种子生产平均亩产达500 kg以上。建立完善以企业为核心的玉米商业化育种研发体系，选育具有重大应用前景和自主知识产权的玉米新品种15～20个，使玉米自主产权品种在全国的市场占有率从目前的2%左右提升到8%以上，培育5～8家具有核心竞争力和较强国际竞争力的育繁推一体化玉米种子企业。建设大型现代化玉米种子加工中心20个，重点建设果穗烘干、种子精选等成套加工线。在海南三亚市乐东县建设甘肃省农作物南繁科研和鉴定基地，建立甘肃省南繁科研中心和甘肃省南繁种子鉴定中心，为种业科研、市场监管及应急制种提供服务。

（2）马铃薯

建设以定西为中心，辐射带动兰州、白银、天水、临夏北部以及平凉地区的马铃薯种业基地，形成陇中淀粉料基地，陇东南秋冬播菜用薯基地，河西、沿黄全粉、薯条薯片加工专用薯三大基地，实现马铃薯区域化、差异化布局。马铃薯脱毒种薯繁育基地超过110万亩，年产脱毒种薯200万吨，原原种生产能力达到10亿粒以上，脱毒种薯普及率达到100%。选育具有重大应用前景和自主知识产权的马铃薯新品种5～10个。培育2～5家具有核心竞争力的育繁推一体化马铃薯种薯企业。

（3）瓜菜花卉

种子生产基地向酒泉的肃州区、金塔县，张掖的甘州区、高台县，武威的凉州区等优势区域集中。建成标准化瓜菜花卉种子生产基地15万亩，主要瓜菜、花卉良种覆盖率达到95%以上。

（4）小麦

加强小麦种质资源的保护与创新，综合应用生物育种技术和常规育种技术，选育一批高产优质、抗旱节水、高抗性的小麦品种；建设小麦良繁基地50万亩，年产种量达到1.56亿kg。小麦良种覆盖率达95%以上。

（5）啤酒大麦

啤酒大麦种子生产基地向永昌县、山丹县、玉门市和民乐县等优势区域集中。加强啤酒大麦种质材料收集、整理及研究，选育一批具有自主知识产权的优质啤酒大麦新品种。建成优质啤酒大麦种子生产基地10万亩，年产种量达到3500万kg以上。

（6）油菜

形成分工明确、以产学研联盟为基础的油菜育种创新平台；培育一批油菜新品种，建成杂交油菜种子生产基地5万亩，年产种750万kg以上。油菜种子生产基地向天祝县、民乐县、山丹县等优势区域集中。

（7）航天育种

依托西北航天育种研究中心，加快与中科院、中国农科院形成结盟单位，促进航天育种的融合和创新，引进和吸收国内外著名航天育种专家参与新品种研发，集成创新航天诱变技术和生物育种技术，建设国内一流的航天育种研究平台。以天水神舟绿鹏农业科技有限公司为龙头，加快新品种研发和转化、生产基地建设和推广辐射，形成育繁推一体化的航天育种体系。到2020年，育成航天农作物新品种达到100个，新增品种40个，其中蔬菜新品种10～15个，玉米新品种3～5个，小麦新品种2～3个，建立制种基地7.5万亩，航天籽种产业年产值10亿元。在全国推广示范航天新品种450万亩，产值150多亿元，产品商品化处理和精（深）加工率达到80%以上。

4.4.3　青海省

充分发挥青海省气候冷凉的特点和独特的地域优势，大力发展和培育高原优势种业，优先做大做强杂交油菜、青稞和马铃薯制繁种产业，把青海打造成全国重要的杂交油菜制种基地、青稞繁种基地、脱毒马铃薯繁种基地。到2020年，建设高标准的种子生产基地60万亩，其中油菜杂交制种基地6万亩，马铃薯繁种基地20万亩，青稞制种基地7万亩，小麦制种基地16万亩。

（1）油菜

按照“优势区域、企业主体、规模建设、提升能力”的原则，重点在海东地区，西宁市，海北州、海西州建设杂交油菜制种基地和常规油菜繁种基地；杂交油菜制种基地向互助、平安、湟中、大通、门源、贵德等甘蓝型油菜优势产区集中；常规油菜繁种基地向门源、贵南、互助、大通、湟中、湟源、民和、乐都、化隆等县集中。到2020年，建立优质杂交油菜制种基地6万亩，常规油菜繁种基地4万亩，生产优质杂交油菜种子480万kg，白菜型和甘蓝型特早熟常规油菜品种种子160万kg。

（2）马铃薯

建立以民和、乐都、平安、互助、大通等县为核心的马铃薯种薯生产基地。在海东市民和、乐都、平安等县重点发展早熟、抗旱马铃薯种薯生产，在西宁市互助、大通等县和海南州共和、兴海等地重点发展晚熟、中晚熟马铃薯种薯生产。到2020年，建立马铃薯种薯生产基地20万亩，其中早熟、抗旱马铃薯种薯生产基地6万亩，晚熟、中晚熟马铃薯种薯生产基地14万亩。

（3）青稞

建立以海北、海南、海西、玉树等地为核心的青稞种子基地。2020年，建立高标准青稞育种基地7万亩，培育年推广面积超过10万亩的新品种1～2个，商品化供种率达到15%以上。

4.4.4 宁夏回族自治区

按照“一优三高”的目标要求，积极推进农作物种业技术创新和提升种业保障能力，全力打造“黄金制种产业区”，构建以产业为主导、企业为主体、基地为依托，产学研相结合、育繁推一体化的现代农作物种业体系，实现全省从粮食小省向种业大省转变。建成布局相对集中、长期稳定的高标准农作物繁制种基地100万亩，生产种子（种薯）总量50万吨，主要农作物商品种子供应率达到80%以上。建设一批生产规模化、经营产业化、质量标准化、装备机械化、管理法制化的稳定优势种子生产基地。

（1）小麦

突出宁夏作为西北春小麦优势产区的特色，加快春小麦繁种基地建设，生产布局向银川市“一区两县”集中，重点发展高筋、中筋小麦品种制种。宁夏山区稳定发展冬麦制种，适度减少春麦制种。力争2020年，建立小麦良繁基地5万亩，优质小麦良种生产能力达到2000万kg，其中春小麦良繁基地超过3万亩，生产能力超过1200万kg，良种覆盖率达到95%以上。

（2）玉米

玉米制种向青铜峡进一步集中，惠农、平罗、中宁、沙坡头、贺兰等县区作为制种基地补充；稳步发展农垦农场玉米制种基地，提高标准化玉米制种水平。到2020年，建立玉米制种基地15万亩，生产种子0.5亿kg，建立以企业为核心的玉米商业化育种研发体系。

（3）马铃薯

建设以南部山区为主的马铃薯育种基地，重点扶持原州、西吉、海原、彭阳、隆德、泾源、同心、盐池、红寺堡等县区马铃薯育种基地建设。加快和推进马铃薯脱毒种薯三级繁育体系建设，扩大马铃薯脱毒一级种薯的示范与推广。到2020年建设原种繁育基地3万亩、一级种薯基地30万亩，年产种薯60万吨以上，建成全国重要的脱毒种薯生产基地。

（4）小杂粮

盐池县、同心县、海原县干旱区以糜子、荞麦、豌豆、扁豆良种繁育为主，稳定糜子面积，增加荞麦、豌豆面积，积极探索发展芸豆良种生产；西吉县、彭阳县、原州区半干旱地区以豌豆、荞麦、草豌豆繁种为主，积极探索发展芸豆良种生产；隆德县、泾源县半阴湿区重点发展蚕豆良种生产。到2020年，力争实现小杂粮品种更新换代1次，建立稳定的小杂粮种子繁育基地3

万亩，年生产良种400万kg以上，使小杂粮良种统供率达到30%。

（5）瓜菜

建设以平罗县为主体，青铜峡市、中卫市、海原县为补充的瓜菜制种基地。到2020年全区瓜菜育种15万亩，其中常规种子繁制12万亩，杂交种子3万亩，集约化育苗达85%。

（6）枸杞

建立中宁为核心、清水河流域和银川以北为两翼的枸杞育苗基地。鼓励科研院所和企业开发或联合开发具有药用、加工、鲜食枸杞专用新品种，力争到2020年选育出3～5个经济性状突出、抗逆性强的新品种。积极发挥国家枸杞工程技术中心优势，引进国内外优质枸杞种质资源，建立条件完善的国家级枸杞种质资源圃和育繁推一体化的现代种业发展模式。扶持重点产区市、县、区建设枸杞种苗基地和优系采条圃，实现种苗统育统供。

第五章

西北半干旱地区农作物育种创新与种子育繁推一体化发展战略

5.1 基于SWOT的战略环境分析

5.1.1 内部优势因素（Strengths）

（1）优越的资源优势和生态条件

我国西北地区幅员辽阔，土地、牧草等资源人均占有量高于全国平均水平，生物物种资源丰富、优势明显，地形地貌和生态气候类型复杂多样，干旱少雨，光热资源丰富，农业生产成本较低，适宜各类农作物种子生产。

（2）种子产业发展基础良好

改革开放特别是进入21世纪以来，西北半干旱地区农作物种业快速发展，实现了由计划供种向市场化供种的根本转变，取得了显著成效。农作物育种成果丰硕，良种供应能力稳步提高，相关制度不断健全。甘肃省种子优势产业集群初步形成，已发展成为全国最大的杂交玉米种子生产基地、马铃薯脱毒种薯生产基地和全国重要的瓜菜、花卉对外制种基地。青海省种子基地发展到55万亩，种子生产能力稳步提高，种子统供率达到11%，良种覆盖率达到93%以上；杂交油菜和杂交玉米基本上实现精选加工、包装、标牌销售和商品化供种一条龙，良种覆盖率达到100%。宁夏回族自治区建设小麦、水稻、玉米、脱毒马铃薯良种繁育基地23个，全区发展农作物繁制种55万亩，年繁育各类农作物种子24万吨。陕西省则具有良好的发展基础，种质资源丰富，科技实力较强，种子生产基地相对稳定。现有良种生产基地70万亩，其中杂交制种面积6万多亩，常规种良繁面积65万亩左右。

（3）种质资源优势

长期以来，西北地区在农作物新品种选育过程中，收集、鉴定、创新了大量特型、特月型品种资源，为选育出适合生产实际应用的新品种奠定了基础，其中玉米、马铃薯、蔬菜、瓜果、小麦等种质资源优势明显。科研工作者对这些资源从性状遗传、选择方法等方面进行了研究，积累了大量的经验与方法，成功地进行了属、种间杂交，使育种技术由过去的品种间杂交进入到了生物技术育种、远缘杂交、单倍体育种、组织培养、轮回选择、大集团混合选择等多种育种手段相结合，加快了品种更新速度。育种目标已由原来的高产育种转向了优质、高产、多抗性综合的新品种选育。

5.1.2 内部劣势因素（Weaknesses）

（1）研发创新能力不强，种子选育缺乏突破性品种

西北地区大多数科研机构基本依靠国家投入，科研水平低，成果转化速度慢，很难形成良性循环。大部分种子企业也以代繁代制为主，缺乏自主产权品牌和名优品牌。在资金、技术、研发平台以及风险防范等方面的制约下，科研机构及种子企业研发创新能力明显不足，突破性品种难以出现。

（2）全产业链协同创新能力不足，育繁推一体化企业缺乏

从产业链上看，西北地区种子企业大多位于产业链的加工经营环节，较少涉及具有较高附加值的育种环节和营销环节。种业体系呈现出典型的三元结构，即科研、生产到销售分属于不同的专业部门，导致种子产业链的各个主体之间的连接并不协调。目前，西北半干旱地区商业化育种仍然主要由高校及科研院所承担，由于育种人才的缺乏，进行商业化育种的企业比例很少，这就造成了商业化育种主体的错位以及种子产业链条环节的脱节。高校及科研院所一般只进行品种研发，生产经营环节一般由种子企业操作，这就形成了高校及科研院所有品种而无经营、种子企业搞经营却无品种的境况，种业育繁推一体化推进缓慢。

（3）新品种知识产权保护意识弱，质量安全监管体系不完善

西北地区种业新品种保护意识弱主要表现在四个方面：一是科研育种单位与育种专家在转让培育的品种后，种子公司不愿意或不按要求支付转让费，在一定程度上影响了育种人员对品种保护的积极性；二是品种保护从申请到正式保护的时间长，在一定程度上影响了品种保护权的及时转让；三是由于部分种子经营者对品种权的认识不够，侵权行为时有发生，但农业执法部门对侵权行为处理力度不够，影响了种子市场的健康发展；四是品种权的私下转让、假冒侵权、盗取亲本现象严重，使得品种权人不能取得培育或转让新品种而应得的报酬。这既导致了科研机构研究经费补充不足，育种者积极性受挫，又使种子企业缺乏新品种来源，最终种子科研和经营两大系统都处于低效率运转的状态。

（4）种子生产、加工与储备能力不足

由于农作物制种比其他大田作物生产承担的自然风险大，加之农村劳力外出务工偏多，受自然条件、劳力、农用生产资料价格上涨、市场需求、农业结构调整和社会发展等诸多因素的影响，西北半干旱地区种子生产、加工与储备存在诸多不足。

5.1.3 外部机会因素（Opportunities）

（1）政府对种子产业的扶持和重视

“十三五”规划建议提出“创新、协调、绿色、开放、共享”五大发展理念。规划建议强调，坚持创新发展，着力提高发展质量和效益，在国际发展竞争日趋激烈和我国发展动力转换的形势下，必须把发展基点放在创新上。农业是全面建成小康社会、实现现代化的基础，大力推进农业

现代化不能忘了种业。民族种业正处于市场化改革的攻坚期，正在逐步与国际种业接轨，发展现代种业被写入“十三五”规划建议，这给我国种业腾飞提供了强有力的支撑。

（2）广阔的市场前景

从我国农作物种子需求量分析来看，我国每年玉米播种面积约为3亿亩，年需种量为8亿kg左右，瓜菜年播种面积为1.8亿亩，需种量为1800万kg，棉花年播种面积为7500万亩，需种量为4亿kg左右。国内种子市场需求量大，而西北地区生产的瓜类、蔬菜和花卉种子远销美、意、德、英、法、日、韩、荷兰、以色列、新加坡等欧美及东南亚的16个国家和地区，有很好的声誉，因而在西北地区大力发展种业，市场前景非常广阔。

另外，根据贸易竞争指数、显示性比较优势和国际市场占有率等决定种业贸易市场竞争力的因素，再结合种业科技创新、市场开放度和种业跨国公司在全球的市场占有率等社会经济指标测算，我国种业的综合国际竞争力指数国际排名为18位。与美国、法国、荷兰等发达国家相比有较大的差距，但是和大多数发展中国家比较，尤其是和东南亚、非洲、中亚和南美洲的国家比较，具有较为明显的优势，说明我国种业具有进入这些国家的整体实力。

（3）农业供给侧结构性改革对优良品种的需求

种子是农业生产中最基本的、不可替代的生产资料，在农业生产的诸多因素中，种子始终处于十分重要和十分突出的地位。农业的各项增产措施必须通过种子才能发挥作用，而当前我国农业正处于结构调整与提速换挡期，农业供给侧结构性改革需要优良品种做保障。

（4）种业市场化改革逐步深化

组建由科研院所和种子企业共同投资的研发平台，约定科研院所的育种资源和品种优先向平台公司提供；鼓励具有创新能力的种子企业兼并重组，提高市场份额，有重点地引导和扶持一批有实力、有潜力的企业做强做大，尽快形成和组建几个大型种子龙头企业，提高产业竞争力；以良种选育、引进、筛选、提纯、扩繁为重点，加速品种更新换代，逐步发展优势品种，重点选育小麦、青稞、油菜、豆类、马铃薯、牧草、饲草等新品种，达到适合机械化作业、优质、高产的目的；不断总结改善新品种特征特性，推广以“简约化”为特征的综合配套栽培技术；同省内外科研单位和大专院校建立紧密的科技合作关系，共同构建科研商业化育种体系，培育区域市场需求的新品种；以自主研发、科企合作等方式创新产品，支撑市场销售不断拓展。

5.1.4 外部威胁因素（Threats）

（1）国外企业进入的威胁

中国西北地区作为全球发展种业最具优势的地区之一，受到了国内外广大企业的关注，很多国际型大企业进驻西北地区，这既给西北地区种业的发展带来了机遇，同时也带来了挑战。国外企业经过多年的发展，产业化程度不断提高，科技含量不断增加，市场竞争力也遥遥领先。而我国的种子生产企业发展历史较短、规模小、竞争力不强，仍然是以传统的经营方式为主，没有建立起与市场经济需求相适应的经营管理体制。同时，技术水平较低，科研能力落后，新品种的研究与推广体系不完善。以上各种因素，加大了西北地区制种企业的竞争压力，要想在激烈的竞争中取胜，西北地区种子企业必须加快发展，提高竞争能力。

（2）市场监管不完善

由于不完善的监管机制，在经营过程中，各种问题频繁出现，制约了种子产业的发展。比如大多数企业采取的如合同契约、发放预付金、收取定额押金等方式制约了农户的权利与义务，即使这样也会经常出现公司违约或者农户违约的现象，损失无法得到合理的补偿。同时，种子市场按行政区域分割，相互封锁现象比较严重。此外，目前尚未建立起一套规范有效的种子市场宏观调控体系，宏观调控不力。

（3）政府对种业市场化干预过多

我国种业在市场化进程中，政府在不同程度或某些方面充当着一个重要的市场竞争角色，诸如：采取统一供种、限定品种的良种补贴、限价管理、品种推介等措施，干预了市场公平竞争；资助研究项目主要下达农业科研院所或农业院校，而种子企业特别是民营种子企业则很难获得国家项目资助。政府对种业市场化的某些干预，应该逐步“弱化”或“退出”，重要的是建立和完善包括种质资源管理及种子研究、开发、生产、加工、储运和营销等环节在内的种子法律和法规体系，为强化种子管理提供法律依据。

5.2　战略目标

西北半干旱地区应根据“十三五”规划的有关部署，结合党和国家推进农业现代化的愿景，立足种业发展实际，创新种业发展新业态，打造种业发展新模式：

第一，打造“一带一心多片”的农作物种业空间布局格局。利用杨凌示范区农科资源优势，打造西北半干旱地区农作物种业基础性研究中心。基于区位优势与资源条件，打造以甘肃河西走廊、甘肃定西、甘肃天水、陕西关中、陕西榆林、宁夏沿黄灌区、青海沿黄灌区为核心的集中连片、设施齐全的优势农作物制种基地，形成在全国范围内具有重要影响力的多片种子生产优势集中区。

第二，乘“一带一路”春风，紧抓机遇“走出去”。拓展形成一批具有较大发展潜力的目标市场国，选定形成一批适合目标市场国的优势种业品种为战略重点，以新品种筛选试验、参加当地新品种区试、举办高产示范与现场会、开展农作物种子技术培训等方式为手段，建立健全西北种业“走出去”政策法规体系和专业化服务体系，分阶段、按步骤地提高西北种业在国际种业市场的竞争力和占有率。

第三，着重提升育种创新能力。以企业为创新核心，形成科研分工合理、产学研相结合、资源集中、运行高效的育种新机制，找准适合自身发展的优势产业与特色产业，布局当地的品种、作物类型，并对作物的发展进行排序。培育一批具有自主知识产权的优良品种，在农作物新品种选育、重大应用前景的育种材料创制领域实现突破性进展。

第四，培育一大批有创新和竞争力、成长性好的育繁推一体化种子企业。通过并购、重组、整合企业资源，改变规模小、数量多、管理难的现状，引导和加强现代企业制度建设，增强种子企业抵御风险的能力，提高种子企业竞争力。

第五，建立健全职责明确、手段先进、监管有力的种子管理体系，尤其是在新品种保护、种业公共信息服务平台建设、种业负面清单管理等方面有显著提高。

5.3 战略重点

5.3.1 提升育种创新能力

强化农作物种业基础性、公益性研究。依托西北半干旱地区资源优势，加大对种业基础性、公益性研究的投入，重点支持种质资源搜集、保护、鉴定，育种材料改良与创制，现代育种理论方法和现代育种技术等基础性、前沿性和应用技术性研究，实现品种选育由形态特征选择向生理特征选择转变，突破一批核心关键技术，培育一批重大突破性优良品种。结合2016年3月国务院印发的《实施〈中华人民共和国促进科技成果转化法〉若干规定》精神，促进研究开发机构、高等院校技术转移，支持育种新材料、育种新技术、突破性优良新品种等科技成果集成转化，着力建设重点实验室、工程技术研究中心、产业技术创新战略联盟等科技创新与转化平台，打造高层次、高水平育种攻关团队，提升成果转化能力和持续创新能力。积极对接国家重大科技专项，整合集成各级各类资源，加大对农作物种业基础性、公益性研究的扶持力度。建立健全基础性、公益性研究成果共享机制，为种业发展提供科技支撑。

5.3.2 构建商业育种体系

整合农作物种业资源，建立健全现代企业制度，通过政策引导带动企业和社会资金投入，充分发挥企业在商业化育种、成果转化与应用等方面的主导作用。鼓励种业科研机构、高等院校通过转让、许可或者作价投资等方式，向企业或者其他组织转移育种成果。鼓励种子企业按照市场化、企业化的要求，采取多种形式整合社会科技与市场资源，与国有科研机构实行战略合作，走育繁推一体化的种子产业化发展之路，逐步形成商业化育种以企业为主体的种业科研新体制。力争用5至10年时间，造就一支精干高效的种业科技创新队伍，培育一批具有自主创新能力和国内外有一定影响力的种子企业集团，强化种子企业在杂交玉米、小麦、马铃薯、经济作物等商业化育种领域的技术创新主体地位。

5.3.3 简化品种审定程序

品种审定制度的存废之争由来已久。研究认为，品种审定保护制度在一定程度上降低了种子企业的育种创新积极性，同时在规范用种市场方面仍有积极作用。因此，应当向登记制过渡，但不能操之过急，当下应当逐渐简化品种审定程序。对育繁推一体化的有实力的公司开辟绿色通道，实行品种登记制，政府不再越俎代庖，由企业自主决定品种是否推广应用及适宜的种植区域，并自行承担种子质量风险。随着西北半干旱地区种子企业商业化育种水平大幅度提高，种子公司实力普遍增强，种子行业自律性提高后，再逐步过渡到品种登记制。与此同时，加大对种子违法案件处理的力度。

5.3.4 培育种业产业链群

一个完整的种业产业链系统包括育种研发、种子加工、种子经营、品牌塑造等所有环节，以及这些产业链环节所涉及的辅助支撑系统，如物流系统、融资渠道等。经济效益好的产业链才有进一步发展的动力源泉和空间，整条产业链所蕴含的增加值链、成本链、利润链才能在保持基本稳定的基础上处于动态优化的过程。这一产业链通常会依赖于种业外部的宏观环境、产业政策和市场经济体制的完善。为此，围绕西部种都建设，加快种业全产业链发展，促进产业在优势区域集群化发展。

5.3.5 优化种业政策支持

调整和优化农作物种业资源配置方式，统筹农作物种业财政和基建项目，积极引导社会资金进入农作物种业，加大对农作物种业发展的支持力度。对符合条件的育繁推一体化种子企业的种子生产经营所得，免征企业所得税。对企业兼并重组涉及的资产评估增值、债务重组收益、土地房屋权属转移等给予税收优惠。建立政府支持、种子企业参与、商业化运作的种子生产风险分散机制，对符合条件的农作物种子生产开展保险试点。加大高效、安全制种技术和先进适用制种机械的推广使用，将制种机械纳入农机具购置补贴范围。完善种子收储政策，鼓励和引导相关金融机构特别是政策性银行加大种子收储的信贷支持。

5.4 战略步骤

5.4.1 基础夯实阶段——改革创新，资源整合

（1）加快种业人才队伍建设

支持高校农作物种业相关学科建设，增强继续教育和专业人员培训能力，培养一批高素质种业科研、生产、营销服务和管理人才，为农作物种业发展、粮食增产和农业可持续发展提供人才储备。激励科技人员创新创业，鼓励种业科研机构、高等院校科技人员在履行岗位职责、完成本职工作的前提下，经单位同意，到企业等从事科技成果转化活动，或者离岗创业从事科技成果转化活动。鼓励引进国内外高科技人才从事品种选育、种子生产加工研究、产品开发和技术指导，鼓励人才流向种业科研生产一线。构建由政府引导，科研院所、高校、种企组成的种业协同科技创新联盟。

（2）加快种业经营体制改革

加强种子生产经营许可证管理，强化种子行政许可事后监管和日常执法。加强品种审定、区域试验、种子生产经营、产品标识等监督管理，规范种子生产经营行为，严厉打击无证或侵权生产、制种基地抢购套购等违法行为，维护种子生产秩序。加强种业公共信息服务平台建设，突出种业信息的采集传输、储存开发、发布服务等关键环节，打造省、市、县（区）三级种业信息体系。通过对种子企业、生产基地进行诚信度评价，评定诚信等级，由媒体及时向社会公布，引导群众与诚信企业合作，通过优胜劣汰，建立市场诚信监督机制。提高种子管理能力，健全种子管理人员考核管理制度，建立监督和问责制，规范从业行为。加强业务技术培训，建立一支作风优良、素质过硬的种子管理队伍。加强品种试验和种子检测等服务设施建设，配备农作物种子质量快速检测、信息管理等设备，为种子经营工作提供强有力的技术支撑。

（3）加大种业财政支持力度

逐步增加省、市、县（区）财政对农作物种业发展的资金投入，把各项种子管理工作经费列

入同级财政预算，及时足额拨付，重点支持农作物种业科技创新、供种保障、企业培育、种子监管工程建设，切实保障种子管理工作需要。

（4）加大种质资源保护力度

以规划引导西北半干旱地区各省农作物种业基地布局。科学规划和布局优势种子生产区域，建立优势种子生产保护区。国家和省级科研院所、高等院校要加强种质资源搜集、保护、鉴定，突破育种材料的改良和创制、育种理论方法等基础性、战略性研究以及常规作物育种等公益性研究，增强原始创新和集成创新能力。

5.4.2 稳步提升阶段——有序布局，以点带面

（1）培育扶持种业龙头企业

种子产业的发展导向应是做大做强种子企业，重点是提高种业的集中度，培养一批大型集育、繁、销、推于一体的种业骨干企业。支持种子企业通过并购、参股等方式进行重组，优化资源配置，加强现代企业制度建设，改进企业产权结构和治理结构，树立品牌意识，着力打造育种能力强、加工技术先进、经营管理规范、营销网络健全、技术服务到位的具有较强竞争力的育繁推一体化种子企业。鼓励育繁推一体化种子企业整合现有育种力量和资源，充分利用公益性研究成果，按照市场化、产业化育种模式开展品种研发，逐步建立以企业为主体的商业化育种新机制。同时，在发展制种专业合作社的基础上，整合资源，组建制种生产专业公司，加强种子企业与制种户的联合。

（2）建设优良品种示范园区

加快推进优良品种示范园区建设。围绕农业结构调整，加快推进农作物新品种展示示范园区建设，发挥园区规模带动、辐射推广、信息交流、科普教育等功能，加大新品种、新技术、新模式展示示范力度，加快农业科技成果转化，提升农作物优新品种覆盖面，促进农民增产增收。鼓励和引导社会资本投资建设农作物种子产业园区（物流中心、专业市场），重点支持集研发、加工、仓储、配售、信息、物流为一体的农作物种子产业园区，形成现代种业物流交易信息平台。

（3）打造优势种业生产基地

加大西北半干旱地区各省优势种业基地建设力度。组织开展规模化、标准化、集约化、机械化种子生产示范基地建设。以重点龙头企业为主体，加大财政资金和企业自筹资金投入力度，加强基础设施建设和作业机械配套。将种子生产基地划入基本农田，实行永久保护。支持种子企业通过租用、土地流转方式获取土地，构建种子企业与制种大户、专业合作组织、农民长期的契约合作关系，建立稳定的种子生产基地。科学规划种子生产区域布局，建立优势种子生产保护区；实行严格的保护政策，严禁以任何形式侵占或改变种子生产基地用途，加强西北半干旱地区各省（区）杂交油菜、青稞、小麦、玉米、水稻、马铃薯、蚕豆等特色优势作物种子繁育基地的规划建设与用地保护。

（4）探索育繁推一体化模式

探索以企业为核心、多主体联动（“龙头企业+科研机构+合作组织+农户”）的育繁推一体化组织体系。科研单位和企业要合理分工，目标一致，提高效率。科研单位要结合事业单位分类改革，在明确农业科研单位公益性职能定位的基础上，制定促进种业研发的激励机制和与种子企业长期可持续合作的交流机制。鼓励科研单位将基础性研发成果转化为满足市场需求的显示成

果，在保障科研人员福利和运行经费的基础上，积极按照市场行为开展研发工作。同时，积极发展种业专业合作社，按照“企业+合作社+农户”等组织模式，积极开展种业繁育，并为农户提供满足生产要求的各项社会化服务。

5.4.3　创新扩张阶段——有效监管，稳健扩张

（1）构建种业开放发展格局

引导种子企业参与国际合作交流和竞争。在保护自主知识产权的前提下，鼓励支持科研院所、高校和企业与国内外相关单位开展合作，引进消化吸收国际国内先进育种技术和优异种质资源，共同发展现代农作物种业。支持优势种子在国外建立农作物品种推广试验基地，开拓国外市场。积极开拓杂交油菜、杂交玉米、特色果品国际市场，扩大市场份额，进一步提升西北半干旱地区各省种业品牌的影响力和市场竞争力。

（2）建立种业信息网络体系

种业和互联网相结合，推动传统农作物种子企业发展壮大。通过建立“互联网+种子营销”的种业销售模式、“互联网+种业金融”的种业融资模式、“互联网+政府”的种业服务模式，打造西北半干旱地区“种业航母”，进一步推动种业向育繁推一体化方向发展。

（3）强化种子市场监督管理

严厉打击侵权生产、抢购套购等违法行为，维护种子基地生产秩序。强化品种权执法，健全知识产权服务体系，切实保障品种权人合法权益。建立企业公开信息查询平台，实施“黑名单”制度，取缔违法生产企业。加大种子市场检查和企业监督抽查力度，加强品种真实性检测，强化转基因安全监管，坚决杜绝非法生产经营转基因农作物种子和产品的行为。

（4）打造高端育种创新平台

重点支持育种企业与优势科研单位联合种业关键技术攻关、建立重大商用基因开发和基因转化平台，创制一批目标性状突出、综合性状优良的转基因新品种，培育耐密、高抗、高产、综合性状好的品种。重视国内外先进育种技术、装备和高端人才的引进，加强生物育种技术集成和转移以及生物育种领域工程研究中心、工程实验室、转基因植物中试与产业化基地等创新能力建设。

第六章 西北半干旱地区农作物育种创新关键问题与技术方向分析

大力发展现代农作物育种技术，强化科技创新，培育创新型新品种，对驱动我国农业生产方式转型发展、提升种业国际竞争力、保障粮食安全和农产品有效供给具有重大战略意义。

6.1 关键问题

按照“加强基础研究、突破前沿技术、创制重大品种、引领现代种业”的总体思路，以西北半干旱地区主要农作物为对象，围绕种质创新，育种新技术、新品种选育，良种繁育，科学栽培，标准化生产等科技创新链条，重点突破种质资源挖掘、基因挖掘、品种设计和种子质量控制等核心技术，获得具有育种利用价值和知识产权的重大新基因，创制优异新种质，形成高效育种技术体系。

依据西北半干旱地区的自然条件、国家对西北地区农业发展的战略定位以及西北地区种业对整个国家种业发展应该承担的责任义务，西北地区需要解决的关键问题有三个：一是各类农作物（包括粮饲兼用型作物、牧草作物）的抗旱耐瘠薄特性遗传研究；二是西北特色作物（如马铃薯、谷子等旱地农作物，枸杞、棉花、瓜菜、林果等经济作物）生物学基础研究和遗传改良应用研究；三是对全国影响巨大的重大制种基地（如河西走廊等）的效率提升及产业发展相关问题研究。

6.1.1 西北特有的优异种质资源鉴定与利用

（1）西北主要粮食作物抗旱耐瘠薄种质资源收集与创新利用

针对西北半干旱地区粮食作物类别及其优势，研究马铃薯、小麦、玉米初筛特异种质和应用核心种质的表型和基因型特点，重点开展抗旱性、耐瘠性、品质、抗病虫、抗寒、养分高效、适于机械化等性状的多年多点表型精准鉴定，以及全基因组水平基因型鉴定，建立表型和基因型数据库；研究优异种质重要性状的遗传规律，建立种质资源高效创新技术体系，创制优异远缘杂交中间材料，创制携带地方品种和近缘种优异特性、具有育种利用价值的新种质，并提供育种利用；开展种质资源国际合作研究，引进交流种质资源。

（2）西北主要特色作物种质资源收集与创新利用

针对西北半干旱地区特色作物类别及其优势，研究牧草、油菜、棉花、蔬菜和果树初筛特异种质和应用核心种质的表型和基因型特点，重点开展抗逆、产量、品质和抗病虫等育种性状的多年多点表型精准鉴定，以及全基因组水平基因型鉴定；建立表型和基因型数据库；研究优异种质重要性状的遗传规律，创制携带野生近缘种和地方品种优异特性、具有育种利用价值的新种质，并提供利用；开展种质资源国际合作研究，引进交流种质资源。

6.1.2　西北主要特色农作物生物学基础研究

（1）西北特色农作物优异种质资源形成与演化规律

开展马铃薯、牧草、棉花、小杂粮、油菜等主要农作物种质资源变异和演化研究，分析野生近缘种和栽培种的基因组多样性；研究种质资源从野生近缘种、地方品种到现代品种演变过程中的选择信号，鉴定驯化与改良过程中受选择的基因组区段、单倍型和基因及其功能；研究重要性状关键基因组区段、单倍型和基因的演化规律，挖掘有利等位基因，明确其遗传效应；解析主要农作物骨干亲本、主栽品种与优异种质资源的遗传组成与典型性状的关系，阐明其形成的生物学基础。

（2）西北特色农作物产量及品质性状的生物学基础

应用遗传学、分子生物学方法，克隆源-库-流、株型、衰老、营养器官、产量构成因素、光能有效利用等产量性状以及影响外观品质、营养品质、加工品质和健康功能品质的相关基因及调控元件，解析其功能及调控网络，阐明产量及品质性状形成的分子基础；克隆具有育种利用价值的产量性状基因，发掘有育种利用价值的产量性状优异等位基因，并应用于育种。

（3）西北特色农作物抗病抗逆性状的生物学基础

开展主要病害控制的基础研究。发掘抗病和抗逆（旱、寒、盐、瘠薄等）以及水分高效利用等关键基因/QTL，鉴定其功能；揭示作物感知、传递、应答、适应病害、逆境胁迫的分子遗传机制及调控网络；发掘有育种利用价值的抗性优异等位基因，提出利用途径。

（4）西北特色农作物养分高效利用的生物学基础

研究发掘氮、磷、钾等养分高效利用的关键调控基因，解析养分高效利用的分子机制和遗传调控网络；研究氮、磷、钾等主要营养元素，重金属吸收积累，与光合作用和逆境因子的相互作用关系，阐明其作用机理；克隆提高农作物生物固氮效率的关键基因，明确其调控分子机制；克隆养分高效利用相关器官发育的关键调控基因，阐明器官发育与养分高效利用之间的相互作用机制；发掘有育种利用价值的养分高效利用性状优异等位基因，提出利用途径。

6.1.3　重大制种基地建设

（1）“河西走廊”制种产业带的发展与提升

以国家级玉米制种基地建设为契机，优化资源配置，促进“河西走廊”玉米种业向张掖的甘州、临泽、高台，武威的凉州，酒泉的肃州等优势区集中；瓜菜花卉种子生产基地向肃州区、金塔县、甘州区、高台县、凉州区等优势区域集中；推进“四化”种子生产基地建设，形成一批相对集中、长期稳定、示范效应明显的种子基地；加快国内外种业交流与合作，引进和吸收先进的种质资源、育种方法和管理模式，提高种业国际化水平，将“河西走廊”打造为国际化（世界级）的特色种业基地。

（2）小麦制种产业带的发展与提升

建设以关中、渭北、陇东为中心的冬小麦基地，以青海海东、海西和宁夏银川地区为主的优势春小麦基地。关中灌区培育高产、优质、抗病新品种，渭北旱塬培育抗旱、高产、优质新品种。陇东培育高产优质、抗旱节水、高抗性的小麦品种。

青海春小麦制种向海东民和、乐都、互助、大通、湟中等县区和海西、德令哈、都兰、格尔木集中培育高产、优质、抗逆性和抗病性强的春小麦；突出宁夏西北春小麦向银川市“一区两县”集中，重点发展高筋、中筋小麦品种制种。

（3）脱毒马铃薯基地

建设以甘肃陇中南、宁夏南部山区和青海海东地区、西宁市和海西州为主的马铃薯种薯繁殖基地。陇中南以定西为中心，辐射周边县区，形成陇中淀粉原料基地，陇东南秋冬播菜用薯基地，河西、沿黄全粉、薯条薯片加工专用薯基地。宁夏南部山区马铃薯育种基地向原州、西吉、海原、彭阳、隆德、泾源、同心、盐池、红寺堡等县区集中。青海在海东市重点发展早熟、抗旱马铃薯种薯生产，在西宁市和海南州重点发展晚熟、中晚熟马铃薯种薯生产。马铃薯育种基地向民和、乐都、平安、互助、大通等县集中。

（4）西部航天育种基地

建设以天水为核心的西部航天育种基地。坚持与中国空间技术研究院紧密合作，通过“一平台五基地”（即航天育种工程中心研发平台、航天育种机理研究基地、航天新品种选育基地、航天新品种制种基地、航天蔬菜生产示范基地、航天农产品加工基地）建设，加强完善质量检测体系、市场营销网络、技术培训体系，发展产供销一体化集团，构建航天育种产业发展的长效机制，延长产业链条，把天水建成国内一流的航天育种科技创新中心、航天农产品标准化生产示范中心、加工中心、销售中心和航天农业技术培训中心，真正把航天育种发展成为促进科技创新、带动农民增收和发展现代高科技农业的支柱产业。加强与酒泉、西安航天育种基地种质资源的共享与联合。

6.2 西北半干旱地区特色农作物品种创新方向

6.2.1 粮饲兼用型作物品种培育

针对西北地区农牧业发展要求和气候特点，开展小黑麦（六倍体小黑麦和八倍体小黑麦）、青稞、黑麦草等作物品种选育工作。这些品种抗逆性强、生物量大，非常适合农牧区种植。

6.2.2 马铃薯专用新品种培育

马铃薯是西北地区重要的粮食作物，用途极为广泛。品种选育的重点是专用品质好、薯形好、芽眼浅、高产、抗病、抗逆等。从专用性上，马铃薯品种选育主要分为鲜薯食用品种、淀粉加工品种、油炸食品加工和全粉加工品种、特色品种等类型。应当致力于重要抗性基因发现和抗性选择体系构建两方面的原始创新；创制重要育种材料，进行品种改良；结合西北半干旱地区的环境特点，尤其是青海省高原区特征，培育适宜品种。重点利用马铃薯种质资源评价与分析、马铃薯遗传改良的基础研究、马铃薯块茎形成的生理和遗传机理、马铃薯病虫害综合防治的新策略和方法等研究成果，加速新品种创新。

6.2.3　适于机械化作业的油菜、棉花新品种培育

在注重粮油安全的现实条件下，高产和优质（双低）是一个油菜品种生存的根本。目前，油菜育种家已经把育种目标上升到“高产、优质、双低、高油、多抗、适应机械化作业”的新高度。西北半干旱地区应当在塑造高产株型、保持品种优质、稳步增加含油量的前提下，优化油菜品种农艺性状、选育适合全程机械化作业的油菜品种育种路线。应当采取拓宽亲本录用范围，选用亲缘关系远、地理相距大、目标性状突出且优缺点互补的材料为亲本；在后代选择中，在保持高产、优质、高油等优异特征的前提下，注重株高适中、株型紧凑、抗倒伏、耐迟播、花期集中、成熟期相对集中、籽粒大、耐裂角、主轴结角多等适合全程机械化作业的株型筛选；变革现有的油菜生产方式，实施简化栽培，推广油菜生产全程机械化，降低生产成本。

在全国棉花产业施行“东移、西进、北上”的重大战略转移背景下，西北半干旱地区应当立足生态区特征，培育相适应的高产、早熟、优质的机采棉花新品种。在重点地区进行适于机械化植棉的新品种筛选，在棉花农机农艺融合上进行新的尝试和探索促进农机农艺技术融合，驱动轻简化植棉、稳定棉花面积和确保棉产品有效供给。应当着力研究多倍体棉花形成机理，构建棉花高质量基因图谱；通过转基因方法创制改良材料；筛选适于机械化的棉花新品种。

重点对现有棉花品种的纤维长、强、细及株型调控、抗旱性、耐盐碱性、抗枯黄萎病等重要农艺性状进行改良，建立高产优质、吐絮集中、抗旱耐盐碱、适宜机采棉花品系的示范网点，形成规模化的品种测试网络和育种体系；研究纤维发育、株型及抗性的遗传特性，提高亲本配合力，创制高比强、长纤维的优质、抗逆、株型紧凑、吐絮集中的机采棉新品系，培育适于西北内陆棉区高密度种植的优质机采棉花新品种；研究建立西北内陆棉区水肥一体化的高效配套技术，开展新品种的示范应用。

6.2.4　果树高产优质多抗新品种培育

培育高产、优质、多抗的果树新品种及特异种质；研究利用野生果树资源，解决杂交育种遗传狭窄难题，捕获野生资源中的优异基因；研究实生苗早期选择技术及缩短童期配套技术；开展新品种（品系）的配套栽培技术研究；开展组织培养工厂化育苗技术研究，提出实用的工厂化育苗技术体系。

6.2.5　蔬菜优质多抗新品种培育

进一步发掘蔬菜常规育种技术潜力，追求优质、耐储运、适于温室种植，大规模使用雄性不育制种技术；推进细胞育种技术研究，利用小孢子培养和花药培养技术产生单倍体，广泛运用于现代农作物育种上；特别是在温室长季节专用品种的育种方面，增强耐热、耐未熟的加工专用技术。

6.2.6　西北特色农作物良种繁育关键技术研究与示范

以马铃薯、牧草、棉花、油菜、小杂粮、蔬菜等主要农作物为对象，按照种质创新、基因挖

掘、育种技术、新品种选育、良种繁育等科技创新链条，从基础研究、前沿技术、共性关键技术、品种创制与示范应用等方面出发，实施全产业链育种科技攻关，重点突破基因挖掘、品种设计和良种繁育核心技术，创造有重大应用前景的新种质，培育和应用一批具有市场竞争力的突破性重大新品种，提升育种自主创新能力。

6.2.7 主要农作物种子加工与质量检测控制

强化主要农作物种子加工与质量控制技术研究，建立针对不同农作物种子加工与质量控制技术标准，提高种子质量和种子生产效率；重视新育成品种的高效栽培技术研究，通过良种良法配套，实现大面积示范推广。攻克良种制种技术难题，形成制繁种技术规范，构建繁育技术体系；完善良种良法配套技术，形成生产技术规程。

建立健全分子检测技术规范，集成、制定和验证技术规范，作为标准或技术规范颁布实施；研究确定水稻、玉米、小麦、棉花、油菜和蔬菜等农作物的单核苷酸多态性（SNP）标记位点，创制分子指纹芯片；强化标准样品和指纹数据库的管理，利用现有成熟的分子检测能力，分工协作，建立各类农作物品种DNA指纹数据库，构建数据检索查询平台和标准样品管理的技术规范；建设一批分子检测的检验机构，切实抓好检验设施的完善、主要仪器设备的配备，规模化应用农作物品种分子指纹鉴定体系。

第七章

推进西北半干旱地区农作物育种创新与种子育繁推一体化的政策建议

近年来，西北半干旱地区农作物种业发展取得了显著成绩，有效推动了西北地区优势资源利用和区域经济发展。但是，同全国种业发展形势一样，目前西北半干旱地区农作物种业发展仍处于初级阶段，尤其是表现为育种创新能力不足，推进育繁推一体化进程存在较大困难。在改革开放不断深入和经济发展新常态的大背景下，加快西北半干旱地区农作物种业发展，不仅是发展西北地区农业经济的需要，而且也是适应国内农业发展态势、保障全国粮食安全的需要。

西北半干旱地区种业要抢抓机遇，结合实际，扬长避短，趁势而上，依靠相关政策的引导和扶持，围绕瞄准两个突破口、夯实三个着力点、完善五个支撑体系为工作内容：以打造“一带一心多片”的农作物种业空间布局格局和推进种业“走出去”为突破口，以龙头企业培育、科研创新能力提升、优势种业基地与创新实验区建设为着力点，通过建设协同创新体系、种质资源及品种保护体系、种子生产与流通体系、储备调控体系和市场监督管理体系五大支撑体系，同时着重落实六条政策建议，既要通过深化体制机制改革，促进资源要素在科研单位与种业企业间依法流动，协同推进农作物种业育繁推一体化，也要结合区域种质资源优势和加强政策引导，加快构建以产业为主导、企业为主体、基地为依托、产学研相结合、育繁推一体化的现代农作物种业体系，壮大种业发展规模，提升种业核心竞争力。

7.1 瞄准两个突破口

7.1.1 打造“一带一心多片”的农作物种业空间布局格局

围绕丝绸之路经济带扩大向西开放的总体格局，用好各种多双边经贸合作机制，将西北半干旱地区传统制种业的优势扩散到具有较强互补性的伊朗、吉尔吉斯斯坦、白俄罗斯等中西亚、中东欧国家。利用杨凌示范区农科资源优势，打造西北半干旱地区农作物种业基础性研究中心。基于区位优势与资源条件，打造以甘肃河西走廊、甘肃定西、甘肃天水、陕西关中、陕西榆林、宁夏沿黄灌区、青海沿黄灌区为核心的集中连片、设施齐全的优势农作物制种基地，形成在全国范围内具有重要影响力的多片种子生产优势集中区。

7.1.2 紧抓机遇“走出去”

在“一带一路”背景下，制定有利于种业“走出去”的金融、税收等配套优惠政策。一是减轻走出去种子企业税收负担。对于“走出去”规模大、声誉好和市场效益好的种业企业，开辟种子和技术输出绿色通道，减少行政审批环节、实行出口退税或免税优惠，减轻走出去种子企业负担。二是加大信贷信用保险支持力度，给予出口优势品种和出口龙头企业优先提供贴息优惠贷款和一般性贷款等扶持。三是给予“走出去”种业企业财政后补助支持与奖励。支持企业“走出去”开展种子合作、合资，对企业购买、租赁目标国土地等发生的前期费用，给予一定的补助。对在国外建立海外生产试验站和区域研发中心给予资金支持。对在国外申请品种权保护和通过国外品种审定的企业，给予研发经费的1/3～1/2补助额度。对以贷款贴息方式进行投资合作的企业给予支持，贷款贴息率不超过基准利率的50%。对于种子出口量大的企业，给予财政奖励。建立种业“走出去基金”，加大对外农业合作项目的支持力度。

7.2 夯实三个着力点

7.2.1 龙头企业培育

（1）释放政策红利，扶持潜力企业

2015年11月，农业部种子管理局颁布《推进种业事企脱钩工作座谈会纪要》，明确要求2015年年底前务必完成脱钩任务。从现有基础和发展前景分析，培养具有区域或专业特点的种子企业，按其自身特点朝专业性种子公司或专业性生产基地公司发展，使其真正快速形成集团化经营格局。鼓励改制后的国有种子公司加快建立市场经济条件下的经营体制和企业化运行机制，使其自主参与市场竞争，努力促进地域优势、规模优势、资源优势的整合。同时，政府必须下大力扶持这种具有自主创新能力和国际竞争力的国有控股大型企业集团，在主要农作物生产资料领域，决不能搞放任自流的自由经济，必须保持国有经济的控制力。对有潜力的企业在政策、农业技术推广和资金等方面加大扶持力度，尤其要加大科技创新支撑力度，使其迅速成长壮大。

（2）推进兼并重组，促进产业联合

目前，西北各省（区）种子企业经营规模偏小，市场竞争能力弱。青海省种子企业多、规模小、实力弱，没有研发能力，无种子骨干企业；甘肃省种子企业品种研发投入不足，缺少专门的科研育种机构和人员；宁夏回族自治区种子企业产学研相分离，注册资金为3000万元的企业只有2家；陕西省注册资本和营业额“双千万”的企业仅6家，占企业总数的1%左右，拥有品种开发权的企业16家，占企业总数的3%左右，大多数仍为经营性的“打工”企业。

在跨国种业公司不断融入我国市场的形势下，要想发展壮大自己，必须走规模化、产业化的发展道路。种业相关主体之间实行强强联合，兼并重组：一是推动种业科技资源的纵向整合，研究制定财政激励政策，鼓励科研成果、育种资源和人才向企业流动，加速弥补种业企业育种科研能力弱、创新水平低的“短板效应”；二是推动种业企业资源的横向整合，创新财政扶持方式，鼓励种业企业上市融资、兼并重组，做大做强一批优势龙头企业。同时，促进种业与其他产业的联合与合作，制定措施鼓励农化、农机、生物技术等相关产业进入种业，增加上下游产业关联度（见图7-1）。通过联合，把分散的产业集中起来，把分散的市场统一起来，做到资源共享、优势互补，实现育、繁、推、销一体化，产、供、销一条龙，从而获取行业整合利润，形成规模经营，最终填补西北半干旱地区各省在全国种业没有骨干企业的空白，为实现西北地区农作物现代化发展的目标奠定坚实的基础。

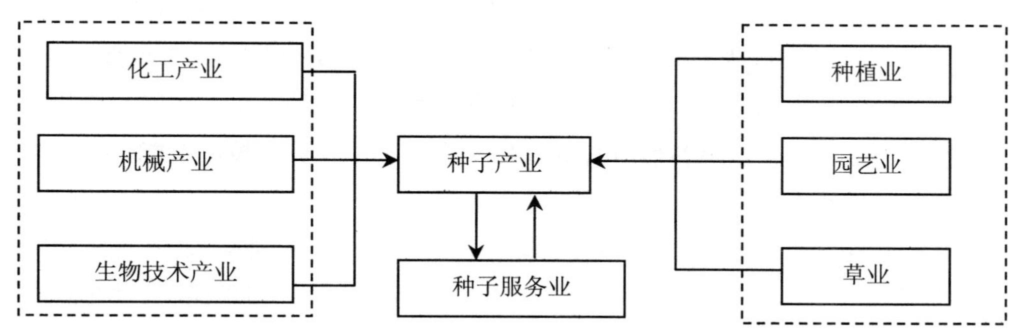

图7-1 种子产业关联图

（3）树立品牌意识，完善营销网络

一粒种子可以改变一个世界。一个种子企业，要想有竞争实力，必须制定完善的营销策略，树立自己的品牌，并得到广大顾客和社会的认可。树立品牌、完善营销策略主要可以从四个方面抓起：一是建立完善的营销网络和营销队伍，加强对自己产品的宣传；二是严格把关，保证企业经营种子的质量，以质取胜，树立品牌；三是要为客户提供优质的售后服务，包括技术指导和跟踪服务等，以此来占领市场，赢得客户；四是坚持“质量第一，用户满意，让农民获得经济效益”的经营宗旨，以此来巩固老客户，拓展商路。

7.2.2 科研创新能力提升

（1）深化种子科研体制改革，促进种业科技成果转化

2016年7月18日，全国种业人才发展和科研成果权益改革工作视频会议在北京召开，农业部副部长张桃林出席会议并讲话。会议强调，深入推进种业人才发展和科研成果权益改革，是贯彻党中央国务院创新驱动和人才发展一系列决策部署的战略举措，是加快发展现代种业、建设种业强国的现实要求，要上下联动“统筹推进”“因地制宜”务求实效，努力形成充满活力的种业发展新局面。

会议围绕《关于扩大种业人才发展和科研成果权益改革试点的指导意见》，对改革工作做了全面部署。推进改革工作，从近期看，要完善相关机制，加快成果转化和人才流动，尽快形成一批典型示范；从中长期看，力争取得一批突破性科研成果，培养引进一批国际一流种业人才，到2020年形成以科研单位为主体的基础性、公益性研究和以企业为主体的技术创新“双轮驱动”的现代种业科技创新体系。为此，一是落实科研人员分类管理政策，制定科研人员分类管理办法，完善人才分类评价考核制度。二是完善种业人才发展机制，鼓励科研人员到种子企业兼职或者离岗创业；鼓励高等院校和科研院所与有实力的企业合作，联合培养种业高端人才；鼓励引进海内外高层次人才。三是加快成果转化和权益分享，完善科研成果管理制度，规范成果转化和权益分配等事项。四是加大基础性、公益性研究支持力度，建立长期稳定的经费支持机制，完善基础研究人才培养机制。

近几年来，西北四省（区）在育繁销联结上做了不少尝试，但涉及科研管理体制等深层次问题没有根本解决，不利于种业市场快速发展和企业竞争力迅速提高。具体措施：一是鼓励企业建立健全科技成果转化的激励分配机制，充分利用股权出售、股权奖励、股票期权、项目收益分红、岗位分红等方式激励科技人员开展科技成果转化；二是加大对科技成果转化绩效突出的研究开发机构、高等院校及人员的支持力度；三是积极推动逐步取消国家设立的研究开发机构、高等院校及其内设院系所等业务管理岗位的行政级别，建立符合科技创新规律的人事管理制度，促进科技成果转移转化；四是对从事应用性研究的机构和科技人员带材料、带设备走向市场，向商业育种方向迈进，可以独立门户创办育种公司或种子公司，或与种子企业"联姻"，从种子营业额中提供一定比例的资金，作为从事科研育种的专项投入，确保企业科技创新能力持续提高。

（2）培养、引进研发高端人才，推进人才流动机制改革

种业育繁推一体化，根本在于种质的创新。无论是企业还是科研机构，都需要大批科研人才即育种专业技术人才，这是把科技转化为生产力、提高种业科技创新能力、增强发展后劲的关键因素。应当以培育本土人才为主，引进东部甚至是国外人才为辅，先在育种上有所创新，再强化繁推环节。建立健全人才向种子企业流动机制，可以制定人才流动办法，充分发挥市场机制作用，在身份待遇、激励机制、职称评定、业绩考核等方面，支持事业单位从事商业育种和经营管理的中高级科技人员转换身份，进入种子企业创业，建立合理的利益分配机制，调动科技人员进入企业的积极性。加强从业人员继续教育工作，可以采取高校学习、实地考察、短期培训等多种方式，快速提高从业人员的自身素质。

7.2.3 优势种业基地与创新实验区建设

（1）积极利用优惠政策，形成专业化良种繁育区

围绕农业结构调整的总目标和农民增收的中心任务，应重点加强种质资源保护利用、品种改良与繁育基础设施、种子质量检测中心、品种区域试验展示中心和救灾备荒设施等公益性基础性项目的建设。在繁育基地建设上，制定陕西省、甘肃省、青海省、宁夏回族自治区主要农作物种子生产基地建设规划，力争列入国家农业部规划子项，争取国家投资和地方财政支持。在陕西省形成优质小麦、杂交玉米、杂交油菜、脱毒马铃薯、杂粮等3个区域专业化良种生产优势区，即关中优质小麦良种繁育区，关中陕南油菜良种繁育区，陕北榆林玉米、马铃薯、杂粮良种繁育区。甘肃省重点建设杂交玉米种子生产基地、马铃薯脱毒种薯生产基地和全国重要的瓜菜种业基地，特别是以河西走廊为主的150万亩玉米种业基地。青海省重点建设杂交油菜、蚕豆、青稞、马铃薯等特色优势作物新品种生产基地，加快形成集种子的资源保护、引种扩繁、生产经营和推广利用为一体的种业链条，推动西北半干旱地区现代农作物种业的可持续发展。

（2）科学制订生产计划，加强调控，降低生产风险

种子生产周期长，市场需求弹性小，贮藏时间和使用年限短，销售季节性强，成本高，所以种子生产和经营需要根据市场需求进行科学预测、周密计划和有序流通才能产生巨大效益。因此：有关部门要加强宏观指导，制定种子市场调控措施，及时发布种子余缺信息，保持市场稳定；各种业公司根据市场信息和供求关系，制订本公司当年的生产和销售计划；省、市、县三级政府探索建立政府支持、企业参与、商业化运作的农作物种子生产风险分散制度，积极开展农作物种子生产政策性保险试点，同时建立救灾备荒种子储备体系，按本地需种量的5%以上储备；在

种子制种方面，实行制种专项补贴或保险制度，经费可由省、市、县和农户按一定比例支付。

（3）明晰种子生产主体，建立新型种子繁育基地

针对新的种子生产主体和种子走向市场的现实，要注重建立一整套种子生产体系，使种子繁育规范化、标准化。通过发展区域化、专业化、规模化的良种繁育基地，促进种子产业由传统的粗放生产向集约化大生产转变，由行政区域的自给性生产经营向社会化、国际化市场竞争转变，由分散的小规模生产经营向专业化的大中型企业或企业集团转变。

（4）健全加工技术体系，提升加工综合技术水平

适当打破行政区划界限，彻底扭转区域性重复建设、“小、散、低”等问题，根据各省（区）现代农作物种业的规划布局、技术实力及资金投入等情况，优化种子机械加工布局。各地区慎重选择适合当地实际需要的机型，必须经过试验和示范后再进行推广，严禁盲目批量引进，对投资资金多、项目规模大的设备，应组织种子机械领域专家先进行技术经济可行性分析论证。发挥现有种子加工机械生产能力，维护好现有的种子加工机械设备，特别是量大面广的小型设备生产线，改进其关键配件的质量，提高工艺水平。各省农业主管部门应组织有关技术专家，借鉴和引进发达国家的先进经验和研究成果，结合各省现实情况，积极探索先进种子机械加工技术，提高西北半干旱地区各省种子加工技术水平，从而促进种子加工业的发展与进步。

（5）强化种子质量标准，完善种子质量保证体系

一方面，加快种子标准的制定和修订。一是从实现种子全面质量管理出发，制定出种子生产全过程的各项标准，使之逐步连贯并形成系列，包括品种选育、良种繁育、加工贮藏、包装运输、质量检验等；二是制定不同作物、不同用途品种质量标准，并与国家标准、部颁标准、地方标准相衔接、相配套；三是修订现有标准，随着种子工作的发展，种子工作及外部环境均发生了变化，种子标准亟待修订和补充；四是适应种业国际化发展的需要，搜集国内外种子标准资料，将先进种子标准和西北半干旱地区各省种子标准做比较，找出差距，制定规划，以指导种子标准化工作。当前来说，应该重点抓好以下工作：一是做好宣传普及工作，通过宣传和培训，使相关人员认识和掌握标准，增强执行标准的紧迫性和自觉性；二是严格执行种子标准，以保持标准的统一性、稳定性和严肃性；三是做好新标准试点验证工作，在实践中发现问题，积累数据和经验，适时地修订和补充，逐步完善；四是农业种子部门与标准部门密切合作，共同做好种子标准的贯彻执行工作。

另一方面，强化种子质量管理意识，健全种子质量保证体系。质量是企业的生命。高品质的种子是选育和生产出来的，不是靠事后检测决定的，因此，在实行全面质量管理时，必须树立“预防为主”的管理意识，坚持每个环节在质量上的高标准。当质量和数量发生矛盾时，坚决服从质量；做计划时，先做质量计划；布置任务时，先布置质量任务；总结工作时，先总结质量工作。种子企业要严格按照种子生产操作技术规程生产种子，严格种子加工、包装、储藏程序，建立健全种子生产的档案，对收购、入库种子进行室内检验，对销售出的种子开展质量跟踪调查。

7.3 完善五个支撑体系

7.3.1 协同创新体系

为了保障粮食安全，实现农业增效，突出科技创新引领种业发展，需要构建政府引导，由科研院所、大专院校、种子企业构成的种业科技创新组织体系，创新种业发展机制，实现种业“育种、扩繁、推广”一体化健康发展新格局。

（1）加强引导，建立种业技术创新平台

政府要加强政策引导和加大种业科技投入，重点建设一批国家和区域性生物育种科学中心、重点实验室等平台，建设一批国家和区域性育种试验站、种质资源鉴定园圃，建设一批国家和区域性良种生产、加工和繁育基地，良种良法集成与标准化示范基地。支持国家大项目和省级育种科研经费逐步向重点平台倾斜，从而快速提升全省种业科技创新条件和基础支撑能力。

（2）整合资源，构建育种协作攻关机制

进一步整合涉农科研机构、高校、种业企业的育种科研力量和资源，建立统一规划、合理分工、资源共享、绩效挂钩、运行高效的育种协作攻关机制，引导各类创新主体协同建立种业技术创新联盟。充分发挥科研院所的创新优势，探索院企合作商业化育种新模式。组建西北半干旱地区各省（区）优势种业的多学科跨单位的育种攻关协作组，增强育种科研合力。育种目标以农业生产的实际推广和市场应用为唯一标准；研发专注于应用型技术创新和品种培育，与科研教学单位的基础性研究相区别；管理方式区别于课题组管理方式，采用企业运营机制，实现资源集约化、育种规模化、研发工厂化、流程标准化与激励市场化。

（3）因势利导，分步构建新型种业体系

明确各类创新主体主攻方向，强化支持高校、省级科研院所和部分有实力的市级科研院所开展种业基础性、公益性研究，鼓励其他科研单位积极承担品种区域试验和引进示范推广工作。引导科研院所和高校逐步退出商业化育种。基于西北半干旱地区各省种业科研和产业发展现实，新型种业体系建设应依据不同发展阶段和不同产业环节，制定不同的工作重点。目前，要充分发挥高校、科研院所的科研优势，稳定支持基础性、前沿性、公益性研究，同时积极提升企业的自主研发能力，逐步培育企业成为种业创新主体。推动金融资本、社会资本与种业产业融合，实现由政府推动过渡到企业主体、科研院所参与的商业化育种模式，逐步建立育繁推一体化新型种业体系。

（4）搭建平台，促进公共研究成果共享

以国家层面的“一城两区百园”农业科技产业促进体系为依托，构建高通量的种业成果转化共享平台，加快科技成果集成转化和应用，为种业企业育种提供种质资源和技术支撑。支持企业与优势科研单位建立育种平台，创建种业科技创新基金，探索建立商业化育种、股权激励和基金收益反哺科研等机制，促进科研院所、高等学校科研人员与企业合作共享，初步建立育种资源综合利用、分工合理、基础性研究和商业化育种协调推进的种业协同创新体系（图7-2）。

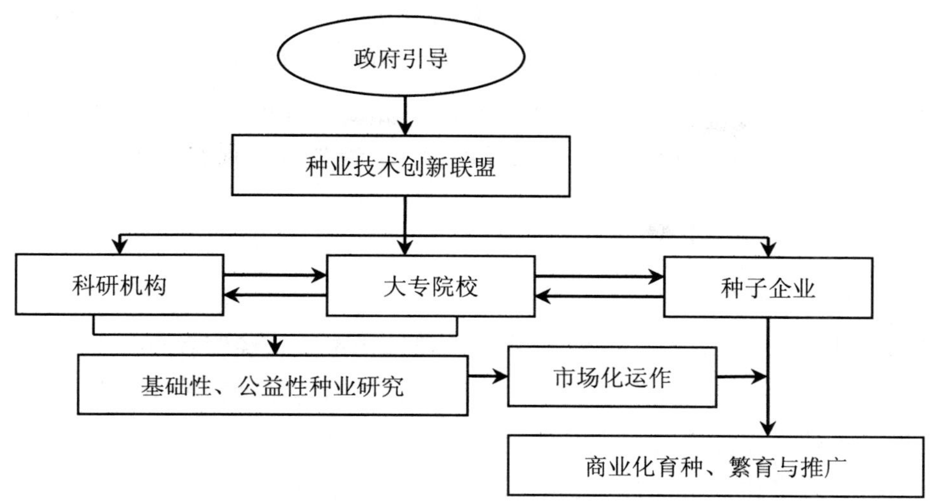

图7-2 科研机构、大专院校与种子企业的协同创新

7.3.2 种质资源及品种保护体系

（1）加强种质资源保护利用

2015年11月最新修订的《中华人民共和国种子法》中第二十五条规定：国家实行植物新品种保护制度。对国家植物品种保护名录内经过人工选育或者发现的野生植物加以改良，具备新颖性、特异性、一致性、稳定性和适当命名的植物品种，由国务院农业、林业主管部门授予植物新品种权，保护植物新品种权所有人的合法权益。植物新品种权的内容和归属、授予条件、申请和受理、审查与批准，以及期限、终止和无效等依照本法、有关法律和行政法规规定执行。

植物品种保护工作事关育种家权益，事关植物品种创新，事关现代种业的发展。应以自然保护区、国家和省级种质资源库、地方特色种质资源圃（场）为主要载体，健全种质资源保护利用体系。掌握全省农作物遗传资源种类、分布和特性，完善省级种质资源信息服务系统。依托高校、省级科研院所，加强种质资源收集鉴定和创制利用工作。建立种质资源省级保护名录发布和保护制度，积极推进优势种质资源共享，加强地方特色优势种质资源的有效保护和有序开发。按照“引种为辅，育种为主”的种业繁育思路，收集并利用全球的优质种质资源。

（2）改进品种审定保护工作

一方面，落实2015年最新修订的《种子法》的相关规定，以市场需求为导向，全面改进品种审定工作，实现审定制向登记制的稳健过渡。提高审定工作效率，简化审定流程，要尽快按照市场需求、加工专用等不同用途，围绕主要农作物品种中间试验和审定进行改革，完善审定评价标准，加快品种结构调整步伐。特别是对市场急需，生产上又短缺的品种应加速进行中间试验，缩短试验年限，及早通过审定。但同时必须坚持先试验审定后推广利用的原则，凡是不经过正规试验或审定未通过的品种杜绝上市。

另一方面，加强对品种审定的监督。为了充分发挥市场作用，增强种子企业育种创新的积极性，应当加强事中事后监管，对品种审定档案实行可追溯管理，公布审定意见情况，品种审定实行回避制度，明确品种审定委员会委员和工作人员的行为规范，接受社会监督。

（3）加大知识产权保护力度

要支持和鼓励农业科研机构、种子企业等自发组建各类种子新品种保护自律性和维权性的社会组织，发挥其在保护和管理农作物种子新品种方面的集体运作功能，建立自我教育、自我保护、自我约束、自我发展的机制，形成专业性或地域性植物品种保护组织，自发开展相关农业技术领域的植物新品种保护策略研究，积极向有关行政主管部门和司法机关提供政策咨询和建议，协助和指导会员单位建立和完善植物新品种保护的内部管理制度，提高自我保护和管理能力。

7.3.3 种子生产与流通体系

（1）种子生产管理体系建设

一是要根据品种推陈出新速度、气候变化、种植结构调整、经营者意愿等因素制订科学、合理的种子生产计划。二是要按照实际需要，挑选合适、恰当的品种。种子品种应当通过试验、示范种植，并在经过审核后才能够正式进入市场。三是根据上年的丰欠程度、市场需求量科学预测种子生产量，使种子生产计划更加符合实际需要，更加具备可操作性。四是依据自然条件和社会条件，科学选择良种基地。五是加强种子生产的科学管理，做好田间管理、收获管理和入库管理工作。六是建立种子生产档案，建立质量追溯系统，加强种子生产的监督管理。

（2）种子流通管理体系建设

一是要培养满足种业物流的专门人才，加强种业企业与各高校的合作，使理论研究和实践应用相结合，注重在实践中培养锻炼人才，以便形成一支熟悉物流运作规律、具有开拓精神、适应现代物流发展的企业家队伍和物流经营骨干队伍，重视所有员工的基础培训、业务培训和观念培训，提高企业的整体素质。二是合理规划物流配送体系，种业企业物流配送体系的规划应按照“半径最佳、线路最优、流速最快、流程最短”的原则，坚持统一仓储、统一货源、统一配送、以送定访的模式，达到服务与效率的统一。经销商可以对一定距离内的零售户进行直接配送，超过一定范围的设立中转站进行间接配送，可以实现效率和效益的最佳结合。三是加快种子流通追溯体系管理平台建设，完成各省（区）种子流通追溯体系管理平台建设，并与制种基地、加工企业、批发市场、种子经营代销户、用种单位（个人）等5个追溯子系统的节点互联调试、运行。

7.3.4 储备调控体系

（1）健全分级储备制度

明确国家和西北半干旱地区各省（区）种子储备范围与职责。建立健全各省（区）种子储备体系，重点储备短生育期和大宗作物种子。一般主要根据全省（区）农作物播种面积计算总的用种量，按8%的比例储备种子。同时按应储种量比例，实行统采统储、推陈储新，除必要的“两杂”种子外，还要储备一定数量的适宜当地种植的种子。

（2）搞好常规种子储备

常规种子的备荒储备和供应，对于在发生自然灾害时搞好恢复和发展生产，同样具有重要的意义，特别是储备相当数量的早熟的常规种子，对弥补受灾作物减产损失、接济灾民口粮等尤为重要。对这部分种子，历史上曾实行过由农业部门提出计划，由粮食部门择优收购、单独保管，用时作种、不用作粮的储备供应办法，解决了很大问题，应当继续沿袭实行。由于常规种子所涉及的品种较多，作物种类、地域适应性较复杂，应实行以县为单位自储、自用为主，对特殊需要的作物品种，省和市还应有计划、有重点地搞好储备，以供区域间调剂之需。

（3）鼓励龙头企业承担储备任务

通过公开招标投标的方式实施种子储备，鼓励国家重点支持的育繁推一体化种子企业主动承担储备任务，省级政府财政应当对种子储备给予支持。

7.3.5　市场监督管理体系

（1）加强种子质量市场监管

一要严把种子生产许可关。认真执行现场审核制度。农业行政管理部门现场审核不仅要检查固定设备和人员等是否符合领证条件，而且还要看种子生产田是否能保证种子生产质量。认真审查基础种子来源，基础种子必须经过田间质量确认，该品种的所有生产面积必须和公告种子数量相一致。受品种权益保护的品种必须有品种权所有人或代理人的授权证明。二要加强种子来源的监督管理。加强对种子生产和市场流通环节的有效监控，确保所有种子企业生产、经营的种源都处于严密的监控之中，及时对不合格种子提出处理意见，并对生产、经营不合格种子的企业和基地进行整改。三要强化种子认证和质量规范化管理，全面提升种子企业管理水平。探索一套以质量管理网络和保证手册条款为核心内容的质量保证体系。待条件成熟后，逐步扩大试点范围，使种子企业的质量管理工作尽快与国际通用规则接轨，全面提升种子企业管理水平。

（2）加强种子经营市场监管

一是对西北各省（区）从事种子生产的企业逐一进行检查，清理、淘汰不符合种子生产经营条件的企业，确保良种有效供应和种业健康发展。二是不定期开展种子市场专项检查，检查种子交易市场和种子经营企业，严厉打击制、售假劣种子和侵权等违法行为，维护公平竞争市场秩序。既要注重种子质量的抽查，还要把种子包装、标签、品种的说明和生产经营档案列入监督抽查的范围，并将监督管理延伸到种子生产、加工、销售的各个环节，达到规范种子市场的目的。三是公开各省种子生产经营许可信息、种子检验员及检验机构信息、种子执法信息、种子市场检查信息、社会监督信息等，为公众及时了解品种种植安全、供种数量安全、种子质量安全和种子产业安全等信息提供帮助。

（3）加强种业监管队伍建设

在种子管理队伍的组成上，要有熟悉种子法律法规、掌握种子繁殖栽培专业技术、懂得种子质量监测检验这三种类型的人员。因此，相关主管部门要制定具体的培训方案，有计划、有步骤地组织人员外出学习、考察，确保执法人员掌握有关种子法律、法规、规章，熟知最新检验规程和方法，胜任种子质量监管及执法等工作。

7.4　实施六大配套措施

基于基本国情和面临的挑战，要求西北半干旱地区既要通过深化体制机制改革，促进资源要素在科研单位与种业企业间依法流动，协同推进农作物种业育繁推一体化，也要结合区域种质资源优势加强政策引导，加快构建以产业为主导、企业为主体、基地为依托、产学研相结合、育繁推一体化的现代农作物种业体系。为此，需要实施六大配套措施：

一是建议国家支持西北半干旱地区建立跨省级行政区的种子育繁推一体化多主体协同创新联盟，联合编制西北半干旱地区农作物种子育繁推一体化发展战略规划，明确农作物种业发展重点、节奏、力度以及创新平台、龙头企业支持方向，为农作物种业供给侧结构性改革营造良好宏观环境。

二是设立西北半干旱地区小麦、玉米、油菜、马铃薯、蔬菜、经济林果等特色农作物良种重大科研攻关专项，通过科研院所、高校与企业之间的协同创新，突破种质创新、新品种选育、高效繁育、加工流通等关键环节的核心技术，提高西北半干旱地区农作物种业科技创新能力。

三是加大对西北半干旱地区国家级制种基地和制种大县的政策支持力度，在促进农作物良种繁育区高标准建设的基础上，通过土地入股、租赁等方式，推动土地向制种大户、农民合作社流转，支持种子企业与制种大户、农民合作社建立长期稳定的合作关系，建立合理的利益分享机制。

四是建立种子市场秩序行业评价机制，督促企业建立种子可追溯信息系统，完善全程可追溯管理。推行种子企业委托经营制度，规范种子营销网络。

五是加强农作物种业人才培养，落实促进种业人才流动的相关制度。加强西北高等农业院校农作物种业相关学科、重点实验室、工程研究中心以及实习基地建设，建立教学、科研与实践相结合的有效机制，提升农作物种业人才培养质量。充分利用西北高等农业院校教学资源，加大农作物种业人才继续教育和培训力度。西北科研院所和高等院校要积极落实科研人员通过兼职、挂职、签订合同等方式到企业从事商业化育种的相关制度。

六是国家与地方联合建立西北半干旱地区现代农作物种业发展专项基金，广泛吸引社会、金融资本投入，支持西北半干旱地区企业开展商业化育种，鼓励企业“走出去”开展国际合作。

参考文献

［1］ Anderson J R. Agricultural Technology: Policy Issues for the International Community[M]. Cambridge: CAB International and Word Bank, 1994.

［2］ Carof M, Colomb B, Aveline A. A guide for choosing the most appropriate method for multi-criteria assessment of agricultural systems according to decision- makers expectations [J]. Agricultural Systems, 2013(C): 51-62.

［3］ Clay S. Molecular Markers in the Seed Industry, The Ohio State University Pray C. E, Public Private Sector Linkage in Research and Development: Biotechnology and the Seed Industry in Brazil, China and India, American[J]. Journal of Agricultural Economies, 2001, 83(3): 742-747 .

［4］ Clive J. 2011年全球生物技术，转基因作物商业化发展态势[J]. 中国生物工程杂志，2012(32): 1-14.

［5］ Dernberger R F. Agricultural Development: The Key Link in China′s Agricultural Modernization [J]. American Journal of Agricultural Economics, 1980(2): 346-357.

［6］ Egbert H, Henk J. Are There Ideological Aspects to the Modernization of Agriculture? [J]. Journal of Agricultural and Environmental Ethics, 2012(5): 657-674.

［7］ Elhamoly A I, Nanseki T, Shinkai S. Implementation Degree of Agricultural Decisions at the Egyptian Farm Level and the Expected Role to the Agricultural Extension: a Comparison with Japan [J]. Journal of the Faculty of Agriculture, 2011(2): 417-424.

［8］ Gary R S, Terence H P. A generalized environmental sustainability index for agricultural systems [J]. Agriculture, Ecosystems and Environment, 2000(79): 29-41.

［9］ Haryami Y, Ruttan V W. Agricultural Development: An International Perspective[M]. 2 ed. Baltimore: The Jokns Hopkins University Press, 1985.

［10］ Hayaini Y, Ruttan V W. Agricultural development: an international perspective [M]. Baltimore: The Johns Hopkins Press, 1971.

［11］ Henry E. The evolution of the entrepreneurial university International [J]. Journal of Technology and Global Isolation, 2004(3): 18–28.

[12] Hietala–Koivu R. Landscape and modernizing agriculture: a case study of three areas in Finland in 1954–1998[J]. Agriculture, ecosystems & environment, 2002(1): 273–281.

[13] Huffman W E, Evenson R E. Structural and productivity change in US agriculture, 1950–1982 [J]. Agricultural Economics, 2001(2): 127–147.

[14] Julian M A, Raymond J V. The effects of the US Plant Variety Protection Act on wheat genetic improvement[J]. Research Policy, 2002, 31: 527–542.

[15] Kennedy E. Approaches to linking agriculture and nutrition programs [J]. Health Policy and Planning, 1980(3): 295–305.

[16] Michael B. Structural changes in the Agricultural Industries: How Do We Measure, Analyze and Understand Them[J]. American Journal of Agricultural Economics, 1999(5): 1028–1041.

[17] Michael F T. Economic Development in the Third Word[M]. 3th ed. Longman Inc, 1985.

[18] Morris M M. Seed Industries in Developing Countries[M]. Lynne: Rienner, Cimmyt, 1998.

[19] Murakami N.Rural Industrialization and the Role of Human Capital: An Analysis of Back to Business in Henan Province [J]. Journal of Henan University (Social Science), 2011(2): 32–42.

[20] Myers R H. Modernization Effect upon Exports of Agricultural Produce: South Korea Comment [J]. American Journal of Agricultural Economics, 1971(1): 132–141.

[21] Samuelson P A, Divordhaus W. Economics [M. 13th ed. Mcgraw–Hill Book company, 1989: 270–276.

[22] Parra–Lopez C, Groot J C J, Carmona–Torres C, et al. Integrating public demands into model–based design for multifunctional agriculture: An application to intensive Dutch dairy landscapes [J]. Ecological economics, 2008(4): 538–551.

[23] Patrick Heffer. 工业化国家种子产业化发展历史[R]. 首届中外种子产业发展论坛，2001：121–135.

[24] Prandl–Zika V. From subsistence farming towards a multifunctional agriculture: Sustainability in the Chinese rural reality [J]. Journal of environmental management, 2008 (2): 236–248.

[25] Rezaei–Moghaddam K, Karami E. A multiple criteria evaluation of sustainable agricultural development models using AHP [J]. Environment, Development and Sustainability, 2008(4): 407–426.

[26] Timmer C P. The agricultural transformation [J]. Handbook of development economics, 1988,l (Part Ⅱ): 276–331.

[27] Twomey M J, Helwege A. Modernization and stagnation: Latin American agriculture into the 1990s [M]. Greenwood Press Inc, 2001: 270.

[28] Von Wiren–Lehr S. Sustainability in agriculture — an evaluation of principal goal–oriented concepts to close the gap between theory and practice [J]. Agriculture, Ecosystems & Environment, 2001(2): 115–129.

[29] Wolf D A, Gertler M S. Clusters from the inside and quits[J]. Local dynamics and Global Linkage, 2004(5): 1055–1068.

[30] 埃弗雷特·M. 罗杰斯，朱迪斯·K. 拉森. 硅谷热 [M]. 北京：经济科学出版社，

1985：88-118.

[31] 白明祥. 浅议实施品种权保护对种子工作的影响 [J]. 种子世界，2005（3）：8-9.

[32] 包满珠. 园艺植物育种学 [M]. 北京：中国农业出版社，2003.

[33] 北村. 河南种企打造种业“联合舰队”[J]. 农家参谋（种业大观），2011（8）：1.

[34] 北京天则经济研究所. 土地流转与农业现代化 [J]. 管理世界，2010（7）：66-85.

[35] 曹改萍. 对山西现代种业科技创新的思考 [J]. 种子科技，2012（5）：5-7.

[36] 曹凯歌，汪国莲，周红军. 种子市场存在问题及监管机制的探讨 [J]. 中国种业，2008（2）：25-26.

[37] 曹林奎，高峰. 现代农业的基本特征 [J]，中国农学通报，2005（7）：115-118.

[38] 曹卫华. 日本种子业的现状及发展趋势 [J]. 中国种业，2003（3）：31-32.

[39] 曾德高，张燕华. 区域优势产业选择指标体系研究 [J]. 科技管理研究，2011，31：58-61.

[40] 柴玮，李大跃，龙斌. 关于四川救灾备荒种子储备工作的调研与思考 [J]. 种子世界，2010（5）：25-27.

[41] 柴卫东. 生化超限战：转基因食品和疫苗的阴谋 [M]. 北京：中国发展出版社，2011.

[42] 常宏，吕小瑞. 甘肃省现代农作物种业发展现状及对策建议 [J]. 发展，2015（4）：45-46.

[43] 常宏. 甘肃现代制种业发展的思路 [J]. 农业科技与信息，2013（2）：11-16.

[44] 陈爱辉，毛从亚，方明奎. 对种子产业市场化进程与管理机制创新的探讨 [J]. 种子世界，2010（4）：7-9.

[45] 陈凤霞，吕杰. 农户采纳稻米质量安全技术影响因素的经济学分析——基于黑龙江省稻米主产区325户稻农的实证分析 [J]. 农业技术经济，2010（2）：84-89.

[46] 陈光辉，郝悠悠. 现代农作物种业发展机遇与挑战 [J]. 作物研究，2012（3）：270-273；281.

[47] 陈海林. 法国种子产业综述 [J]. 种子世界，2001（1）：38-39.

[48] 陈建明. 资源型地区区位优势的形成路径探析——以山西省煤炭资源区位优势为例 [J]. 经济师，2010（11）：217-218.

[49] 陈建涛，黄涛，熊万光. 浅谈“育繁推一体化”种子企业发展战略 [J]. 中国农技推广，2013（6）：61-64.

[50] 陈健鹏. 转基因作物商业化：影响、挑战和应对——整体战略研究框架的构建和初步分析 [J]. 中国软科学，2010（6）：1-7.

[51] 陈梁，赵珊. 对陕西种子执法管理队伍建设的思考 [J]. 种子科技，2011（11）：1-2.

[52] 陈龙江，熊启泉. 中国种业开放十余年：回顾与反思 [J]. 华南农业大学学报（社会科学版），2012（3）：7-17.

[53] 陈如明，杨旭红，陈红. 植物品种保护与品种审定 [J]. 作物杂志，2005（2）：33-34.

[54] 陈锡文. 推动城乡发展一体化 [J]. 求是，2012（23）：28-31.

[55] 陈晓华. 坚持走中国特色农业现代化道路 [J]. 农业经济问题，2009（10）：4-6.

[56] 陈燕娟，邓岩. 知识产权与种子企业发展战略协同机制研究 [J]. 中国种业，2011

(11)：12-15.

[57] 陈益升．国家高新区考核评价指标体系设计 [J]．科研管理，1996（11)：1-7

[58] 陈长民． 论“优势”的内涵及优势产业的选择 [J]． 统计与信息论坛， 1998 (2)：41-44.

[58] 陈志峰．工业化、城镇化与农业现代化“三化同步”发展的内在机制和相关关系研究 [J]．农业现代化，2012 (3)：155-160.

[60] 陈志兴，杜迅雷，柳国华．美国种子产业发展特点 [J]．种业导报，2005 (6)：27-28.

[61] 陈志兴，杜迅雷．借鉴世界先进国家种业经验 推进我国种业发展 [J]．种子，2004，23 (3)：66-67.

[62] 陈志兴，戚行江，郑锡良．种子产业发展创新国际趋势及我国对策 [J]．种子，2004，23 (5)：65-66.

[63] 陈志兴． 国际种子产业发展创新趋势及我国的对策 [J]．中国种业，2004 (2)：7-8.

[64] 陈志兴．发达国家种子产业发展成功经验及其启示 [J]．农业科技通讯，2008 (2)：8-9.

[65] 程敏．宁夏农业特色优势产业发展现状及对策研究 [J]．甘肃农业，2010 (10)：65-69

[66] 程志强，程序．农业现代化指标体系的设计 [M]．农业技术经济，2003 (2)：1-4.

[67] 崔宝玉． 农民合作社的治理逻辑 [J]． 华南农业大学学报（社会科学版)，2015 (2)：9-19.

[68] 崔宁波．我国大豆生产技术及应用的经济分析 [D]．哈尔滨：东北农业大学，2008.

[69] 崔增团，高飞．甘肃河西灌区棉花膜下滴灌水肥一体化技术 [J]． 甘肃农业科技 2012 (11)：60-61.

[70] 崔长鹏．中国种业企业现状的探讨 [D]．郑州：河南农业大学，2008.

[71] 张爱平．大山里的家庭农场 [EB/OL]． http：//www．kaixian．tv/gd/2014/0723/7453309．html.

[72] 邓光汉．论加快西部农业产业化进程的政策措施 [J]．软科学，2001 (2)：67-70.

[73] 邓世令．现代农业示范园区建设是农业现代化的必由之路 [J]． 中国农村经济，2000 (2)：29-32

[74] 邓岩，陈燕娟．多元化还是专业化——中国种子企业成长模式研究 [J]．中国种业，2007 (8)：45.

[75] 董萍． 科技园区创新服务平台建设的途径——基于济南创新谷的调查 [J]． 中共济南市委党校学报，2015 (4)：118-121.

[76] 董学锁，王波，陈晓兵．浅谈种子经营中的服务工作 [J]．种子世界，2005 (5)：20.

[77] 杜国华．宁夏沿黄经济区农业特色优势产业分析 [J]．宁夏大学学报（自然科学版)，2011 (12)：418-422.

[78] 杜彦坤．农业科技示范园区发展绩效及政策环境分析 [J]．农业经济问题，2001 (3)：53-56.

[79] 段韫丹，司智霞． 2013年我国蔬菜种子进口情况分析 [J]．中国蔬菜，2015 (2)：6-9.

[80] 傅晨. 广东省农业现代化发展水平评价：1999-2007 [J]. 农业经济问题，2010 (5)：26-33.

[81] 甘肃省人民政府. 甘肃省人民政府办公厅关于深入推进“365”现代农业发展行动计划着力实施“十百千万”工程的意见 [R]. 甘政办发〔2015〕11号.

[82] 甘智龙. 现代农业科技示范园发展问题及对策分析 [J]. 现代经济信息，2015 (17)：369.

[83] 高华，赵政阳. 陕西苹果品种发展历史、现状及育种进展 [J]. 西北林学院学报，2008 (1)：130-133.

[84] 高启杰. 农业推广理论与实践 [M]. 北京：中国农业出版社，2008.

[85] 高强，刘同山，孔祥智. 家庭农场的制度解析：特征、发生机制与效应 [J]. 经济学家，2013 (6)：48-56.

[86] 高强，周振，孔祥智. 家庭农场的实践界定、资格条件与登记管理——基于政策分析的视角 [J]. 农业经济问题，2014 (9)：11-18+110.

[87] 高怡冰，林平凡. 产业集群创新与升级——以广东产业集群发展为例 [M]. 广州：华南理工大学出版社，2010.

[88] 高永升，杨宁. 种子品牌不能促进市场营销的四个原因 [J]. 种子世界，2006 (3)：23-24.

[89] 高云. 国家现代农业示范区竞争力研究 [D]. 北京：中国农业科学院，2014.

[90] 高云，詹慧龙，陈伟忠. 国家现代农业示范区竞争力理论研究 [J]. 湖南农业科学，2013 (1)：136-139.

[91] 公丕峰. 良种补贴模式之我见 [J]. 种子科技，2008 (1)：19-20.

[92] 郭春华，张晓剑. 扬中市水稻绿色防控示范区建设的实践和探索 [J]. 基层农技推广，2014 (1)：55-56.

[93] 国家科技基础条件平台建设战略研究组. 国家科技基础条件平台建设战略研究报告 [M]. 北京：科学技术文献出版社，2006.

[94] 国务院. 国务院关于加快推进现代农作物种业发展的意见 [J]. 种业导刊，2011 (5)：6-9.

[95] 国务院办公厅. 全国现代农作物种业发展规划 [J]. 种业导刊，2013 (1)：4-6.

[96] 国务院办公厅. 关于推进种子管理体制改革加强市场监管的意见 [J]. 中国种业，2006 (9)：1-2.

[97] 韩斌. 区域经济发展过程中工业优势产业的定位——基于新疆生产建设兵团的实证分析 [J]. 江西社会科学，2011 (31)：83-88.

[98] 韩成英，齐振宏，邬兰娅. 生物种业发展背景下我国种业贸易现状及对策研究 [J]. 科技管理研究，2015 (14)：105-109.

[99] 韩德乾. 农产品加工业的发展与新技术应用 [M]. 北京：中国农业出版社，2001.

[100] 韩妙会. 浅谈小麦良种繁育基地建设 [J]. 种子科技，2012 (6)：12-13.

[101] 韩清瑞. 国外农业推广经验及启示 [M]. 北京：中国农业科学技术出版社，2006.

[102] 韩清瑞. 澳大利亚种子企业管理情况介绍 [J]. 中国种业，2000 (4)：21-24.

[103] 韩长赋. 加快发展现代农业 [N]. 人民日报，2010-11-22.

[104] 何春. 建“十”字架构 谋种业发展——浅谈种子企业“育繁推一体化”建设 [J]. 湖南农业科学，2012 (1)：44-45.

[105] 何丽萍. 国外种子公司运作方式及其产销策略 [J]. 种子，2001 (4)：16-19.

[106] 何学功，于光军，常桂先. 我国马铃薯种业发展亟待解决的问题 [J]. 中国种业，2013 (2)：9-13.

[107] 何亚琼，秦沛. 一种新的区域创新能力评价视角——区域创新网络成熟度评价指标体系建设研究 [J]. 哈尔滨工业大学学报（社会科学版），2005 (6)：88-94.

[108] 何跃，卢鹏. 关于优势产业选择的可行性方法和实证研究 [J]. 计算机工程与应用，2006 (33)：222-225.

[109] 佚名. 河北省赞皇县省级现代农业科技园区 [J]. 党史博采（纪实），2015 (10)：2.

[110] 侯军岐，牛军让. 我国种业整合模式与途径研究 [J]. 西北农林科技大学学报（社会科学版），2008 (3)：58-61.

[111] 胡明宝. 陕西种业：打造精品实现自强 [J]. 农家参谋，2012 (12)：19.

[112] 胡瑞法，黄颉. 中国植物新品种保护制度的经济影响研究 [J]. 中国软科学，2006 (1)：49-56.

[113] 黄斌，胡晔. 基于“三化”视角的农村金融体系研究 [J]. 农村经济，2012 (4)：73-76.

[114] 黄钢. 农业价值链系统创新论 [M]. 北京：中国农业科学技术出版社，2007.

[115] 黄钢. 转型期中国种子产业的危机及化解 [J]. 农村工作通讯，2006 (3)：32-34.

[116] 黄钢. 从发达国家现代种业发展看种子科技价值链创新管理 [J]. 西南农业学报，2007，20 (6)：1387-1393.

[117] 黄桂河. 农作物种子产业发展研究 [D]. 北京：中国农业科学院，2008.

[118] 黄佩民，吕国英，覃志豪. 农用工业基础设施建设与现代农业发展 [J]. 管理世界，1995 (5)：184-192.

[119] 黄崎. 中国种子——基于国家安全角度的思考 [M]. 北京：国家行政学院出版社，2012.

[120] 黄少鹏. 农业标准化是我国现代化农业发展的重要支撑——以安徽农业标准化工作成效为例 [J]. 中国农村经济，2002 (5)：63-66.

[121] 黄武，林祥明. 植物新品种保护对育种者研发行为影响的实证研究 [J]. 中国农村经济，2007 (4)：69-74.

[122] 黄燕婷. 中科创新园为潍坊高新区插上“科技翅膀”[J]. 高科技与产业化，2015，10：72-75.

[123] 黄玉银，王凯. 公益性农业科技服务体系的绩效，问题及优化路径——基于江苏三个水稻示范县的调查分析 [J]. 江海学刊，2015 (3)：92-98

[124] 黄祖辉，林坚. 农业现代化：理论、进程与途径 [M]. 北京：中国农业出版社，2003.

[125] 黄祖辉. 基于资源利用效率的现代农业评价体系研究——兼论浙江高效生态现代农业

评价指标构建［J］. 农业经济问题，2009（11）：20-27.

［126］霍学喜，石爱虎. 发展我国种子产业的政策思考［J］. 中国软科学，1997（9）：41-43.

［127］霍学喜. 国外种子产业发展特征及其管理体制分类［J］. 科学导报，2004（4）：35-36.

［128］霍玉刚，王晓鸣. 中国种业企业发展现状及对策研究［D］. 北京：中国农业科学院，2013.

［129］姬顺玉. 甘肃特色农业发展分析［J］. 现代商贸工业，2008（8）：92-94.

［130］季波，李生宝，蔡进军，等. 宁南半干旱黄土丘陵区农业生态优势产业选择研究［J］. 中国农学通报，2011（11）：98-103.

［131］贾少武. 优化陕西苹果品种结构与区域布局对策的研究［D］. 杨凌：西北农林科技大学，2010.

［132］贾耀锋. 西北干旱半干旱区自然资源开发利用现状及存在问题［J］. 新疆师范大学学报，2002（12）：29-33.

［133］贾志安. 河南种业：播"种"春天的希望［J］. 农村·农业·农民（B版），2012（4）：13-14.

［134］江覃德. 世界种业发展趋势与我国种业发展对策（上）［J］. 种子科技，2005（3）：125-128.

［135］江维国，李立清. 互联网金融下我国新型农业经营主体的融资模式创新［J］. 财经科学，2015（8）：1-12.

［136］姜太碧. 我国种子产业发展策略分析［J］. 软科学，2005，19（4）：36-39.

［137］姜微. 安徽省工业主导产业选择问题研究［D］. 合肥：合肥工业大学，2007：22-23.

［138］蒋和平，孙炜林. 国外实施植物新品种保护的管理规则及对我国的借鉴［J］. 知识产权，2004（2）：37-41.

［139］蒋和平，孙炜琳. 我国种业发展的现状及对策［J］. 农业科技管理，2004（2）：20-25.

［140］蒋和平，辛岭. 建设中国现代农业的思路与实践［J］. 中国农业出版社 2009（1）：14-15.

［141］蒋和平，张春敏. 对试点的国家农业科技园区建设重新定位的思考［J］. 科技与经济，2005（4）：30-32.

［142］蒋和平."十三五"国家现代农业示范区发展思路及政策建议［R］. 中国农业科学院农业经济与发展研究所，2016.

［143］蒋世贤. 关于建立种子储备制度的探讨［J］. 种子世界，2004（7）：10-11.

［144］焦硕，徐飞，周鸿松. 中国新技术普及过程的特异性分析——关于罗杰斯创新扩散理论的一个补充［J］. 中国科技论坛，2004（2）：119-122.

［145］靖飞，李成贵. 跨国种子企业与中国种业上市公司的比较与启示［J］. 中国农村经济，2011（2）：52-59；73.

［146］康小亚. 陕西省果树良种苗木生产现状与对策研究［D］. 杨凌：西北农林科技大学，2010.

［147］康玉凡. 金文林. 种子经营管理学［M］. 北京：高等教育出版社，2007.

[148] 蓝建中. 日本六次产业化 [J]. 农产品市场周刊，2011 (3)：30-31.

[149] 雷广海，方斌，刘友兆. 发展中的现代农业园区用地思路与对策探讨 [J]. 地域研究与开发，2008 (2)：94-97.

[150] 雷玲，成艳梅. 杨凌现代农业示范园综合效益评价 [J]. 西北农林科技大学学报（社会科学版），2015 (3) 76-82.

[151] 雷玉山，王西锐. 陕西秦岭北麓猕猴桃产业现状及技术需求分析 [J]. 陕西农业科学，2012 (1)：123-125.

[152] 李波，刘金玲. 中国西北地区种子产业发展优势及展望 [J]. 中国种业，2013 (4)：52-54.

[153] 李波，于亮，曾令泽，等. 中国制种基地管理模式研究 [J]. 中国种业，2012 (11)：19-22.

[154] 李春寿，陈志兴，叶玉仙. 日本种子法现状及对我国保护种子产业成长的启迪 [J]. 农学学报，2004 (7)：29-30.

[155] 李冬梅，刘智，唐殊，等. 农户选择水稻新品种的意愿及影响因素分析——基于四川省水稻主产区402户农户的调查 [J]. 农业经济问题，2009 (11)：44-50.

[156] 李冬梅. 现代化进程中农业园区制度结构的研究——以浙江省农业园区为例 [D]. 杭州：浙江大学，2004.

[157] 李恩普，毛雪飞. 国外种子质量检验体系发展现状与启示 [J]. 中国种业，2011 (8)：8-11.

[158] 李二超，韩洁. “四化”同步发展的内在机理、战略途径与制度创新 [J]. 改革，2013, (7)：152-159.

[159] 李继军，张武刚，刘琨. 种业企业创新体系建设的关键环节研究 [J]. 中国种业，2010 (2)：6-7.

[160] 李建阳. 西方国家种业管理的演变及对我国的启示 [J]. 种子科技，2006 (4)：18-19.

[161] 李婧，黄正来，夏献锋. 我国种业科研体系的现状及存在的问题 [J]. 安徽农业科学，2011 (36)：22729-22733.

[162] 李俊鹏. 加强市级备荒种子储备完善种子供应体系 [J]. 种子世界，2009 (7)：15-17.

[163] 李坤霞. 节能环保产业园的经验借鉴 [J]. 高科技与产业化，2015 (10)：50-51.

[164] 李黎明，袁兰. 我国农业现代化评价指标体系 [J]. 华南农业大学学报（社会科学版），2004 (2)：32-37.

[165] 李璐. 中国种业经营体制现状与发展态势分析 [D]. 郑州：河南农业大学，2008.

[166] 李猛. 西北地区节水农业发展战略研究 [D]. 杨凌：西北农林科技大学，2007.

[167] 李鹏. 辽宁省新型种业体系发展研究 [D]. 北京：中国农业科学院，2011.

[168] 李清源. 青海高原特色现代农牧业发展优势与重点分析 [EB/OL]. http://roll. sohu. com/20120507/n342500073. shtml.

[169] 李社潮. 区域农业机械化研究思考与发展记述 [M]. 北京：中国农业科学技术出版社，2006.

[170] 李万君，李艳军. 典型国家种子产业链模式比较分析及启示 [J]. 中国科技论坛，

2011（6）：131-133.

［171］李卫斌，罗雪斌．浙江丽水：农村电商新模式引领农村经济新变革［N］．中国产经新闻报，2013-7-22.

［172］李翔．苹果生产先进国家作法的启示——基于铜川苹果产业发展的分析［EB/OL］．http：//www．sei．gov．cn/ShowArticle．asp?ArticleID=212910.

［173］李向宏，雷军，张双应，等．陕西农作物种子生产能力分析［M］//严勇敢．陕西种业分析．西安：西安地图出版社，2011.

［174］李小梅．中国种子产业研究［D］．杨凌：西北农林科技大学，2007.

［175］李晓红．陕西猕猴桃产业发展及对策研究［D］．杨凌：西北农林科技大学，2010.

［176］李宣良．宁夏现代农业示范基地创建取得显著成效［EB/OL］．http：//www．agri．cn/V20/ZX/qgxxlb_1/qh/201105/t20110511_1991189．htm.

［177］李燕琼．农业现代化进程中技术进步重点的选择［J］．农业技术经济，1997（6）：22-25.

［178］李燕琼．我国传统农业现代化的困境与路径突破［J］．经济学家，2007（5）：61-66.

［179］李豫新，王淑娟．向西开放背景下优势产业选择研究——基于新疆的实证分析［J］．国际经贸探索，2001（1）：97-108.

［180］李中东．中国农业可持续发展技术框架研究［D］．杨凌：西北农林科技大学，2002.

［181］李宗艳，毛学科，马占山．甘肃农垦黑土洼农场现代农业发展纪实［EB/OL］．http：//gsjjb．gansudaily．com．cn/system/2013/10/30/014740125．shtml.

［182］连吉明，安小东，姚勇．农业科研单位种子产业的途径初探［J］．农业经济，2003（12）：7.

［183］廖琴，毛从亚．荷兰现代种子管理与技术［J］．种子世界，2005（12）：47-49.

［184］廖西元，邹奎．荷兰农作物种子产业考察报告［J］．种子世界，2012（4）：20-23.

［185］林太赟．台州种子产业发展研究［D］．南京：南京农业大学，2009.

［186］林祥明．植物新品种保护对我国种业发展的影响研究［D］．北京：中国农业科学院，2006.

［187］凌高，李芙蓉，聂练兵．实施种子标签管理制度，强化种子质量管理［J］．种子世界，2004（9）：2-3.

［188］刘超，王英君，薛春湘．河北省种子产业现状、问题与重组［J］．中国种业，2011（11）：18-19.

［189］刘宏戈．农机合作社在现代化农业发展中的作用与发展中存在的问题［J］．农机使用与维修，2015（8）：98-99.

［190］刘坚．努力增强我国种子产业竞争力［J］．中国种业，2002（2）：2-4.

［191］刘莉．中国种子产业化问题研究［D］．北京：首都经济贸易大学，2005.

［192］刘录祥，郭会君，赵林姝，等．我国作物航天育种20年的基本成就与展望［J］．核农学报，2007（6）：1-8.

［193］刘明霞，李国威．种业新政下农业科研院所育种创新问题的思考［J］．农业经济，2012（8）：127-128.

[194] 刘奇．三农观察：一粒种子可以繁荣一个时代 [J]．中国发展观察，2012（5）：49-51.

[195] 刘钦．种业新政下提升农业科研单位育种创新能力的思考 [J]．种子科技，2012（2）：2-3.

[196] 刘喜波，张雯．现代农业发展的理论体系综述 [J]．生态经济，2011（8）：98-102.

[197] 刘巽浩．教旨主义对农业现代化的冲击 [J]．农业经济问题，2003（10）：27-29.

[198] 刘巽浩．能源教旨主义对农业现代化的冲击 [J]．农业经济问题，2003（10）：27-29.

[199] 刘亚仙，王国忠．规范种子管理工作的几点建议 [J]．中国种业，2004（12）：25-26.

[200] 刘颖琦，李学伟，周学军．基于和谐发展机理的西部生态脆弱贫困区优势产业测评 [J]．中国软科学，2007（12）：98-105.

[201] 刘颖琦，吕文栋，李海升．钻石理论的演变及其应用 [J]．中国软科学，2003（10）：139-144；138.

[202] 刘振伟．关于农业技术推广法修改的有关问题 [N]．农民日报，2012-9-3.

[203] 龙少波，罗添元．民族地区产业结构变动和优势产业选择的实证研究 [J]．经济论坛，2010（6）：94-96.

[204] 卢良恕，孙君茂．抓住机遇实现种子产业跨越式发展 [J]．作物杂志，2005（1）：1-3.

[205] 卢良恕．中国农业发展理论与实践 [M]．南京：江苏科学技术出版社，2006（8）：15.

[206] 陆作楣，张红生，陶瑾．荷兰育种研究与种子产业访问记 [J]．种子世界，1996（3）：34-35.

[207] 吕英英．我国植物新品种权保护现状与对策研究 [D]．泉州：华侨大学，2011.

[208] 马丽．科技园区预算资金效益审计研究 [J]．西安石油大学学报（社会科学版），2015（5）：56-60.

[209] 马淑萍．中国种业发展现状及展望 [J]．北京农业，2009（32）：1-2.

[210] 马述忠，黄祖辉．农户、政府及转基因农产品——对我国农民转基因作物种植意向的分析 [J]．中国农村经济，2003（4）：34-40.

[211] 马述忠，任婉婉．我国种业产业链延伸发展瓶颈、战略机遇与美国经验借鉴 [J]．现代财经，2013（7）：3-12.

[212] 马晓卿．中国种业国际化发展与改革 [J]．种子世界，2005（3）：10-11.

[213] 马义荣，詹春峰，叶美玲．对应急种子储备工作的思考 [J]．种子科技，2007（2）：21-22.

[214] 马志强，曹德华，潘利兵，等．美国种子管理及种业发展趋势 [J]．种子科技，2005（3）：147-149.

[215] 马志强．美国种子管理及种业发展趋势 [J]．种子科技，2005（3）：147-149.

[216] 马志远．山西省种子产业发展现状及对策研究 [J]．农业科技管理，2012（4）：77-80.

[217] 毛从亚，邓建平，卜连生．加强新时期种子质量管理工作的思路与对策 [J]．种子，2003（4）：116-117.

[218] 毛飞，孔祥智．中国农业现代化总体态势和未来取向［J］．改革，2012（10）：9-21．

[219] 梅方权．中国农业现代化的发展阶段和战略选择［J］．决策，1999（11）：23-24．

[220] 闵耀良．知识经济与农业现代化［J］．中国农村经济，2001（1）：19-23．

[221] 缪丽霞，谢兆伟，刘荣宝．农作物种子全程质量监管探析［J］．种子，2012（6）：122-125．

[222] 穆森．农业部发布会介绍国家现代农业示范区建设有关情况［EB/OL］．http：//www.gov．cn/xinwen/2015-02/12/content_2818278．htm．

[223] 穆彦珍．加强种子管理队伍建设的几点意见［J］．种子科技，2008，26（2）：21．

[224] 聂华林，杨敬宇：特色现代农业是我国西部农业现代化的基本取向［J］，农业现代化研究，2009（5）：513-518．

[225] 聂平太．建设现代农业示范区是推进农业结构调整的打效途径［J］．农村发展论丛，2000（22）：33-34．

[226] 宁夏“十二五”规划纲要全文（2011—2015年）［R/OL］．http：//district．ce．cn/zt/zlk/bg/201206/11/t20120611_23397532_1．shtml．

[227] 宁新田．我国农业现代化路径研究［D］．北京：中共中央党校，2010．

[228] 农业部赴日考察团．日本农作物新品种保护与种子产业［J］．世界农业，2003（2）：19-22．

[229] 农业部植物新品种测试（上海）分中心．新品种保护［EB/OL］．http：//www．shdus．cn/list．aspx?cid=62&sid=63．

[230] 农业部种子管理局．2013年中国种业发展报告：中国种业发展报告［M］．中国农业出版社，2013．

[231] 农业部种子管理局．2014年中国种业发展报告：中国种业发展报告［M］．中国农业出版社，2014．

[232] 农业部种子管理局．2015年中国种业发展报告：中国种业发展报告［M］．中国农业出版社，2015．

[233] 欧润才，施泽柱，俸继红．临沧市救灾备荒种子储备制度存在的问题及解决办法［J］．种子世界，2011（8）：24-25．

[234] 潘连公，陈彩能．甘肃省天水市绿色农业示范区建设的思考［J］．中国农业资源与区划，2012（1）：88-92．

[235] 潘连公，陈彩能．甘肃天水航天育种示范区建设的途径［J］．现代农业科技，2011（10）：370-372．

[236] 潘启龙，刘合光．现代农业科技园区竞争力评价指标体系研究［J］．地域研究与开发，2013（2）：5-11．

[237] 彭玮．农作物现代种业发展路径探究——基于湖北省种子企业、农户的调查数据［J］．西北农林科技大学学报（社会科学版），2013（3）：67-74．

[238] 彭文平．农民理性行为与农村经济可持续发展［J］．江西财经大学学报，2002（6）：23-26．

[239] 平英华．农业科技园区科技创新功能及创建模式研究［J］．安徽农业科学，2015

(30)：318-320；323.

[240] 钱力，管新帅. 农业优势产业选择与少数民族地区发展——以甘肃省民族地区为例[J]. 农业技术经济，2012（3）：103-108.

[241] 乔佳妮，程伟. 陕西省今年新认定81个省级现代农业园区［EB/OL］. http：//www. moa. gov. cn/fwllm/qgxxlb/qg/201502/t20150211_4404767. htm.

[242] 秦海英，程星. 小麦育种工作的方向和途径［J］. 中国种业，2011（5）：20-21.

[243] 青海省人民政府2014年政府工作报告［R/OL］. http：//leaders. people. com. cn/n/2014/0207/c58278-24289179. html.

[244] 屈洋，成国平，白红涛，等. 关中西部粮食作物生产现状与发展方向［J］. 中国种业，2015（4）：17-19.

[245] 权昌会. 澳大利亚种子管理［J］. 世界农业，1998（7）：35-37.

[246] 任富平，王周平. 陕西省种子生产和良繁体系建设改革与发展的思考［J］. 种子世界，2000（8）：19-20.

[247] 任海军. 2011年全球转基因作物种植面积继续扩大［J］. 农业工程，2012（2）：100.

[248] 阮刘青，李春生，朱国银，等. 入世对中国种子行业的影响［J］. 中国农垦，2001（12）：10-11.

[249] 山仑. 我国西北半干旱地区农业可持续发展技术对策——发展有限灌溉农业是必然选择［J］. 中国科学基金，1999，13（1）：13-15.

[250] 山仑，邓西平，康绍忠. 我国半干旱地区农业用水现状及发展方向［J］. 水利学报，2002（9）：27-31.

[251] 陕西省农业厅. 陕西省设亿元专项资金扶持种业发展［J］. 种子世界，2011（11）：30.

[252] 陕西省人民政府. 陕西省人民政府关于加快推进现代农作物种业发展的实施意见［EB/OL］. http：//knews. shaanxi. gov. cn/0/103/8639. htm.

[253] 陕西省现代农业发展规划（2011—2017年）［R/OL］. http：//www. shaanxi. gov. cn/0/1/65/364/857/1239/286. htm.

[254] 邵长勇. 对于中国种子产业适度规模经营的战略思考［J］. 中国海洋大学学报（社会科学版），2011（2）：120-124.

[255] 申秀清，修长柏. 借鉴国外经验发展我国农业科技园区［J］. 现代经济探索，2012（11）：78-81.

[256] 申忠海. 农业科技园区发展理论与实践［M］. 北京：中国经济出版社，2012：38-45.

[257] 沈静，刘金玲，李波. 西北地区种子产业发展优势及展望［J］. 中国国情国力，2013，（3）：52-54.

[258] 沈静，杨银宁，高华. 宁夏现代农作物种业发展现状与思考［J］. 宁夏农林科技，2012（9）：78-79.

[259] 沈秀清，中国农业科技园区创新机制研究［M］. 农业经济问题，2010（7）：34-40.

[260] 石瑞军. 发挥种子协会作用 推进种子产业发展［J］. 种子科技，2010（4）：17-18.

[261] 宋德勇，李金滟. 论区域优势产业的作用机制与培育途径［J］. 理论月刊，2006

(3)：73-76.

［262］宋洪远，赵海．我国同步推进工业化，城镇化和农业现代化面临的挑战与选择［J］．经济社会体制比较，2012（3）：135-143.

［263］宋立平，逯国文，史延春．发展航天育种产业 促进农业科技进步——天水市航天育种产业发展的现状与对策［J］．甘肃农业，2012（19）：67-70.

［264］宋玉丽，谢英莉，尹骞，等．山东省种子产业发展对策与建议［J］．中国农村科技，2012（2）：64-69.

［265］苏诚．国外种子产业集聚与创新发展经验与启示［J］．陕西农业科学，2011（4）：12-13.

［266］速水佑次郎，弗农·拉坦．农业发展的国际分析［M］．北京：中国社会科学出版社，2000.

［267］孙宝启．国际种子科技与产业发展论坛论文集［M］．北京：中国农业科学技术出版社，2002.

［268］孙鸿烈．寓资源环境保护于发展之中［J］．自然资源学报，1995，10（3）：199-202.

［269］孙婕，郭凤萍，高华．2014年度宁夏种业发展状况，存在的问题及改进建议［J］．种子世界，2015（9）：4-6.

［270］孙世贤．中国农作物品种管理与推广［M］．北京：中国农业科学技术出版社，2003.

［271］孙旭亮．浅谈目前种子加工存在的问题与解决措施［J］．中国种业，2003（6）：22-23.

［272］孙养学．农业高新技术企业成长研究［M］．北京：中国农业出版社，2006.

［273］孙永珍，高春雨．我国农民合作社发展的前景探析［J］．安徽农业科学，2015（24）：343-345；347.

［274］孙越贇．陕西省蔬菜产业化研究［D］．陕西：西北农林科技大学，2005.

［275］谭爱花．干旱区绿洲生态农业现代化模式研究［J］．生态经济，2011（3）：85-88.

［276］谭智心，孔祥智．创新驱动条件下农民增收的政策选择［J］．改革，2015（9）：122-129.

［277］檀学文．新型农业模式如何体现未来方向［J］．农业经济问题，2011，11：14-20.

［278］汤其林．崛起的河南种业［J］．麦类文摘·种业导报，2005（4）：18-20.

［279］汤其林．良种繁育推广对粮食增产的作用［J］．种业导刊，2009（1）：5-8.

［280］唐浩，李军民．世界种业发展模式经验借鉴［J］．世界农业，2010（5）：5-8.

［281］田鹏飞．黑龙江垦区国家现代农业示范区建设的模式选择［J］．北方经贸，2011（11）：23-25.

［282］佟屏亚．西北地区玉米种业考察记事［J］．种子科技，2015（6）：28-29.

［283］佟屏亚．中国玉米种业形势和发展前景［J］．玉米科学，2012，20（2）：144-148.

［284］佟屏亚．中国种业发展形势评述［J］．种子科技，2005（1）：1-3.

［285］佟屏亚．中国种业谁主沉浮——关于种子产业发展现状的调研报告［M］．贵阳：贵州科技出版社，2002.

［286］佟屏亚．中国种业正面临发展的拐点［J］．种子科技，2014（8）：17-18.

［287］童巾仪．植物新品种权保护模式研究［D］．武汉：华中科技大学，2011．

［288］汪宝卿，赵海军，王翠萍，等．山东省种业产业现状、存在问题与发展对策［J］．中国种业，2011（6）：27-29．

［289］汪燕．基于产业安全的我国农业种子市场监管法律问题研究［D］．武汉：华中农业大学，2013．

［290］王缠石，逄国梁，张铁战，等．陕西牧草种子发展方向及策略的探讨［J］．草业科学，2005（3）：43-45．

［291］王春来．发展家庭农场的三个关键问题探讨［J］．农业经济问题，2014（1）：43-48．

［292］王东生．基于集群式供应链的关中—天水经济区特色农业产业优化研究［J］．科技进步与对策，2012（5）：33-35．

［293］王福全，郭振芳，丁耀宏，等．天水市航天育种工作成效及发展建议［J］．甘肃农业科技，2012（6）：50-54．

［294］王恒炜．对促进我国现代种业发展的几点政策建议［J］．种子世界，2012（2）：1-4．

［295］王恒炜．关于促进我国现代种业发展的几点思考［J］．北方园艺，2012（8）：185-188．

［296］王慧军．农业推广学［M］．北京：中国农业出版社，2002．

［297］王建华，李俏．我国家庭农场发育的动力与困境及其可持续发展机制构建［J］．农业现代化研究，2013（5）：552-555．

［298］王建军，康艺铀，李志霞．园区产业生态化评价研究——以青海省柴达木循环经济试验区为例［J］．青海社会科学，2015（5）：190-196．

［299］王磊．基于钻石模型的中国种业国际竞争力分析［J］．中国种业，2013（12）：1-5．

［300］王立华．关于发展现代种业的基本模式和对策［J］．种子科技，2010，157（7）：1-3．

［301］王丽娟，王树进．现代农业产业园区运行模式与绩效关系的分析［J］．科学管理研究，2012（2）：117-120．

［302］王孟宇，刘弘．作物遗传育种［M］．北京：中国农业大学出版社，2009．

［303］王鹏鹏，曹慧玲．陕西油菜产业自主创新战略研究［J］．陕西农业科学，2011（4）：147-150．

［304］王青才．种子企业发展中的四大问题［J］．种子世界，2005（7）：20-21．

［305］王仁富．我国农业植物新品种权保护现状及完善［J］．农村经济，2011（11）：45-48．

［306］王生林，王文略，马丁丑．甘肃省农业特色优势产业区发展SWOT分析［J］．湖南农业科学，2009（4）：112-115．

［307］王圣媛，何晶．种子产业发展需制定新品种保护法［J］．科技创新与品牌，2011（4）：43．

［308］王卫中．产业整合与我国种业发展的路径选择［J］．农业经济问题，2005（6）：34-37．

［309］王卫中．中国种业整合研究［D］．北京：中国农业科学院，2005．

［310］王新安，王圆荣. 对山西种子产业发展的思考［J］. 种子科技，2010（3）：7-8.

［311］王学真. 农业国际化对农业现代化的影响［J］. 中国农村经济，2006（5）：32-39.

［312］王延波. 我国玉米种业行业分析［J］. 园艺与种苗，2011（1）：16-19.

［313］王艳芳，王世恒，祝水金. 航天诱变育种研究进展［J］. 西北农林科技大学学报（自然科学版），2006（1）：9-11.

［314］王瑜，李海涛. 种业体制改革：在阵痛中前行［J］. 农家参谋：种业大观，2014（3）：11-12.

［315］王岳均. 荷兰种子产业［J］. 中国农业信息，2003（12）：20-21.

［316］魏建斌. 改造小农经济建设现代农业［J］. 中国特色社会主义研究，2010（2）：55-58.

［317］魏立桥，郑博文. 甘肃省特色优势产业定量选取研究［J］. 开发研究，2008（1）：22-25.

［318］文枫. 陕西杨凌：农业科技示范效应显著增强［EB/OL］. http：//www. xinnong. net/news/20150211/1230193. html.

［319］翁梅. 基于比较优势的盐城优势产业选择研究［J］. 科技广场，2011（10）：107-109.

［320］邬兰娅，齐振宏，李欣蕊，等. 基于“四力模型”的中美种业发展比较研究［J］. 经济问题探索，2014（9）：102-106.

［321］吴代林. 油菜生产机械化技术发展探讨［J］. 农业开发与装备，2009（2）：27-28.

［322］吴海燕，李庆，魏玲玲，等. 农业科技园区的产业选择与配置研究［J］. 农业科技管理，2015（5）：54-56+70.

［323］吴金娥，党永华. 陕西省蔬菜产业化发展战略初探［J］. 西北农林科技大学学报（社科版），2006（3）：21-24.

［324］伍开群. 家庭农场的理论分析［J］. 经济纵横，2013（6）：65-69.

［325］夏春萍，刘文清. 农业现代化与城镇化、工业化协调发展关系的实证研究［J］. 农业技术经济，2012（5）：79-85.

［326］谢杰. 工业化、城镇化在农业现代化进程中的门槛效应［J］. 农业技术经济，2012（4）：84-89.

［327］新形势下我国农业管理改革及对策研究课题组. 新形势下我国农业管理改革研究［J］. 农业经济问题，2015（9）：4-9.

［328］徐家鹏. 蔬菜种植户产销环节纵向协作与质量控制研究［D］. 武汉：华中农业大学，2011.

［329］徐康宁. 当代西方产业集群理论的兴起、发展和启示［J］. 经济学动态，2003（3）：70-74.

［330］徐联德. 山西屯玉种业带动农业产业化经营［J］. 中国种业，2003（2）：21.

［331］徐亮. 搞好西北地区玉米制种基地建设的建议［J］. 农业经济，2009（6）：22.

［332］徐司浩，杨忠贤，林英望，等. 咸阳市种子质量控制的现状与对策［J］. 现代种业，2004（2）：8-9.

[333] 徐小伟. 巧借农民合作社布局种业营销渠道 [J]. 北京农业，2010 (14)：13-15.

[334] 徐晓迎. 浅谈现代农业特征 [J]. 理论与当代，1997 (4)：5-6.

[335] 徐秀渠. 种业企业物流的现代化管理 [J]. 种业导刊，2010 (11)：10-12.

[336] 许娟，孙林岩，何哲. 基于DEA的我国省际高技术产业发展模式及相对优势产业选择 [J]. 科技进步与对策，2009，(26)：30-33.

[337] 许双全. 对我国种子产业质量体系的分析与思考 [J]. 中国种业，2011 (9)：4-6.

[338] 许奕花，吴洁，李云伏. 现代农业育种创新管理模式研究 [J]. 农业科技管理，2010 (2)：54.

[339] 薛亮. 从规模经营看中国特色农业现代化道路 [J]. 农业经济问题，2008 (6)：4-8.

[340] 闫永祥. 天水市种子产业化发展的方向与对策探讨 [J]. 甘肃科技，2005 (9)：12-14 .

[341] 严平生，张有平. 陕西省猕猴桃发展的现状和对策 [J]. 果农之友，2011 (9)：31-32.

[342] 严勇敢，刘五志，王 弘. 陕西现代农作物种业管理体系研究 [J]. 陕西农业科学，2014，60 (7)：89-90.

[343] 严勇敢，张民权，张宗荣，等. 陕西农作物种业发展调研报告 [M] //严勇敢. 陕西种业分析. 西安：西安地图出版社，2011.

[344] 颜毓源，薛拓. 创新土地流转机制，实行农田托管 、提升种子产业发展 [J]. 中国种业，2012 (1)：44-46.

[345] 杨东霞，贺利云. 美国种子法律制度概要 [J]. 世界农业，2011 (1)：34-37.

[346] 杨芬. 陕西小麦生产现状及育种新思路 [J]. 中国种业，2011 (9)：14-16.

[347] 杨高举，王征兵. 农业示范区经济发展：新兴古典框架下的重新审视——以杨凌为例的实证分析 [M]. 财贸研究，2007 (2)：32-39.

[348] 杨桂琴. 宁夏种子产业发展存在问题与对策 [J]. 种子科技，2013 (6)：51-52.

[349] 杨桂琴. 宁夏种子监管工作现状、问题与对策 [J]. 种子科技，2013 (12)：54-55.

[350] 杨晗，姜太碧，朱文. 成都市现代农业经营模式创新调查研究 [J]. 西南民族大学学报 (人文社会科学版)，2014 (5)：119-123.

[351] 杨浩. 长三角地区优势产业界定及关联性分析 [J]. 财贸研究，2006 (6) : 7-12.

[352] 杨蕙馨. 入世后进口对中国产业组织的影响 [J]. 产业经济研究，2003 (3)：8.

[353] 杨敬华，蒋和平. 农业科技因区创业与创新发展的四螺旋分析 [J]. 科技与经济，2005(2) : 38-40.

[354] 杨陵区政府. 杨凌示范区“三农融合”总体规划 [R]. 2013.

[355] 杨鹏，朱琐洁. 中国实现“四化同步”的挑战：目标VS制度 [J]. 农业经济问题，2013 (11)： 11-21.

[356] 杨少垒. 我国农业现代化评价指标体构建研究 [J]. 经济研究导刊，2014 (17) :18-20.

[357] 杨天和. 基于农户生产行为的农产品质量安全问题的实证研究 [D]. 南京：南京农业大学，2006.

[358] 杨文钰. 农学概论 [M]. 北京：中国农业出版社，2008.

[359] 姚庆荣. "河西走廊国际制种特区" 建设研究 [J]. 生产力研究，2012（11）：120-123.

[360] 姚晓芳，赵恒志. 区域优势产业选择的方法及实证研究 [J]. 科学与研究，2006（A02）：463-466.

[361] 宜杏云，王春法. 西方国家农业现代化透视 [M]. 上海：上海远东出版社，1998.

[362] 佚名. "1+6" 发展模式助力平罗农业现代化农业部产业政策与法规司调研组肯定平罗县农村改革工作 [EB/OL]. http：//www. nxnews. net/ds/system/2012/03/21/010312111. shtml.

[363] 佚名. 陕西现代农业园区发展研究 [R/OL]. http：//www. sei. gov. cn/ShowArticle. asp?ArticleID=244476.

[364] 佚名. 陇南西和县探索 "1+5" 现代农业发展新模式 [EB/OL]. http：//gansu. gscn. com. cn/system/2013/10/28/010488116. shtml.

[365] 殷艳，廖星. 我国油菜生产区域布局演变和成因分析 [J]. 中国油料作物，2010，32（1）：147-151.

[366] 尹成杰. 关于建设中国特色现代农业的思考 [J]. 农业经济问题，2008（3）：4-9.

[367] 于深荣. 种业育繁推一体化经营模式探讨 [J]. 中国种业，2012（8）：12-13.

[368] 俞菊生. 现代农业科技园区的类型与规划要点 [R]. 全国现代农业示范区高层论坛，南京，2006：106-116.

[369] 郁书君，崔永强，杨梅. 荷兰的植物新品种保护与审定制度 [J]. 中国种业，2009（1）：14-15.

[370] 喻亚平，周勇涛. 典型国家品种权公共政策实践经验的比较与借鉴 [J]. 中国经济问题，2013，（5）：21-27.

[371] 袁明山. 我国现代种业发展战略 [J]. 现代农业科技，2012（10）：362-363.

[372] 约翰·梅勒. 农业经济发展学 [M]. 北京：北京农业大学出版社，1997.

[373] 詹慧龙. 创新投入机制，推动现代农业发展—来自云南省的实践与启示 [M]. 农村工作通讯，2013（12）：43-45.

[374] 詹琳，杜志雄. 世界主要国家和地区种业业态的比较及借鉴 [J]. 世界农业，2012（7）：11-16.

[375] 张爱瑛. 对我国种业现状及未来种业发展的几点思考 [J]. 种子世界，2011（10）：13-14.

[376] 张安存. 我国种业可持续发展策略的探讨 [J]. 中国种业，2007（10）：10-11.

[377] 张春庆，王建华. 种子检验学 [M]. 北京：高等教育出版社，2005.

[378] 张冬平，黄祖辉. 农业现代化进程与农业科技关系透视 [J]. 中国农村经济，2002（11）：48-53.

[379] 张芳，程勇. 我国油菜种业发展现状及对策建议 [J]. 中国农业科技导报，2011，13（4）：15-22.

[380] 张福平，张慧. 中国改革开放30年河南种业发展与粮食增长 [J]. 农家参谋（种业大观），2009（8）：4-5.

[381] 张红生，胡晋. 种子学 [M]. 北京：科学出版社，2010.

[382] 张红宇，禤燕庆，王斯烈. 如何发挥工商资本引领现代农业的示范作用——关于联想佳沃带动猕猴桃产业化经营的调研与思考 [J]. 农业经济问题，2014 (11)：4-8.

[383] 张红宇，张海阳. 中国特色农业现代化：目标定位与改革创新 [J]. 中国农村经济，2015 (1)：4-13.

[384] 张建国. 山西农业节水模式研究 [D]. 杨凌：西北农林科技大学，2005.

[385] 张建华：中国现代农业问题研究;进展 [J]，经济经纬，2009 (6)： 115-118.

[386] 张劲柏，侯仰坤，龚先友. 种业知识产权保护研究 [M]. 北京：中国农业科学技术出版社，2009.

[387] 张军：现代农业的基本特征与发展重点 [J]. 农村经济，2011 (8)： 3-5.

[388] 张军平，远铜，付伟铮. 中国种子贸易特点及其发展趋势 [J]. 世界农业，2015 (5)：182-186.

[389] 张俊庵. 种业科技是农业科技“走出去”的重要领域 [J]. 农产品市场周刊，2004 (25)：15-17.

[390] 张丽，孙津. 都市型现代农业发展的创新路径和模式探讨——以北京国家现代农业科技城为例 [J]. 北京社会科学，2014 (7)：91-95

[391] 张谋贵. 农业园区“安徽模式”的体制机制创新研究 [J]. 西部论坛，2011 (11)：9-15.

[392] 张平军. 加快推动甘肃育种业的技术发展 [J]. 农业科技与信息，2015 (9)：18-20.

[393] 张强. 农作物种子资源评价管理利用标准与质量检验鉴定技术规程实施手册 [M]. 北京：北京电子出版物出版中心，2003.

[394] 张晟，陈静，董国英，张彦玉. 甘肃省现代农业发展综述：打造甘肃特色，实干富民兴陇 [EB/OL] . http：//www. gsny. gov. cn/apps/site/site/issue/nyyw/btyw/2014/06/24/1403570105054. html.

[395] 张世煌. 种业改革进入关键玉米育种曙光初现 [J]. 北京农业，2011 (3)：1-2.

[396] 张世全，魏宏斌. 现代农作物种子加工探析 [J]. 种子科技，2011 (11)：4-5.

[397] 张涛，姜法竹. 推进黑龙江农垦现代农业示范区建设的思考 [J]. 中国农垦，2006 (12)：36-37.

[398] 张伟. 中国种业产业化组织与策略研究 [D]. 泰安：山东农业大学，2010.

[399] 张骁勇. 产业集群理论视角下的河西种业发展研究 [D]. 兰州：甘肃农业大学，2009.

[400] 张小燕，李洪杰，王晓平，等. 论我国种业发展面临的国际挑战和对策 [J]. 中国种业，2014 (12)：12-15.

[401] 张新明，杨坤，周云龙. 荷兰植物新品种保护制度的成功经验及对中国的启示 [J]. 世界农业，2011 (5)：51-54.

[402] 张兴中，董文. 我国种业科技创新的战略思考 [J]. 湖北农业科学，2011 (12)：5022-5024.

[403] 张延寿，夏显力，李崇翊. 陕西现代农作物种业发展研究 [M]. 杨凌：西北农林科技

大学出版社，2012.

[404] 张瑛秋．天水市麦积区特色农业现状与发展对策［J］．甘肃农业，2010（2）：69-70.

[405] 张颖，丁贺，张锐．基于偏离-份额分析法的安徽省林业优势产业的选择研究［J］．中南林业科技大学学报，2014（7）：115-120.

[406] 张于喆．中国特色自主创新道路的思考：创新资源的配置，创新模式和创新定位的选择［J］．经济理论与经济管理，2014（8）：5-19.

[407] 张媛，郑红维，赵邦宏，等．河北省现代农业示范区投融资问题［J］．区域金融研究，2013（2）：72-75.

[408] 张志杰．我国种业发展存在问题与对策［D］．郑州：河南农业大学，2009.

[409] 张柱．调结构转方式 抓改革增活力奋力开创我区现代农业发展新局面——在全区农业工作会议上的讲话［R］．2015.

[410] 张宗荣，陈梁．做大做强陕西种子产业的基本思考［J］．种子科技，2011（3）：1-3.

[411] 赵博，田云峰，闫文斌，等．国际化背景下加快河南种业发展的思路与对策［J］．种业导刊，2010（6）：10-12；25.

[412] 赵国余．蔬菜种子学［M］．北京：北京农业大学出版社，1989.

[413] 赵君，蔡翔．基于比较优势的区域优势产业选择研究——以广西制造业为例［J］．安徽农业科学，2007，35（18）：5624-5628.

[414] 赵凯．农产品加工业及农村一二三产业融合发展思路、原则、目标与指标体系研究［R］．农业部课题，2015.

[415] 赵勤．中国现代农业物流问题研究［D］．哈尔滨：东北林业大学，2006.

[416] 赵珊．浅析我国种业面临的挑战与发展对策［J］．种子科技，2012（8）：10-11.

[417] 赵小峰，黎亚萍．陕西农作物品种选育工作现状及发展建议［M］//严勇敢．陕西种业分析．西安：西安地图出版社，2011.

[418] 郑安俭．推动种子产业区域发展的基本途径［J］．中国种业，2010（9）：23-26.

[419] 郑晓梅．福建省现代农业示范区建设成效分析［J］．台湾农业探索，2006（1）：18-21.

[420] 中共宁夏回族自治区贺兰县委政策研究室．创新农业经营方式的“兰光模式”——宁夏回族自治区贺兰县立岗镇兰光村发展现代农业的探索与实践［J］．农村工作通讯，2012（21）：48-49.

[421] 中央政府门户网站．国务院关于加快推进现代农作物种业发展的意见［BE/OL］．http：//www．gov．cn/zwgk/2011-04/18/content_1846364．htm.

[422] 种协．日本种业的发展（上）［N］．农民日报，2002-01-25.

[423] 周灿芳，傅晨．我国特色农业研究进展［J］．广东农业科学，2008（9）：157-161.

[424] 周欢，包峰，袁国保．我国种子企业发展方略思考［J］．中国种业，2014（11）：1-6.

[425] 周长久．蔬菜种质资源概论［M］．北京：北京农业大学出版社，1995.

[426] 周长久．现代蔬菜育种学［M］．北京：科学技术文献出版社，1996.

[427] 朱萍．陕西苹果产业科技推广模式研究［D］．杨凌：西北农林科技大学，2007.

[428] 朱绪荣，邓宛竹，柳岩．现代农业示范区规划中的产业体系构建方法 [M]．湖北农业科学，2012（10）：423-428．

[429] 朱学新，张玉军．农业科技园区与区域经济社会发展互动研究——以江苏省农业科技园区为例 [J]．农业经济问题，2013（9）：72-76.

[430] 朱永青．我国种业发展的现状和对策 [J]．农村经济与科技，2010（2）：65-67．

[431] 朱洲．体制转轨、经济自由化与中国种子产业发展 [J]．农业经济问题，2005（4）：62-65．

[432] 朱洲．中国种子产业发展研究 [D]．武汉：华中农业大学，2005．

[433] 庄峰．抓住机遇加强联合为实现陕西种业和农业集团化经营而奋斗 [J]．现代种业，2002（5）：6-9．

[434] 庄为民．试论农业现代化的发展趋势农业经济问题，2001（6）：53-58．

[435] 祖先进．借鉴国外经验　努力发展兵团种子业 [J]．新疆农垦科技，1993（6）：39-40．

附录

关于加快推进西北半干旱地区现代农业发展的政策建议

一、西北半干旱地区农业在我国的战略地位

西北半干旱地区泛指位于我国西北黄河流域的甘肃中东部、陕西北部和中部、宁夏中部和南部、青海东部地区的20个地市（州）163个县（区），是我国粮食生产的战略后备区和主要农畜产品的重要产区，但是该地区生态环境脆弱、贫困人口分布集中、民族交融汇聚，经济发展与生态建设的矛盾日益突出，可持续发展和扶贫开发任务繁重。协调经济发展与生态建设，统筹城乡与区域同步发展，加快推进该地区现代农业发展，对于突破资源环境约束、保障国家生态安全，落实农业供给侧结构性改革、保障国家粮食安全及主要农畜产品有效供给，推进精准扶贫精准脱贫、全面建成小康社会，维护民族团结、确保社会稳定，深化产业融合、实现区域四化同步意义重大。

二、西北半干旱地区现代农业发展现状

西北半干旱地区是我国现代农业发展的“低地”，仍处于现代农业发展的初级阶段，该地区现代农业整体发展水平及农业投入、产出，农村社会发展，农业产业化等衡量现代农业发展的核心指标与全国平均水平有较大差距，且呈扩大趋势。2013年，该地区现代农业发展水平仅为全国平均水平的55.17%，农业投入水平、农业产出水平、农村社会发展水平和农业产业化水平分别为全国平均的32.82%、37.62%、44.65%和56.95%，人均生产总值、农村居民人均可支配收入仅为全国平均水平的89.20%、73.92%。生产力水平、现代农业生产要素投入水平、产业收益水平无明显提高，传统经营方式仍主导产业发展，尚未完全建立起与现代农业发展相匹配的生产技术体系、经营管理体系和市场环境体系，难以有效集聚发展现代农业所需的以科技密集型、人力资本密集型、企业家才能密集型生产要素，并形成集约型产业发展方式。

三、西北半干旱地区现代农业发展存在的问题

1.农业发展的基础设施薄弱

长期的低水平投入导致西北半干旱地区农业基础设施建设滞后，不仅在存量上与现阶段农业发展不相适应，在增量上也不能满足新阶段现代农业发展的需求。农田改造、土壤改良、机耕排灌、林网渠道、机械装备等普及有限，难以促成高效率生产要素对低效率生产要素的有效替代，抵御自然灾害和市场风险的能力偏弱。

2.农业发展的资源约束加剧

2013年，西北半干旱地区人均水资源占有量仅为全国平均的38%，资源性缺水和工程性缺水并存、用水粗放等现象导致水资源过度利用和不合理利用，放大了匮乏的水资源对产业发展的制约作用；生态与环境资源开发利用过度而有效保护不足，生态脆弱、环境恶化趋势无明显好转，

水土质量下降，化肥、农药、农膜等农业面源污染没有得到有效控制，区域可持续发展面临挑战。

3.农村一二三产业融合度低

西北半干旱地区特色优势农业通过外延扩张实现了较快发展，但是特色产业发展水平不高、品牌优势不明显、市场竞争力不强；区域分工与合作格局深化不足，地区间产业存在低水平的过度竞争和单一产品供给过剩的市场风险；现代农业产业集群规模化、集约化程度不高，产业优势未得到深度开发，链条短、加工层次低、转化能力弱、品牌带动不强、产品附加值不高，产业扶贫效果有待提升，一二三产业融合发展水平低。

4.农业发展的创新驱动能力不足

西北半干旱地区农业农村信息化正处于起步阶段，基础薄弱、发展滞后、体系不全，农业物联网尚未实现规模量产，信息化对现代农业发展的支撑作用尚未充分显现；现代种业自主创新能力不足、农技推广体系不健全、科技成果转化率和技术到位率不高等问题影响该地区旱作节水农业可持续发展能力的提升，区域适宜性现代农业创新发展模式及示范效应亟待加强。

四、西北半干旱地区现代农业发展的政策建议

为了全面提升西北半干旱地区现代农业发展水平，建议以完善该地区现代农业产业体系为主线，以提高农业综合生产能力和区域发展能力为主攻方向，以现代农业创新示范、节水农业制度完善、产业提升、示范区建设为重点，着力强化政策支持。

1.启动编制《西北半干旱地区现代农业创新驱动规划（2016—2030年）》

由国家层面统筹相关部委及省市共同制定西北半干旱地区现代农业创新驱动的战略规划，对区域创新驱动中长期发展思路、战略目标、总体部署、支持措施进行制度设计；由省市地方政府分别制定相应的发展规划，制定实施方案，落实各辖区现代农业创新驱动的主要任务和重点工程。

2.建设西北半干旱地区旱作农业创新发展试验示范平台

以优化西北半干旱地区农业创新发展科技平台布局为核心，支持涉农高校和科研机构创建一批国家级、省部级重点实验室及重点工程技术研究中心，围绕旱作农业关键技术开展集成创新；建设和改造升级一批农业高新技术产业示范区、国家农业科技园区和现代农业产业科技创新中心及培育农业高新技术企业，重点支持旱区现代农业新技术、新品种的研发、引进示范，以及科技推广服务体系建设，支持农业技术研发与推广。

3.制定实施差别化的用水管理制度和节水技术财政补贴政策

根据自然条件和农业用水规律，制定和完善雨养农业和补偿灌溉地区农业用水管理制度，完善节水利用技术服务体系，建立由行政、市场和社区共同治理的农业用水管理机制。一是健全旱作农业节水利用的投入方式。制定优惠扶持政策，鼓励以股份制等多种形式，建立以政府为主导、社会资本参与的旱作农业节水利用的投入机制，吸引民间资本投资，形成国家、集体、个人的多层级多渠道的投入格局。二是建立旱作农业节水利用补偿机制。制定财政补贴、税收优惠等扶持政策，建立推进旱作农业节水利用技术发展的补偿机制，支持节水技术研发和设备研制，对采购与使用农业节水技术设施设备进行财政补贴。三是建立完善水权及水市场。坚持有利于水资源可持续利用的原则，建立水权交易制度，成立水权交易中心，健全农业用水与非农用水市场。四是加强小水源及灌溉工程建设。结合区域农田水利基本建设现状，因地制宜、科学规划，加强“五小水利工程”建设，加强灌溉渠系整治，完善田间配套工程，增强抗旱能力。

4.实施三大重点工程

一是优势农业产业竞争力提升工程。制定专项扶持政策，支持西北半干旱地区苹果、牛羊、设施蔬菜、中药材、马铃薯等特色优势产业基地建设和农业龙头企业、农民合作社、家庭农场等新型农业经营主体培育，推进农业生产标准化、规模化、品牌化，促进农业全产业链发展。二是作物抗逆性种质资源保护与制种能力提升工程。编制农作物种子育繁推一体化发展战略规划，建立西北半干旱地区跨省级行政区的种子育繁推一体化创新联盟，创建西北半干旱地区作物抗逆性种质资源保护和研发利用种业技术创新平台，构建由科研院所、种子企业主导的“育种、扩繁、推广”一体化种业科技创新体系，设立现代农作物种业发展专项基金，开展育种协作联合攻关，加强种质资源保护利用，突破种质创新、新品种选育等核心技术，提高西北半干旱地区农作物种业科技创新能力。三是粮草轮作与休耕工程。依据农业区域布局与资源禀赋，因地制宜支持调整粮经饲、种养加结构，开展生态复合种植、间套轮作、粮草轮作；促进种地养地相结合，全面推进耕地轮作休耕。

5.建设甘肃天水国家现代农业示范区、甘肃天水国家农业可持续发展试验示范区

充分发挥天水在西北半干旱地区现代农业和可持续发展中的示范引领作用，编制《天水国家现代农业示范区总体规划和实施方案》《甘肃天水国家农业可持续发展试验示范区总体规划和实施方案》，配套制定示范区建设管理办法和优惠政策，创新一批适应西北半干旱地区农业可持续发展的集成技术，集成一批适宜西北半干旱地区特点的农业可持续发展模式，构建良性运行的农业可持续发展机制，将天水打造成西北半干旱地区现代农业发展的样板区、先进适用技术转化的展示区、经营体制机制创新的试验区，示范和引领西北半干旱地区农业产业、资源环境、农村社会可持续发展，促进区域农业现代化、农民增收和生态文明建设。

建议人：

方智远	中国工程院院士
南志标	中国工程院院士
盖钧镒	中国工程院院士
山　仑	中国工程院院士
李佩成	中国工程院院士
霍学喜	西北农林科技大学教授
逯国文	天水市农业局研究员
王礼力	西北农林科技大学教授
孙养学	西北农林科技大学教授
刘天军	西北农林科技大学教授
夏显力	西北农林科技大学教授